高等院校测控技术与仪器专业创新型人才培养规划教材

精密机械设计

主　编　田　明　冯进良　白素平
副主编　付　芸　罗　宽　闫钰峰
参　编　林　跃　张　晖　马国金
　　　　刘旭波　颜昌祥
主　审　李校夫

内容简介

本书主要围绕仪器设备中的精密机械运动系统的组成、功能、原理、特点、结构、精度和设计计算方法展开叙述，重点是研究精密机械的基本理论、设计方法和设计手段，在传统相关教材基础上，增加了精密仪器中的锁紧及微动装置、凸轮调焦机构、可变光阑及快门等新的知识点，以适应现代精密仪器发展的需要。

本书共12章，分为五篇，内容为传动、运动支承、连接、仪器常用组合件和弹性元件。全书重点内容突出，主线鲜明，结构严谨。对于未编入的有关内容，可结合课程设计和毕业设计，引导学生通过查阅参考书、设计手册拓宽知识面，以培养和提高学生运用文献资料解决工程实际问题的独立工作能力。

本书可作为测控技术与仪器专业、光电专业的本科生教材，也可作为相关专业工程技术人员的参考书。

图书在版编目(CIP)数据

精密机械设计/田明，冯进良，白素平主编. —北京：北京大学出版社，2010.3
高等院校测控技术与仪器专业创新型人才培养规划教材
ISBN 978-7-301-16947-6

Ⅰ. 精… Ⅱ. ①田…②冯…③白… Ⅲ. 机械设计—高等学校—教材 Ⅳ. TH122

中国版本图书馆 CIP 数据核字(2010)第 025128 号

书　　名：精密机械设计
著作责任者：田　明　冯进良　白素平　主编
责 任 编 辑：童君鑫
标 准 书 号：ISBN 978-7-301-16947-6/TH·0180
出　版　者：北京大学出版社
地　　址：北京市海淀区成府路205号　100871
网　　址：http://www.pup.cn　http://www.pup6.cn
电　　话：邮购部 010-62752015　发行部 010-62750672　编辑部 010-62750667
编辑部邮箱：pup6@pup.cn
总编室邮箱：zpup@pup.cn
印　刷　者：北京虎彩文化传播有限公司
发　行　者：北京大学出版社
经　销　者：新华书店
787毫米×1092毫米　16开本　22.25印张　彩插2　524千字
2010年3月第1版　　2023年8月第6次印刷
定　　价：56.00元

未经许可，不得以任何方式复制或抄袭本书之部分或全部内容。
版权所有，侵权必究　　**举报电话**：010-62752024
电子邮箱：fd@pup.pku.edu.cn

前　言

精密机械设计是仪器科学与技术及光电相关专业重要的一门专业基础课程，随着仪器科学与技术的不断发展，精密机械广泛应用于国民经济和国防工业等诸多领域，如各种科学仪器、自动化仪器仪表、精密加工机床、医疗仪器、宇航技术中动力传递和精密传动等。为了反映现代仪器设备的技术发展特点，适应仪器科学与技术及相关专业的教学要求，编者编写了本书。

本书在编写过程中，考虑到相关专业前续课程，根据编者多年的教学经验，主要围绕仪器设备中的精密机械运动系统的组成、功能、原理、特点、结构、精度和设计计算方法展开叙述，在传统相关教材基础上，增加了精密仪器中的锁紧及微动装置、凸轮调焦机构、可变光阑及快门等新的知识点，以适应现代精密仪器发展的需要。

本书共12章，分为五篇，内容为传动、运动支承、连接、仪器常用组合件和弹性元件。全书重点内容突出，主线鲜明，结构严谨。对于未编入的有关内容，可结合课程设计和毕业设计，引导学生通过查阅参考书、设计手册拓宽知识面，以培养和提高学生运用文献资料解决工程实际问题的独立工作能力。

参加本书编写的有长春理工大学田明(绪论、第2章)、冯进良(第4、10章)、白素平(第5章)、付芸(第1章)、罗宽(第8章)、闫钰峰(第9章)、张晖(第11章)、吉林大学林跃(第12章)，吉林铁道职业技术学院马国金(第7章)，南昌大学刘旭波(第3章)，长春光学精密机械研究所颜昌祥(第6章)。

本书编写过程中参阅了裘祖荣主编的《精密机械设计基础》，赵跃进、何献忠编著的《精密机械设计基础》，庞振基、黄其圣主编的《精密机械设计》等有关书籍、学术论文及网络资料，在此，向其著作者表示衷心的感谢！

长春理工大学李校夫担任本书主审，提出了许多宝贵建议，在此，编者表示衷心的感谢！

本书编写过程中，得到长春理工大学车英、徐熙平和教材科耿丽华等的大力支持；王爽、张桂圆、董时、王洁、逯晓丹、胡洋、齐田田、吕金玲、李柏萱和杨莹也为本书做了大量的辅助工作，在此，编者一并表示衷心的感谢！

由于撰写水平和时间有限，书中难免有不妥之处，衷心希望同行和读者批评指正。

编　者

2010年1月

目　　录

绪论 …… 1

0.1 课程内容和主要特点 …… 1

0.1.1 课程内容 …… 1

0.1.2 课程主要特点 …… 1

0.2 课程基本任务 …… 2

第一篇　传动 …… 3

第1章　摩擦轮传动与带传动 …… 4

1.1 摩擦轮传动 …… 5

1.2 摩擦轮传动设计 …… 6

1.2.1 摩擦轮传动的工作原理和传动比 …… 6

1.2.2 摩擦轮传动的类型 …… 8

1.2.3 摩擦轮材料 …… 9

1.2.4 摩擦轮传动设计 …… 10

1.3 摩擦无级变速器 …… 12

1.4 带传动 …… 13

1.4.1 带传动的工作原理和传动比 …… 13

1.4.2 带传动的特点 …… 14

1.4.3 带的张紧 …… 17

1.4.4 V带和V带轮的结构 …… 18

1.4.5 带传动的几何尺寸 …… 21

1.4.6 带传动的受力分析 …… 22

1.4.7 弹性滑动和打滑 …… 23

1.4.8 带传动的应力分析 …… 24

1.4.9 普通V带传动的设计与计算 …… 25

1.5 同步带传动 …… 28

1.5.1 同步带传动的特点和应用 …… 28

1.5.2 同步带 …… 29

1.5.3 同步带轮 …… 30

1.5.4 同步带传动的设计与计算 …… 31

1.6 其他带传动简介 …… 39

1.6.1 齿孔带传动 …… 39

1.6.2 拖动式带传动 …… 40

习题 …… 41

第2章　齿轮传动 …… 43

2.1 概述 …… 44

2.1.1 齿轮传动的优缺点 …… 45

2.1.2 齿轮传动的分类 …… 45

2.1.3 齿轮传动的基本要求 …… 46

2.2 渐开线直齿圆柱齿轮的基本参数和几何尺寸 …… 47

2.2.1 齿轮各部分名称和基本参数 …… 47

2.2.2 标准直齿圆柱齿轮的几何尺寸 …… 49

2.2.3 齿轮齿条传动 …… 50

2.3 渐开线直齿圆柱齿轮传动 …… 50

2.3.1 啮合过程 …… 50

2.3.2 正确啮合条件 …… 51

2.4 斜齿圆柱齿轮传动 …… 52

2.4.1 斜齿圆柱齿轮齿廓曲面形成及主要特点 …… 52

2.4.2 斜齿圆柱齿轮的基本参数及啮合条件 …… 52

2.4.3 斜齿圆柱齿轮几何尺寸的计算 …… 53

2.5 齿轮传动的失效形式及材料 …… 55

2.5.1 齿轮传动的失效形式 …… 55

2.5.2 齿轮材料 …… 57

2.5.3 齿轮材料的选择原则 …… 59

2.6 圆柱齿轮传动的强度计算 …… 62

2.6.1 圆柱齿轮传递的载荷计算 …… 62
2.6.2 计算载荷 …… 64
2.6.3 齿面接触疲劳强度计算 …… 66
2.6.4 齿根弯曲疲劳强度计算 …… 69
2.7 直齿锥齿轮传动 …… 73
2.7.1 锥齿轮传动的特点及正确啮合条件 …… 73
2.7.2 几何尺寸计算 …… 75
2.7.3 受力分析 …… 77
2.8 蜗杆传动 …… 78
2.8.1 概述 …… 78
2.8.2 圆柱蜗杆传动的基本参数 …… 81
2.8.3 圆柱蜗杆传动的几何尺寸 …… 84
2.8.4 蜗杆传动的失效形式和材料选择 …… 84
2.8.5 蜗杆传动的受力分析 …… 85
2.9 谐波齿轮传动 …… 87
2.9.1 概述 …… 87
2.9.2 谐波齿轮传动主要参数及其材料 …… 89
2.9.3 强度验算 …… 91
2.9.4 谐波齿轮传动设计过程 …… 92
2.10 轮系 …… 93
2.10.1 概述 …… 93
2.10.2 轮系传动比的计算 …… 96
2.11 齿轮传动的空回 …… 99
2.11.1 齿轮空回、空回产生原因及计算 …… 99
2.11.2 消除和减小齿轮传动空回方法 …… 100
2.12 齿轮传动链的设计 …… 102
2.12.1 齿轮传动链的设计步骤 …… 102
2.12.2 齿轮传动链的设计内容 …… 102
习题 …… 110

第3章 螺旋传动 …… 115

3.1 概述 …… 116
3.2 滑动螺旋传动 …… 117
3.2.1 滑动螺旋传动的特点 …… 117
3.2.2 滑动螺旋传动的应用形式 …… 117
3.2.3 滑动螺旋传动的计算 …… 119
3.2.4 滑动螺旋传动的设计 …… 126
3.2.5 消除螺旋传动空回的方法 …… 135
3.3 滚珠螺旋传动 …… 136
3.4 静压螺旋传动简介 …… 141
习题 …… 142

第4章 轴和常见精密轴系 …… 145

4.1 概述 …… 146
4.2 轴 …… 147
4.2.1 轴的材料及选择 …… 147
4.2.2 轴的结构设计 …… 148
4.2.3 轴的强度计算 …… 152
4.2.4 轴的刚度计算 …… 156
4.3 常见精密轴系 …… 157
习题 …… 167

第二篇 运动支承 …… 168

第5章 支承 …… 169

5.1 概述 …… 170
5.2 滑动摩擦支承 …… 171
5.2.1 圆柱面支承 …… 171
5.2.2 其他类型滑动摩擦支承 …… 175
5.3 滚动摩擦支承 …… 177
5.3.1 标准滚动支承 …… 177
5.3.2 其他类型的滚动摩擦支承 …… 204
5.4 弹性摩擦支承 …… 207
5.5 流体摩擦支承及其他类型的支承 …… 208
习题 …… 212

第6章 运动导轨 …… 214

6.1 概述 …… 215

6.1.1　导轨的分类 …………… 215
6.1.2　导轨的基本要求 ……… 216
6.2　滑动摩擦导轨 ………………… 216
6.2.1　滑动导轨的类型及结构特点 ……………………… 216
6.2.2　滑动导轨间隙的调整 …… 221
6.2.3　导轨精度及影响导轨精度的因素 ……………………… 222
6.2.4　驱动力和作用点对导轨工作的影响 …………… 224
6.2.5　提高导轨耐磨性的措施 ……………………… 225
6.2.6　导轨主要尺寸的确定 …… 226
6.3　滚动摩擦导轨 ………………… 227
6.4　其他类型的导轨简介 ………… 236
6.4.1　弹性摩擦导轨 ………… 236
6.4.2　静压导轨 ……………… 237
习题 ………………………………… 240

第三篇　连接 ………………………… 242

第7章　机械零件的连接 …………… 243

7.1　连接的分类与要求 …………… 244
7.1.1　连接的分类 …………… 244
7.1.2　连接的要求 …………… 245
7.2　可拆连接 ……………………… 245
7.2.1　螺钉和螺纹连接 ……… 245
7.2.2　销钉连接 ……………… 250
7.2.3　键连接 ………………… 251
7.3　不可拆连接 …………………… 255
7.3.1　焊接 …………………… 255
7.3.2　铆接 …………………… 256
7.3.3　压合 …………………… 257
7.3.4　铸合 …………………… 258
7.3.5　胶接 …………………… 259
习题 ………………………………… 263

第8章　光学零件的连接 …………… 264

8.1　连接的特点和应满足的要求 …… 265
8.2　圆形光学零件的固紧 ………… 265
8.3　非圆形光学零件的固紧 ……… 269
习题 ………………………………… 270

第四篇　仪器常用组合件 …………… 272

第9章　仪器常用装置 ……………… 273

9.1　概述 …………………………… 274
9.2　微动装置 ……………………… 275
9.2.1　设计时应满足的基本要求 ……………………… 275
9.2.2　常用微动装置 ………… 275
9.3　锁紧装置 ……………………… 278
习题 ………………………………… 281

第10章　可变光阑 …………………… 283

10.1　光阑的作用和设计要求 ……… 284
10.2　虹彩光阑 ……………………… 288
10.2.1　计算法 ………………… 289
10.2.2　图解法 ………………… 295
习题 ………………………………… 297

第11章　快门机构 …………………… 298

11.1　快门的主要特性、类型及对快门机构的基本要求 …………… 299
11.2　中心式快门 …………………… 305
11.3　百叶窗式快门 ………………… 309
习题 ………………………………… 313

第五篇　弹性元件 …………………… 314

第12章　弹性元件 …………………… 315

12.1　概述 …………………………… 316
12.1.1　基本概念和功用 ……… 316
12.1.2　常用弹性元件的分类和特点 ………………… 317
12.1.3　常用弹性元件材料及其特点 ………………… 318
12.1.4　弹性元件的许用应力 … 322
12.2　弹性元件的基本特性 ………… 322

12.2.1 弹性元件的基本特性概述 ………………… 322
12.2.2 影响弹性元件特性的因素 ………………… 323
12.3 螺旋弹簧 ………………… 325
12.3.1 螺旋弹簧的功能和特点 … 325
12.3.2 螺旋弹簧的制造工艺 … 326
12.3.3 圆柱螺旋弹簧的结构特点和基本几何参数 … 326
12.3.4 圆柱螺旋弹簧的特性和应力 ………………… 328
12.3.5 圆柱螺旋弹簧的设计与计算 ………………… 332
12.4 游丝 ………………… 334
12.4.1 游丝的种类、要求和材料 ………………… 334
12.4.2 游丝的结构 ………………… 335
12.4.3 游丝的特性 ………………… 335
12.4.4 游丝的设计 ………………… 336
12.5 片簧 ………………… 337
12.5.1 片簧的类型和功用 …… 338
12.5.2 直片簧的结构和种类 … 338
12.6 热双金属弹簧 ………………… 339
12.6.1 热双金属弹簧的结构和应用 ………………… 339
12.6.2 热双金属弹簧的材料和制造 ………………… 340
12.6.3 热双金属弹簧的计算 … 341
12.7 其他弹性元件简介 ………………… 341
12.7.1 弹簧管 ………………… 341
12.7.2 波纹管 ………………… 344
12.7.3 膜片、膜盒 ………………… 344
12.7.4 各种异型弹性元件 …… 346
习题 ………………… 346
参考文献 ………………… 348

绪　论

精密机械在生产和科学技术的发展过程中起着重要的作用，它是仪器设计的基础和必不可少的组成部分，被越来越广泛地应用在工业、农业、国防和科学技术现代化建设的各个领域中，是实现对各种信息进行采集、传输、转换、处理、存储、显示和控制的基本部分。在当今信息时代，精密机械不仅促进了光电技术、传感技术、微电子技术、通信技术和计算机应用技术的发展，而且也通过和这些技术的结合，加速了精密机械自身的发展，并形成了一些新的研究领域和技术，如微机械系统、微光电系统。

随着光学、电子学、自动控制、计算机等现代科学技术的进步和发展，人类综合应用各方面知识和技术，不断创造出光、机、电、计算机一体化的新型的精密机械及其产品。这些机械产品扩大了精密机械的应用范围，也为精密机械学科的发展开辟了更加广阔的途径。不论新型仪器的性能和功能多么先进和强大，都不可能完全脱离机械系统和结构而独立存在，常规的精密机械设计方法仍是实现现代精密仪器的机械系统的重要手段，不同的只是运用了新的工具和方法来实现常规设计，因此，在现代仪器设计中，精密机械仍占有不可替代的地位。

对于现代精密仪器总体设计人才来说，在掌握好光学、电子和计算机等先进技术的同时，一定要掌握好精密机械的基本原理和方法，才能设计出先进的、多功能的和智能化的光、机、电、计算机一体化的新型仪器和设备，以满足国家的经济建设和国防建设的需要。

0.1　课程内容和主要特点

0.1.1　课程内容

本课程主要研究精密机械的基本理论、设计方法和设计手段，包括以下几方面的内容。

(1) 精密机械零件常规设计：它是进行主机系统设计的基础，主要分析常用精密机械零件(包括弹簧、摩擦传动、带传动、齿轮传动、螺旋传动、轴、联轴器、连接、轴承和导轨)的设计计算方法。

(2) 精密机械常见组合件：主要论述精密机械常见组合件(包括精密仪器中的锁紧及微动装置、可变光阑及快门)的原理、设计方法，以及其在工程设计中的应用。

0.1.2　课程主要特点

本课程是专业教学计划中的主干课程之一，是一门专业基础课。因而它不仅要求学生预先学完机械制图、理论力学、材料力学、工程材料、互换性与测量技术、机械原理等先修课程，而且要求学生结合本课程的学习，能够综合运用所学的基础理论和技术知识，联系生产实际和机器的具体工作条件，去设计合用的零(部)件及简单的机械，以便为顺利地过渡到专业课程的学习及为进行专业产品与设备的设计打下初步的基础。因此，本课程具有从理论性课程过渡到结合工程实际的设计性课程，从基础课程过渡到专业课程的承前启后的桥梁作用。另外，由于本课程所讨论的内容都是通用机械零(部)件设计和选用方面的基础知识、基础理论和基本方法，所以也是一般机械工程技术人员必备的基础。

由于本课程是建立在前述很多门先修课程的基础之上的，因而必须和那些先修课程内容时时挂钩、紧密联系，才能综合地运用它们来为机械设计服务。本教材研究对象和性质的特点，决定了教材内容本身的繁杂性，主要表现在“关系多、门类多、要求多、公式多、图形多、表格多”等方面。应认真采取适当对策，以有利于找出各零件间的某些共性，明确相应的设计规律。

0.2 课程基本任务

本课程是一门培养精密仪器总体设计专业的学生具有常用精密仪器基本设计能力的专业基础课，其主要任务如下。

(1) 初步掌握常用机构的组成原理、机构特性和设计分析计算方法，具有对一般机构进行分析和方案设计的能力。

(2) 掌握常用精密机械零(部)件的工作原理、特点、计算依据和设计方法，能根据工作要求设计常用的精密机械零(部)件。

(3) 了解常用精密机械零(部)件的精度分析方法以及减少或消除误差的方法和手段，能设计出满足精度要求的精密仪器。

(4) 具有运用各种标准、规范和手册等技术资料的能力，能正确地选取零件的材料和技术条件，并使所做的设计符合通用的技术标准和技术要求。

(5) 结合后续的精密机械课程设计，学习和掌握精密机械设计的基本方法，能运用这些方法进行一般精密机械零(部)件的设计。

建议教师在讲授时，以培养学生分析和解决问题的能力为主，把教师讲授和学生自学相结合，着重讲重点、难点、方法、思路和发展，使学生通过本课程的学习，初步具有应用新的技术和方法来解决一般精密机械设计问题的能力。

第一篇

传　　动

第1章 摩擦轮传动与带传动

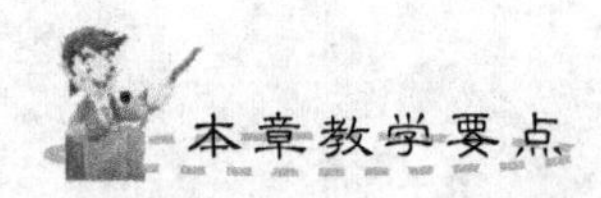

教学要求	知识要点
了解摩擦轮传动的原理、类型； 了解摩擦无级变速器的工作原理及特点	带传动的工作原理、类型
了解带传动的类型、工作原理及应用； 熟悉V带与V带轮的结构	带传动的类型、工作原理； V带与V带轮轮槽角
掌握带传动的受力分析； 熟悉弹性滑动和打滑的基本理论	带的受力分析； 弹性滑动、打滑
掌握带传动的失效形式、设计准则； 了解V带传动的设计与计算方法和参数选择准则	带传动的失效形式； V带传动的设计
掌握同步带传动的特点和应用，带轮的结构； 了解同步带传动的设计与计算	同步带传动的特点； 同步带传动的设计与计算

导入案例

带传动是机械传动学科的一个重要分支，主要用于传递运动和动力。它是机械传动中重要的传动形式，也是机电设备的核心连接部件，其种类异常繁多，用途极为广泛。随着工业技术水平的不断提高，带传动在一定范围内代替了齿轮传动和链传动。大到几千千瓦的巨型电机，小到不足一个千瓦的微型电机，甚至包括家电、计算机、机器人等精密机械在内都离不开传动带。它的最大特点是可以自由变速，远近传动，结构简单，更换方便。所以，从原始机械到现代自动设备都有传动带的身影，产品历经多次演变，技术日臻成熟。

目前，除已大量用于汽车及传统产业之外，带传动还进一步扩大到OA机器(办公设备)、机器人等各种精密机械传动的应用中。由于胶带内侧带有弹性体的齿牙，能实现无滑动的同步传动，而且具有比链条轻、噪声小的特点，现今欧洲80%以上的轿车、美国40%的轿车都已装用了这种齿型带。我国2000年生产汽车200万辆，齿型带需要700万条以上。最近出现的圆齿带较之方齿带更进一步增大了传动力和肃静性，作为新一代的环保带，其使用范围更趋广泛。现在，其已开始成为对同步传动、噪声要求极为严格的家用和工业用缝纫机、打字机、复印机的使用对象。

1.1 摩擦轮传动

摩擦轮传动是利用两轮直接接触所产生的摩擦力来传递运动和动力的一种机械运动。摩擦轮传动有以下主要特点。

1. 优点

(1) 传动零件的结构简单，使用维修方便，适用于两轴中心距较近的传动。

(2) 传动平稳，工作时噪声很小。

(3) 过载时，传动件之间产生相对滑动，可防止其他零件因过载而损坏。

(4) 可以实现传动比的连续改变(无级调速)。

2. 缺点

(1) 轮面间存在相对滑动，因而不能保证严格的传动比。

(2) 不适合于传递大的转矩。因为在这种情况下，压紧力必须加得很大，这不仅使结构外廓尺寸加大，而且工作面的磨损也十分严重。

(3) 传动效率低，为0.85～0.90。

摩擦轮传动一般应用于摩擦压力机、摩擦离合器、制动器、机械无级变速器及仪器的传动机构等场合。摩擦轮传动不能用于传动比要求准确的场合，传递功率不宜过大(一般不超过 20kW)。

1.2 摩擦轮传动设计

1.2.1 摩擦轮传动的工作原理和传动比

1. 摩擦轮传动工作原理

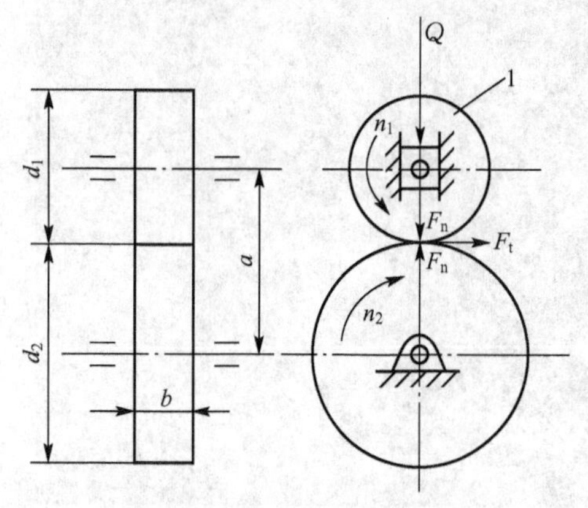

图 1.1 平行轴摩擦轮的传动

图 1.1 所示为最简单的两轴平行的摩擦轮传动，由两个相互压紧的圆柱形摩擦轮组成。在正常传动时，主动轮依靠摩擦力的作用带动从动轮转动，并保证两轮面的接触处有足够大的摩擦力，使主动轮产生的摩擦力矩足以克服从动轮上的阻力矩。如果摩擦力矩小于阻力矩，两轮面接触处在传动中会出现相对滑移现象，这种现象称为“打滑”。

设 f 为轮面材料的摩擦系数，F_n 为两摩擦轮压紧时在接触面间产生的法向压紧力，则两轮接触面间的摩擦力 $f \cdot F_n$ 应大于或等于带动从动轮回转所需的工作圆周力 F_t，即

$$f \cdot F_n \geqslant F_t \tag{1-1}$$

为了克服“打滑”，必须适当增大两轮面接触处的摩擦力。增大摩擦力的途径，一是增大正压力，二是增大摩擦因数。

增大正压力可以在摩擦轮上安装弹簧或其他的施力装置，但这样会增加作用在轴与轴承上的载荷，导致传动件的尺寸增大，使机构笨重。因此，正压力只能适当增加。

增大摩擦因数的方法，通常是将其中一个摩擦轮用钢或铸铁材料制造，在另一个摩擦轮的工作表面，粘上一层石棉、皮革、橡胶布、塑料或纤维材料等。轮面较软的摩擦轮宜作主动轮，这样可以避免传动中产生打滑，致使从动轮的轮面遭受局部磨损而影响传动质量。不同配对材料摩擦轮副的平均摩擦因数 f 见表 1-1。

表 1-1 不同配对材料摩擦轮副的平均摩擦因数 f

配对材料	平均摩擦因数 f	配对材料	平均摩擦因数 f
铸铁与铸铁	0.12	铸铁与塑料	0.15
铸铁与皮革	0.25	铸铁与纤维制品	0.25
铸铁与木材	0.40	铸铁与特殊橡胶	0.6
铸铁与橡胶	0.35	—	—

2. 传动比

如图 1.1 所示，传动时，如果两摩擦轮在接触处没有相对滑移，则两轮在该处的线速

度相等，即 $v_1=v_2$，其传动比就是主动轮转速与从动轮转速的比值

$$i=\frac{n_1}{n_2}=\frac{D_2}{D_1} \tag{1-2}$$

式中，D_1——主动轮直径，mm；

D_2——从动轮直径，mm。

摩擦轮传动在实际正常工作中，由于摩擦力的作用，使得摩擦轮在接触点两侧的弹性变形量不一样大，即主动轮上的表层金属在通过接触区的过程中由压缩逐渐变为伸长，而从动轮上对应的表层金属则由伸长逐渐变为压缩，所以两轮接触面间就产生了相对滑动，这种由于材料弹性变形而产生的滑动，称为弹性滑动，如图 1.2 所示。

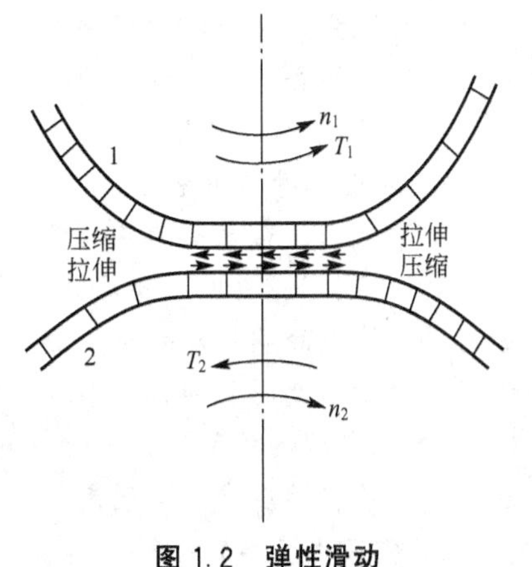

图 1.2　弹性滑动

由于弹性滑动的影响，摩擦轮传动的实际传动比为

$$i_{12}=\frac{n_1}{n_2}=\frac{r_2}{r_1(1-\varepsilon)} \tag{1-3}$$

式中，ε——摩擦轮传动的弹性滑动率(即速度损失率)，$\varepsilon=\frac{v_1-v_2}{v_1}\times 100\%$。

摩擦轮传动的设计主要是根据所需传递的圆周力计算压紧力的。用金属作为摩擦材料时应限制工作面的接触应力；用非金属时则应限制单位接触线上的压力。

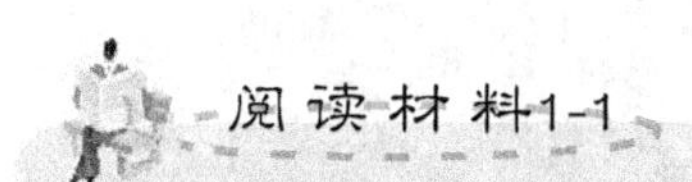

摩擦轮传动设计中的打滑率计算

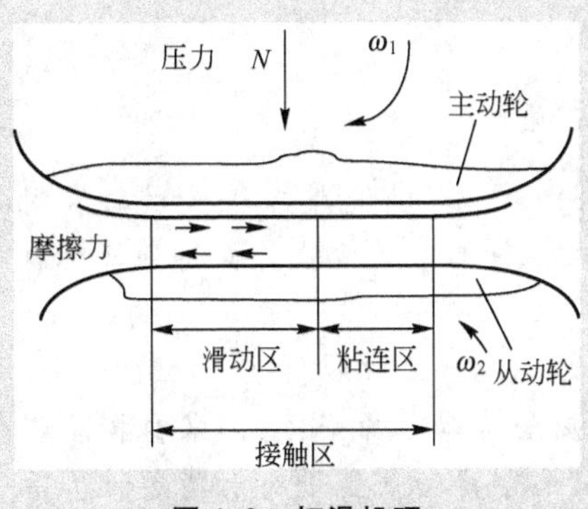

图 1.3　打滑机理

1. 摩擦轮传动的宏观和微观打滑机理

当两圆柱滚轮在法向压力的作用下，由于弹性变形而形成微小的矩形接触平面。如图 1.3 所示：在接触平面的左侧主动轮受摩擦力挤压的作用，从动轮受到摩擦力拉伸的作用，主动轮和从动轮在接触平面左侧产生切向应变的大小和方向不同而产生应变差，造成表面切向速度不同，从而产生微观滑移形成滑移区。在接触平面的右侧，主动轮和从动轮表面切向速度相同，形成粘连区。

由定性和定量分析可以得到结论：

(1) 对不同的接触条件粘连区和滑移区的位置不是固定的，它们将随力矩、材料等多种因素的改变而改变；但对于两滚轮的稳态滚动过程，它们的位置是固定的。滑移区和粘连区的大小分配将决定微观滑移的大小。

(2) 宏观打滑是接触区内不存在粘连区的情况，它是一种过载效应，即载荷大于摩擦轮正压力与摩擦系数的乘积时便出现了宏观打滑。宏观打滑不大时，传动虽然能运转但效率低，并且不可靠。严重打滑时会导致工作表面的局部擦伤或胶合，故设计中应采

取一定的安全系数予以防止。

(3) 微观打滑是两摩擦轮在接触区受切向力的作用而发生的切向应变不同引起的，它是不可避免的，是滚动摩擦副的普遍现象。对稳态滚动来说，微观打滑系数ξ是一常数，并可以根据粘连区中相应公式计算出来。

2. 打滑率的计算

1) 宏观打滑的避免

对摩擦轮传动精度的基本要求是避免宏观打滑，获得稳定的传动比。根据以上分析可采取以下措施：(1)摩擦轮装置要有较好的防护措施，防止灰尘、铁屑等进入接触区，保持摩擦轮表面尽可能的干净和平滑。(2)选择耐磨性好、弹性模量大的材料作摩擦轮，以保证传动精度的长期稳定性。(3)提高摩擦轮压紧机构的稳定性和支撑系统的刚性。(4)摩擦轮之间的接触压力要满足它与摩擦系数的乘积大于摩擦副的载荷，摩擦轮表面要有较小的粗糙度和表面波度，保证摩擦轮之间无宏观打滑现象。

2) 微观打滑率的计算

由弹性力学知识可推出相同材料滚子的打滑率计算公式：

$$\xi=\mu\left(\frac{R_1+R_2}{R_1\times R_2}\right)^{\frac{1}{2}}\left(\frac{4N}{\pi B}\right)^{\frac{1}{2}}\times\left[\frac{2(1-\upsilon^2)}{E}\right]^{\frac{1}{2}}\left[1-\left(1-\frac{Q}{\mu N}\right)^{\frac{1}{2}}\right]$$

式中，ξ——打滑率；

μ——摩擦系数；

Q——接触表面合成切向力；

N——法向压力；

R_1、R_2——主动轮与从动轮的半径；

B——接触区宽度；

E——材料的弹性模量；

υ——材料的泊松比。

3) 摩擦轮传动打滑率的计算

在进行摩擦轮传动精度设计时，首先设计结构、材料等避免摩擦轮传动的宏观打滑，然后根据相应的计算方法计算出几何打滑率，再依据本文的方法计算得到微观打滑率的大小，两者相加可得到传动的打滑率值。

3. 摩擦轮传动的精度设计

根据以上对打滑现象的分析和计算，在设计中应坚持以下原则：(1)采取措施避免宏观打滑。(2)对已知机构、材料、压力等参数的摩擦轮传动装置进行打滑率计算，若不满足精度要求，则改变某一参数重新设计直到精度满足要求。(3)根据计算打滑率对打滑率进行补偿修正，以提高传动精度。

资料来源：王建利，李真．摩擦轮传动设计中的打滑率计算．机械设计与研究．1998(4)

1.2.2 摩擦轮传动的类型

按两轮轴线相对位置摩擦轮传动可分为两轴平行和两轴相交两类。

1．两轴平行的摩擦轮传动

两轴平行的摩擦轮传动有外接圆柱式摩擦轮传动[图 1.4(a)]和内接圆柱式摩擦轮传动[图 1.4(b)]两种。前者两轴转动方向相反，后者两轴转动方向相同。

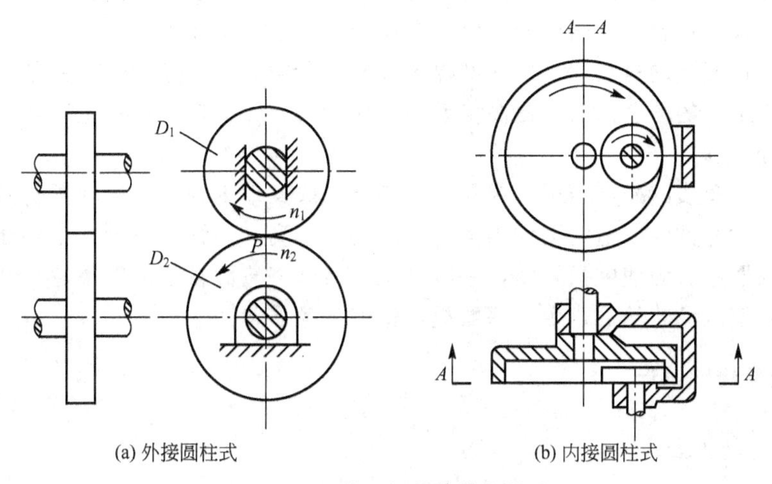

(a) 外接圆柱式　　(b) 内接圆柱式

图 1.4　两轴平行的摩擦轮传动

2．两轴相交的摩擦轮传动

两轴相交的摩擦轮传动，其摩擦轮多为圆锥形，并有外接圆锥式[图 1.5(a)]和内接圆锥式[图 1.5(b)]两种。此外，还有圆柱圆盘式结构。圆锥形摩擦轮安装时，应使两轮的锥顶重合，以保证两轮锥面上各接触点处的线速度相等。

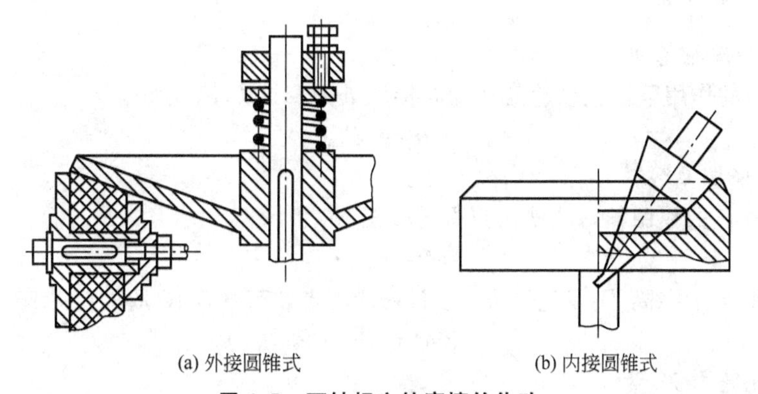

(a) 外接圆锥式　　(b) 内接圆锥式

图 1.5　两轴相交的摩擦轮传动

1.2.3　摩擦轮材料

根据摩擦轮传动的工作特点，制造摩擦轮的材料应该满足以下要求。

(1) 具有较高的耐磨性和表面接触强度。

(2) 具有较高的摩擦系数。

(3) 具有较大的弹性模量以减少接触面积，从而减少附加的摩擦损失。

(4) 在干摩擦条件下，吸湿性要小。

目前尚无满足上述各项要求的材料，因此，在选择时要根据具体情况，保证对传动所提出的主要要求首先能得到满足。

在高速、高效率和尺寸要求紧凑的传动中，常采用淬火钢—淬火钢或淬火钢—表面硬化铸铁相配的轮面材料。采用这种材料时，为使接触良好和减小磨损，要求摩擦轮有较小的表面粗糙度值和较高的制造精度。为了提高传动的寿命，通常将其浸泡在油中工作，但此时摩擦因数较低，轮面间需要较大的法向压力才能正常工作。

铸铁—铸铁相配的材料，多用在摩擦轮尺寸不受限制、转速较低，并常在开式传动和干摩擦状态下工作的场合。为了提高传动的工作能力，铸铁表面可用急冷或表面淬火的方法进行硬化处理。

钢、铸铁—布质酚醛层压板、橡胶、压制石棉或其他工程塑料的相配材料，具有较大的摩擦因数，对零件的制造精度和表面粗糙度要求不高，但强度较低，常用于干摩擦下的小功率传动仪器中。为使磨损均匀，一般来说，最好将轮面较软的摩擦轮用作主动轮，否则打滑时，将使从动轮轮面遭受局部磨损，影响传动质量。

1.2.4 摩擦轮传动设计

1. 主要失效形式

(1) 由于过载、压紧力的改变或摩擦系数的减小导致打滑，而使轮面产生局部磨损与烧伤。

(2) 在交变接触应力的作用下，工作表面易产生疲劳点蚀和表面压溃。

(3) 在较大压紧力的作用下，高速运转将导致摩擦表面瞬时温度升高，轮面产生胶合。

当两轮轮面均为金属时，通常都是按表面疲劳强度进行计算的；当其中一个轮面为非金属材料时，目前多是按单位长度上的压力进行条件性计算。

2. 传动设计计算

1）圆柱摩擦轮传动

在压紧力的作用下，主动轮与从动轮接触处的摩擦力 F_f 为

$$F_f = fF_n \tag{1-4}$$

式中，f——摩擦系数。

在摩擦力 F 的作用下，从动轮获得的转矩 M 为

$$M = fF_n \cdot r_2 \tag{1-5}$$

为了保证传动可靠，不发生打滑，设计时应考虑载荷系数 K(取值在 1.25～3 之间)，即

$$KM = fF_n \cdot r_2 \tag{1-6}$$

因此得压紧力 F_n 为

$$F_n = \frac{KM}{fr_2} \tag{1-7}$$

摩擦轮宽度 B 可由下式求出

$$B \geqslant \frac{F_n}{[q]} \tag{1-8}$$

式中，$[q]$——轮面接触线长度的许用载荷。

为了保证两摩擦轮沿轮面全宽接触，应使

$$B \leqslant 2r_1$$

摩擦系数 f 和许用单位压力 $[q]$ 查表 1-2 选取。

表 1-2 摩擦系数 f 和许用单位压力 $[q]$

材 料	f	$[q]/(\mathrm{N/mm})$
钢—钢或钢—铸铁(有润滑油)	0.05~0.10	—
铸铁—钢或铸铁—铸铁(干燥状态)	0.1~0.15	—
铸铁—布质塑料(干燥状态)	0.1~0.18	3.92~78
铸铁—纤维(干燥状态)	0.15~0.30	24.5~44.2
铸铁—皮革(干燥状态)	0.15~0.30	29.4~34.3
铸铁—压纸板(干燥状态)	0.15~0.40	—
铸铁—木材(干燥状态)	0.40~0.50	4.90~14.7
铸铁—特殊橡胶(干燥状态)	0.50~0.75	2.45~4.90

2) 圆锥摩擦轮传动

圆锥摩擦轮传动用于传递相交轴间的回转运动。两轮夹角和可为任意值，但一般多为直角。在没有相对滑动的情况下，这种机构的传动比为

$$i_{12}=\frac{\omega_1}{\omega_2}=\frac{n_1}{n_2}=\frac{\sin\alpha_2}{\sin\alpha_1} \tag{1-9}$$

3) 作用在轴上的载荷

在摩擦轮传动中，作用在轴上的载荷可分为圆周力 F_t 和接触面间的法向力 F_n。进行轴和轴承的计算时，需要确定这两个载荷的大小和方向。

对于圆柱摩擦轮传动，作用在轴上的载荷如图 1.6 所示，其中径向力 F_r 等于法向力 F_n，其方向永远指向轮心；圆周力 F_t 在主动轮上与回转方向相反，在从动轮上与回转方向相同。载荷大小的计算如前所述。

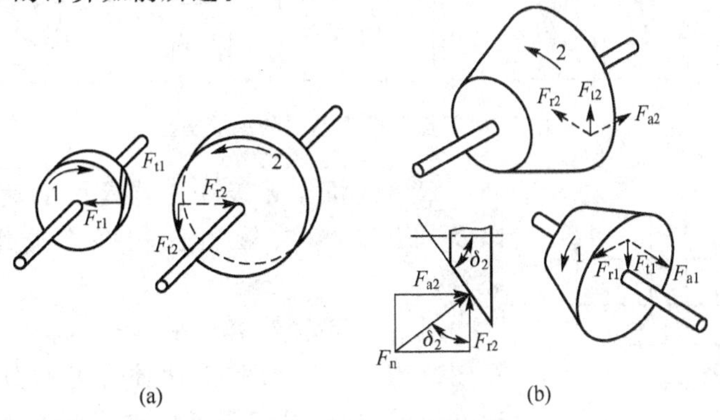

图 1.6 作用在轴上的载荷

对于圆锥摩擦轮传动，法向力 F_n 可以分解为径向力 F_r 和轴向力 F_a(图 1.6)

$$F_{r1}=F_n\cos\delta_1,\quad F_{a1}=F_n\sin\delta_1$$
$$F_{r2}=F_n\cos\delta_2,\quad F_{a2}=F_n\sin\delta_2$$

故圆锥摩擦轮传动中作用在轴上的载荷有圆周力 F_t、径向力 F_r 和轴向力 F_a。各力的作用方向为：圆周力和径向力的作用方向与圆柱摩擦轮传动所述相同，轴向力的方向则永远背向锥顶。应当指出，在主动轮上的径向力与从动轮上的轴向力相等，从动轮上的径向力则与主动轮上的轴向力相等。

由于 $\delta_1<\delta_2$，故 $F_{a1}<F_{a2}$。因此，要获得同样大小的法向力，可移动小轮，这样比较省力，操作方便。

1.3 摩擦无级变速器

所谓无级变速，就是在一定传动比范围内能线性地调节传动比，无级变速装置统称为无级变速器。现代的无级变速器有机械的、电动的和液压的。多数的机械无级变速器利用了摩擦传动的原理。与普通的机械传动一样，机械无级变速具有恒功率、高效率、可靠性高等优点。一般来说，使用无级变速器的主要原因是特殊应用要求、操作简单、高性能和高效率。目前常用的摩擦式无级变速的类型有行星锥盘式、行星环锥式、锥盘环盘式(干式、湿式)、多盘式等，如图 1.7 所示。其中行星锥盘式无级变速器通用性较强。

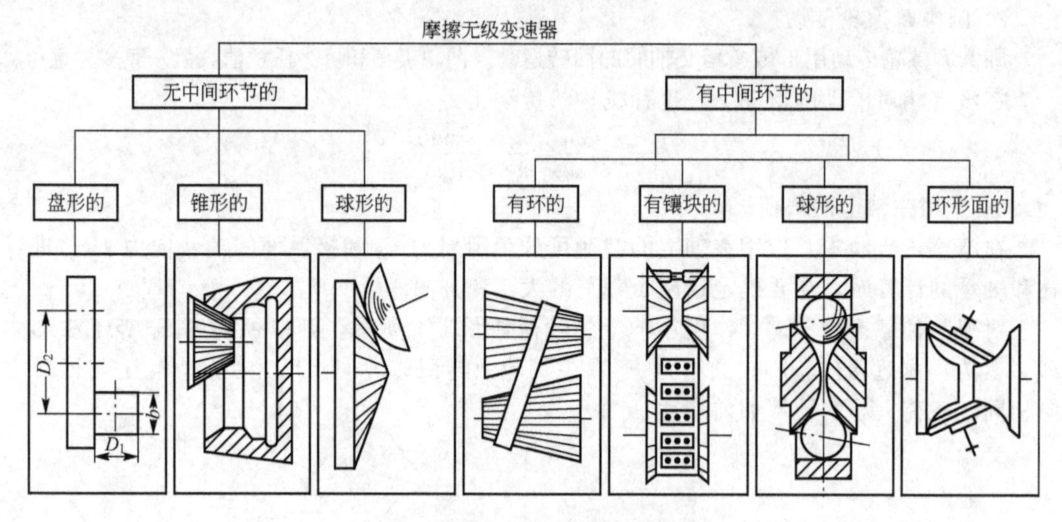

图 1.7　摩擦无级变速器的主要类型

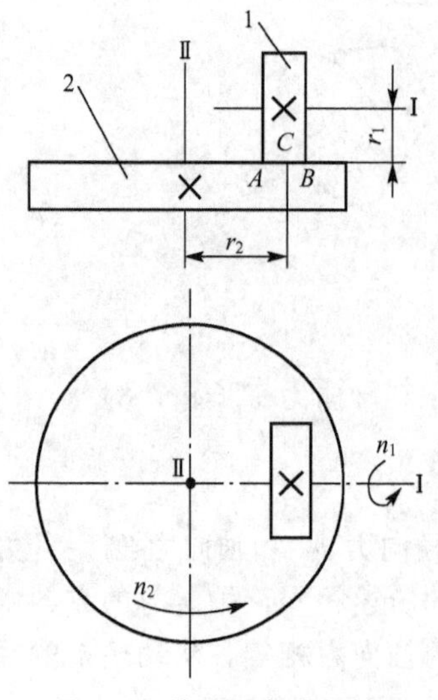

图 1.8　滚子平盘式机械无级变速机构示意图

1—滚子；2—平盘

摩擦式机械无级变速器是由变速机构、调速机构以及加压装置或输出机构 3 部分组成的一种传动装置。

图 1.8 所示为滚子平盘式机械无级变速机构的示意图。当电机动力源带动轴Ⅰ上的滚子 1 以恒定的转速 n_1 回转时，因滚子紧压在平盘 2 上，靠摩擦力的作用，使平盘转动并带动从动轴Ⅱ以转速 n_2 回转，假定滚子与平盘接触线 AB 的中点 C 处无相对滑移，为纯滚动，则滚子与平盘在点 C 处的线速度相等。因此，传动比为

$$i=\frac{n_1}{n_2}=\frac{r_2}{r_1} \tag{1-10}$$

式中，r_1——滚子半径，mm；

r_2——滚子素线中点到从动轴轴线的距离，mm。

若将滚子 1 沿平盘 2 表面作径向移动，改变 r_2，从

动轴Ⅱ的转速 n_2 随之改变。由于 r_2 可在一定范围内任意改变，所以轴Ⅱ可以获得无级变速。

与电力无级调速方式相比较，机械无级变速器的主要特点是具有恒功率机械特性、转速稳定、工作可靠、传动效率较高、结构简单、维修方便，而且传动类型多、适用范围广。因此，在今后的发展中，其依然有着广阔的应用前景。

1.4 带 传 动

1.4.1 带传动的工作原理和传动比

带传动是由带和带轮组成传递运动和动力的传动，分摩擦传动和啮合传动两类。

1. 带传动的类型与应用

属于摩擦传动类的带传动有平带传动、V 带传动、多楔带和圆带传动［图 1.9(a)、图 1.9(b)、图 1.9(c)］；属于啮合传动类的带传动有同步带传动［图 1.9(d)］。

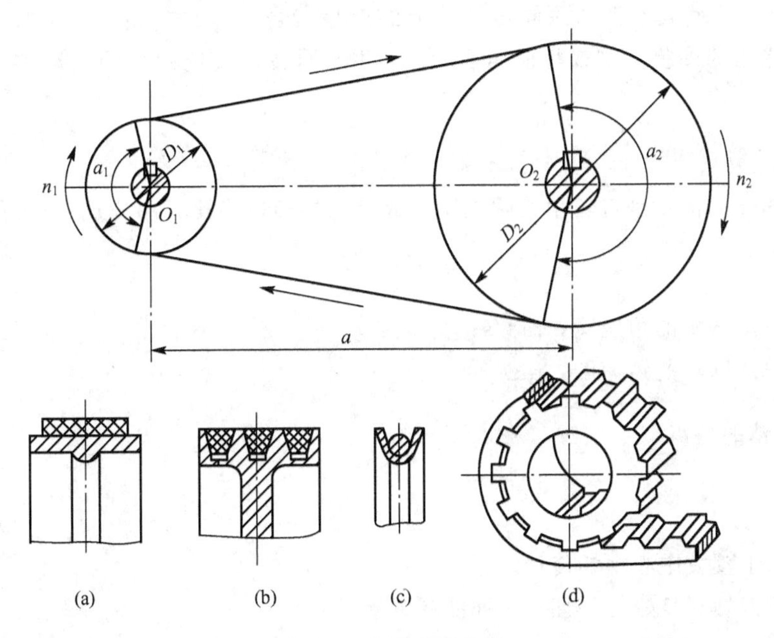

图 1.9 带传动的类型

平带传动的结构简单，带轮也容易制造，多应用于传动中心距较大的场合。

V 带传动是带传动中应用最广泛的传动形式。在同样的张紧力下，V 带传动较平带传动能产生更大的摩擦力。

多楔带传动兼有平带传动和 V 带传动的优点，柔韧性好、摩擦力大，主要用于传递大功率、结构要求紧凑的场合。

同步带传动是一种啮合传动，具有的优点是无滑动，能保证固定的传动比，带的柔韧性好，所用带轮直径可以较小。

带传动是一种常用的机械传动，广泛应用在金属切削机床、输送机械、农业机械、纺织机械、通风机械等中。常用的带传动有V带传动和平带传动。

2. 带传动的工作原理

带传动是利用带作为中间挠性件，依靠带与带轮之间的摩擦力或啮合来传递运动和动力的，如图1.10所示。

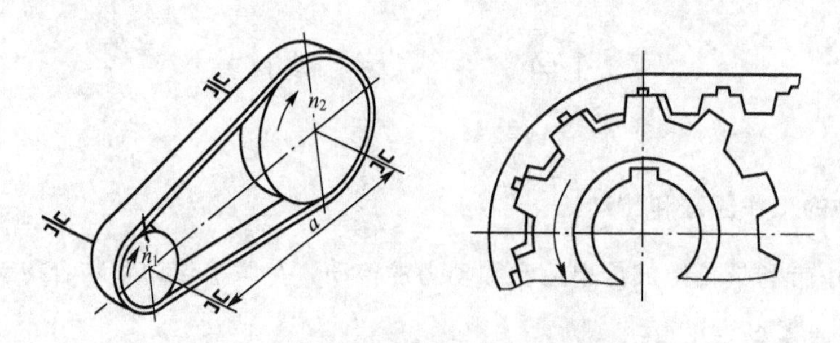

图1.10　带传动的工作示意图

把一根或几根闭合成环形的带张紧在主动轮和从动轮上，使带与两带轮之间的接触面产生正压力（或使同步带与两同步带轮上的齿相啮合），当主动轮回转时，依靠带与两带轮接触面之间的摩擦力（或齿的啮合）使从动轮回转，实现两轴间运动和（或）动力的传递。

3. 带传动的传动比

带传动的传动比就是带轮角速度之比，或带轮的转速之比，用公式表示为

$$i=\frac{n_1}{n_2}=\frac{\omega_1}{\omega_2} \tag{1-11}$$

式中，ω_1——主动轮的角速度，rad/s；

ω_2——从动轮的角速度，rad/s。

1.4.2 带传动的特点

1. 优点

(1) 适用于较大中心距的传动。

(2) 由于带具有良好的弹性，因而能缓冲吸振。

(3) 过载时，带在轮面上打滑，起到保护其他零件的作用。

(4) 运行平稳，工作时噪声小。

(5) 结构简单，成本低。

2. 缺点

(1) 传动的外廓尺寸较大。

(2) 不能保持恒定的传动比，传动精度低。

(3) 带的寿命比较短(与齿轮传动相比)。

(4) 传动效率低，一般为0.94～0.98。

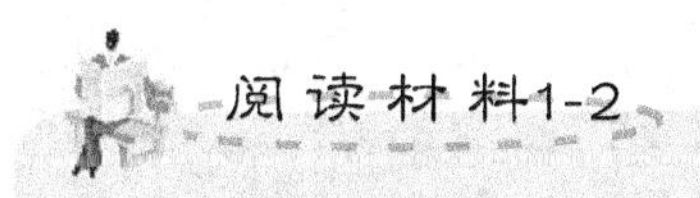

带传动理论与技术的应用

1. 带传动的应用

随着工业技术水平的不断提高，带传动在各种机械设备传动中的应用越来越广泛，并在一定范围内代替了齿轮传动和链传动。为适应高速化、轻量化、精密化、省力化和长寿命、低噪声的要求，提出传动带应向骨架材料聚酯化、结构线绳化、胶料氯丁化和底胶短纤维定向化，从而促进了带传动理论与技术的发展。

从大到几千千瓦的巨型电机，小到不足一个千瓦的微型电机，甚至包括家用电脑、机器人等精密机械在内都离不开带传动。作为带传动中的主体部件——传动带也由原来的易损件向功能件方向转变，其品种规格向多样性发展，由传统的普通包布V带和普通平带发展了窄V带(Narrow V-belt)、宽V带、联组V带(Banded V-belt)、切边带(Raw edge V-belt)、多楔带、同步带、绳芯平带和片基平带等。这些传动带已广泛应用于汽车、机械、纺织、家电、轻工、农机等各个领域。可以说，从原始机械到现代自动设备都有带传动的身影，产品也历经多次演变，技术已日臻成熟，并在国民经济和人民日常生活中发挥着愈来愈重要的作用。

以齿型带(包括多楔带)为例，近20年来在工业发达国家发展极为迅猛，正在不断地侵蚀传统的金属齿轮、链条以及橡胶方面的平板带和三角带市场。目前，除已大量用于汽车及传统产业之外，还进一步扩大到OA机器(办公设备)、机器人等各种精密机械的传动。由于胶带内侧带有弹性体的齿牙，能实现无滑动的同步传动，而且具有比链条轻、噪声小的特点，现今欧洲80%以上的轿车、美国40%的轿车都已装用了这种齿型带。我国2000年生产汽车200万辆，齿型带需要700万条以上。最近出现的圆齿带较之方齿带，更进一步增大了传动力和肃静性，作为新一代的环保带，其使用范围更趋广泛。现在，已开始成为对同步传动、噪声要求极为严格的家用和工业用缝纫机、打字机、复印机的使用对象。

近年来对带传动安全性、多样性的要求也日益增多，如难燃带、抗静电带等。同时，除用于传递运动和动力外，由于传动带的品种增加，带的背面可制成各种输送结构，用于传递信号、控制开关等，使它更为广泛地应用于各行各业。

2. 带传动的研究概况

由于机械设备不断向高精度、高速度、大功率、长寿命、低噪声、低成本和紧凑化发展，使近年来的带传动产品在保证一定强度的条件下逐步向轻薄方向发展。过去一直在使用方面占绝对优势的普通V带传动出现下降趋势，同步带传动、多楔带传动、窄V带传动和复合平带(Complex flat belt)传动的应用持续增长。如同步带传动用于汽车发动机中正时系统(Timing sys-tem)、机床、纺织机械等行业，多楔带传动在汽车发动机辅助设备以及各类机械装备中的应用等，使同步带传动、多楔带传动的应用大幅度增加。

传动带最初是由皮革制造的，19世纪中叶为橡胶所取代。20世纪60年代开始，陆续由NRSBR转向CRPUR。进入20世纪80年代，又进一步扩大到采用CSM和HNBR。骨架材料由棉纤维扩大到人造丝、聚酯尼龙、玻璃纤维、钢丝以及芳纶等，见表1-3。胶带的形状也从平板型扩大到角型、圆型、齿型，使用从单根传动发展到成组并联，从而形成今日的传动带系列群体。

表 1-3　传动带材料的演变

发展历程		发展趋势
年代	1950　1960　1970　1980　1990　2000	2010
需求	长寿命　高质量、高可靠性	
变化	高质量、高可靠性	
	轻量化、高传动化	高可靠性
	低成本化	长寿命
产品	平板带、三角带	高负荷
演变	切割三角带	低噪声
	带齿三角带	多轴驱动
	V 型平板带、楔形带	低成本
	齿型带　汽车齿型带	
材料	橡胶	
演变	NR、SSR	耐热
	CR 短纤维	耐疲劳
	CSM、HNBR	可回收
	帘线	
	棉、人造丝　聚酯	
	钢丝　玻璃纤维	
	芳纶	
	帆布	
	棉	
	聚酯	
	尼龙高强度尼龙	耐热
	芳纶	耐磨

多年来，传动带一直是以 V 型带为中心，不断扩大品种，取代平板带，而形成了自己的主导产品。为提高 V 型带的耐久性，从 20 世纪 60 年代开始，出现了切割式三角带，它的侧面没有包布，耐弯曲疲劳性非常好，已取代了大部分包布式三角带。进入 20 世纪 80 年代之后，平板带与 V 型带结合的 V 型平板带得到快速发展。由于其性能优异，产量急剧增大，现已部分取代了切割式 V 带。紧接着，在美、日等国又出现了楔形 V 带，因为这种带的厚度薄，与带轮的接触面积大，弯曲性能好，可以在小的带轮上使用。因而，为传动装置的小型化、节能化作出了重要贡献。再有，利用传动带背面也可驱动的原理，例如在汽车风扇、交流电机、动力操纵系统、空调等采用一根传动带一次驱动的所谓蛇行传动方式，引起了各界的关注，使用范围日趋扩大，这种多面多向多机传动的代表性产品有六角带(Hexagonal belt)和圆形带。

传动带中的最新一类产品是齿型带(同步带)。它集齿轮、链条、带传动等的优点于一体，具有传动效率高、传动比准确、噪声小、节能、维修方便等特点。其传动原理早在 1900 年即有若干专利出现，但直到半个世纪之后才开始工业化，20 世纪 80 年代起，终于成为精密机械的主导传动产品。用饱和丁腈橡胶和聚氨酯弹性体制造的高精度微型带，已经进入了高新技术领域。

齿型带与传统传动带的最大差别在于同步和静音。因此，它是当今最受推崇的环保型产品。近年来，齿型带的齿牙，由方齿改为圆齿之后，更进一步增大了传载能力，发展前景极为广阔。由于各种机械要求的特性不同，以及各种传动带的价格高低相差悬殊，今后传动带将朝着结构材料多元化的方向发展。其用途和品种规格也日趋多样化，传动带中V型带、齿型带、平板带的构成比例，大体将在6∶3∶1的范围内上下变化。

3. 带传动的发展前景

纵观半个多世纪以来世界带传动的发展趋势，随着全球高新技术产业化的迅猛发展，今后传动带的主流是向着小型化、精密化和高速化的方向发展。老式的平板带将被日渐淘汰，新型的环形平板带重新崛起；切割三角带将取代大部分包布V型带同时代之而起的V型平板带、多楔带、齿型带成为新的主流产品。

进入21世纪，胶带工业的生产技术将有更大、更快的发展。为适应新产品、新工艺的需求，传动带生产设备将不断采用相关行业的新技术、新产品，增加品种和提高质量，配套更加完善、合理，并逐步实现系列化。未来带传动应着力考虑在理论研究、工艺装备、产品开发及管理方面。

资料来源．诸世敏，罗善明．带传动理论与技术的现状与展望．机械传动．2007(1).

1.4.3 带的张紧

根据带的摩擦传动原理，带必须在预张紧后才能正常工作；运转一定时间后，带会松弛，为了保证带传动的能力，必须重新张紧才能正常工作。

常见的张紧装置有定期张紧装置、自动张紧装置、张紧轮张紧装置。

1. 定期张紧装置

图1.11(a)、图1.11(b)是采用滑轨和调节螺钉或采用摆动架和调节螺栓改变中心距的张紧方法。前者适用于水平或倾斜不大的布置，后者适用于垂直或接近垂直的布置。

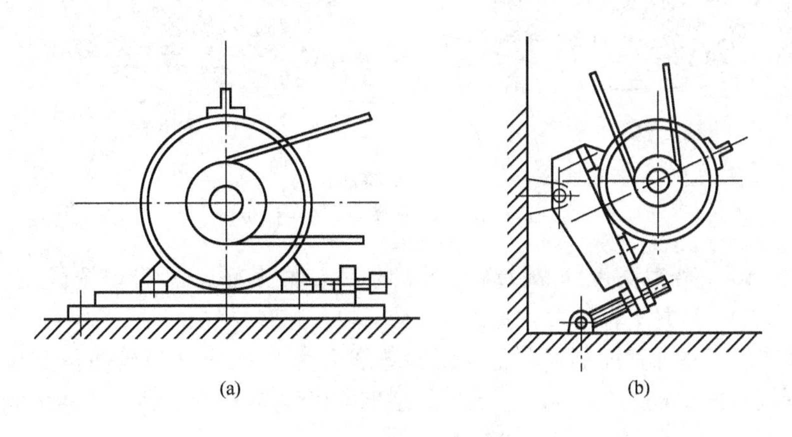

图1.11 定期张紧装置

2. 自动张紧装置

图 1.12 是采用重力和带轮上的制动力矩，使带轮随浮动架绕固定轴摆动而改变中心距的自动张紧方法。

3. 张紧轮张紧装置

图 1.13 所示是张紧轮装置。张紧轮一般应放在松边的内侧，使带只受单向弯曲。同时张紧轮应尽量靠近大轮，以免过分影响在小带轮上的包角，如考虑增大包角，张紧轮应安装靠近小轮，在带松边外侧。张紧轮的轮槽尺寸与带轮的相同。

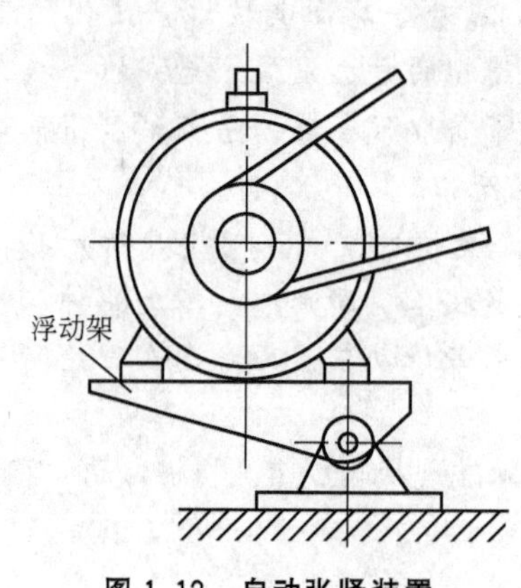

图 1.12 自动张紧装置

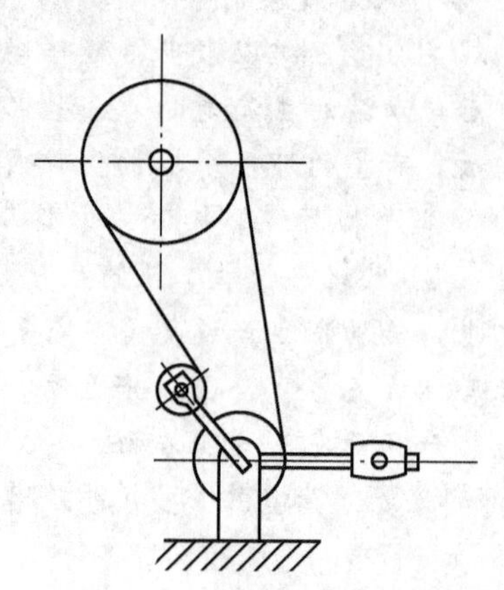

图 1.13 张紧轮张紧装置

1.4.4 V 带和 V 带轮的结构

1. V 带的结构和标准

V 带由强力层(帘布结构或线绳结构)1、填充物(用橡胶填满)2 和外包层(橡胶帆布)3 这 3 部分组成(图 1.14)。强力层为线绳结构的 V 带比较柔软，可以在较小的带轮上工作。为了提高拉曳能力，强力层的材料也可以采用合成纤维或钢丝绳。

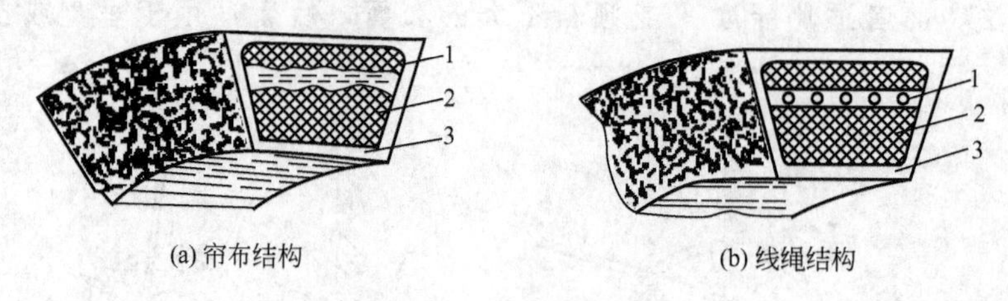

图 1.14 V 带的结构

1—强力层；2—填充物；3—外包层

楔角 φ 为 40°，相对高度(h/b_p)约为 0.7 的 V 带称为普通 V 带，按截面尺寸分为 Y、Z、A、B、C、D、E 共 7 种型号，见表 1-4。其中 Y 型的截面尺寸最小。

普通 V 带采用基准宽度制，以基准线和基准宽度 b_p 来定义带轮的槽型和尺寸。当 V 带的节面与带轮的基准直径重合时，带轮的基准宽度即为 V 带节面在轮槽内相应位置的槽宽，用以表示轮槽截面的特征值，见表 1-5。

表 1-4 普通 V 带截面尺寸(GB 11544—1989) (单位：mm)

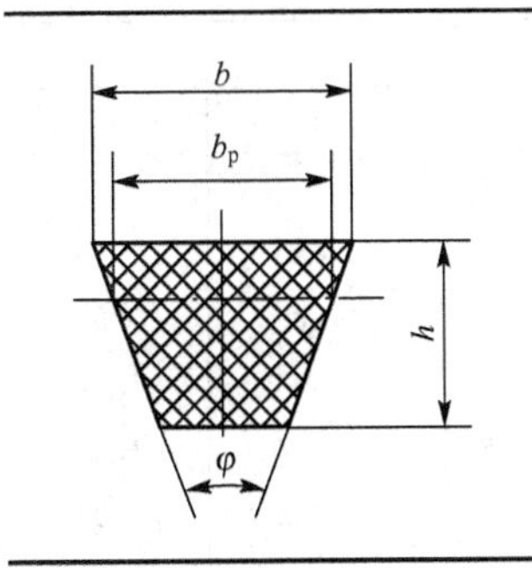

型号	Y	Z	A	B	C	D	E
节宽 b_p	5.3	8.5	11.0	14.0	19.0	27.0	32.0
顶宽 b	6.0	10.0	13.0	17.0	22.0	32.0	38.0
高度 h	4.0	6.0	8.0	11.0	14.0	19.0	25.0
楔角 φ	40°						

表 1-5 普通 V 带基准长度系列及带长修正系数

基准长度 L_d/mm		带长修正系数 K_L						
基本尺寸	极限偏差	Y	Z	A	B	C	D	E
200	+8	0.81						
224		0.82						
250	−4	0.84						
280	+9	0.87						
315	−4	0.89						
355	+10	0.92						
400	−5	0.96	0.87					
450	+11	1.00	0.89					
500	−6	1.02	0.91					
560	+13		0.94					
630	−6		0.96	0.81				
710	+15		0.99	0.83				
800	−7		1.00	0.85				
900	+17		1.03	0.87	0.82			
1000	−8		1.06	0.89	0.84			
1120	+19		1.08	0.91	0.86			
1250	−10		1.11	0.93	0.88			
1400	+23		1.14	0.96	0.90			
1600	−11		1.16	0.99	0.92	0.83		
1800	+27		1.18	1.01	0.95	0.86		
2000	−13			1.03	0.98	0.88		
2240	+31			1.06	1.00	0.91		
2500	−16			1.09	1.03	0.93		
2800	+37			1.11	1.05	0.95	0.83	
3150	−18			1.13	1.07	0.97	0.86	
3550	+44			1.17	1.09	0.99	0.89	
4000	−22			1.19	1.13	1.02	0.91	
4500	+52				1.15	1.04	0.93	0.90

（续）

基准长度 L_d/mm		带长修正系数 K_L						
基本尺寸	极限偏差	Y	Z	A	B	C	D	E
5000	−26				1.18	1.07	0.96	0.92
5600	+63					1.09	0.98	0.95
6300	−32					1.12	1.00	0.97
7100	+77					1.15	1.03	1.00
8000	−38					1.18	1.06	1.02
9000	+93					1.21	1.08	1.05
10000	−46					1.23	1.11	1.07
11200	+112						1.14	1.10
12500	−56						1.17	1.12
14000	+140						1.20	1.15
16000	−70						1.22	1.18

2. V 带轮

带轮的结构可以分为轮缘、轮毂、轮辐 3 部分，后两者材料相同。

带轮通常采用铸铁，常用材料的牌号为 HT150 和 HT200；转速较高时宜采用铸钢或用钢板冲压后焊接而成；小功率时可用铸铝或塑料。

带轮按结构可以分为实心式、辐板式、孔板式等。V 带轮的典型结构如图 1.15 所示。

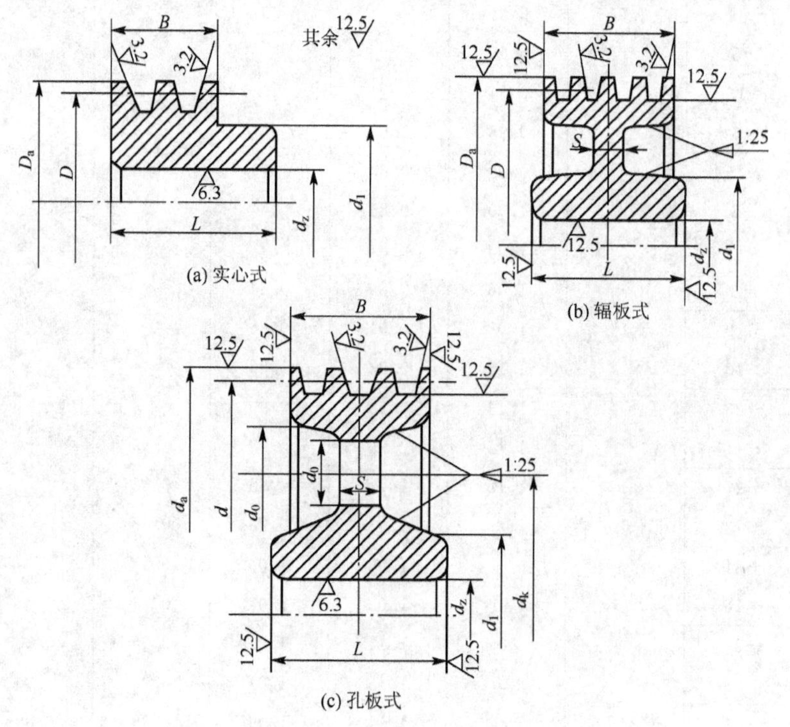

(a) 实心式

(b) 辐板式

(c) 孔板式

$d_1=(1.8-2)d_z \quad d_0=d_a-2(H+\delta) \quad \delta$—查表，$H$—槽深

$L=(1.5\sim2)d_z \quad d_k=\dfrac{d_0+d_1}{2} \quad d_0=\dfrac{1}{4}(d_0-d_1) \quad S=(0.2\sim0.3)B$

图 1.15　V 带轮的典型结构

当轮的直径较小时，可将轮做成实心结构，实心轮结构应保证最小壁厚处具有足够的强度。在国家标准中有关于最小壁厚 δ 的限制性参数供设计参考。尺寸稍大的带轮常采用辐板式结构，尺寸更大的带轮可采用轮辐式结构，这种结构可以进一步减小转动惯量，节省材料。由于带轮转速通常较高，为减小带轮旋转中的空气阻力，通常将轮辐断面设计成椭圆形。

轮缘的槽形剖面尺寸可查表 1－6。轮槽的楔角小于带的楔角。

表 1－6　V带轮沟槽尺寸　　（单位：mm）

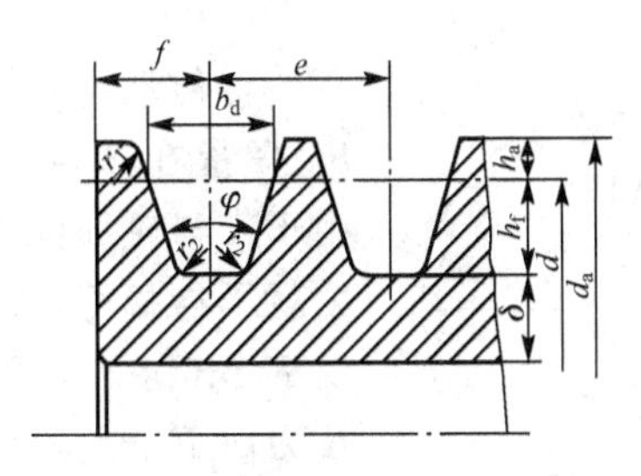

项　目		符号	带　型						
			Y	Z	A	B	C	D	E
				SPZ	SPA	SPB	SPC		
基准宽度		b_d	5.3	8.5	11.0	14.0	19.0	27.0	32.0
基准线上槽深		h_{amin}	1.6	2.0	2.75	3.5	4.8	8.1	9.6
基准线下槽深		h_{fmin}	4.7	7.0	8.7	10.8	14.3	19.9	23.4
				9.0	11.0	14.0	19.0		
槽间距		e	8±0.3	12±0.3	15±0.3	19±0.4	25.5±0.5	37±0.6	45.5±0.7
槽边距		f_{min}	6	7	9	11.5	16	23	28
最小轮缘厚		δ_{min}	5	5.5	6	7.5	10	12	15
缘角半径		η	0.2～0.5						
带轮宽		B	$B=(z-1)e+2f$　z—轮槽数						
外径		d_a	$d_a=d+2h_a$						
轮槽角 φ	32°	相应的基准直径 d	≤60	—	—	—	—	—	—
	34°		—	≤80	≤118	≤190	≤315	—	—
	36°		>60	—	—	—	—	≤475	≤600
	38°		—	>80	>118	>190	>315	>475	>600
	极限偏差		±30°						

注：槽间距 e 的极限偏差适用于任何两个轮槽对称中心面的距离，不论相邻与否。

带轮的结构设计，主要是根据带轮的基准直径选择结构形式。根据带的截面确定轮槽尺寸。带轮的其他结构尺寸通常按经验公式计算确定。

1.4.5　带传动的几何尺寸

带传动的主要几何参数有中心距 a、带长 L、带轮直径 D_1 和 D_2、包角 α(带绕在带轮

上时，接触弧所对应的中心角)，它们之间的关系为

$$\alpha_1 \approx 180° - \frac{D_2 - D_1}{a} \times 57.3° \tag{1-12}$$

$$L = 2a + \frac{\pi}{2}(D_1 + D_2) + \frac{(D_2 - D_1)^2}{4a} \tag{1-13}$$

$$a \approx \frac{2L - \pi(D_1 + D_2) + \sqrt{[2L - \pi(D_2 + D_1)]^2 - 8(D_2 - D_1)^2}}{8} \tag{1-14}$$

1.4.6 带传动的受力分析

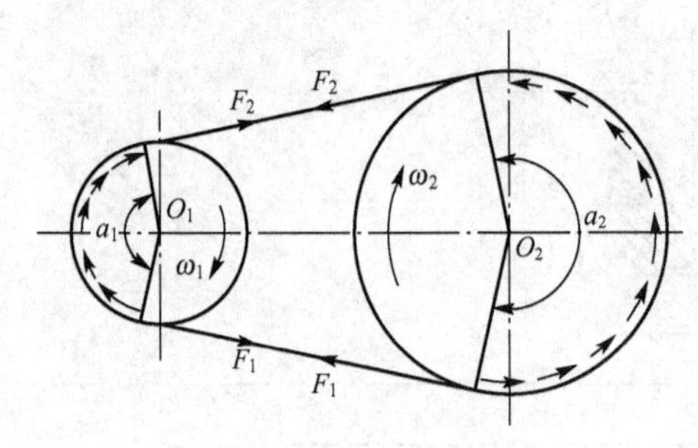

图 1.16 带传动的受力分析

带传动尚未工作时，传动带以一定的拉力 F_0 张紧在带轮上(图 1.16)。带传动工作时，由于带与轮面间的摩擦力的作用，带两边的拉力就不再相等，即将绕进主动轮的一边，拉力由 F_0 增到 F_1，称为紧边拉力，而另一边带的拉力由 F_0 减为 F_2，称为松边拉力。假设带的总长度不变，根据胡克定律可知，松、紧两边拉力的变化关系为

$$F_1 - F_0 = F_0 - F_2$$

即

$$F_1 + F_2 = 2F_0 \tag{1-15}$$

设传动带与小带轮或大带轮间总摩擦力为 F_f，其值由带传动的功率 P 和带速 v 决定。定义由负载所决定的传动带的有效拉力为 $F_t = P/v$，则显然有 $F_t = F_f$。

取绕在主动轮或从动轮上的传动带为研究对象，有

$$F_t = F_f = F_1 - F_2 \tag{1-16}$$

由式(1-15)和式(1-16)可得

$$F_1 = F_0 + \frac{F_t}{2}, \quad F_2 = F_0 - \frac{F_t}{2} \tag{1-17}$$

工作中有效拉力的大小取决于所传递功率的大小，即

$$P = \frac{F_t v}{1000} \quad (\text{kW}) \tag{1-18}$$

显然，承载能力的大小取决于带两端的拉力差。需要传递的功率越大，需要的有效拉力越大。根据力分析和平衡结果，有效拉力就是由接触弧段的摩擦力提供的。当带传递的功率增大到所需的有效拉力超过接触弧上的极限摩擦力总和时，带与轮面就会发生全面的相对滑动，即只有主动轮转动，而从动轮不动，这种现象称为“打滑”。打滑是由于过载而引起的一种失效。

松、紧边的拉力关系用欧拉公式表示为

$$F_1 = F_2 e^{f_v \alpha} \tag{1-19}$$

式中，e——自然对数的底，e≈2.7183；

f_v——当量摩擦系数，对于平带 $f_v = f$，对于 V 带 $f_v = f/\sin(\varphi/2)$；

α——包角，rad，通常取小带轮的包角。

将式(1-19)代入式(1-17)，就可得到带刚刚打滑时其两端的拉力关系式为

$$F_{tc}=2F_0\frac{e^{f_v\alpha}-1}{e^{f_v\alpha}+1} \qquad (1-20)$$

欧拉公式给出的是带传动在极限状态下各力之间的关系，或者说是给出了一个具体的带传动所能提供的最大有效拉力 F_{tc}。由欧拉公式可知，影响带的承载能力的因素有张紧力 F_0、包角 α、当量摩擦系数 f_v。在张紧力 F_0、包角 α 一定时，当量摩擦系数 f_v 越大，则带所能传递的最大有效圆周力 F_{tc} 也越大。因此，避免打滑的条件应为：有足够的 $f_v\alpha$ 值和 F_0 值，但注意各个参数都不能过大或过小。如果张紧力太大，带易断裂，同时拉应力的增大，使轴上的受力增大；相反，张紧力太小，带易打滑。当量摩擦系数太大，带轮就要做得粗糙，从而极易造成带的磨损。一般可采用打蜡，或在带轮表面加沥青等方法加大摩擦系数。包角与中心距有关，包角太大，中心距就要增大，会使传动结构庞大。

1.4.7 弹性滑动和打滑

1. 弹性滑动

由于带是弹性体，所以在受拉力作用后会产生拉伸变形，如图 1.17 所示，当带自 A_1 点绕上主动轮时，由于紧边带被张紧，故带在 A_1 点的速度应等于主动轮的表面速度。但当带由 A_1 点转到 C_1 点的过程中，带所受的拉力由 F_1 降为 F_2，故带的拉伸变形也随之减小，即带在逐渐收缩，带在 C_1 点的速度将落后于带轮的速度，因此带与带轮之间产生了相对滑动。同样的现象在从动轮上也会发生，但情况恰好相反。在带绕上从动轮时，带和带轮具有同一速度，但当带继续前进时，却不是在缩短而是被拉长，使带的速度领先于带轮。上述现象称为带的弹性滑动。带传动的弹性滑动是不可避免的。

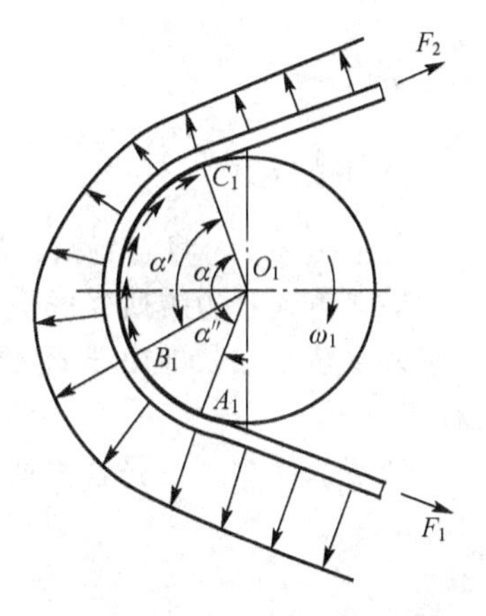

图 1.17 带传动的弹性滑动示意图

产生弹性滑动的原因，一方面是带的弹性，另一方面是紧边、松边存在着拉力差。

带传动中，由于带的弹性滑动而引起从动轮的圆周速度低于主动轮的圆周速度。如果主动轮的圆周速度为 v_1，从动轮的圆周速度为 v_2，带速为 v，则三者之间的关系为

$$v_1 \geqslant v \geqslant v_2$$

设 D_1、D_2 为主、从动轮的直径；n_1、n_2 为主、从动轮的转速，则两轮的圆周速度分别为

$$v_1=\frac{\pi D_1 n_1}{6000}\ \ (\text{m/s}) \qquad v_2=\frac{\pi D_2 n_2}{6000}\ \ (\text{m/s})$$

从动轮速度的降低率用滑动率 ε 来表示

$$\varepsilon=\frac{v_1-v_2}{v_1}=\frac{D_1 n_1-D_2 n_2}{D_1 n_1}$$

一般工程中，考虑滑动率的影响，带传动的实际传动比为

$$i=\frac{n_1}{n_2}=\frac{D_2}{D_1(1-\varepsilon)} \qquad (1-21)$$

显然，n_2 减小，这就是所谓的从动轮丢转现象。弹性滑动是带传动不能保证准确传动

比的根本原因。

2. 打滑

实践证明，弹性滑动并不是发生在包角 α 所对应的全部接触弧上，而仅发生在带离开带轮的一侧，即 α' 范围内。在带进入带轮的一侧，即 α'' 范围内并不发生弹性滑动。但随着外负荷的增大，弹性滑动区也逐渐扩大，当传递的有效圆周力达到最大值时，见式(1-20)，带的弹性滑动区遍及全部接触弧。若外负荷继续增大，则带与带轮之间产生全面滑动，即产生打滑。打滑是由于过载所引起的带在带轮上的全面滑动。因此，打滑是可以避免的。

打滑会引起带和带轮的过量磨损，严重时会引发火灾甚至是爆炸。

1.4.8 带传动的应力分析

带传动工作时的应力有：由紧边和松边拉力所产生的应力、由离心力产生的应力以及由于带在带轮上弯曲产生的应力。

1. 带的工作拉应力

紧边拉应力：

$$\sigma_1=\frac{F_1}{A} \tag{1-22}$$

松边拉应力：

$$\sigma_2=\frac{F_2}{A} \tag{1-23}$$

式中，A——带的截面面积，mm^2。

从紧边到松边带所受的应力逐渐减小，即由 σ_1 逐渐减小到 σ_2；而从松边到紧边带所受的应力逐渐增加，即由 σ_2 逐渐增大到 σ_1。由此可以看出，越靠近紧边带所受到的拉应力越大。

带不工作时，由张紧力产生的应力 σ_0 称为张紧应力(或初应力)。

$$\sigma_0=\frac{F_0}{A} \tag{1-24}$$

2. 离心拉应力

当带绕过主、从动轮作圆周运动时，将产生离心力，它使带在全长上各处均受到大小相同的离心拉力。离心拉应力为

$$\sigma_c=\frac{F_c}{A}=\frac{qv^2}{A} \quad \text{(作用在带的全长上)} \tag{1-25}$$

式中，σ_c——离心拉应力；

q——每米带长的质量，kg/m。

可见离心拉应力 σ_c 与 q 及 v^2 成正比。故设计高速带传动时，应采用薄而轻质的传动带；设计一般带传动时，带速不宜过高。

3. 弯曲应力

带绕经带轮时，因弯曲而产生弯曲应力。假定带是弹性体，由材料力学可知，带最外层弯曲应力最大，且为

$$\sigma_b=\frac{E\cdot y}{\rho}=\frac{E\cdot\delta/2}{(D+\delta)/2}\approx E\frac{\delta}{D} \tag{1-26}$$

式中，E——带材料的弹性模量，MPa；

y——带的节面(中性层)到最外层的垂直距离；

ρ——中性层的曲率半径；

δ——带的厚度；

D——带轮直径。

显然，小轮的弯曲应力应比大轮处的应力大，如图 1.18 所示。为限制弯曲应力，对每种 V 带都规定了最小带轮的直径，见表 1-7。

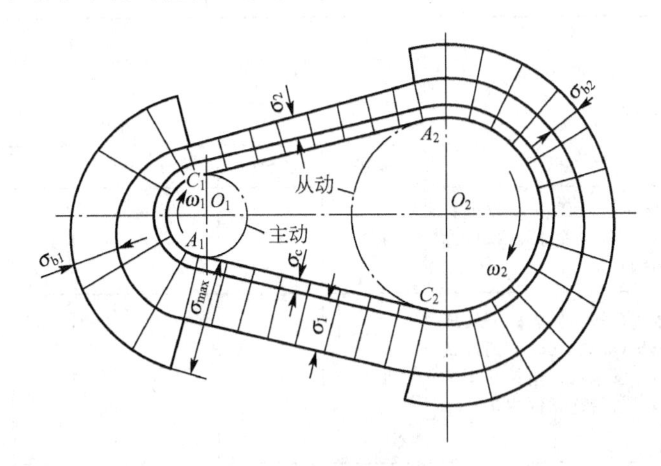

图 1.18 带中的应力分布情况

表 1-7 V 带带轮最小基准直径 (单位：mm)

型号	Y	Z	SPZ	A	SPA	B	SPB	C	SPC	D	E
d_{min}	20	50	63	75	90	125	140	200	224	355	500

带在工作时所受的应力为上述 3 种应力之和，应力分布如图 1.18 所示。

可见，带在整个周长上的应力是不断变化的。在变应力的作用下，带易发生疲劳破坏。带中最大应力发生在小轮与带相遇点处，也就是带紧边进入小带轮处，此最大应力为

$$\sigma_{max}=\sigma_1+\sigma_c+\sigma_{b1} \tag{1-27}$$

同时，由图 1.18 可见，3 种应力中以弯曲应力 σ_{b1} 对传动带的寿命影响最大。为控制弯曲应力 σ_{b1} 不致过大，则小带轮直径不宜过小。

1.4.9 普通 V 带传动的设计与计算

带传动的主要失效形式是打滑和传动带的疲劳破坏。因此带传动的设计准则是，在不打滑的条件下具有一定的疲劳强度和寿命。

V 带有普通 V 带、窄 V 带、宽 V 带、大楔角 V 带、汽车 V 带等多种类型，其中普通 V 带应用最广。以下介绍普通 V 带传动的设计与计算。

设计的已知条件为：传递的功率 P，主、从动轮的转速 n_1、n_2(或传动比 i)，传动位置要求及工作条件等。

1. 设计内容

确定带的型号、长度 L、根数 Z、传动中心距 a、带轮基准直径及其他结构尺寸等。

2. 普通V带传动的设计步骤

1）选取V带的型号

设计功率 p_d：

$$p_d = K_A P \quad (1-28)$$

式中，P——传递的名义功率，它是在特定条件下经实验获得的；

K_A——工作情况系数，见表1-8。

表1-8 工作情况系数 K_A

工况		K_A					
		软启动			负载启动		
		每天工作小时数/h					
		<10	10~16	>16	<10	10~16	>16
载荷变动最小	液体搅拌机，通风机及鼓风机（≤7.5kW），离心式水泵和压缩机，轻负荷输送机	1.0	1.1	1.2	1.1	1.2	1.3
载荷变动小	带式输送机（不均匀负）、旋转式水泵和压缩机（非离心式）、通风机（>7.5kW）、发电机、金属切削机床、印刷机、旋转筛、锯木机和木工机械	1.1	1.2	1.3	1.2	1.3	1.4
载荷变动较大	制砖机、斗式提升机、往复式水泵和压缩机、起重机、磨粉机、冲剪机床、橡胶机械、振动筛、纺织机械、重载输送机	1.2	1.3	1.4	1.4	1.5	1.6
载荷变动很大	破碎机（旋转式、颚式等）、磨碎机（球磨、棒磨、管磨）	1.3	1.4	1.5	1.5	1.6	1.8

小带轮的转速 n_1 已知，根据 p_d 和 n_1 查图1.19选型。图中实线是两个区的分界线，图中还给出了小带轮最小 d_d 的范围。

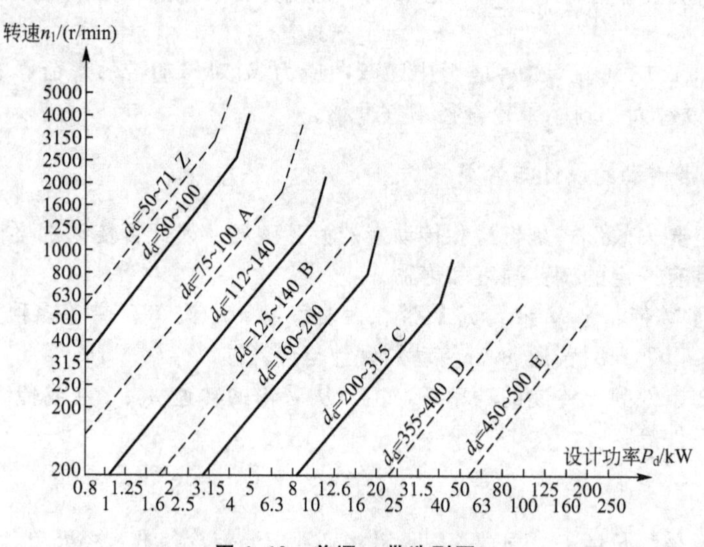

图1.19 普通V带选型图

2）确定两轮基准直径

因为小轮直径越小，带的弯曲应力越大，疲劳寿命越低，故对带轮的最小直径应加以限制。表1－9给出了各种型号V带的最小许用带轮基准直径 d_{dmin}。

表1－9　带轮最小基准直径 d_{dmin}　　(单位：mm)

普通V带型号	Y	Z	A	B	C	D	E
d_{dmin}	20	50	75	125	200	355	500

设计时应满足

$$\left.\begin{aligned} &d_{d1} \geqslant d_{dmin} \\ &d_{d2} = i d_1 (1-\varepsilon) = \frac{n_1}{n_2} d_{d1} (1-\varepsilon) \end{aligned}\right\} \tag{1-29}$$

通常取 $\varepsilon=0.02$，粗略计算时，可取 $\varepsilon=0$。求出的 d_{d1}、d_{d2} 应按表1－10圆整成标准值，带的一般工程计算式允许传动比有±5%的误差。

表1－10　V带轮基准直径系列　　(单位：mm)

20	22.4	25	28	31.5	35.5	40	50	56	63	71	75	80	85	90	95	100	106	112	118	125	132
140	150	160	170	180	200	212	224	236	250	265	280	300	315	335	375	400	425	450	475
500	530	560	600	630	670	710	750	800	900	1000	1060	1120	1250	1600	2000	2500			

3）带的速度验算

速度 v 越大，离心力越大，带的疲劳寿命越小。当 P 一定时，速度 v 减小，有效拉力 F 增大，所需带的根数增加。因此，一般应使带速 v 在5～25m/s范围内。

4）中心距和带的基准长度 L_d

当 d_{d1}、d_{d2} 一定时，中心距 a 增大，则小轮包角 α_1 增大，但 a 过大使结构尺寸增加。a 减小时，包角减小。所以一般按式(1－30)初定中心距 a，再通过公式计算所需的带长 L，然后查表选取 L_d，最后再按式(1－31)计算中心距 a。

$$0.7(d_{d1}+d_{d2}) \leqslant a_0 \leqslant 2(d_{d1}+d_{d2}) \tag{1-30}$$

$$a \approx a_0 + \frac{L_d - L_{d0}}{2} \tag{1-31}$$

5）计算小轮包角 α_1

在普通V带传动中，通常要求 $\alpha_1 \geqslant 120°$，特殊情况下允许 $\alpha_1 \geqslant 90°$。如果 α_1 较小，应增大中心距或采用张紧轮。按式(1－12)可算出小带轮包角 α_1。

6）V带的根数

$$Z = \frac{P_d}{(P_0 + \Delta P_0) K_\alpha K_L} \tag{1-32}$$

式中，P_0——单根V带基本额定功率，kW；

ΔP_0——计入传动比影响时，即传动比 $i \neq 1$，单根V带所能传递功率的增量；

K_α——包角修正系数，考虑 $\alpha \neq 180°$ 时对传动能力的影响，见表1－11；

K_L——带长修正系数，考虑到带长不为特定基准长度时对寿命的影响，见表1－5。

表 1-11 包角修正系数 K_α

α_1	K_α	α_1	K_α
180°	1.00	130°	0.86
175°	0.99	125°	0.84
170°	0.98	120°	0.82
165°	0.96	115°	0.80
160°	0.95	110°	0.78
155°	0.93	105°	0.76
150°	0.92	100°	0.74
145°	0.91	95°	0.72
140°	0.89	90°	0.69
135°	0.88	—	—

7) 轴上的载荷(压轴力)F_r

为了设计带轮的轴和轴承，需求出传动作用在轴上的压力。作用在轴上的载荷等于松边和紧边拉力的向量和。如果不考虑带两边的拉力差，则轴上载荷 F_r 可近似按下式计算

$$F_r = 2zF_0 \sin\frac{\alpha_1}{2} \tag{1-33}$$

式中，F_0——单根带的初拉力，N；

z——带的根数；

α_1——小带轮上的包角。

初拉力的大小是保证带传动正常工作的重要因素。初拉力过小，摩擦力小，容易打滑；初拉力过大，带的寿命降低，轴和轴承受力大。推荐单根 V 带张紧后的初拉力 F_0 为

$$F_0 = 500\left(\frac{2.5}{K_\alpha} - 1\right)\frac{P_d}{zv} + qv^2 \tag{1-34}$$

式中各符号的意义同前所述。

8) 确定带轮的结构尺寸(从略)

1.5 同步带传动

1.5.1 同步带传动的特点和应用

同步带传动由一根内周表面设有等间距齿的封闭环形胶带和具有相应齿的带轮所组成，如图 1.20 所示。

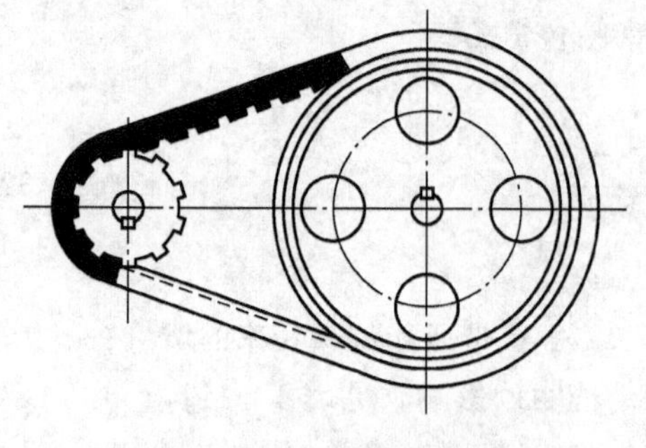

图 1.20 同步带传动

带的工作面是齿的侧面。工作时，带的凸齿与带轮的齿槽相啮合，因而，带与带轮间没有相对滑动，从而达到了主、从动轮的同步传动。同步带传动有如下特点。

1. 优点

(1) 传动准确、无滑动，可获得恒定的速比。

(2) 传动平稳，能吸振，噪声小。

(3) 带传动速度大，一般可达10m/s，允许的最高线速度达50m/s。

(4) 传动效率高，一般可达0.98，而普通三角带为0.95。

(5) 带的张紧力小，因而轴上的压力减小，轴承寿命延长，也有利于提高同步带的寿命。

(6) 结构紧凑，还适于多轴传动。

2. 缺点

成本高，对制造和安装要求高。

同步带传动具有很多优点，可以说凡是有传动的地方(除高温外)，一般都可以采用同步带传动。

1.5.2 同步带

1. 同步带的种类

同步带是以钢丝绳或玻璃纤维为强力层，外覆以聚氨酯或氯丁橡胶的环形带，带的内周制成齿状，使其与齿形带轮啮合，如图1.21所示。

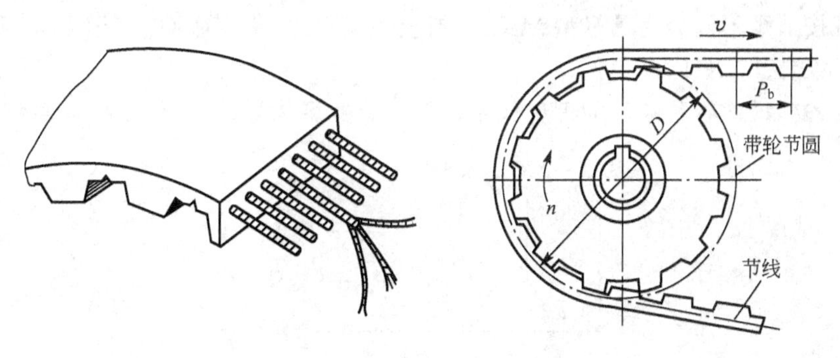

图1.21 同步带的结构

按基本材料不同，同步带目前基本上有两大类，即聚氨酯同步带和氯丁胶同步带。

按齿形来分有梯形齿(直边齿)和弧齿两种同步带。

1) 梯形齿同步带

梯形齿同步带分单面有齿和双面有齿两种，简称为单面带和双面带。双面带又按齿的排列方式分为对称齿型(代号DA)和交错齿型(代号DB)。

梯形齿同步带有两种尺寸制：节距制和模数制。我国采用节距制，并根据ISO 5296制定了同步带传动相应标准GB/T 11361—1989、GB/T 11362—1989和GB/T 11616—1989。

2) 弧齿同步带

弧齿同步带除了齿形为曲线形外，其结构与梯形齿同步带基本相同，带的节距相当，其齿高、齿根厚和齿根圆角半径等均比梯形齿大。带齿受载后，应力分布状态较好，平缓了齿根的应力集中，提高了齿的承载能力。故弧齿同步带比梯形齿同步带传递功率大，且能防止啮合过程中齿的干涉。据初步试验，圆弧齿同步带的承载能力可提高30％～50％。在传递大功率的场合，圆弧齿同步带有逐步取代梯形齿同步带的趋势。

弧齿同步带耐磨性能好，工作时噪声小，不需润滑，可用于有粉尘的恶劣环境。

2. 同步带尺寸、标准及表示方法

同步带尺寸是指同步带的节距、带齿的参数、带宽和带长等，其中节距是区分同步带型号最基本的尺寸，如图1.22所示。

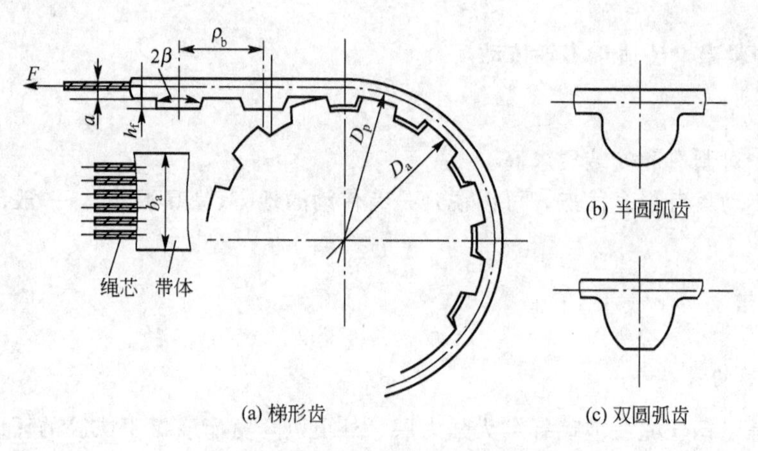

图1.22 同步带的尺寸参数

同步带按节距不同分为最轻型MXL、超轻型XXL、特轻型XL、轻型L、重型H、特重型XH、超重型XXH共7种。

同步带的标记内容和顺序为带长代号、型号、宽度代号，如XXL型单面带的标记

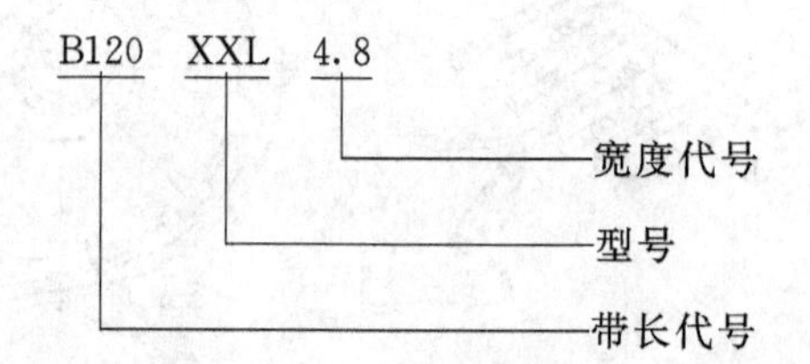

1.5.3 同步带轮

设计带轮的结构时，主要根据带轮的节圆直径、轴间距及安装形式确定结构形式及尺寸。它的设计、制造、安装正确与否也将直接影响传动副的工作平稳性和使用寿命。

同步带轮的结构除了齿形和挡圈外，其他方面与普遍带轮相似。在传动中为了防止带从轮上滑出，一般在带轮两端设有挡圈，有关挡圈尺寸及配合见手册。

同步带轮的材料，根据其载荷、速度、尺寸和加工方法的不同，有以下几种。

(1) 钢：最常用的材料，一般用45号钢，经切削加工而成，尺寸较大时可以用锻件或铸钢件。

(2) 铸件：一般用来制作直径大、最高线速度不超过30m/s的带轮。

(3) 铝合金：一般采用LY12，它只适用于轻负荷传动。

(4) 塑料：一般用尼龙及ABC塑料挤压成型，用于小负荷传动、大批量生产。

1.5.4 同步带传动的设计与计算

1. 同步带传动的失效形式

主要是齿面磨损(包布磨破)，还有带体拉断、连续断齿、带顶严重开裂等多种失效形式。此外，带芯的疲劳强度、带顶胶的弯曲强度、齿面的接触强度(或耐磨强度)、齿根的抗弯强度及抗剪切强度都可能成为限制同步带承载能力的主要因素。

2. 同步带传动的受力分析

同步带传动安装时，需把带张紧在带轮上，使带承受初拉力 F_0，初拉力 F_0 有两个作用：一是保证带齿与轮齿在齿的整个高度上接触，因为同步带传递动力时法向力 Q 产生的径向分力 Q_r，如图 1.23 所示，此径向分力 Q_r 使带齿产生径向移动，而使齿面接触面积减小。因此为使带齿不从轮齿槽中脱出，并能有更多的齿面接触面积，必须在带安装时预加初拉力；二是提高带传递的功率，在带上预加初拉力，可使带压紧在带轮上，使带轮齿顶部与带齿谷底间产生更大的摩擦力，这样可使带传动的功率增加。同步带传动在静止状态时，带内各处作用初拉力 F_0，当主动轮转动时，它通过轮齿对带齿的法向作用力 Q_i 及轮齿顶部和带齿谷底面的摩擦力 F_{fi}，而使同步带在圆周力 F_t 的作用下随带轮一起转动。转动时由于带的质量引起离心拉力 F_c，将使带进入主动轮的一边拉紧称为紧边，紧边拉力由 F_0 增大为 F_1。紧边拉力

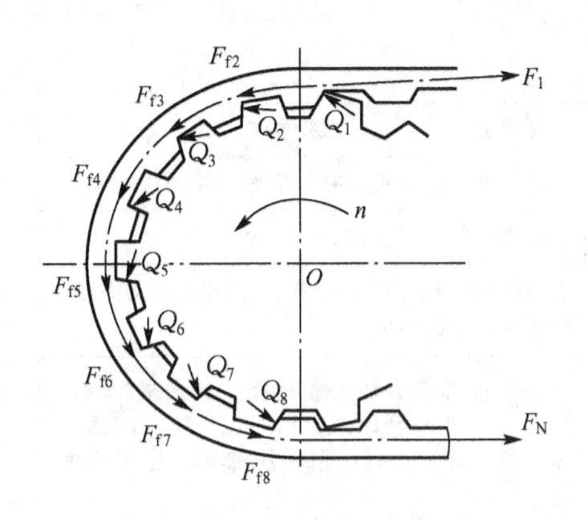

图 1.23 同步带的受力分析

$$F_1 = F_0 + F_t + F_c \tag{1-35}$$

在同步带进入从动轮一边上，考虑到同步带属于啮合传动，在同步带包绕于带轮上后，带齿的挤压变形及带的伸长变形较小，可近似地认为带中的作用力为 F_2，为与带进入主动轮的紧边相区别，把带走出主动轮的一边称为松边，F_2 为松边拉力

$$F_2 \approx F_0 + F_c \tag{1-36}$$

显然，在同步带包绕于带轮上的整个接触弧上，圆周力与紧边、松边拉力互相平衡

$$F_t = F_1 - F_2 \tag{1-37}$$

式中，F_t——圆周力。

由图 1.23 可得，$F_t = \Sigma Q_i + \Sigma F_{fi}$。如果已知同步带传递的功率 P，带速 v，则圆周力为 $F_t = 1000P/v$(N)。

带运转时，由于质量引起的离心拉力 F，可用下式表示

$$F_c = qv^2 \quad (\text{N}) \tag{1-38}$$

式中，q——带宽为标准宽度下每米带长的质量，kg/m；

v——带速，m/s。

【例 1-1】 设计精密车床的梯形同步带传动。电动机为 Y112M-4，其额定功率 $P=4$kW，额定转速 $n_1=1440$r/min，传动比 $i=2.4$(减速)，轴间距约为 450mm。每天两班制工作(按 16h 计)。

解：

1）设计功率 P_d

由表 1-12 查得 $K_A=1.6$。

$$P_d=K_AP=1.6\times4\text{kW}=6.4\text{kW}$$

表 1-12　载荷修正系数 K_A

工　作　机	原　动　机					
	交流电动机（普通转矩笼机、同步电动机），直流电动机（并励），多缸内燃机			交流电动机（大转矩、大滑差率、单相、滑环），直流电动机（复励、串励），单缸内燃机		
	运转时间			运转时间		
	断续使用 每日 3～5h	普通使用 每日 8～10h	连续使用 每日 16～24h	断续使用 每日 3～5h	普通使用 每日 8～10h	连续使用 每日 16～24h
	K_A					
复印机、计算机、医疗器械	1.0	1.2	1.4	1.2	1.4	1.6
清扫机、缝纫机、办公机械、带锯盘	1.2	1.4	1.6	1.4	1.6	1.8
轻载荷传送带、包装机、筛子	1.3	1.5	1.7	1.5	1.7	1.9
液体搅拌机、圆形带锯、平展盘、洗涤机、造纸机、印刷机械	1.4	1.6	1.8	1.6	1.8	2.0
搅拌机（水泥、粘性体）、带式输送机（矿石、煤、沙）、牛头刨床、中挖掘机、离心压缩机振动刷、纺织机械、回转压缩机、往复式发动机	1.5	1.7	1.9	1.7	1.9	2.1
输送机（盘式、吊式、升降式） 抽水泵、洗涤机、鼓风机（离心式、引风、排风）发动机、激励机、卷扬机、起重机、橡胶加工机（压延、滚扎押出机）、纺织机械（纺纱、精纱、捻纱机、绕纱机）	1.6	1.8	2.0	1.8	2.0	2.2
离心分离机、输送机（货物、螺旋）、锤式粉碎机、造纸机（碎浆）	1.7	1.9	2.1	1.9	2.1	2.3
陶土机械（硅、粘土搅拌）、矿山用混料机、强制送风机	1.8	2.0	2.2	2.0	2.2	2.4

注：1. 当增速传动时，将下列系数加到载荷修正系数 K_A 中去。

增速比	1.00～1.24	1.25～1.74	1.75～2.49	2.50～3.49	≥3.50
系数	0	0.1	0.2	0.3	0.4

2. 当使用张紧轮时，还要将上面的系数加到载荷修正系数 K_A 中去。

张紧轮位置	松边内侧	松边外侧	紧边内侧	紧边外侧
系数	0	0.1	0.1	0.2

2）选定带型和节距

根据 $P_d=6.4\text{kW}$ 和 $n_1=1440\text{r/min}$，由图 1.24 确定为 H 型，节距 $P_b=12.7\text{mm}$。

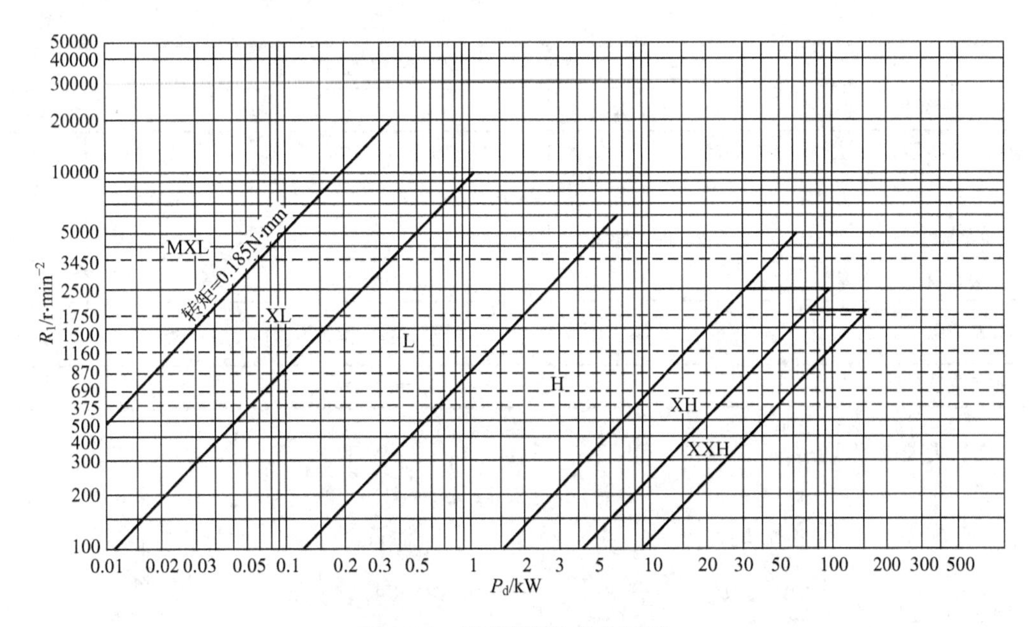

图 1.24 梯形齿同步带选型图

3）小带轮齿数 z_1

根据带型 H 和小带轮转速 n_1，由表 1-13 查得小带轮的最小齿数 $z_{1\min}=18$，此处取 $z_1=20$。

表 1-13 小带轮的最小齿数 $z_{\min}$

小带轮转速 $n_1/\mathrm{r\cdot min^{-1}}$	带型						
	MXL	XXL	XL	L	H	XH	XXH
<900	—	—	10	12	14	22	22
≥900～1200	12	12	10	12	16	24	24
≥1200～1800	14	14	12	14	18	26	26
≥1800～3600	16	16	12	16	20	30	—
≥3600～4800	18	18	15	18	22	—	—

4）小带轮节圆直径 d_1

$$d_1=\frac{z_1 p_b}{\pi}=\frac{20\times12.7}{\pi}\mathrm{mm}=80.85\mathrm{mm}$$

由表 1-14 查得其外径 $d_{a1}=d_1-2\delta=(80.85-1.37)\mathrm{mm}=79.48\mathrm{mm}$

表 1-14 直边齿带轮的尺寸和公差

项目	符号	槽型						
		MXL	XXL	XL	L	H	XH	XXH
齿槽底宽	b_w	0.84±0.05	1.14±0.05	1.32±0.05	3.05±0.10	4.19±0.13	7.90±0.15	12.17±0.18
齿高	h_g	$0.69_{-0.05}^{0}$	$0.84_{-0.05}^{0}$	$1.65_{-0.08}^{0}$	$2.67_{-0.10}^{0}$	$3.05_{-0.13}^{-0}$	$7.14_{-0.03}^{0}$	$10.31_{-0.13}^{0}$
槽半角	$\phi\pm1.5°$	20	25	25	20	20	20	20

（续）

项目	符号	槽型						
		MXL	XXL	XL	L	H	XH	XXH
齿根圆角半径	r_f	0.35	0.35	0.41	1.19	1.60	1.98	3.96
齿顶圆角半径	r_a	$0.13^{+0.05}_{0}$	$0.30^{+0.05}_{0}$	$0.64^{+0.05}_{0}$	$1.17^{+0.13}_{0}$	$1.60^{+0.13}_{0}$	$2.39^{+0.13}_{0}$	$3.18^{+0.13}_{0}$
节顶距	2δ	0.508	0.508	0.508	0.762	1.372	2.794	3.048
外圆直径	d_a	$d_a=d-2\delta$						
外圆节距	p_a	$p_a=\frac{\pi d_a}{z}$ （z—带轮齿数）						
根圆直径	d_f	$d_f=d_a-2h_g$						

5）大带轮齿数 z_2

$$z_2=iz_1=2.4\times20=48$$

6）大带轮节圆直径 d_2

$$d_2=\frac{z_2p_b}{\pi}=\frac{48\times12.7}{\pi}\text{mm}=194.04\text{mm}$$

由表 1-13 查得其外径 $d_{a2}=d_2-2\delta=(194.04-1.37)\text{mm}=192.67\text{mm}$

7）带速 v

$$v=\frac{\pi d_1n_1}{60\times1000}=\frac{\pi\times80.85\times1440}{60\times1000}\text{m/s}=6.1\text{m/s}$$

8）初定轴间距 a_0

$$a_0=450\text{mm}$$

9）带长及其齿数

$$L_0=2a_0+\frac{\pi}{2}(d_1+d_2)+\frac{(d_2-d_1)^2}{4a_0}$$

$$=\left[2\times450+\frac{\pi}{2}(80.85+194.04)+\frac{(194.04-80.85)^2}{4\times450}\right]\text{mm}$$

$$=1338.91\text{mm}$$

由表 1-15 查得应选用带长代号为 510 的 H 型同步带，其节线长 $L_P=1295.4\text{mm}$，节线长上的齿数 $z=102$。

表 1-15　梯形同步带的节线长系列及极限偏差

带长代号	节线长 L_P/mm		节线上的齿数						
	基本尺寸	极限偏差	MXL	XXL	XL	L	H	XH	XXH
36	91.4	±0.41	45						
40	101.60		50						
44	111.76		55	—					
48	121.92		60	—					
50	127.00		—	40					
56	142.24		70	—					
60	152.40		75	48	30				

（续）

带长代号	节线长 L_p/mm		节线上的齿数						
	基本尺寸	极限偏差	MXL	XXL	XL	L	H	XH	XXH
64	162.56	±0.41	80	—	—				
70	177.80		—	56	35				
72	182.88	±0.46	90	—	—				
80	203.20		100	64	40				
88	223.52		110	—	—				
90	228.60		—	72	45				
100	254.00		125	80	50				
110	279.40	±0.51	—	88	55				
112	284.48		140	—	—				
120	304.80		—	96	60	—			
124	314.33	±0.61	—	—	—	33			
124	314.96		155	—	—	—			
130	330.20		—	104	65	—			
140	355.60		175	112	70	—			
150	381.00		—	120	75	40			
160	406.44		200	128	80	—			
170	431.80		—	—	85	—			
180	457.20	±0.66	225	144	90	—			
187	476.25		—	—	—	50			
190	482.50		—	—	95	—			
200	508.00		250	160	100	—			
210	533.40		—	—	105	56			
220	558.80		—	176	110	—			
225	571.50			—	—	60			
230	584.20				115	—			
240	609.60				120	64	48		
250	635.00				125	—	—		
255	647.70				—	68	—		
260	660.40				130	—	—		
270	685.80					72	54		
285	723.90					76	—		
300	762.00					80	60		
322	819.15					86	—		
330	838.20					—	66		
345	876.30					92	—		

（续）

带长代号	节线长 L_P/mm		节线上的齿数						
	基本尺寸	极限偏差	MXL	XXL	XL	L	H	XH	XXH
360	914.40					—	72		
367	933.45	±0.66				98	—		
390	990.60					104	78		
420	1066.80					112	84		
450	1143.00					120	90	—	
480	1219.20					128	96	—	
507	1289.05	±0.76				—	—	58	
510	1295.40					136	102	—	
540	1371.40					144	108	—	
560	1422.40	±0.81				—	—	64	
570	1447.80					—	114	—	
600	1524.00					160	120	—	
630	1600.20					—	126	72	
660	1676.20	±0.86				—	132	—	
700	1778.00						140	80	58
750	1905.00	±0.91					150	—	—
770	1955.80						—	88	—
800	2032.00						160	—	84
840	2133.60	±0.97					—	96	—
850	2159.00	±1.02					170	—	—
900	2286.00						180	—	72
980	2489.20	±1.07					—	112	—
1000	2540.00						200	—	80
1100	2794.00	±1.12					220	—	—
1200	2844.80	±1.17					—	128	—
1200	3048.00						—	—	96
1250	3175.00	±1.22					250	—	—
1260	3200.40	±1.32					—	144	—
1400	3556.00						280	160	112
1540	3911.60	±1.37					—	176	—
1600	4064.00	±1.42					—	—	128
1700	4318.00						340	—	—
1750	4445.00							200	—
1800	4572.00							—	144

10）实际间距 a

此结构的轴间距可调整

$$a\approx a_0+\frac{L_P-L_0}{2}=\left[450+\frac{1295.4-1338.91}{2}\right]\text{mm}=428.25\text{mm}$$

11）小带轮啮合齿数 z_m

$$z_m=\text{ent}\left[\frac{z_1}{2}-\frac{p_b z_1}{2\pi^2 a}(z_2-z_1)\right]=\text{ent}\left[\frac{20}{2}-\frac{12.7\times 20}{2\pi^2\times 428.25}(48-20)\right]=9$$

12）基本额定功率 p_0

$$p_0=\frac{(T_a-mv^2)v}{1000}$$

由表 1-16 查得 $T_a=2100.85\text{N}$，$m=0.448\text{kg/m}$

$$P_0=\frac{(2100.85-0.448\times 6.1^2)\times 6.1}{1000}\text{kW}=12.71\text{kW}$$

表 1-16　基准宽度同步带的许用工作拉力和单位长度的质量

带型	MXL	XXL	XL	L	H	XH	XXH
T_a/N	27	31	50.17	244.46	2100.85	4048.90	6398.03
m/kg·m^{-1}	0.007	0.01	0.022	0.095	0.448	1.484	2.473

此值也可由表 1-17 用插值法求得。

表 1-17　H 型带(节距 12.7mm，基准宽度 76.2mm)基准额定功率 P_0

小带轮转速/r·min^{-1}	小带轮齿数和节圆直径/mm													
	14	16	18	20	22	24	26	28	30	32	36	40	44	48
	56.60	64.48	72.77	80.85	88.94	97.02	105.11	113.19	121.28	129.36	145.53	161.70	177.87	194.04
100	0.62	0.71	0.80	0.89	0.98	1.07	1.16	1.24	1.33	1.42	1.60	1.78	1.96	2.13
200	1.25	1.42	1.60	1.78	1.96	2.13	2.31	2.49	2.67	2.84	3.20	3.56	3.91	4.27
300	1.87	2.13	2.40	2.67	2.93	3.20	3.47	3.73	4.00	4.27	4.80	5.33	5.86	6.39
400	2.49	2.84	3.20	3.56	3.91	4.27	4.62	4.97	5.33	5.68	6.39	7.10	7.80	8.51
500	3.11	3.55	4.00	4.44	4.89	5.33	5.77	6.21	6.66	7.10	7.98	8.86	9.74	10.61
600	3.73	4.27	4.80	5.33	5.86	6.39	6.92	7.45	7.98	8.51	9.56	10.61	11.66	12.71
700	4.35	4.97	5.59	6.21	6.83	7.45	8.07	8.68	9.30	9.91	11.14	12.36	13.57	14.78
800	4.97	5.68	6.39	7.10	7.80	8.51	9.21	9.91	10.61	11.311	12.71	14.09	15.47	16.83
900		6.39	7.19	7.98	8.77	9.56	10.35	11.14	11.92	2.71	14.26	15.81	17.35	18.87
1000	—	7.10	7.98	8.86	9.74	10.61	11.49	12.36	13.23	14.09	15.81	17.52	19.20	20.87
1100		7.80	8.77	9.74	10.70	11.68	12.52	13.57	14.52	15.47	17.35	19.20	21.04	22.85
1200		8.51	9.56	10.61	11.66	12.71	13.75	14.78	15.81	16.83	18.87	20.87	22.85	24.80
1300		9.21	10.35	11.49	12.62	13.74	14.87	15.98	17.09	18.19	20.38	22.53	24.64	26.72
1400		9.91	11.14	12.36	13.57	14.78	15.98	17.18	18.36	19.54	21.87	24.16	26.40	28.59

（续）

小带轮转速/$r \cdot min^{-1}$	小带轮齿数和节圆直径/mm													
	14	16	18	20	22	24	26	28	30	32	36	40	44	48
	56.60	64.48	72.77	80.85	88.94	97.02	105.11	113.19	121.28	129.36	145.53	161.70	177.87	194.04
1500	—	10.61	11.92	13.23	14.52	15.81	17.09	18.36	19.62	20.87	23.34	25.76	28.13	30.43
1600		11.31	12.71	14.09	15.47	16.83	18.19	19.54	20.88	22.20	24.80	27.35	29.82	32.23
1700		12.01	13.49	14.95	16.41	17.85	19.29	20.71	22.12	23.51	26.24	28.90	31.48	33.98
1800		12.71	14.26	15.81	17.35	18.87	20.38	21.87	23.34	24.80	27.66	30.43	33.11	35.68
1900	—	13.40	15.04	16.66	18.28	19.87	21.46	23.02	24.56	26.08	29.06	31.93	34.69	37.33
2000		14.09	15.81	17.52	19.20	20.87	22.53	24.16	25.76	27.35	30.43	33.40	36.24	38.93
2200			17.35	19.20	21.04	22.85	24.64	26.40	28.13	29.82	33.41	36.24	39.16	41.96
2400			18.87	20.87	22.85	24.80	26.72	28.59	30.43	32.33	35.68	38.93	41.96	44.73
2600	—	—	20.38	22.53	24.64	26.72	28.75	30.73	32.67	34.55	38.14	41.47	44.51	47.24
2800			21.87	24.16	26.40	28.59	30.73	32.83	34.84	36.79	40.47	43.84	46.84	49.45
3000			23.35	25.76	28.13	30.43	32.67	34.84	36.93	38.93	42.67	46.02	48.93	51.35
3200			24.80	27.35	29.82	32.23	34.55	36.79	38.93	40.97	44.73	48.01	50.75	52.91
3400	—	—	26.24	28.90	31.49	33.98	36.38	38.67	40.85	42.91	46.64	49.79	52.30	54.11
3600			—	30.43	33.11	35.68	38.14	40.47	42.68	44.73	48.38	51.35	53.55	54.92
3800				31.93	34.69	37.33	39.84	42.20	44.40	46.43	49.96	52.67	54.49	55.33
4000				33.40	36.24	38.93	41.47	43.84	46.02	48.01	51.35	53.75	55.10	55.31
4200				34.84	37.74	40.47	43.03	45.39	47.53	49.45	52.55	54.56	55.37	54.84
4400	—	—	—	36.24	39.19	41.96	44.51	46.84	48.93	50.75	53.55	55.10	55.27	53.90
4600				37.60	40.60	43.38	45.92	48.20	50.20	51.91	54.35	55.36	54.78	52.46
4800				38.93	41.96	44.73	47.24	49.45	51.35	52.91	54.92	55.31	53.90	50.50

13）所需带宽 b_s

$$b_s = b_{s0}\sqrt[1.14]{\frac{p_d}{K_Z P_0}}\ \mathrm{mm}$$

由表 1－18 查得 H 型带 $b_{s0}=76.2\mathrm{mm}$，$z_m=9$，$K_Z=1$。

$$b_s = 76.2\sqrt[1.14]{\frac{6.4}{12.71}}\ \mathrm{mm} = 41.74\mathrm{mm}$$

表 1－18　同步带的基准宽度 b_{s0}

带型	MXL　XXL	XL	L	H	XH	XXH
b_{s0}	6.4	9.5	25.4	76.2	101.6	127.0

由表 1－19 查得，应选带宽代号为 200 的 H 型带，其中 $b_s=50.08$。

表 1-19 梯形齿同步带宽度 b_s 系列 (单位：mm)

<table>
<tr><th colspan="2">带宽</th><th colspan="5">极限偏差</th><th colspan="7">带型</th></tr>
<tr><th>代号</th><th>尺寸系列</th><th>L_P<838.20</th><th colspan="2">L_P>838.20～1676.40</th><th colspan="2">L_P>1676.40</th><th>MXL</th><th>XXL</th><th>XL</th><th>L</th><th>H</th><th>XH</th><th>XXH</th></tr>
<tr><td>012</td><td>3.0</td><td rowspan="6">+0.5
−0.8</td><td colspan="2" rowspan="6">—</td><td colspan="2" rowspan="7"></td><td rowspan="3">MXL</td><td rowspan="3">XXL</td><td rowspan="2"></td><td rowspan="4"></td><td rowspan="5"></td><td rowspan="8"></td><td rowspan="8"></td></tr>
<tr><td>019</td><td>4.8</td></tr>
<tr><td>025</td><td>6.4</td><td rowspan="2">XL</td></tr>
<tr><td>031</td><td>7.9</td><td rowspan="11"></td><td rowspan="11"></td></tr>
<tr><td>037</td><td>9.5</td><td rowspan="10"></td><td rowspan="3">L</td></tr>
<tr><td>050</td><td>12.7</td><td rowspan="7">H</td></tr>
<tr><td>075</td><td>19.1</td><td rowspan="3">±0.8</td><td colspan="2" rowspan="3">+0.8
−1.3</td></tr>
<tr><td>100</td><td>25.4</td><td colspan="2" rowspan="2">+0.8
−1.3</td><td rowspan="7"></td></tr>
<tr><td>150</td><td>38.1</td><td rowspan="5">XH</td><td rowspan="6">XXH</td></tr>
<tr><td>200</td><td>50.8</td><td>+0.8(H)①
−1.3(H)①</td><td>±1.3(H)</td><td rowspan="4">±0.48</td><td>+1.3(H)
−1.5(H)</td><td rowspan="5">±0.48</td></tr>
<tr><td>300</td><td>76.2</td><td rowspan="2">+1.3(H)
−1.5(H)</td><td rowspan="2">±1.5(H)</td><td rowspan="2">+1.5(H)
−2.0(H)</td></tr>
<tr><td>400</td><td>101.6</td></tr>
<tr><td></td><td>127.0</td><td rowspan="2">—</td><td>—</td><td rowspan="2"></td><td rowspan="2"></td></tr>
<tr><td>500</td><td></td><td colspan="2">—</td><td></td></tr>
</table>

① 极限偏差只适合于括号内的带型。

14）带轮结构和尺寸

传动选用的同步带为 510H200。

小带轮：$z_1=20$，$d_1=80.85\text{mm}$

$d_{a1}=79.48\text{mm}$

大带轮：$z_2=48$，$d_2=194.04\text{mm}$

$d_{a2}=192.67\text{mm}$

可根据上列参数决定带轮的结构和全部尺寸(本题略)。

1.6 其他带传动简介

1.6.1 齿孔带传动

齿孔带传动(图 1.25)由特殊轮齿的传动轮及具有等距孔的传动带组成，适用于重量轻、传动转矩小、传动精度较高的场合。

齿孔带齿孔的几何尺寸，多采用 35mm 电影胶卷齿孔的标准，常用厚度为 0.15～0.25 mm 的涤纶或三醋酸纤维制造。

齿孔带带轮轮齿的齿形有渐开线和圆弧两种。为便于轮齿加工，多选用渐开线齿形。

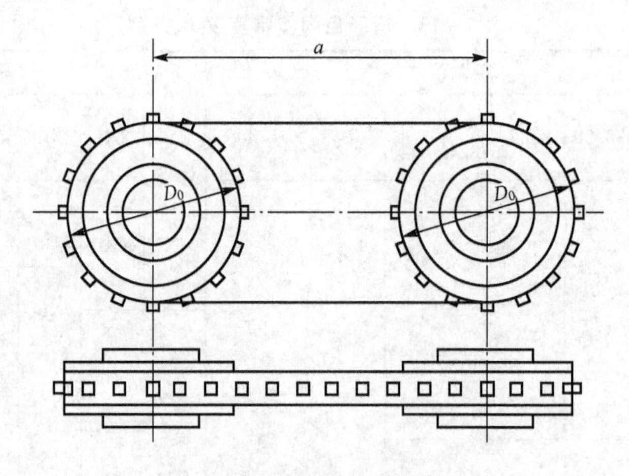

图 1.25 齿孔带传动

此种带轮的尺寸计算与一般齿轮不同，其尺寸主要由与其相啮合的齿孔带的参数来确定，如不考虑齿孔带的自然收缩率，则轮齿的齿距必须与齿孔带的齿孔距一致。

带轮材料常用硬铝、超硬铝、优质碳素结构钢和碳素工具钢，也可用塑料。为增加轮齿的工作寿命，齿面可镀铬、渗氮硬化或表面淬火。

1.6.2 拖动式带传动

拖动式带传动是将挠性传动件的两端直接固定在主动件和从动件上，当主动件转动时，能立即拖动挠性传动件，进而拖动从动件，即把主动件上的运动和力矩，精确地传递给从动件。

这种传动的主要特点包括：①挠性传动件与主、从动件表面之间没有任何相对滑动，故传动比准确、传动精度高；②适当改变主、从动件的表面形状，便可使传动比按照给定的规律变化，实现变传动比传动；③这种传动还能改变运动的形式，将回转运动变为自线运动，或者相反；④结构简单，制造方便；⑤由于挠性传动件的长度有限，故主、从动件的回跨范围受到限制，一般不超过 360°。

由于拖动式带传动所具有的特点，所以这种传动多用于精密机械与仪器的精密读数及其他相应机构中。

图 1.26(a)所示为计算机构中，用以得到等分刻度的变传动比钢带传动。图 1.26(b)为在弹簧拉力变化的条件下，用以在回转轴上获得恒定反作用力矩的机构。

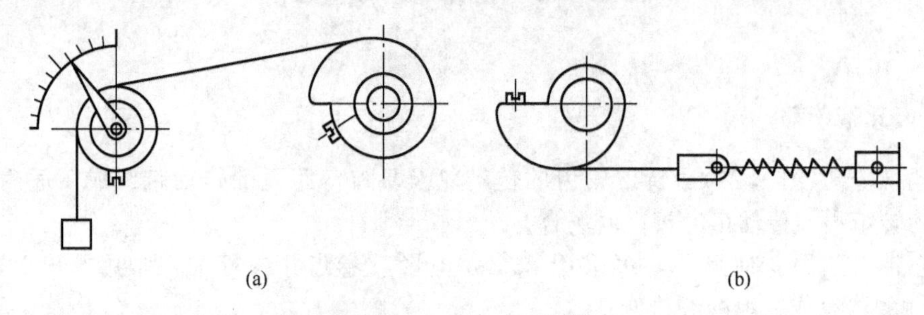

图 1.26 拖动式带传动

挠性传动件的材料，对精密传动可采用碳素工具钢、弹簧钢轧制的薄带或细丝；对特殊用途的传动多采用铍青铜、磷青铜带；对精度要求低的传动可采用丝棉线、锦纶丝制的薄带或绳。主、从动轮的材料，一般采用优质碳素结构钢、铝合金、黄铜及塑料等。

习　　题

一、选择题

1. V带(三角带)的楔角等于(　　)。

A. 40°　　B. 35°　　C. 30°　　D. 20°

2. 在有张紧轮装置的带传动中，当张紧轮装在带内侧时应安装在(　　)。

A. 两带轮的中间　　B. 靠近小带轮

C. 靠近大带轮　　D. 在任何处都没关系

3. V带(三角带)带轮的轮槽角(　　)40°。

A. 大于　　B. 等于　　C. 小于　　D. 小于或等于

4. 带传动的中心距过大时，会导致(　　)。

A. 带的寿命短　　B. 带的弹性滑动加剧

C. 带在工作时会产生颤动　　D. 小带轮包角减小而易产生打滑

5. 带传动采用张紧轮的目的是(　　)。

A. 减轻带的弹性滑动　　B. 提高带的寿命

C. 改变带的运动方向　　D. 调节带的初拉力

6. 在各种带传动中，(　　)应用最广泛。

A. 平带传动　　B. V带(三角带)传动

7. 带和带轮材料组合的摩擦系数与初拉力一定时，(　　)，则带传动不打滑时的最大有效圆周力也越大。

A. 带轮越宽　　B. 小带轮上的包角越大

C. 大带轮上的包角越大　　D. 带速越低

8. 为使V带(三角带)传动中各根带受载均匀些，带的根数z一般不宜超过(　　)根。

A. 4　　B. 6　　C. 10　　D. 15

9. 和普通带传动相比较，同步带传动的主要优点是(　　)。

A. 传递功率大　　B. 传动效率高

C. 带的制造成本低　　D. 带与带轮间无相对滑动

10. 带传动中，两带轮与带的摩擦系数相同，直径不等，如有打滑则先发生在(　　)轮上。

A. 大　　B. 小　　C. 两带　　D. 不一定哪个

二、名词解释

弹性滑动　打滑

三、填空题

1. 带传动的主要失效形式为________和________。

2．V带(三角带)的截面尺寸越大，则带轮的最小直径应越________。

3．限制小带轮的最小直径是为了保证带中________不致过大。

4．当采用张紧轮装置将带张紧时，为了带只受单向弯曲，张紧轮一般放在________边________侧，同时张紧轮应尽量靠近________轮，以免过分地影响带在小带轮上的包角。若主要考虑增大包角，则张紧轮应放在靠近________轮处的________边________侧。

四、计算题

1．某机器电动机带轮基准直径＝100mm，从动轮基准直径＝250mm，设计中心距a_0＝520mm，选用A型普通V带传动。试计算传动比、验算包角和计算V带的基准长度。

2．上题中，如电动机转速n_1＝1450r/min，求从动轮转速n_2及V带的线速度v。

五、思考题

1．举出三种带轮材料，说明主要应用范围。

2．V带传动中，胶带截面夹角是多少？带轮槽角有多少种？V带楔角与带轮槽角应如何选择匹配？

3．弹性滑动和打滑是怎么产生的？有何影响？能否消除？

4．三角带两侧面的夹角为多少？带轮的轮槽楔角有哪几种？减速比较大时大带轮和小带轮轮槽的楔角哪个大？为什么？

5．带传动为什么要张紧？常用的张紧方法有哪几种？若用张紧轮则应装在什么地方？

第2章 齿轮传动

教学要求	知识要点
了解齿轮传动特点、分类； 掌握圆柱齿轮传动的基本概念； 了解齿轮材料、热处理方法； 熟悉圆柱齿轮失效形式和材料、强度计算； 熟悉圆柱齿轮齿轮传动空回、产生原因； 熟悉圆柱齿轮齿轮传动设计	齿轮传动特点、啮合条件； 圆柱齿轮传动的几何参数； 圆柱齿轮失效形式和材料、强度计算； 齿轮传动空回、产生原因； 消除或减少齿轮传动空回方法； 传动比分配原则； 齿轮传动设计
了解圆柱斜齿轮传动的特点、几何尺寸设计计算	圆柱斜齿轮传动的受力分析
了解圆锥齿轮传动的失效形式和特点、几何尺寸设计计算	圆锥齿轮传动的失效形式； 圆锥齿轮传动的受力分析
了解蜗杆传动的失效形式和特点； 掌握几何尺寸设计计算	蜗杆传动的结构及失效形式和特点； 蜗杆传动啮合条件； 蜗杆传动几何尺寸设计
了解谐波齿轮传动的原理、特点	谐波齿轮传动的原理
了解轮系分类； 掌握定轴轮系、周转轮系传动比计算	轮系分类； 定轴轮系、周转轮系传动比计算

导入案例

在生活中，齿轮传动应用无处不在，齿轮传动是现代机械中应用最广的一种机械传动形式。在航海、汽车、航空、工程机械、军事、冶金机械、各种机床及仪器、仪表工业中被广泛地用来传递任意两轴之间的运动和动力。齿轮传动除传递回转运动外，也可以用来把回转运动转变为直线往复运动(如齿轮齿条传动)。

图(d)所示为某发动机附件传动系统，该传动系统包含了外啮合、内啮合直齿圆柱齿轮机构，斜齿圆柱齿轮机构，圆锥齿轮机构，是利用两齿轮的轮齿相互啮合传递动力和运动的机械传动。

齿轮传动的特点是齿轮传动平稳，传动比精确，工作可靠、效率高、寿命长，使用的功率、速度和尺寸范围大。例如传递功率可以从很小至几十万千瓦；速度最高可达300m/s；齿轮直径可以从几毫米至二十多米。但是制造齿轮需要有专门的设备，啮合传动会产生噪声。

(a) (b) (c) (d)

2.1 概　　述

齿轮传动是机械传动应用最广泛的传动形式，用来传递空间任意两轴的运动和动力。其中最常用的是渐开线齿轮传动，同时齿轮传动在机械零件设计中也是最为复杂及重要的传动。

2.1.1 齿轮传动的优缺点

1. 优点

(1) 传动功率和速度的适应范围广。
(2) 传动比准确、稳定。
(3) 工作可靠，使用寿命长。
(4) 传动效率高，跑合很好的齿轮传动其机械效率可达98%～99%。
(5) 结构紧凑，外廓尺寸小。
(6) 可传递空间任意两轴间的运动。

2. 缺点

(1) 制造齿轮需专用机床和设备，且成本较高。
(2) 制造及安装精度要求高。
(3) 齿轮精度低时，传动的噪声和振动较大。
(4) 不宜用于传动中心距较大的场合。

2.1.2 齿轮传动的分类

1. 按传动轴相对位置分

齿轮传动按传动轴相对位置分类如图2.1所示。

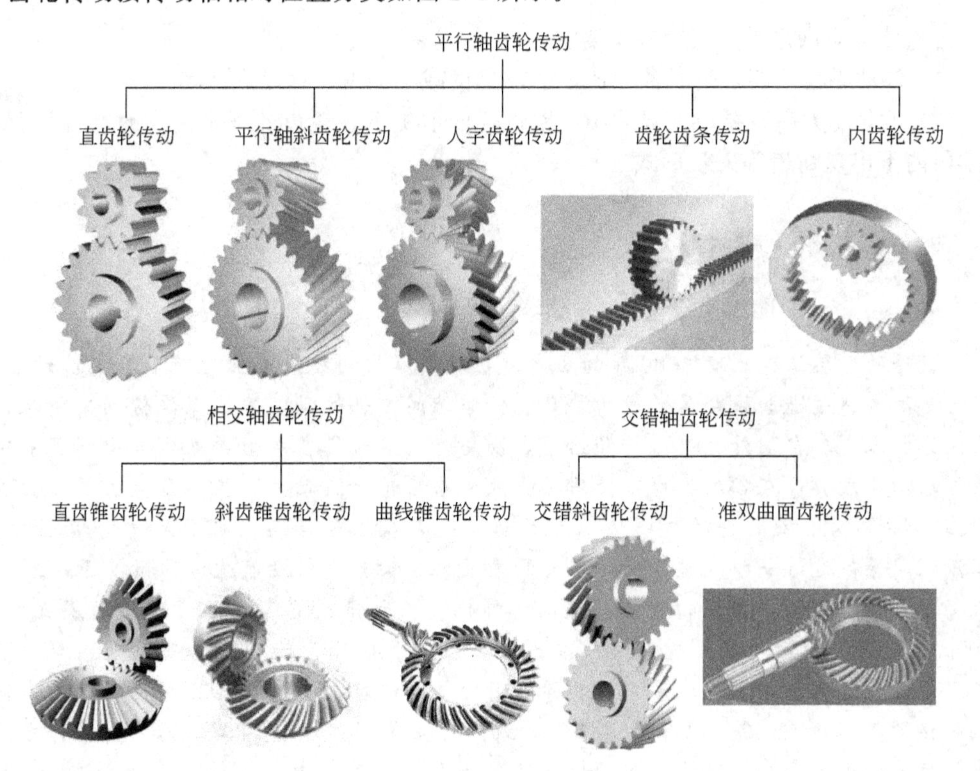

图2.1 齿轮传动的分类

(1) 平行轴齿轮传动(圆柱齿轮传动)：(外)直齿轮、斜齿轮、内齿轮、齿轮齿条、人字齿轮。

(2) 相关轴齿轮传动：锥齿轮传动(直齿、斜齿、曲齿)。

(3) 交错轴齿轮传动：交错轴斜齿轮(螺旋齿轮)，准双曲面齿轮传动，蜗杆、蜗轮传动。

2. 按工作条件分

(1) 开式传动：没有防尘罩或机罩，齿轮完全暴露在外面，灰尘、杂物易进入，且不能保证良好的润滑，所以轮齿极易磨损，该传动类型一般只用于低速传动及不重要的场合。

(2) 半开式传动：齿轮浸入油池中，上装护罩，不封闭，所以也不能完全防止杂物的侵入，用于农业机械、建筑机械及简单机械设备中，只有简单防护罩。

(3) 闭式传动：润滑、密封良好，用于汽车、机床及航空发动机等的齿轮传动中，齿轮封闭在箱体内并能得到良好的润滑，应用极为广泛(如机床、汽车等)。

3. 按齿廓曲线分

(1) 渐开线齿：常用。

(2) 摆线齿：计时仪器。

(3) 圆弧齿：承载能力较强。

2.1.3 齿轮传动的基本要求

齿轮传动应满足下列两项基本要求。

(1) 传动平稳。要求瞬时传动比不变，尽量减小冲击、振动和噪声。

(2) 承载能力高。要求在尺寸小、重量轻的前提下，轮齿的强度高、耐磨性好，在使用期限内不出现断齿等失效形式。

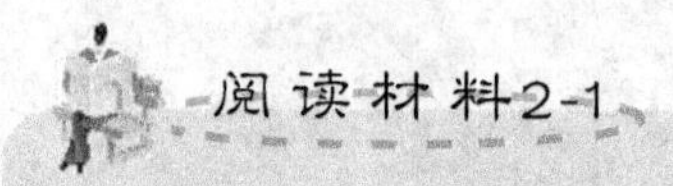

齿轮发展历程

齿轮的发展迄今已有3000年的历史。在我国汉代的指南车上就有齿轮的传动装置，当时是用木料制造或用金属铸成的，只能传递轴间回转运动，不能保证传动平衡性，承载能力也很小。在国外，机械传动始于古罗马时代，人们在水力碾磨中也用到了木制齿轮传动，在瑞典，在谷物碾磨中使用石头做成斜齿轮传递动力，虽承载能力高，但加工困难。到了14世纪，钟的发明使人们开始研究金属齿轮传动以减小尺寸。18世纪初，蒸汽机问世，这进一步促进了齿轮传动的发展。在齿轮材料没有改进的情况下，19世纪末期，人们开始研究齿轮的齿形，并向小型化、长寿命、更可靠的齿轮传动装置发展。20世纪初摆线齿轮和渐开线齿轮相继出现。但由于摆线齿轮制造和安装较困难，限制了发展，目前只在钟表领域应用。渐开线齿轮传动的类型有直齿轮、斜齿轮、锥齿轮和蜗杆传动，20世纪60—70年代我国渐开线齿轮主要采用滚齿加工工艺，用这种方法生产的齿轮硬度不高，接触强度低、寿命短，而用在船舶、电厂涡轮机的大型高速齿轮传动由于其节线速度高，要求这些齿轮有高精度，于是加速了磨齿加工工艺的发展。斜齿轮是在直齿轮的基础上发展起来的，由于直齿轮寿命短，承载能力有限等缺点，从而在后来的机械传动装置中，在同样厚度的齿轮上，增加接触线长度的斜齿，即斜齿轮，在性能上、加工上，都较直齿轮复杂，但在斜齿轮的传动过程中，存在着对传动系统不利的啮合力的轴向分力，为此又发明了人字齿轮，但人字齿轮的加工更复杂。21世纪随着材料科学的发展，齿轮由金属材料逐渐向高分子材料转变，如塑料齿轮已被广泛应用，以减轻齿轮的重量。

20世纪40年代，渐开线理论开始出现，到50年代为了提高承载能力，提出了齿轮齿廓和齿向修形的设计方法。60年代，开始研究直齿、斜齿和锥齿轮等的表面疲劳强度和可靠性。70年代，出现了曲线锥齿轮、环面蜗杆、点接触蜗杆以及圆弧齿轮等新型传动装置。80年代，齿轮传动系统中又增加了少齿差行星传动、新型伺服传动、新型蜗杆传动等新类型。90年代国外的产品在技术上普遍经历了一次新的更新换代，使承载能力大幅提高，模块化设计程度更高，更容易实现零件的批量化生产，此外进一步采取降噪措施，改进了密封和外观。

21世纪，世界齿轮研究的重点在于高速、重载、长寿命、低成本传动系统的研究，人们分别从齿轮的齿形、齿轮啮合的原理着手。在计算机日益发展的时代，机械也逐渐向智能化、自动化方向发展，于是趋向运用计算机软件来模拟、研究齿轮的啮合原理，运用优化、有限元等现代设计理论方法设计齿轮逐步发展，其目的在于获得新型的，高效、低噪声、高性能齿轮。

资料来源：王丽娟．齿轮发展研究综述．机械研究与应用．2008(1)．

2.2 渐开线直齿圆柱齿轮的基本参数和几何尺寸

2.2.1 齿轮各部分名称和基本参数

图2.2(a)所示为直齿圆柱外齿轮的一部分，图2.2(b)为直齿圆柱内齿轮的一部分，其齿轮各部分名称如下。

(1) 齿顶圆：连接齿轮各齿顶的圆称为齿顶圆，其半径用r_a表示，直径用d_a表示。

(2) 齿根圆：齿槽底部连接的圆称为齿根圆，其半径用r_f表示，直径用d_f表示。

(3) 齿槽宽：相邻两齿间的空间称为齿槽，沿任意圆周所量得的齿槽的弧线长度称为该圆周上的槽宽，用e_k表示。

(4) 齿厚：沿任意圆周所量得的轮齿的弧线长度称为该圆周上的齿厚，用s_k表示。

(5) 齿距：沿任意圆周所量得的相邻两齿上对应点之间的弧长，称为该圆上的齿距，用p_k表示。在同一圆周上，齿距等于齿厚与槽宽之和，即

$$p_k = e_k + s_k$$

(6) 分度圆：作为计算齿轮各部分尺寸的基准，在齿顶圆与齿根圆之间规定一直径为d(半径为r)的圆，并把这个圆称为齿轮的分度圆。分度圆上的齿厚、槽宽和齿距分别用s、e和p表示，而且$p=s+e$。对于标准齿轮$s=e$。

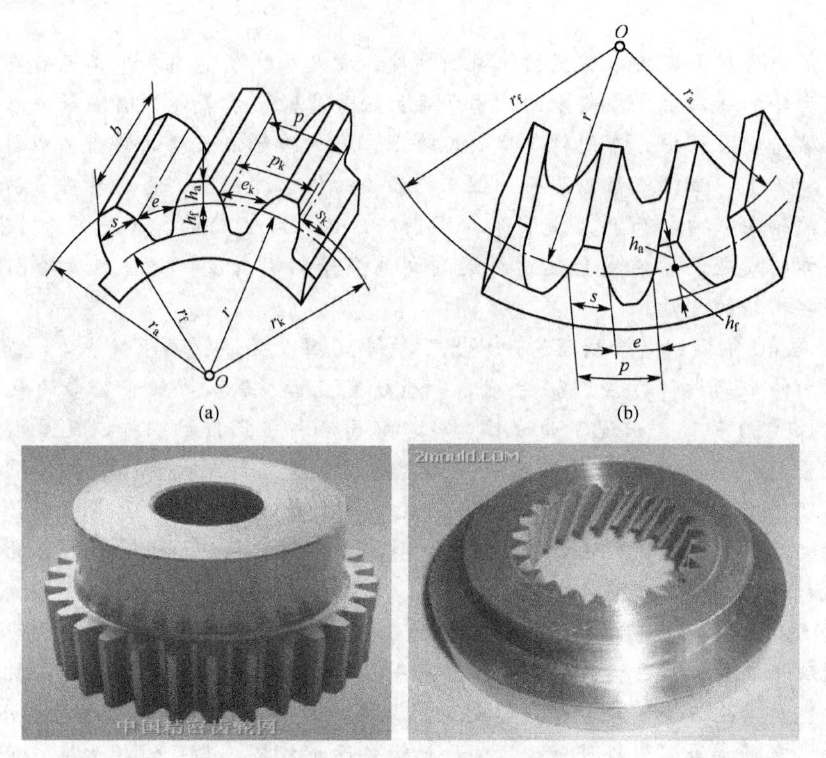

图 2.2　齿轮各部分名称和符号

(7) 模数：分度圆直径显然与齿距 p 和齿数 z 有关，且有

$$d=\frac{p}{\pi}z$$

由上式可见，一个齿数为 z 的齿轮，只要其齿距 p 一定，就可求出其分度圆直径 d。但是式中的 π 为一无理数，这不但给计算带来不便，同时对齿轮的制造和检验都很不利。为此，将比值 $\frac{p}{\pi}$ 叫做模数，用 m 表示，即

定义

$$m=\frac{p}{\pi} \tag{2-1}$$

其单位为 mm，于是得

$$d=mz \tag{2-2}$$

模数 m 是决定齿轮尺寸的一个重要参数。齿数相同的齿轮，模数大，尺寸也大。为了便于计算、制造、检验和互换使用，齿轮的模数值已经标准化。表 2 - 1 为国标 GB/T 1357—1987 所规定的标准模数系列。

表 2 - 1　标准模数系列　（单位：mm）

第一系列	0.1	0.12	0.15	0.2	0.25	0.3	0.4	0.5
	0.6	0.8	1	1.25	1.5	2	2.5	3
	4	5	6	8	10	12	16	20
	25	32	40	50				
第二系列	0.35	0.7	0.9	1.75	2.25	2.75	(3.25)	3.5
	(3.75)	4.5	5.5	(6.5)	7	9	(11)	14
	18	22	28	(30)	36	45		

注：1. 本标准适用于渐开线圆柱齿轮，对于斜齿圆柱齿轮指法向模数。
2. 优先选用第一系列模数。

(8) 分度圆压力角：由渐开线方程可知，渐开线齿廓上任一点 K 处的压力角 α_K 为

$$\cos\alpha_K=\frac{r_b}{r_K}$$

由上式可见，对于同一齿廓上，r_K不同，α_K亦不同，即渐开线齿廓在不同的圆周上有不同的压力角。

通常所说的齿轮压力角是指分度圆上的压力角，用 α 表示，于是有

$$\alpha_K=\arccos\left(\frac{r_b}{r_K}\right)$$

$$r_b=r\cos\alpha=\frac{mz}{2}\cos\alpha \tag{2-3}$$

分度圆相同的齿轮，如其压力角 α 不同，则基圆大小也不相同，因而其渐开线齿廓的形状也就不同。所以压力角 α 是决定渐开线齿廓形状的一个基本参数。为了制造、检验和互换使用方便，规定标准压力角 $\alpha=20°$，少数场合有 14.5°、15°、22.5°、25°。

分度圆就是齿轮上具有标准模数和标准压力角的圆。

(9) 齿顶高：轮齿在分度圆和齿顶圆之间的径向高度，用 h_a表示。

$$h_a=h_a^* m$$

(10) 齿根高：轮齿在分度圆和齿根圆之间的径向高度，用 f_a表示。

$$h_f=(h_a^*+c^*)m$$

式中，h_a^*——齿顶高系数；

c^*——顶隙系数。

这两个系数在我国也已经标准化了，其数值为当模数 $m\geqslant1$ 时，$h_a^*=1$，$c^*=0.25$；当模数 $m<1$ 时，$h_a^*=1$，$c^*=0.35$。

(11) 齿宽：轮齿在齿轮轴向的宽度，用 b 表示。

2.2.2 标准直齿圆柱齿轮的几何尺寸

标准直齿圆柱齿轮几何尺寸的计算公式列于表 2-2 中。

表 2-2 标准直齿圆柱齿轮几何尺寸的计算公式

序号	名称	符号	计算公式
1	模数	m	根据齿轮轮齿强度条件给出
2	压力角	α	$\alpha=20°$
3	分度圆直径	d	$d_1=mz_1$　$d_2=mz_2$
4	齿顶高	h_a	$h_a=h_a^* m$　齿顶高系数 $h_a^*=1$
5	齿根高	h_f	$h_f=(h_a^*+c^*)m$，$h_a^*=1$ 顶隙系数 $c^*=0.25$
6	齿顶圆直径	d_a	$d_a=d+2h_a=(z+2h_a^*)m$
7	齿根圆直径	d_f	$d_f=d-2h_f=(z-2h_a^*-2c^*)m$
8	基圆直径	d_b	$d_b=d\cos\alpha$
9	齿距	p	$p=\pi m$

（续）

序号	名称	符号	计算公式
10	齿厚	s	$s=\frac{1}{2}\pi m$
11	齿间宽	e	$e=\frac{1}{2}\pi m$
12	标准中心距	a	$a=\frac{1}{2}(d_2\pm d_1)=\frac{1}{2}m(z_2\pm z_1)$
13	齿宽	b	$b=(6-12)m$

注：对于短齿，齿顶高系数 $h_a^*=0.8$，顶隙系数 $c^*=0.3$。

2.2.3　齿轮齿条传动

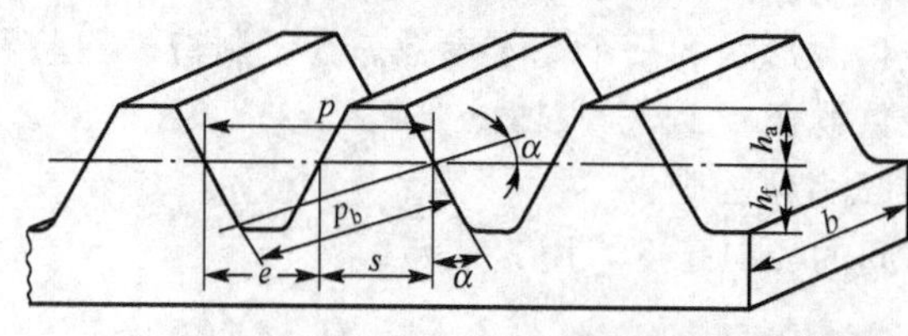

(a)

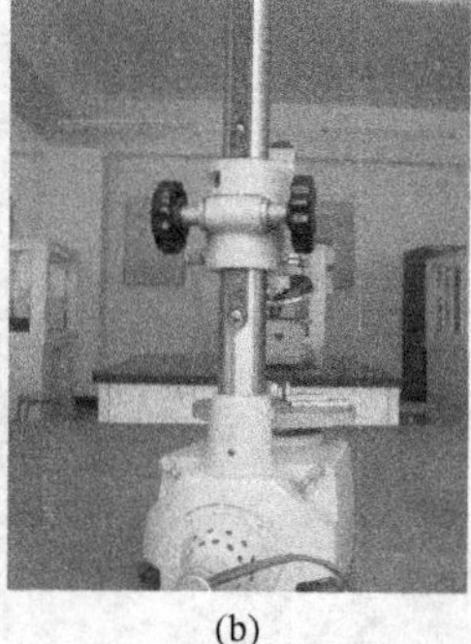

(b)

图 2.3　齿条

图 2.3 所示为一齿条，可以看作是齿轮的一种特殊形式，即齿数为无穷多的齿轮，由于其基圆半径无穷大，故齿条的渐开线齿廓变成直线齿廓。

其主要特点如下。

(1) 由于齿条的齿廓是直线，所以齿廓上各点的法线是平行的。由于齿条是作直线移动的，齿廓上各点的速度大小和方向一致，故齿廓上各点的压力角相同，其大小等于齿廓的倾斜角 α(取标准值 20°或 15°)，通称为齿形角。

(2) 由于齿条上各齿同侧是平行的，所以，不论在分度线上、齿顶线上或其平行的其他直线上的齿距均相等，即 $p=\pi m$。

齿条的基本尺寸可参照标准直尺圆柱齿轮几何尺寸的计算公式进行计算，如

齿条的齿顶高 $h_a=h_a^* m$

齿条的齿根高 $h_f=(h_a^*+c^*)m$

齿条的齿厚 $s=\frac{1}{2}\pi m$

齿条的槽宽 $e=\frac{1}{2}\pi m$

2.3　渐开线直齿圆柱齿轮传动

2.3.1　啮合过程

如图 2.4 所示，设齿轮 1 为主齿轮，齿轮 2 为从动轮。当两轮的一对齿开始啮合时，

必是主动轮的齿根推动从动轮的齿顶，因而开始啮合点是从动轮的齿顶与啮合线 N_1N_2 的交点 B_2，同理，主动轮齿顶圆与啮合线 N_1N_2 的交点 B_1 为这对齿开始分离的点(即终止啮合点)。线段 B_1B_2 向外延伸。但因基圆以内没有渐开线，故实际啮合线不能超过极限点 N_1 和 N_2，线段 N_1N_2 称为理论啮合线。α'称为啮合角。

2.3.2 正确啮合条件

一对渐开线齿廓沿啮合线啮合时能够保证瞬时传动比恒定。但实际上齿轮在传动中，一对齿廓的互相啮合是交替啮合，即互相啮合一段时间就分开，由后一对齿继续啮合。

图 2.5 所示，一对齿轮要实现正确啮合，则应使两齿轮的相邻两齿同侧齿廓在啮合线上的距离相等，即 $K_1K_1'=K_2K_2'$，两齿轮的法向齿距相等。

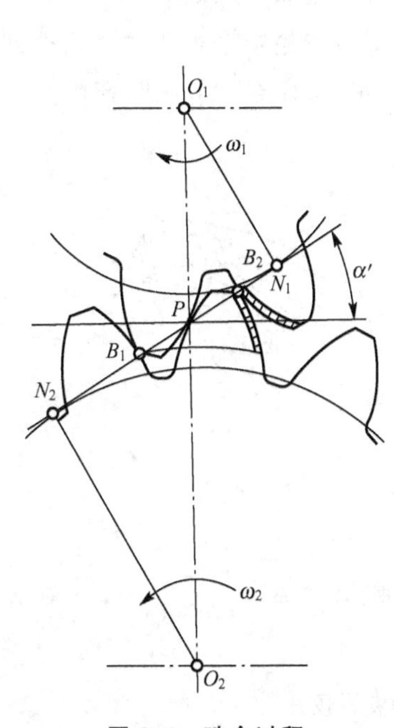

图 2.4 啮合过程

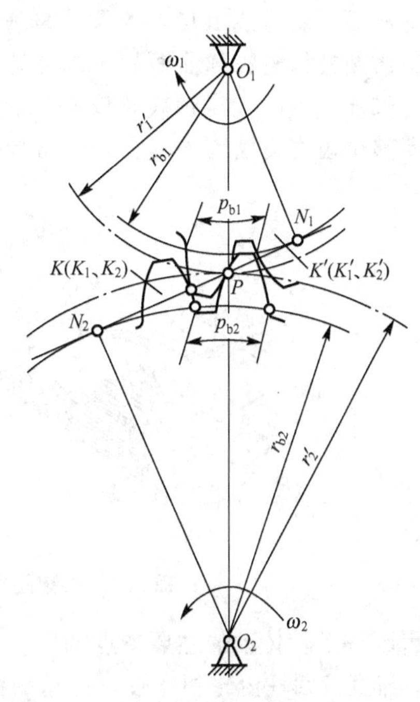

图 2.5 正确啮合条件

根据渐开线性质可知，齿轮的法向齿距与基圆齿距相等，即

$$p_{b1}=p_{b2}$$

将 $p_b=\frac{\pi d_b}{z}=\frac{\pi}{z}d\cos\alpha=p\cos\alpha=\pi m\cos\alpha$

$$p_{b1}=\pi m_1\cos\alpha_1$$

$$p_{b2}=\pi m_2\cos\alpha_2$$

代入公式得出

$$m_1\cos\alpha_1=m_2\cos\alpha_2$$

由于齿轮的模数和压力角均已标准化，所以满足上式必须使

$$\begin{cases}m_1=m_2=m\\ \alpha_1=\alpha_2=\alpha\end{cases} \tag{2-4}$$

由上可知，渐开线直齿圆柱齿轮正确啮合条件是两齿轮分度圆上的模数和压力角必须

分别相等。

2.4 斜齿圆柱齿轮传动

2.4.1 斜齿圆柱齿轮齿廓曲面形成及主要特点

斜齿圆柱齿轮齿廓曲面的形成与直齿圆柱齿轮原理相同，不同的是发生面上的直线 KK 不平行于 NN 而与它成一个角度 β_b。如图 2.6(a)所示，当发生面 S 沿基圆柱做纯滚动时，斜直线 KK 的轨迹形成一个渐开线曲面。该渐开线曲面称为渐开线螺旋面，即斜齿轮的齿廓曲面。斜直线 KK 与基圆柱母线的夹角 β_b 称为基圆柱上的螺旋角。

由斜齿圆柱齿轮齿廓曲面的形成可见，一对斜齿圆柱齿轮啮合过程中，每个瞬时接触线都不与轴线平行，且接触线长度是变化的，如图 2.6(b)所示。斜齿圆柱齿轮的啮合情况是沿着整个齿宽逐渐进入啮合和退出啮合的。

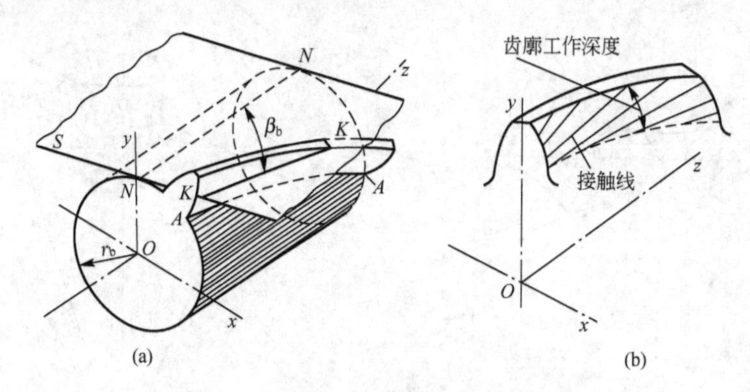

图 2.6 斜齿圆柱齿轮的齿廓曲面的形成

斜齿圆柱齿轮传动的主要特点如下。

(1) 与直齿圆柱齿轮相比较，传动平稳，冲击和噪声较小。

(2) 重叠系数比直齿圆柱齿轮大，参与啮合齿数多。

(3) 传动时会产生轴向力，且随螺旋角 β 增大而增大，一般取 $\beta=8°\sim12°$。

2.4.2 斜齿圆柱齿轮的基本参数及啮合条件

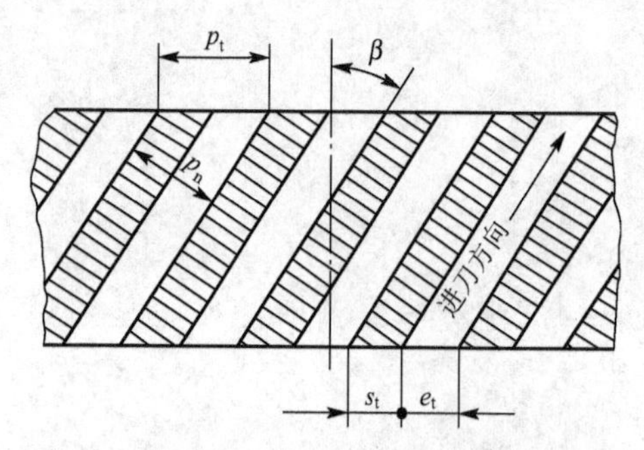

图 2.7 斜齿圆柱齿轮分度圆柱面的展开图

1. 螺旋角

图 2.7 所示为斜齿圆柱齿轮分度圆柱面的展开图。在展开面上，斜齿齿轮的螺旋线变成斜直线，它与轴线的夹角称为分度圆上的螺旋角，简称螺旋角，用 β 表示。一般取 $\beta=8°\sim12°$。斜齿圆柱齿轮的旋向分为左旋和右旋两种。

2. 齿距和模数

斜齿圆柱齿轮的齿向是倾斜的，有端面和

法面之分。垂直于轴线的平面称为端面，与分度圆柱螺旋线垂直的平面称为法面。

从图上可知端面齿距 p_t 和法面齿距 p_n 的关系为

$$p_n = p_t\cos\beta$$

以 m_t、m_n 分别表示端面模数和向模数，则 $p_t = \pi m_t$

$$p_n = \pi m_n$$

端面模数和法面模数的关系为

$$m_n = m_t\cos\beta \tag{2-5}$$

3. 压力角

斜齿圆柱齿轮在分度圆上的压力角有法面压力角 α_n 和端面压力角 α_t 之分，两者关系为

$$\tan\alpha_n = \tan\alpha_t\cos\beta \tag{2-6}$$

4. 斜齿圆柱齿轮的当量齿数

如图 2.8 所示，垂直于齿面的法面，图示椭圆是法面与分度圆柱的交线。以椭圆上 C 点的曲率半径 ρ 为分度圆半径，作一圆，法向模数为 m_n、压力角为 α_n 直齿轮的齿廓与该斜齿圆柱齿轮的法面齿廓近似相同，称该直齿轮为斜齿圆柱齿轮的当量齿轮，其齿数就称为当量齿数，用 z_v 来表示。

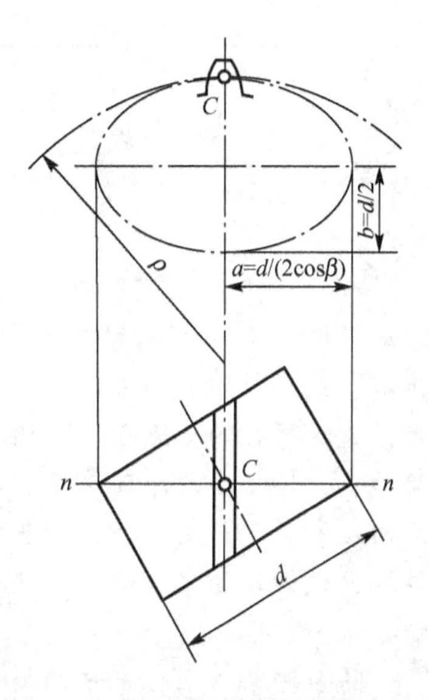

图 2.8 斜齿圆柱齿轮的当量齿轮

当量齿数与实际齿数的关系为

$$z_v = \frac{2\rho}{m_n} = \frac{d}{m_n\cos^2\beta} = m_t z/m_n\cos^2\beta = \frac{z}{\cos^3\beta} \tag{2-7}$$

5. 正确啮合条件

一对斜齿圆柱轮齿的正确啮合条件，除了两轮模数和压力角分别相等外，当为外啮合时，两轮的螺旋角应大小相等，方向相反，即

$$m_{n1} = m_{n2}$$

$$\alpha_{n1} = \alpha_{n2}$$

$$\beta_1 = -\beta_2$$

2.4.3 斜齿圆柱齿轮几何尺寸的计算

斜齿圆柱齿轮几何尺寸的计算公式列于表 2-3 中。

表 2-3 标准斜齿圆柱齿轮几何尺寸的计算公式

	名　称	符　号	计算公式
1	螺旋角	β	$\beta_1 = -\beta_2$
2	端面模数	m_t	$m_t = m_n/\cos\beta$
3	端面分度圆压力角	α_t	$\tan\alpha_t = \frac{\tan\alpha_n}{\cos\beta}$　$\alpha = 20°$
4	齿顶高	h_a	$h_a = h_{an}^* \cdot m_n = h_{at}^* \cdot m_t$

（续）

	名　　称	符　　号	计算公式
5	齿根高	h_f	$h_f=(h_{at}^*+c_t^*)m_t=(h_{an}^*+c_n^*)m$
6	齿全高	h	$h=h_a+h_f$
7	分度圆直径	d	$d=m_t z=\frac{m_n \cdot z}{\cos\beta}$
8	齿顶圆直径	d_a	$d_a=d+2h_a$
9	齿根圆直径	d_f	$d_f=d-2h_f$
10	基圆直径	d_b	$d_b=d\cos\alpha_t$
11	中心距	a	$a=\frac{1}{2}\frac{m_n}{\cos\beta}(Z_1+Z_2)$

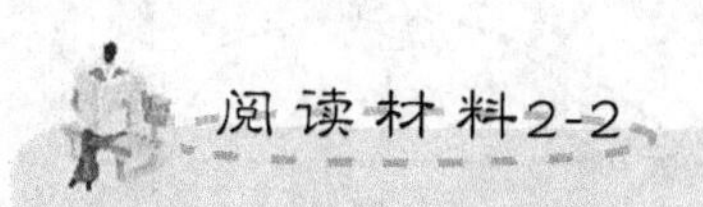

新型齿轮的发展

齿轮传动主要靠轮齿的啮合，由于渐开线外齿轮传动的轮齿啮合是凸廓对凸廓，接触应力大，使其承载能力受到限制。针对上述缺点人们提出了双圆弧齿轮，它是凸凹面接触，虽然降低了接触应力，提高了承载能力，但适用于低速重载的场合。21世纪，世界齿轮研究的重点在于高速、重载、长寿命、低成本传动系统的研究，分别从齿轮的齿形、齿轮啮合的原理着手。在计算机日益发展的时代，机械也逐渐向智能化、自动化方向发展，于是趋向运用计算机软件来模拟、研究齿轮的啮合原理，运用优化、有限元等现代设计理论方法设计齿轮逐步发展，其目的在于获得新型的，高效、低噪声、高性能齿轮。

随着整个工业化水平的提高，对齿轮的传动性能要求也不断提高，为了提高齿轮传动的承载能力，出现了采用内外摆线、圆弧、抛物线、变态长幅渐开线等曲线作为齿廓曲线和一些新型齿轮，如：①LogiX齿轮，表述了一种新型曲线的齿轮，齿面曲线是由一系列微线段组成，在各线段的连接处，让曲线上相邻点的相对曲率半径为零，这种齿轮具有承载能力高、小型化等优势。②点—线啮合齿轮，2004年发明的一种新型齿轮传动形式，在这样的一对齿轮副中，两个相啮合的齿轮的齿面分别为内凹和外凸的齿面轮廓形式，这种齿轮传动类型具有大功率、低噪声、高效率、承载能力强等优点。③非对称渐开线直齿轮，这种齿轮在同一轮齿上两侧齿廓的渐开线不对称。齿形的变化，增加了设计与加工的难度。随着机械加工手段的提高，非圆齿轮的加工成为可能，在机器人设计与制造中，机器人腕部的球形齿轮也可以生产，从而扩大了齿轮传动的研究范畴。④错联齿轮，该齿轮采用具有可分性且制造容易的渐开线做齿廓，能较大地提高传动的承载能力。错联齿轮传动的齿面重合度较原传动有成倍的增加。这样既可提高承载能力，也可提高传动的平稳性。而且，错联齿轮传动还可用于原来无法用直齿轮传动实现的超短齿、少齿数情况，适应了微型机械的发展需要。

资料来源：王丽娟．齿轮发展研究综述．机械研究与应用．2008(1)．

2.5 齿轮传动的失效形式及材料

2.5.1 齿轮传动的失效形式

齿轮传动的失效形式主要有齿轮的折断、齿面的点蚀、磨损和胶合。

1. 轮齿的折断

轮齿的折断一般发生在齿根部分，因为齿根处弯曲应力最大而且有应力集中。折断有两种：一种是在短期过载或受到冲击载荷时发生的突然折断；另一种是由于多次重复弯曲所引起的疲劳折断。这两种折断都起始于齿根受拉应力的一边。

宽度较小的直齿易发生全齿折断，宽度较大的直齿轮，由于轴的变形及安装误差等原因，容易造成载荷集中在齿的一侧、斜齿、人字齿，由于接触线是倾斜的，也容易出现载荷集中在一端的齿顶部，故这些轮齿的裂纹常常由齿跟斜向齿顶的方向发展，导致轮齿局部折断，如图 2.9 所示。

增大齿根过渡曲线半径，降低表面粗糙度的值，采用表面强化处理(如喷丸、碾压)等，都有利于提高轮齿的疲劳折断能力。

2. 齿面的点蚀

润滑良好的闭式传动齿轮，当齿轮工作一段时间以后，常在轮齿的工作表面上出现疲劳点蚀，如图 2.10 所示。

图 2.9　轮齿局部折断

图 2.10　齿面点蚀

齿面的点蚀多出现在靠近节线的齿根表面上。在磨损严重的齿轮传动中，特别是在开式齿轮传动中见不到点蚀现象，这是因为表层的磨损速度比在表层上出现疲劳裂纹的速度要快得多。

出现点蚀的齿面，将失去正确的齿形，从而破坏了正确的啮合，使得传动精度下降，引起附加动载荷，产生噪声和振动，并加快齿面磨损和降低传动寿命。

减缓或防止点蚀的主要措施如下：提高齿面的硬度，降低表面粗糙度数值；采用大的变位系数，增大综合曲率半径 ρ，σ_H 减小，点蚀减小；采用粘度较高的润滑油；减小动载荷，裂纹出现的概率小。

3. 齿面的磨损

当表面粗糙的硬齿与较软的轮齿相啮合时，由于相对滑动，软齿表面易被划伤而产生齿面磨损。外界硬屑落入啮合齿间也将产生磨损。磨损后，正确齿形遭到破坏，齿厚减薄，最后导致轮齿强度不足而折断，如图 2.11 所示。

对于闭式传动，减轻或防止磨损的主要措施如下：提高齿面硬度；降低齿面粗糙度；注意润滑油的清洁和定期更换；采用角度变位齿轮传动，以减轻齿面滑动等。

对于开式传动，应注意环境清洁，减少磨粒(硬屑)侵入。

4. 齿面的胶合

胶合是比较严重的粘着磨损，高速重载传动因滑动速度高，而产生瞬时高温会使油膜破裂，造成齿面间的粘焊现象，粘焊处被撕落后，轮齿表面沿滑动方向形成沟痕。低速重载传动不易形成油膜，摩擦热虽不大，但也可能因重载而出现冷焊粘着，如图 2.12 所示。

图 2.11　齿面磨损

图 2.12　齿面胶合

减轻或防止齿面胶合的主要措施有：采用角变位齿轮传动，降低啮合开始和终止点的滑动系数，采用抗胶合能力的润滑油(极压油)。

对具体工作条件下的齿轮传动，上述几种失效形式并不可能同时发生，主要以一或两种失效形式为主，要按具体工作条件分析确定。

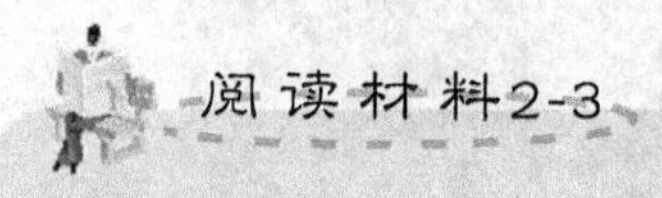

阅读材料2-3

轮齿损伤和失效的主要原因

在机械工程中，齿轮传动应用甚为广泛，并且往往处于极为重要的部位，因此齿轮的损伤和失效备受人们的关注。由于齿轮工况不同，材质各异，环境条件也有差别，因此产生上述轮齿主要失效形式的诱因往往很复杂，有设计方面的失误、材料和热加工方面的失误、机械加工方面的失误和装配方面的失误。这里重点谈谈机械加工方面和装配方面的失误。

1. 机械加工方面的失误

(1) 轮齿的尺寸、形状不良。例如齿根圆角、齿顶齿端倒角加工不良；齿厚、齿廓修缘、齿向修形不到位等。像这些失误对于椭圆齿轮流量计和双转子流量所造成的质量问题是致命的，就会在检定站进行检定时出现准确度超差，重复性不好。

(2) 轮齿加工精度不足。例如齿向误差太大会引起齿向偏载；周节偏差、齿形误差会引起齿高方向接触不良；而齿面粗糙过大易引发点蚀或胶合失效。如配双转子流量计的精度调节器，在使用过程中出现的调节齿轮磨损，就是齿面粗糙过大引发点蚀而失效。

2. 装配方面的失误

具体表现有：轮齿接触不良、轴承间隙未调整好；齿轮啮合间隙太小又未发现；装配时的故障排除不彻底等。如配椭圆齿轮流量计的曲表头，在使用过程中出现的齿轮扫齿而不能计量，就是由于装配时轴承间隙未调整好，齿轮啮合间隙太大造成的。在实际的齿轮失效分析中，应根据具体的失效形式和现场调查、检测的结果来查明齿轮失效的直接原因，并提出相应的改进措施。有些齿轮的失效并不是只有一种原因，而是几种诱因综合作用的结果。因此在失效分析时，要对影响轮齿失效的因素进行全面的分析和衡量，并作科学、缜密的推断，才能得到正确的分析结论。

资料来源：林觉慧．齿轮失效常见的几种形式．工程技术．2007(16)．

2.5.2 齿轮材料

在精密机械中，由于齿轮的工作条件不同，轮齿的磨损形式也不同。因此，对于不同的工作条件(载荷的大小及性质，温度变化的范围，介质特性及速度范围等)，要选用不同性能的材料。

对齿轮材料的基本要求是：齿面要硬，齿芯要韧，还应具有良好的加工和热处理工艺性。

常用的齿轮材料如下。

1. 钢

钢的品种很多，且可通过各种热处理方式获得适合工作要求的综合性质，所以最常用的齿轮材料是钢。

(1) 锻钢：钢料经锻造后，可以改善材料性质，提高轮齿的强度，故除齿轮过大或形状复杂不能锻造的，一般齿轮都采用锻钢。

制造锻钢的齿轮可分为以下两种。

① 软齿面(HB≤350)齿轮。这类齿轮多经调质、正火处理后切齿，切齿精度一般为8级，精切可达7级。常用材料为中碳钢、中碳合金钢(如45、40Gr、38SiMnMo)等，因齿面硬度不高，限制了承载能力，但易制造、成本低，常用于尺寸和重量无严格要求的场合。

② 硬齿面(HB＞350)齿轮。这类齿轮通常切齿后进行热处理(整体淬火、表面淬火、渗碳淬火、氮化、氰化等)，然后再精加工(磨齿)。但随着硬齿面加工技术的发展，齿轮也可以在热处理后，使用硬质合金滚刀或高速钢滚刀精滚加工，故不需要进行磨齿加工。常用材料为低碳合金钢、中碳合金钢(如20Gr、20CrMnTi、38SiMnMo)等，由于齿面硬度高，故承载能力也高，适用于对尺寸及重量有较高要求的场合。

(2) 铸钢：直径较大，结构形状复杂的齿轮毛坯不便于锻造时，宜用锻钢。铸钢毛坯应进行正火处理，以消除铸造应力和硬度不均匀现象，常用材料为 ZG310－570、ZG340－640 等，铸钢耐磨性较好，但在强度、韧性、热处理性能等方面均不如锻钢。

2. 铸铁

铸铁由于抗弯及耐冲击性能都比较差，因此主要用于低速、不重要的开式传动、功率大的场合。常用材料有 HT250、HT300、HT350 等，铸铁性脆，为避免载荷集中引起齿端折断，齿宽宜窄。

球墨铸铁的机械性能和抗冲击性能远远高于灰铸铁，故闭式传动中也有用球墨铸铁(QT500－5、QT600－2)代替铸钢的。

3. 非金属材料

对于高速、轻载及精度不高的齿轮，为了降低噪声，常用非金属材料(如尼龙、夹木塑料)等做小齿轮，大齿轮仍用钢或铸铁制造。

常用的齿轮材料及其力学性能列于表 2－4 中，供选用时参考。

表 2－4　齿轮材料及其力学性能

钢号	热处理	截面尺寸		力学性能		硬　度	
		直径 d/mm	壁厚 δ/mm	δ_b/(N·mm^{-2})	δ_s/(N·mm^{-2})	调质或正火 HBS	表面淬火 HRC
45	正火	≤100	≤50	590	300	169～217	40～50
		101～300	51～150	570	290	162～217	
	调质	≤100	≤50	650	380	229～286	
		101～300	51～150	630	350	217～255	
42SiMn	调质	≤100	≤50	790	510	229～286	45～55
		101～200	51～100	740	460	217～269	
		201～300	101～150	690	440	217～255	
40MnB	调质	≤200	≤100	740	490	241～286	45～55
		101～300	101～150	690	440		
38SiMnMo	调质	≤100	≤50	740	590	229～286	45～55
		101～300	51～150	690	540	217～269	
35CrMo	调质	≤100	≤50	740	540	207～269	40～55
		101～300	101～150	690	490		
40Cr	调质	≤100	≤50	740	540	241～286	48～55
		101～300	51～150	690	490		
20Cr	渗碳淬火	≤60	—	640	390	—	56～62
20CrMnTi	渗碳淬火	15	—	1080	840	—	56～62
	渗氮						57～63
38CrMoAlA	调质、渗氮	30	—	980	840	HV>850(渗氮)	

（续）

钢号	热处理	截面尺寸		力学性能		硬　度	
		直径 d/mm	壁厚 δ/mm	$\delta_b/(N\cdot mm^{-2})$	$\delta_s/(N\cdot mm^{-2})$	调质或正火 HBS	表面淬火 HRC
ZG310－570	正火	—	—	570	320	163～207	—
ZG340－640	正火	—	—	640	350	179～207	—
ZG35CrMnSi	正火、回火	—	—	690	350	163～217	—
	调质	—	—	790	590	179～269	—
HT300	—	—	>10	290	—	190～240	—
HT350	—	—	>10	340	—	210～260	—
QT500－7	—	—	—	500	320	170～230	—
QT600－3	—	—	—	600	370	190～270	—
ZCuSn10Pb1	—	—	—	220	—	—	—
ZCuSn10Zn2	—	—	—	200	—	—	—
ZCuAl9Mn2	—	—	—	540	—	—	—
ZCuZn40Pb2	—	—	—	220	—	—	—
7A04	—	23～160	—	530	—	—	—

2.5.3　齿轮材料的选择原则

(1) 必须满足工作条件的要求。例如，飞机上的齿轮一般要求质量小、传递功率 P 大和可靠性高。因此必须选择力学性能高的合金钢。矿山机械的齿轮传动，一般功率很大、速度较低、周围环境灰尘大，所以应选择耐磨材料如铸铁、铸钢。家用及办公用的机械功率小，但要求传动平稳、低噪声、能在无润滑状态下正常工作，所以选择非金属，如塑料。

(2) 考虑齿轮尺寸的大小，毛坯成形方法，热处理和制造工艺。

大尺寸的齿轮一般采用铸造毛坯，铸铁、铸钢。

中等尺寸的齿轮一般采用锻造，锻钢。

小尺寸的齿轮一般采用圆钢棒料。

热处理方法：渗碳工艺时可采用低碳钢、低碳合金钢。

氮化钢，调质钢可采用氮化工艺。

表面淬火，对材料无特别要求。

(3) 正火碳钢——用于载荷平稳、轻度冲击。

调质碳钢——用于中等冲击。

(4) 合金钢——用于高速、重载、冲击载荷。

(5) 飞行器中的齿轮——尺寸尽量小，采用硬齿面，高强度合金钢。

(6) 软齿面齿轮啮合时，小齿轮轮齿接触次数多，故寿命短，为了使大小齿轮寿命接近，应使小齿轮的齿面硬度比大齿轮高出 30～50HB，或更高达 70HB，可通过选不同材料或热处理方式实现。齿轮常用热处理方法及适用场合参见表 2－5。

表 2-5 齿轮常用热处理方法及适用场合

热处理	适用钢种	可达硬度	主要特点和适用场合
调质	中碳钢 中碳合金钢	整体 220～280HBW	硬度适中，具有一定强度、韧度，综合性能好。热处理后可由滚齿或插齿进行精加工，适于单件、小批量生产，或对传动尺寸无严格限制的场合
正火	中碳钢 铸钢	整体 160～210HBW	工艺简单易于实现，可代替调质处理。适于因条件限制不便进行调质的大齿轮及不重要的齿轮
整体淬火	中碳钢 中碳合金钢	整体 45～55HRC	工艺简单，轮齿变形大，需要磨齿。因心部与齿面同硬度，韧度差，不能承受冲击载荷
表面淬火	中碳钢 中碳合金钢	齿面 48～54HRC	通常在调质或正火后进行。齿面承载能力较强，心部韧度好，轮齿变形小，可不磨齿。齿面硬度难以保证均匀一致。可用于承受中等冲击的齿轮
渗碳淬火	低碳合金钢 如 20CrMnTi	齿面 58～62HRC	渗碳厚度一般取 0.3m(模数)，但不小于 1.5～1.8mm。齿面厚度较高，耐磨损，承载能力高。心部韧性好、耐冲击。轮齿变形大，需要磨齿。适用于重载、高速及不受冲击润滑良好的齿轮
渗氮	渗氮钢 如 38CrMoAI	齿面 65HRC	齿面硬，变形小，可不磨齿。工艺时间长，硬化层薄(0.05～0.3mm)，不耐冲击。适用于不受冲击润滑良好的齿轮
碳氮共渗	渗碳钢	—	工艺时间短，兼有渗碳和渗氮的优点，比渗氮硬化层厚，生产率高，可代替渗碳淬火

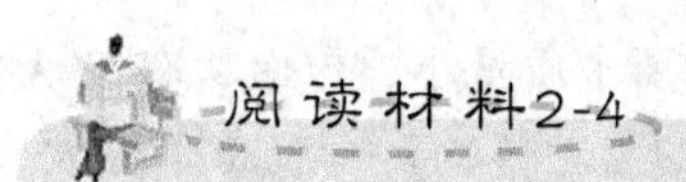

我国齿轮材料及其热处理技术的最新进展

众所周知，齿轮是机械设备中的关键零件，要求齿轮既具有优良的耐磨性、又要具备高的抗接触疲劳和抗弯曲疲劳性能，齿轮质量的优劣直接关系到整个设备的使用寿命。而齿轮质量的好坏在很大程度上取决于齿轮材料及其热处理工艺。因此，国内外与齿轮制造相关的厂家都极为重视齿轮材料及其热处理技术的研究开发，并先后开发出一系列新型齿轮材料及先进的热处理工艺。

1. 无镍或低镍钢齿轮材料

我国国产煤矿机械的重载齿轮大都采用 18Cr2Ni4WA 钢，这种材料价格偏高，且热处理工艺复杂。对无镍齿轮钢 15CrMn2SiMo 及低镍齿轮钢 18CrMnNiMo 进行了试验研究表明，上述无镍和低镍齿轮钢的静强度及渗碳淬火后的静弯性能与 18Cr2Ni4WA 接近；其冲击值甚至优于 18Cr2Ni4WA；疲劳性能也可与 18Cr2Ni4WA 相媲美。目前，18CrMnNiMo 钢已在 160kW 减速器上使用，效果良好。

2. 低碳空冷贝氏体钢

与 20CrMnTi 钢的对比试验表明，低碳贝氏体钢不但渗碳工艺性能良好，力学性能优良，而且可采用渗碳气冷淬火而减少小轿车齿轮渗碳淬火变形量，从而可较经济的提高其制造精度和性能，对轿车变速器齿轮、后桥齿轮等零件具有重要推广应用价值。

3. 准贝氏体渗碳钢

具有高强高韧工艺简单、成本低廉等优点，已得到广泛应用。为了将其用于渗碳零件，准贝氏体渗碳钢BZ18Q，将其用于某汽车输出轴五挡齿轮，渗碳油冷后根据汽车齿轮相关标准，对随炉试样进行评定检测，结果符合有关技术要求。将准贝氏体渗碳钢齿轮装车路试，行车一定里程后拆下进行检验，发现齿轮跨球距在跑车前后基本无变化，啮合齿面光滑无麻点。表明该钢可用于制造汽车齿轮，并可替代一些含镍较多的优质合金渗碳钢。

4. 铸钢齿轮

在齿轮的设计制造中，常采用含碳量约0.4%的碳钢或合金钢，如ZG310－570、ZG340－640、ZG35SiMn及ZG42SiMn等。铸钢的力学性能不及锻轧制钢材，但其强度与球墨铸铁相近，而冲击韧度和疲劳强度均比球墨铸铁高得多。因此，铸钢常用于制造对强度要求不很高，但形状复杂、直径较大的齿轮。

5. 球铁齿轮

1）铸态球铁齿轮

油田抽油机用球铁齿轮毛坯一般重130～1400kg，齿面厚度40～60mm，要求力学性能达到QT700－2要求，齿面硬度达240～270HB。目前，在生产类似于抽油机球铁齿轮铸件时，通常要通过热处理来保证性能要求。为了在铸态下能够生产出性能达到上述要求的球铁大齿轮，铸态高Cu－Sn球铁非常适合于生产大型高硬度齿面抽油机齿轮，可获得明显的技术、经济效益。

2）等温淬火球铁齿轮

试验结果表明，与45钢相比，由于等温淬火球铁的杨氏模量低于45钢，从而减少啮合冲击，使齿轮噪声大大降低；等温淬火球铁齿轮具有优良的抗点蚀能力和弯曲疲劳强度。美国康明斯公司B系列柴油机采用瑞士George Fisher公司提供的等温淬火球铁齿轮。东风汽车公司引进B系列柴油机产品专利后，也已自行开发出等温淬火球铁齿轮的生产工艺。

3）奥-贝球铁齿轮

奥-贝球铁是20世纪70年代末由中国、芬兰、英国分别研究成功，其在强度、塑性、韧性和耐磨性等方面优良的综合力学性能使其一开始就得到特别的重视。其抗拉强度高于1000MPa，伸长率可达10%以上，显著高于其他类型的铸铁。其优良的减震性能，高的比刚度和抗冲击能力使其被广泛应用于高载荷齿轮等重要零部件。采用奥-贝球铁制造卡车后桥齿轮和拖拉机末端传动齿轮均取得了较好的经济效果和技术效果。与其他材料相比，奥-贝球铁的加工硬化作用较为明显，能维持良好的耐磨性和较高的综合力学性能；与40Cr调质钢齿轮相比，奥-贝球铁齿轮可使柴油机整机噪声降低1.92dB，齿轮侧噪声下降5dB。奥-贝球铁齿轮经45h磨合后，在标定工况下连续运转20h，齿轮间隙极限还有0.13mm的余量，所以其磨损性能合格。贝氏体球铁代替20CrMnTi钢制造齿圈类齿轮，取得了显著的经济效益和社会效益。

资料来源：郭应国. 我国齿轮材料及其热处理技术的最新进展. 热加工工艺. 2003(2).

2.6 圆柱齿轮传动的强度计算

2.6.1 圆柱齿轮传递的载荷计算

1. 直齿圆柱齿轮传动的受力分析

一对齿轮在传递运动的同时也传递扭矩，计算强度、设计轴和轴承，需要分析轮齿作用力。

图 2.13 所示为标准直齿外啮合圆柱齿轮传动，忽略齿面间的摩擦力，当主动轮传递的扭矩为 T_1 时，在啮合平面内轮齿所受的法向总压力 F_n 将垂直于齿面，F_n 可分解为圆周力 F_t 和径向力 F_r，计算公式为

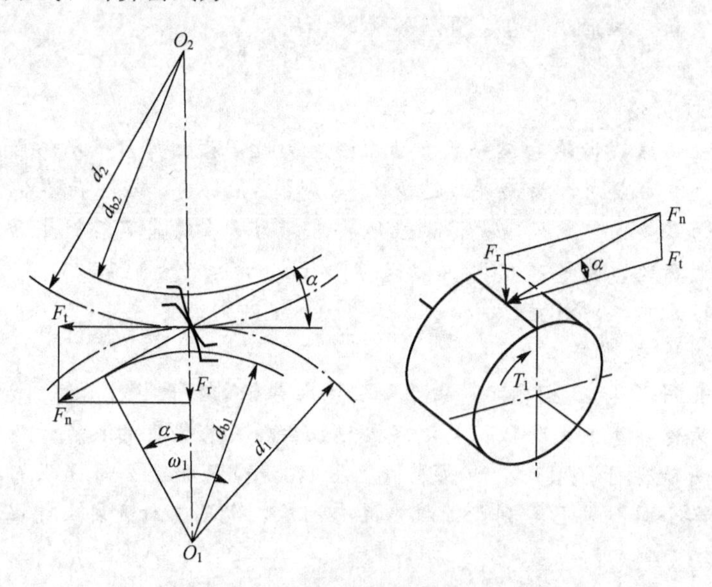

图 2.13 直齿圆柱齿轮传动的受力分析

切向力
$$F_t=\frac{2T_1}{d_1} \tag{2-8}$$
径向力
$$F_r=F_t\tan\alpha \tag{2-9}$$
法向力
$$F_n=\frac{F_t}{\cos\alpha}=\frac{2T_1}{d_1\cos\alpha} \tag{2-10}$$

式中，T_1——小齿轮传递的名义转矩，N·mm；

d_1——小齿轮的节圆直径，mm；

α——啮合角，标准齿轮 $\alpha=20°$。

主动轮的圆周力 F_{t1} 与其回转方向相反，从动轮的圆周力 F_{t2} 与其回转方向相同，径向力 F_{r1}、F_{r2} 分别指向各轮的轮心。

2. 斜齿圆柱齿轮传动的受力分析

如图 2.14 所示，在切于两圆柱的啮合平面内，作用在斜齿圆柱齿轮轮齿上的法向力

F_n 可分解为 3 个互相垂直的分力，即圆周力 F_t、径向力 F_r 和轴向力 F_a。F_n 作用在齿廓的法面内，法面与断面的夹角为 β。

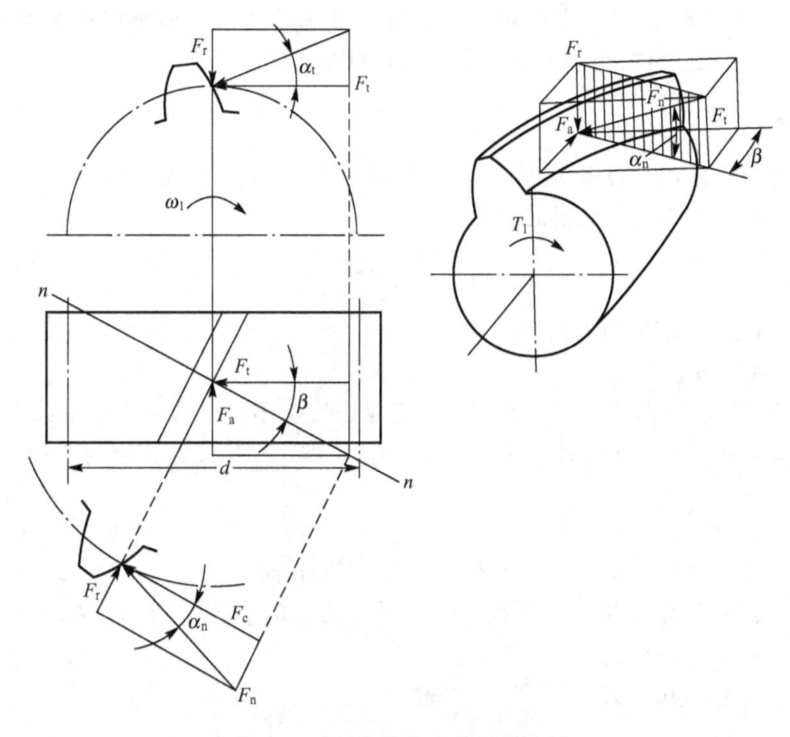

图 2.14　斜齿圆柱齿轮受力分析

根据图 2.14 中所示可得

$$F_t=\frac{2T}{d_1}$$

$$F_r=F_c \cdot \tan\alpha_t=\frac{F_t}{\cos\beta} \cdot \tan\alpha_n$$

$$F_a=F_t \cdot \tan\beta$$

$$F_n=\frac{F_t}{\cos\beta \cdot \cos\alpha_n}=\frac{2T_1}{d_1\cos\alpha_n \cdot \cos\beta} \tag{2-11}$$

式中，α_t——端面压力角；

α_n——法向压力角，标准齿轮 $\alpha_n=20°$；

β——螺旋角。

圆周力和径向力方向的判断与直齿圆柱齿轮传动相同。主动轮的圆周力与其回转方向相反；从动轮的圆周力与其回转方向相同，径向力分别指向各轮的轮心。

轴向力的方向决定于齿轮的回转方向和轮齿的螺旋方向，分别指向各轮的啮合齿面，轴向力的方向可以用“主动轮左、右手定则”判断：主动轮右旋时，握紧右手四指表示主动轮的回转方向，则拇指指向即为主动轮上轴向力的方向；主动轮左旋时，则应以左手来判断。当主动轮轴向力的方向确定后，则从动轮轴向力的方向与其大小相等，方向相反。

2.6.2 计算载荷

在式(2-10)和式(2-11)中，如 T_1 或 F_t 以名义值代入，所求出的法向总作用力 F_n 为名义载荷，如果 F_n 沿轮齿接触线均匀分布，则单位名义载荷

$$F_u=\frac{F_n}{L_\Sigma} \tag{2-12}$$

对于直齿圆柱齿轮，可取 $L_\Sigma=b$(齿轮宽度)；而对于斜齿圆柱齿轮，在轮齿表面上，接触线是倾斜的，接触线总长度的名义值为

$$L_\Sigma=\frac{\varepsilon_\alpha b}{\cos\beta_b}\approx\frac{\varepsilon_\alpha b}{\cos\beta}$$

式中，β_b——基圆柱上轮齿的螺旋角；

ε_α——端面重合度。

当齿轮宽度不是轴向齿距的整数倍，端面重合度也不是整数时，接触线总长度不等于常数，而在齿轮每转过一个端面齿距时，总长度在 $L_{\Sigma\min}\sim L_{\Sigma\max}$ 的范围内变动。接触线的最小长度

$$L_{\Sigma\min}=K_\varepsilon L_\Sigma=K_\varepsilon\frac{\varepsilon_\alpha b}{\cos\beta} \tag{2-13}$$

式中，K_ε——接触线总长度变化系数。对于斜齿轮，$K_\varepsilon=0.9\sim1.0$，对于人字齿轮，$K_\varepsilon=0.97\sim1.0$。

端面重合度 ε_α 可用下式计算

$$\varepsilon_\alpha=\left[1.88-3.2\left(\frac{1}{z_1}\pm\frac{1}{z_2}\right)\right]\cos\beta \tag{2-14}$$

式中，“+”用于外啮合，“-”用于内啮合。

实际上，由于载荷沿接触线并不是均匀分布的，而在某些地方大于、某些地方小于名义载荷，即造成所谓的载荷集中。估计载荷集中的影响，常用载荷分布系数 K_β。

此外，由于齿轮制造不精确，致使传动不平稳，将引起附加的动载荷。估计动载荷的影响，常用动载荷系数 K_v。

将式(2-11)和式(2-13)代入式(2-12)中，并计入载荷集中和动载荷的影响，可得斜齿轮(直齿轮实为斜齿轮的一特例)单位计算载荷

$$F_{uc}=\frac{2T_1}{d_1bK_\varepsilon\varepsilon_\alpha\cos\alpha_n}\cdot K_\beta\cdot K_v \tag{2-15}$$

欲求直齿轮的单位计算载荷，仍可用式(2-15)计算。此时，$K_\varepsilon\varepsilon_\alpha=1$，并用直齿轮的压力角 α 代换其中的 α_n。

1. 载荷分布系数 K_β

齿轮传动工作时，轴、轴承和箱体的变形以及齿轮本身不可避免地制造误差，将引起载荷沿齿宽接触线上分布不均。

图 2.15(a)所示为齿轮位于两轴承中间对称布置。当齿轮位于两轴承之间不对称布置[图 2.15(b)]，或齿轮布置在轴的外伸端部位[图 2.15(c)]时，在力的作用下将引起轴的弯曲变形，使两齿轮间产生偏转角 γ 而导致齿端接触[图 2.15(d)]。假设轮齿是绝对刚体，则齿的接触以及全部载荷的传递只集中在齿轮的一端上。实际上，由于齿轮本身的变形，

接触区将扩大到一定的面积上，面积长度可能等于或小于理论接触线的长度[图 2.15(e)]，单位载荷的分布将是不均匀的[图 2.15(f)]。

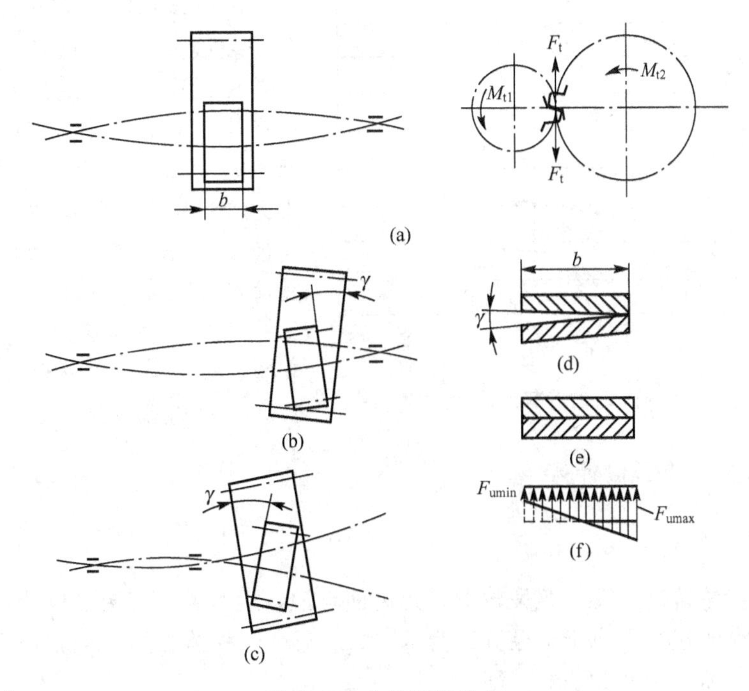

图 2.15 齿轮载荷分布

载荷分布系数 K_β 的大小，可根据齿轮在轴上的布置位置及齿宽系数 $\psi_d = b/d_1$ 的大小，从图 2.16 中选取。

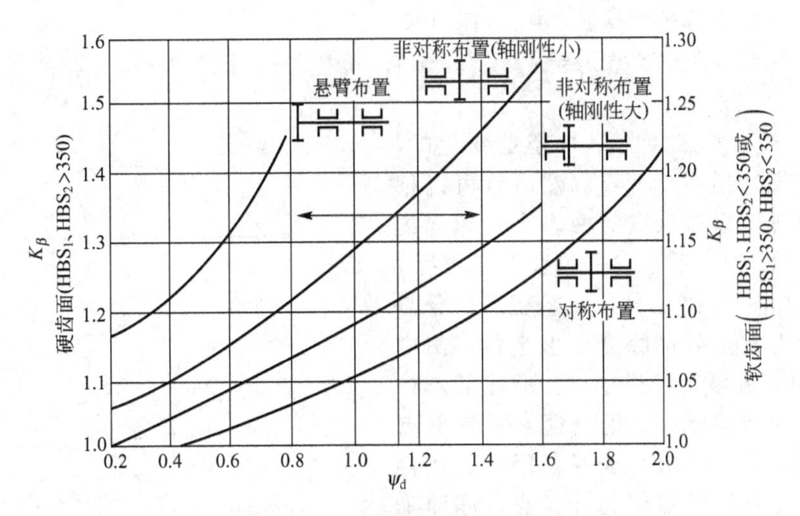

图 2.16 载荷分布系数 K_β 值

为了改善载荷分布不均匀现象，应注意以下几点。

(1) 提高出齿轮的制造、安装精度。

(2) 提高轴、支座及支承的刚度。

(3) 选用合理的齿轮布置位置，如对称布置(齿轮悬臂布置时，应尽可能减小悬臂长度)。

2．动载荷系数 K_v

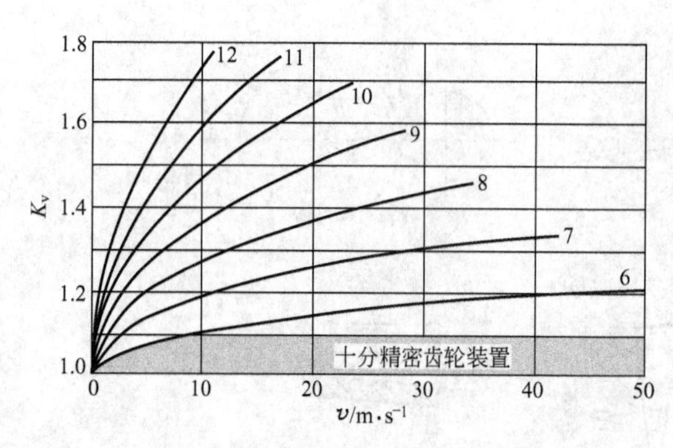

图 2.17　5～12 级动载荷系数 K_v

由于齿轮不可避免地存在着制造和安装误差（如基圆齿距误差、齿形误差和侧隙等），使齿轮在传动过程中产生惯性冲击和振动，引起啮合齿面间的附加动载荷，动载荷系数是考虑此种载荷影响的系数，K_v 值的大小与齿轮的制造精度，圆周速度有关，其值可按图 2.17 选取。

对 5 级和 5 级以上精度齿轮，在安装、润滑条件良好情况下，K_v 可在 1.0～1.1 范围内选取。

2.6.3　齿面接触疲劳强度计算

1．设计及验算公式

对于闭式齿轮传动，其主要失效形式是齿面点蚀，通常要进行接触疲劳强度计算。

考虑到轮齿的接触类似于半径分别为 ρ_1 和 ρ_2 两个圆柱体相压一样，所以，计算其接触应力大小时，需应用赫兹公式，即

$$\sigma_H=\sqrt{\frac{F_{uc}}{\rho}\frac{E}{2\pi(1-\mu^2)}} \tag{2-16}$$

式中，F_{uc}——接触线上单位计算载荷；

E——综合弹性模量，$E=2E_1E_2/(E_1+E_2)$；

ρ——综合曲率半径，$\rho=\rho_1\rho_2/(\rho_2\pm\rho_1)$，其中“+”用于外啮合，“−”用于内啮合；

μ——泊松比。

因为齿廓上各点的曲率半径是变化的，所以首先应规定出一计算点，然后就可以把轮齿的接触看作是与该点的曲率半径相等的圆柱体相接触。渐开线齿轮的综合曲率半径 ρ 的变化曲线如图 2.18 上部所示，粗线部分是实际啮合线上各点处的综合曲率半径，图中节点 C 处的 ρ 值虽不是最小值，但在节点处一般仅有一对齿轮啮合，因此通常是在节点附近的齿根部分首先发生点蚀。因此，在接触强度计算中就以节点作为计算点，亦即采用节点处的 ρ_1、ρ_2 来计算综合曲率半径 ρ 值。

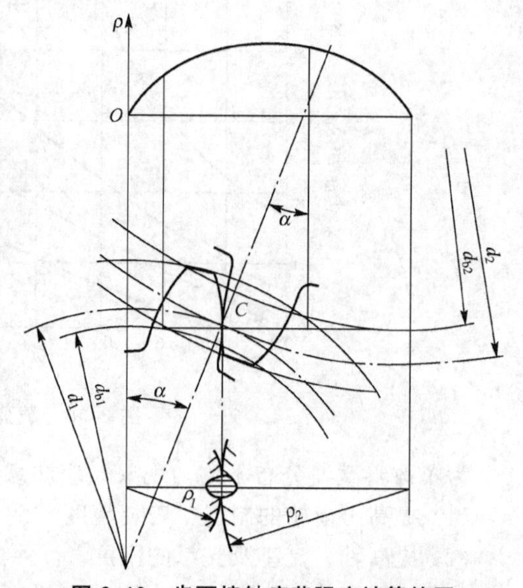

图 2.18　齿面接触疲劳强度计算简图

由于直齿轮可以看成是斜齿轮的一个特例，为了推导出计算圆柱齿轮接触应力的普遍公式，现以斜齿轮为对象，予以分析研究。两个斜齿轮在节点处接触，可以看成是它们

的当量齿轮在该点啮合一样，对于标准斜齿轮传动(节圆直径 d' 与分度圆直径 d 相等)，齿面在节点接触时的曲率半径

$$\rho_1=\frac{d_{v1}}{2}\sin\alpha_n=\frac{d_1\sin\alpha_n}{2(\cos\beta)^2} \tag{2-17}$$

$$\rho_2=\frac{d_{v2}}{2}\sin\alpha_n=\frac{d_2\sin\alpha_n}{2(\cos\beta)^2} \tag{2-18}$$

式中，d_{v1}，d_{v2}——两个斜齿轮的当量直径。

$$d_{v1}=d_1/(\cos\beta)^2$$

$$d_{v2}=d_2/(\cos\beta)^2$$

又

$$d_2'/d_1'=d_2/d_1=\mu$$

式中，μ——齿数比。

因此

$$\rho=\frac{\rho_1\rho_2}{\rho_2\pm\rho_1}=\frac{ud_1\sin\alpha_n}{2(\mu\pm1)(\cos\beta)^2} \tag{2-19}$$

将式(2-15)和式(2-19)代入式(2-16)中，且 $\cos\alpha_n\sin\alpha_n=\sin2\alpha_n/2$，得

$$\sigma_H=Z_EZ_\varepsilon Z_H\sqrt{\frac{2K_vK_\beta T_1}{bd_1^2}\frac{u\pm1}{u}}\leqslant[\sigma_H] \tag{2-20}$$

式中，Z_H——节点啮合系数，$Z_H=\sqrt{\dfrac{2(\cos\beta)^2}{\sin2\alpha_n}}$，对于标准斜齿轮，$\alpha_n=20°$，$Z_H=1.76\cos\beta$，而对于标准直齿轮，$\beta=0$，$Z_H=1.76$；

Z_E——弹性系数，$Z_E=\sqrt{\dfrac{E}{\pi(1-\mu^2)}}$，当两齿轮皆为钢制齿轮($\mu=0.3$，$E_1=E_2=2.10\times10^5\text{N/mm}^2$)时，$Z_E=271\sqrt{\text{N/mm}^2}$；

Z_ε——重合度系数，$Z_\varepsilon=\sqrt{\dfrac{1}{K_\varepsilon\varepsilon_\alpha}}$，对于直齿轮，$Z_\varepsilon=1$。

由于 $b=\psi_dd_1$，故代入式(2-20)后，得验算公式为

$$\sigma_H=Z_EZ_\varepsilon Z_H\sqrt{\frac{2K_vK_\beta T_1}{\psi_dd_1^3}\frac{u\pm1}{u}}\leqslant[\sigma_H] \tag{2-21}$$

式中，齿宽系数 $\psi_d=b/d_1$，可由表2-6选取。

表2-6 齿宽系数 ψ_d

齿轮在支承间布置情况	齿面硬度	
	软齿面(≤350HBS值)	硬齿面(>350HBS值)
对称布置	0.8～1.4	0.4～0.9
非对称布置	0.6～1.2	0.3～0.6
外伸端布置	0.3～0.4	0.2～0.25

注：1. 当载荷稳定或近似稳定和轴与支承刚性较大时，取大值。

2. 对于人字齿轮传动，当齿宽 b 为人字齿轮总宽一半时，ψ_d 值由表中查得后应乘以1.3～1.4。

由验算公式(2-21)可以导出小轮分度圆直径 d_1 设计公式

$$d_1 = K_d \sqrt[3]{\frac{T_1 K_\beta}{\psi_d [\sigma_H]^2} \frac{\mu \pm 1}{\mu}} \tag{2-22}$$

其中 $$K_d = \sqrt[3]{2K_v (Z_H Z_E Z_\varepsilon)^2} \sqrt[3]{\mathrm{N/mm^2}}$$

对于钢制的直齿圆柱齿轮传动，$K_d = 84 \sqrt[3]{\mathrm{N/mm^2}}$；对于钢制斜齿轮传动，$K_d = 73 \sqrt[3]{\mathrm{N/mm^2}}$。

2. 许用接触应力

许用接触应力可按下式计算

$$[\sigma_H] = \frac{\sigma_{Hlimb}}{S_H} K_{HL} \tag{2-23}$$

式中，σ_{Hlimb}——对应于循环基数 N_{HO} 的齿面接触极限应力，其值决定于齿轮材料及热处理条件，见表 2-7；

S_H——安全系数，对于正火、调质、整体淬火齿轮，$S_H = 1.1$，对于表面淬火、渗碳、氮化的齿轮，$S_H = 1.2$；

K_{HL}——寿命系数。

表 2-7　齿面接触极限应力

材料	热处理方法	齿面硬度	$\sigma_{Hlimb}/\mathrm{N \cdot mm^{-2}}$
碳钢和合金钢	退火、正火、调质	≤350HBS	2HBS+69
	整体淬火	38～50HRC	18HRC+15
	表面淬火	40～56HRC	17HRC+20
合金钢	渗碳淬火	54～64HRC	23HRC
	氮化	550～750HV	1.5HV

依材料性质的不同，N_{HO} 有所不同。轮齿的表面硬度越高，循环基数 N_{HO} 越大。其值可由图 2.19 查得。当齿面硬度值的单位为洛氏硬度(HRC)或维氏度(HV)时，先将其折算成布氏硬度后，再从图 2.20 中查取循环基数 N_{HO} 值。

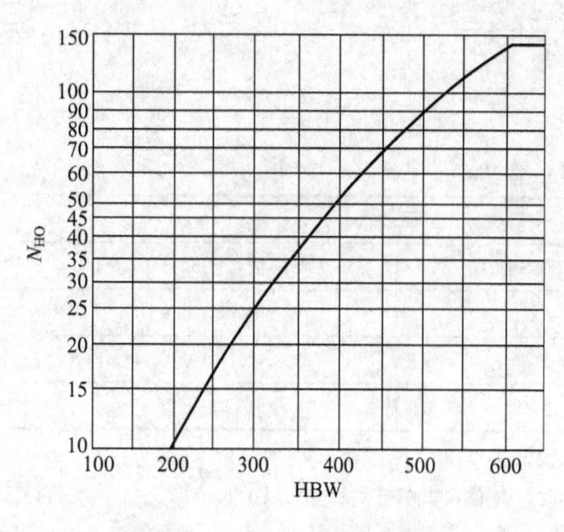

图 2.19　N_{HO}-HBW 曲线

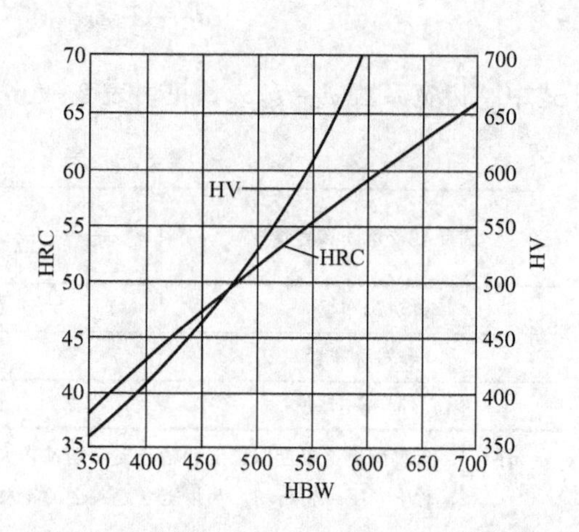

图 2.20　硬度值 HRC、HV 与 HBW 折算曲线

轮齿的应力循环次数 N_H 可有两种情况。

当载荷稳定时，$K_{HL}=\sqrt[6]{\dfrac{N_{HO}}{N_H}}$

式中，N_{HO}——循环基数；

N_H——齿轮的应力循环次数。

轮齿的应力循环次数 N_H 可按下式计算

$$N_H=60nt \tag{2-24}$$

式中，n——齿轮转速；

t——工作总时数。

计算中，当 $N_H>N_{HO}$时，取 $K_{HL}=1$。

当载荷不稳定时，可按下式计算

$$K_{HV}=\sqrt[6]{\frac{N_{HO}}{N_{HV}}}$$

式中，N_{HV}——当量应力循环次数，可按照下式计算。

$$N_{HV}=60\sum_{i=1}^{n}\left(\frac{T_i}{T_{max}}\right)^3 n_i t_i \tag{2-25}$$

式中，T_{max}——全部转矩中的最大值；

T_i——全部转矩中的任一转矩；

n_i、t_i——对应于 T_i 的转速和工作小时数。

在齿轮转动中，由于两齿轮的材料、热处理和转速不同，两齿轮 σ_{Hlimb}、S_H 和 K_{HL} 也不同，两齿轮的许用接触应力 $[\sigma_H]_1$ 和 $[\sigma_H]_2$ 也不相同，进行齿面接触强度计算时，应代入较小值进行计算。

由式(2-21)可以看出，齿轮传动的齿面接触强度取决于齿轮直径 d_1 与中心距 $a(a=d_1(\mu\pm1)/2)$ 的大小。只要 d_1(或 a)一定时，接触强度就是一定的。单纯增大模数 m 而不改变 mz 乘积值，不能提高其齿面接触强度。

2.6.4 齿根弯曲疲劳强度计算

1. 设计及验算公式

计算轮齿的弯曲强度时，把齿轮看作是宽度为 b 的悬臂梁。因此，齿根处为危险截面，它可以用30°切线法确定(图 2.21)；作与齿轮对称线成 30°并与齿根过渡曲线相切的切线，通过两切点平行于齿轮轴线的截面，即齿根危险截面。

理论上载荷 y 应由同时啮合的多对齿分担，为了简化计算，通常假设全部载荷作用在只有一对轮齿来啮合时的齿顶上，不计摩擦力的影响。

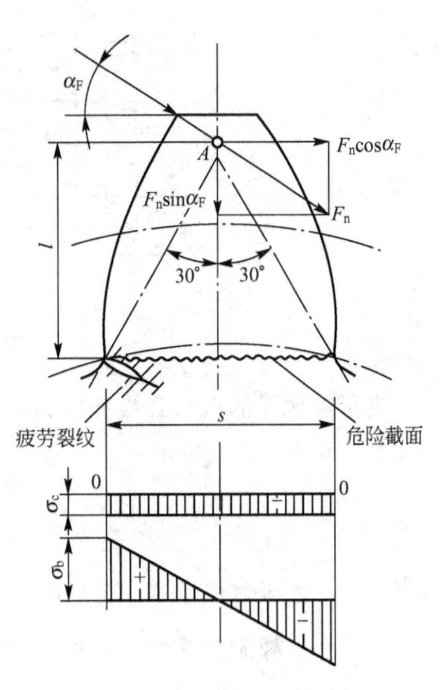

图 2.21 齿根危险截面的应力

沿啮合线方向作用于齿顶的法向力 F_n，可分解为互相垂直的两个分力：$F_n\cos\alpha_F$ 和 $F_n\sin\alpha_F$。前者使齿根产生弯曲应力 σ_b 和切应力 τ，后者使齿根产生压应力 σ_c。弯曲应力 σ_b 起主要作用，切应力 τ 和压应力 σ_c 影响很小，为了简化计算，计算时可不考虑。

齿轮长期工作后，受拉侧先产生疲劳裂纹，因此齿根弯曲疲劳强度计算应以受拉侧为计算依据。由图 2.21 可知，齿根的最大弯曲应力为

$$\sigma=\frac{M}{W}=\frac{F_n\cos\alpha_F l}{bs^2/6}=\frac{F_t}{bm}\frac{6(l/m)\cos\alpha_F}{(s/m)^2\cos\alpha} \tag{2-26}$$

令

$$Y_F=\frac{6(l/m)\cos\alpha_F}{(s/m)^2\cos\alpha}$$

计入载荷集中系数 K_β、动载荷系数 K_v 后，得直齿轮齿根弯曲强度计算公式

$$\sigma_F=Y_F\frac{F_t}{bm}K_\beta K_v=Y_F\frac{2T_1K_\beta K_v}{d_1^2\psi_d m}\leqslant[\sigma_F] \tag{2-27}$$

式中，b——齿宽，$b=\psi_d d_1$；

$[\sigma_F]$——许用弯曲应力；

Y_F——齿形系数。

由于 l 与 s 均与模数成正比，故 Y_F 只取决于齿轮的形状(随齿数 z 和变位系数 x 而异)，Y_F 可由图 2.22 查得。

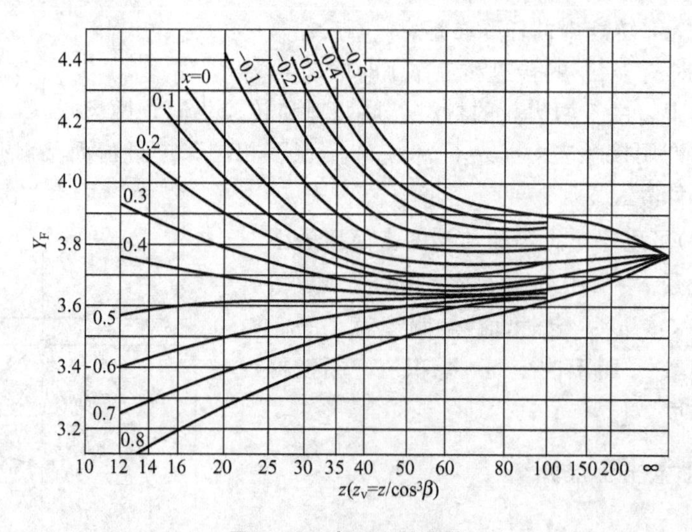

图 2.22　齿形系数曲线

由于接触线的增长和齿轮倾斜，使得弯曲应力有所降低。因此，斜齿轮齿根弯曲应力的验算公式为

$$\sigma_F=Y_FY_\varepsilon Y_\beta\frac{F_t}{bm_n}K_\beta K_v=Y_FY_\varepsilon Y_\beta\frac{2T_1K_\beta K_v}{d_1^2\psi_d m_n}\leqslant[\sigma_F] \tag{2-28}$$

式中，Y_ε——重合度系数，$Y_\varepsilon=1/K_\varepsilon\varepsilon_\alpha$；

Y_β——螺旋角系数，根据实验研究，推荐 $Y_\beta=1-\frac{\beta}{140^\circ}$(当 $\beta>42^\circ$ 时，$Y_\beta\approx0.7$)。

式中的 d_1 用 $m_n^2Z_1^2/(\cos\beta)^2$ 代换，得圆柱齿轮传动弯曲强度的设计公式为

$$m_n = K_m \sqrt[3]{\frac{T_1 K_\beta}{Z_1^2 \psi_d} \frac{Y_F}{[\sigma_F]}} \qquad (2-29)$$

式中，$K_m = \sqrt[3]{2K_\varepsilon K_\beta K_v (\cos\beta)^2}$。

对于直齿圆柱齿轮传动，$K_m=1.4$；对于斜齿圆柱齿轮传动，$K_m \approx 1.22$。

2. 许用弯曲应力

许用弯曲应力$[\sigma_F]$可按下式计算

$$[\sigma_F] = \frac{\sigma_{Flimb}}{S_F} K_{FC} K_{FL} \qquad (2-30)$$

式中，σ_{Flimb}——齿根弯曲极限应力，决定于齿轮材料和热处理条件，见表2-8；

S_F——安全系数，通常取1.7～2.2；

K_{FC}——齿轮双面受载时的影响系数，当齿轮单面受载时，$K_{FC}=1$，当齿轮双面受载时(正反向传动的齿轮)，$K_{FC}=0.7 \sim 0.8$(其中较大值用于硬度>350HBW时)；

K_{FL}——寿命系数。

表2-8 齿根弯曲极限应力

材　　料	热处理方法	硬　　度		$\sigma_{Flimb}/N \cdot mm^{-2}$
		齿面	齿心	
碳钢(40、50)，合金钢(40Cr、40CrNi)	正火、调质	180～350HBW	—	1.8HBW
合金钢(40Cr、40CrNi、40CrVA)	整体淬火	45～55HRC	—	500
合金钢(40Cr、40CrNi、40CrMo)	表面淬火	48～58HRC	27～35HRC	600
合金钢(40Cr、40CrNi、40CrMoAlA)	氮化	550～750HRC	25～40HRC	12HRC+300
合金钢(20Cr、20CrMoTi)	渗碳淬火	57～62HRC	30～45HRC	750

注：对于齿根经喷丸或滚压等强化处理的齿轮，将该值乘以1.1～1.3。

当硬度≤350HBW时，$K_{FL} = \sqrt[6]{\frac{N_{FO}}{N_{FV}}} \geqslant 1$，但≤2。

当硬度>350HBW时，$K_{FL} = \sqrt[6]{\frac{N_{FO}}{N_{FV}}} \geqslant 1$，但≤1.6。此时，对于钢制齿轮，循环基数$N_{FO}$可取$4\times10^6$。

轮齿的应力循环次数N_{FV}可有两种情况。

当载荷稳定时，当量应力循环次数N_{FV}可按式(2-25)计算。

当载荷不稳定时，N_{FV}可按下式计算

$$N_{FV} = 60 \sum_{i=1}^{n} \left(\frac{T_{ti}}{T_{max}} \right)^k n_i t_i \qquad (2-31)$$

式中，对于正火、调制以及表面强化的钢制齿轮，$k=6$；对于淬火钢齿轮，$k=9$。

由于两轮齿数不同，齿形系数Y_F不同，两轮材料、热处理条件以及转速不同，其许用弯曲应力$[\sigma_F]$不同。因此，在按弯曲强度计算模数时，应按两轮中$Y_F/[\sigma_F]$较大者计算。

由于开式齿轮传动主要失效形式是磨损，只需按弯曲强度计算求齿轮模数，为了补偿磨粒磨损，模数应增大10%～15%。

【例2-1】 设计一标准直齿圆柱齿轮减速器。已知传递功率$P=4\text{kW}$，$n_1=960\text{r/min}$，传动比$i=u=3$，单向传动，齿轮对称布置，载荷稳定，每日工作8h，每年工作300天，使用期限10年。

解：

1）选择齿轮材料

考虑减速器外廓尺寸不宜过大，大小齿轮都选用40Cr，小齿轮表面淬火40～56HRC，大齿轮调质处理，硬度300HBW。

2）确定许用应力

(1) 许用接触应力。由式(2-23)知

$$[\sigma_H]=\frac{\sigma_{Hlimb}}{S_H}K_{HL}$$

按表2-7查得

$$\sigma_{Hlimb1}=(17\text{HRC}+20)\text{N/mm}^2=(17\times48+20)\text{N/mm}^2=836\text{N/mm}^2$$

$$\sigma_{Hlimb2}=(2\text{HBW}+69)\text{N/mm}^2=(2\times300+69)\text{N/mm}^2=669\text{N/mm}^2$$

故应按接触极限应力较低的计算，即只需求出$[\sigma_H]_2$。

对于调质处理的齿轮，$S_H=1.1$。

由于载荷稳定，故按式(2-24)求齿轮的应力循环次数N_H

$$N_H=60n_2t$$

式中，$n_2=n_1/i=\frac{960}{3}\text{r/min}=320\text{r/min}$，$t=(8\times300\times10)\text{h}=24000\text{h}$，

$$N_H=60\times320\times24000=46\times10^7$$

循环基数N_H。由图2.19查得，当HBW为300时，$N_{H0}=2.5\times10^7$。因$N_H>N_{H0}$，所以$K_{HL}=1$。

$$[\sigma_H]_2=\frac{669}{1.1}\text{N/mm}^2=608\text{N/mm}^2$$

(2) 许用弯曲应力。由式(2-30)知

$$[\sigma_F]=\frac{\sigma_{Flimb}}{S_F}K_{FC}K_{FL}$$

由表2-8知

$$\sigma_{Flimb1}=660\text{N/mm}^2$$

$$\sigma_{Flimb2}=1.8\text{HBW}=(1.8\times300)\text{N/mm}^2=540\text{N/mm}^2$$

取$S_F=2$，单向传动取$K_{FC}=1$，因$N_{FV}>N_{F0}$，所以$K_{FL}=1$。

得

$$[\sigma_F]_1=\frac{600}{2}\text{N/mm}^2=300\text{N/mm}^2$$

$$[\sigma_F]_2=\frac{540}{2}\text{N/mm}^2=270\text{N/mm}^2$$

3）计算齿轮的工作转矩

$$T_1=9550000\frac{P}{n_1}=(9550000\times4/960)\mathrm{N\cdot mm}=39800\mathrm{N\cdot mm}$$

4）根据接触强度求小齿轮分度圆直径

由式(2－22)知

$$d_1=K_\mathrm{d}\sqrt[3]{\frac{T_1K_\beta}{\psi_\mathrm{d}[\sigma_\mathrm{H}]^2}\frac{u\pm1}{u}}$$

初步计算时，取 $K_\mathrm{d}=84\sqrt[3]{\mathrm{N/mm^2}}$，$\psi_1=1$(表 2－4)，$K_\beta=1.05$(图 2.16)。

$$d_1=84\sqrt[3]{\frac{39800\times1.05}{1\times608^2}\frac{3+1}{3}}\mathrm{mm}=45\mathrm{mm}$$

$$b=\psi_\mathrm{d}d_1=(1\times45)\mathrm{mm}=45\mathrm{mm}$$

选定 $z_1=30$，$z_2=uz_1=3\times30=90$。

$$m=\frac{d_1}{z_1}=\frac{45}{30}\mathrm{mm}=1.5\mathrm{mm}$$

$$a=\frac{m}{2}(z_1+z_2)=\frac{1.5}{2}(30+90)\mathrm{mm}=90\mathrm{mm}$$

5）验算接触应力

6）验算弯曲应力

2.7 直齿锥齿轮传动

2.7.1 锥齿轮传动的特点及正确啮合条件

1. 锥齿轮传动的特点

锥齿轮传动用来传递两相交轴之间的运动和转矩，有直齿、斜齿及曲线齿、弧齿之分(图 2.1)，两轴轴交角多采用 90°。由于直齿锥齿轮的设计、制作和安装均较简便，故应用最为广泛。但与圆柱齿轮相比，其制造误差较大，工作时易产生振动和噪声，故不适宜精密传动和速度很高的场合。

锥齿轮区别于圆柱齿轮。相应于圆柱齿轮中的各有关“圆柱”，在这里都变为“圆锥”，例如齿顶圆锥、分度圆锥和齿根圆锥等。

直齿锥齿轮的强度计算比较复杂。为简化计算，将一对直齿锥齿轮传动转化为一对当量直齿圆柱齿轮传动进行强度计算。方法是，背锥面展成一扇形平面，故锥齿轮传动可以转化为平面扇形齿轮传动，如图 2.23 所示。若将扇形齿轮补成完整的直齿圆柱齿轮，则该齿轮

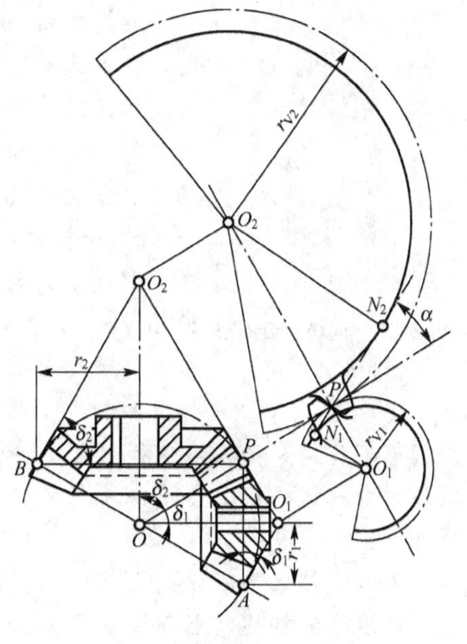

图 2.23 圆锥齿轮传动几何关系

即为锥齿轮的当量齿轮，其齿数 Z_v 称为当量齿数。

由图可知

$$r_{V1}=\frac{r_1}{\cos\delta_1}=\frac{mz_1}{2\cos\delta_1},\quad r_{V2}=\frac{r_2}{\cos\delta_2}=\frac{mz_2}{2\cos\delta_2}$$

式中，m——锥齿轮大端模数。

将 $r_{V1}=\frac{mz_{V1}}{2}$，$r_{V2}=\frac{mz_{V2}}{2}$ 代入得

$$\left.\begin{aligned} z_{V1}&=\frac{z_1}{\cos\delta_1} \\ z_{V2}&=\frac{z_2}{\cos\delta_2} \end{aligned}\right\} \tag{2-32}$$

2. 正确啮合条件

一对直齿锥齿轮正确啮合的条件是两当量齿轮的模数和压力角应分别相等，即

$$m_1=m_2=m \quad \text{（为标准值）}$$

$$\alpha_1=\alpha_2=\alpha \quad \text{（为标准值）}$$

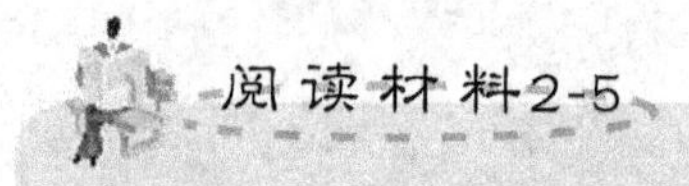

圆锥齿轮失效分析

采用宏观断口分析和微观组织分析法，探讨了圆锥齿轮产生崩块和齿面挤伤等失效的原因，提了相应的改进和防止早期失效的技术和工艺措施。

图 2.24 崩块、齿面挤伤和麻点剥落

1. 问题提出

某型的四吨载重卡车仅运行三千多公里，其传动系统噪声增大，在未达到运行五千公里时因主减速器从动齿轮突然断齿而抛错，拆修时发现，主动圆锥齿轮存在着严重崩块、齿面挤伤和麻点剥落(图 2.24)，肉眼观察到主动圆锥齿轮崩块，齿面挤伤约80%，失效情况严重。

2. 检验方法与结果

调查了失效件材料和有关热处理工艺及技术要求为：材料为20MnVB，要求渗碳层深度为1.3～1.5mm，淬火、低温回火后齿表面层硬度为RC58－RC64，心部硬度RC30－RC45，渗碳层不允许有网状碳化物。对失效部位进行了肉眼和放大6倍观察，选择典型特征部位截取金相试样和测定化学成分样块；然后测定化学成分和有关部位硬度；对制备的金相试样按观察的要求采用不同腐蚀剂进行腐蚀，并观察分析照相。测定分析结果如下：

失效齿轮化学成分：C－0.25，Mn－1.47，V－0.09，B－0.004。

在崩齿和挤伤严重部位表面层多处存在细小裂纹，裂纹分别如图 2.25 所示。

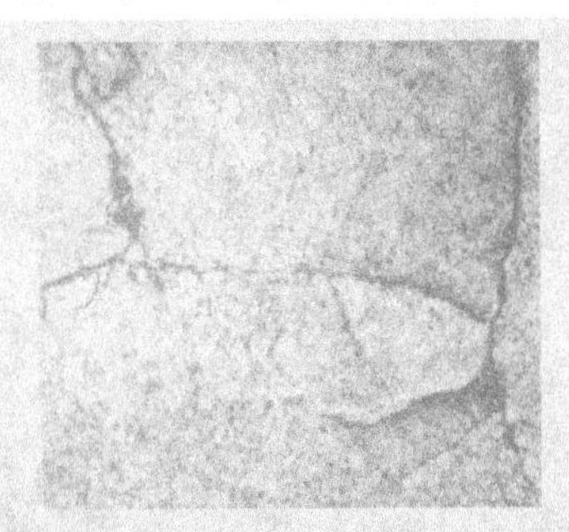
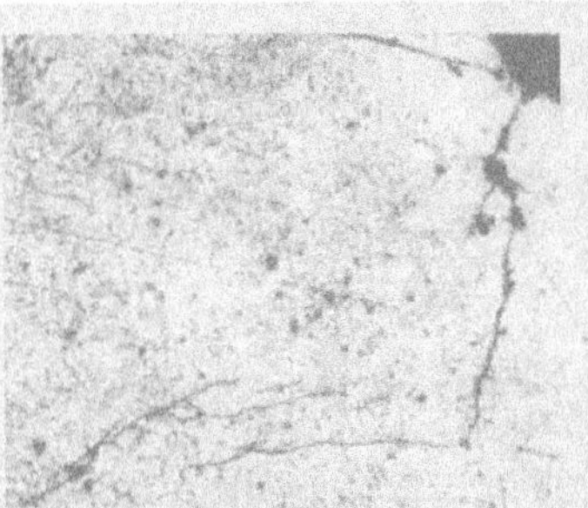
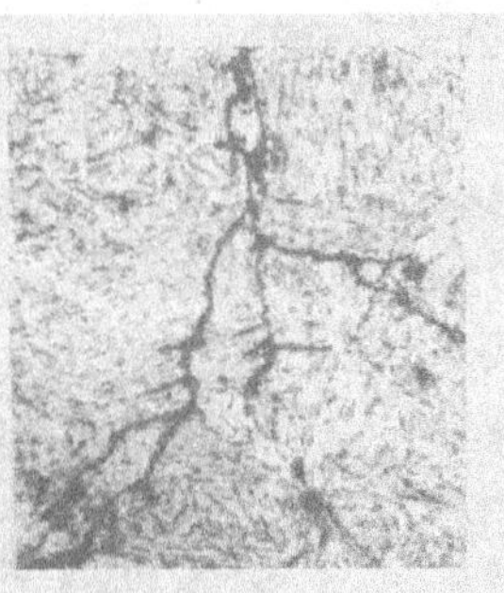

图 2.25 存在崩齿和挤伤严重部位表面层的细小裂纹 300X

3. 结果分析

在纯接触应力作用下接触面由表及里所受切应力的分布，其最大值存在于距表面0.786b处。当接触应力增大时，切应力相应增大；当材料弹性模量小或接触过程中接触处曲率半径大时，切应力相应减小；当接触过程中伴随有滑动摩擦时，表面摩擦力与切应力部分叠加，导致综合切应力极大值将移至接触表面层。

由于失效件是渗碳件，因渗碳后淬火而其由表及里Ms点依次升高，组织转变先后次序不同，最终导致表面层分布有残余压应力而心部存在残余拉应力；随渗碳层增厚，该类件通常承载大而作用时间长，服役过程不可避免地受冲击和因摩擦导致的滑动，这使综合切应力值增大且其极大值在表面至0.786b之间移动。

又由于渗碳时间长或加热温度高(渗碳层深约2.1mm)，导致晶粒不均匀长大，同时促使含硼脆性相在晶界偏聚，使渗碳层韧性和强度以及塑性下降而脆性增大。由于程度不同的硼脆以及表面层粗大马氏体组织存在，加之齿端部受冲击相对强烈，导致轮齿崩块；而崩块部位尖角处应力集中又导致产生微裂纹，这类裂纹扩展到齿表面层中强韧性薄弱区与其他裂纹连接，形成裂纹网络。

4. 措施

早期失效的主动圆锥齿轮因高温长时间渗碳而晶粒粗大且晶界有脆化趋势，渗碳层过厚导致齿表面层残余压应力减小，而在服役过程中轮齿承受综合切应力增大且极大值因滑动摩擦力作用向表面移动，致使轮齿弯曲、接触疲劳强度下降，在服役早期就产生了严重的齿表面麻点剥落、崩块和挤伤。改进措施为：

(1) 按技术要求，有效控制渗碳温度和时间，即精确控制渗碳扩散阶段的温度为920±10℃，保证强渗阶段和扩散阶段的时间不超过6小时，采用预冷860C直接淬火；保证渗碳层深度为1.4～1.6mm，渗碳层无网状碳化物，淬火低温回火后齿表层硬度RC58－RC60，齿心部硬度RC30－RC43；

(2) 提高偶件装配精度并保证良好润滑条件，减小冲击与摩擦，使轮齿表面层承受切应力峰值下降且移动范围缩小，延长齿轮的有效服役寿命。汽车厂及时采用控制渗碳工艺的方法，使齿轮渗碳层达到技术要求，防止了齿轮早期失效。

资料来源：朱杰武．圆锥齿轮失效分析．陕西工学院学报．2000(3)．

2.7.2 几何尺寸计算

直齿锥齿轮传动的几何尺寸计算是以大端为准的，根据图2.26的直齿锥齿轮传动图，计算公式列于表 2-9 中。

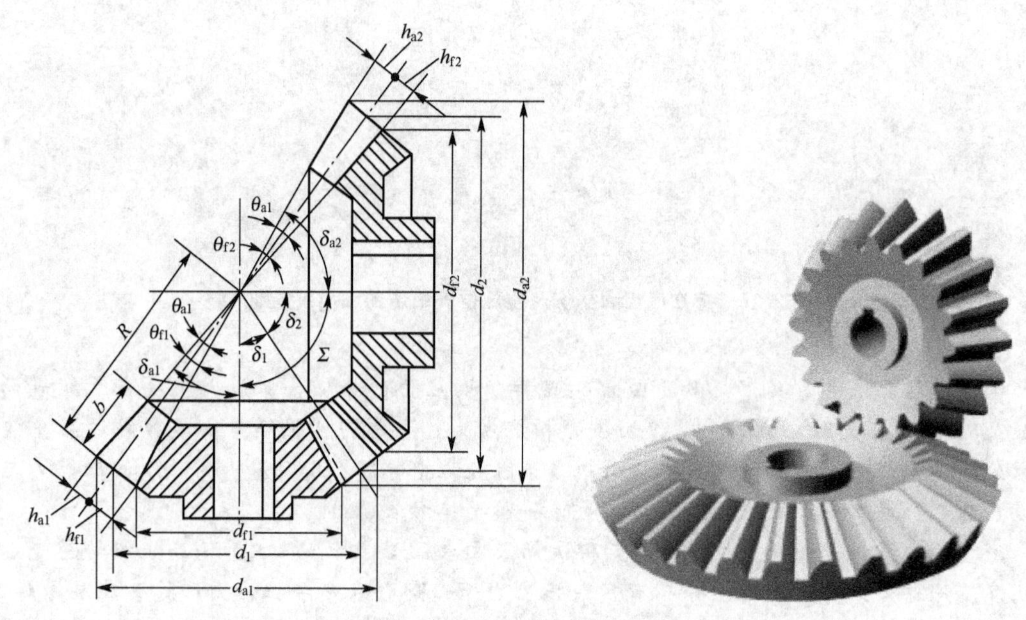

图 2.26　直齿锥齿轮传动图

表 2-9　标准直齿锥齿轮传动的参数和几何尺寸计算

序号	名　称	代　号	公式与说明
1	齿数	z	根据要求定
2	模数	m	取标准值
3	压力角	α	取标准值 20°
4	传动比	i	$i=\frac{\omega_1}{\omega_2}=\frac{n_1}{n_2}=\frac{r_2}{r_1}=\frac{z_2}{z_1}=\tan\delta_2=\frac{1}{\tan\delta_1}=\mu$
5	分度圆(节圆)锥角	δ	$\delta_1=\arctan\frac{z_1}{z_2}$；$\delta_2=\arctan\frac{z_2}{z_1}=90°-\delta_1$
6	当量齿数	z_v	$z_{v1}=\frac{z_1}{\cos\delta_1}$；$z_{v2}=\frac{z_1}{\cos\delta_2}$
7	分度圆(节圆)直径	d	$d_1=mz_1$；$d_2=mz_2$
8	外锥距	R	$R=\frac{d}{2\sin\delta}=0.5m\sqrt{z_1^2+z_2^2}$
9	齿宽系数	ψ_R	$\psi_R=0.25\sim0.35$，常取 $\psi_R=0.3$；$\psi_R=b/R$
10	齿宽	b	$b=\psi_R R$
11	齿顶高系数	h_a^*	$h_a^*=1$
12	顶隙系数	c^*	$c^*=0.2$
13	齿顶高	h_a	$h_a=h_a^* m$
14	齿根高	h_f	$h_f=(h_a^*+c^*)m$，$h_a^*=1$；顶隙系数 $c^*=0.2$
15	全齿高	h	$h=h_a=h_f$
16	齿顶圆直径	d_a	$d_{a1}=d_1+2h_a\cos\delta_1$；$d_{a2}=d_2+2h_a\cos\delta_2$
17	齿根圆直径	d_f	$d_{f1}=d_1-2h_f\cos\delta_1$；$d_{f2}=d_2-2h_f\cos\delta_2$
18	齿顶角	θ_a	$\theta_a=\arctan\frac{h_a}{R}$

（续）

序号	名　称	代　号	公式与说明
19	齿根角	θ_f	$\theta_f = \arctan\frac{h_f}{R}$
20	顶锥角	δ_a	$\delta_{a1}=\delta_1+\theta_a$；$\delta_{a2}=\delta_2+\theta_a$
21	根锥角	δ_f	$\delta_{f1}=\delta_1-\delta_f$；$\delta_{f2}=\delta_2-\delta_f$

锥齿轮的轮齿分布在锥面上，所以齿轮两端尺寸的大小是不同的，为了方便计算和测量，通常取锥齿轮大端的参数为标准值，按表 2-10 选取，其压力角一般为 20°。

表 2-10　锥齿轮标准模数系列　（单位：mm）

1	1.125	1.25	1.375	1.5	1.75	2	2.25	2.5	2.75
3	3.25	3.5	3.75	4	4.5	5	5.5	6	6.5
7	8	9	10	11	12	14	16	18	20

2.7.3　受力分析

忽略摩擦力，假设法向力 F_n 作用在齿宽中部的节点上，F_n 可分解为 3 个互相垂直的分力，即圆周力 F_t、径向力 F_r 和轴向力 F_a，如图 2.27 所示。

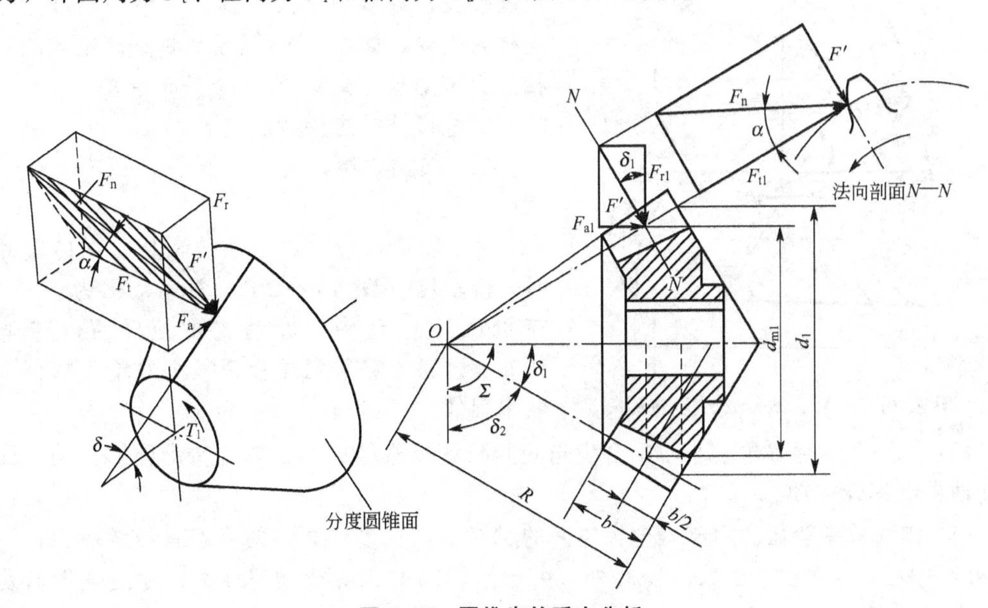

图 2.27　圆锥齿轮受力分析

小圆锥齿轮上的分力为

$$\left.\begin{aligned} F_{t1} &= \frac{2T_1}{d_{m1}} \\ F_{r1} &= F'\cos\delta_1 = F_t\tan\alpha\cos\delta_1 \\ F_{a1} &= F\sin\delta_1 = F_t\tan\alpha\sin\delta_1 \\ F_{n1} &= \frac{F_t}{\cos\alpha} = \frac{2T_1}{d_{m1}\cos\alpha} \end{aligned}\right\} \tag{2-33}$$

式中，T_1——小齿轮上的转矩。

圆周力 F_t的方向在主动轮上与转动方向相反，在从动轮上与转动方向相同，径向力 F_r的方向分别指向轴心；轴向力的方向分别指向大端。主动轮 1 上的径向力和轴向力分别等于从动轮 2 上的轴向力和径向力，即 $F_{r1}=-F_{a2}$，$F_{a1}=-F_{r2}$，负号表示方向相反。

2.8 蜗杆传动

2.8.1 概述

1. 蜗杆传动的主要特点及啮合条件

蜗杆传动用于实现空间交错轴间的运动传递，一般交错角 $\Sigma=90°$，广泛应用于机床、汽车、仪器及其机械制造部门中，最大功率可达 750kW，齿面间最高滑动速度 v_s可达 35m/s，一般在 15m/s。

蜗杆传动是螺旋齿轮传动的特例。在螺旋齿轮传动中，如传动比很大、小轮直径很小、轴向长度较长、螺旋角度大的螺旋齿称为蜗杆，大齿轮称为蜗轮，如图 2.28 所示。蜗杆、蜗轮的轴线相互交错垂直，交错角 $\Sigma=\beta_1+\beta_2=90°$。

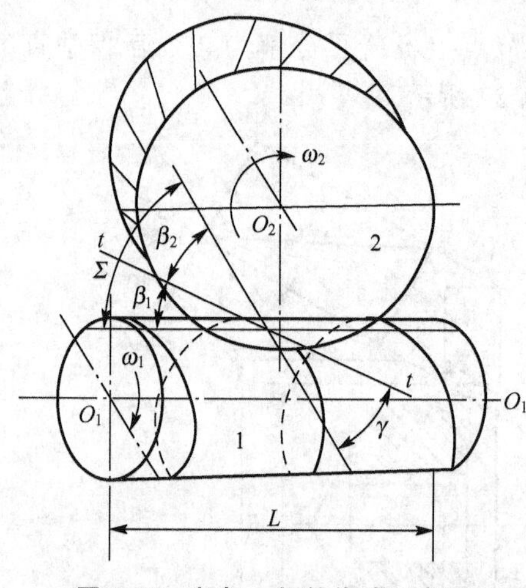

图 2.28　蜗杆、蜗轮传动示意图

蜗杆传动的主要特点如下。

(1) 结构紧凑、传动平稳、无噪声、冲击振动很小。

(2) 能获得较大的单级传动比。在传递动力时，传动比一般为 8～100，常用范围为 15～50。在机床工作台中，传动比可达几百，甚至到 1000。这时，需采用导程角很小的单头蜗杆，但效率很低。

(3) 当蜗杆的导程角 γ 小于啮合齿轮间的当量摩擦角 φ_v时，蜗杆传动能够自锁，即蜗杆转动带动蜗轮转动。

(4) 传动效率较低。由于啮合齿轮间的相对滑动速度较高，使得摩擦损耗较大，一般 $\eta=0.7\sim0.8$，自锁时，$\eta<0.5$。此外，由于齿轮间的相对滑动速度大，易出现齿形发热和温升过高现象，磨损较严重，故常需用耐磨材料(如锡青铜等)来制作蜗轮。

蜗杆传动分类如下：

按照蜗杆形状不同可分为圆柱蜗杆传动、环面蜗杆传动、锥蜗杆传动；按照蜗杆加工位置不同，可分为阿基米德蜗杆传动、渐开线蜗杆传动、法向直廓蜗杆传动；按照螺旋线的方向有左旋和右旋之分，通常采用右旋；按螺旋线的头数又有单头蜗杆和多头蜗杆之分。蜗杆螺旋线与垂直于蜗杆轴线平面直径的夹角称为导程角 γ。由图 2.28 可以看出 $\gamma=\beta_2$，即蜗杆螺旋线的导程角 γ 与蜗轮齿螺旋角 $\beta(\beta_2)$大小相等，方向相同。

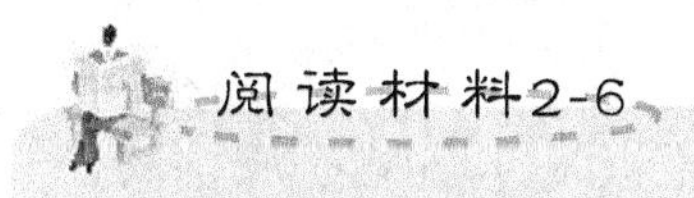

ZK蜗杆与ZI蜗杆的齿形区别

普通蜗杆传动包括阿基米德(ZA)蜗杆传动、渐开线(ZI)蜗杆传动、法向直廓(ZN)蜗杆传动和曲纹面(ZK)蜗杆传动。前三种蜗杆属于轨迹曲面蜗杆ZK蜗杆属于包络蜗杆传动，加工容易，修形方便。目前我国主要应用ZA和ZN两种蜗杆传动形式，但由于普通蜗杆传动中存在一定的缺点，研究如何提高蜗杆传动的承载能力、传动效率和使用寿命是具有十分重要意义的。在英、日等国，ZI蜗杆传动应用得较多。它们在减速器中应用了这种蜗杆传动，其效率和承载能力比国内相应的ZA和ZN蜗杆传动的减速器有明显的提高。目前ZI蜗杆传动在国内已逐渐引起人们的重视。但是要采用ZI蜗杆传动首先要解决两个问题：一是蜗轮加工，二是蜗杆加工。蜗轮加工问题主要是滚刀的加工。在国外，ZI蜗轮滚刀的生产技术(主要是铲磨技术)属于英国专利，没有公开发表。现在国内已运用数学分析、CAD方法和试验验证得到了ZI蜗轮滚刀的加工方法。而ZI蜗杆的加工问题主要涉及的是ZI蜗杆螺旋面的加工。从理论上讲，ZI蜗杆螺旋面是一种可展螺旋面在渐开螺旋面的同一条母线上，各点的法幺矢保持不变，有一个共同的切平面，用砂轮磨削时主要令砂轮(平面的、圆锥的或圆柱的)在直母线上与切平面相切，就可以准确地磨出渐开螺旋面，而不发生干涉。但这种方法需要在专用磨床(例如英国DavidBrown蜗杆磨床)上进行。

利用ZK蜗杆轴截面方程$\begin{cases}x=x_{10}\cos\varphi-y_{10}\sin\varphi\\ z=z_{10}-p\varphi\\ x_{10}\sin\varphi+y_{10}\cos\varphi=0\end{cases}$，ZI蜗杆轴截面方程$\begin{cases}x'=R=\dfrac{R_b}{\cos\alpha}\\ z'=\mp p\cdot\mathrm{inv}\alpha\end{cases}$，两式编程计算，将ZK蜗杆与ZI蜗杆进行比较。由于轴向误差比法向误差大，所以我们以轴向误差为分析对象，当轴向误差在允差范围内时，法向误差也能满足要求。此处轴向误差是指以ZI蜗杆的轴向齿形为标准，将同参数(m、q、z)的ZK蜗杆轴向齿形在分圆处与ZI蜗杆齿形相重合时齿形上各点沿轴线方向上的差值。如图2.29所示，若误差δ为正表示ZK蜗杆齿形在ZI蜗杆齿形外侧，若误差δ为负表面ZK蜗杆齿形在ZI蜗杆齿形内侧。

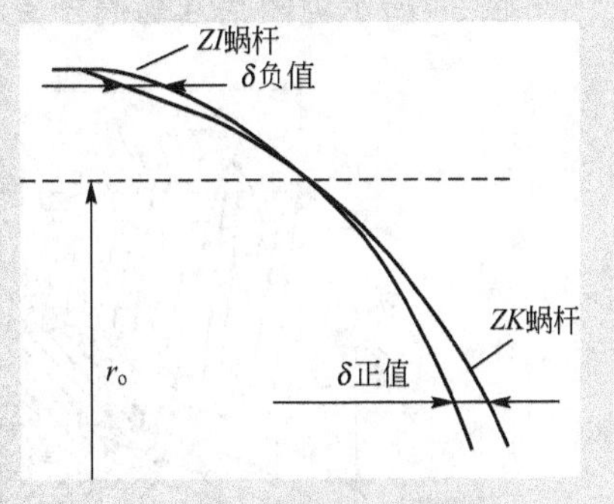

图2.29 ZK蜗杆与ZI蜗杆齿形误差比较

由表2-11可以看出：蜗杆齿顶误差小于齿根误差，且随头数的增加，这种误差增大；随模数和头数的增大，齿顶、齿根误差增大；误差均为正值，表明ZK蜗杆齿形在ZI蜗杆齿形外侧，这种误差方向是不利的。

表2-11 $q=10$时齿形误差对比表

$m=5$	r	30	28.2898	26.7243	25	23.4456	21.6417	20.1059
$z=1$	δ	.00167	.00075	.00021	0	.00014	.00071	.00154
$m=5$	r	30	28.2898	26.4764	25	23.2797	21.6417	19.9599
$z=2$	δ	.00624	.00267	.00056	0	.00082	.00326	.00732

（续）

$m=5$	r	30	28.1563	26.6384	25	23.3407	21.8047	20.0060
$z=4$	δ	.02408	.01006	.00282	.0	.00331	.01335	.03781
$m=6.3$	r	37.8	35.7418	33.6161	31.5	29.3889	27.2885	25.2020
$z=1$	δ	.00250	.00113	.00028	0	.00030	.00118	.00165
$m=6.3$	r	37.8	35.7991	33.6368	31.5	29.3942	27.3299	25.3194
$z=2$	δ	.00994	.00468	.00117	0	.00118	.00474	.01070
$m=6.3$	r	37.8	35.7173	33.5736	31.5	29.3248	27.3113	25.1756
$z=4$	δ	.0793	.01767	.00449	0	.00551	.02243	.05885
$m=8$	r	48	45.2094	42.9432	40	37.2979	34.6088	31.9372
$z=1$	δ	.00400	.00171	.00055	0	.00046	.00184	.00416
$m=8$	r	48	45.2806	42.5163	40	37.3014	34.6536	32.0727
$z=2$	δ	.001551	.00685	.00156	0	.00192	.00766	.01725
$m=8$	r	48	45.4184	42.8547	40	37.3074	34.7959	31.9945
$z=4$	δ	.05940	.02828	.00816	0	.00828	.03358	.09109

在头数为1时，ZK蜗杆与ZI蜗杆齿形非常接近，因此在允差范围内可以相互代替。另外，由于在蜗杆蜗轮副啮合时，主要啮合部位在蜗杆分度圆附近，所以分度圆附近的点的齿形误差大小是决定啮合情况优劣的主要问题。而对于齿顶和齿根部，我们可以通过预先处理，使其不参与啮合，这样做不会对蜗轮副的啮合质量产生太大的影响。当头数为2时，一般取$r\pm0.7$个模数以内的齿形为有效齿形。以此为衡量标准，对于头数为2的情况，当m小于或等于6.3时，ZK蜗杆的齿形误差在$5\mu m$以下，因此，基本上也可以用来代替ZI蜗杆。

资料来源：昃向博．ZK蜗杆与ZI蜗杆的齿形比较．山东建材学院学报．1998(9)．

2．圆柱蜗杆、蜗轮的正确啮合条件

图2.30所示为阿基米德蜗杆传动。在通过蜗杆轴线并与蜗轮轴线垂直的剖面(称为主

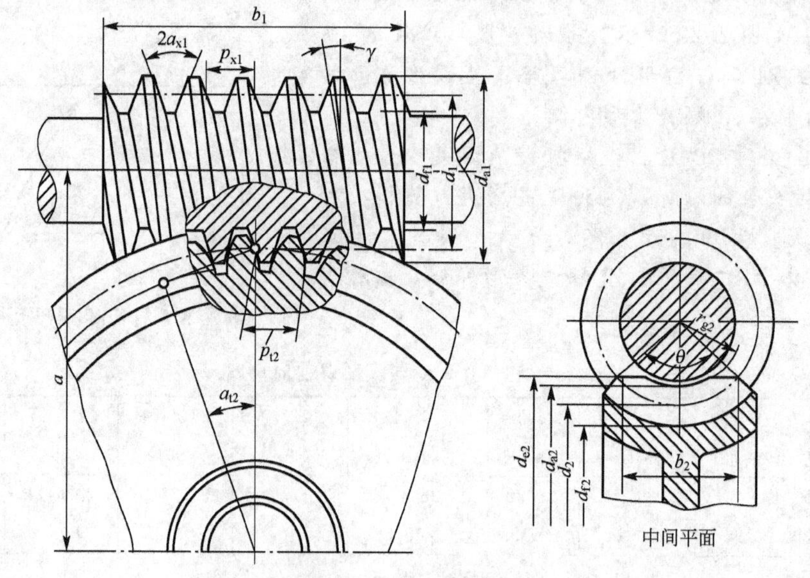

图2.30　蜗杆、蜗轮传动

图 2.30(续)

平面)上，蜗杆齿廓为直线，相当于齿条，蜗轮齿廓为渐开线，相当于齿轮。在主平面内，相当于齿条齿轮传动。

蜗杆传动的正确啮合条件为：主平面内蜗杆的轴向齿距 p_{x1} ($p_{x1}=\pi m_{x1}$) 与蜗轮的端面齿距 p_{t2} ($p_{t2}=\pi m_{t2}$) 相等，即蜗轮的端面模数 m_{t2} 应等于蜗杆的轴向模数 m_{x1}，且均为标准值；蜗轮的端面压力角 α_{t2} 应等于蜗杆的轴向压力角 α_{x1}，且为标准值，即 $m_{t2}=m_{x1}=m$、$\alpha_{t2}=\alpha_{x1}=\alpha$、$\gamma=\beta$。

2.8.2 圆柱蜗杆传动的基本参数

1. 模数 m

轴交角为 90°的圆柱蜗杆传动的模数系列见表 2－12，表中只列出 m 在 1～25mm 的模数值。因蜗杆的轴向齿距 p_x 应与蜗轮端面齿距 p_t 相等，故蜗杆的轴向模数 m_x 应与蜗轮的端面模数 m_t 相等，并符合表中规定的模数值 m。

表 2－12 蜗杆基本参数

模数 m/mm	蜗杆直径 d_1/mm	蜗杆头数 z_1	蜗杆直径系数 q	m^2d_1/mm^3
1	8	1	18.000	18
1.25	20	1	16.000	31.25
1.6	22.4	1	17.920	35
	20	1，2，4	12.500	51.2
	28	1	17.500	71.68
2	(18)	1，2，4	9.000	72
	22.4	1，2，4	11.200	89.6
	(28)	1，2，4	14.000	112
	35.5	1	17.750	142

（续）

模数 m/mm	蜗杆直径 d_1/mm	蜗杆头数 z_1	蜗杆直径系数 q	m^2d_1/mm^3
2.5	(22.4)	1，2，4	8.960	140
	28	1，2，4，6	11.200	175
	(35.5)	1，2，4	14.200	221.5
	45	1	18.000	281
6.3	63	1，2，4，6	10.000	2500
	(80)	1，2，4	12.698	3175
	112	1	17.778	4445
8	(63)	1，2，4	7.785	4032
	80	1，2，4，6	10.000	5376
	(100)	1，2，4	12.500	6400
	140	1	17.500	8960
10	(71)	1，2，4	7.100	7100
	90	1，2，4，6	9.000	9000
	(112)	1，2，4	11.200	11200
	6	1	16.000	16000
12.5	(90)	1，2，4	7.200	14062
	112	1，2，4	8.960	17500
	(140)	1，2，4	11.200	21875
3.15	(28)	1，2，4	8.889	277.8
	35.5	1，2，4，6	11.270	352.2
	(45)	1，2，4	14.286	446.5
	56	1	17.778	556
4	(31.5)	1，2，4	7.785	504
	40	1，2，4，6	10.000	640
	(50)	1，2，4	12.500	800
	71	1	17.750	1136
5	(40)	1，2，4	8.000	1000
	50	1，2，4，6	10.000	1250
	(63)	1，2，4	12.600	1575
	90	1	18.000	2250
6.3	(50)	1，2，4	7.936	1985
12.5	200	1	16.000	31250
16	(112)	1，2，4	7.000	28672
	140	1，2，4	8.750	35840
	(180)	1，2，4	11.250	46080
	250	1	15.625	64000

（续）

模数 m/mm	蜗杆直径 d_1/mm	蜗杆头数 z_1	蜗杆直径系数 q	m^2d_1/mm^3
20	(140)	1，2，4	7.000	56000
	160	1，2，4	8.000	64000
	(224)	1，2，4	11.200	89600
	315	1	15.750	12600
25	(180)	1，2，4	7.200	112500
	200	1，2，4	8.000	125000
	(280)	1，2，4	11.200	175000
	400	1	16.000	250000

注：1. 本表摘自GB/T 10085—1998，其中 m^2d_1 值是根据数学要求补充的。

2. 表中带括号的蜗杆直径尽可能不用，黑体的为 $\gamma<3°40'$ 的自锁蜗杆。

2. 压力角 α

通常刀具基准齿形角 $\alpha_0=20°$，阿基米德蜗杆轴向截面压力角(齿形角)$\alpha_x=\alpha_0=20°$。

3. 蜗杆分度圆直径 d_1

蜗杆分度圆直径亦称蜗杆中圆直径。为了使蜗轮刀具尺寸标准化、系列化，将蜗杆分度圆直径 d_1 定为标准值，见表2-12。

4. 蜗杆直径系数 q

蜗杆分度圆直径 d_1 与模数 m 的比值称为蜗杆直径系数，即

$$q=\frac{d_1}{m}$$

因 d_1 与 m 均为标准值，故 q 为导出值，不一定是整数。对于动力蜗杆传动，q 值约为7～18；对应分度蜗杆传动，q 值约为16～30。

5. 蜗杆导程角 γ

蜗杆分度圆上的导程角 γ 可由下式计算

$$\tan\gamma=\frac{z_1 p_x}{\pi d_1}=\frac{\pi z_1 m}{\pi d_1}=\frac{z_1 m}{d_1}=\frac{z_1}{q} \tag{2-34}$$

式中，p_x——蜗杆轴向齿距；

z_1——蜗杆头数。

γ 角的范围为3.5°～33°，导程角大，传动效率高；导程角小，则传动效率低。一般认为 $\gamma\leqslant3°40'$ 的蜗杆具有自锁性。要求效率高的传动，常取 $\gamma=15°\sim30°$，此时将不采用阿基米德蜗杆，而改用渐开线蜗杆。

6. 蜗杆头数 z_1、蜗轮齿数 z_2

蜗杆头数少，易于得到大传动比，但导程角小、效率低、发热多，故重载传动不宜采用单头蜗杆。当要求反行程自锁时，可取 $z_1=1$。蜗杆头数多、导程角大、效率高，但制造困难。常用蜗杆头数为1、2、4、6，可根据导程角大小选取(表2-13)。

表 2-13　γ 和 z_1 的推荐值

γ	3°～8°	8°～16°	16°～30°	30°～
z_1	1	2	4	6

蜗轮齿数依据齿数比和蜗杆头数决定：$z_2=uz_1$。传递动力时，为增加传动平稳性，蜗轮齿数应取大些，应不少于 28 齿。蜗轮尺寸越大，蜗杆轴越长且刚度越小，所以蜗轮齿数不宜多于 100 齿，一般取 $z_2=32\sim80$ 齿。z_2 与 z_1 间最好避免有公因数，以利于均匀磨损。

2.8.3　圆柱蜗杆传动的几何尺寸

圆柱蜗杆、蜗轮传动如图 2.30 所示，有关尺寸的计算公式见表 2-14。

表 2-14　圆柱蜗杆传动的基本几何计算公式

序号	名　称	符　合	公　式
1	蜗杆轴向齿距	p_x	$p_x=\pi m$
2	蜗杆导程	p_z	$p_z=\pi m z_1$
3	蜗杆分度圆直径	d_1	$d_1=qm$（d_1 为标准值）
4	蜗杆齿顶圆直径	d_{a1}	$d_{a1}=d_1+2h_a^* m$
5	蜗杆齿根圆直径	d_{f1}	$d_{f1}=d_1-2m(h_a^*+c^*)$
6	蜗杆节圆直径	d_1'	$d_1'=d_1+2xm=m(q+2x)$
7	蜗杆分度圆柱导程角	γ	$\tan\gamma=mz_1/d_1=z_1/q$
8	蜗杆节圆柱导程角	γ'	$\tan\gamma'=z_1/(q+2x)$
9	蜗杆齿宽	b_1	$b_1\approx 2m\sqrt{z_2+1}$
10	渐开线蜗杆基圆直径	d_{b1}	$d_{b1}=d_1\tan\gamma/\tan\gamma_b=mz_1/\tan\gamma_b$　$\cos\gamma_b=\cos\alpha_n\cos\gamma$
11	蜗轮分度圆直径	d_2	$d_2=mz_2=2a'-d_1-2xm$
12	蜗轮喉圆直径	d_{a2}	$d_{a2}=d_2+2m(h_a^*+x)$
13	蜗轮齿根圆直径	d_{f2}	$d_{f2}=d_2-2m(h_a^*-x+c^*)$
14	蜗轮外径	d_{e2}	$d_{e2}\approx d_{a2}+m$
15	蜗轮咽喉母圆半径	r_{g2}	$r_{g2}=a-d_{a2}/2$
16	蜗轮节圆直径	d_2'	$d_2'=d_2$
17	蜗轮齿宽	b_2	$b_2\approx 2m(0.5+\sqrt{q+1})$
18	蜗轮齿宽角	θ	$\theta=2\arcsin(b_2/d_1)$
19	中心距	a	$a=(d_1+2xm+d_2)/2$

2.8.4　蜗杆传动的失效形式和材料选择

1. 失效形式

蜗杆传动的失效形式与齿轮传动的失效形式相类似，有疲劳点蚀、胶合、磨损和齿轮折断等。在一般情况下，蜗杆的强度总要高于蜗轮的齿轮强度，因此失效总是在蜗轮上发生的。由于在传动中，蜗杆和蜗轮之间的相对滑动速度较大，因此更容易产生胶合和磨损。

2. 材料选择

考虑到蜗杆传动滑动速度大、蜗杆变形等因素，蜗杆、蜗轮的材料首先应具有良好的减磨、耐磨、抗胶合的能力，同时要有足够的强度。

蜗轮材料主要有以下几种。

(1) 锡青铜 ZCnSn10Pb1，适用于滑动速度 $v_s>16\sim25$m/s。它具有较好的减磨性、抗胶合和耐磨性能，且易于切削加工，但价格较昂贵，所以主要用于重要的高度蜗杆传动中。

(2) 铝青铜 ZCnAl10Fe3，适用于滑动速度 $v_s<12$m/s，抗胶合能力较低。

(3) 铸铝黄铜，抗点蚀强度高，但耐磨性差，适用于低滑动速度蜗杆传动中。

(4) 铸铁或球墨铸铁，适用于滑动速度 $v_s<2$m/s 的传动中。

蜗杆材料主要考虑以下方面。

(1) 碳素钢。中碳钢表面或整体淬火，45 钢表面淬火到 45～55HRC，可以提高表面硬度，增加齿面的抗磨损、抗胶合的能力。

(2) 合金钢。常用 20Cr、20CrMnTi 渗碳淬火到 58～63HRC；或 40Cr 表面淬火到 45～55HRC；淬硬后蜗杆表面应磨削或抛光。短时冲击的蜗杆不易用渗碳钢，可采用 40 钢、45 钢调质处理，硬度为 200～250HBW。

2.8.5 蜗杆传动的受力分析

在蜗杆传动中作用在齿面上的法向作用力 F_n 可分解为 3 个力：圆周力 F_t、径向力 F_r 和轴向力 F_a(图 2.31)。

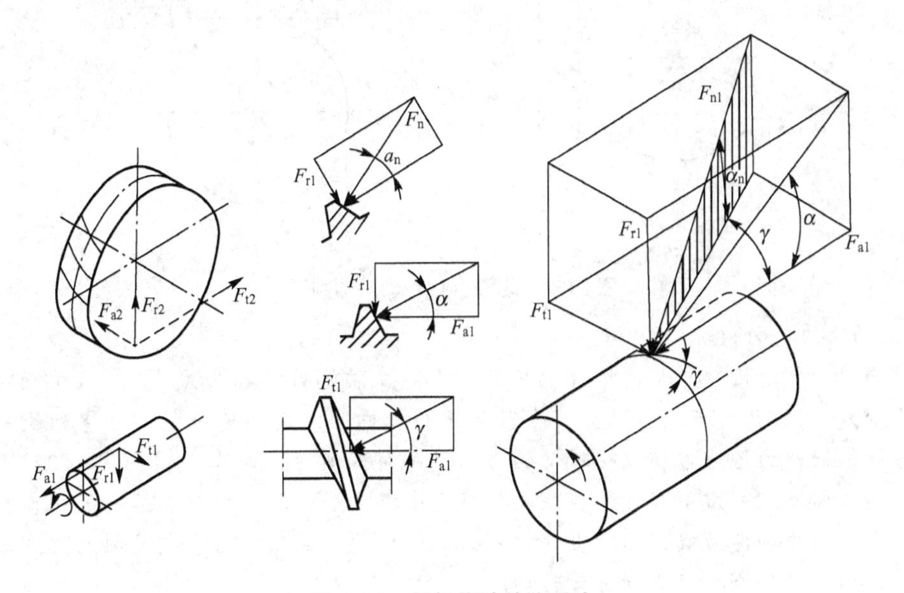

图 2.31 蜗杆传动的作用力

作用在蜗杆上的圆周力 F_{t1}、轴向力 F_{a1}、径向力 F_{r1} 分别为

$$F_{t1}=-F_{a2}=\frac{2T_1}{d_1}$$

$$F_{a1}=-F_{t2}=\frac{F_{t1}}{\tan\gamma}=\frac{2T_2}{d_2} \tag{2-35}$$

$$F_{r1}=-F_{r2}=F_{a1}\tan\alpha$$

当蜗杆为主动件时(一般情况均是如此)，蜗杆上的圆周力 F_{t1} 的方向与蜗杆齿在啮合点的运动方向相反；蜗轮上的圆周力 F_{t2} 的方向与蜗轮齿在啮合点的运动方向相同；径向力 F_r 的方向在蜗杆、蜗轮上都是由啮合点分别指向轴心的。

当蜗杆的回转方向和螺旋的方向已知时，蜗轮的回转方向可根据螺旋副的运动规律来确定。

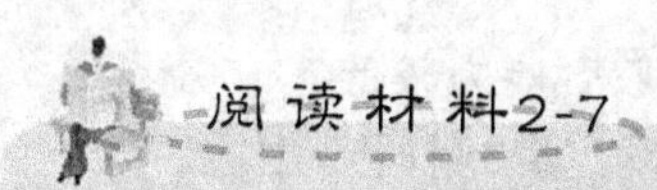
阅读材料2-7

蜗杆蜗轮传动中蜗轮旋向及转向的判断

蜗轮的旋向因受蜗杆蜗轮两者间的相对位置、螺旋线旋向、蜗杆转向等因素的影响，通常是通过蜗杆蜗轮的相对运动关系来判定。判断方法可分两步：(1)蜗杆蜗轮旋向的判断；(2)根据蜗杆蜗轮的相对位置关系和蜗杆的旋向判断蜗轮的转向。

1. 蜗杆蜗轮旋向的判断

旋向分为左旋和右旋，通常右旋居多，旋向判断与斜齿圆柱齿轮类似。将蜗杆或蜗轮的轴线铅直放置，螺旋线左高右低为左旋，右高左低为右旋。例如图 2.32(a)，蜗杆螺旋线右高左低，故为右旋例。如图 2.32(b)，蜗杆螺旋线左高右低，故为左旋。

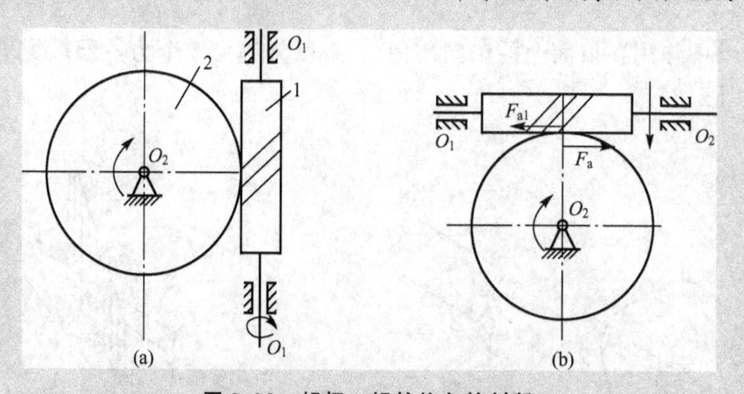

图 2.32　蜗杆、蜗轮旋向的判断

2. 蜗轮的转向判断

采用受力状态进行判断：蜗杆蜗轮传动中，主动蜗杆的轴向力 F_{a1} 与从动蜗轮的圆周力 F_{t2} 为一对作用力与反作用力。在获得蜗杆轴向力方向的前提下，可得到蜗轮的圆周力方向，而此力恰为推动蜗轮转动的力，进而得到蜗轮的转向。例如图 2.32(b)：蜗杆为左旋，借助“左右手螺旋法则”左旋用左手握住蜗杆，四指代表蜗杆的转向，那么大拇指所指的方向即为蜗杆轴向力的方向(水平向左)，因此蜗轮节点处圆周力的方向水平向右，所以可知蜗轮应是顺时针转动。

资料来源：刘娟．蜗杆蜗轮传动中蜗轮旋向及转向的判断．机械管理开发．2008(2)．

2.9 谐波齿轮传动

2.9.1 概述

谐波齿轮传动是利用机械谐波使材料产生弹性变形，从而实现传动的一种新型齿轮传动组件。它结构紧凑、传动效率高、传动比范围大(可从 1.002～1000000、复波谐波减速传动比可达 140000)、传动功率可以从几瓦到几千瓦，且有较高的精度，但它的加工及装配比较复杂，特别是模数较小的尤其困难。近年来，它已广泛用于各种精密机械、机密仪器、机电系统之中，既可以用作减速，也可用作增速。

谐波齿轮传动的工作原理如图 2.33 所示。

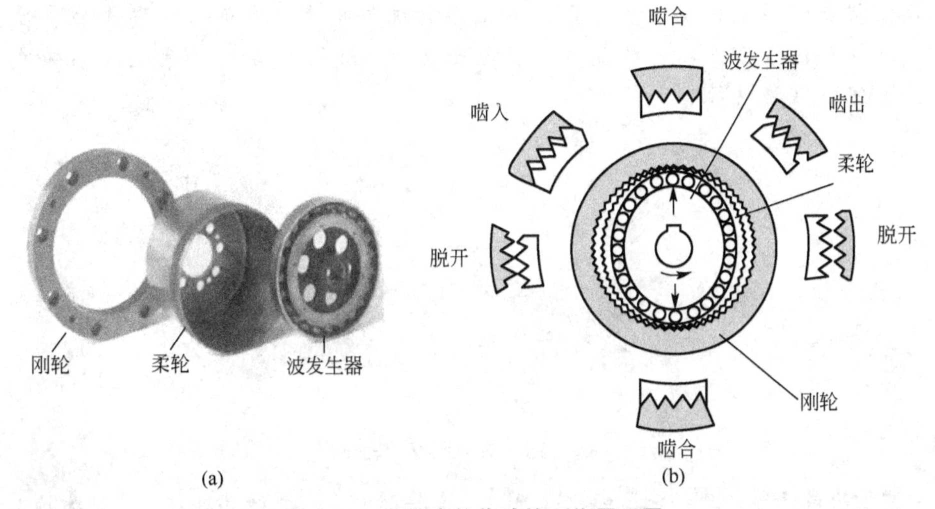

图 2.33 谐波齿轮传动的工作原理图

谐波齿轮传动主要由波发生器、柔轮和刚轮这 3 部分组成。柔轮有一个刚性很小的薄轮缘，其外缘(或内缘)上有特殊的轮齿。柔轮与刚轮啮合。波发生器在柔轮内(外)旋转时，迫使柔轮发生弹性变形，使其啮合区和脱离区位置变化，迫使柔轮和刚轮之间产生相对运动。

波发生器的接头数 n 等于完全啮合(或脱离)区域的数量，即柔轮的变形波数。理论上可制成很多个波数，但实际应用中由于材料强度的局限，常用双波(图 2.33)和三波(图 2.34)。

波数 n 与钢轮齿数 z_3 和柔轮齿数 z_2 之间的关系(刚轮在外，柔轮在内)为

$$n=z_3-z_2$$

由于柔轮和钢的节距相同，因而柔轮的变形值等于两齿轮节圆直径之差，即波高(齿高，$h=\Delta hc$ 柔轮变形值)，柔轮轮齿是经过弹性变形而与刚轮轮齿啮合的。根据它们啮合时的运动关系，柔轮与刚轮的轮齿中心线在运动过程中几乎始终保持平行，作平移运动，因而在齿面上存在滑移。由此可见，谐波齿

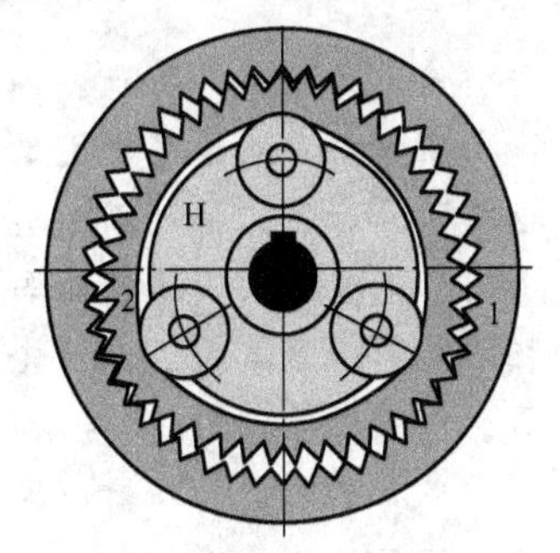

图 2.34 三波发生器

轮轮齿的理想齿形应为三角形。但三角形齿形加工困难，所以谐波齿轮齿形除采用三角形外，广泛采用渐开线齿形。当谐波齿轮齿数较多、模数较小时，齿形曲线近似于直线。

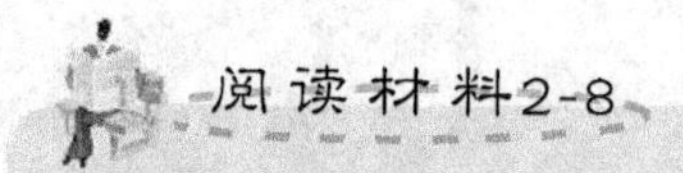

谐波齿轮在减速器中的应用

减速器是一种应用最广泛的机械，其设计的好坏直接影响整个机器的结构尺寸和性能。如何在满足传动比和输出转矩的前提下，使整个机构的结构简单、紧凑是众多设计者所追求的目标。一般的减速传动的结构都是其输出在整个传动的端部，如图 2.35(a)所示，在机械设计中，有时需要减速装置的输出在设备的中间：如某一自动机械的行走机构(电机通过减速器连接齿轮在齿条上行走)。此时若用图 2.35(a)所示的结构，则减速装置另一侧空间全部浪费掉了，使结构尺寸增大。因此我们需要这样一种减速装置：其输出在电机与减速器中间，且与电机、减速器同轴，这样可使整个传动结构简单、紧凑如图 2.35(b)所示。应用谐波齿轮减速器可方便地完成这种设计。

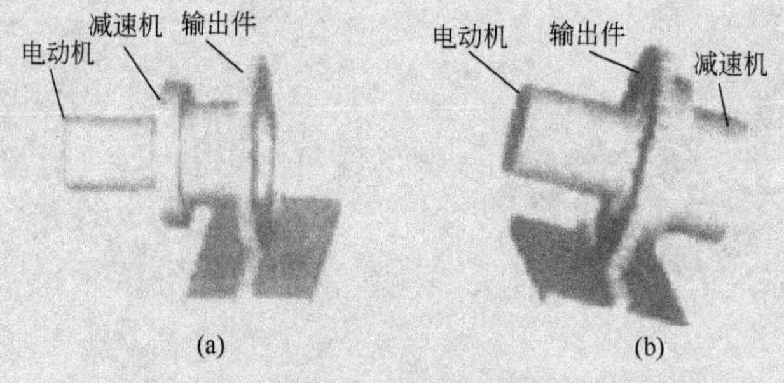

图 2.35 减速装置的输出

谐波齿轮减速器介绍：谐波齿轮减速器的主要部件是由刚性齿轮 1、柔性齿轮 2 和波发生器 3 组成。如图 2.36 所示，它是一个两自由度的机构。作为减速器应用时，波发生器 3 是输入，刚性齿轮 1 与壳体固定，柔性齿轮 2 输出，其传动比为：$i_{32}=\dfrac{Z_2}{Z_1-Z_2}$(1)。式中：$Z_1$ 和 Z_2 分别为刚性齿轮 1、柔性齿轮 2 的齿数，我们也可直接应用谐波齿轮减速器组件将波发生器作为输入，将柔轮固定，刚轮作为输出，其传动比为：$i_{31}=\dfrac{Z_1}{Z_1-Z_2}$(2)。

传动的结构与特点：图 2.37 所示为利用谐波齿轮减速器设计的输入与输出同轴且输出在电机与减速器中间的减速传动。电机与谐波齿轮组件的波发生器相连接，输出齿轮与谐波齿轮组件的刚性轮连接，柔性轮固定在壳体上，其传动比可按公式(2)计算。由此结构看出在实现输出与输入同轴且输出在电机与减速器中间的减速传动时，其结构相当简单、紧凑。因柔性轮固定，因此可以在柔性轮内部的空间放入其他装置(如制动器、传感器等)，使此传动成为减速传动中结构非常紧凑的传动之一。

在有要求输入与输出同轴且输出在整个传动组件的中部的传动中，可参考此结构设计，使其结构紧凑。

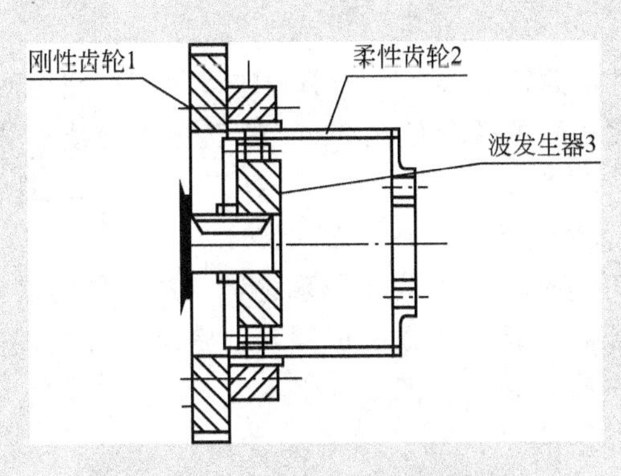

图 2.36 谐波齿轮减速器

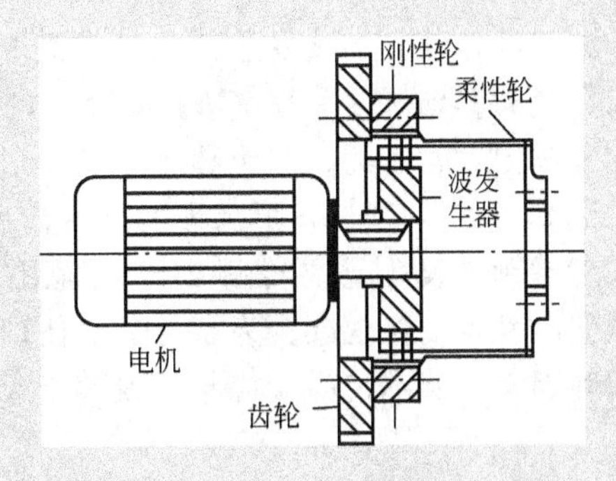

图 2.37 减速传动

资料来源：马长安. 谐波齿轮的工作原理及在减速器中的应用. 山西冶金. 2005(2).

2.9.2 谐波齿轮传动主要参数及其材料

这些参数包括系统传动比 i、轮齿理论齿高 h_{max}、轮齿齿形角 α 及其他参数。

1. 系统传动比

以单级传动为例进行分析。由于固定件、输入件和输出件不同，传动比的计算式也不同。若刚轮固定，波发生器输入，柔轮输出，则传动比 i(反向)为

$$i=-\frac{n_1}{n_0}=-\frac{\varphi_1}{\varphi_2}=-\frac{2\pi-\varphi}{\varphi}=-\left(\frac{2\pi}{\varphi}-1\right)$$

$$=-\left[\frac{2\pi}{\frac{\pi(D_3-D_2)}{D_3/2}}-1\right]=-\frac{D_2}{D_3-D_2}=-\frac{z_2}{z_3-z_2}=-\frac{z_2}{n} \tag{2-36}$$

式中，n_1——输入轴转速；

n_0——输出轴转速；

φ_1——波形发生器的转角；

φ_2——柔轮的转角(与 φ_1 反向)，即 φ，此角为柔轮上某齿轮重复啮合时，刚轮上轮齿啮合的提前角；

D_2——柔轮分度圆直径；

D_3——刚轮分度圆直径；

n——波数，即刚轮与柔轮的齿数差。

对于柔轮固定或波发生器固定时，其传动比按下述公式计算。

柔轮固定时，主从件转向相同，传动比 i(波发生器主动而刚轮输出)的计算式为

$$i=\frac{z_3}{z_3-z_2}=\frac{z_3}{n}$$

波发生器固定时，主从动件转向相同，能得到很小的传动比 i(柔轮输入、刚轮输出)，其计算式为

$$i=\frac{z_3}{z_2}$$

2. 轮齿理论齿高

如双波传动，当波发生器由 0°转到 90°时，柔轮上一个完全啮合的齿应变成完全脱开，轮齿在径向移动了一个齿高 h。实际上，波发生器的转角仅在 24°～72°范围才有线性关系，而此范围内，轮齿的径向位移为柔轮变形量 Δh 的 0.77 倍(即 $0.77\Delta h$)。若把此线性范围扩大到 0°～90°，则三角形齿形的理论齿高 h_{max} 应为 $h_{max}=1.44\Delta h=1.44h$。

考虑到波发生器在转角 0°～90°范围内两端是非线性的。若理论齿高 h_{max} 作为实际齿高，就会发生卡住现象。为了避免卡住现象，将齿顶、齿根制成圆角。考虑到径向间隙和公差等因素，实际齿高 h 应小于或等于柔轮的变形量 Δh(图 2.38)。

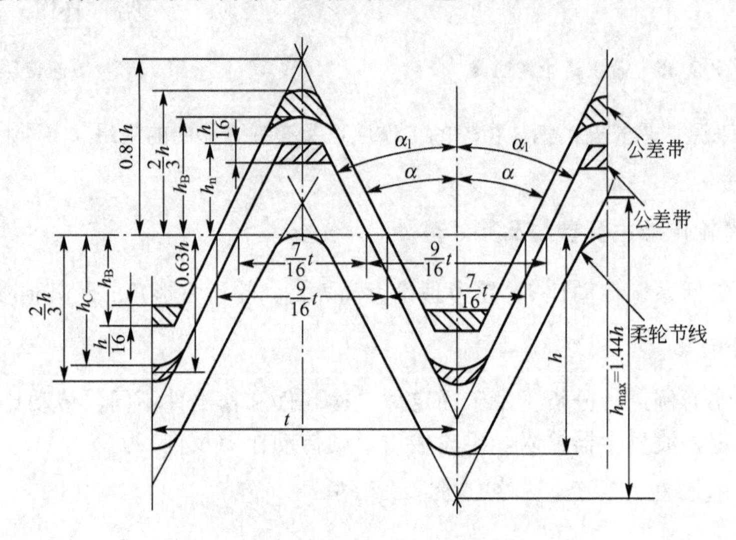

图 2.38 齿形高

3. 轮齿齿形角

由图 2.38 可见，齿形角 α 可按下式确定

$$\tan\alpha=\frac{t/2}{1.44\Delta h}=\frac{t}{2.88h}=\frac{t}{2.88\,\dfrac{t}{\pi}(z_3-z_2)}=\frac{\pi}{2.88n}=\frac{1.091}{n} \tag{2-37}$$

式中，t——齿的节距，$t=\pi h/n$，$n=z_3-z_2$；

h——齿高(波高，即波变形量)，$h=D_3-D_2=(z_3-z_2)t/\pi$。

对于双波传动($n=2$)：$\alpha=28°36'$。

对于三波传动($n=3$)：$\alpha=20°$。

柔轮在工作过程中要发生形变，齿形角 α 有缩小的趋势，因此柔轮齿形角 α_1 应大于 α，α_1 按下式计算

$$\alpha_1=\alpha+\arctan\frac{0.916nh}{D_3}$$

4. 谐波齿轮传动效率

谐波齿轮传动效率

$$\eta=\frac{1}{1+\frac{1.11n}{\cos^2\alpha}f_1+0.8\tan(\alpha+\beta)i_{HR}f_2} \quad (2-38)$$

式中，i_{HR}为发生器与柔轮间传动比，其余符号意义同前。一般情况，系数 $f_1\approx0.05\sim0.1$，$f_2\approx0.0015\sim0.003$。上式表明，随着 i_{HR}、α 值，波数 n 的增大，传动效率 η 值将减小。

谐波齿轮传动参数计算详见表 2－15。

表 2－15　谐波齿轮传动参数计算公式

名　　称		代号	计算式
齿轮	刚轮	z_2	—
	柔轮	z_3	—
波数	n	$n=z_3-z_2$	
齿形角	刚轮	α	$\alpha=\arctan\frac{1.091}{n}$
	柔轮	α_1	$\alpha_1=\alpha+\arctan\frac{0.916nh}{D_3}$
齿顶高	h_a	$h_a=7\Delta h/16=0.139nt$	
齿根高	h_d	$h_d=9\Delta h/16=0.179nt$	
周节（节距）	t	$t=\frac{\pi\Delta h}{n}=\frac{\pi h}{n}$	
径向间隙	c	$c=h_d-h_a=0.04nt$	
分度圆直径	柔轮	D_2	$D_2=\frac{z_2t}{\pi}$
	刚轮	D_3	$D_3=\frac{z_3t}{\pi}$
齿顶圆直径	柔轮	D_{02}	$D_{02}=D_2+2h_a$
	刚轮	D_{03}	$D_{03}=D_3+2h_a$
齿根圆直径	柔轮	D_{i2}	$D_{i2}=D_2-2h_d$
	刚轮	D_{i3}	$D_{i3}=D_2-2h_d$

柔轮工作时，需承受交变负荷作用，故其材料应具有较高的疲劳强度。常用材料有GCr9、GCr15、30CrMnSiA、30CrMnTi、30CrMoV、40Cr，有时也用 45 号钢。刚轮材料一般不应与柔轮相同，机械性能略低。常用齿轮材料皆有可能选用。

2.9.3　强度验算

由于谐波齿轮是通过两轮轮齿工作面间的挤压来传递运动和负荷的，且柔轮处于交变负荷的作用之下，即便对于小功率传动，也需要进行必要的强度验算，以保证正常工作。

若假定轮齿具有完全理想的齿面（直线型），负荷在轮齿间的分布与接触面大小成正比，同时啮合的齿数为 50%，则可按以下 3 种情况分别验算强度。

1．轮齿挤压强度

按下式验算挤压应力 σ_P，它为

$$\sigma_P=\frac{16\tan\alpha}{\pi Y_P}\times\frac{F_t}{D_3 b}\leqslant[\sigma_P]\quad F_t=\frac{2000M_0}{D_3} \tag{2-39}$$

式中，M_0——输出轴上扭矩，N·m；

D_3——刚轮分度圆直径，mm；

b——齿宽，mm；

α——齿形角，°；

Y_P——挤压齿形系数，对于直线三角形齿廓，最大接触高度等于$\frac{7}{8}h$，对$Y_P\approx0.6$，h为齿高。

对于未淬火钢，$[\sigma_P]=29\sim34\text{MPa}$，若工作时间较短，可取偏高值。

2. 轮齿剪切强度

按下式验算剪切应力τ，它为

$$\tau=\frac{8F_t}{\pi Y_j D_3 b}\leqslant[\tau] \tag{2-40}$$

式中，Y_j——剪切齿形系数，对于直线三角齿形，$Y_j\approx0.875$。

其余符号意义同前，一般$[\tau]$可取$0.4\sigma_s$，σ_s为屈服应力。实验证实，当波数$n=2$、$\tan\alpha\approx\frac{1}{2}$时，若轮齿挤压强度通过，可不再验算剪切强度。对于45号钢，$\sigma_s=280\text{MPa}$，对于40Cr钢，$\sigma_s=440\text{MPa}$。

3. 柔轮弯曲疲劳强度

由于运转时，柔轮承受交变负荷，故应验算它的弯曲疲劳强度σ_b，即

$$\sigma_b=\frac{4.25\delta_y E h_2}{D_{2m}^2}\leqslant[\sigma_b] \tag{2-41}$$

$$[\sigma_b]=\frac{\sigma_{-1}}{S_{-1}K_\sigma}$$

式中，δ_y——柔轮长轴方向的变形量，mm；

E——柔轮材料弹性模量，MPa；

h_2——柔轮筒壁厚度，mm；

D_{2m}——柔轮筒壁平均直径，mm；

σ_{-1}——材料在对称循环时的疲劳极限，取$\sigma_{-1}=0.4\sigma_b$，对于45号钢，$\sigma_b=550\text{MPa}$，对于40Cr钢，$\sigma_b=690\text{MPa}$；

S_{-1}——对称循环安全系统系数，取$S_{-1}\approx1.5$；

K_σ——有效应力集中系数，取$K_\sigma=2\sim3$。

2.9.4 谐波齿轮传动设计过程

谐波齿轮传动设计在已知齿形、输出轴上扭矩M_0、传动比i_{HR}、波数n、材料、工作情况、相关尺寸等条件下进行，基本过程如下。

(1) 根据传动比i_{HR}及波数n，确定齿数z_2、z_3。

(2) 计算弯曲许用应力$[\sigma_b]$。

(3) 验算挤压强度，或按许用挤压应力$[\sigma_p]$，计算刚轮分度圆直径D_3。

(4) 选择标准模数。

(5) 依据表 2-15 所列公式，计算全部参数。

(6) 验算柔轮弯曲强度。

(7) 计算传动效率。

由于精密机械中所用谐波齿轮传递的功率常在几十瓦量级内，且设计时多为验算，故常省略轮齿剪切强度校核。

2.10 轮　系

2.10.1 概述

在精密机械传动中，仅由一对齿轮组成的齿轮传动不能满足工作需要，常采用一系列相互啮合的齿轮(包括圆柱齿轮、锥齿轮和蜗杆蜗轮等各种类型的齿轮)组成传动链，将主动轴的运动传到输出轴，这种由一系列齿轮组成的传动链称为轮系。

1. 轮系的类型

轮系按传动时各齿轮轴线的相对位置关系分为定轴轮系和周转轮系两种基本类型。

1) 定轴轮系

在轮系运转时，所有齿轮的轴线相对于机架的位置都是固定的，这种轮系就称为定轴轮系(简称普通轮系)，如图 2.39 所示。

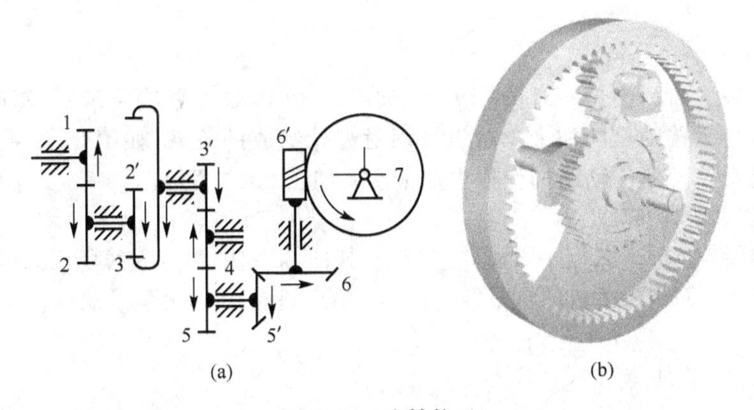

图 2.39 定轴轮系

2) 周转轮系

轮系在运转时，至少有一个齿轮轴线的位置是不固定的，而是绕着其他齿轮轴线回转，这种轮系称为周转轮系，如图 2.40 所示。

在周转轮系中，按其自由度的数目不同又分为以下两种。

(1) 差动轮系。差动轮系即自由度为 2 的周转轮系，如图 2.41(a)所示。

(2) 行星轮系。行星轮系即自由度为 1 的周转轮系，如图 2.41(b)所示。

在工程实际中，在某些复杂的轮系中，既包含定轴轮系的部分，又包含有周转轮系的部分，这种复杂的轮系称为复合轮系，如图 2.42 所示。

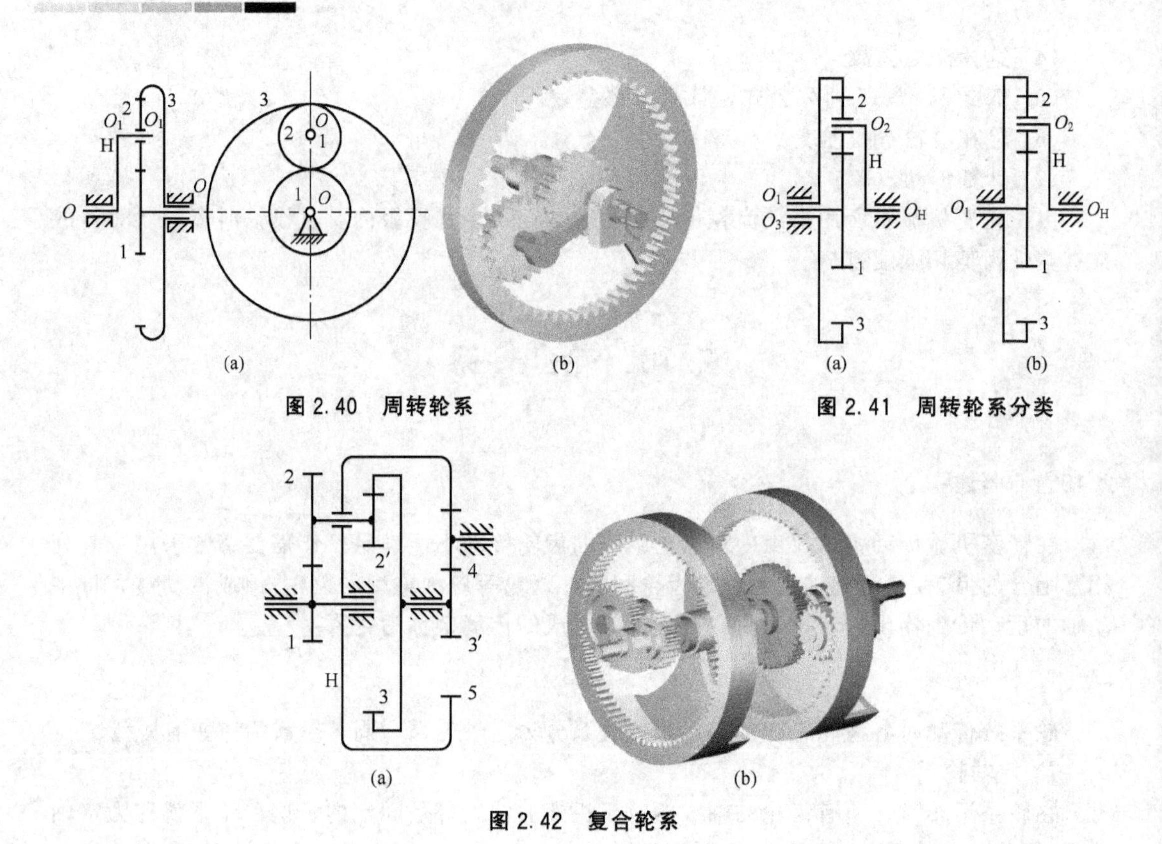

图 2.40　周转轮系　　　图 2.41　周转轮系分类

图 2.42　复合轮系

2. 轮系的功用

1）获得较大的传动比

当传动比较大时，设计一对齿轮传动(如图 2.43 中双点划线所示)，则两轮齿数、直径相差较大，齿轮传动尺寸加大。若设计两对齿轮组成的轮系(如图 2.43 中点划线所示)实现同样的传动比，使传动结构变得更加紧凑，如图 2.43 所示。

2）实现较远距离传动

当两轴相距较远时，采用一对齿轮来传动(如图 2.44 中双点划线所示)，同样存在上述的缺点，若设计两对齿轮组成的轮系(如图 2.44 中点划线所示)避免了缺点，如图 2.44 所示。

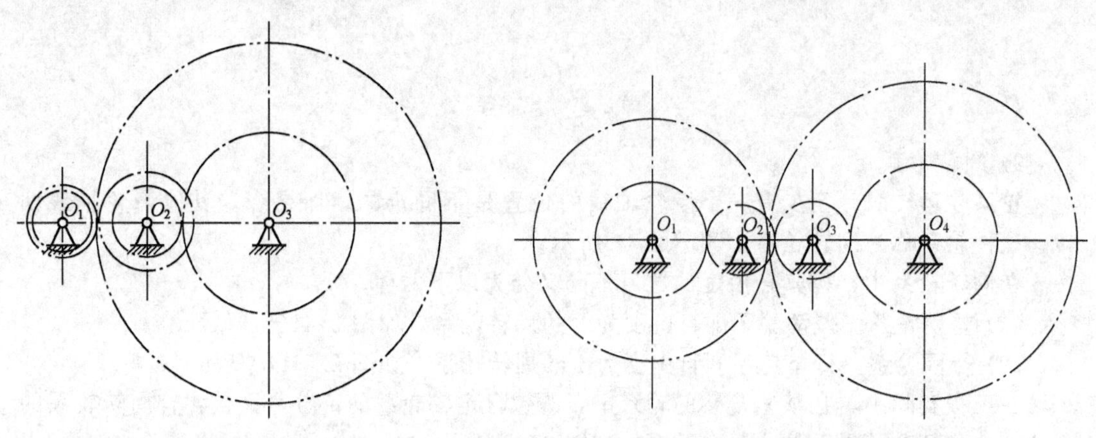

图 2.43　轮系对结构影响　　　图 2.44　轮系实现远距离传动

3）实现多种传动比的传动

当主动轴 O_1 转速不变，若使从动轴 O_2 输出不同的转速，用一对齿轮是无法实现的。采用图 2.45 所示的轮系，只要移动主动轴上两联齿轮 1、1′使之分别与从动轴上的齿轮 2 或 2′啮合，便可使从动轴得到两种不同的转速。

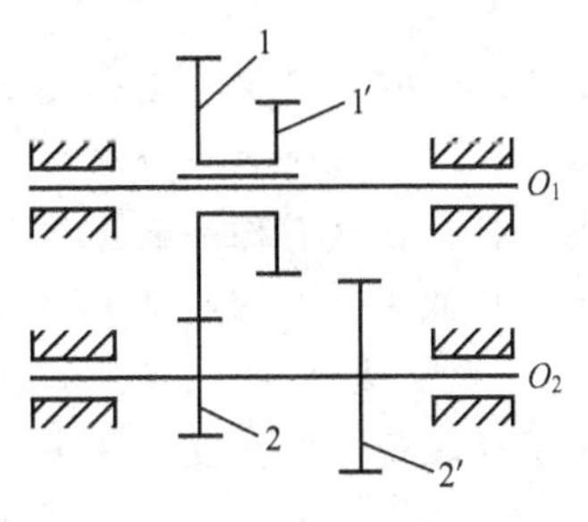

图 2.45 轮系多种传动比的传动

4）实现运动的合成和分解

可将两个独立的传动合成为一个传动，或将一个传动分解为两个独立的传动。

阅读材料2-9

轮系及其设计的研究现状与发展趋势

1. 轮系的现状

由齿轮、轴、轴承及箱体组成的不同类型轮系，是使用量大、应用面广的一种传动系统。目前世界上齿轮最大传递功率已达 6500kW，最大线速度达 210m/s(在实验室中达 300m/s)；齿轮最大重量达 200t，最大直径为 ϕ25.6m(组合式)，最大模数达 50mm。我国自行设计的高速齿轮(增)减速器的功率已达 44000kW，齿轮圆周速度达 150m/s 以上。材料和热处理质量及齿轮加工精度都有较大的提高，通用圆柱齿轮的制造精度提高到 GB 10095—88 的 6 级，高速齿轮的制造精度可稳定在 4～5 级。部分轮系采用硬齿面后，体积和重量明显减小，承载能力、使用寿命、传动效率有了大幅度的提高，对节能和提高轮系的总体水平起到明显的作用。

轮系中行星齿轮传动广泛的应用，于 1951 年首先在德国获得成功。其后世界各国都先后研究并获得成功，均有系列产品，并已成批生产，普遍应用。英国 Allen 齿轮公司生产的压缩机用行星减速器，功率达 25740kW；德国 Renk 公司生产的船用行星减速器，功率为 11030kW。我国也成功研制出了高速大功率的多种行星齿轮减速器，如列车电站燃气轮机、万立方米制氧透平压缩机和高速汽轮机的行星齿轮箱等。低速重载行星减速器已由系列产品发展到生产特殊用途产品，如法国生产用于水泥磨、榨糖机、矿山设备的减速器，输出转矩最高达 4150kN·m；德国生产矿井提升机的减速器，传动比为 1∶3，输出转矩为 350kN·m。

轮系的应用不仅限于定轴轮系和基本周转轮系，复合轮系使轮系的应用领域进一步拓展。复合轮系现已逐渐成为新的重点研究领域，特别是利用图论研究复合轮系的构型与分析正在形成新的热点。

2. 轮系的发展趋势

近十几年来，由于计算机技术与数控技术的发展 CAD/CAM 的广泛应用，改变了设计与制造业的传统观念和生产组织方式，从而推动了机械传动产品多样化，整机配套的模块化、标准化，以及造型设计艺术化，使产品更加精致、美观。可在轮系设计的同时进行工艺过程设计及安排轮系整个生产周期的各配套环节。市场的快速反应大大缩短了轮系产品投放市场的时间。零部件企业正向大型化、专业化、国际化方向发展。一些先进的轮系生产企业已经采用参数化、智能化等高效率设计和敏捷制造、智能制造等先进技术，形成了高精度、高效率的智能化轮系生产线和计算机网络化管理。现在，世界各国都在要求轮系设计与制造应更趋于完善，使齿轮传动达到更高的水平，以便更好地满足社会对复合型和傻瓜型产品的需求。目前轮系正向以下几个方向发展：(1)高速大功率及低速大转矩的复合轮系；(2)高效率、小体积、大功率、大传动比的复合轮系；(3)无机变速轮系；(4)复合式行星齿轮传动；(5)多自由度多封闭链的复合轮系；(6)利用图表理论对新型复合轮系的探索。

总之，当今世界各国轮系技术发展总趋势是向六高、二低、二化方面发展。六高即高承载能力、高齿面硬度、高精度、高速度、高可靠性和高传动效率；二低即低噪声、低成本；二化即标准化、多样化。

资料来源：周海波．轮系及其设计的研究现状与发展趋势．机械工程师．2007(1)．

2.10.2 轮系传动比的计算

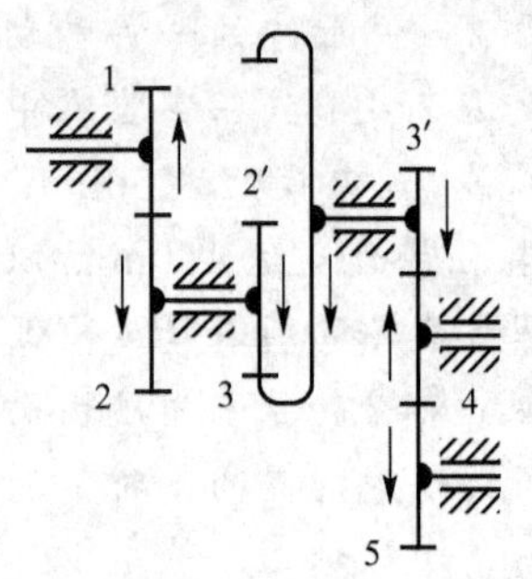

图 2.46 定轴轮系

1. 定轴轮系传动比的计算

轮系中主动轴(首轮)与从动轴(末轮)的转速(或角速度)之比称为轮系的传动比。计算定轴轮系传动比时，要确定主动轴(首轮)与从动轴(末轮)的转向关系。

图 2.46 所示定轴轮系各轮的轴互相平行，传动比有正负之分。如果主动轴与从动轴的回转方向相同，则其传动比为正，反之为负。

由图可知各对齿轮的传动比分别为

$$i_{12}=\frac{\omega_1}{\omega_2}=-\frac{z_2}{z_1}$$

$$i_{2'3}=\frac{\omega_2'}{\omega_3}=\frac{z_3}{z_2'}$$

$$i_{3'4}=\frac{\omega_3'}{\omega_4}=-\frac{z_4}{z_3'}$$

$$i_{45}=\frac{\omega_4}{\omega_5}=-\frac{z_5}{z_4}$$

将以上各式按顺序连乘后得

$$i_{12}i_{2'3}i_{3'4}i_{45}=\frac{\omega_1\omega_2'\omega_3'\omega_4}{\omega_2\omega_3\omega_4\omega_5}=(-1)^3\frac{z_2z_3z_4z_5}{z_1z_2'z_3'z_4'}$$

因 $\omega_2=\omega_2'$，$\omega_3=\omega_3'$，故

$$i_{15}=\frac{\omega_1}{\omega_5}=(-1)^3\frac{z_2z_3z_5}{z_1z_2'z_3'}$$

上式表示，定轴轮系传动比等于组成该轮系的各对齿轮传动比的连乘积，即等于各对齿轮从动轮齿数的连乘积与各对齿轮主动轮齿数的连乘积之比。

此外，在轮系中齿轮 4 既是从动轮又是主动轮，在上式中齿数可以消除，它对轮系传动比的数值没有影响，只改变传动比的符号。这种不影响轮系传动比，只影响末轮转向的齿轮称为惰轮。

由以上分析可知，定轴轮系的总传动比的计算式为

$$i_{1k}=\frac{\omega_1}{\omega_k}=\frac{n_1}{n_k}=(-1)^m\frac{\text{各从动齿轮齿数的乘积}}{\text{各主动齿轮齿数的乘积}} \tag{2-42}$$

式中，1——轮系首轮；

k——轮系末轮；

m——外啮合圆柱齿轮对数。

对于不平行轴齿轮传动，即定轴轮系中含有螺旋齿轮、蜗杆蜗轮或锥齿轮等，这种轮系传动比的大小仍用式(2-42)来求解。需要用画箭头的方法表示各轮的转向，如图2.47所示。

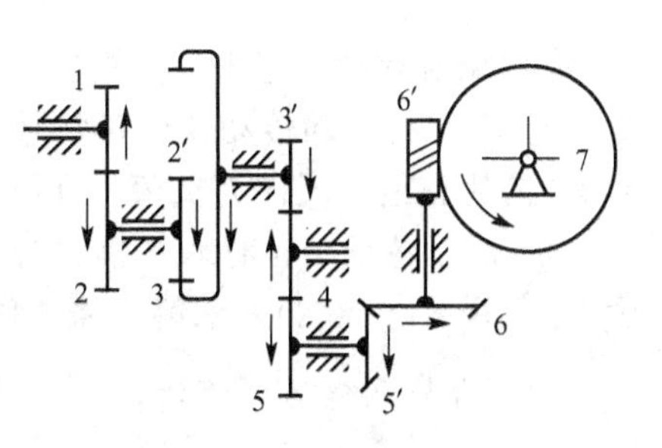

图2.47 定轴轮系的传动比

2. 周转轮系传动比的计算

图2.48(a)所示为周转轮系中的行星轮系，齿轮1和3以及构件H各绕固定的相互重合的几何轴线O_1、O_3及O_H转动，齿轮2由构件H支撑，它除了绕着自身的几何轴线O_2转动(自传)外，同时又随构件H绕几何轴线O_H转动(公传)，故称其为行星轮。支持行星轮2的构件H称为行星架，而几何轴线固定的齿轮1和3称为太阳轮。

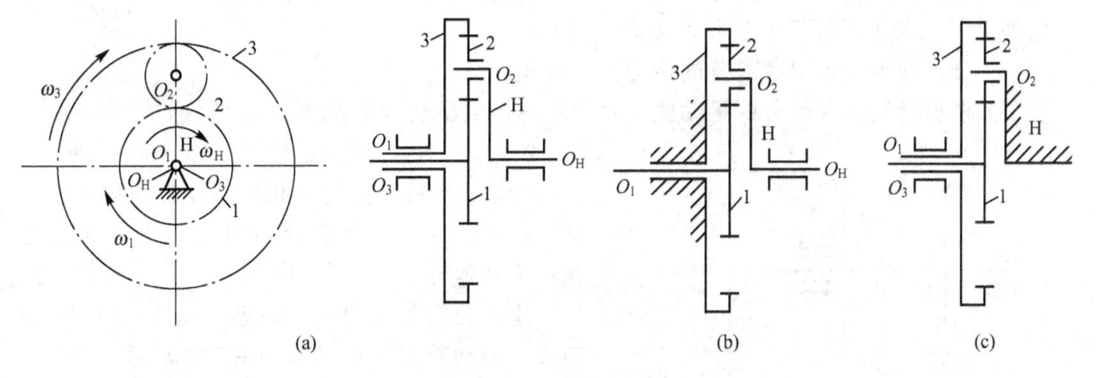

图2.48 周转轮系

行星轮系传动比计算采用转化机构法。根据相对运动原理，给周转轮系加上一个与行星架H角速度大小相等、方向相反的公共角速度“$-\omega_H$”，则周转轮系行星架H固定不动，而各构件间的相对运动关系仍保持不变。设ω_1、ω_2、ω_3、ω_H为齿轮1、2、3、行星架H的角速度，给轮系加上一个“$-\omega_H$”后，其各构件角速度见表2-16。

表2-16 周转轮系各构件角速度

构件	原有角速度	在转化轮系中的角速度 (相对于系杆的速度)
齿轮1	ω_1	$\omega_1^H=\omega_1-\omega_H$
齿轮2	ω_2	$\omega_2^H=\omega_2-\omega_H$
齿轮3	ω_3	$\omega_3^H=\omega_3-\omega_H$
系杆H	ω_H	$\omega_H^H=\omega_H-\omega_H=0$

表中 $\omega_H^H=\omega_H-\omega_H=0$，表明行星架 H 静止不动，而原来的周转轮系变为假想的定轴轮系，如图 2.48(c)所示。这种经加 $-\omega_H$ 后所得假想的定轴轮系称为原行星轮系的转化轮系。

转化轮系中齿轮 1 和齿轮 3 的传动比可以根据定轴轮系的方法求得

$$i_{13}^H=\frac{\omega_1^H}{\omega_3^H}=\frac{\omega_1-\omega_H}{\omega_3-\omega_H}=(-1)\frac{z_2z_3}{z_1z_2}=-\frac{z_3}{z_1} \qquad (2-43)$$

应用相对运动原理来计算周转轮系传动比时，应注意下列事项。

(1) 转化机构的传动比的正负号，要根据在定轴轮系中决定传动比正负号的方法来决定，同向为正值，反向为负值，在计算时应连同本身的符号一并代入公式中。

(2) 对于轮系中含有蜗杆蜗轮或锥齿轮传动且首末轮的轴线平行时，这种轮系传动比的大小仍用式(2-42)来求解。需要用画箭头的方法表示各轮的转向。

3. 复合轮系传动比的计算

在实际精密机械中，由行星轮系与定轴轮系或几个行星轮系组合在一起，这样的轮系称为复合轮系。

计算复合轮系传动比的步骤如下。

(1) 正确区分定轴轮系部分与周转轮系(先找行星轮，支持行星轮的构件就是行星架，与它啮合的几何轴线固定的齿轮称为太阳轮)。

(2) 分别列出轮系中各部分的传动比计算式。

(3) 根据齿轮系各部分的运动关系联立求解，求出复合轮系传动比。

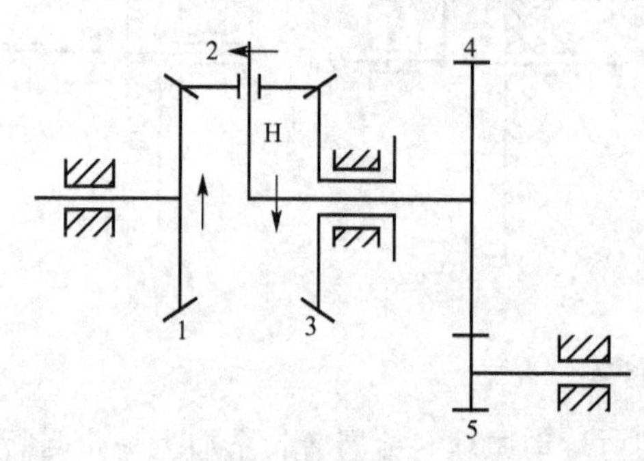

图 2.49 复合轮系

【例 2-2】 图 2.49 所示轮系，$z_1=z_2=z_3=15$，$z_4=30$，$z_5=15$，齿轮 1 和齿轮 3 都是输入运动的主动轮，它们的转速分别为 n_1 和 n_3，求该轮系输出转速 n_5。

解：分析轮系为复合轮系，由 1-2-3-H 组成一差动轮系，4-5 组成一定轴轮系。

转向用画箭头的方法表示。由于齿轮 1 和齿轮 3 的箭头方向相反，计算其传动比时取负号。

由题意得
$$i_{13}^H=\frac{n_1^H}{n_3^H}=\frac{n_1-n_H}{n_3-n_H}=(-1)\times\frac{z_2z_3}{z_1z_2}=-\frac{15\times15}{15\times15}=-1$$

得出
$$n_H=\frac{1}{2}(n_1+n_3)$$

将 $n_4=n_H$ 代入得

$$n_4=(n_1+n_3)/2$$

联立
$$i_{45}=\frac{n_4}{n_5}=-\frac{z_5}{z_4}=-\frac{1}{2}$$

得到
$$n_5=-2n_4=-(n_1+n_3)$$

2.11 齿轮传动的空回

2.11.1 齿轮空回、空回产生原因及计算

1. 齿轮空回

齿轮空回就是当主动轮反向转动时从动轮滞后的一种现象。滞后的转角即空回误差角。

齿轮空回的主要原因是由于一对齿轮啮合时有侧隙存在，如图 2.50 所示。侧隙的存在，可以避免零件的加工误差而使传动中齿轮卡住；考虑由于温度变化而引起零件尺寸变化而使齿轮卡住；另外侧隙提供了储存润滑油的空间。

但是，侧隙在反向传动中引起的空回误差，将直接影响系统传动精度。因此，设计精密机械传动时需对空回误差予以控制或设法消除其影响。

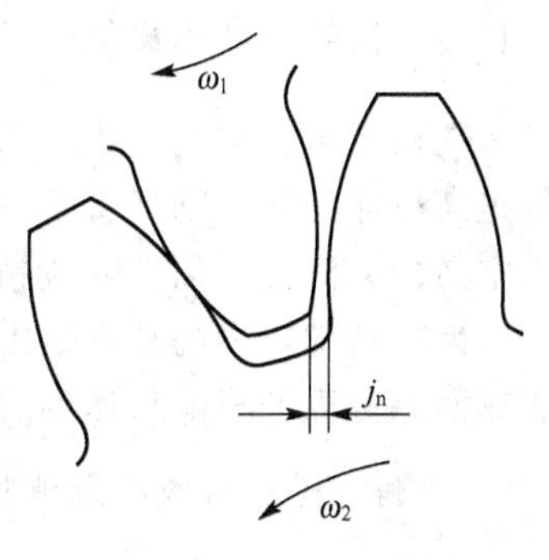

图 2.50 齿轮传动侧隙

2. 齿轮传动产生空回的主要原因

(1) 就齿轮本身而言，如中心距变大、齿厚偏差、齿轮基圆偏心和齿形误差等原因会产生空回。

(2) 齿轮装在轴上时的偏心、滚动轴承转动座圈的径向跳动和固定座圈与壳体的配合间隙等也会对空回产生影响。

3. 空回误差计算

综合考虑齿轮传动产生空回的主要原因，一般一对啮合齿轮总的侧隙为

$$j_{t\Sigma}=j_{t1}+j_{t2}+j_{t3}+j_{t4}+j_{t5}+j_{t6}$$

式中，j_{t1}——中心距引起的误差；

j_{t2}——齿厚偏差引起的误差；

j_{t3}——基圆偏心和齿形误差引起的误差；

j_{t4}——齿轮与轴偏心引起的误差；

j_{t5}——滚动轴承径向跳动引起的误差；

j_{t6}——滚动轴承固定座圈与壳体的配合间隙。

考虑各项误差随机性，对啮合齿轮总的侧隙计算

$$j_{t\Sigma}=\sqrt{j_{t1}^2+j_{t2}^2+j_{t3}^2+j_{t4}^2+j_{t5}^2+j_{t6}^2} \tag{2-44}$$

一对啮合齿轮，由侧隙引起的从动轮滞后的转角(空回误差角)$\delta\varphi'_{12}$为

$$\delta\varphi'_{12}=\frac{2j_{t\Sigma}}{d_2} \tag{2-45}$$

2 级齿轮传动，输出轴的空回误差角 $\delta\varphi'_{13}$ 为

$$\delta\varphi'_{13}=\delta\varphi'_{2'3}+\frac{\delta\varphi'_{12}}{i_{2'3}} \tag{2-46}$$

式中，$\delta\varphi'_{2'3}$——第 2 级齿轮空回误差角。

由上式可以得出，最后一级齿轮空回误差对整个齿轮传动的空回误差影响最大，所以提高最后一级齿轮的制造精度，可以减小空回误差，同时各级齿轮传动比按照先小后大原则分配更合理。

2.11.2　消除和减小齿轮传动空回方法

在精密齿轮传动链或小功率随动系统中，对空回误差提出严格的要求。减小空回可以从提高齿轮的制造精度着手，但要考虑制造经济成本。从结构设计方面采用各种减小或消除空回的方法，可以使一般精度的齿轮达到高质量的传动要求。

齿轮传动链中的空回是由于侧隙的存在而产生的，因此减小或消除空回，可以通过控制或消除侧隙的影响来达到。结构设计常用的一些方法如下。

1. 利用弹簧力减小或消除传动空回

这种方法是设计剖分齿轮，如图 2.51(a)、图 2.51(b)所示，利用拉伸弹簧或扭转弹簧迫使两部分错开，齿轮的两部分之间可以沿周向相互错动，但轴向移动受到约束，直到充满与之相啮合的全部齿间，这样就完全消除了侧隙的影响。此法的优点是能够很方便地减小或消除齿轮传动空回，应用广泛。

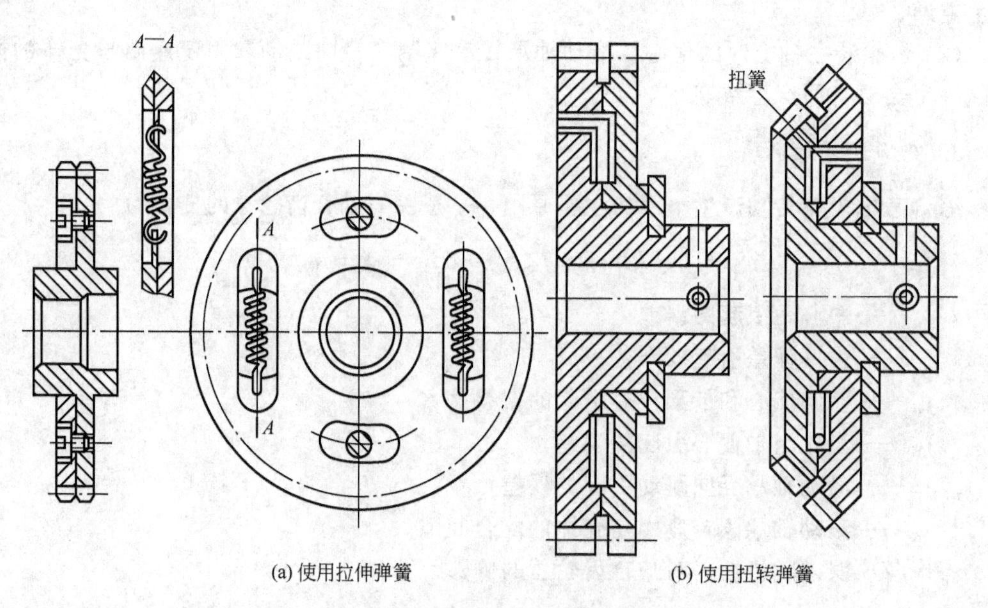

(a) 使用拉伸弹簧　　(b) 使用扭转弹簧

图 2.51　利用弹簧力消除空回

2. 固定双片齿轮减小或消除传动空回

这种方法与上相似，也是设计剖分齿轮。不同之处在于不用弹簧，而是调整好侧隙后，用螺钉将齿轮的两部分固定(图 2.52)。此法的优点是结构简单、能传递较大的力矩，

缺点是齿轮磨损后不能自动调整侧隙。

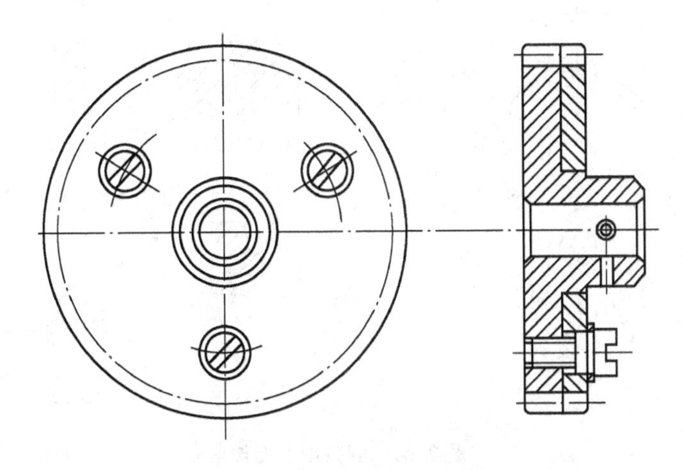

图 2.52 固定双片齿轮

3. 利用接触游丝减小或消除传动空回

这种方法是在传动链末端利用接触游丝所产生的反力矩，迫使各级齿轮在传动时总在固定的齿面啮合，从而消除了侧隙对空回的影响。此方法体现在百分表内部结构上，如图 2.53 所示。

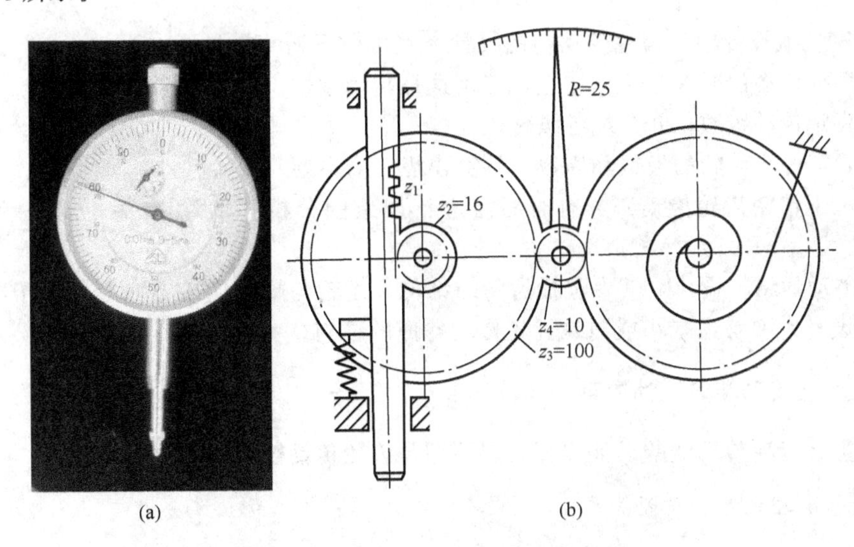

图 2.53 利用接触游丝的百分表结构

百分表以安装在中心轴上的指针指示测头的位移，接触游丝设计在齿轮传动链的最后一环，这样才能使传动链中所有的齿轮都保持单面压紧，不致出现测量值变化而指示值不变的情况。

4. 采用调整中心距法减小或消除传动空回

这种方法是在装配时根据啮合情况调整中心距，以达到减小或消除传动空回，如图 2.54 所示。

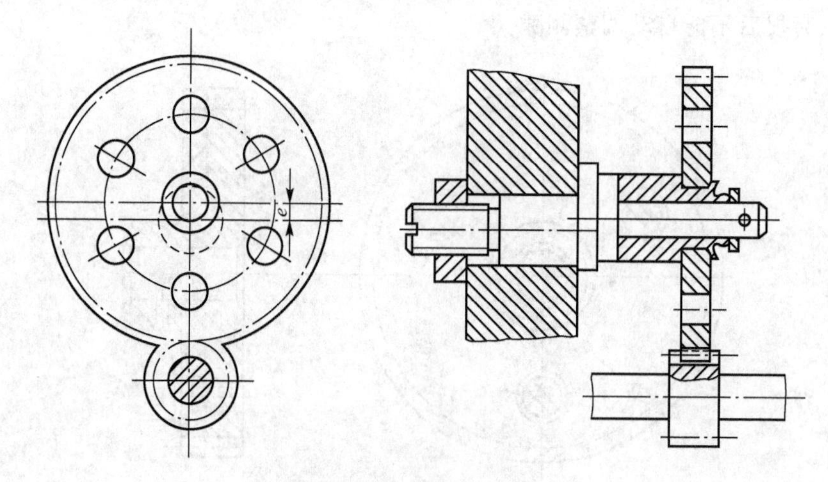

图 2.54 调整中心距法

2.12 齿轮传动链的设计

2.12.1 齿轮传动链的设计步骤

在精密机械设计中，齿轮传动链的设计大致可分下列几个步骤。

(1) 根据传动的要求和工作特点，正确选择传动型式。

(2) 决定传动级数，并分配各级传动比。

(3) 确定各级齿轮的齿数和模数；计算出齿轮的主要几何尺寸。

(4) 对于精密齿轮传动链，有时尚需进行误差的分析和估算(一般传动中此项可以省略)。

(5) 传动的结构设计，其中包括齿轮的结构，齿轮与轴的连接方法等。对于精密齿轮传动链，设计时要考虑减小或消除齿轮传动空回的结构。

2.12.2 齿轮传动链的设计内容

针对上述齿轮传动链的设计步骤，展开即是齿轮传动链的设计内容。

1. 选择合理的齿轮传动型式

齿轮的传动型式很多，设计时要根据齿轮传动的使用要求、工作特点，正确地选择最合理的齿轮传动型式。在一般情况下选择时可考虑以下几点要求。

(1) 考虑结构条件对齿轮传动的要求。例如空间位置对传动布置的限制；各传动轴的相互位置关系等。当然这种限制不是绝对的，传动链的设计也可以反过来对机械结构提出要求。

(2) 考虑齿轮传动精度的要求。

(3) 考虑齿轮传动的工作速度、传动平稳性及无噪声的要求。

(4) 考虑齿轮传动的工艺性因素。

(5) 考虑传动效率、润滑条件等。

传动型式的选择是个复杂的问题，常需要拟定出几种不同的传动方案，根据技术经济指标，分析对比后决定采用哪种传动型式。

2. 合理分配齿轮传动链传动比

传动比分配得是否合理，将影响整个传动链结构的分布及其工作性能，在设计中须根据使用要求，合理地分配齿轮传动链传动比。

齿轮传动链的总传动比，往往是根据具体要求事先给定的。总传动比给出之后，据此确定传动级数并分配各级传动比。

设计时齿轮传动链的传动级数尽量少。传动级数越多，传动链的结构越复杂。传动级数越少，可以简化结构，有利于提高传动效率，减小传动误差和提高工作精度。

同时要考虑传动链的结构尽量紧凑，考虑传动级数对平面级数的影响，如图 2.55 所示。总传动比一定 $i=6$，由于传动级数减少，引起各级传动比数值增大，将使传动链的结构不紧凑。比较两种方案，若模数相同，小齿轮齿数相同，由图可知，一级传动所占的平面面积远比多级传动所占的面积大。

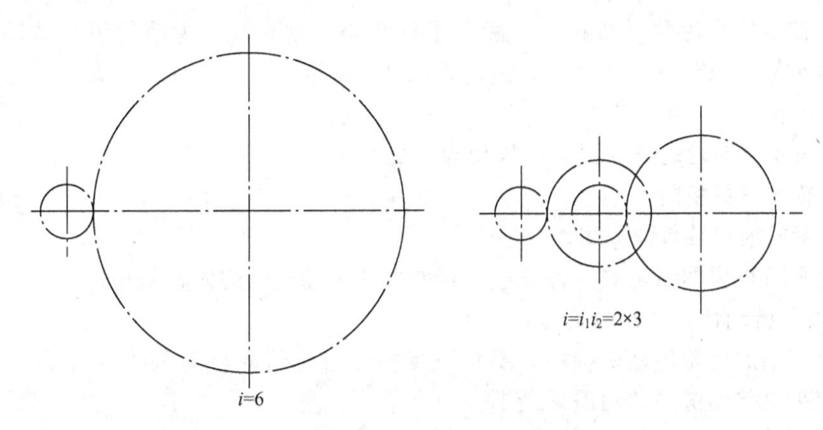

图 2.55 传动级数影响

当单级传动比过大时，齿轮的直径相差很大，齿轮的转动惯量随之增加，对于要求启动快和结构紧凑的小功率齿轮传动链是不利的。因此，根据齿轮传动链的具体工作要求，合理确定其转动级数，合理分配齿轮传动链传动比。

设计时可参考下列原则进行传动比分配。

1) 按先小后大的原则分配传动比

所谓先小后大原则就是指分配传动比时，应该使靠近主动轴的前几级齿轮的传动比取小些，后面的靠近输出端的齿轮传动比取大些。

图 2.56 所示为总传动比相同的两种传动比分配方案，它们都具有完全相同的两对齿轮

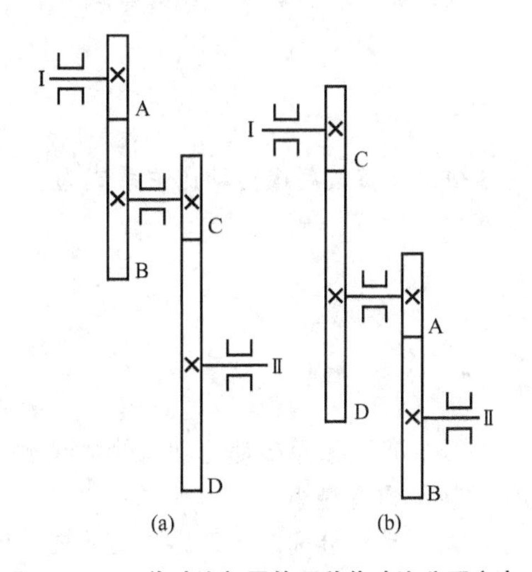

图 2.56 总传动比相同的两种传动比分配方案

A、B及C、D。其中 $i_{AB}=2$，$i_{CD}=3$。

比较两种方案的不同点：在方案(a)中，齿轮副A、B布置为第一级；在方案(b)中，齿轮副C、D布置为第一级。

假设各对齿轮的转角误差相等，则方案(a)中，根据输出轴的空回误差角计算公式(2-46)可以得到从动轴Ⅱ的转角误差为

$$\Delta\varphi_a=\Delta\varphi_{CD}+\Delta\varphi_{AB}\frac{1}{i_{CD}}=\Delta\varphi_{CD}+\frac{1}{3}\Delta\varphi_{AB}$$

而在方案(b)中，从动轴Ⅱ的转角误差为

$$\Delta\varphi_b=\Delta\varphi_{AB}+\Delta\varphi_{CD}\frac{1}{i_{AB}}=\Delta\varphi_{AB}+\frac{1}{2}\Delta\varphi_{CD}$$

比较上式，可见 $\Delta\varphi_b>\Delta\varphi_a$，故方案(a)分配的传动比较方案(b)分配的传动比好，因方案(a)从动轴的转角误差小。这说明传动比按先小后大的原则分配，可获得较高的齿轮传动精度。

在精密机械中，用作示数传动的精密齿轮传动链，多按先小后大的原则分配传动比。

2）按最小体积原则分配传动比

精密机械中的齿轮传动机构，一般要求体积小、重量轻。为获得齿轮传动的体积最小，可按最小体积原则分配传动比。为化简计算，对以下几点，做出假设。

(1) 各齿轮宽度均相同。

(2) 各齿轮主动轮的分度圆直径均相等。

(3) 齿轮的材料相同。

(4) 不考虑轴与轴承的体积。

经理论分析得出的结论是，各级速比相同可使齿轮机构的体积最小。

3）按最小转动惯量原则分配传动比

精密机械中的齿轮传动机构中，要求正反转的齿轮传动转动灵活，启动、制动及时，设计时应使齿轮传动链的转动惯量最小。

一般按转动惯量最小分配传动比的计算公式如下。

2级齿轮传动各级传动比关系式为

$$i_{2'3}=\sqrt{\frac{i_{12}^4-1}{2}}$$

$$i=i_{12}i_{2'3} \tag{2-47}$$

3级齿轮传动各级传动比关系式为

$$i_{2'3}=\sqrt{\frac{i_{12}^4-1}{2}}$$

$$i_{3'4}=\sqrt{\frac{i_{2'3}^4-1}{2}} \tag{2-48}$$

$$i=i_{12}i_{2'3}i_{3'4}$$

只要知道轮系总传动比和齿轮的级数，就可按公式计算各级传动比，从而保证齿轮传动链的转动惯量最小。

上述传动比分配的原则，主要从提高齿轮传动链的精度、减小体积和保证运转灵活角度提出的。应根据使用要求、结构要求和工作条件等，区分主次，灵活运用这些原则，合

理进行各级传动比的分配。在实际设计过程中，按这些分配原则分配传动比时会有矛盾。例如按最小体积的原则分配传动比时，要求各级传动比大小尽可能相同，但这与“先小后大”原则是相矛盾的。

3. 确定齿轮齿数、模数

1）齿数的确定

对于压力角为20°的标准渐开线直齿圆柱齿轮，齿数过少时，会降低齿轮传动平稳性和啮合精度，因此在一般情况下，最少齿数为17。

考虑到小模数齿轮制造的工艺性和疲劳强度，有时希望在一定的中心距限制之下，小齿轮的齿数应当尽量少些。这将受到最少齿轮数的限制，此时可以考虑采用变位齿轮。

对于蜗杆、蜗轮传动，蜗杆螺旋线的头数一般可采取1～4。用于示数传动的精密蜗杆传动，则应采用单头蜗杆，以避免由于两相邻螺旋线的齿距误差而引起周期性的传动误差。另外，蜗杆螺旋线的头数的增加，将无法保证自锁性。在蜗杆直径和模数一定时，增加蜗杆螺旋线的头数，可增大分度圆柱螺旋导程角，提高了传动效率，但加工工艺性变差了。

2）模数的确定

在精密机械中，如齿轮传动仅用来传递运动或传递的转矩很小，齿轮模数一般不用按照强度计算的方法确定，根据结构条件确定模数，以传动装置的外廓尺寸选定齿轮的中心距。

当齿轮传动的传动比和齿数已经确定，则齿轮的模数 m 可用下式求出

$$m=\frac{2a}{z_1(1+i_{12})} \tag{2-49}$$

要求圆整为标准模数。

对于传递转矩较大的齿轮，其模数应按强度计算的方法确定。

4. 齿轮传动链的结构设计

在齿轮传动链的结构设计中，考虑到齿轮传动链是许多单级齿轮及其支承(轴、轴承等)部分组成的，必须把传动链作为一个整体来考虑，并要考虑齿轮与轴的连接以及齿轮的支撑方法等。

传动链设计的主要问题是合理设计齿轮结构、齿轮与轴的连接方法和齿轮的支承结构等。

1）设计齿轮的结构

在确定齿轮的结构时，需考虑齿轮的工艺性要求、工作的可靠性要求，确定齿轮的大小、工作条件，与其他零件的连接方式等。

齿轮结构的工艺性是指加工齿轮时，不需用复杂的设备和过高的技术水平而获得较高的加工精度；材料的消耗低；工序和所费的工时少。

齿轮工作的可靠性是指齿轮安装准确、定位可靠、满足强度要求。须综合考虑齿轮及其支承部分的刚度；保证使用时不出现过大的变形；有合理的工艺基准和安装基准等。

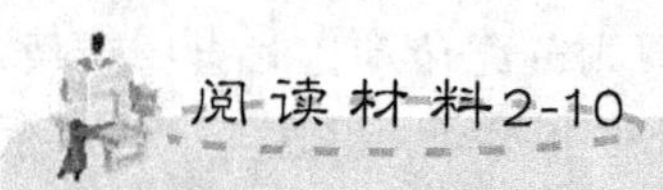

改善圆柱齿轮啮合的两个关键措施

一对圆柱齿轮啮合时，由于不可避免地受齿距齿形误差，齿面接触精度的高低等诸多因素的影响从而在运转过程中产生啮合冲击与齿轮啮合频率相对应的噪声，从而影响齿轮工作质量。以下从两个方面提出改善圆柱斜齿轮啮合的方法与措施。

1. 降低噪声

1）齿轮噪声产生机理

啮合齿轮节点的脉动冲击，一对渐开线齿轮在传动过程中，各对齿轮的接触点所走的轨迹是在啮合线上依次进入的，齿轮副在啮合过程中，相同的基圆展开角所对应的渐开线弧长是不相等的，因此，产生齿面相对滑动，则必将产生滑动摩擦力，由于摩擦力的大小与方向的改变，导致节点上发生了力的脉动，这种脉动冲击使齿轮产生震动并伴有摩擦声，所以对一对"理想"的齿轮来说，在啮合过程中产生的脉动冲击是难以避免的。

由于轮齿受力后必将产生一定程度的弹性变形，因此，每当一对轮齿啮合时，原来啮合的轮齿的载荷就会相对减少，它们就会立即向着载荷位置恢复变形，从而给齿轮体一个切向加速度，再加上原有啮合轮齿在受载下的弯曲变形，使新啮合的轮齿不能得到设计齿廓的平滑接触而发生碰撞，形成所谓的"啮合冲击力"，齿轮啮合过程中所产生的脉动冲击力和啮合冲击力使一对传动齿轮产生振动。

2）降低噪声齿轮设计应注意的几个问题

(1) 采用细高齿：在保证齿轮强度的基础上，采用尽可能大的齿高系数，但也要注意增大齿高系数限制的条件：齿轮的齿顶宽不能小于0.3mm；与相啮合的齿轮的齿根和齿顶不发生干涉。

(2) 改变模数和齿数：齿轮的刚性一般随着模数的增大而增强，对于传递功率较大的齿轮，齿根弯曲变形是主要影响因素，宜选用较大模数。模数越大，噪声越小。而对于一般载荷不大的齿轮，尽可能选用较小模数，因为此时的加工误差是主要的影响因素，而且模数小可增加齿数，使重合度增大，有利于提高传动平稳性，降低噪声。

(3) 增大重合度的变位：重合度越大，齿轮传动越平稳，越有利于降低噪声。故应优先选用斜齿轮传动。主动齿轮进行正变位可使齿轮齿顶啮合线段变长，同时增大齿轮刚性，有利于降低噪声。

(4) 齿廓修形：受载时轮齿即要发生变形，实际齿形与理论齿形就有误差。它对承载能力与噪声性能的不良影响可以通过齿廓修形和齿向修形来减少。齿顶、齿根修形可降低啮入、啮出冲击，齿端修形有利于油膜形成且均载效果好，均利于降低噪声。

2. 提高齿面接触精度

实际生产过程中，主要从齿轮的磨削工艺中来解决提高齿面接触精度。如：(1)齿轮的配磨工艺：是将大齿轮加工至图样要求的尺寸精度，小齿轮齿厚方向留适当余量，通过在配对台或减速器机体中配接触(或在检测仪上测量大齿轮)，找出其齿形、齿向相对偏差后，对小齿轮进行修正的一种工艺手段。(2)齿轮的研齿工艺：包括加载跑合研齿工艺(将研磨脂涂在齿轮齿面上，加上合适的转速和载荷进行跑合的工艺)；电脉冲研齿工艺(把电火花加工原理应到齿轮研齿上)；电解液研齿工艺(利用电解加工和机械研齿来提高齿面接触精度的新工艺，使齿轮工作表面的接触面达到接触要求)。

圆柱斜齿轮啮合的改善是一项综合性技术，除上面提到的两个方面外，还包括齿轮在制造过程中的质量控制，工艺的优化，包括采用合适的热处理方法，选用适当的润滑油等等，随着先进的计算机辅助技术的利用，可以充分挖掘这方面的潜能，从而更好地改善齿轮啮合的条件。

资料来源：曹艳红．改善圆柱齿轮啮合的两个关键措施．沈阳航空工业学院学报．2006(6)．

精密机械中常采用的齿轮的典型结构如图 2.57 所示。

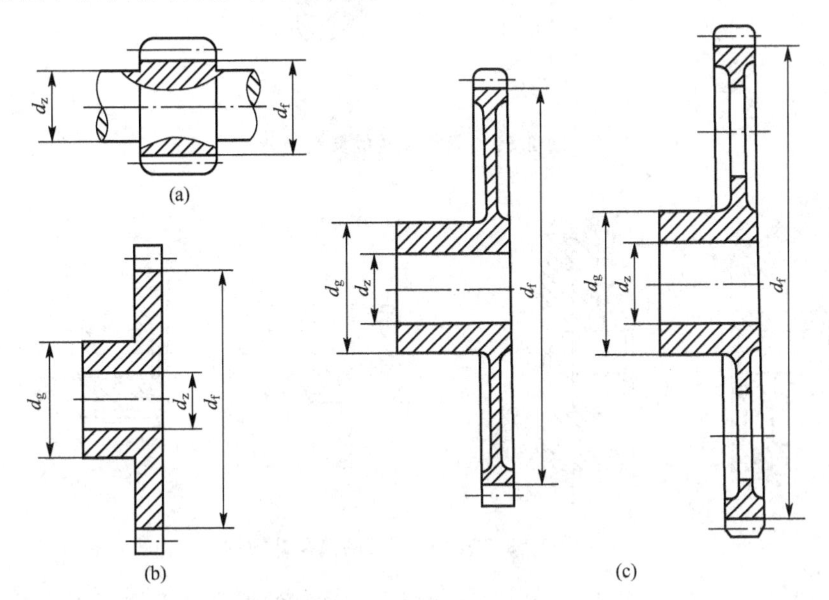

图 2.57 常采用的齿轮结构

当齿轮的齿根圆直径 d_f 与轴的直径 d_z 相差很小时，如 $(d_f-d_z)/2\leqslant 2m$(m 为模数)，可将齿轮制成齿轮轴[图 2.57(a)]。

当齿轮大而薄时，可采用组合式齿轮，如图 2.58 所示。

对于圆锥齿轮的典型结构如图 2.59 所示。

对于蜗轮、蜗杆的典型结构如图 2.60 所示。

2) 设计齿轮与轴的连接方式

设计齿轮与轴的连接方式是传动链结构设计的重要内容之一，连接方法的好坏，将直接影响到传动精度和工作的可靠性。

考虑齿轮传动链的工作条件(传递转矩、拆卸的频繁程度等)、结构的空间位置，以及装配的可能性等情况，在齿轮和轴的连接中，要求在最简单的结构条件下能保证以下两点：连接

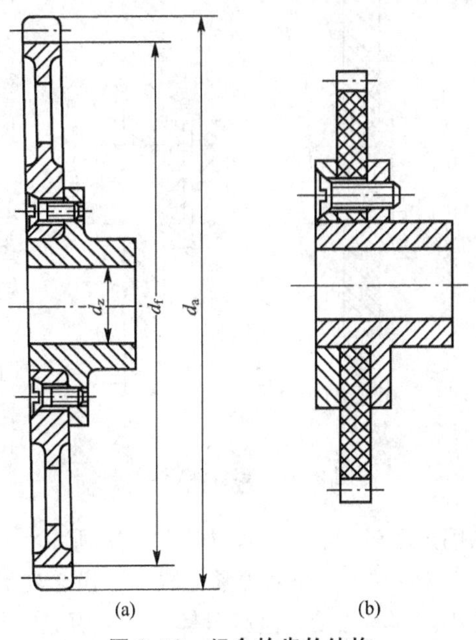

图 2.58 组合的齿轮结构

可靠，传递较大的转矩；保证齿轮内孔与轴的同轴度、齿轮端面垂直度。

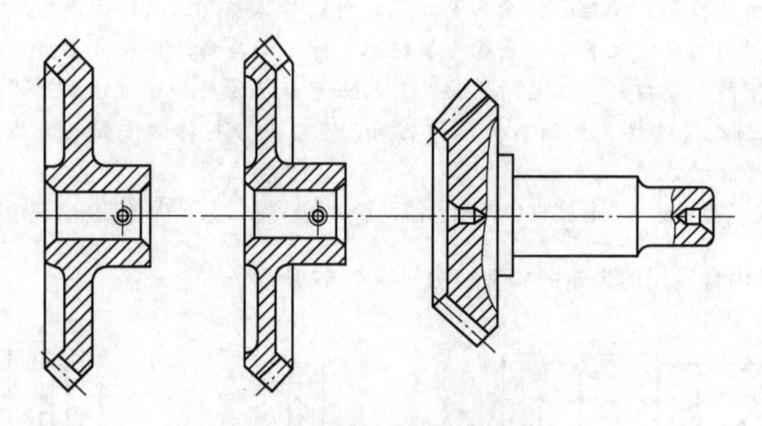

图 2.59　圆锥齿轮的典型结构

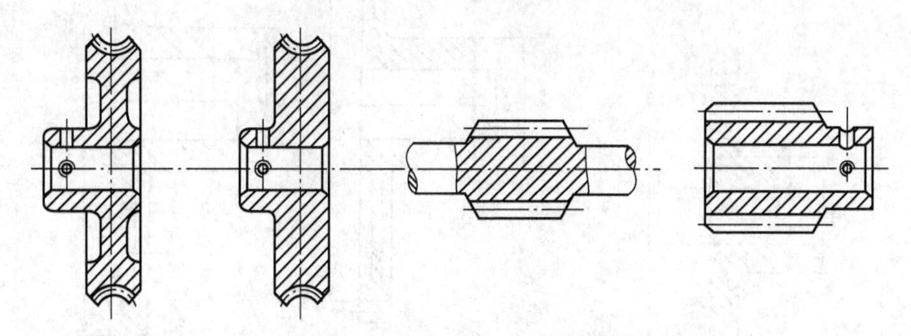

图 2.60　蜗轮、蜗杆的典型结构

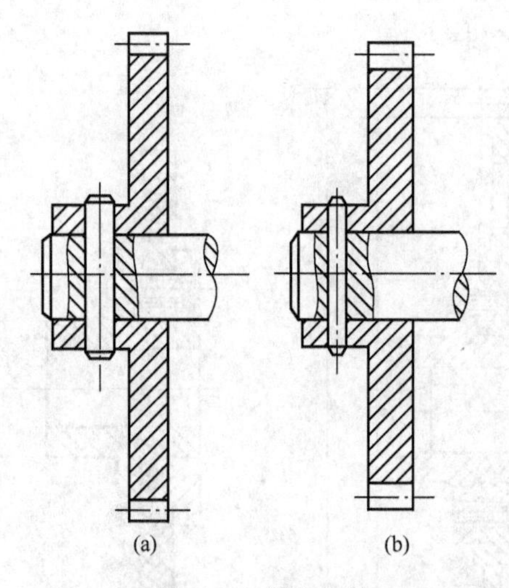

图 2.61　销钉连接

根据传动链的特点合理选择不同的连接方法。精密机械中常用的连接方法有以下几种。

(1) 销钉连接。这种方法在小型精密机械中用得比较多，如图 2.61(a)所示。它的优点是结构简单、工作可靠，能传递中等大小的转矩，不易产生空回。缺点是装配时齿轮不能自由绕轴转动到适合的位置，以减小偏心的有害影响；同时，不宜用在齿轮轴与外径相差太大时，原因是不能顺利钻出销钉孔。

如齿轮需经常拆换，可用圆锥销钉连接[图 2.61(b)]。圆柱销和圆锥销的直径一般取为轴径的 1/4，最大不超过 1/3，以免过多削弱轴的强度和刚度。

(2) 螺钉连接。这种方法是采用螺钉连接把齿轮固定在轴套凸缘上，如图 2.62 所示。

图 2.62(a)为采用紧定螺钉沿齿轮轮毂径向固定齿轮。优点是装卸方便，缺点是传递转矩小，容易松动，且拧紧螺钉时会引起齿轮的偏心，不适于精密传动链中齿轮与轴的连接。

图 2.62(b)为采用在齿轮和轴的分界面上拧入紧定螺钉的固定结构。此法的优点是结构简单、便于装卸、轴向尺寸小，宜用于轮毂很短(或无轮毂)、外径小的齿轮。这种结构的缺点是传递转矩小，且易在使用中产生空回，故不宜用于精密齿轮传动链中。

图 2.62(c)为采用螺钉直接将齿轮固定在轴套凸缘上的结构。此时齿轮的定心靠其内孔与轴套外圆的配合保证，垂直度则靠轴肩端面的贴紧来保证。这种结构主要用于非金属齿轮的连接。此法在保证同轴度与垂直度方面较好。

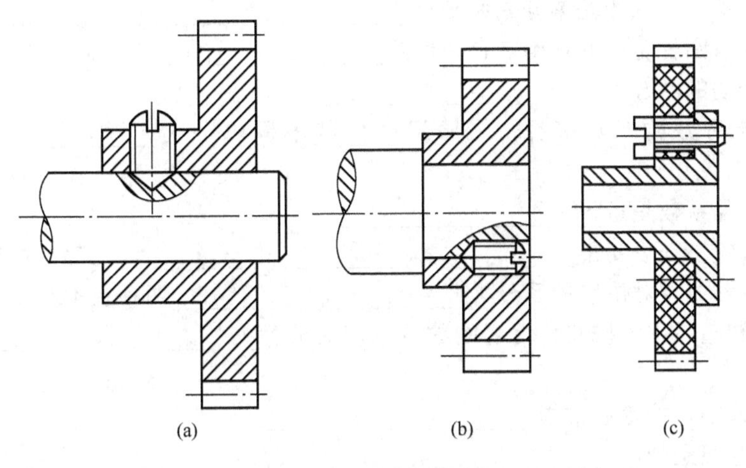

图 2.62 螺钉连接

(3) 键连接。键连接一般多用于传递转矩较大和尺寸较大的齿轮传动，如图 2.63 所示。

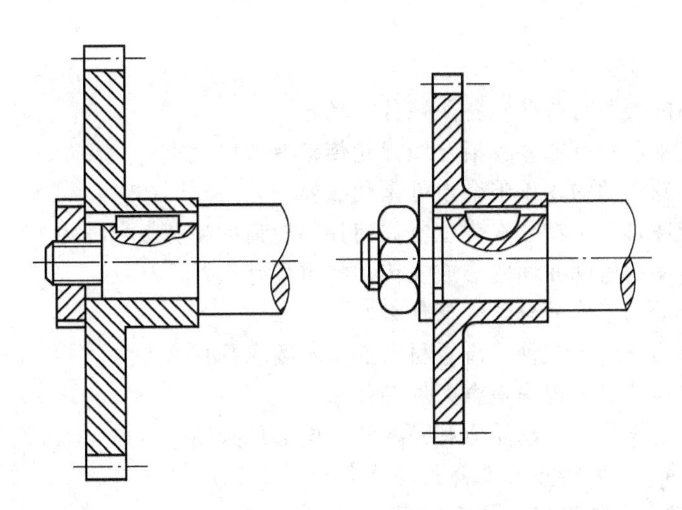

图 2.63 键连接

最常用的是采用平键和半圆键连接。它的优点是装卸方便、工作可靠，缺点是同轴度差，沿圆周方向不能调整。

习　　题

一、填空题

1. 渐开线直齿圆柱齿轮正确啮合条件是____________________。

2. 齿轮传动的失效形式主要有__________、__________、__________、__________。

3. 齿轮传动传动比的基本分配原则有__________、__________、__________。

4. 一对斜齿圆柱轮齿的正确啮合条件是____________________。

5. 蜗杆传动的啮合条件是____________________。

6. 蜗杆传动分类有好多种，按照蜗杆形状不同可分为__________、__________、__________。

7. 蜗杆直径系数是指____________________。

8. 谐波齿轮传动主要由__________、__________和__________三部分组成。

9. 轮系按轴线相对位置关系分为__________和__________两种基本类型。

10. 在周转轮系中，按其自由度的数目不同又分为__________和__________两种基本类型。

11. 在轮系中，惰轮通常指____________________。

12. 齿轮空回是指____________________。

13. 精密机械中常用的连接方法有__________、__________、__________。

二、名词解释

分度圆　传动比　齿根圆　齿顶圆　螺旋角　当量齿数　定轴轮系　周转轮系　空回误差角

三、简答题

1. 齿轮传动的类型有哪些？各用在什么场合？

2. 齿轮的基本参数有哪些？渐开线齿轮传动有哪些优点？

3. 渐开线齿轮传动的正确啮合条件是什么？

4. 轮齿折断通常发生在什么部位？如何提高轮齿的疲劳折断能力？

5. 斜齿轮传动的齿廓曲面的形成及传动特点是什么？

6. 斜齿轮传动的正确啮合条件是什么？

7. 常用齿轮的材料有几种？齿轮材料的基本要求是什么？

8. 锥齿轮传动特点及正确啮合条件是什么？

9. 画图并写出锥齿轮传动受力有哪些？方向如何判断？

10. 蜗杆传动的主要特点及啮合条件什么？

11. 蜗杆传动的失效形式是什么？

12. 蜗杆传动基本参数有哪些？

13. 画图并写出蜗轮蜗杆传动受力有哪些？方向如何判断？

14. 齿轮与轴常见的连接方法有哪几种？

15. 齿轮传动链的设计内容是什么？

16. 消除或减少齿轮传动产生空回的方法有哪些？绘出简图。

17. 提高齿轮传动精度方法有哪些？

18. 谐波齿轮传动工作原理是什么？

19. 轮系有几种分类？各自特点是什么？

20. 如何计算定轴轮系的总传动比？方向怎样确定？

21. 定轴轮系与行星轮系的主要区别是什么？绘出机构运动简图。

22. 什么是转化轮系？

四、计算题

1. 某标准直齿圆柱齿轮传动的中心距为120mm，模数为2mm，传动比为3，试求两齿轮的齿数及其几何尺寸。

2. 已知一正常渐开线标准外啮合圆柱齿轮传动，其模数 $m=5$mm，压力角 $\alpha=20°$，中心距 $a=350$mm，传动比 $i=9/5$，$h_a^*=1$ 试求：

(1) 两齿轮的齿数 z_1 和 z_2；

(2) 两齿轮分度圆直径 d_1 和 d_2；

(3) 两齿轮齿顶圆直径 d_{a1} 和 d_{a2}；

(4) 齿轮齿距 p。

3. 如图2.64所示，某带式输送机由圆锥齿轮—圆柱齿轮传动组成，已知输送带的运动方向，试决定：

(1) 电动机的转向？

(2) 要求Ⅱ轴上轴向力较小时，两斜齿轮的螺旋线方向？

(3) 画出两对齿轮上各力的方向(圆周力 F_t，径向力 F_r，轴向力 F_a)，可直接画在图上。

4. 用四个模数、压力角、加工精度都相同的标准直齿圆柱齿轮组成一个减速传动链，已知四个齿轮的齿数分别为 $z_1=21$，$z_2=42$，$z_3=63$，$z_1=84$，要使该传动链的传动比最大、转角误差最小，应如何组合？画出传动简图并确定各级传动比。

5. 在图2.65所示的展开式二级斜齿圆柱齿轮传动中，已知：高速级齿轮齿数 $z_1=44$，$z_2=94$，模数 $m_{nⅠ}=2.5$mm。低速级齿轮齿数 $z_3=43$，$z_4=95$，模数 $m_{nⅡ}=3.5$mm，分度圆螺旋角 $\beta_{Ⅱ}=9°42'$。输出功率 $P_{Ⅲ}=28.4$kW，输出轴转速 $n_{Ⅲ}=309$r/min。齿轮啮合效率 $\eta_1=0.98$，$\eta_2=0.99$。试求：

(1) 高速级大齿轮的旋向，以使中间轴上的轴承所受的轴向力较小；

(2) 高速级斜齿轮螺旋角 β_1 为多少时，中间轴上的轴承所受的轴向力完全抵消？

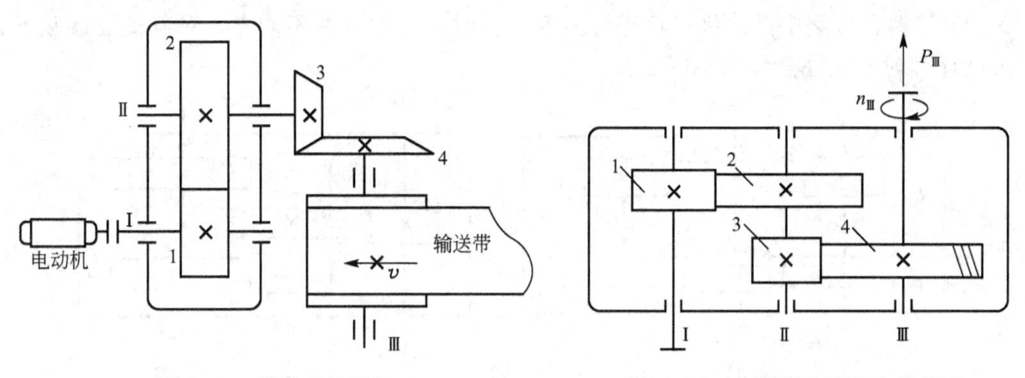

图2.64 某带式输送机　　图2.65 二级斜齿圆柱齿轮传动

(3) 各轴转向及所受扭矩；

(4) 齿轮各啮合点作用力的方向和大小(各用三个分力表示)。

6. 设计小型航空发动机中的一对斜齿圆柱齿轮传动，已知 $P_1=130$kW，$n_1=11640$r/min，$z_1=23$，$z_2=73$，寿命 $L_h=100$h，小齿轮作悬臂布置，使用系数 kA$=1.25$。

7. 有一直齿圆锥-斜齿圆柱齿轮减速器如图 2.66 所示。已知：$P_1=17$kW，$n_1=720$r/min。圆锥齿轮几何尺寸与参数为 $m=5$mm，$z_1=25$，$z_2=60$，$b=50$mm。斜齿圆柱齿轮几何尺寸与参数为 $m_n=6$mm，$z_3=21$，$z_4=84$。锥齿轮啮合效率 $\eta_1=0.96$，斜齿圆柱齿轮啮合效率 $\eta_2=0.98$，滚动轴承效率 $\eta_3=0.99$。Ⅰ轴转向如图所示，单向转动。

(1) 绘图标出各齿轮的转向；

(2) 计算各轴的扭矩；

(3) 当斜齿圆柱齿轮分度圆螺旋角 β 为何旋向及多少度时，方能使大锥齿轮和小斜齿圆柱齿轮的轴向力完全抵消？

(4) 绘图标出齿轮各啮合点作用力的方向(各用三个分力表示)，并计算其大小。斜齿圆柱齿轮的螺旋角按 $\beta=10°8'30''$ 计算。

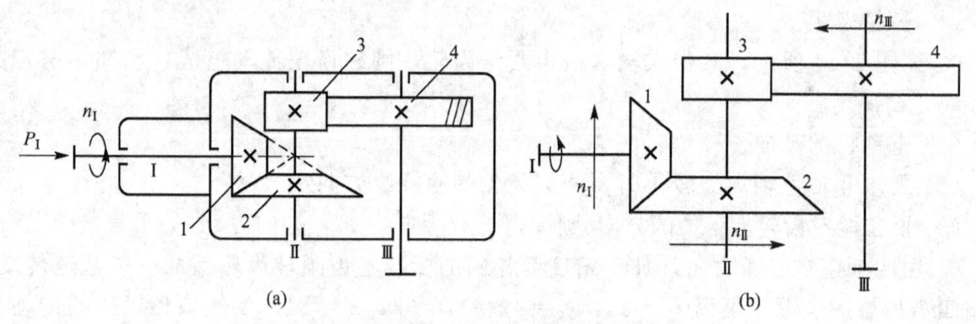

图 2.66 直齿圆锥-斜齿圆柱齿轮减速器

8. 图 2.67 所示的两种直齿圆柱齿轮传动方案中，已知小齿轮分度圆直径 $d_1=d_3=d_1'=d_3'=80$mm，大齿轮分度圆直径 $d_2=d_4=d_2'=d_4'=2d_1$，输入扭矩 $T_1=T_1'=1.65\times10^5$N·mm，输入轴转速 $n_1=n_1'$，齿轮寿命 $t_h=t_h'$，若不计齿轮传动和滚动轴承效率的影响，试作：

(1) 计算高速级和低速级齿轮啮合点的圆周力和径向力，标出上述各力的方向和各轴的转向；

(2) 计算两种齿轮传动方案的总传动比 $i\Sigma$ 和 $i\Sigma'$；

(3) 分析轴和轴承受力情况，哪种方案轴承受力较小？

(4) 对两种方案中高速级齿轮进行强度计算时应注意什么不同点？对其低速级齿轮进行强度计算时又应注意什么不同点？

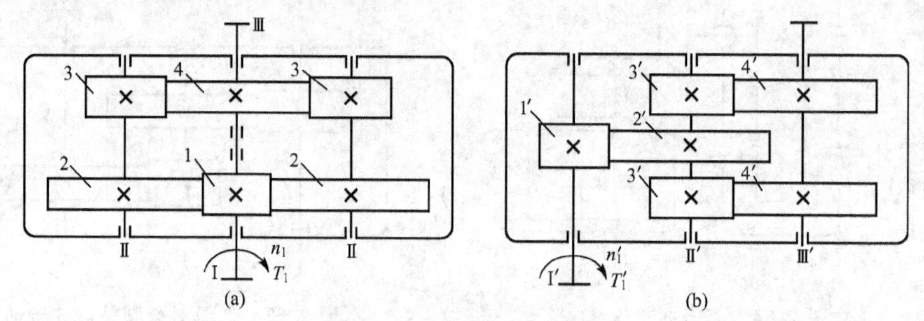

图 2.67 直齿圆柱齿轮传动

9. 某电梯传动装置中采用了蜗杆传动。已知：电动机功率 $P=10\text{kW}$，转速 $n_1=970\text{r/min}$，蜗杆传动参数为 $Z_1=1$，$Z_2=30$，$m=12.5\text{mm}$，$q=8.96$，$\gamma=6°22'06''$，右旋，蜗杆蜗轮啮合效率 $\eta_1=0.75$，整个传动系统总效率 $\eta=0.70$，卷筒直径 $D_3=600\text{mm}$。试求：

(1) 在图中画出电梯上升时，电动机的转向；

(2) 电梯上升的速度 v；

(3) 电梯的最大载重量 W；

(4) 画出蜗杆所受各分力(F_{t1}、F_{r1}、F_{a1})方向，并求各分力大小。

10. 在图 2.69 示轮系中，已知：蜗杆为单头且右旋，转速 $n_1=1440\text{r/min}$，转动方向如图示，其余各轮齿数为：$z_2=40$，$z_{2'}=20$，$z_3=30$，$z_{3'}=18$，$z_4=54$，试：

(1) 说明轮系属于何种类型；

(2) 计算齿轮 4 的转速 n_4；

(3) 在图中标出齿轮 4 的转动方向。

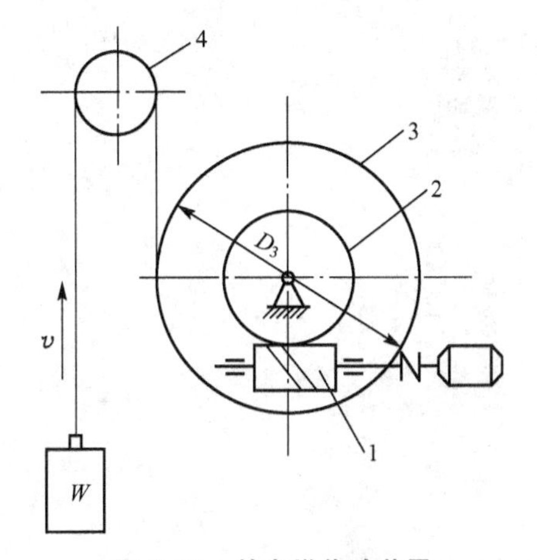

图 2.68 某电梯传动装置

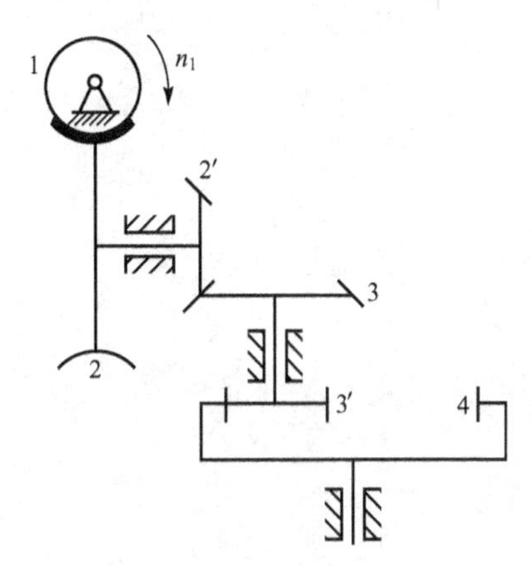

图 2.69 轮系

11. 在图 2.70 所示轮系中，已知各轮齿数为 $z_1=20$，$z_2=36$，$z_{2'}=18$，$z_3=60$，$z_{3'}=70$，$z_4=28$，$z_5=14$，$n_A=60\text{r/min}$，$n_B=300\text{r/min}$，方向如图示。试求轮 5 的转速 n_c 的大小和方向。

12. 如图 2.71 所示，已知：时钟上的轮系

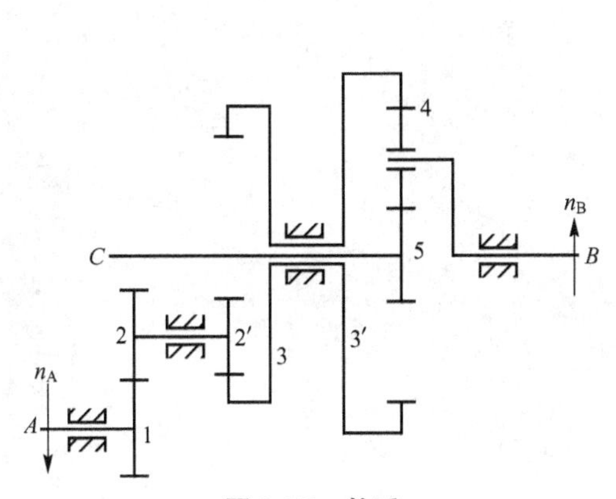

图 2.70 轮系

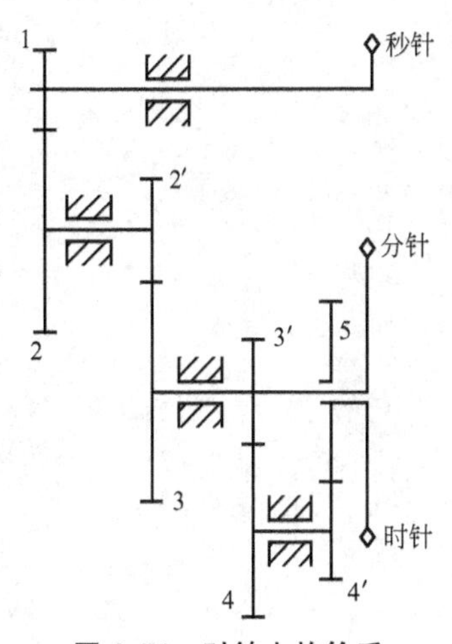

图 2.71 时钟上的轮系

$$z_1=8,\quad z_2=60,\quad z_2'=8,\quad z_3=64,$$
$$z_3=28,\quad z_4=42,\quad z_4'=8,\quad z_5=64$$

求：秒针与分针、分针与时针的传动比。

五、思考题

指出图中未注明的蜗杆或蜗轮的螺旋线旋向及蜗杆或蜗轮的转向，并给出蜗杆和蜗轮啮合点及作用力的方向(各用三个分力表示)。

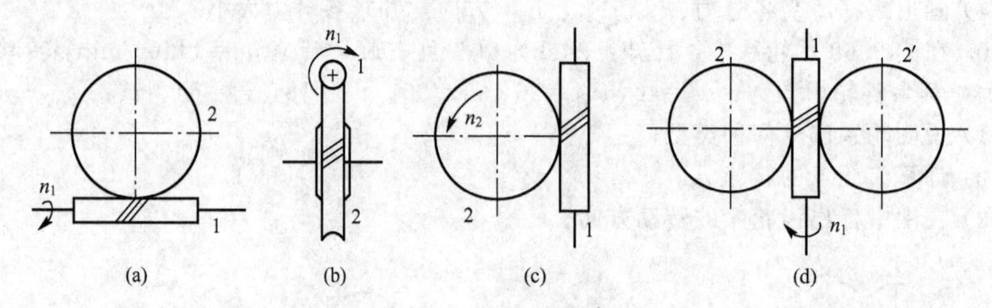

图 2.72　蜗杆、蜗轮

第3章 螺旋传动

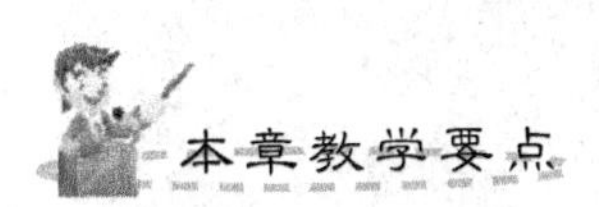

教学要求	知识要点
了解螺旋副的用途、分类	螺旋副的用途、分类
掌握差动螺旋传动的原理； 掌握差动螺旋传动移动距离的计算和方向的确定	差动螺旋传动的工作原理； 移动距离的计算和方向的确定
了解滑动螺旋传动的主要失效形式和设计准则； 掌握滑动螺旋传动的设计与计算	螺旋传动的主要失效形式和设计准则
了解滑动螺旋传动的材料、许用压强和许用应力； 了解滚动螺旋传动和静压螺旋传动	滑动螺旋传动的材料

导入案例

数控机床的进给传动系统的任务是实现执行机构(即刀架、工作台等)的运动。目前，大部分进给系统是由进给伺服电机经过联轴器与滚珠丝杠直接相连的，因此大大简化了机床的机械结构。只有少数早期生产的数控机床，其伺服电机还要经过1至2级齿轮或带轮降速后再传动丝杠。

滚珠丝杠由于运动效率高、发热小，所以可实现高速进给(运动)。

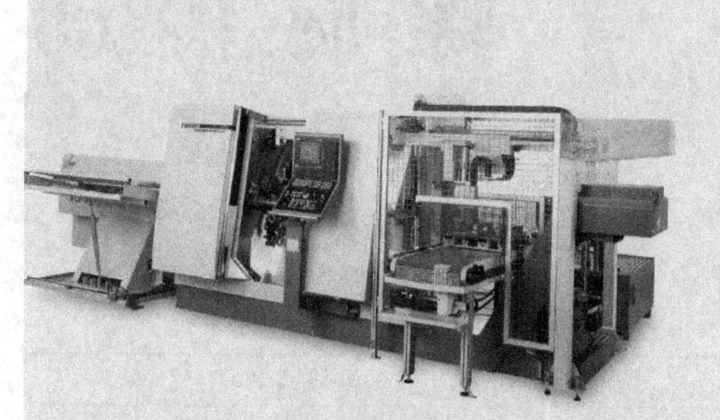

(a) 数控机床

(b) 滚珠丝杠螺母副和滚动导轨

高速加工是面向21世纪的一项高新技术，它以高效率、高精度和高表面质量为基本特征，在航天航空、汽车工业、模具制造、光电工程和仪器仪表等行业中获得了越来越广泛的应用，并已取得了重大的技术经济效益，是当代先进制造技术的重要组成部分。为了实现高速加工，首先要有高速数控机床。高速数控机床必须同时具有高速主轴系统和高速进给系统，才能实现材料切削过程的高速化。为了实现高速进给，国内外有关制造厂商不断采取措施，提高滚珠丝杠的高速性能。

日本和瑞士在滚珠丝杠高速化方面一直处于国际领先地位，其最大快速移动速度可达60m/min，个别情况下甚至可达90m/min，加速度可达$15m/s^2$。滚珠丝杠在中等载荷、进给速度要求并不十分高、行程范围不太大(小于4～5m)的一般高速加工中心和其他经济型高速数控机床上被广泛采用。

3.1 概　　述

螺旋传动是利用螺杆和螺母组成的螺旋副来实现传动要求的。它主要用于将回转运动变为直线运动，同时传递运动或动力。其运动关系为

$$l=\frac{P_h}{2\pi}\varphi \tag{3-1}$$

式中，l——螺杆(或螺母)的位移；

P_h——导程；

φ——螺杆和螺母间的相对转角。

螺旋传动按其在精密机械中的作用，可分为以下几种。

(1) 示数螺旋传动。在传动链中，用以精确地传递相对运动或相对位移的螺旋传动。常用于机床中进给、分度机构或测量仪器中的螺旋测微装置。其传动误差直接影响机构的工作精度，因此，对示数螺旋传动的主要要求是传动精度高，空回误差小。

(2) 传力螺旋传动。在传动链中用以传递动力的螺旋传动，如螺旋压力机、螺旋千斤顶等。传力螺旋传动承受的载荷较大，因此要有足够的强度。一般为间歇工作，传递轴向力大，工作速度也不高，并具有自锁能力。

(3) 一般螺旋传动。在传动链中只作一般驱动用的螺旋传动。对强度、刚度和精度均无较高要求。

螺旋传动按其接触面间摩擦的性质，可分为以下几种。

(1) 滑动螺旋传动。常用梯形和锯齿形螺旋副。

(2) 滚动螺旋传动。将螺旋副的滑动摩擦变为滚动摩擦。摩擦阻力小、传动效率高(一般＞90%)、运转灵活、磨损小，但结构复杂、成本高。

(3) 静压螺旋传动。螺旋副中注入压力油并形成压力油膜，使螺杆与螺母的螺纹牙表面分开。摩擦阻力最小、传动效率高(可达99%)、工作寿命长，但结构复杂、成本高。

3.2 滑动螺旋传动

3.2.1 滑动螺旋传动的特点

1. 优点

(1) 降速传动比大。螺杆(或螺母)转动一转，螺母(或螺杆)移动一个螺距(单头螺纹)。因为螺距一般很小，所以在转角很大的情况下，能获得很小的直线位移量，可以大大缩短机构的传动链，因而螺旋传动结构简单、紧凑，传动精度高，工作平稳。

(2) 具有增力作用。只要给主动件一个较小的转矩，从动件即能得到较大的轴向力。

(3) 能自锁。当螺旋线升角小于摩擦角时，螺旋传动具有自锁作用。

2. 缺点

(1) 效率低、磨损快。由于螺旋工作面为滑动摩擦，致使其传动效率低(一般为30%～40%)，磨损快，因此不适于高速和大功率传动。

(2) 低速时有爬行现象(滑移)。

3.2.2 滑动螺旋传动的应用形式

滑动螺旋传动主要有以下两种基本形式。

(1) 螺母固定不动，螺杆回转并作直线运动[图3.1(a)]。通常应用于螺旋压力机、千分尺等。这种传动形式的螺母本身就起着支撑作用，从而简化了结构，消除了螺杆与轴承之间可能产生的轴向窜动，容易获得较高的传动精度。缺点是所占轴向尺寸较大(螺杆行程的两倍加上螺母高度)，刚性较差。因此仅适用于行程短的情况。

(2) 螺杆回转，螺母作直线运动[图 3.1(b)]。这种传动型式的特点是结构紧凑(所占轴向尺寸取决于螺母高度及行程大小)，刚度较大，应用较广。

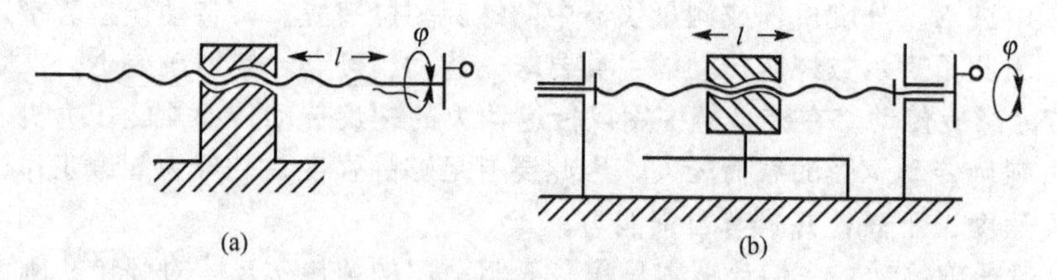

图 3.1　滑动螺旋传动的基本型式

图 3.2 所示测微目镜中的示数螺旋传动是螺母固定、螺杆传动并移动传动型式的典型应用。当转动手轮 6 时，螺杆 3 沿着锥形开槽螺母 8 转动并移动，因而推动分划板框 2 移动。当手轮 6 反向转动时，由于弹簧 1 的作用，使分划板框始终压向螺杆端部。因此螺杆移动的距离即为分划板框移动的距离，可以直接从刻度套筒 4 和 5 中读出。锥形开槽螺母 8 通过锁紧螺母 7 进行锁紧。

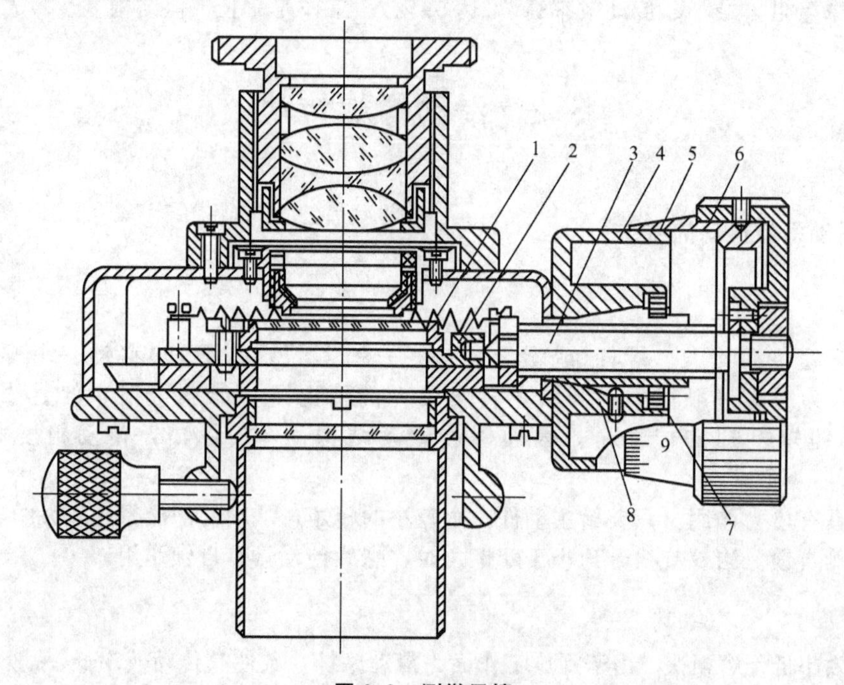

图 3.2　测微目镜

图 3.3 所示测量显微镜纵向测微螺旋是螺杆转动、螺母移动传动型式的典型应用。当转动手轮 1(与螺杆 2 固连在一起)时，螺母 3 产生移动，通过片簧 7 带动工作台 8 移动，移动的距离通过游标刻度尺 9 及手轮 1 的读数鼓读出。螺杆 2 端部与钢球 5 接触，在微调螺母 6 和弹簧 4 的共同作用下，可以消除由于螺杆端面和轴线不垂直等误差引起的轴向窜动，提高接触可靠性。

除上述两种基本传动形式外，还有一种螺旋传动——差动螺旋传动。由两个螺旋副组成的使活动的螺母与螺杆产生差动的螺旋传动称为差动螺旋传动。图 3.4 所示为一差动螺旋机构。

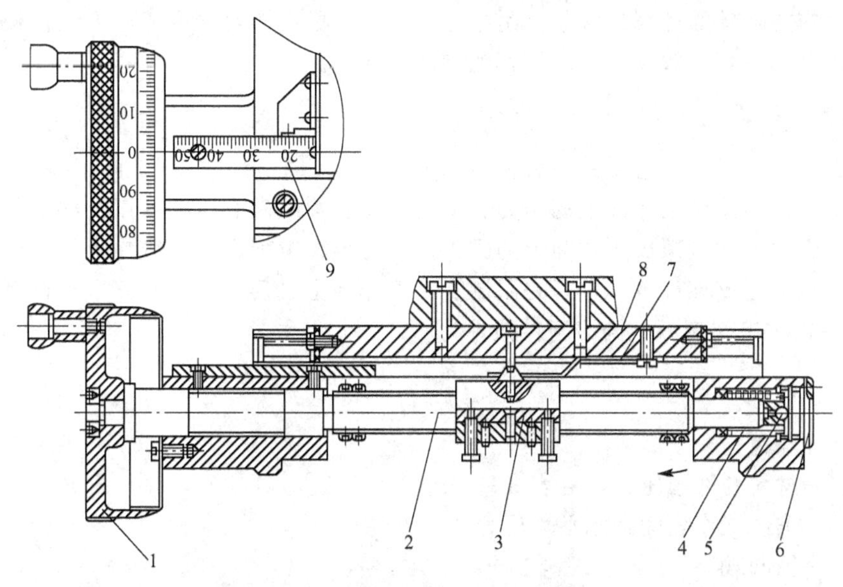

图 3.3 测量显微镜纵向测微螺旋

(1) 螺杆上两螺纹旋向相同时，活动螺母移动距离减小。当机架上固定螺母的导程大于活动螺母的导程时，活动螺母移动方向与螺杆移动方向相同；当机架上固定螺母的导程小于活动螺母的导程时，活动螺母移动方向与螺杆移动方向相反；当两螺纹的导程相等时，活动螺母不动(移动距离为零)。

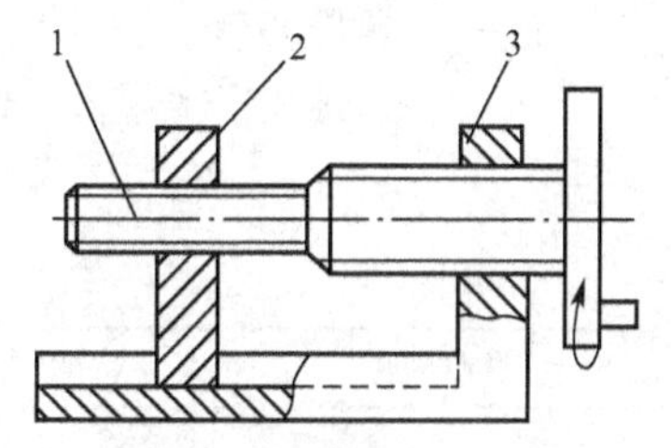

图 3.4 差动螺旋传动机构

1—螺杆；2—活动螺母；3—机架

(2) 螺杆上两螺纹旋向相反时，活动螺母移动距离增大。活动螺母移动方向与螺杆移动方向相同。

差动螺旋传动中活动螺母的实际移动距离和方向可用公式表示为：

$$L=\frac{\varphi}{2\pi}(P_{h1}\pm P_{h2}) \tag{3-2}$$

式中，L——活动螺母的实际移动距离，mm；

φ——螺杆的回转角度，rad；

P_{h1}——机架上固定螺母的导程，mm；

P_{h2}——活动螺母的导程，mm。

当两螺纹旋向相反时，公式中用“+”号，当两螺纹旋向相同时，公式中用“−”号。

计算结果为正值时，活动螺母实际移动方向与螺杆移动方向相同；计算结果为负值时，活动螺母实际移动方向与螺杆移动方向相反。

差动螺旋传动机构常用于测微器、计算机、分度机及诸多精密切削机床、仪器和工具中。

3.2.3 滑动螺旋传动的计算

滑动螺旋传动的失效形式主要是螺纹的磨损、螺杆的变形、螺杆或螺纹牙的断裂等。

因此，滑动螺旋传动的计算通常包括耐磨性、刚度、稳定性及强度 4 个方面。根据需要有时尚需进行驱动力矩、效率与自锁等其他方面的计算。

1. 耐磨性计算

滑动螺旋中磨损是最主要的一种失效形式，它会引起传动精度下降，并使强度降低。滑动螺旋的磨损与螺纹工作面上的压力、滑动速度、螺纹表面粗糙度以及润滑状态等因素有关。其中最主要的是螺纹工作面上的压力，压力越大螺旋副间越容易形成过度磨损。因此，滑动螺旋的耐磨性计算，主要是限制螺纹工作面上的压力 p，使其小于材料的许用压力 $[p]$。则螺纹工作表面上的耐磨性条件为

$$p=\frac{F_{a}P}{\pi d_{2}hH}\leqslant[p] \tag{3-3}$$

式中，P——螺距；

$[p]$——材料的许用压力，见表 3-1；

p——螺纹工作表面实际平均压力；

F_a——轴向载荷；

d_2——螺纹中径；

H——螺母高度；

h——螺纹工作高度，梯形和矩形螺纹 $h=0.5P$；三角螺纹 $h=0.5413P$；锯齿形 $h=0.75P$。

表 3-1　滑动螺旋副材料的许用压力 [p]

滑动速度	螺杆材料	螺杆—螺母的材料	许用压力
低速、润滑良好	钢	青铜	18～25
		钢	7.5～13
<2.4	钢	铸铁	13～18
<3	钢	青铜	11～18
6～12	钢	铸铁	4～7
		耐磨铸铁	6～8
		青铜	7～10
	淬火钢	青铜	10～13
>15	钢	青铜	1～2

注：按耐磨条件由试验和经验得，并考虑了载荷在螺纹牙间分布的不均匀性。

上式可作为校核计算用。为了导出设计计算式，令 $H=\xi d_2$，代入上式得

$$d_{2}\geqslant\sqrt{\frac{F_{a}P}{\pi\xi h[p]}} \tag{3-4}$$

式中，ξ——螺母厚度系数。

$$\begin{cases}\text{整体式螺母：}\xi=1.2\sim2.5\\ \text{剖分式螺母：}\xi=2.5\sim3.5\\ \text{高精度螺母：}\xi=4\end{cases}$$

根据公式算得螺纹中径 d_2 后，应按国家标准选取相应的公称直径 d 及螺距 P。

考虑到螺纹间载荷实际分布不均匀，螺母螺纹的扣数 n 应小于 10，即

$$n=\frac{H}{P}\leqslant 10 \tag{3-5}$$

当 $n>10$ 时，可考虑更换螺母材料或增大螺纹直径。

2. 刚度计算

螺杆在轴向载荷 F_a 和转矩 T 的作用下将产生变形，引起螺距的变化，从而影响螺旋传动精度。因此，设计时应进行刚度计算，以便把螺距的变化限制在允许的范围内。螺距的变化量计算如下。

螺杆在轴向载荷作用下，一个螺距产生的变化量为 $\lambda_{PF}=\pm\frac{F_aP}{EA}$，

当螺杆受拉时上式取“+”号，受压时取“－”号。

螺杆在转矩的作用下，相应一个螺距长度产生转角为 $\varphi=\frac{TP}{GI_P}$，因而引起每一螺距的变化量(图 3.5)为

$$\lambda_{PT}=\pm\frac{\varphi P}{2\pi\pm\varphi}\approx\pm\frac{\varphi P}{2\pi}=\pm\frac{TP^2}{2\pi GI_P} \tag{3-6}$$

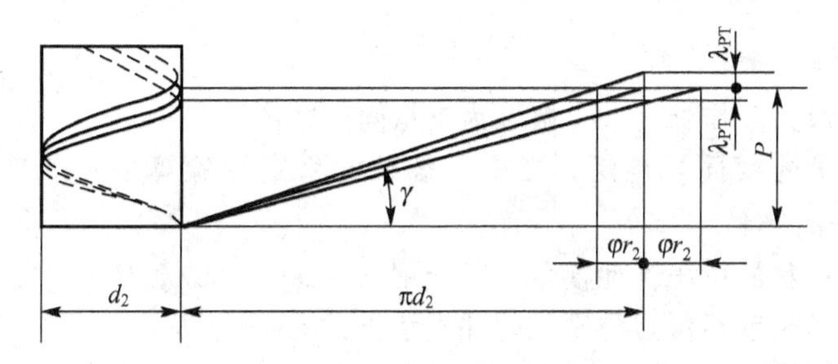

图 3.5 螺距扭转变形图

当 T 为逆螺旋方向作用时上式取“+”号，顺螺旋方向作用时取“－”号。

为了可靠起见，λ_{PF}、λ_{PT} 以绝对值代入，得到一个螺距的变化量 λ_P(单位为 μm)为

$$\lambda_P=\left(\frac{F_aP}{EA}+\frac{TP^2}{2\pi GI_P}\right)\times 10^3 \tag{3-7}$$

式中，F_a——轴向载荷；

T——转矩；

P——螺距；

E、G——螺杆材料的弹性模量和剪切弹性模量；

A、I_P——螺杆螺纹段截面面积和极惯性矩，在梯形螺纹刚度计算中，按螺纹中径 d_2 计算较为合理，即 $A=\pi d_2^2/4$，$I_P=\pi d_2^4/32$。

在长度为 1m 的螺纹上有 1000mm/P 个螺距(P 的单位为 mm)，因此 1m 长的螺纹上螺距积累变化量 λ(单位为 μm)为

$$\lambda=\frac{1000}{P}\lambda_P=\left(\frac{4F_a}{\pi d_2^2E}+\frac{16TP}{\pi^2Gd_2^4}\right)\times 10^6 \tag{3-8}$$

表 3-2 列出了螺杆每米长的螺距累积变化量的允许值，供设计时参考。

表 3-2　螺杆每米长允许螺距变化量[λ]

精度等级	5	6	7	8	9
$[\lambda]/(\mu\text{m}\cdot\text{m}^{-1})$	10	15	30	55	110

3. 稳定性计算

对于长径比大的受压螺杆，当轴向压力大于某一临界值时，螺杆就会突然发生侧向弯曲而丧失其稳定性。因此，在正常情况下，螺杆承受的轴向力 F_a 必须小于临界载荷 F_{ac}。则螺杆的稳定性条件为

$$S_{FC}=\frac{F_{ac}}{F_a}\geqslant S_F \tag{3-9}$$

式中，S_{FC}——螺杆稳定性的计算安全系数；

S_F——螺杆稳定性安全系数，对于传力螺旋(如起重螺杆等)，$S_F=3.5\sim5.0$，对于传导螺旋，$S_F=2.5\sim4.0$，对于精密螺杆或水平螺杆，$S_F>4$；

F_{ac}——螺杆的临界载荷，N。

根据欧拉公式计算临界轴向载荷为

$$F_{ac}=\frac{\pi^2 EI_a}{(\mu L)^2} \tag{3-10}$$

式中，L——螺杆最大工作长度，一般取为支承间的距离；

I_a——螺杆危险截面惯性矩。在梯形螺纹的稳定性验算中，按螺纹中径计算，即 $I_a=\pi d_2^4/64$；

E——螺杆材料的拉压弹性模量，对于钢 $E=2.06\times10^5$ MPa；

μ——螺杆的长度系数，与螺杆端部支承方式有关。

为了计算方便，把式(3-10)写成如下形式

$$F_{ac}=m\frac{d_2^4}{L^2} \tag{3-11}$$

式中，m——螺杆支承系数，$m=\dfrac{\pi^3 E}{64\mu^2}$，其 μ 值见表 3-3。

表 3-3　螺杆的长度系数 μ

端部支承情况	长度系数 μ	端部支承情况	长度系数 μ
两端固定	0.50	两端不完全固定	0.75
一端固定，一端不完全固定	0.60	两端铰支	1.0
一端铰支，一端不完全固定	0.70	一端固定，一端自由	2.0

注："自由"是指径向与轴向均无约束；"铰支"是指支承处仅有径向约束，例如向心球轴承或宽径比 $B/D<1.5$ 的滑动轴承；"固定"是指径向和轴向均有约束，例如推力球轴承，成对安装的向心推力球轴承或 $B/D>3$ 的滑动轴承；"不完全固定"是指 $B/D=1.5\sim3$ 的滑动轴承(B 为支承宽度，D 为支承孔直径)。

如果不能满足稳定性条件，应增大 d_2 直至满足为止。

4. 强度计算

(1) 螺杆的强度计算。螺杆工作时承受轴向压力(或拉力)F_a 和扭矩 T 的作用。螺杆危险截面上既有压缩(或拉伸)应力，又有切应力。因此，校核螺杆强度时，应根据第四强度

理论求出危险截面的计算应力 σ_{ca}，其强度条件为

$$\sigma_{ca}=\sqrt{\left(\frac{4F_a}{\pi d_1^2}\right)^2+3\left(\frac{T}{0.2d_1^3}\right)^2}\leqslant[\sigma]\quad \text{MPa} \tag{3-12}$$

式中，$[\sigma]$——螺杆材料许用应力，$[\sigma]=\sigma_s/(3\sim5)$（$\sigma_s$为材料的屈服极限），见表3-4；

d_1——螺杆螺纹小径；

F_a——轴向载荷；

T——转矩。

(2) 螺纹强度计算。螺纹强度计算包括螺杆螺纹及螺母螺纹强度计算。由于一般螺母的材料强度低于螺杆材料强度，因此只需验算螺母螺纹强度。

设轴向载荷 F_a 作用于螺纹中径 d_2，并且忽略螺杆与螺母之间的径向间隙，则螺母螺纹强度可按下式计算。

剪切强度条件为

$$\tau=\frac{F_a}{\pi dbn}\leqslant[\tau]\quad \text{MPa} \tag{3-13}$$

弯曲强度条件为

$$\sigma_b=\frac{3F_a h}{\pi db^2 n}\leqslant[\sigma_b] \tag{3-14}$$

式中，d——螺纹大径，mm；

b——牙根厚，对于矩形螺纹，$b=0.5P$；对于梯形螺纹，$b=0.65P$；对于30°锯齿形螺纹，$b=0.75P$，P为螺纹螺距；

n——旋合扣数，$n=H/P$；

$[\tau]$、$[\sigma_b]$——螺纹材料的许用剪切应力和许用弯曲应力，见表3-4。

表3-4 滑动螺旋副材料的许用应力

螺旋副材料		许用应力/MPa		
		$[\sigma]$	$[\sigma]_b$	$[\tau]$
螺杆	钢	$\sigma_s/(3\sim5)$	—	—
螺母	青铜	—	40～60	30～40
	铸铁	—	40～55	40
	钢	—	$(1.0\sim1.2)[\sigma]$	$0.6[\sigma]$

注：1. σ_s 为材料屈服极限。

2. 载荷稳定时，许用应力取大值。

当螺杆和螺母的材料相同时，由于螺杆的小径 d_1 小于螺母螺纹的大径 D，故应校核螺杆螺纹牙的强度。此时，上式中的 D 应改为 d_1。

5. 驱动力矩、效率和自锁性的验算

对于传力螺旋，如起重螺旋、火炮高低机等，为避免螺旋副因摩擦力过大而转动不灵活，应进行驱动力矩及效率的计算，以便确定原动机的功率和螺旋副的自锁条件。

由工程力学可知，当螺旋受轴向载荷 F_a 作用时，欲使螺旋运动所需的驱动力矩为

$$T=F_a\frac{d_2}{2}\tan(\gamma+\rho_v) \tag{3-15}$$

式中，γ——导程角；

ρ_v——诱导摩擦角，$\rho_v=\arctan\frac{f}{\cos\alpha}$；

f——螺纹表面滑动摩擦系数(表 3-5)；

α——螺纹牙型半角；

d_2——螺纹中径。

表 3-5 摩擦系数 f(定期润滑条件)

螺杆和螺母材料	f	螺杆和螺母材料	f
淬火钢和青铜	0.06～0.08	钢和耐磨铸铁	0.12～0.15
钢和青铜	0.08～0.10	钢和钢	0.11～0.17

注：启动时 f 取最大值，运转时取最小值。

当螺母旋转一周时，所需的输入功为

$$W_1=2\pi T=\pi d_2 F_a \tan(\gamma+\rho_v) \tag{3-16}$$

此时，推动负载所作的有用功为

$$W_2=F_a P_h=F_a \pi d_2 \tan\gamma \tag{3-17}$$

式中，P_h——导程。

因此，螺旋副的效率为

$$\eta=\frac{W_2}{W_1}=\frac{F_a P_h}{2\pi T}=\frac{\tan\gamma}{\tan(\gamma+\rho_v)} \tag{3-18}$$

由此

$$T=\frac{F_a P_h}{2\pi\eta} \tag{3-19}$$

当驱动力矩 T 去除后，轴向力 F_a 变为驱动力。如果螺旋不自锁，则在 F_a 的作用下将反向加速运动(与 F_a 同向)，此时，其传动效率和转矩分别为

$$\eta'=\frac{\tan(\gamma-\rho_v)}{\tan\gamma} \tag{3-20}$$

$$T=\frac{F_a\eta'}{\tan\gamma} \tag{3-21}$$

当 $\eta'\leqslant 0$ 时，则螺旋自锁，此时 $\gamma\leqslant\rho_v$，即

$$\gamma=\arctan\frac{P_h}{\pi d_2}\leqslant\rho_v \tag{3-22}$$

【例 3-1】 设某车床的纵向进给螺旋，其螺杆为 Tr44×10，8 级精度，材料为 45 号钢；螺母高度 $H=100$mm，材料为耐磨铸铁；轴向载荷 $F_a=10000$N；螺杆支承间的距离 $L=2700$mm，支承方式为一端固定、一端铰支。试对螺杆、螺母进行验算。

解：

1) 耐磨性计算

由式(3-3)得

$$p=\frac{F_a P}{\pi d_2 h H}$$

从 GB 5796.3—1986 查得，对于 Tr44×10 螺纹，$d_1=31$mm，$h=5$mm；由表 3-1 查得$[p]=6\sim8\text{N/mm}^2$，故

$$p=\frac{10000\times10}{\pi\times38\times5\times100}\text{N/mm}^2=1.68\text{N/mm}^2<[p]$$

2）效率和驱动力矩的计算

由式(3－18)得

$$\eta=\frac{\tan\gamma}{\tan(\gamma+\rho_v)}$$

因为 $\tan\gamma=P/(\pi d_2)=10/(\pi\times38)=0.0838$，即 $\gamma=4°47'$。按表 3－5 取 $f=0.1$，$\rho_v=\arctan(f/\cos\alpha)=\arctan(0.1/\cos15°)=5°56'$，故

$$\eta=\frac{0.0838}{\tan(4°47'+5°56')}=0.443$$

令 $P_h=P$，由式(3－19)，得

$$T=\frac{F_aP}{2\pi\eta}=\frac{10000\times10}{2\pi\times0.443}\text{N}\cdot\text{mm}=35927\text{N}\cdot\text{mm}$$

3）刚度验算

由式(3－8)得

$$\lambda=\left(\frac{4F_a}{\pi d_2^2E}+\frac{16TP}{\pi^2Gd_2^4}\right)\times10^6=\left(\frac{4\times10000}{\pi\times38^2\times2.1\times10^5}+\frac{16\times35927\times10}{\pi^2\times8\times10^4\times38^4}\right)\times10^6\mu\text{m/m}$$
$$=45.6\mu\text{m/m}$$

由表 3－2 查得，8 级精度螺杆 $[\lambda]=55\mu$m/m，故 $\lambda<[\lambda]$。

4）稳定性验算

由式(3－11)和表 3－3 可得

$$F_{ac}=m\frac{d_2^4}{L^2}=20\times10^4\times\frac{38^4}{2700^2}\text{N}=57205\text{N}$$

$$\frac{F_{ac}}{F_a}=\frac{57295}{10000}=5.72>4$$

5）强度验算

(1) 螺杆强度验算。由式(3－12)得

$$\sigma=\sqrt{\left(\frac{4F_a}{\pi d_1^2}\right)^2+3\left(\frac{T}{0.2d_1^3}\right)^2}=\sqrt{\left(\frac{4\times10000}{\pi\times31^2}\right)^2+3\left(\frac{35927}{0.2\times31^3}\right)^2}=16.9\text{N/mm}^2$$

已知 45 号钢 $\sigma_s=360\text{N/mm}^2$，则

$$[\sigma]=\sigma_s/(3\sim5)=360/(3\sim5)=72\sim120\text{N/mm}$$

故 $\sigma<[\sigma]$。

(2) 螺纹强度验算。对于梯形螺纹，$b=0.65P=0.65\times10\text{mm}=6.5\text{mm}$，

$$n=H/P=100/10=10$$

又由表 3－4 查得，耐磨铸铁的 $[\sigma_b]=50\sim60\text{N/mm}^2$，$[\tau]=40\text{N/mm}^2$，

由式(3－13)和式(3－14)得

$$\tau=\frac{F_a}{\pi dbn}=\frac{10000}{\pi\times44\times6.5\times10}\text{N/mm}^2=1.11\text{N/mm}^2<[\tau]$$

$$\sigma_b=\frac{3F_ah}{\pi db^2n}=\frac{3\times10000\times5}{\pi\times44\times6.5^2\times10}\text{N/mm}^2=2.57\text{N/mm}^2<[\sigma_b]$$

3.2.4 滑动螺旋传动的设计

1. 传动型式的选择

根据前述螺旋传动型式和特点，结合具体情况进行选择。

2. 螺纹类型的确定

在精密机械中，螺旋传动的螺纹类型多用三角形螺纹和梯形螺纹。一般情况下，示数螺旋传动多采用三角形螺纹，而传力螺旋传动多采用梯形螺纹。

3. 螺旋副材料的确定

螺杆和螺母的材料应根据用途、精度等级及热处理要求等条件选定。对材料总的要求是具有良好的耐磨性和易于加工。为了减小磨损，螺杆和螺母最好选用不同的材料，同时，应使螺杆的硬度高于螺母的硬度，以保护价格较贵和对传动精度影响较大的螺杆。

用作螺杆的材料，一般可选用 A5、Y40Mn、45 号钢、50 号钢等；对于重要传动，要求耐性高，需要进行热处理时，可选用 T10、T12、65Mn、40Cr、40WMn 或 18CrMnTi 等；对于示数螺旋，要求热处理后有较好的尺寸稳定性，可选用 9Mn2V、CrWMn、38CrMoAlA 等合金工具钢及 GCr15、GCr15SiMn 等滚动轴承钢。

用作螺母的材料，一般可选用锡青铜、黄铜、聚乙烯、尼龙和耐磨铸铁等；重载时可选用铝青铜或铸造黄铜、球墨铸铁和 45 号钢。

4. 主要参数的确定

传动的主要参数有螺杆直径和长度、螺距、螺旋线头数和螺母高度等。在一般情况下，这些参数可参照同类机构，用类比的方法确定。但对于重要传动，应按前述计算方法进行必要的校核计算。此外，设计时尚需注意下列问题。

(1) 螺杆螺纹部分的长度 L_w，以保证在整个工作行程 L_g 内与螺母正确旋合为原则，在此前提下，螺纹部分应尽可能短。一般取 $L_w \geqslant L_g + H$(H 为螺母高度)。

(2) 为了保证螺杆的刚度，螺杆的直径应选大些，并使 L(长度)/d_1(螺纹小径)$\leqslant 25$，对受压螺杆应进行稳定性验算。

在测微螺旋中，螺距应取为标准值，如 1mm、0.75mm、0.5mm 等。为了避免周期误差，应选用单头螺纹。只有在转角小而要求获得大位移的情况下，才采用多头螺纹(如目镜调节螺纹)。

5. 螺纹公差

螺纹的公差制结构如下。

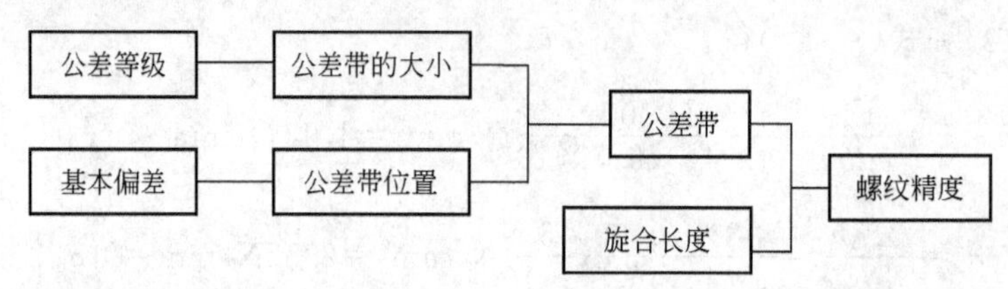

螺距的累积误差一般随螺纹扣数的增多而增大，这会引起作用中径的变化。因此，仅用公差大小来说明螺纹精度是不够的，必须规定公差带在多大的旋合长度范围内有效，即要考虑公差带与旋合长度两个因素。

旋合长度分短、中等和长等3组，代号分别为S、N和L。具体长度范围见表3-6，一般情况下，多按中等长度考虑。

表3-6 普通螺纹旋合长度 （单位：mm）

公称直径 D、d	螺距 P	旋合长度 S	旋合长度 N	旋合长度 L
1.0～1.4	0.2	≤0.5	0.5～1.4	>1.4
	0.25	≤0.6	0.6～1.7	>1.7
	0.3	≤0.7	0.7～2.0	>2.0
>1.4～2.8	0.2	≤0.5	0.5～1.5	>1.5
	0.25	≤0.6	0.6～1.9	>1.9
	0.35	≤0.8	0.8～2.6	>2.6
	0.4	≤1.0	1.0～3.0	>3.0
	0.45	≤1.3	1.3～3.8	>3.8
>2.8～5.6	0.35	≤1	1.0～3.0	>3.0
	0.5	≤1.5	1.5～4.5	>4.5
	0.6	≤1.7	1.7～5.0	>5.0
	0.7	≤2.0	2.0～6.0	>6.0
	0.75	≤2.2	2.2～6.7	>6.7
	0.8	≤2.5	2.5～7.5	>7.5
>5.6～11.2	0.5	≤1.6	1.6～4.7	>4.7
	0.75	≤2.4	2.4～7.1	>7.1
	1	≤3.0	3.0～9.0	>9.0
	1.25	≤4.0	4.0～12.0	>12.0
	1.5	≤5.0	5.0～15.0	>15.0
>11.2～22.4	0.5	≤1.8	1.8～5.4	>5.4
	0.75	≤2.7	2.7～8.1	>8.1
	1	≤3.8	3.8～11.0	>11.0
	1.25	≤4.5	4.5～13.0	>13.0
	1.5	≤5.6	5.6～16.0	>16.0
	1.75	≤6.0	6.0～18.0	>18.0
	2	≤8.0	8.0～24.0	>24.0
	2.5	≤10.0	10.0～30.0	>30.0
>22.4～45	0.75	≤3.1	3.1～9.4	>9.4
	1	≤4.0	4.0～12.0	>12.0
	1.5	≤6.3	6.3～19.0	>19.0

（续）

公称直径 D、d	螺距 P	旋合长度		
		S	N	L
>22.4～45	2	≤8.5	8.5～25.0	>25.0
	3	≤12	12.0～36.0	>36.0
	3.5	≤15	15.0～45.0	>45.0
	4	≤18	18.0～53.0	>53.0
	4.5	≤21	21.0～63.0	>63.0

注：国家标准中对作用中径($d_{2作用}$、$D_{2作用}$)定义如下，作用中径是在规定的旋合长度内，正好包络实际螺纹的一个假想螺纹的中径，这个假想螺纹具有基本牙型的螺距、半角以及牙型高度，并在牙顶和牙底留有间隙，以保证不与实际螺纹的大、小径发生干涉。可见参考文献。

普通螺纹公差带由公差带相对于基本牙型位置(基本偏差)和公差带大小(公差等级)所组成，公差带的零线就是螺纹基本牙型的轮廓线。普通螺纹公差带见表3-7。

表3-7　普通螺纹的公差带

		公差带	
		位置	大小(公差等级)
内螺纹	小径 D_1	G—基本偏差EI为正值 H—基本偏差EI为零	4、5、6、7、8
	中径 D_2		4、5、6、7、8
外螺纹	大径 d	e、f、g—基本偏差es为负值 h—基本偏差es为零	4、6、8
	中径 d_2		3、4、5、6、7、8、9

将不同的公差等级(公差带大小)和基本偏差(公差带位置)组合，可以得到各种公差带，公差带代号由表示公差等级的数字和表示基本偏差的字母组成，如7H、8g等。它与GB/T 1800.2—1998“极限与配合基础”的公差带代号(如H7、g8等)的排列次序相反。

为了有利于生产，尽量减少刀具、量具的规格和数量，一般应采用国标规定的公差带，见表3-8。

表3-8　螺纹公差带的选用及标记

	精度	公差带位置G			公差带位置H		
内螺纹		S	N	L	S	N	L
	精密	—	—	—	4H	4H5H	5H6H
	中等	(5G)	(6G)	(7G)	*5H	*6H	*7H
	粗糙	—	(7G)	—	—	7H	—

	精度	公差带位置e			公差带位置f			公差带位置g			公差带位置b		
外螺纹		S	N	L	S	N	L	S	N	L	S	N	L
	精密	—	—	—	—	—	—	—	—	—	(3b4h)	*4h	(5h4b)
	中等	—	*6e	—	—	*6f	—	(5g6g)	*6g	7g6g	(5h6h)	*6h	(7h6h)
	粗糙	—	—	—	—	—	—	—	8g	—	—	(8h)	—

（续）

标记示例	粗牙螺纹	直径10mm，螺距1.5mm，中径顶径公差带为6H的内螺纹：M10—6H
	细牙螺纹	直径10mm，螺距1mm，中径顶径公差带为6g的外螺纹：M10×1—6H
	螺纹副	M20×2左—6H/5g6g—S S——旋合长度（中等旋合长度“N”不标，特殊长度可标数值） 6g——外螺纹顶径公差带 5g——外螺纹中径公差带 6H——内螺纹中径和顶径公差带（两者代号相同时只标一个） 左——左旋（右旋不标）

注：1. 精度选用原则为，精密，用于精密螺纹，当要求配合性质变动较少时采用；中等，一般用途；粗糙，对精度要求不高或制造比较困难时采用。
2. 大量生产的精制紧固件螺纹，推荐采用带方框的公差带。
3. 带*的公差带应优先选用，括号内的公差带尽可能不用。
4. 螺纹副公差带的选用，为了保证足够的接触高度，最好组合成H/g、H/h或G/h的配合。对直径小于1.4mm的螺纹副，应采用5H/6h或更精密的配合。

由表3-8可以看出，中等旋合长度、6级公差为中等精度，6级公差是基本级，使用最多。内、外螺纹的公差带可以任意组合，并不要求所选的内、外螺纹公差带在表中所处的位置一一对应。在满足设计要求的前提下，应尽量选用带*的公差带。

为了确保有足够的接触高度，内、外螺纹最好组成H/g、H/h或G/h的配合。H/h配合的最小间隙为零，一般多采用此种配合；G/h、H/g配合具有保证间隙，适用于要求快速装卸的螺纹；其他配合用于需涂镀保护层的螺纹及在高温状态下工作的螺纹。

机床中的传动丝杠、螺母副，常用牙型角为30°的梯形螺纹，其基本牙型有相应的标准(GB 5796.3—86)规定。JB 2886—92是机床梯形螺纹丝杠、螺母精度标准，该标准根据用途和使用要求，规定有3、4、5、6、7、8、9共7个精度等级，3级精度最高，依次降低。为保证螺旋副的精确运动，标准中除规定了丝杠大径、中径和小径公差及牙型半角公差外，还单独规定了丝杠的螺距公差。

6. 螺旋副零件与滑板连接结构的确定

螺旋副零件与滑板的连接结构对螺旋副的磨损有直接影响，设计时应注意。常见的连接结构有下列几种。

(1) 刚性连接结构。图3.6所示为刚性连接结构，这种连接结构的特点是牢固可靠，但当螺杆轴线与滑板运动方向不平行时，螺纹工作面的压力增大，磨损加剧，严重(α、β较大)时还会发生卡住现象，刚性连接结构多用于受力较大的螺旋传动中。

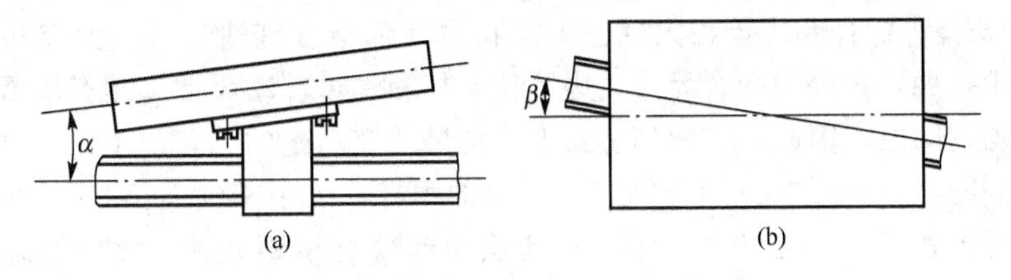

图3.6 刚性连接结构

(2) 弹性连接结构。图 3.3 所示的螺旋传动中采用了弹性连接结构。片簧 7 的一端固定在工作台(滑板)8 上，另一端套在螺母的锥形销上。为了消除两者之间的间隙，片簧以一定的预紧力压向螺母(或用螺钉压紧)。当工作台运动方向与螺杆轴线偏斜 α 角[图 3.6(a)]时，可以通过片簧变形进行调节。如果偏斜 β 角[图 3.6(b)]时，螺母可绕轴线自由转动而不会引起过大的应力。弹性连接结构适用于受力较小的精密螺旋传动。

(3) 活动连接结构。图 3.7 所示为活动连接结构的原理图。恢复力 F(一般为弹簧力)使连接部分保持经常接触。当滑板 1 的运动方向与螺杆 2 的轴线不平行时，通过螺杆端部的球面与滑板在接触处自由滑动[图 3.7(a)]，或中间杆 3 自由偏斜[图 3.7(b)]，从而可以避免螺旋副中产生过大的应力。

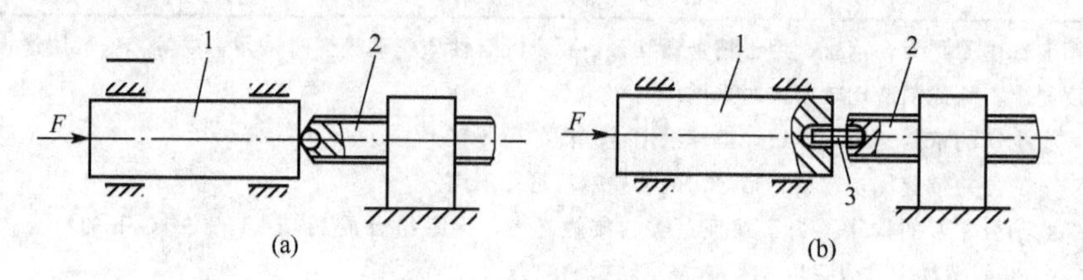

图 3.7 活动连接结构

1—滑板；2—螺杆；3—中间杆

7. 影响螺旋传动精度的因素及提高传动精度的措施

螺旋传动的传动精度是指螺杆与螺母间实际相对运动保持理论值$\left(l=\frac{zP}{2\pi}\varphi\right)$的准确程度。影响螺旋传动精度的因素主要有以下几项。

(1) 螺纹参数误差。螺纹的各项参数误差中，影响传动精度的主要因素是螺距误差、中径误差以及牙型半角误差。

① 螺距误差。螺距的实际值与理论值之差称为螺距误差。螺距误差分为单个螺距误差和螺距累积误差。单个螺距误差是指螺纹全长上，任意单个实际螺距对基本螺距的偏差的最大代数差，它与螺纹的长度无关。而螺距累积误差是指在规定的螺纹长度内，任意两侧螺纹面间实际距离对公称尺寸的偏差的最大代数差，它与螺纹的长度有关。

从式(3-1)可知，螺距误差对传动精度的影响是很明显的。若把螺旋副展开进行分析，便可清楚地看出螺杆的螺距误差无论是螺距累积误差还是单个螺距误差，都将直接影响传动精度。而螺母的螺距累积误差对传动精度没有影响，它的单个螺距误差也只有当螺杆也有单个螺距误差时才会引起传动误差。因此在精密螺旋传动中，对螺杆的精度要求高一些。

② 中径误差。螺杆和螺母在大径、小径和中径都会有制造误差。大径和小径处有较大间隙，互不接触，中径是配合尺寸，为了使螺杆和螺母转动灵活和储存润滑，配合处需要有一定的均匀间隙，因此，对螺杆全长上中径尺寸变动量的公差应予以控制。此外，对长径比(指螺杆全长与螺纹公称直径之比)较大的螺杆，由于其细而长，刚性差、易弯曲，使螺母在螺杆上各段的配合产生偏心，这也会引起螺杆螺距误差，故应控制其中径跳动公差。

③ 牙型半角误差。螺纹实际牙型半角与理论牙型半角之差称为牙型半角误差(图 3.8)。当螺纹各牙之间的牙型角有差异(牙型半角误差各不相等)时，将会引起螺距变化，从而影响传动精度。但是，由于螺纹全长是在一次装刀切削出来的，所以牙型半角误差在螺纹全长上变化不大，对传动精度影响很小。

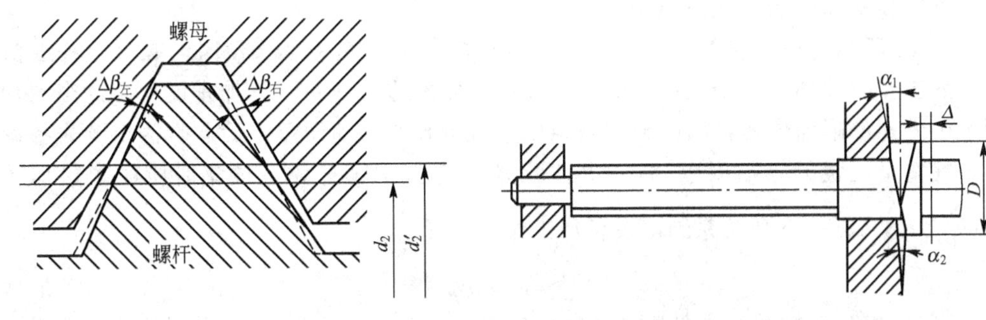

图 3.8 牙型半角误差

图 3.9 螺杆轴向窜动误差

(2) 螺杆轴向窜动误差。如图 3.9 所示，若螺杆轴肩的端面与轴承的止推面不垂直于螺杆轴线而有 α_1 和 α_2 的偏差，则当螺杆转动时，将引起螺杆的轴向窜动误差，并转化为螺母位移误差。螺杆的轴向窜动误差是周期性变化的，以螺杆转动一转为一个循环。最大的轴向窜动误差为

$$\Delta_{\max}=D\tan\alpha_{\min} \tag{3-23}$$

式中，D——螺杆轴肩的直径；

$\alpha_{\min}$——α_1 和 α_2 中较小者，对于图 3.9 所示情况为 α_2。

(3) 偏斜误差。在螺旋传动机构中，如果螺杆的轴线方向与移动件的运动方向不平行，而有一个偏斜角ψ (图 3.10)时，就会发生偏斜误差。设螺杆的总移动量为 l，移动件的实际移动量为 x，则偏斜误差为

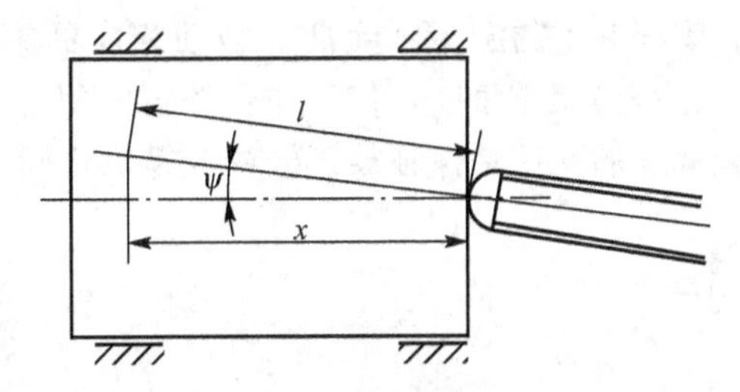

图 3.10 偏斜误差

$$\Delta l=l-x=l(1-\cos\psi)=2l\sin^2\frac{\psi}{2}$$

由于ψ一般很小，$\sin\frac{\psi}{2}\approx\frac{\psi}{2}$，因此

$$\Delta l=\frac{1}{2}l\,\psi^2 \tag{3-24}$$

由此可见，偏斜角对偏斜误差有很大影响，对其值应该加以控制。

(4) 温度误差。当螺旋传动的工作温度与制造温度不同时，将引起螺杆长度和螺距发生变化，从而产生传动误差，这种误差称为温度误差，其大小为

$$\Delta l_t=l_w\alpha\Delta t \tag{3-25}$$

式中，l_w——螺杆螺纹部分长度；

α——螺杆材料线膨胀系数，对于钢，一般取为 $11.6\times10^{-6}/℃$；

Δt——工作温度与制造温度之差。

上面分析了影响螺旋传动精度的各种误差，为了提高传动精度，应尽可能减小或消除

这些误差。为此，可以通过提高螺旋副零件的制造精度来达到，但单纯提高制造精度会使成本提高。因此，对于传动精度要求较高的精密螺旋传动，除了根据有关标准或具体情况规定合理的制造精度以外，可采取某些结构措施提高其传动精度。

由于螺杆的螺距误差是造成螺旋传动误差的最主要因素，因此采用螺距误差校正装置是提高螺旋传动精度的有效措施之一。

图3.11所示为螺距误差校正原理图，当螺杆1带动螺母2移动时，螺母导杆3沿校正尺4的工作面移动。由于工作面的凹凸外廓，使螺母转动一个附加角度，由这个附加角度所产生的螺母附加位移，恰能补偿螺距误差所引起的传动误差。为此，需要预先精确测出螺杆在每个位置的螺距误差 ΔP，并算出螺母对应于螺杆相应位置时所需的附加转角 $\left(\varphi_x=\frac{2\pi}{P}\Delta P\right)$，再按下列关系制出校正尺工作面的形状

$$y=R\tan c\varphi_x \tag{3-26}$$

式中，y——螺母导杆与校正尺接触处的位移；

R——螺母导杆的工作长度。

因为螺纹中径误差及牙型半角误差对螺旋传动精度的影响均反映在螺距的变化上，所以螺距误差校正装置校正的正是由于加工中的螺距误差、螺纹中径误差及牙型半角误差所引起的综合螺距误差。

图3.12所示为坐标镗床螺距误差校正装置简图。当螺杆转动时，螺母4带动工作台移动，校正尺3推动导杆1摆动，通过传动杆2和杠杆5(件1、2、5固连在一起)使空套在螺杆9上的游标刻度盘8转动相应的附加角度。这样，刻度盘7在对线时就随之多转(或少转)相应角度，使工作台获得的附加位移正好补偿由于螺距误差所引起的传动误差。弹簧6的作用是保证校正链中各零件之间保持经常接触。

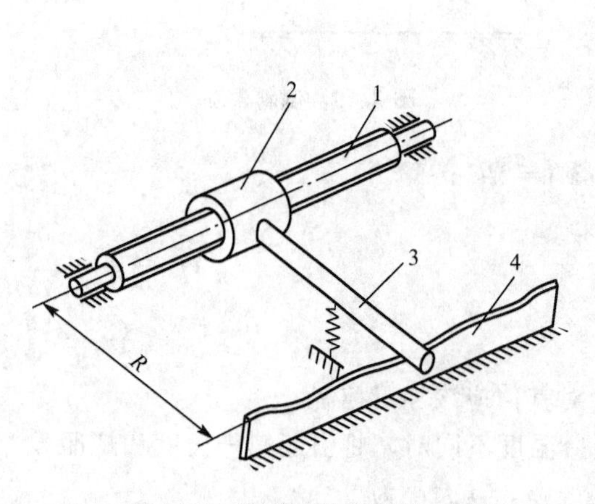

图3.11 螺距误差校正原理图

1—螺杆；2—螺母；3—螺母导杆；4—校正尺

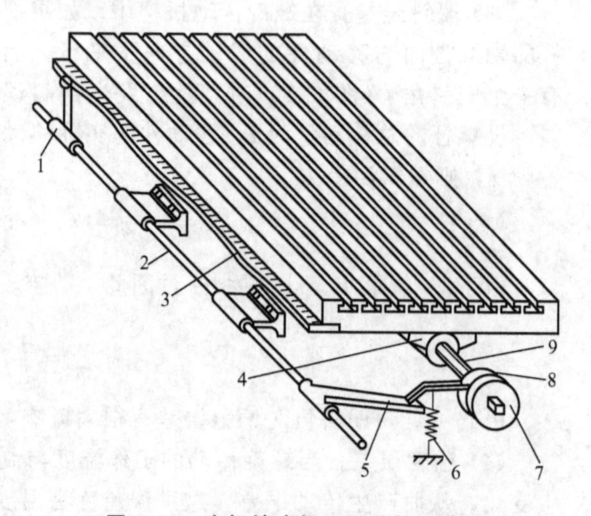

图3.12 坐标镗床螺距误差校正装置

1—导杆；2—传动杆；3—校正尺；4—螺母；5—杠杆；6—弹簧；7—刻度盘；8—游标刻度盘；9—螺杆

利用上述校正原理，也可用来校正温度误差。这时，只要把校正尺制成直尺，并使其与螺杆轴线倾斜某一角度 θ 即可。倾斜角 θ 可由下式求得

$$\theta=\frac{2\pi R}{P}\Delta\alpha\Delta t \tag{3-27}$$

式中，$\Delta\alpha$——工件材料与螺杆材料的线膨胀系数之差；

Δt——工作温度与制造温度之差；

P——螺距；

R——螺母导杆工作长度。

为了消除螺杆轴向窜动误差，可采用图 3.3 所示的结构。将螺杆 2 的端部制成锥面，镶入滚珠 5，靠弹簧 4 把其压在定位砧 6 上达到定位的目的。因为没有轴肩，式(3-23)中 $D=0$，因而消除了螺杆的轴向窜动误差。

为了减小偏斜误差，使螺旋副的移动件与导轨滑板运动灵活，移动件与滑板的连接应采用活动连接或弹性连接的方法，并尽量缩短行程；对导轨导向面与螺杆轴线的平行度应提出较高的要求。

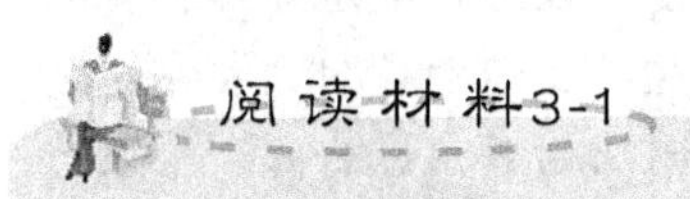

螺旋传动润滑机理探讨

螺旋传动主要用于传递能量或动力，变回转运动为直线运动。螺旋一般是靠两个互相接触的螺旋工作面滑动而工作的，因此，在设计过程中首先应从工程摩擦学的角度进行分析。人们在设计螺旋的润滑方式时一般是凭经验而定的，除特别重要的场合一般是采用定期加油的润滑方法。而以往对这种润滑方式的机理的研究分析认为其处于边界润滑与干摩擦之间，而这难以解释螺旋面经磨合后很长一段时间几乎不产生磨损的实际现象。本文将针对螺旋定期加油这一润滑方式从理论上进行分析，探讨其润滑的内在机理。

1. 螺旋面润滑机理分析

首先从宏观上进行分析。根据流体 Reynolds 方程：

$$\frac{\partial}{\partial x}\left(\frac{\rho h^3}{\eta}\frac{\partial\rho}{\partial x}\right)+\frac{\partial}{\partial z}\left(\frac{\rho h^3}{\eta}\frac{\partial P}{\partial z}\right)=6(U_1-U_2)\frac{\partial(\rho h)}{\partial x}+6\rho h\frac{\partial}{\partial x}(U_1+U_2)+12\rho(V_2-V_1)$$

可以看出，要产生流体动压润滑，必须具备三个条件：

(1)两摩擦滑动面间形成楔形间隙；(2)两滑动表面之间有相互挤压运动；(3)两滑动表面的运动速度有变化。从宏观上来说，螺旋面一般都难以满足这些条件，因此似乎难以形成动压油膜。从以下几个方面进行探讨螺旋面究竟是怎样的一种润滑机理。

1) 螺旋面间滑动表面的微观分析

一系列理论研究及现代精密仪器测量表明，实际的机加工表面，不论以什么方式加工，即使经过超精密加工，也难免在零件表面上遗留下加工刀具的痕迹，不可能绝对平整光滑，因此，从微观角度上说，所有的机加工表面都是凹凸不平的。对螺旋表面也是如此，其微观表面由三部分组成，如图 3.13 所示。

当螺旋工作一段时间完成跑合后，表面粗糙度基本上被磨去，这时的微观表面由两部分组成如图 3.14 所示。这时螺旋面间相互滑动的两表面的微观配合面如图 3.15 所示。由图 3.15 可以看出，虽然从宏观上说与螺旋面间是无法形成楔形间隙的，但从微观上来说，它实际上是存在许多微小的楔形间隙的，由于这些间隙极小，其间易于充满润滑油，当螺旋表面相互快速滑动时，必然产生微观动压润滑现象，建立动压油膜，给表面以润滑。螺旋表面上的这种微观动压油膜是局部的、随机的，且油膜压力的分布是动态的，用数学的方法进行定量描述较为困难。

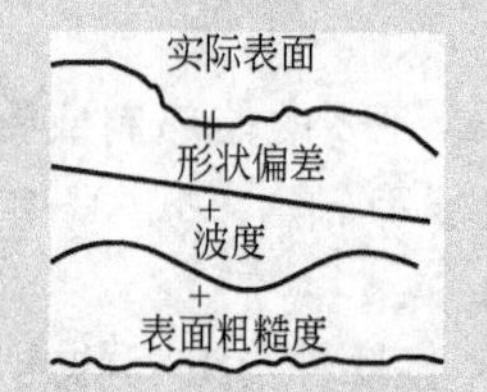

图 3.13　磨合前表面形貌

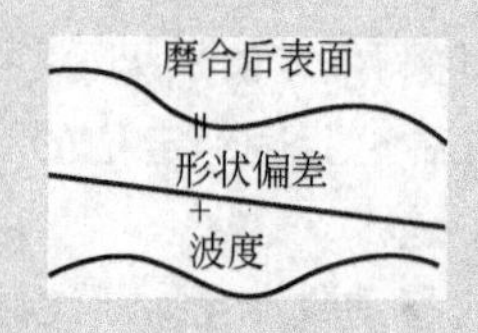

图 3.14　磨合后表面形貌

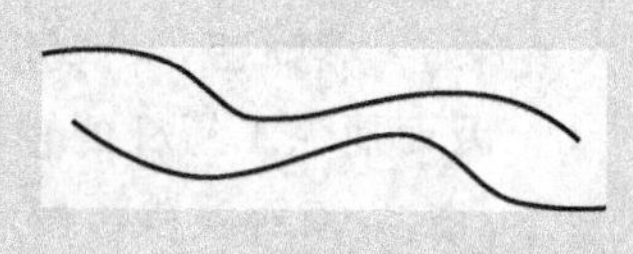

图 3.15　微动压润滑的形成

此外，应该指出的是，虽然由于螺旋表面加工存在不平度可以形成微观动压润滑油膜，但这并不意味螺旋表面越粗糙越好，因为螺旋的这种微观动压润滑作用只在一定的粗糙度范围下起主导作用，当表面过于粗糙时，会带来一系列的副作用，诸如：磨损增加、发热量增加等，从而掩盖了微观动压润滑的积极作用。另外，当表面过于粗糙时可能由于油量不足而难以形成微观动压油膜。

2）螺旋面边界膜润滑分析

在螺旋滑动表面上加上一层润滑油后，将会形成两种不同性质的吸附膜，这两种膜也将对螺旋表面润滑起积极作用。一种是物理吸附膜，即润滑剂中的极性分子在范德华力的作用下吸附到金属表面，形成定向排列的单分子层或多分子层吸附膜，这种膜可在一定程度上防止金属的直接接触。另一种称为化学吸附膜，是指润滑剂中的油性或极性分子与金属表面发生价电交换而产生化学结合力，使极性分子定向排列吸附到金属表面上而形成的吸附膜，这种膜也能对螺旋表面起润滑作用。通常普通机械油(不含添加剂的纯矿物油)在金属表面上只形成物理吸附膜，当在基础油中加入油性剂等添加剂后，则可在金属表面上形成化学吸附膜。

此外，还有摩擦聚合物膜、化学反应膜以及氧化膜等。凡此种种表面膜对螺旋的表面润滑作用都是有限的，如仅靠它们作用，一般只能保证螺旋滑动表面处于边界润滑和干摩擦之间。

3）螺旋面润滑状态讨论

由前面分析可见，螺旋滑动表面润滑作用主要由两部分组成，一为由微观表面波度引起的微观动压润滑，另一部分则是由表面金属与润滑油之间形成的表面膜所构成的润滑。按以往传统的解释，认为螺旋滑动表面的润滑是表面膜作用，按这一原理螺旋表面应处于干摩擦与边界润滑之间的某一个状态。但这一理论无法解释螺旋在经历了跑合之后为什么能在相当长的时期内几乎没有磨损的现象。

微观表面动压润滑理论则可以较好地解释这一现象。即当磨合期过后，由微观表面波度的相互配合而形成了许多微小的、局部的、动态变化的动压油膜区。按这一理论，作者有理由认为：螺旋滑动表面在磨合期后的润滑应处于动压润滑和边界润滑之间。

2. 结论

(1) 螺旋滑动表面的润滑存在两种机理，一是润滑油与螺旋表面间的表面膜所构成的润滑，二是由螺旋表面微观波度所形成的微动压润滑。

(2) 螺旋表面在经历了一定的磨合期后，其滑动表面润滑状态不应是介于干摩擦和边界润滑之间，而是应介于动压润滑与边界润滑之间。

资料来源：安琦．螺旋传动润滑机理探讨．机械工程师．1997(5)．

3.2.5 消除螺旋传动空回的方法

当螺旋机构中存在间隙，若螺杆的转动方向改变，螺母不能立即产生反向运动，只有当螺杆转动某一角度后才能使螺母开始反向运动，这种现象称为空回。对于在正反传动下工作的精密螺旋传动，空回将直接引起传动误差，必须设法予以消除。消除空回的方法就是在保证螺旋副相对运动要求的前提下消除螺杆与螺母之间的间隙。下面是几种常见的消除空回的方法。

1. 利用单向作用力

图 3.2 所示的螺旋传动中，利用弹簧 1 产生单向恢复力，使螺杆和螺母螺纹的工作表面保持单面接触，从而消除了另一侧间隙对空回的影响。这种方法除可消除螺旋副中间隙对空回的影响外，还可消除轴承的轴向间隙和滑板连接处的间隙而产生的空回。同时，这种结构在螺母上无须开槽或剖分，因此螺杆与螺母接触情况较好，有利于提高螺旋副的寿命。

2. 利用调整螺母

(1) 径向调整法。利用不同的结构，使螺母产生径向收缩，以减小螺纹旋合处的间隙，从而减小空回。图 3.16 所示为径向调整法的典型示例。图 3.16(a)是采用开槽螺母的结构，拧动螺钉可以调整螺纹间隙。图 3.16(b)是采用卡簧式螺母的结构，其中主螺母 1 上铣出纵向槽，拧紧副螺母 2 时，靠主、副螺母的圆锥面，迫使主螺母径向收缩，以消除螺旋副的间隙。图 3.16(c)是采用对开螺母的结构，为了便于调整，螺钉和螺母之间装有螺旋弹簧，这样可使压紧力均匀稳定。为了避免螺母直接压紧在螺杆上而增加摩擦力矩，加速螺纹磨损，可在此结构中装入紧定螺钉以调整其螺纹间隙，如图 3.16(d)所示。

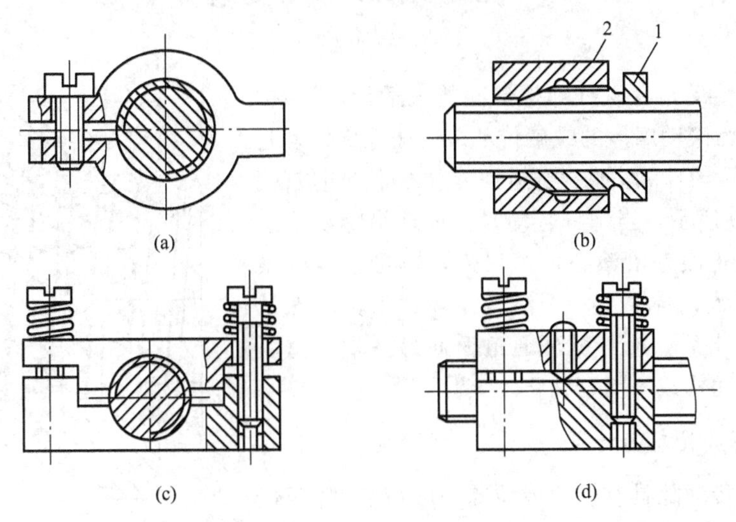

图 3.16 螺纹间隙径向调整结构

(2) 轴向调整法。图 3.17 为轴向调整法的典型结构示例。

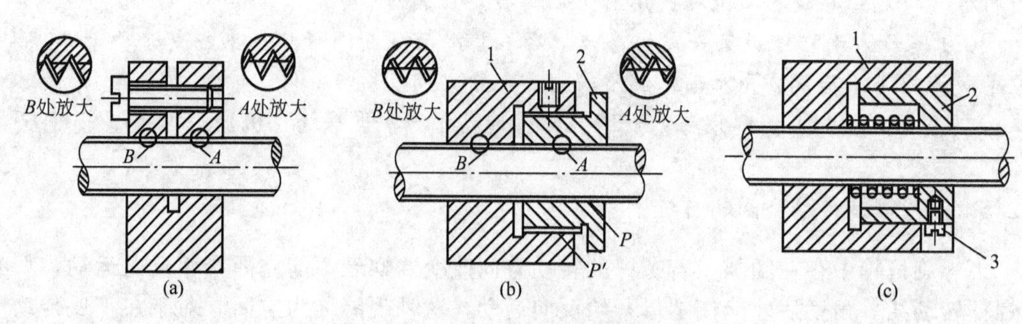

图 3.17　螺纹间隙轴向调整结构

1—主螺母；2—副螺母；3—螺钉

图 3.17(a)为开槽螺母结构，拧紧螺钉强迫螺母变形，使其左、右两半部的螺纹分别压紧在螺杆螺纹相反的侧面上，从而消除了螺杆相对螺母轴向窜动的间隙。图 3.17(b)为刚性双螺母结构，主螺母 1 和副螺母 2 之间用螺纹连接。连接螺纹的螺距 P'不等于螺杆螺纹的螺距 P，因此当主、副螺母相对转动时，即可消除螺杆相对螺母轴向窜动的间隙。调整后再用紧定螺钉将其固定。图 3.17(c)为弹性双螺母结构，它是利用弹簧的弹力来达到调整目的的。螺钉 3 的作用是防止主螺母 1 和副螺母 2 的相对转动。

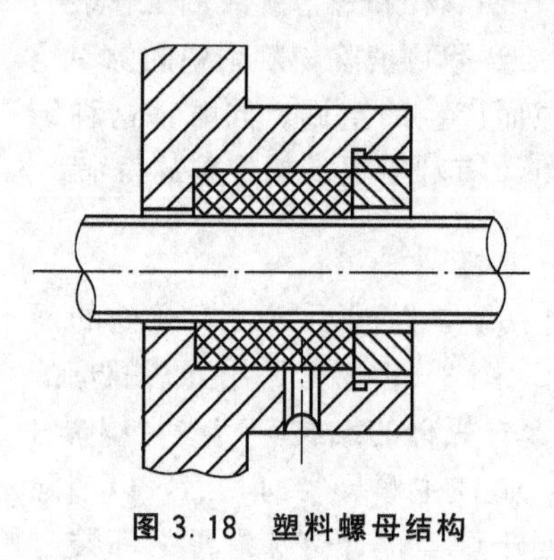

图 3.18　塑料螺母结构

3. 利用塑料螺母消除空回

图 3.18 所示是用聚乙烯或聚酰胺(尼龙)制作螺母，用金属压圈压紧，利用塑料的弹性能很好地消除螺旋副的间隙。

3.3　滚珠螺旋传动

滚珠螺旋传动是在螺杆和螺母间放入适量的滚珠，使滑动摩擦变为滚动摩擦的螺旋传动。滚珠螺旋传动是由螺杆、螺母、滚珠和滚珠循环返回装置 4 部分组成的。

如图 3.19 所示，当螺杆转动时，滚珠沿螺纹滚道滚动。为了防止滚珠沿滚道面掉出来，螺母上设有滚珠循环返回装置，构成了一个滚珠循环通道，滚珠从滚道的一端滚出后，沿着循环通道返回另一端，重新进入滚道，从而构成一闭合回路。

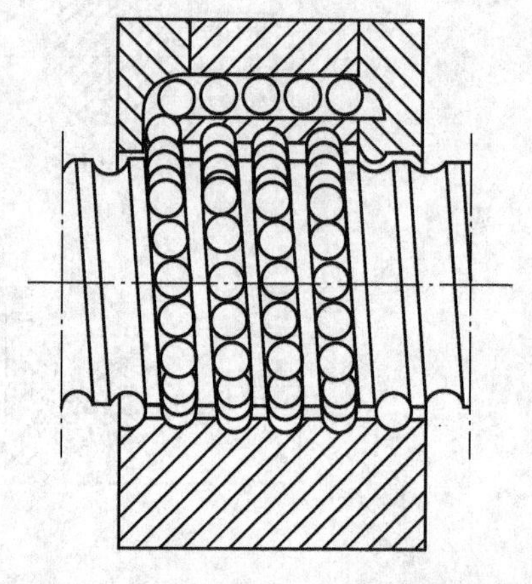

图 3.19　滚珠螺旋传动工作原理图

1. 滚珠螺旋传动的特点

滚珠螺旋传动除具有螺旋传动的一般特点(降速传动比大及牵引力大)外，与滑动螺旋传动相比较，具有下列特点。

(1) 传动效率高，一般可达90%以上，约为滑动螺旋传动效率的3倍。在伺服控制系统中采用滚珠螺旋传动，不仅可以提高传动效率，而且可以减小启动力矩、颤动及滞后时间。

(2) 传动精度高，由于摩擦力小，工作时螺杆的热变形小，螺杆尺寸稳定，并且经调整预紧后，可得到无间隙传动，因而具有较高的传动精度、定位精度和轴向刚度。

(3) 具有传动的可逆性，但不能自锁，用于垂直升降传动时，需附加制动装置。

(4) 制造工艺复杂，成本较高，但使用寿命长，维护简单。

2. 滚珠螺旋传动的结构型式与类型

按用途和制造工艺不同，滚珠螺旋传动的结构形式有多种，它们的主要区别在于螺纹滚道法向截形、滚珠循环方式、消除轴向间隙的调整预紧方法3方面。

1) 螺纹滚道法向截形

螺纹滚道法向截形是指通过滚珠中心且垂直于滚道螺旋面的平面和滚道表面交线的形状。常用的截形有两种，即单圆弧形[图 3.20(a)]和双圆弧形[图 3.20(b)]。

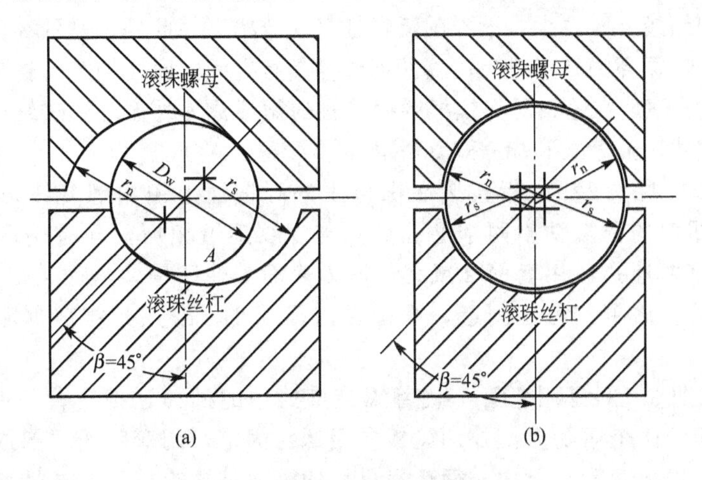

图 3.20 滚道法向截形示意图

滚珠与滚道表面在接触点处的公法线与过滚珠中心的螺杆直径线间的夹角 β 叫接触角。理想接触角 $\beta=45°$。

滚道半径 r_s(或 r_n)与滚珠直径 D_w 的比值，称为适应值 $f_{rs}=r_s/D_w$(或 $f_{rn}=r_n/D_w$)。适应值对承载能力的影响较大，一般取 f_{rs}(或 f_{rn})$=0.52\sim0.55$。

单圆弧形的特点是砂轮成型比较简单，易于得到较高的精度。但接触角随着初始间隙和轴向力大小而变化，因此，效率、承载能力和轴向刚度均不够稳定。而双圆弧形的接触角在工作过程中基本保持不变，效率、承载能力和轴向刚度稳定，并且滚道底部不与滚珠接触，可储存一定的润滑油和脏物，使磨损减小。但双圆弧形砂轮修整、加工、检验比较困难。

2) 滚珠循环方式

按滚珠在整个循环过程中与螺杆表面的接触情况，滚珠的循环方式可分为内循环和外循环两类。

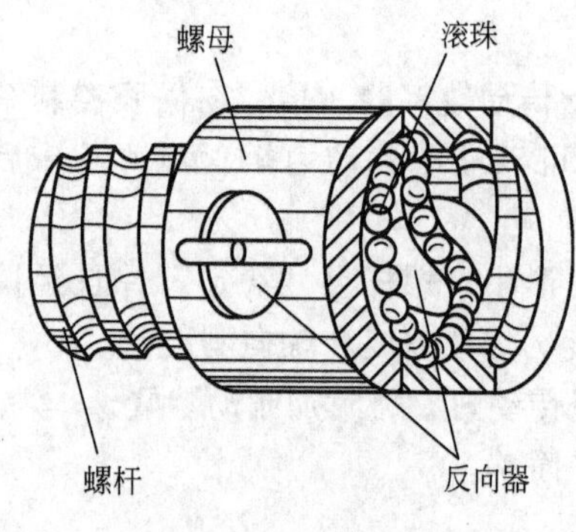

图 3.21　内循环

(1) 内循环。滚珠在循环过程中始终与螺杆保持接触的循环叫内循环(图 3.21)。

在螺母的侧孔内，装有接通相邻滚道的反向器。借助于反向器上的回珠槽，迫使滚珠沿滚道滚动一圈后越过螺杆螺纹滚道顶部，重新返回起始的螺纹滚道，构成单圈内循环回路。在同一个螺母上，具有循环回路的数目称为列数，内循环的列数通常有 2～4 列(即一个螺母上装有 2～4 个反向器)。为了结构紧凑，这些反向器是沿螺母周围均匀分布的，且口对应第二列、第三列、第四列的滚珠螺旋的反向器分别沿螺母圆周方向互错 180°、120°、90°。反向器的轴向间隔视反向器的型式不同，分别为$\frac{3}{2}P_h$、$\frac{4}{3}P_h$、$\frac{5}{4}P_h$或$\frac{5}{2}P_h$、$\frac{7}{3}P_h$、$\frac{1}{4}P_h$，其中 P_h 为导程。

滚珠在每一循环中绕经螺纹滚道的圈数称为工作圈数。内循环的工作圈数是一列只有一个圈，因而回路短、滚珠少，滚珠的流畅性好、效率高。此外，它的径向尺寸小、零件少、装配简单。内循环的缺点是反向器的回珠槽具有空间曲面，加工较复杂。

(2) 外循环。滚珠在返回时与螺杆脱离接触的循环称为外循环。按结构的不同，外循环可分为螺旋槽式、插管式和端盖式 3 种。

① 螺旋槽式(图 3.22)是指直接在螺母 1 外圆柱面上铣出螺旋线形的凹槽作为滚珠循环通道，凹槽的两端钻出两个通孔分别与螺纹滚道相切，同时用两个挡珠器 4 引导滚珠 3 通过该两通孔，用套筒 2 或螺母座内表面盖住凹槽，从而构成滚珠循环通道。螺旋槽式结构工艺简单，易于制造，螺母径向尺寸小。缺点是挡珠器刚度较差，容易磨损。

② 插管式(图 3.23)是用弯管 2 代替螺旋槽式中的凹槽，把弯管的两端插入螺母 3 与螺纹滚道相切的两个通孔内，外加压板 1 用螺钉固定，用弯管的端部或其他型式的挡珠器引导滚珠 4 进出弯管，以构成循环通道。插管式结构简单，工艺性好，适于批量生产。缺点是弯管突出在螺母的外部，径向尺寸较大，若用弯管端部作挡珠器，则耐磨性较差。

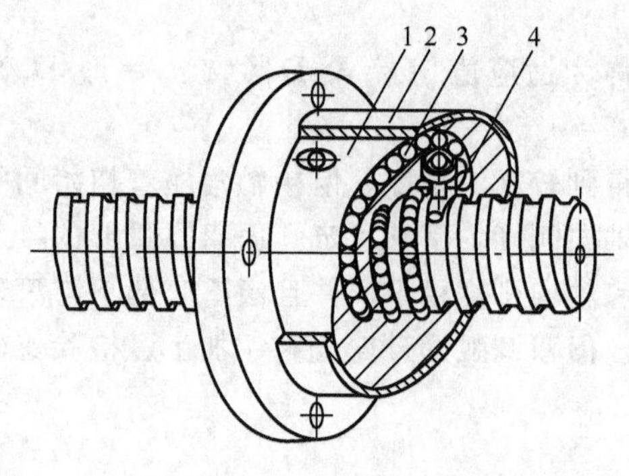

图 3.22　螺旋槽式外循环

1—螺母；2—套筒；3—滚珠；4—挡珠器

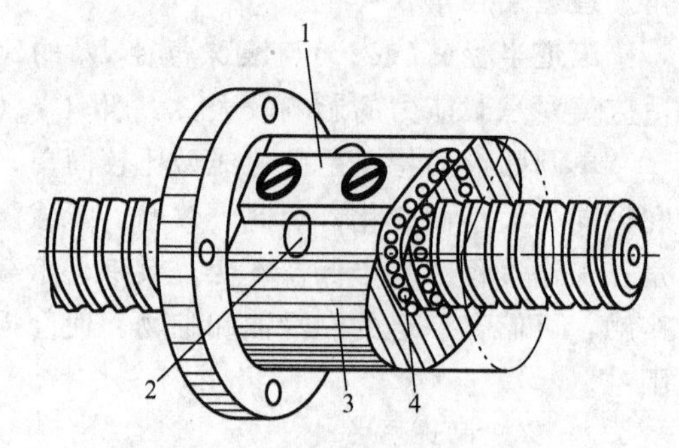

图 3.23　插管式外循环

1—压板；2—弯管；3—螺母；4—滚珠

③ 端盖式(图 3.24)是在螺母 1 上钻有一个纵向通孔作为滚珠返回通道，螺母两端装有铣出短槽的端盖 2，短槽端部与螺纹滚道相切，并引导滚珠返回通道，构成滚珠循环回路。端盖式的优点是结构紧凑，工艺性好。缺点是滚珠通过短槽时容易卡住。

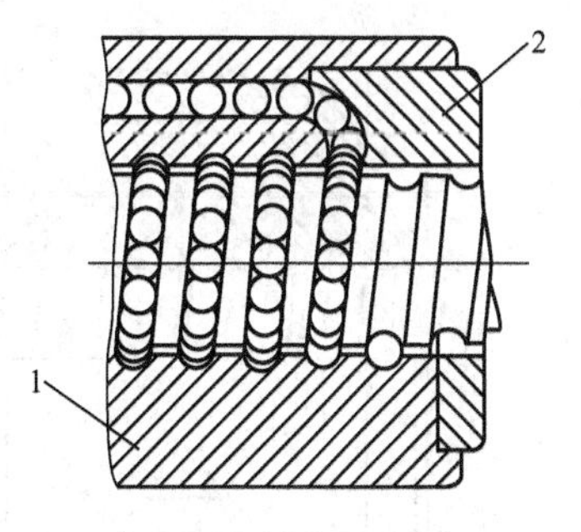

图 3.24 端盖式外循环

1—螺母；2—端盖

3）消除轴向间隙的调整预紧方法

如果滚珠螺旋副中有轴向间隙或在载荷作用下滚珠与滚道接触处有弹性变形，则当螺杆反向转动时，将产生空回误差。为了消除空回误差，在螺杆上装配两个螺母 1 和 2，调整两个螺母的轴向位置，使两个螺母中的滚珠在承受载荷之前就以一定的压力分别压向螺杆螺纹滚道相反的侧面，使其产生一定的变形(图 3.25)，从而消除了轴向间隙，也提高了轴向刚度。常用的调整预紧方法有下列 3 种。

(1) 垫片调隙式(图 3.26)。调整垫片 2 的厚度 Δ，可使螺母 1 产生轴向移动，以达到消除轴向间隙和预紧的目的。这种方法结构简单，可靠性高，刚性好。为了避免调整时拆卸螺母，垫片可制成剖分式。其缺点是精确调整比较困难，并且当滚道磨损时，不能随意调整，除非更换垫圈不可，故适用于一般精度的传动机构。

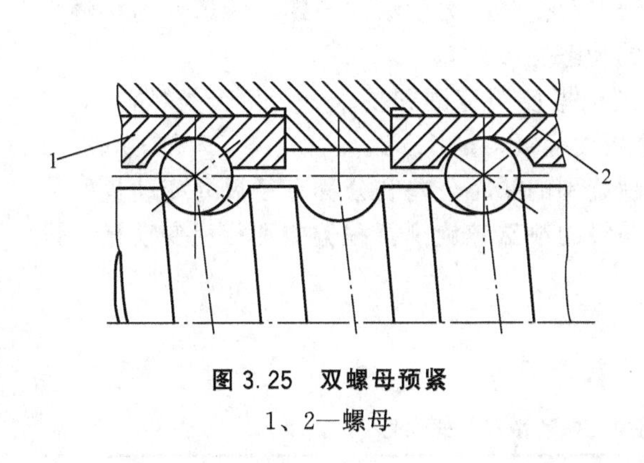

图 3.25 双螺母预紧

1、2—螺母

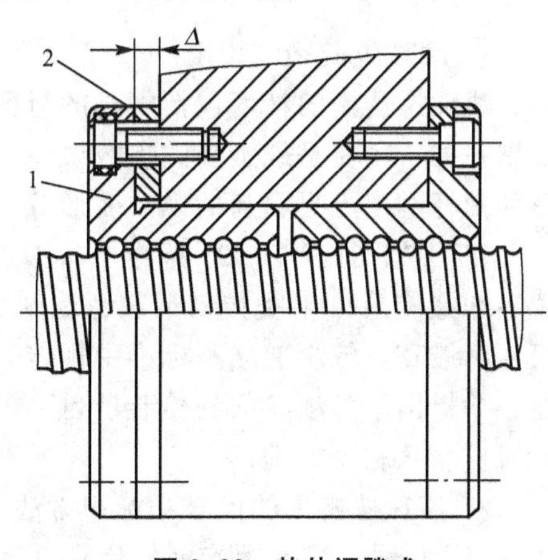

图 3.26 垫片调隙式

1—螺母；2—垫片

(2) 螺纹调隙式(图 3.27)。螺母 1 的外端有凸缘，螺母 3 加工有螺纹的外端伸出螺母座外，以两个圆螺母 2 锁紧。旋转圆螺母即可调整轴向间隙和预紧。这种方法的优点是结构紧凑，工作可靠，调整方便。缺点是不很精确。键 4 的作用是防止两个螺母的相对转动。

(3) 齿差调隙式(图 3.28)。在螺母 1 和 2 的凸缘上切出齿数相差一个齿的外齿轮($z_2=z_1+1$)，将其装入螺母座中分别与具有相应齿数(z_1 和 z_2)的内齿轮 3 和 4 啮合。调整时，先取下内齿轮，将两个螺母相对螺母座同方向转动一定的齿数，然后把内齿轮复位固定。此时，两个螺母之间产生相应的轴向位移，从而达到调整的目的。当两个螺母按同一个方向转过一个齿时，其相对轴向位移为

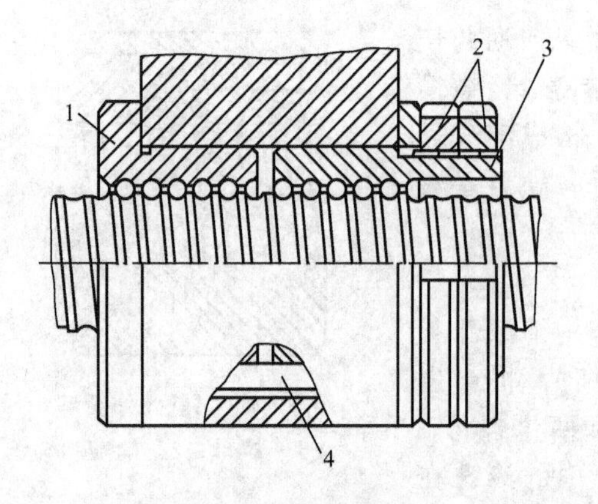

图 3.27　螺纹调隙式

1、3—螺母；2—圆螺母；4—键

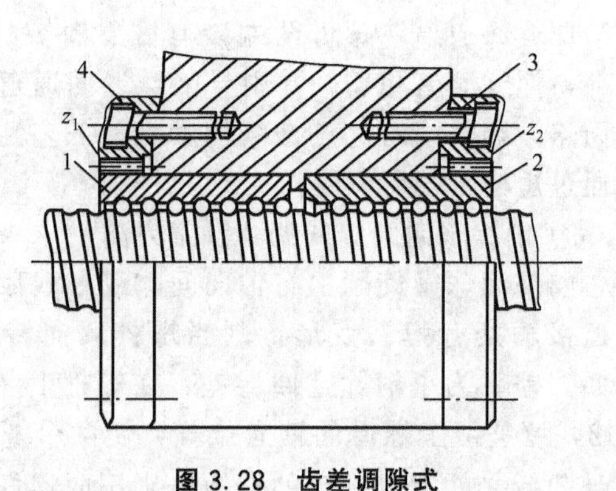

图 3.28　齿差调隙式

1、2—螺母；3、4—内齿轮

$$\Delta l=\left(\frac{1}{z_1}-\frac{1}{z_2}\right)P_{\mathrm{h}}=\frac{z_2-z_1}{z_2 z_1}P_{\mathrm{h}}=\frac{1}{z_2 z_1}P_{\mathrm{h}} \tag{3-28}$$

式中，P 为导程。如果 $z_1=99$，$z_2=100$，$P_{\mathrm{h}}=8\mathrm{mm}$，则 $\Delta l=0.8\mu\mathrm{m}$。可见，这种方法的特点是调整精度很高，工作可靠，但结构复杂，加工工艺和装配性能较差。

3. 滚珠螺旋副的精度、代号和标记方法

1）滚珠螺旋副的精度

滚珠螺旋副的精度包括螺母的行程误差和空回误差。影响螺旋副精度的因素同滑动螺旋副一样，主要是螺旋副的参数误差、机构误差及受轴向力后滚珠与螺纹滚道面的接触变形和螺杆刚度不足引起的螺纹变形等所产生的动态变形误差。

在 JB/T 3162.2—91 标准中，滚珠螺旋副根据使用范围和要求分为两个类型(P 类定位滚珠螺旋副和 T 类传动滚珠螺旋副)、7 个精度等级，即 1、2、3、4、5、7 和 10 级。1 级精度最高，依次递减。标准中规定了滚动螺旋副的螺距公差和公称直径尺寸变动量的公差，并提出了各项参数的检验项目、各精度等级的滚珠螺旋副行程偏差和行程变动量。设计时应参照相关标准。

2）滚珠螺旋副的代号和标记方法

(1) 代号。滚珠螺旋副的代号见表 3-9～表 3-11。

表 3-9　滚珠螺旋副中滚球的循环方式代号

循环方式		代号
内循环	浮动式	F
	固定式	G
外循环	插管式	C

表 3-10　滚珠螺旋副结构特征代号

结构特征	代号	结构特征	代号
导珠管埋入式	M	导珠管凸出式	T

表 3-11　滚珠螺旋副的预紧方式代号

预紧方式	代号	预紧方式	代号
变位导程预紧(单螺母)	B	齿差预紧(双螺母)	C
增大钢珠直径预紧(单螺母)	Z	螺帽预紧(双螺母)	L
垫片预紧(双螺母)	D	单螺母无预紧	W

(2) 标记方法。滚珠螺旋副的标记方法如下。

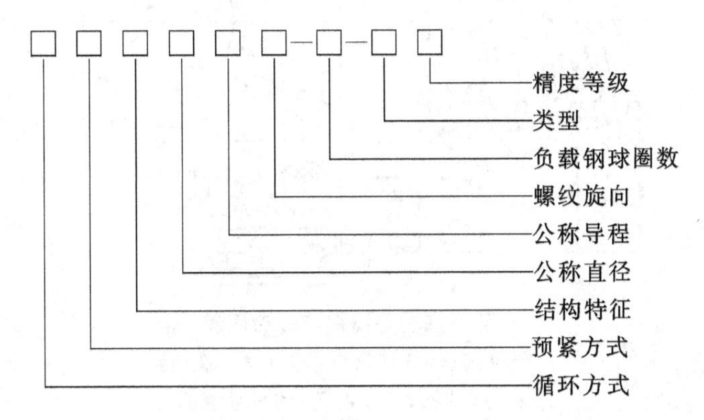

示例：CDM5010－3－P3 表示为外循环插管式，双螺母垫片预紧，导珠管埋入式的滚动螺旋副，公称直径为 50mm，基本导程为 10mm，螺纹旋向为右旋(左旋为 LH，右旋不标代号)，负荷滚珠圈数为 3 圈，定位滚珠螺旋副，精度等级为 3 级。

滚珠螺旋副由专业厂家生产，现已形成标准系列。使用者可根据滚珠螺旋副的使用条件、负载、速度、行程、精度、寿命进行选型。

3.4 静压螺旋传动简介

1. 静压螺旋传动的工作原理

静压螺旋传动的工作原理如图 3.29 所示。来自液压泵 3 的润滑油，经溢流阀 6 调压后，通过精密滤油器 2 以一定压力(p)通过节流阀 1，由内螺纹牙侧面的油腔进入工作螺纹的间隙，然后经各回油孔(虚线所示，回油路图中未画出)流回油箱 5。

当螺杆无外载荷时，通过每一油腔沿间隙流出的流量相等，螺纹牙两侧的油压及间隙也相等，即 $P_{r1}=P_{r2}=P_{r0}$，$h_1=h_2=h_0$，螺杆保持在中间位置。

当螺杆受轴向力 F_a 而偏向左侧时，则间隙 h_1 减小，h_2 增大。

由节流阀的作用，使 $P_{r1}>P_{r2}$，从而产生一个平衡 F_a 的反力。

当螺杆受径向力 F_r 作用而沿载荷方向产生位移时，油腔 A 侧间隙减小，B、C 侧间隙增大。同样，由于节流阀的作用，使 A 侧的油压增高，B、C 侧油压降低，形成压差与径向力 F_r 平衡。

当螺杆一端受径向力 F_{r1} 作用而形成一倾覆力矩时，螺母上对应油腔 E、J 侧间隙减小，D、G 侧间隙增大。由于节流阀的作用使螺杆产生一个反向力矩，使其保持平衡。

由上述 3 种受力情况可知，当每一个螺旋面上设有 3 个以上的油腔时，螺杆(或螺母)

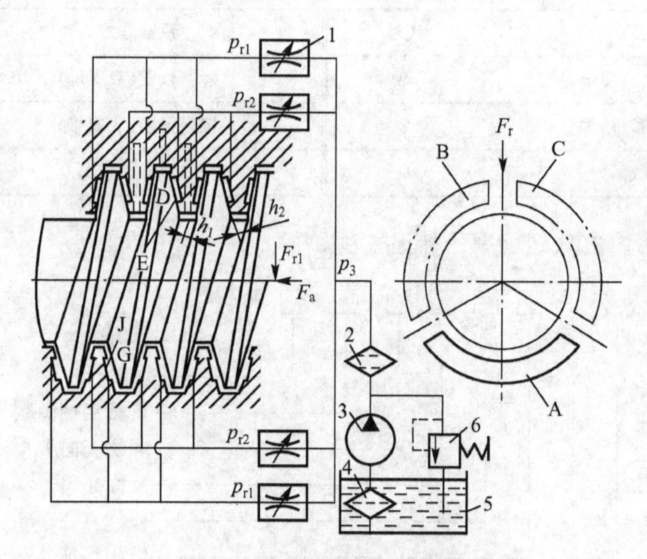

图 3.29　静压螺旋传动原理

1—节流阀；2—精密滤油器；3—液压泵；
4—滤油器；5—油箱；6—溢流阀

不但能承受轴向载荷，同时也能承受一定的径向载荷和倾覆力矩。

2. 静压螺旋传动的特点

静压螺旋与滑动螺旋和滚动螺旋相比，具有下列特点。

(1) 摩擦阻力小，效率高(可达 99%)。

(2) 寿命长。螺纹表面不直接接触，能长期保持工作精度。

(3) 传动平稳，低速时无爬行现象。

(4) 传动精度和定位精度高。

(5) 具有传动可逆性，必要时应设置防止逆转的机构。

(6) 需要一套可靠的供油系统，并且螺母结构复杂，加工比较困难。

习　题

一、填空题

1. 螺纹按功能分为________、________和________三类。按截面形状分为________、________、________、________和________五类。

2. 普通螺纹的主要参数有____、____、____、____、____、____、____、____。(写出名称和符号)

3. 螺旋传动可把主动件的________运动转变为从动件的________运动。

4. 已知一双线右旋螺纹的螺距为 6mm，则该螺纹的导程为________mm。当中径为 60.103，小径为 57.505，公称直径为 64，则螺纹升角为______。

5. 螺纹的旋合长度代号为 S 表示________；为 L 表示________；为 N 表示

__________。

6. 管螺纹的尺寸代号为1/2，螺纹密封的圆锥内螺纹的代号为__________。

7. 用左、右手定则判断螺杆的移动方向时，左旋用____手，右旋用____手，四指的弯曲方向与__________一致，则大拇指的方向表示__________。

8. 当两螺纹的旋向相同时，称为__________，其移距的计算公式为__________经常用于__________装置中；当旋向相反时，称为__________，其移距的计算公式为__________，经常用于__________装置中。

9. 当螺旋机构中，螺杆为双线螺纹，螺距为4mm，当螺杆转3周时，螺母移动距离为__________。

二、选择题

1. 普通螺纹的牙型角为(　　)。

A. 60°　　B. 30°　　C. 0°　　D. 55°

2. 普通螺纹的公称直径为(　　)。

A. 螺纹大径　　B. 螺纹小径

C. 螺纹中经　　D. 不确定

3. 相互配合的两个螺纹其旋向(　　)。

A. 相同　　B. 相反　　C. 不确定

4. 一般用于单向传动的螺纹为(　　)。

A. 普通螺纹　　B. 梯形螺纹

C. 矩形螺纹　　D. 锯齿形螺纹

5. 下列螺纹代号不准确的是(　　)。

A. M24　　B. M24×1.5

C. M10LH　　D. M32-5g6g-L

6. 螺纹代号为G5/8表示(　　)。

A. 螺纹密封的外螺纹　　B. 非螺纹密封的外螺纹

C. 螺纹密封的内螺纹　　D. 非螺纹密封的内螺纹

三、简答题

1. 什么是螺纹牙型？按螺纹牙型不同，常用的螺纹有哪几种？试说明它们的应用场合。

2. 试解释下列各螺纹标记的含义：

(1) M24×2-6H

(2) M30×1.5-5g6g

(3) M12-6H-S

(4) R_C1/4

(5) Tr52×14(P7)-7e-L

3. 什么是螺旋传动？常用的螺旋传动有哪几种？

4. 什么是差动螺旋传动？利用差动螺旋传动实现微量调节对两段螺纹的旋向有什么要求？

5. 滚珠螺旋传动有什么优、缺点？主要应用在什么场合？

6. 画图说明消除螺旋传动的空回方法有哪些？

四、计算题

1. 在图3.30所示台虎钳的螺旋传动中，若螺杆为双线螺线，螺距为5mm，当螺杆回转3周时，活动钳口移动的距离是所少？

2. 如图3.31所示，螺杆1可在机架3的支承内转动，a处为左旋螺纹，b处为右旋螺纹，两处螺纹均为单线，螺距$P_a=P_b=4\text{mm}$，螺母2和螺母4不能回转，只能沿机架的导轨移动。求螺杆按图示方向回转1.5周时，螺母2和螺母4相对移动的距离，并在图上画出两螺母的移动方向。

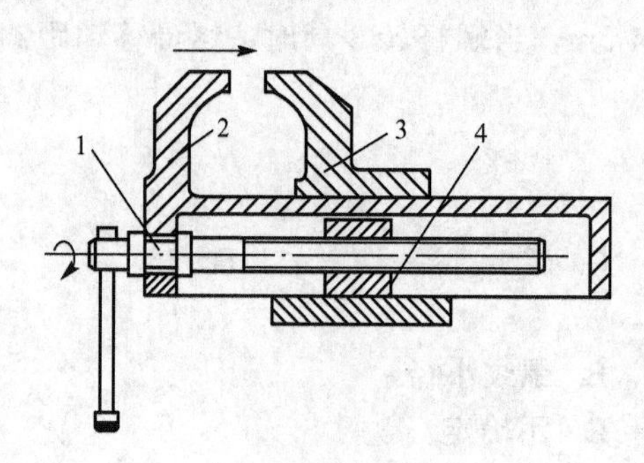

图3.30 台虎钳

1—螺杆；2—活动钳口；

3—固定钳口；4—螺母

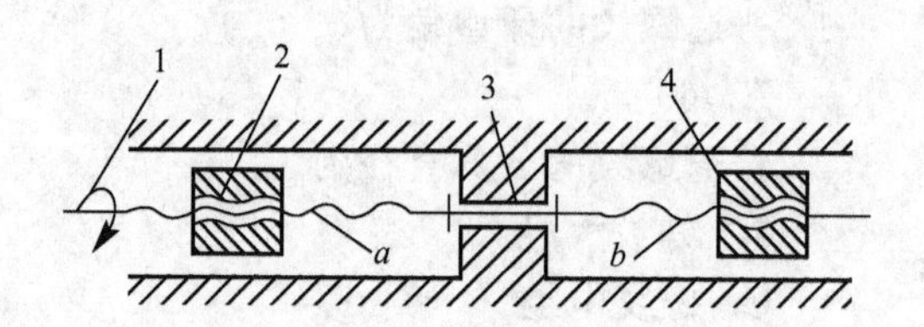

图3.31 题2图

1—螺杆；2—左旋滑动螺母；

3—机架；4—右旋滑动螺母

五、思考题

1. 分析螺旋传动原理、运动关系及其分类。

2. 画图说明螺旋传动有哪几种基本型式？

第4章
轴和常见精密轴系

教学要求	知识要点
了解轴的分类； 掌握轴用材料的选择	轴的分类； 轴常用的材料； 在不同热处理情况下的力学性能
掌握轴的结构设计要点	轴的外形结构特点； 零件在轴上的固定方法
了解轴的刚度和强度校核步骤	弯矩图； 精密轴系刚度校核
了解精密轴系的特点、对精密轴系的要求	旋转精度及刚度的重要性
掌握各种轴系的结构设计特点	半运动式柱形轴系的结构设计； 平面轴系的结构设计
掌握轴系精度的影响因素	各种轴系的误差分析

导入案例

光电经纬仪广泛应用于弹道测量、实况记录、辐射测量、卫星观测等领域。特别是近年来，随着空间探测的深入发展，光电经纬仪成为空间目标观测和航天器定轨的重要设备。随着测试目标速度的提高和设备自动化程度的提高，对光电经纬仪电视跟踪伺服系统的跟踪和捕获快速运动目标的能力提出了越来越高的要求。我国发射的神州飞船，从酒泉卫星发射中心升空到返回地面，其飞行姿态、飞行轨迹等数据都需要实时监测，都是多个光电经纬仪担负的使命。

光电经纬仪的水平轴系和垂直轴系精度对光电经纬仪的跟踪精度起决定作用。跟踪精度满足不了需求，目标就很容易移出视场。目标一旦移出视场，跟踪就失败了。

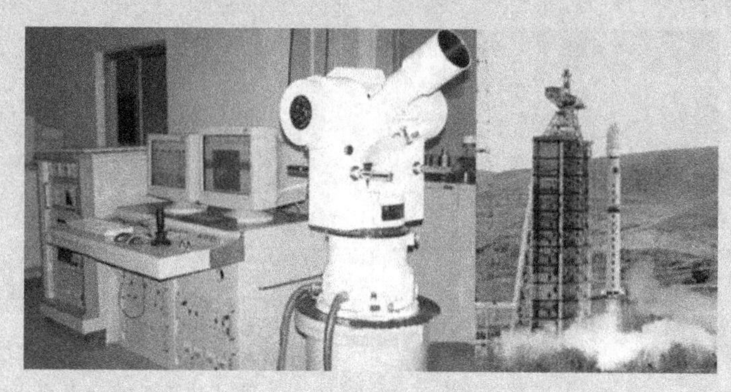

4.1 概　　述

轴是组成精密机械的重要零件之一。回转运动的零件都必须装在轴上才能实现回转运动。

根据承载情况，轴分为心轴、转轴和传动轴 3 种。心轴可以随回转件一起转动，如图 4.1(a)中用键与滑轮联结的心轴；也可以固定不动，不随回转件回转，如图 4.1(b)中的心轴与滑轮间隙配合。心轴只受弯矩，不受转矩。转动的心轴受变应力，不转的心轴受静应力。

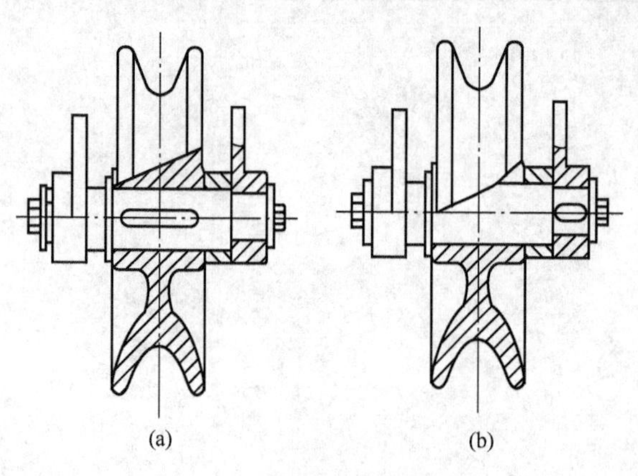

图 4.1　心轴

根据轴的中心线形状的不同，轴可分为直轴、曲轴和钢丝软轴。轴的各截面中心在同一直线上的即为直轴；各截面中心不在同一直线上即为曲轴。曲轴属于专用零件，多用于动力机械中。钢丝软轴的轴线可随意变化，可以把回转运动灵活地传到任意位置，能用于受连续振动的场合，具有缓和冲击的作用。

精密轴系是很多精密机械和精密仪器的关键部件，其质量直接影响仪器的使用和精度。它是用来支撑结构链中的可动部分，使其按照规定的方向作精确回转的。多数精密轴系由轴和轴套组成，也可由轴和两个(或两个以上)轴套组成。

通常仪器对轴系有以下几方面的要求：①较高的回转精度；②运动应灵活、轻便平滑，无卡滞和跳动现象；③具有足够的刚度；④良好的结构工艺性；⑤较长的使用寿命。

常见的精密轴系有标准圆柱形轴系、圆锥形轴系、半运动式柱形轴系和平面轴系。

4.2 轴

轴是轴系中的重要部件，涉及回转精度、强度、热变形、振动稳定性和结构工艺性等问题。设计轴时，应将轴和轴系零、部件的整体结构密切联系起来考虑。

轴的设计主要包括选定轴的材料、确定结构、计算强度和刚度，对于高速运转的轴，有时还要计算振动稳定性，并绘制轴的零件工作图。

4.2.1 轴的材料及选择

轴的材料种类很多，设计时主要根据轴的工作能力，即强度、刚度、振动稳定性及耐磨性等要求，以及为实现这些要求所采用的热处理方式，同时还应考虑制造工艺等问题加以选用，力求经济合理。

轴的常用材料主要是碳素钢和合金钢。碳素钢对应力集中敏感性小，价格便宜，因此应用比较广泛。常用的优质碳素结构钢有35、45、50钢，最常用的是45钢。为保证其力学性能，一般需进行调制或正火处理。不重要的或受力较小的传动轴，可使用Q235、Q275等普通碳素结构钢。合金钢具有较高的力学性能和热处理性能，可用于受力较大并要求尺寸小、重量轻或耐磨性较高的轴。常用的合金钢有20Cr、40Cr等。当温度超过300℃时可采用含Mo的合金钢。

对于仪器中一些受力很小而要求耐磨性高的轴，为了保证其硬度可选用T8A、T10A等碳素工具钢制造。在某些仪表中为了防磁，可用黄铜和青铜材料制作轴；为了防腐蚀也可采用2Cr13及4Cr13等不锈钢作为轴的材料。

轴常用材料的主要力学性能列于表4-1中。

表4-1 轴常用材料的主要力学性能

材料牌号	热处理	毛坯直径 d/mm	硬度	σ_b/N·mm^{-2}	σ_s/N·mm^{-2}	备注
Q235	—	任意	190HBS	520	280	用于不重要或载荷不大的轴
45	正火	≤100	170～217HBS	600	300	应用最广
	调质	≤200	217～255HBS	650	360	
$20C_r$	渗碳、淬火回火	≤60	表面 56～62HRC	640	390	用于强度和韧性要求较高的轴
$40C_r$	调质	≤100	240～286HBS	750	550	用于载荷较大而无很大冲击的轴

（续）

材料牌号	热处理	毛坯直径 d/mm	硬度	σ_b/N·mm^{-2}	σ_s/N·mm^{-2}	备注
2C_r13	调质	≤100	197～248HBS	650	440	用于腐蚀条件下工作的轴
38 C_rMoALA	调质	30	≤229HBS	1000	850	用于耐磨性和强度要求高，且要求热处理(氮化)变形很小的轴

4.2.2 轴的结构设计

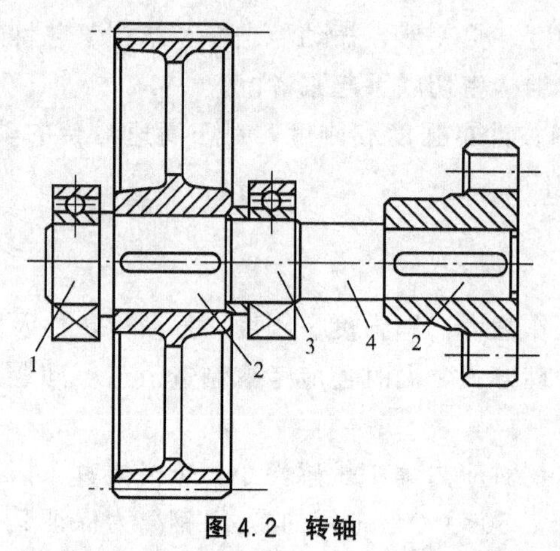

图 4.2 转轴

1—轴肩；2—齿轮轴肩；3—轴肩 2；4—轴肩 3

轴主要由轴颈、轴头和轴身(图 4.2)3 个部分组成，轴上被支承的部分叫做轴颈，安装轮毂的部分叫做轴头，连接轴颈和轴头的部分叫做轴身。

轴的结构取决于零件的结构和尺寸、布置和固定方式、装配和拆卸工艺以及轴的受力状况等因素。因涉及的因素较大，致使轴的结构设计具有较大的灵活性和多样性，设计时应针对具体情况综合考虑，使之满足：①轴和装在轴上的零件要有准确的轴向工作位置，并便于装拆和调整；②轴应有良好的加工工艺性。

1. 轴的外形结构

图 4.3(a)为一级圆柱齿轮减速机简图。图 4.3(b)为该减速机Ⅱ轴的外形。轴上装有联轴器的①段部分(外伸端)的轴径，一般应是轴的最小直径。轴的②段较①稍粗，在①、②段之间构成轴肩，用以确定联轴器有轴向位置。联轴器的周向位置用平键固定。②段的外径与端盖的密封圈配合。为了装拆滚动轴承方便，使③段(轴颈)比②段稍粗，③段的直径要和所选用的滚动轴承内径相同。在同一根轴上两个滚动的型号最好相同，这样可以减少构件的种类，因此，⑦段和③段的直径相同。轴上齿轮的位置用轴环⑤、套筒和平键来固

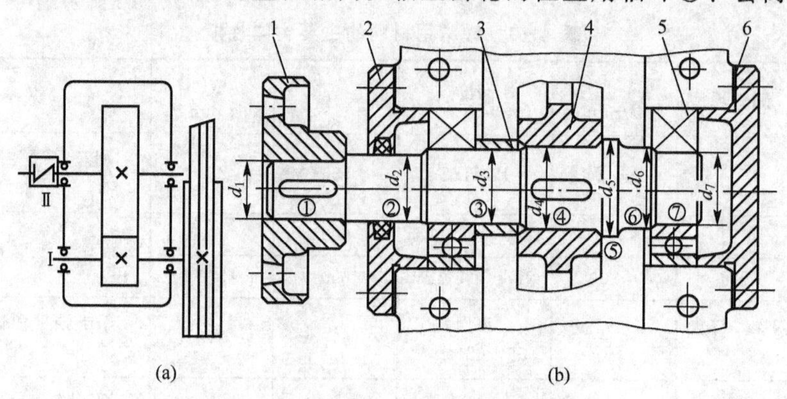

图 4.3 轴的外形结构设计示例

1—联轴器；2—端盖；3—套筒；4—齿轮；5—滚动轴承；6—调整垫片

定。轴的④段部分的轴径比③段稍大，也是为了装拆齿轮方便。而且，从载荷分布的情况看，齿轮中间部分轴截面所受的弯矩最大，所以应加大此处的轴径尺寸，对提高轴的弯曲强度有利。装在③段上的滚动轴承靠套筒和端盖来固定它的轴向位置。两个滚动轴承内圈的周向位置是利用它们与轴颈产生的静配合来解决的。此外，为便于轴颈的磨削，在轴的⑦段上有一个砂轮越程槽，⑥段为轴的过渡部分。

在满足工作要求的前提下，轴的外形结构应尽可能简单，因轴的外形简单，加工就方便，热处理时不易变形，并能减少应力集中，有利于提高轴的疲劳强度。

从上述分析可知，在确定轴的结构时，必须同时考虑到轴上零件的固定方法。

2. 零件在轴上的固定方法

零件在轴上固定可分为轴向和周向两种。

(1) 零件在轴上的轴向固定。轴向固定常采用轴肩、轴环、挡环、螺母、套筒等(图 4.4)。轴肩由定位面和内圆角组成，为保证轴上零件能靠紧定位面，轴上内圆角半径 r 应小于零件上倒角 C 或外圆角半径 R。轴环尺寸通常可取 $a=(0.07\sim0.1)d$；$b=1.4a$；a 为轴环高度，b 为轴环宽度。

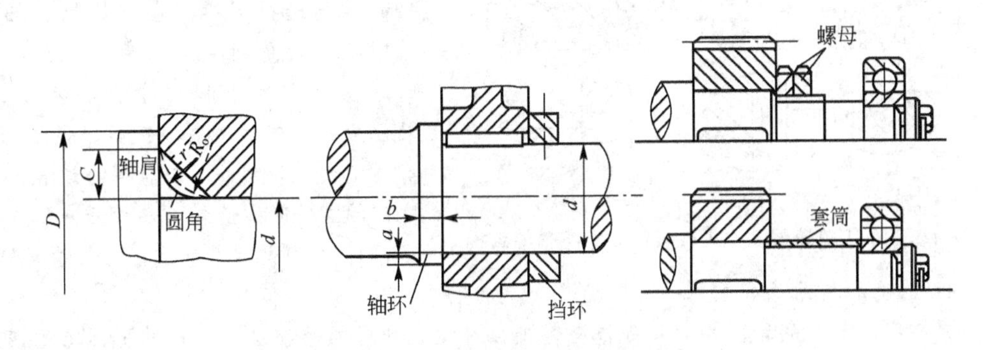

图 4.4 几种轴向固定方法

(2) 零件在轴上的周向固定。周向固定常采用平键、半圆键等。其特点可参看“键连接”部分。

此外，零件在轴上的固定方法还有销连接、紧定螺钉连接和压合连接(静配合)。详见“齿轮结构设计”部分。

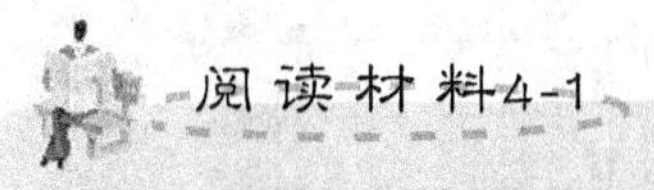

轴的结构设计应注意的几个问题

轴是组成机器的主要零件之一，在机械设计的整个过程中，轴的设计是不可缺少的。除了必须进行轴的强度计算和刚度计算外，更重要的环节，还要进行轴的结构设计，也就是定出轴的合理外形和全部结构尺寸。

影响轴的结构的因素很多，且结构形式又要随具体情况不同而有所不同，故轴没有标准的结构形式，设计时，应针对不同情况进行具体分析。但不管哪种具体情况，轴在结构上都应满足如下要求：(1)轴和装在轴上的零件要有准确的工作位置。(2)轴上零件应便于拆装和调整。(3)轴应该具有良好的制造工艺性。(4)轴的受力合理，有利于提高强度和刚度。(5)节省材料，减轻重量；(6)形状及尺寸有利于减小应力集中。如图1所示，以单级圆柱齿轮减速器的高速轴为例，说明在轴的结构设计中应把握的几个主要问题。

1. 轴的结构必须便于安装和制造

1）安装方面的要求

从加工角度考虑，轴制成等直径的光轴最为方便和简单，但从装配的角度考虑，则不便于轴上零件的定位和固定。如图4.5所示的轴的③段上的轴承，其轴承内圈与轴为过渡配合，为了便于安装，应将滚动轴承内圈经过的前段④的直径做得比③的直径小，同样③的直径应比②的直径小才便于齿轮的安装。因此通常是将轴做成阶梯形的，其形状(直径)通常是中间大，两端小，由中间向两端依次减小，以便于轴上零件的拆装(如图4.5所示)，可依次将齿轮、套筒右端轴承，轴承端盖和联轴器从轴的右端进行装拆；左端轴承和轴承盖则从左端装拆。同时为了避免装配时划伤工人的手和零件配合部表面，轴端应去掉锐边或制成倒角。当轴上装有质量较大的零件或与轴颈有过盈配合联接的零件时，其装入端最好应加工出半锥角为10°的导向锥面，以便于装配。

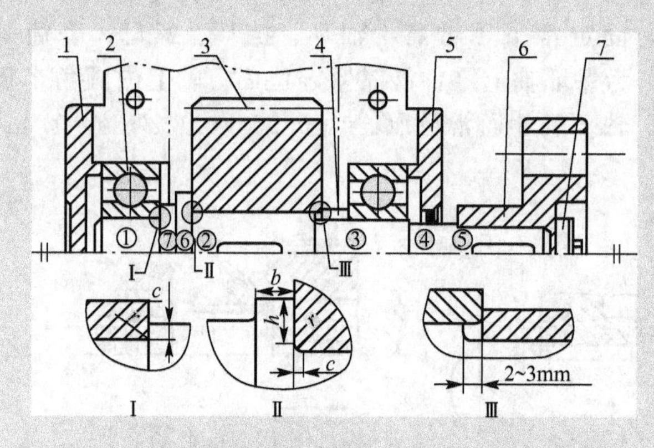

图4.5 单级减速器轴上零件装配方案与轴的结构

2）制造加工方面的要求

需要磨削加工的轴段，为了保证全部轴径都能达到磨削的精度，在轴的阶梯之间应设有砂轮越程槽，如图4.6所示；车削螺纹的轴段应留有螺纹退刀槽，如图4.7所示，以保证安全车削出全部螺纹，便于螺纹车刀的退出，并使螺纹尺寸达到标准要求。当轴上有多个退刀槽或砂轮越程槽时，应尽可能取相同的结构尺寸，以便于加工。轴上有多处过渡圆角和倒角时，应尽可能使过渡圆角半径相同和倒角大小一致，以减少刀具规格及换刀的次数。

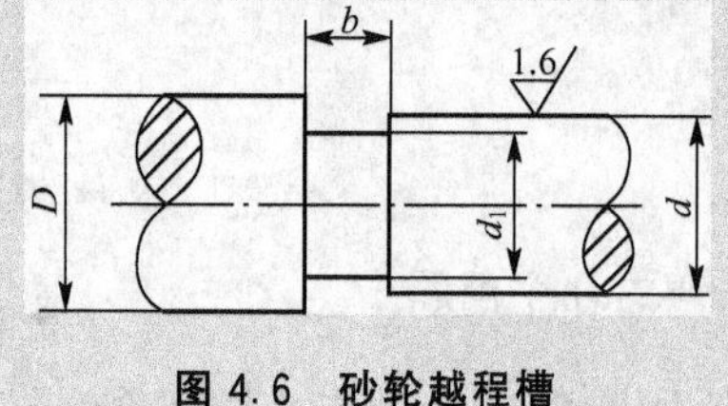

图4.6 砂轮越程槽

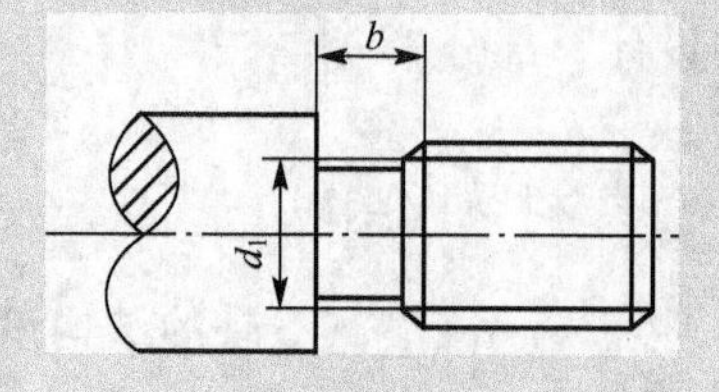

图4.7 螺纹退刀槽

2. 正确选择轴上零件的定位和固定方式

1）轴上零件的定位

轴上零件的定位是指安装轴上零件时使零件在轴上获得准确可靠的位置。阶梯轴上截面尺寸变化之处叫做轴肩或轴环，它们可起轴向定位作用。如图4.5中②和⑥之间轴环可以使齿轮定位，①和⑦之间的轴肩使左轴承定位，④、⑤之间的轴肩使联轴器定位。

为保证轴上零件能靠紧定位面，轴肩或轴环过渡圆角半径 r 必须小于相配零件的倒角 C 或倒角半径 R，即 $r<C<h$、$r<R<h$；一般取定位高度 $h=(0.07-0.1)$ 或 $h=(2-3)C$，轴环宽度 $b=1.4h$，如图 4.8 所示。此外，有时零件的定位要靠套筒(如图 4.5 所示)套筒内径与轴的配合较松，套筒结构、尺寸可根据需要灵活设计。

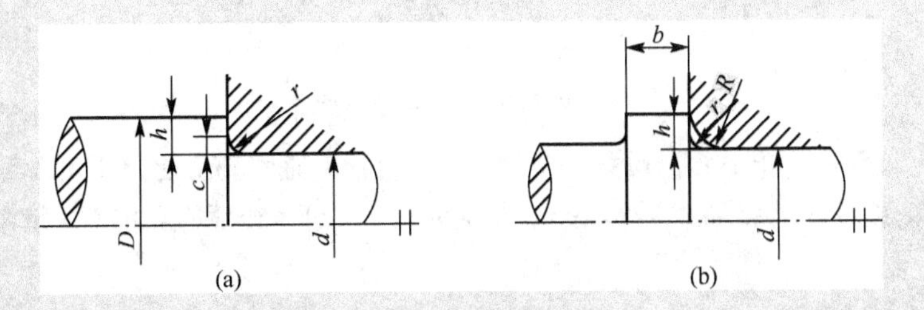

图 4.8 轴肩圆角和倒角

2) 轴上零件的固定

轴上零件的固定是指对安装在轴上的零件，要求它在受力后不改变位置。根据定位作用的不同，轴的固定分为两种：即轴向固定和周向固定。

轴上零件轴向固定的目的是保证零件在轴上有确定的轴向位置，防止零件做轴向移动，并能承受轴向力。其固定方式常采用轴肩、轴环、圆锥面、套筒、轴端挡圈、圆螺母、弹性挡圈等进行轴向固定。图 4.5 中齿轮采用轴肩和套筒左右固定。左端轴承由轴肩和轴承盖固定，联轴器采用轴肩和轴端挡圈固定。采用套筒固定时，套筒不宜过长。所以当零件在轴向距离较大时，可采用圆螺母固定，如图 4.9 所示。

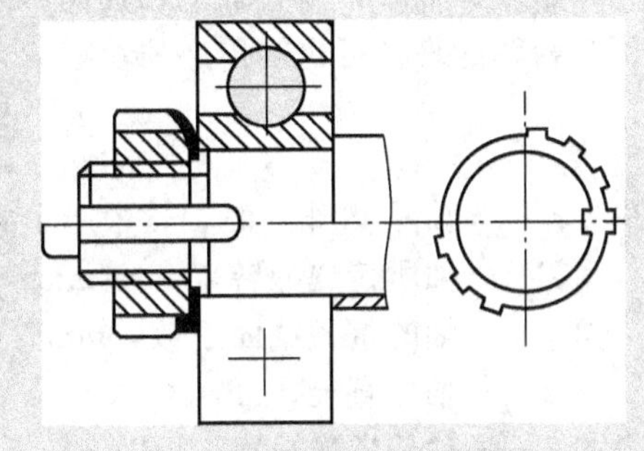

图 4.9 用圆螺母固定

采用套筒、圆螺母和轴端挡圈进行轴向固定时，应把安装零件的轴段的长度做得比零件轮毂宽度短 2～3mm 以确保套筒、螺母和轴端挡圈能靠紧零件的端面。如图 4.5 和图 4.9 所示。

轴上零件周向固定的目的是为了传递转矩及防止零件与轴产生相对转动，在设计中，常采用键、花键、销以及过盈配合等方法来进行周向固定。

3. 减少应力集中

轴上的载面尺寸、形状的突变处会产生应力集中。当轴受变应力作用时，该截面处易发生疲劳破坏。为提高轴的疲劳强度，应尽量减少应力集中源和降低应力集中的强度。可采用如下措施：

采用较大的过渡圆角，尽量避免截面尺寸和形状的突变。对于定位轴肩，必须保证轴上零件定位的可靠性，这使得过渡圆角半径受到限制，可采用内凹圆角。如图 4.10(a) 所示，或加装隔离环如图 4.10(b)。

图 4.10(c)为增大配合处直径，可使 kδ 减小 30%～40%。值得注意的是，配合的过盈量越大，引起的应力集中就越严重，因此，设计中应合理地选择轮毂与轴的配合。

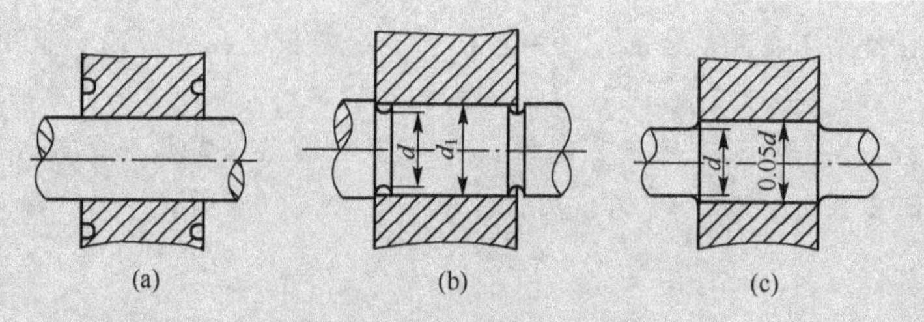

图 4.10 降低轴毂过盈配合处应力集中的措施

设计时轴上尽量少开小孔、切口或凹槽，应尽可能避免在轴上受力较大的区段切制螺纹。

资料来源：叶颖民．轴的结构设计应把握的几个问题．十堰职业技术学院学报．2005(9)．

4.2.3 轴的强度计算

轴的设计首先要保证其强度。下面介绍常用的两种强度计算方法。

1．按许用切应力计算轴径

开始设计轴时，因为轴承和其他零件在轴上的位置、轴上的作用力和弯矩尚未知，所以圆截面轴的直径可由轴传递的功率 P 和转速 n 求出

$$\tau_t=\frac{T}{W_T}=\frac{9.55\times10^6 P/n}{0.2d^3}\leqslant[\tau_T] \tag{4-1}$$

式中，τ_t——轴受 T 作用时，轴中产生的切应力，N/mm^2；

T——轴所传递的转矩，N/mm；

W_T——轴的抗扭截面系数，mm^3；

d——轴的直径，mm；

P——轴传递的功率，kW；

n——轴的转速，r/min；

$[\tau_T]$——许用切应力，N/mm^2。

写成设计公式，轴的最小直径

$$d\geqslant\sqrt[3]{\frac{9.55\times10^6 P/n}{0.2[\tau_T]}}=C\sqrt[3]{\frac{P}{n}} \tag{4-2}$$

式(4-2)中的 C 值是随许用应力变化的系数，其大小决定于所选用的轴的材料和载荷的性质。表 4-2 中列出几种常用材料的 $[\tau_T]$ 和 C 的值。

表 4-2 轴常用材料的许用应力 $[\tau_T]$ 和系数 C

轴的材料	Q235*，20	Q275*，35	45	40Cr，35SiMn，40MnB
$[\tau_T]/N\cdot mm^{-2}$	11.8～19.6	19.6～29.4	29.4～39.2	39.2～51
C	159～135	135～118	118～107	107～97.8

注：1. 有*号的 $[\tau_T]$ 取较小值，或 C 取较大值。

2. 当轴上无轴向载荷时，C 取较小值；有轴向载荷时，C 取较大值。

2．按弯曲和扭转复合强度计算轴径

按弯曲和扭转复合强度计算轴径的一般顺序如下(图 4.13)。

(1) 绘出轴的空间受力简图[图 4.13(a)]。求出垂直面和水平面中的支点反力。

(2) 绘出垂直面内的弯矩 $M_{\perp}$ 图[图 4.13(b)]。

(3) 绘出水平面内的弯矩 $M_{=}$ 图[图 4.13(c)]。

(4) 利用公式 $M=\sqrt{M_{\perp}^2+M_{=}^2}$，绘出合成弯矩 M 图[图 4.13(d)]。

(5) 绘出转矩 T 图[图 4.13(e)]。

(6) 利用公式 $M_V=\sqrt{M^2+(\alpha T)^2}$，绘出当量弯矩 M_V 图[图 4.13(f)]。式中 α 是根据转矩性质而定的校正系数。对于不变的转矩，取 $\alpha=\frac{[\sigma_{-1b}]}{[\sigma_{+1b}]}$；对于脉动循环的转矩，取$\alpha=\frac{[\sigma_{-1b}]}{[\sigma_{0b}]}$；对于对称循环的转矩，取 $\alpha=1$。$[\sigma_{+1b}]$、$[\sigma_{0b}]$、$[\sigma_{-1b}]$ 分别为材料在静应力、脉动循环和对称循环应力状态下的许用应力，其值可从表 4-3 中选取。

表 4-3 转轴和心轴的许用应力

材　　料	σ_B	$[\sigma_{+1b}]$	$[\sigma_{0b}]$	$[\sigma_{-1b}]$
碳素钢	400	130	70	40
	500	170	75	45
	600	200	95	55
	700	230	110	65
合金钢	800	270	130	75
	1000	330	150	90

(7) 计算轴的直径。由工程力学可知，受 M_V 作用时，轴中产生的弯曲应力

$$\sigma_b=\frac{M_V}{W}\leqslant[\sigma_{-1b}] \tag{4-3}$$

式中，W——轴的抗弯截面系数，对于实心轴 $W=1.1d^3$；

M_V——当量弯矩，N·mm。

由式(4-3)可导出

$$d\geqslant\sqrt[3]{\frac{M_V}{0.1[\sigma_{-1b}]}} \tag{4-4}$$

利用式(4-4)可求出轴的危险直径。截面处若有键槽，则对轴的强度有削弱，因而须适当加大该处轴径尺寸。当有一个键槽时，将轴径尺寸加大 4%；有两个键槽互成 108°时，将轴颈尺寸加大到 10%。

和其他零件一样，轴的设计并无一套一成不变的步骤。

下面 3 种步骤都是常用的。

(1) 对于一般形状不甚复杂的轴，可从已知条件入手(如从传动轮的轮体得知轴头尺寸，从轴承工作条件得知轴颈尺寸)，直接进行结构设计。在结构化过程中，进行必要的校核计算，并按轴的布置简图画出轴的零件工作图。

(2) 对应用来传递转矩而不承受弯矩或弯矩很小的转动轴，可按许用切应力计算轴径，然后进行轴的结构化，以确定轴的最终形状和尺寸。

(3) 对于除传递转矩外，还承受弯矩的转轴，引起承受弯矩的大小及分布状况与轴上各零件的轴向位置及支承跨距等因素有关，而这些因素常决定于轴径尺寸的大小，在轴径尺寸未决定前，轴上的弯矩往往无法确定，故此时只得先根据传递的转矩，按许用切应力

估计轴的直径(弯矩对轴的影响用降低许用切应力的方法予以考虑)。根据估计直径进行轴的结构设计，再根据需要进行弯扭复合强度计算，最后画出轴的零件工作图。

【例 4-1】 图 4.11 为一高速摄影机传动图。电动机通过带和齿轮带动反射镜轮转动。设计Ⅰ轴。已知轴Ⅰ的输入功率 $P=1.5\text{kW}$；轴Ⅰ的转速 $n=3000\text{r/min}$；张紧带轮时轴Ⅰ上所受的力 $F_z=140\text{N}$；齿轮的圆周力 $F_t=132\text{N}$；齿轮的径向力 $F_r=48\text{N}$；两滚动轴承中心间的距离为 40mm。

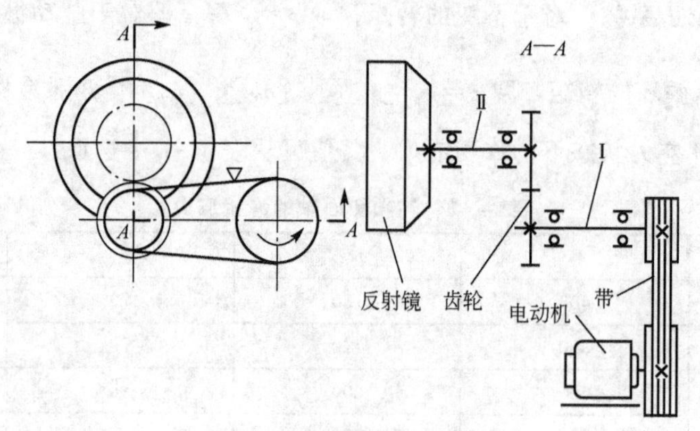

图 4.11 高速摄影机传动简图

解：

1) 估算轴的直径

按式(4-2)估算直径

$$d=C\sqrt[3]{\frac{P}{n}}$$

选取轴的材料为 45 钢，由表 4-2 取 $C=118$，则

$$d=118\times\sqrt[3]{\frac{1.5}{3000}}\text{mm}=9.37\text{mm}$$

2) 轴的结构设计

(1) 轴的外形。根据轴上零件的定位和装拆要求，设计出轴的外形结构如图 4.12 所示。

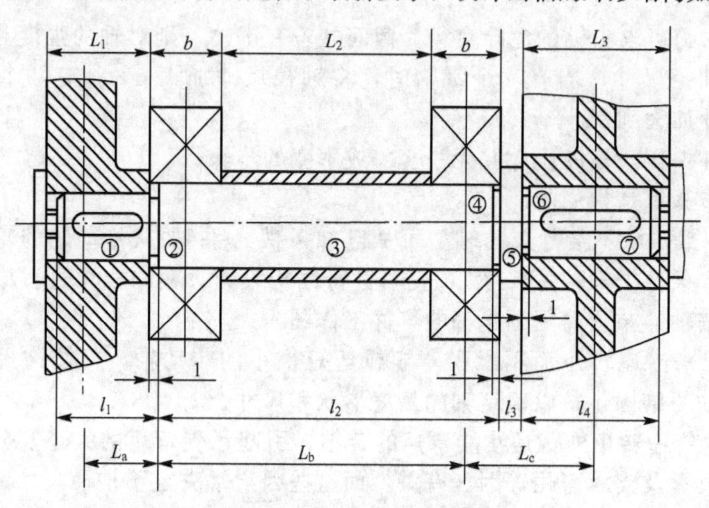

图 4.12 轴Ⅰ的外形结构图

(2) 轴的直径。上面估计出的 d 应为轴外伸端 d_1(图中①处，余同)和 d_7 的直径，因 d_1 处装有齿轮，d_7 处装有皮带轮，故 d_1 和 d_7 均为配合尺寸，应取为标准直径，故取 $d_1=d_7=10\text{mm}$。取砂轮越程槽深 0.25mm，$d_2=d_6=9.5\text{mm}$。考虑滚动轴承的装拆，选用滚动轴承的型号为“6201”，由标准查出装滚动轴承内圈处的直径 $d_3=12\text{mm}$，取 $d_4=11.5\text{mm}$。考虑滚动轴承和皮带的轴向固定，取轴环的直径 $d_5=16\text{mm}$。

(3) 轴的长度。齿轮轮毂部分的长度 $L_1=1.5d_1=15\text{mm}$，取该段轴长 $l_1=15\text{mm}$。由标准查出“6201”滚动轴承的宽度 $b=10\text{mm}$。为了保证两轴承中心间的距离为 40mm，在两轴承之间装一套筒，套筒的长度 $L_2=30\text{mm}$。取该段轴的长度 $l_2=49\text{mm}$。

轴环的宽度

$$L_3\approx1.4\times\frac{1}{2}(d_5-d_3)=1.4\times\frac{1}{2}(16-12)\text{mm}$$
$$=2.8\text{mm}$$

故取 $l_3=3\text{mm}$。

皮带轮轮毂部分的长度 $L_3=2d_7=20\text{mm}$，取该段轴的长度 $l_4=19\text{mm}$。

已知轴的长度，可定出各力作用点之间的距离 $L_a=15\text{mm}$；$L_b=40\text{mm}$；$L_c=18\text{mm}$。

3) 按弯曲和扭转复合强度计算轴径(图 4.13)

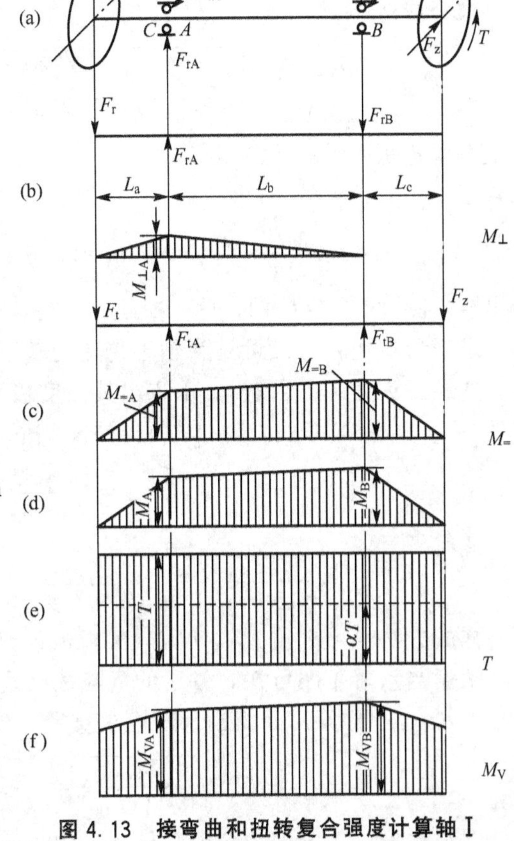

图 4.13 接弯曲和扭转复合强度计算轴Ⅰ

绘出轴Ⅰ的空间受力简图[图 4.13(a)]。

求垂直面内的支点反力

$$F_{rA}=\frac{F_r\times(L_a+L_b)}{L_b}=\frac{48\times(15+40)}{40}\text{N}=66\text{N}$$

$$F_{rB}=\frac{F_r\times L_a}{L_b}=\frac{48\times15}{40}\text{N}=18\text{N}$$

校核

$$F_{rA}=F_r+F_{rB}$$
$$66\text{N}=(48+18)\text{N}$$

用类似的方法求水平面内的支点反力

$$F_{tA}=118.5\text{N}$$
$$F_{tB}=153.5\text{N}$$

求垂直面内弯矩

$$M_{\perp A}=F_r\times L_a=48\times15\text{N}\cdot\text{mm}=720\text{N}\cdot\text{mm}$$
$$M_{\perp B}=0$$

绘出垂直面内弯矩图[图 4.13(b)]。

用类似的方法求水平面内弯矩

$$M_{=A}=1980\text{N}\cdot\text{mm}$$
$$M_{=B}=2520\text{N}\cdot\text{mm}$$

绘出水平面内弯矩图[图 4.13(c)]。

求合成弯矩

$$M_A=\sqrt{M_{\perp A}^2+M_{=A}^2}=\sqrt{720^2+1980^2}\text{N}\cdot\text{mm}=2107\text{N}\cdot\text{mm}$$
$$M_B=\sqrt{M_{\perp B}^2+M_{=B}^2}\sqrt{0+2520^2}\text{N}\cdot\text{mm}=2520\text{N}\cdot\text{mm}$$

绘出合成弯矩图[图 4.13(d)]。

求转矩

$$T=9.55\frac{P}{n}\times10^6\text{N}\cdot\text{mm}=9.55\times\frac{1.5}{3000}\times10^6\text{N}\cdot\text{mm}=4775\text{N}\cdot\text{mm}$$

绘出转矩图[图 4.13(e)]。

求当量弯矩：一般可认为轴Ⅰ传递的转矩是按脉动循环变化的。现选用轴的材料为45钢，并经正火处理。由表 4-1 查出其强度极限 $\sigma_b=600\text{N/mm}^2$，并由表 4-3 查出与其对应的 $[\sigma_{-1b}]=55\text{N}\cdot\text{mm}^{-2}$，$[\sigma_{0b}]=95\text{N}\cdot\text{mm}^{-2}$，故可求出

$$\alpha=\frac{[\sigma_{-1b}]}{[\sigma_{0b}]}=\frac{55}{95}\approx0.58$$

此时

$$M_{VA}=\sqrt{M_A^2+(\alpha T)^2}=\sqrt{2107^2+(0.58\times4775)^2}\text{N}\cdot\text{mm}=3480\text{N}\cdot\text{mm}$$

用同样的方法也可求出 $M_{VA}=3744\text{N}\cdot\text{mm}$，并绘出当量弯矩图[图 4.13(f)]。

根据当量弯矩图可知，轴Ⅰ的危险截面是装滚动轴承的 B 处，或装齿轮部分的砂轮越程槽 C 处。先根据 B 处的当量弯矩求直径

$$d=\sqrt[3]{\frac{M_{VB}}{0.1[\sigma_{-1b}]}}=\sqrt[3]{\frac{3744}{0.1\times55}}\text{mm}=8.86\text{mm}$$

在结构设计中定出的该处直径 $d_2=12\text{mm}$，故强度足够。另一危险截面 C 处，虽截面直径较小(9.5mm)，但一方面因为此处的当量弯矩 M_{VC} 小于 M_{VB}，另一方面，9.5mm 仍大于按 M_{VB} 算出的 8.80mm，故此处亦安全。

4.2.4 轴的刚度计算

刚度计算的目的是为了分析轴的变形是否超过允许的范围。在载荷作用下，轴的弯曲和扭转变形过大，会影响轴上零件的正常工作和转动精度。例如，精密丝杠的扭转变形过大，会影响丝杠的转动精度。轴的弯曲变形过大，会破坏轴上齿轮的正常啮合，使滑动轴承产生不均匀的严重磨损，或使滚动轴承内外圈过度倾斜，以致转动不灵活等。高速轴刚度不足还会引起共振。所以根据使用条件，有的轴需要进行刚度计算。

1. 扭转刚度计算

一等截面轴在受转矩 T 作用时，相距 L 的两截面的相对扭转角为

$$\varphi=\frac{TL}{GI_p}=\frac{9.55\times10^6(P/n)L}{G(\pi d^4/32)}=\frac{9.55\times10^6(P/n)L}{0.1Gd^4}$$

式中，G——轴材料的切变模量；

I_p——轴截面的极惯性矩。

所以，扭转刚度计算就是使算出的转角 φ 小于允许的转角 $[\varphi]$。一般传动中，转轴的允许转角为每米长度上不超过 0.25°～0.5°。

2. 弯曲刚度计算

轴受弯矩后，将产生弯曲变形(图 4.14)。y 是轴截面 C 处产生的挠度，θ 是截面 C 处所产生的转角。

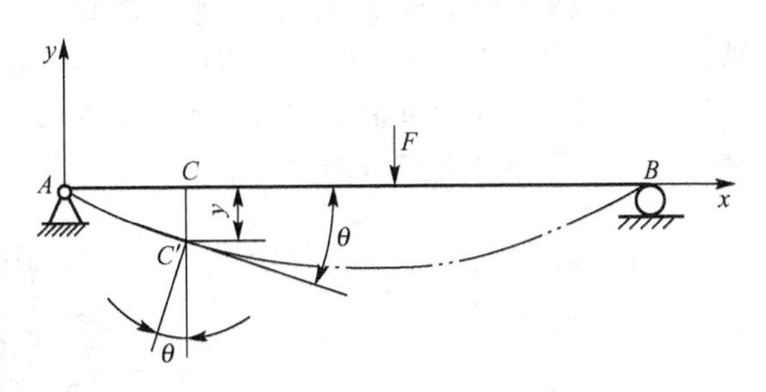

图 4.14　梁弯曲后的挠度和转角

实际上，轴多为阶梯轴。如果对计算结果要求并不十分精确，可将其看成等直径圆轴来求变形。最典型的方法就是根据近似挠曲线微分方程，即

$$d^2y/dx^2 = M(x)/EI_a$$

求解(积分一次即得轴各截面转角方程式 $\theta(x)$，积分两次得到挠度方程式 $y(x)$)：工程上最常用的是查表法。在一般设计手册中都列有受弯曲构件在简单应力情况下所产生的挠度和角度的表格。查表时，先从表中找到支座和受力情况相同的构件，便能查到挠曲线方程和特定截面的挠度 y 和转角 θ 的计算式。轴的允许变形量见表 4-4。

表 4-4　轴的允许变形量

变　形	使用场合	允许变形量
挠度 y	一般用途的转轴 安装齿轮处	$[y_{max}]=(0.0001\sim0.0005)l$ $[y]=(0.01\sim0.03)m$
截面转角 θ	安装齿轮处 安装滑动轴承处 安装深沟球轴承处 安装圆柱滚子轴承处 安装圆锥滚子轴承处 安装向心球面轴承处	$[\theta]=(0.001\sim0.002)$rad $[\theta]=0.001$rad $[\theta]=0.005$rad $[\theta]=0.0025$rad $[\theta]=0.0016$rad $[\theta]=0.05$rad

注：l 为支承间的跨距；m 为齿轮的模数。

4.3　常见精密轴系

在精密机械中，当要求零部件精确地绕某一轴线转动时，常常通过滑动摩擦支承、滚动摩擦支承、流体摩擦支承，以及它们的组合来实现，这种以支承主体所形成的部件称为精密轴系。其特点是旋转精度高、工作载荷小和转速低等。

对精密轴系的要求如下。

(1) 旋转精度：轴系的置中精度和方向精度。置中精度常用运动件某一截面中心的偏移量表示；轴系的方向精度常用运动件中心线的偏转角表示。

(2) 刚度：刚度的大小直接影响轴系的旋转精度，因此要求轴系有足够的精度，通常其刚度用实验方法测定。

(3) 转动的灵活性：转动灵活、平稳，没有阻滞现象。

1. 标准圆柱形轴系

(1) 结构、特点和应用。标准圆柱形轴系的典型结构如图 4.15(a)所示。它由圆柱形轴和轴套组成。主轴 1 在轴套 2 内回转，水中度盘轴套 3 又以轴套 2 的外圆为导向面作回转运动。仪器上部的重量由主轴 1 的球形末端(或钢球)A 来承受，轴套 2 不承受负荷，仅在转动部分回转时起定向作用。

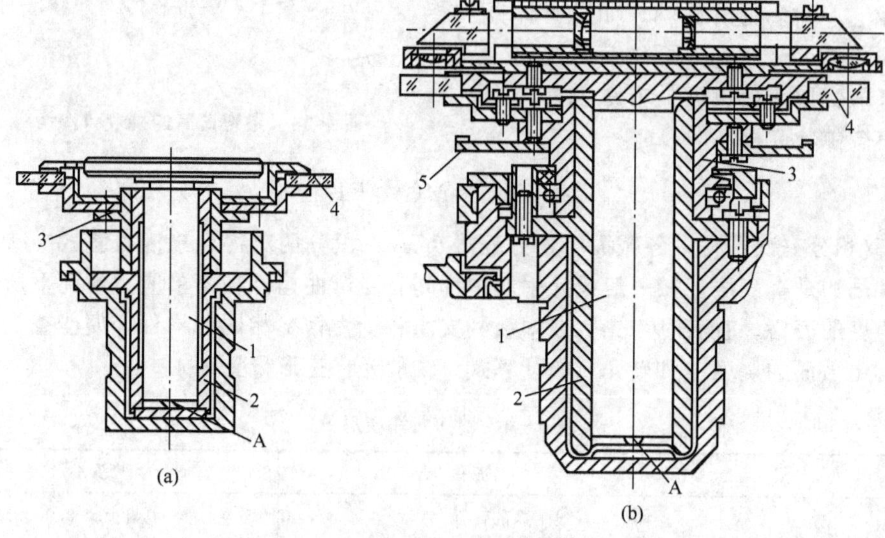

图 4.15　标准圆柱形轴系及其应用

1—主轴；2—轴套；3—水平度盘轴套；4—度盘；5—拔盘齿轮

这种轴系的主要特点是形状简单，加工方便，易于获得较高的制造精度，轴与轴套接触面积大，摩擦力矩大，配合面间的间隙无法调整。为减少接触面积和精加工面，通常将轴套 2 的中部车去一段。

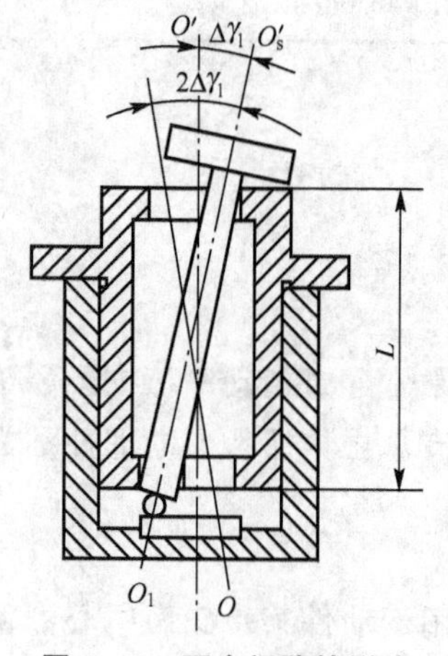

图 4.16　配合间隙的影响

图 4.15(b)所示为标准圆柱形轴系在 J_2 级经纬仪中的应用。

(2) 误差分析。影响圆柱形轴系精度的因素有很多，主要有零件的尺寸误差、形位误差、轴系的装配质量以及温度、摩擦、变形等，现主要讨论下述几种。

① 轴与轴套的尺寸误差。轴系零件的尺寸误差直接影响轴系的配合间隙，进而影响轴系的置中精度，并使主轴发生倾斜。

图 4.16 所示圆柱形轴系中，由轴与轴套的配合间隙 Δd 所引起的主轴径向晃动误差 ΔC_{01}(mm)和角运动误差 $\Delta\gamma_1$(″)分别为

$$\Delta C_{01}=\frac{\Delta d}{2}=\frac{d_k-d_b}{2} \tag{4-5}$$

$$\Delta\gamma_1=\frac{\Delta d}{L}\rho \tag{4-6}$$

式中，d_k，d_b——轴套孔和主轴轴颈的直径，mm；

L——主轴轴颈与轴套孔上下两配合部位之间的距离，mm；

ρ——将弧度化为秒的换算系数，$\rho=206262('')$。

② 圆柱度误差。它是圆柱体纵、横剖面上的各种轮廓形状误差进行控制的综合指标，是比较符合实际且能完整地反映轴系零件圆柱表面的形状误差。

图 4.17 所示圆柱形轴系中，若主轴轴颈和轴套孔的圆柱度误差分别为 Δt_b(mm)和 Δt_k(mm)，则由此引起的径向晃动误差和角运动误差为

$$\Delta C_{02}\approx\frac{\Delta t_b+\Delta t_k}{2} \tag{4-7}$$

$$\Delta\gamma_2=\frac{\Delta t_b+\Delta t_k}{L}\rho \tag{4-8}$$

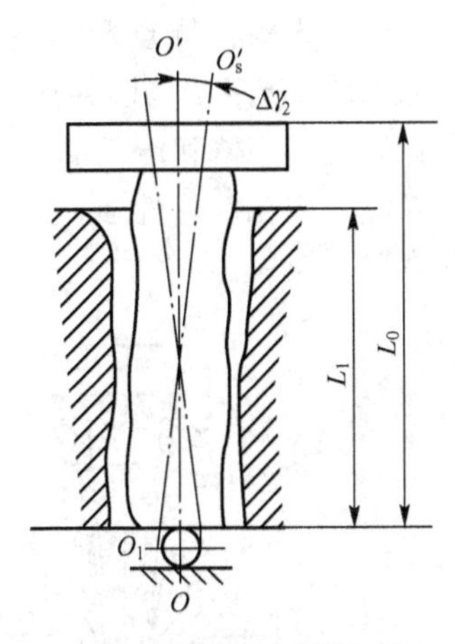

图 4.17 圆柱度误差的影响

③ 温度变化的影响。温度变化会引起轴系配合间隙的改变、润滑油粘度的变化。所以当材料和润滑油选择不当时，均有可能因温度变化而使轴系回转不平滑，甚至出现“卡死”现象，或出现不允许的过大间隙，使精度降低。由温度变化引起的间隙 Δd_T(mm)按下式计算

$$\Delta d_T=d(a_k-a_b)(t_2-t_1) \tag{4-9}$$

式中，d——主轴和轴套孔的公称尺寸，mm；

a_b，a_k——主轴和轴套材料的线膨胀系数，1/℃；

t_1——轴系装配时的温度，℃，一般 $t_1=20$℃；

t_2——轴系工作时的最高或最低温度，℃。

由式(4-9)可见，要使主轴和轴套配合间隙在任何温度条件下保持不变，最好选用线膨胀系数相同的材料制造主轴和轴套，但会增大其配合表面的摩擦和磨损。

对于精密机械和精密仪器的轴系，其配合精度高，间隙小，回转困难一般发生在低温，在这种情况下，应使轴套材料的线膨胀系数小于主轴材料的线膨胀系数，这样，当轴系工作温度下降时，其间隙增大，但润滑油的粘度增加，在一定程度上补偿了轴系间隙增大的缺陷。

由温度变化引起主轴的径向晃动误差 ΔC_{os} 为

$$\Delta C_{os}=\frac{\Delta d_T}{2}=\frac{d}{2}(a_k-a_b)(t_2-t_1) \tag{4-10}$$

角运动误差 $\Delta\gamma_s$ 为

$$\Delta\gamma_s=\frac{\Delta d_T}{L}\rho=\frac{d}{L}(a_k-a_b)(t_2-t_1)\rho \tag{4-11}$$

综上诸因素的影响，在圆柱形轴系中，主轴顶端轴心的最大径向晃动误差为

$$\Delta C_{\max}=[\Delta d+(\Delta t_{b}+\Delta t_{k})+d(a_{k}-a_{b})(t_{2}-t_{1})]\frac{l_{0}}{2L}$$

主轴的最大角运动误差为

$$\Delta\gamma_{\max}=[\Delta d+(\Delta t_{b}+\Delta t_{k})+d(a_{k}-a_{b})(t_{2}-t_{1})]\frac{\rho}{L}$$

2. 圆锥形轴系

(1) 结构、特点和应用。圆锥形轴系由圆锥形轴和具有相同锥角的袖套组成，如图 4.18(a)所示。与圆柱形轴系相比较，其主要特点是：①间隙小，置中精度和定向精度高；②可利用修切端面 A 或轴颈的轴向移动来调整间隙，如图 4.18(a)～图 4.18(c)所示；③对温度变化敏感性强；④锥形轴和轴套加工复杂，需配对研磨，无互换性，故成本高；⑤摩擦力矩大。

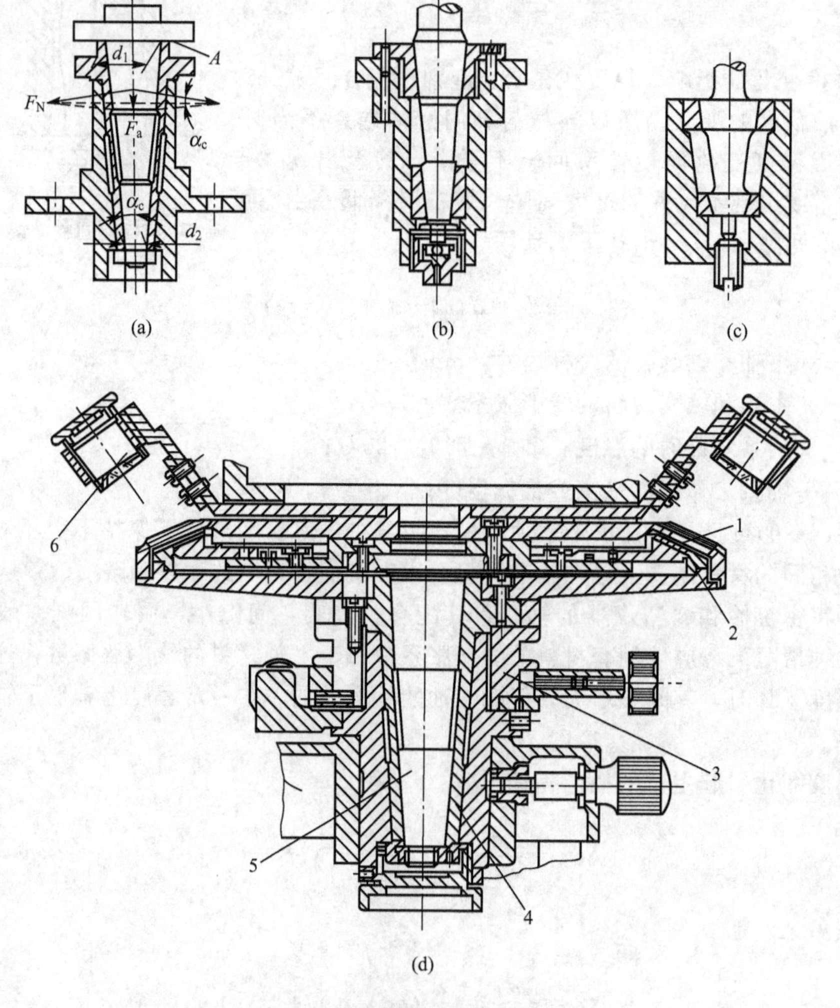

图 4.18　圆锥形轴系及其应用

1—游标盘；2—水平盘；3—外轴套；4—锥形空轴；5—水平游标盘锥形轴；6—活动放大镜

半锥角 α_c 对轴系的工作性能有很大影响，在加工精度及轴颈直径一定的条件下，角 α_c 越小，置中精度和定向精度越高，工作越稳定，但轴套壁上所承受的正压力越大 ($F_N = F_a/2\sin\alpha_c$)，摩擦力也大。若 α_c 角加大，正压力可减小，但 α_c 也不能太大，否则不能承受任何横向力，当 $2\alpha_c > 15°$，轴回转时可能引起跳跃。一般 $2\alpha_c$ 角在 4°～15°之间，4°多用于精密的轴系，较大的 $2\alpha_c$ 角用于一般精度的轴系。轴的长度一般为最大直径的 3～4 倍。

为了减少锥形轴与轴套间的摩擦，可采取以下措施。

① 将轴和轴套中部车去一部分，以减少摩擦面积和精加工面，而又不降低仪器回转部分旋转的稳定性。

② 利用轴下端中心的钢球或止推螺钉承受大部分轴向负荷，如图 4.18(b)、图 4.18(c)所示，以减少对轴套的压力。

(2) 精度分析。影响圆锥形轴系回转精度的因素有锥形轴和轴套之间的配合间隙，轴系零件的几何形状误差(主要是圆度误差)以及温度变化等。分析方法与圆柱形轴系类同。

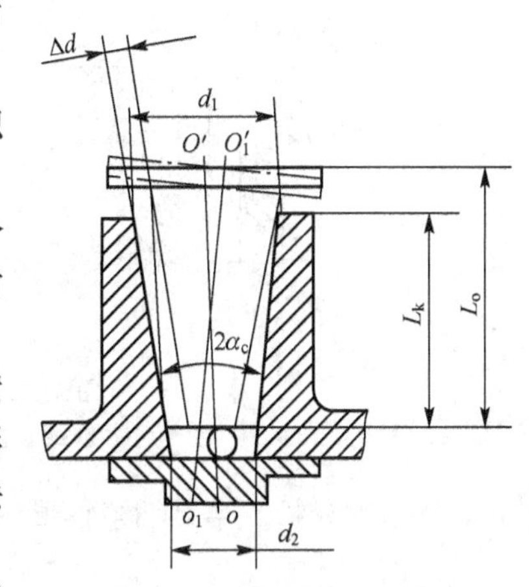

图 4.19 圆锥形轴系中主轴顶端轴心的回转误差

图 4.19 所示圆锥形轴系中，由配合间隙、圆度误差和温度变化，引起主轴顶端轴心的径向晃动误差、角运动误差分别为

$$\Delta C_{\max} = \left[\frac{\Delta d_n}{\cos\alpha_c} + (\Delta R_k + \Delta R_b) + d_m(a_k - a_b)(t_2 - t_1)\right]\frac{l_0}{2L_k} \tag{4-12}$$

$$\Delta\gamma_{\max} = \left[\frac{\Delta d_n}{\cos\alpha_c} + (\Delta R_k + \Delta R_b) + d_m(a_k - a_b)(t_2 - t_1)\right]\frac{\rho}{L_k} \tag{4-13}$$

式中，Δd_n——主轴轴颈与轴套之间的间隙，mm；

ΔR_b、ΔR_k——主轴轴颈和轴套孔的圆度误差，mm；

d_m——轴套锥孔平均直径，$d_m = (d_1 + d_2)/2$，其中 d_1、d_2 为轴套两端锥孔直径，mm。

3. 半运动式柱形轴系

(1) 结构、特点和应用。半运动式柱形轴系的典型结构如图 4.20(a)所示。它是在轴套 3 的上方加工 90°的圆锥面，锥面上密集放一圈钢球 1，利用钢球 1 和轴套 3 的锥形表面接触，有自动定心作用，同时和主轴 4 的下端共同起定向作用，钢球和轴套的锥面承受仪器上部的负荷。

这种轴系的主要特点是：①钢球与轴套锥面具有自动定心作用，间隙大小对主轴的晃动影响不敏感，故在同样参数条件下，轴线的晃动角比标准圆柱形轴系小，置中精度高；②采用了多粒钢球支承，支承处是滚动摩擦，摩擦力矩小、主轴启动灵活、磨损小、寿命长，对温度变化不敏感，低温时一般不致发生卡滞现象；③装配时研磨工作量小，利于批量生产；④对零件加工精度高。

图 4.20(b)所示为半运动式柱形轴系在 J_2 级经纬仪中的应用。

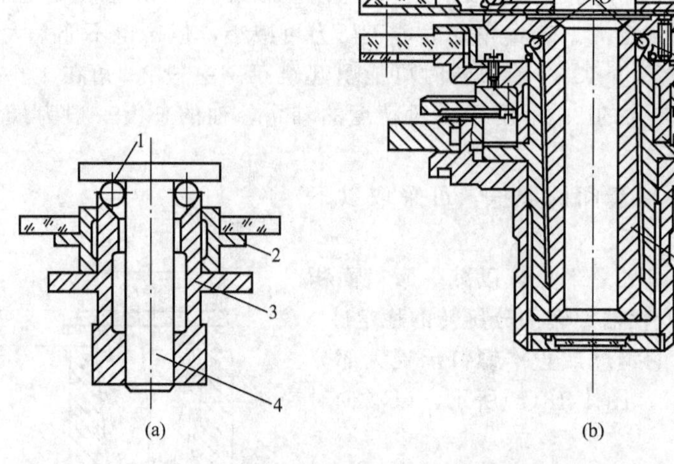

图 4.20 半运动式柱形轴系及其应用

1—钢球；2—度盘轴套；3—轴套；4—主轴

(2) 精度分析。半运动式柱形轴系中，主轴的回转精度与下列因素有关。

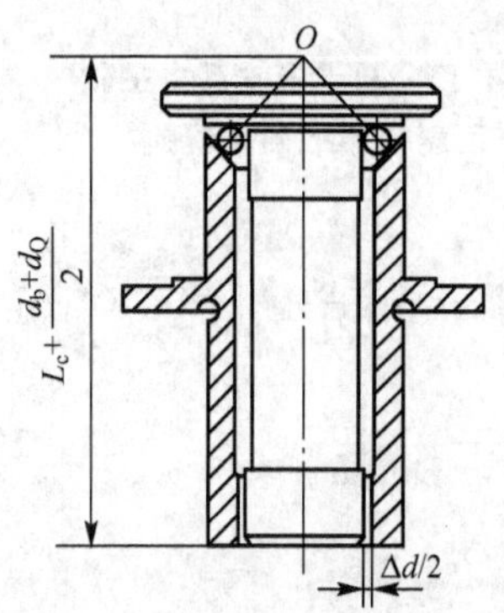

图 4.21 配合间隙的影响

① 配合间隙的影响：由于该轴系主轴的晃动中心位于钢球与内锥面接触点的法线交点 O 上(图 4.21)，其晃动半径为 $L_c+(d_b+d_Q)/2$。则由轴系配合间隙 Δd(mm)所引起的角运动误差 $\Delta\gamma_1$('')为

$$\Delta\gamma_1=\frac{\Delta d}{2\{L_c+[(d_b+d_Q)/2]\}}\rho \tag{4-14}$$

式中，L_c——主轴下端面至钢球球心之间的距离，mm；

d_Q——钢球直径，mm。

② 钢球直径差的影响：当钢球直径不相等时，将使主轴沿径向平移，如图 4.22(a)所示。若平移量 e 小于主轴下部配合间隙的一半，则主轴不会发生倾斜。故设计时首先应保证平移量 $e<\Delta d/2$。

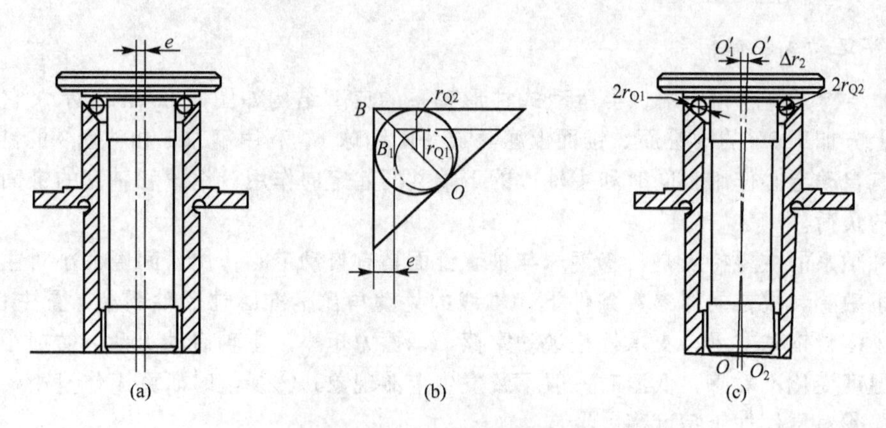

图 4.22 钢球直径差的影响

由图4.22(b)可见，由钢球直径差造成主轴径向晃动误差为

$$\Delta C_0 = e = BB_1\cos45^\circ = (BD - BD_1)\cos45^\circ = \left[\left(r_{Q2} + \frac{r_{Q2}}{\cos45^\circ}\right) - \left(r_{Q1} + \frac{r_{Q1}}{\cos45^\circ}\right)\right]\cos45^\circ$$

经化简整理后得

$$\Delta C_0 \approx 1.71(r_{Q2} - r_{Q1}) \approx 0.86\Delta d_Q \tag{4-15}$$

式中，r_{Q1}——最小的钢球半径，mm；

r_{Q2}——最大的钢球半径，mm；

Δd_Q——钢球直径差，mm，$\Delta d_Q = 2(r_{Q2} - r_{Q1})$。

如果$0.86\Delta d_Q > \Delta d/2$，则钢球直径差除引起主轴平移外，还会引起主轴的倾斜(图4.22(c))，从而破坏了轴系自动定中心作用，由此造成的主轴角运动误差$\Delta\gamma_2('')$为

$$\Delta\gamma_2 = \frac{0.86\Delta d_Q - (\Delta d/2)}{L_c + [(d_b + d_Q)/2]}\rho \tag{4-16}$$

可见，为减小$\Delta\gamma_2$，应尽量减小钢球直径差Δd_Q。故对于精密轴系中所用钢球，一般均需通过精选，用合乎要求的钢球装配轴系。

③ 同轴度误差影响：轴套锥面对其下部内孔的同轴度误差ΔE(mm)，会引起轴系下部配合间隙单方向的增大(图4.23)，由此引起主轴角运动误差的增量为

$$\Delta\gamma_3 = \frac{\Delta E}{L_c + [(d_b + d_Q)/2]}\rho \tag{4-17}$$

④ 垂直度误差的影响：主轴与钢球相接触的平面对下端轴颈圆柱面轴线的垂直度误差Δh(图4.24)，它在轴系配合间隙较小时，会使主轴回转发滞，甚至卡住，而在配合间隙较大时，会导致主轴角运动误差的增大，由Δh_z(mm)引起的角运动误差为

$$\Delta\gamma_4 = \frac{\Delta h_z}{D_0}\rho \tag{4-18}$$

式中，D_0——钢球中心圆直径，mm。

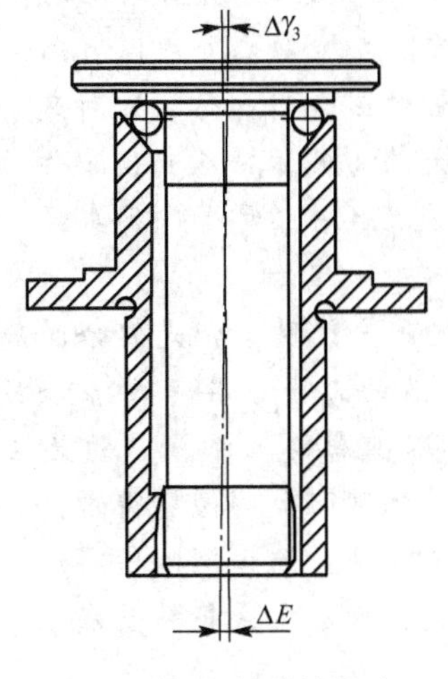

图4.23 同轴度的影响

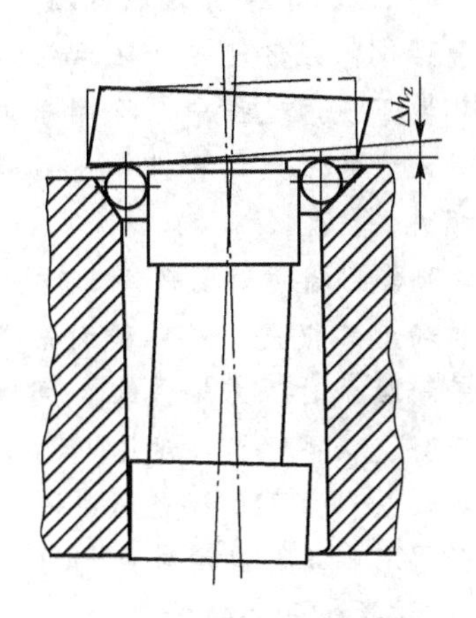

图4.24 垂直度误差的影响

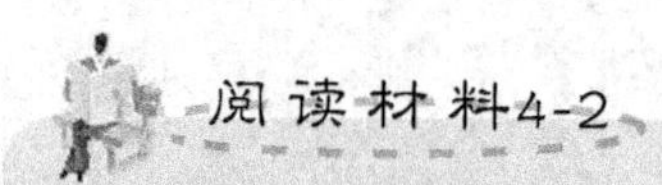

精密轴系在低温环境下的精度变化

经纬仪、雷达天线座等精密仪器的轴系在低温环境中容易出现转动发滞、轴系旋转不匀滑，甚至“卡死”等现象，严重影响仪器的回转精度。下面从材料的物理性能金属材料学及装配间隙等方面对低温环境中精密轴系的精度变化做系统的分析。

1. 分析

(1) 从材料的物理性能来考虑，对轴系精度有影响的是材料的膨胀系数，当配合间隙小时低温环境下的材料冷收缩使精密轴系配合间隙减小到很小或者零。这时会出现转动发滞、轴系旋转不匀滑、甚至“卡死”等现象。仪器装配温度一般在20℃左右，所以温度变化可以达到60℃～70℃。温度自 t_1 变到 t_2 时，轴系间隙变化的公式为：$\Delta d=\Delta d_2-\Delta d_1=(d_k q_k-d_z q_z)\Delta t$

式中，Δd——温度自 t_1 变到 t_2 时，轴系间隙变化量；

Δd_1、Δd_2——在温度 t_1 和 t_2 时轴系间隙；

d_k、d_z——轴套孔和主轴轴颈的直径；

α_k、α_z——轴套孔和主轴材料的线膨胀系数。

由于 d_k 和 d_z 近似地等于公称尺寸 d，故用 d 代替 d_k 和 d_z 后，上式可写为：

$$\Delta d=\Delta d_2-\Delta d_1-d\cdot\Delta\alpha\cdot\Delta t$$

可以看出，温度对轴系配合间隙的影响可达到很大的数值。如果轴系公称直径 $d=$ 100mm，轴套和轴材料的线膨胀系数分别为 18×10^{-6} 和 12×10^{-6}，温度变化为60℃，那么轴系间隙变化量能达到0.036mm。

(2) 从金属学角度来讲，在低温环境下材料内部组织会发生变化，这种变化能带动一系列的体积变化，比如常温下的残余奥氏体在环境温度继续降低时会变成马氏体而使材料的体积增大，这也能影响低温轴系的回转精度。马氏体与奥氏体的比容不同，若工件出厂时的残余奥氏体量过多，那么在野外低温环境下使用的过程中大量的残余奥氏体向马氏体转变，而使工件有较大的尺寸变型。例如直径100mm的工件涨量能达0.02mm。所以轴系零件应该在低温环境下使用之前，经控制热处理淬火温度来减少残余奥氏体量。钢件经常规热处理后基体中存在一定量的残余奥氏体，这种残余奥氏体在零件低温环境下使用过程中，将部分转变为比容较大的马氏体，从而使零件的尺寸有所增大，这种尺寸的增大极有可能造成精密轴系“卡死”，一旦发生这种事故，将造成难以估量的损失。

(3) 从配合间隙的角度来讲，精密轴系要求小的配合间隙，但是配合间隙过小会导致轴系回转精度的损失，所以设计轴系时的配合间隙的大小也要考虑综合因素才能确定。另外装配轴系时，若轴系配合间隙调整不当，不但影响轴系旋转的灵活性和平稳性，而且还会使轴系回转精度达不到要求。若装配时轴系配合间隙留得过大，就会使主轴径向晃动误差和角运动误差超出使用要求。若装配时轴系配合间隙留得过小，则轴系内配合表面得不到均匀润滑或纯粹进入干摩擦状态，就会发生主轴转动发涩，甚至“咬轴”，最后破坏关键零件的精度。

2. 解决方法

为使低温环境下使用的精密轴系在设计制造过程中避免“卡死”等现象，保证其精度，本文提供几种行之有效的工艺设计方案：

(1) 在选择轴及轴套材料时，尽量选用线膨胀系数相近的材料。在低温时减小膨胀系数不同而产生的轴系间隙变化量。

(2) 可以通过对精密轴系材料进行低温深冷处理工艺来提高低温环境下的轴系尺寸稳定性。深冷处理工艺是采用液体氮的气化潜热和低温氮气吸热来制冷的工艺，深冷处理前应进行一定程度的预冷措施，以免在深冷处理过程中工件内部出现较大的应力及开裂。

(3) 从轴系零件加工及装配角度出发，在精度允许范围内尽量放大轴系装配间隙量，在轴系装配时通过选择润滑油的浓稠度，可以在一定程度上控制轴系配合间隙的大小。优质润滑油在低温环境下能充当良好的润滑剂也能起到很好的轴系间隙调整作用。在轴系所处的不同温度下，随着轴系零件的伸缩而自由调整其厚度。

从以上的分析能总结出，精密轴系设计时应考虑综合因素，轴系配合间隙大大减小不一定能提高精度，反而有可能降低精度。所以精密轴系设计时应从使用的环境温度、轴系材质、物理性能、内部组织变化等方面出发，将众多的因素有机结合起来考虑，保证低温环境下轴系的最佳精度状态。

资料来源：钱侠．精密轴系在低温环境下的精度变化．机械工程师．2008(5).

4. 平面轴系

(1)结构和特点。平面轴系的基本结构如图4.25(a)所示。仪器的照准部1通过一圈钢球2压在基座3上，该圈钢球所在圆周直径很大，利用钢球的接触平面控制轴晃动，起定向作用，以轴系下部的小圆柱面定中心。

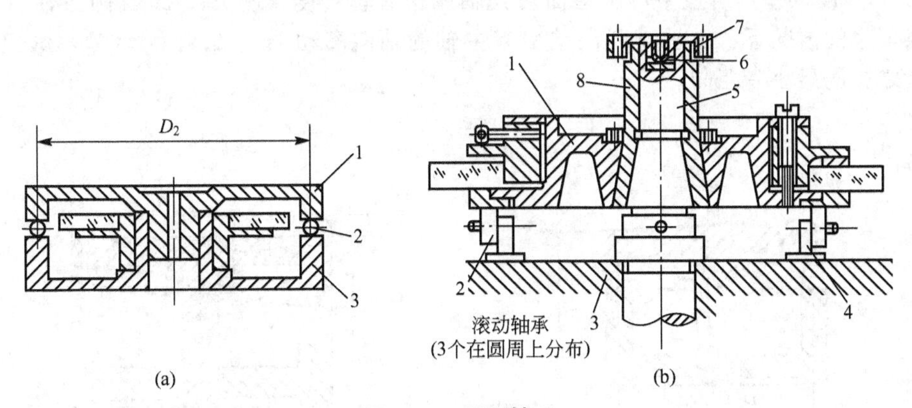

图4.25 平面轴系

1—照准部；2、6—钢球；3—基座；4—支架；5—主轴；7—调节螺钉；8—轴套

平面轴系的最大优点是利用平面接触起定向作用，从而降低了仪器的高度，减小了仪器的体积。但实践表明这种轴系精度不稳定，转动也过于灵活，故往往需使用粘度较大的油脂，以使其转动较平稳，噪声小。

图4.25(b)所示为滚动轴承支承式平面轴承。3个滚动轴承2均匀分布并安装在基座3

的支架 4 上，滚动轴承外圈的外表面与转台的底平面相接触，并承受转台的重力。主轴 5 固定在基座 3 上。转台以轴套 8 的圆锥形表面定中心，并绕其轴线回转。利用轴系端部的调节螺钉 7 和钢球 6 可调整轴系的间隙。

(2) 精度分析。现以图 4.25(a)所示平面轴系为例，分析影响轴系回转精度的因素。

该轴承的配合间隙、零件圆柱度误差及温度变化使主轴引起平移。钢球的直径误差、上下两滚道面的平面度和垂直度误差也会使主轴产生径向偏移。由图 4.26 所示平面轴承顶端轴心的最大径向晃动误差为

$$\Delta C_{\max}=\frac{1}{2}\left[\Delta d+d\left(a_{k}-a_{b}\right)\left(t_{2}-t_{1}\right)+\left(\Delta t_{b}+\Delta t_{h}\right)\right]+l_{0}\Delta\gamma \tag{4-19}$$

式中，$\Delta\gamma$——平面轴系中主轴的角运动误差(其分析见下面讨论)。

① 钢球的圆度误差和直径差：最坏的情况是最大和最小的钢球位于主轴两侧的同一直线上(通过主轴轴心)(图 4.20)。在轴系配合间隙较大的情况下，主轴的最大角运动误差为

$$\Delta\gamma_{1\max}=\frac{\Delta d_{Q}}{D_{g}}\rho \tag{4-20}$$

式中，Δd_{Q}——钢球直径差，mm；

D_{g}——滚道直径，mm。

② 平面度误差：上下两滚道面的平面度误差为 Δh_{b}、Δh_{a}，在上述同样情况下，主轴所引起的最大角运动误差近似为

$$\Delta\gamma_{2\max}=\frac{\Delta h_{b}+\Delta h_{R}}{D_{g}}\rho$$

由此可见，上下两滚道面的平面度误差越大，主轴角运动误差也越大，实验表明，改善滚道面的平面度，会明显地减小主轴的角运动误差。

钢球的圆度误差 ΔR_{0} 所引起的角运动误差是随机误差，这是因为许多钢球组合应用时，钢球的圆度误差难于重复出现。

③ 垂直度误差：若上下两滚道面对其轴线均有垂直度误差 Δ_{b}、Δ_{k}，则在轴系下部配合间隙很小的情况下，由垂直度误差引起主轴的轴向窜动误差 Δ_{s}(图 4.27)，其值与 Δ_{b}、Δ_{k} 两者之中的最小者相同。

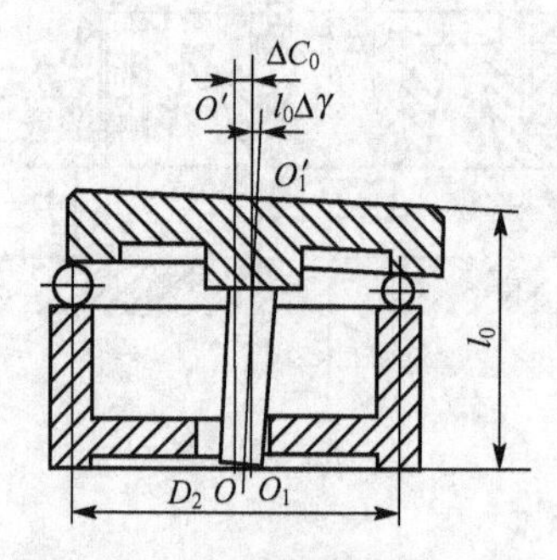

图 4.26 平面轴系精度计算简图

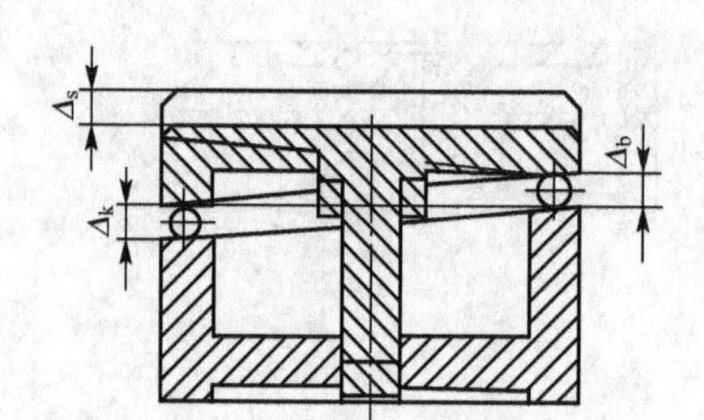

图 4.27 垂直度误差的影响

当轴承下部配合间隙较大时，主轴角运动误差将增大，由 Δ_{b} 和 Δ_{k} 引起的最大角运动误差为

$$\Delta\gamma_{s\max}=\frac{\Delta_{b}+\Delta_{k}}{D_{g}}\rho$$

习　　题

一、填空题

1. 根据承载情况，轴分为__________、__________、和__________三种。

1. 标准圆柱形轴系是由__________和__________组成。

2. 影响圆锥形轴系回转精度的因素有：__________、__________、__________。

3. 平面轴系的最大优点是____________________。

4. 轴系是很多精密机械和精密仪器的关键部件，其质量直接影响仪器的使用和精度，其目的是用来__________，____________________。

5. 多数轴系由__________和__________组成，也可由__________和__________组成。

二、简答题

1. 轴的结构设计时应该综合考虑的是什么？

2. 确定轴的结构设计时轴上零件的固定方法哪几种？画出简图。

4. 仪器对轴系有哪几方面的要求？

5. 评定轴系回转精度的指标有哪几种？

6. 列举几种常见的精密轴系。

三、思考题

1. 什么是转轴、心轴和传动轴？自行车的前轴、中轴、后轴及脚踏板轴分别是什么轴？

2. 试指出图 4.28 示斜齿圆柱齿轮轴系中的错误结构，并画出正确结构图。

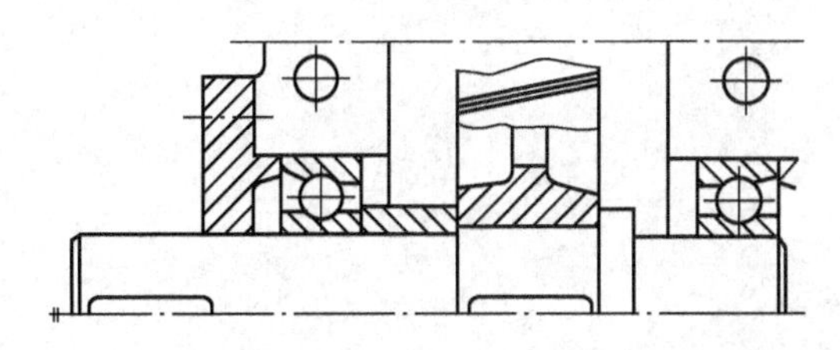

图 4.28　斜齿圆柱齿轮轴系

第二篇

运 动 支 承

第5章 支　承

教学要求	知识要点
了解支承的原理、分类	支承的原理、分类
了解常用滑动摩擦支承及滚动摩擦轴承的性能特点和应用	圆柱面滑动摩擦支承的常用材料和结构
掌握滚动轴承的代号、标准滚动轴承的选择原则和方法	标准滚动轴承的结构、类型、代号、性能计算
掌握轴承固定结构设计的主要原则	轴承部件结构设计方法
了解其他支承的特点	其他支承的特点

导入案例

支承应用非常广泛，尤其是在精密仪器中、高精密转轴中的应用尤为重要。滑动摩擦支承应用实例，如下图(a)和图(b)所示，滚动摩擦支承应用实例如下图(c)和图(d)所示。

(a) (b) (c) (d)

5.1 概　　述

支承由以下两个部分组成。

(1) 运动件：转动或在一定角度范围内摆动的部分。

(2) 承导件：固定部分，用以约束运动件，使其只能转动或摆动。

当运动件相对于承导件转动或摆动时，两部分之间产生摩擦。按照摩擦的性质，可将支承分为4类：滑动摩擦支承、滚动摩擦支承、弹性摩擦支承和流体摩擦支承，此外，还有无机械摩擦的静电支承和磁力支承等。

5.2　滑动摩擦支承

5.2.1　圆柱面支承

圆柱面支承中，其承导件称为圆柱面轴承，轴承中与运动件相接触的零件，称为轴瓦或轴套；其运动件称为轴，轴与轴瓦相接触的部位称为轴颈。圆柱面支承是支承中应用最广的一种，在下述情况应优先使用。

(1) 要求很高的旋转精度(通过精密加工达到)。

(2) 在重载、振动、有冲击的条件下工作。

(3) 必须具有尽可能小的尺寸和要求有拆卸的可能性。

(4) 低速、轻载和不重要的支承。

1. 圆柱面支承的结构和材料

1) 轴颈的结构

图 5.1 是轴颈的几种典型结构。轴颈可以和轴制成一体 [图 5.1(a)和图 5.1(b)]，也可单独制成后再装上 [图 5.1(c)和图 5.1(d)]。通常，直径大于 1mm 的轴颈多与轴制成一体；小于 1mm 的，有时和轴制成一体，有时单独制成。当轴颈直径小于 1mm，并和轴制成一体时，为提高其强度，可在轴颈和轴的衔接处制出较大的圆角 [图 5.1(b)]。

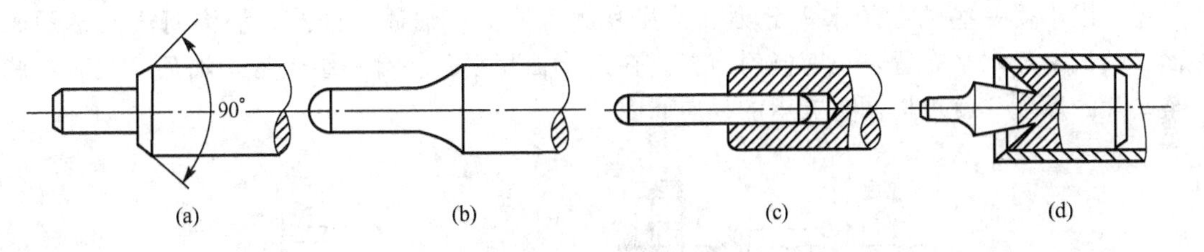

图 5.1　轴颈的结构

2) 整体式圆柱面支承的结构

整体式支承可以在机架或支承板上直接加工而成 [图 5.2(a)和图 5.2(b)]；当机架或支承板的材料不宜用作轴承或其壁厚过薄时，也可单独制造轴套(或称轴瓦)，然后用连接方法固定在机架或支承板上 [图 5.2(c)、图 5.2(d)、图 5.2(e)]。

图 5.2(c)所示是用铸造或压制的方法将轴套固定在机架或支承板上，轴套上的槽或外表面上的网状滚花用以防止轴套转动；图 5.2(d)所示是用压入的方法将轴套固定在机架或支承板上，轴套压入端的外圆应有倒角，支承板上的孔在压入轴套的方向上也相应制出倒角，以利于轴套的压入；图 5.2(e)所示是用铆接的方法将轴套固定。轴承和轴套上常带有油孔用以储存润滑油 [图 5.2(a)]。

整体式支承的制造比较简单，但磨损后间隙无法调整，影响轴的旋转精度和正常工作。因此，整体式支承只适用于间歇工作、低速和轻载的场合，如用于仪表和小功率传动系统。

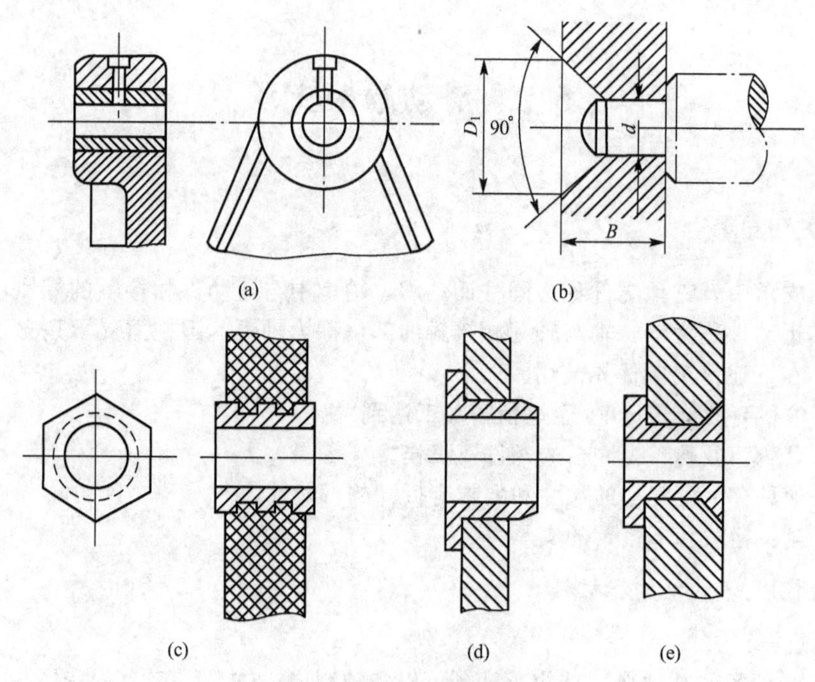

图 5.2　整体式支承的结构

3）剖分式圆柱面支承的结构

图 5.3 所示是一种普通的剖分式支承，由支承座 1、支承盖 2、剖分轴瓦 4 和 5、支承盖螺栓 3 组成。支承盖和支承座的剖分面通常做成阶梯形，以使上盖和下座定位对中，同时还可以承受一些轴上的水平分力。轴瓦表面有油沟，油通过油孔、油沟而流向轴颈表面，轴瓦一般水平布置，也有倾斜布置。在剖分轴瓦之间装有一组垫片，轴瓦磨损时，调整垫片的厚度，就可以调整支承的径向间隙。

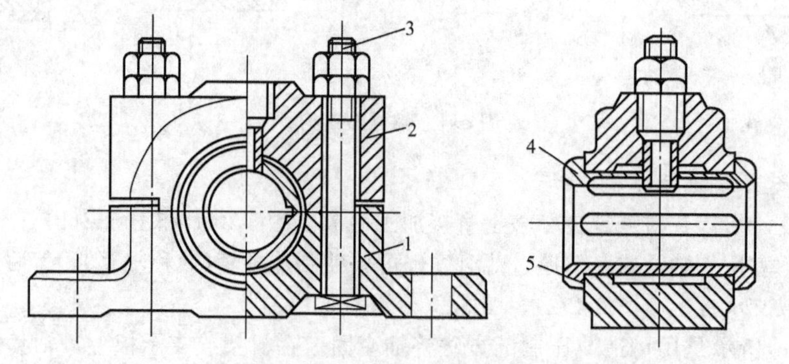

图 5.3　剖分式支承的结构

1—支承座；2—支承盖；3—支承盖螺栓；4、5—剖分轴瓦

4）轴套和轴瓦的材料

轴套和轴瓦承受轴上载荷，并与轴颈有相对滑动，产生摩擦、磨损，并引起发热和温升。因此，与轴颈表面相接触的轴套或轴瓦，应该用减摩材料制造。

常用的减摩材料主要有以下几类。

(1) 铸铁。普通灰铸铁和球墨铸铁的耐磨性能较好。一般用于低速、轻载。

（2）铜合金。青铜是常用的轴瓦材料，其中以锡青铜(ZCuSnPb5Zn5)的减摩性和耐磨性较佳，可承受重载，应用较广，但成本高。铝青铜(ZCuAl10Fe3)和铅青铜(ZCuPb30)是锡青铜的代用品。黄铜的价格虽低，但只宜于低速使用。

（3）轴承合金。又称巴氏合金或白合金，它是锡(Sn)、铅(Pb)、锑(Sb)和铜(Cu)的合金，耐磨性和减摩性良好，但强度低、成本高。故通常都浇铸在材料强度较高的轴瓦表面，形成减摩层，称为轴承衬。这种轴瓦既有轴瓦材料的强度和刚度，又有轴承衬材料的耐磨性和减摩性，所以适合于中、高速和重载时使用。

（4）陶瓷合金。又称粉末合金，是以粉末状的铁或铜为基本材料，以石墨粉混合后，经压制和烧结，制成多孔性的成型轴瓦。孔隙中可储存润滑油，工作时有自润滑作用(因摩擦发热和热膨胀作用，轴瓦材料内部的孔隙减小，润滑油从孔隙中被挤到工作表面)，故用陶瓷合金制成的轴承又称含油轴承。含油轴承常用于低速或中速，轻载或中载，润滑不便或要求清洁、不宜添加润滑油的场合。

（5）非金属材料。常用于制造支承的非金属材料是工程塑料，如尼龙6、尼龙66和聚四氟乙烯等。塑料支承具有耐磨、耐腐蚀和自润滑性能等优点；缺点是承载能力较低，在高温下易产生较大的变形，导热性和尺寸稳定性差。因此，塑料支承常用于工作温度不高、载荷不大的场合。制造支承的非金属材料还有人造宝石(刚玉)和玛瑙，多用于手表和某些仪表中。

2. 圆柱面支承的润滑

圆柱面支承的摩擦表面注入润滑剂，可避免(或减少)摩擦表面的直接接触，有利于减小摩擦和磨损，提高表面的抗腐蚀能力。在振动和冲击情况下，还具有一定的缓冲作用。

润滑油是圆柱面支承使用最多的润滑剂，当转速高、压力小时，应选粘度较低的油；反之，当转速低、压力大时，应选粘度较高的油。

润滑脂是在润滑油中加稠化剂后形成的润滑剂，因流动性小，故不易流失。当支承的滑动速度很低，比压很高和不便经常加油时，可采用润滑脂。

固体润滑剂可以在摩擦表面形成固体膜以减小摩擦阻力，通常用于一些有特殊要求的场合。如轴承在高温、低速、重载情况下工作，不宜采用润滑油或润滑脂时可采用固体润滑剂，常用石墨、聚四氟乙烯、二硫化钼、二硫化钨等材料调配到油或脂中使用，或涂敷或烧结到摩擦表面使用，或渗入轴瓦材料或成型镶嵌在轴承中使用。

除采用润滑剂外，选用适当的润滑方式和润滑装置也是保证支承获得良好润滑的重要方法。

3. 圆柱面支承的计算和设计

1）摩擦力矩的计算

圆柱面支承的摩擦力矩可用下式确定

$$M_f = \frac{1}{2} f_v F_r d \tag{5-1}$$

式中，M_f——摩擦力矩，N·mm；

F_r——径向载荷，N；

d——轴颈直径，mm；

f_v——当量摩擦系数。

对于未经研配的支承

$$f_v=\frac{\pi}{2}f=1.57f \tag{5-2}$$

对于已经研配的支承

$$f_v=\frac{4}{\pi}f=1.27f \tag{5-3}$$

对于用宝石制造的支承

$$f_v=f \tag{5-4}$$

式中，f——滑动摩擦系数。

如果支承除受径向载荷 F_r 外，同时承受轴向载荷，则当止推面是轴肩时(图 5.1(a))，由轴向载荷 F_a 产生的摩擦力矩为

$$M_f=\frac{1}{3}fF_a\frac{d_1^3-d_2^3}{d_1^2-d_2^2} \tag{5-5}$$

式中，d_1——轴肩的直径；

d_2——支承孔端面处的直径。

当止推面是轴的球端面时[图 5.1(b)]，摩擦力矩为

$$M_f=\frac{3}{16}\pi fF_a a \tag{5-6}$$

其中，a 的数值可用赫兹公式求出，即

$$a=0.881\sqrt[3]{F_a\left(\frac{1}{E_1}+\frac{1}{E_2}\right)r} \tag{5-7}$$

式中，E_1——轴颈材料的弹性模量，$\mathrm{N/mm^2}$；

E_2——止推面材料的弹性模量，$\mathrm{N/mm^2}$；

a——接触面上的半径，mm；

r——轴颈球面端部的半径，mm。

当支承同时受轴向和径向载荷作用时，总的摩擦力矩等于两种载荷所产生的摩擦力矩之和。

滑动摩擦系数 f 的数值受材料、表面粗糙度、润滑情况等因素的影响。一般计算时，可由表 5-1 查取。

表 5-1 摩擦系数

轴颈材料—支承材料	摩擦系数 f	轴颈材料—支承材料	摩擦系数 f
钢—淬火钢	0.16～0.18	钢—玛瑙，人造宝石	0.13～0.15
钢—锡青铜	0.15～0.16	钢—尼龙(含石墨)	0.04～0.06
钢—黄铜	0.14～0.19	黄铜—黄铜	0.20
钢—硬铝	0.17～0.19	黄铜—锡青铜	0.16
钢—灰铸铁	0.19	—	—

2）圆柱面支承尺寸的确定

在支承受力较大，或支承受力虽小但要求轴颈的直径也较小时，可根据强度计算方法确定轴颈尺寸。

假设作用在轴颈上的载荷为 F_r，并认为 F_r 集中作用在轴颈的中部 $L/2$ 处(图 5.4)，则轴颈的强度计算公式为

$$F_r\frac{L}{2}\leqslant[\sigma_b]W \tag{5-8}$$

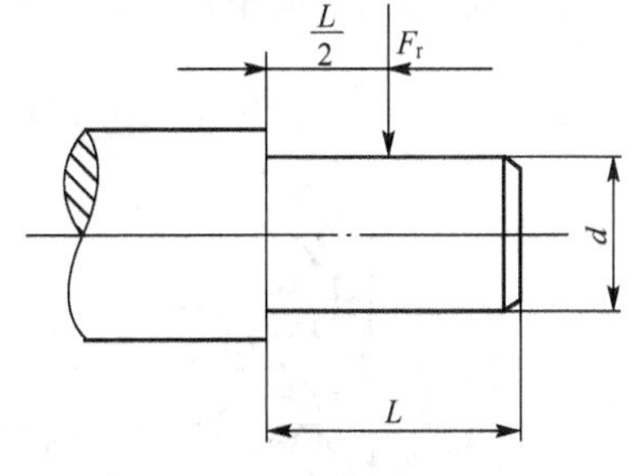

图 5.4　轴颈计算简图

式中，$[\sigma_b]$——许用弯曲应力，N/mm^2；

W——抗弯截面系数，mm。

由于 $W\approx0.1d^3$，因此

$$F_r\leqslant\frac{0.2[\sigma_b]d^3}{L} \tag{5-9}$$

令 $u=\frac{L}{d}$，代入式(5－9)，得

$$d\geqslant\sqrt{\frac{F_r u}{0.2[\sigma_b]}} \tag{5-10}$$

轴颈长度 L 和轴颈直径 d 的比值 L/d，称为长径比 u，其数值通常在 0.5～1.5 之间。按照结构条件选定 u 值后，根据支承的载荷和材料，利用式(5－10)即可求出所需的轴颈直径。

轴颈的尺寸确定后，轴承的尺寸也随之而定。通常，轴承直径与轴颈直径的基本尺寸相同，支承宽度 B 与轴颈长度 L 的基本尺寸也相同。

有些精密机械，支承的摩擦力矩直接影响其精度。这时，如果允许的摩擦力矩已知，可根据这个条件确定轴颈的尺寸。例如，圆柱面支承的摩擦力矩可用式(5－1)计算，所以，轴颈的直径可按下式求得，即

$$d=\frac{2M_f}{f_v F_r} \tag{5-11}$$

3) 圆柱面支承的技术条件

圆柱面支承的技术条件主要包括加工精度等级、配合种类、表面粗糙度、表面几何形状等。选择时，应考虑支承的旋转精度要求、受力情况和转速高低等因素，并参考有关手册和类似产品选定。

5.2.2　其他类型滑动摩擦支承

1. 顶尖支承

顶尖支承是由带有圆锥轴颈的顶尖和具有沉头圆柱孔的支承所组成的。顶尖的圆锥角一般为 60°，而沉头孔的圆锥角一般为 90°。

顶尖支承中轴颈和支承的接触面很小，因此，当支承轴线相对于轴颈有倾斜时，运动件仍能正常工作。但是较小的接触面积使其单位面积上的压力较大，润滑油常从接触面积处被挤出，磨损较快，因此这种支承只适用于低速和轻载的场合。此外，顶尖支承产生摩擦处的半径较小，故摩擦力矩也较小。

为了能够调节支承中的间隙，通常把支承中的一个或两个支承的位置设计成能够轴向调整(图 5.5(a))，调整后用螺母 1 固定支承。图 5.5(b)是顶尖支承能够做径向调整的一种结构，转动顶尖 2，可以调整运动件的径向位置。支承调整后，用紧定螺钉 3 固定顶尖

的位置。顶尖支承的轴颈常用T10、T12碳素工具钢制造，并将其淬硬到50～60HRC，支承材料常选用锡青铜和黄铜，有时，为减小摩擦和磨损，支承材料选用较轴颈硬的人造宝石。

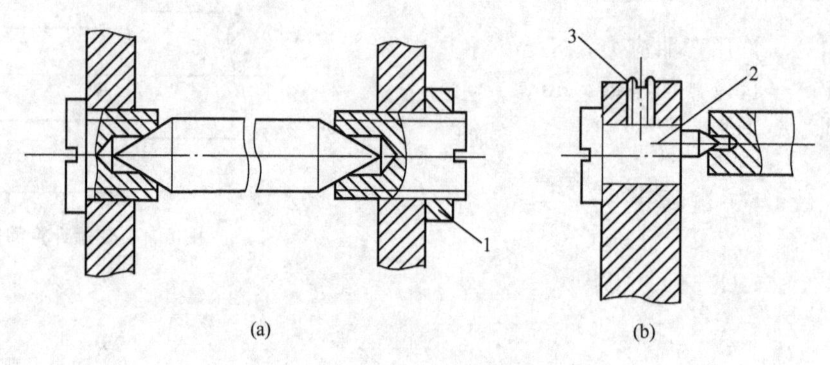

图5.5 顶尖支承的结构

1—螺母；2—顶尖；3—紧定螺钉

2. 轴尖支承

轴尖支承的运动件称为轴尖，其轴颈呈圆锥形，轴颈的端部是一半径很小的球面，承导件称为垫座，是一个带有内圆锥孔的支承，支承底部为一较轴尖半径稍大的内球面。这种支承既可用于垂直轴［图5.6(a)］，又可用于水平轴［图5.6(b)］。有时，支承的内孔不是内圆锥形，而是内球面［图5.6(c)］。

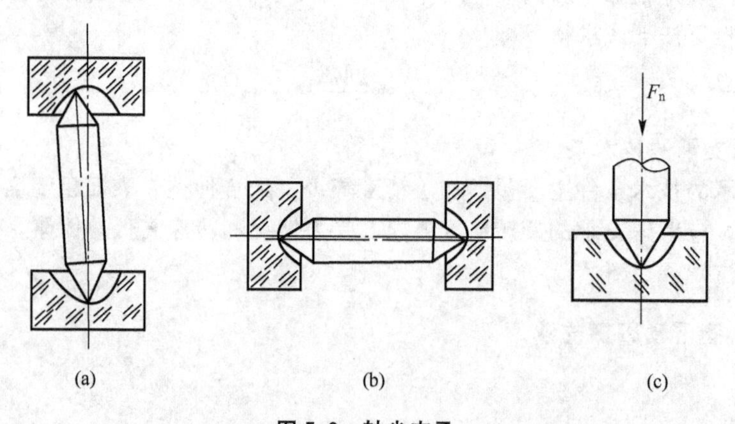

图5.6 轴尖支承

轴尖支承的置中精度和方向精度均不高，并且轴尖与垫座的接触面积很小，因此抗磨损的能力也较差，但是它具有摩擦力矩很小的优点。

图5.7所示是轴尖支承的典型结构。拧动镶有支承的螺钉1可以调整支承中的轴向间隙。调整后用螺母2锁紧，常用于电工仪表及航空仪表中。

3. 球支承

球支承由带球形轴颈的运动件和带有内锥面［图5.8(a)］或内球形面［图5.8(b)］的承导件组成。由于轴颈是球形，因此运动件除可绕本身轴线转动外，尚可在通过其轴线的平面内摆动一定的角度，常用于电器中天线架的支承。

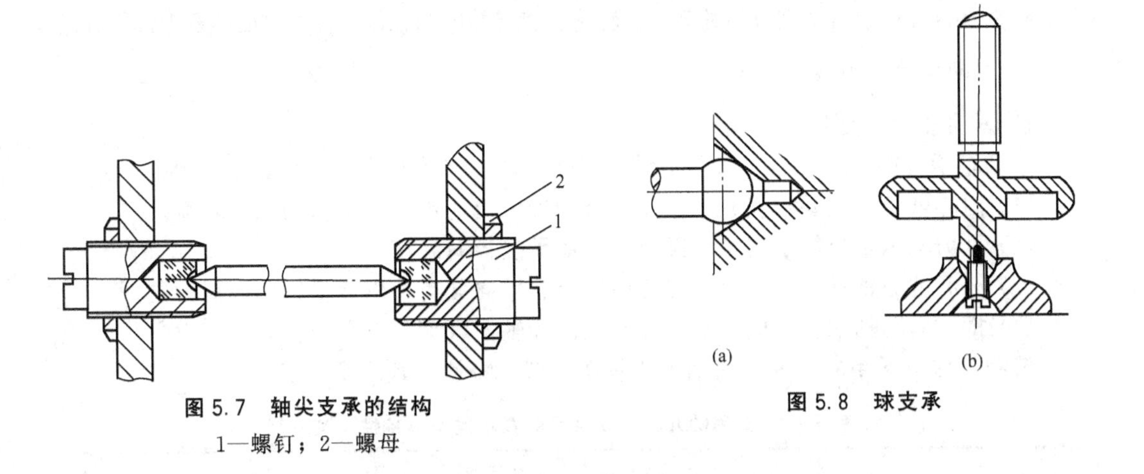

图 5.7　轴尖支承的结构

1—螺钉；2—螺母

图 5.8　球支承

5.3　滚动摩擦支承

5.3.1　标准滚动支承

标准滚动支承即滚动轴承(图 5.9)，通常由外圈 1、内圈 2、滚动体 3 和保持架 4 组成。

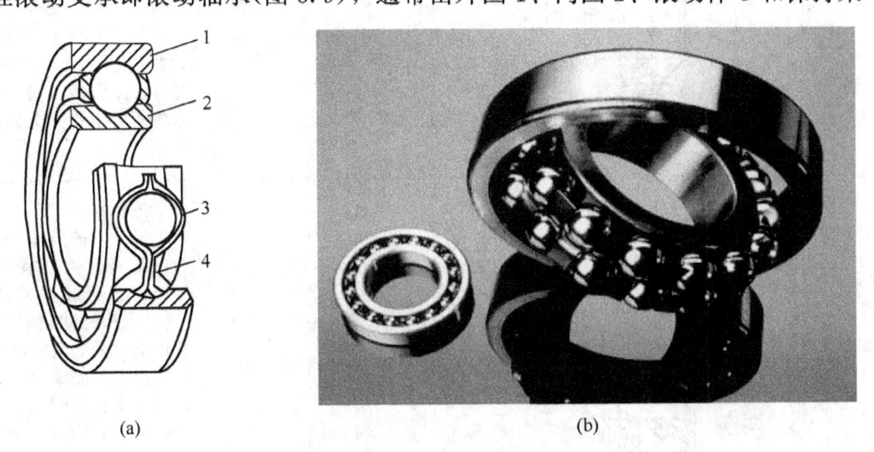

图 5.9　滚动轴承

1—外圈；2—内圈；3—滚动体；4—保持架

内圈常装在轴颈上，随轴一起旋转，外圈装在机架或机械的零部件上(有的轴承是外圈旋转，内圈起支承作用，个别情况下，内、外圈都可以旋转)。工作时，滚动体在内、外圈之间的滚道上滚动，形成滚动摩擦。保持架把滚动体均匀地相互隔开，以避免滚动体间的摩擦和磨损。滚动体分为钢球、圆柱滚子、圆锥滚子、滚针等型式。通常不同的滚动体构成不同类型的轴承，以适应各种载荷和工作情况。

内、外圈和滚动体的表面硬度为 60～66HRC，材料主要是高碳铬轴承钢等。保持架的材料通常为低碳钢，也可用黄铜、青铜或塑料等其他材料。

滚动轴承的特点是摩擦力矩小，允许转速高，磨损小，允许预紧，承载大，刚性好，旋转精度高，对温度变化不敏感，成本低。但外形尺寸较大，不易拆卸。

滚动轴承在各种机械中普遍使用，其类型和尺寸都已标准化。因此，对标准的滚动轴承已不需要自行设计，可根据具体的载荷、转速、旋转精度和工作条件等方面的要求进行选用。

1. 滚动轴承的类型和选择

1）滚动轴承的类型

滚动轴承有很多类，各类轴承的结构形式不同，按承载方向分为以下 4 类。

（1）向心轴承：主要承受径向载荷，有的轴承也能承受一定量的轴向载荷。

（2）推力轴承：只能承受轴向载荷，不能承受径向载荷。

（3）向心推力轴承：可同时承受径向载荷和轴向载荷，以承受径向载荷为主。

（4）推力向心轴承：可同时承受径向载荷和轴向载荷，以承受轴向载荷为主。

精密机械中常用的几种滚动轴承的基本类型、特性及其应用见表 5－2。

表 5－2　常用的几种滚动轴承的基本类型、特性及其应用

类型和代号	结构简图	能承受载荷的方向	额定动载荷比	极限转速比	性能及其应用
深沟球轴承 6	6000		1	高	主要承受径向载荷，也可承受不大的、任一方向的轴向载荷。承受冲击载荷的能力差 适用于刚性较好、转速高的轴。高转速时可以代替推力球轴承，承受纯轴向载荷。工作时，内、外圈轴线的相对偏角应小于 8′～16′
调心球轴承 1	1000		0.6～0.9	中	主要承受径向载荷，也可承受不大的、任一方向的轴向载荷。但在受轴向载荷后，会形成单列滚动体工作，显著影响轴承寿命，所以应尽量避免轴向载荷 由于外圈滚道是以轴承中点为中心的球面，故能自动调心。允许内、外圈轴线的相对偏角达 2°～3°。适用于刚性较差的轴以及轴承座孔的同轴度较差和多支点支承
外圈无挡边圆柱滚子轴承 N	N0000		1.5～3	高	主要承受径向载荷，承载能力高。但对轴的偏斜或弯曲变形很敏感。内、外圈的相对偏角不得超过 2′～4′ 内圈和外圈可以分别安装。工作时，允许内、外圈有较小的相对轴向位移 使用时要求轴有较好的刚性和轴承座孔有较高的同轴度。可在高速下使用

（续）

类型和代号	结构简图	能承受载荷的方向	额定动载荷比	极限转速比	性能及其应用
滚针轴承 NA	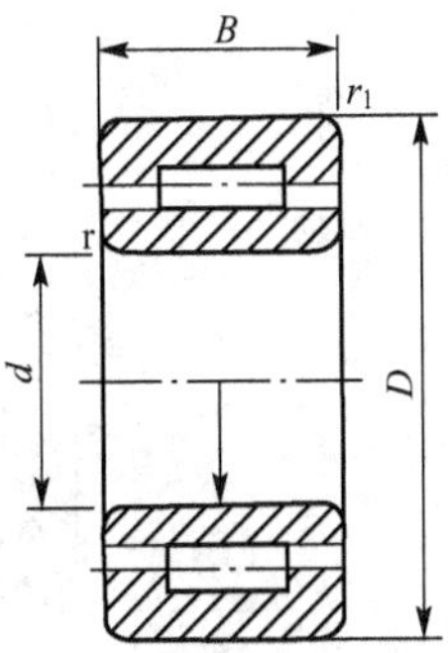 NA0000		—	—	只能承受径向载荷，承载能力大。结构上可以分成有内、外圈的，无内、外圈的和有外圈、无内圈的3种，其径向尺寸小。一般无保持架，因而滚针间有摩擦，轴承极限转速低，有保持架时，极限转速可以提高 当无内、外圈时，与滚针接触的轴和孔要淬硬并磨光，并达到轴承内、外圈工作表面的技术要求 适用于径向尺寸小，载荷较大的场合
角接触轴承 7	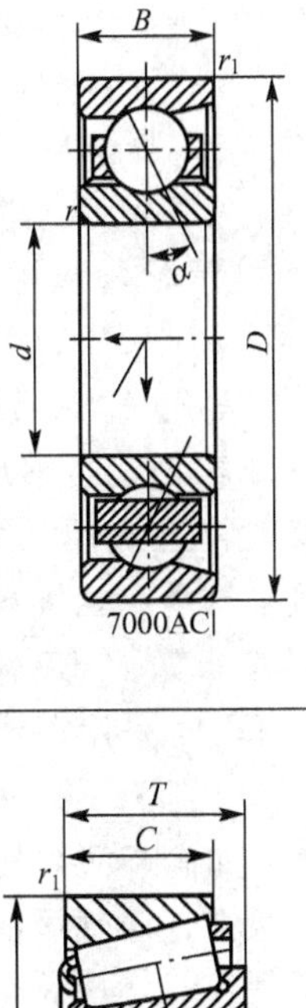 7000AC		1.0～1.4	高	可以同时承受径向载荷和单向的轴向载荷，也可以承受单向的纯轴向载荷 滚动体与外圈滚道接触点法线与径向平面的夹角称为轴承接触角α，α越大，承受轴向载荷的能力越大 通常成对使用，两轴承可以分别安装在两个支点上或安装在同一个支点上，高速时可以代替单向推力球轴承
圆锥滚子轴承 3	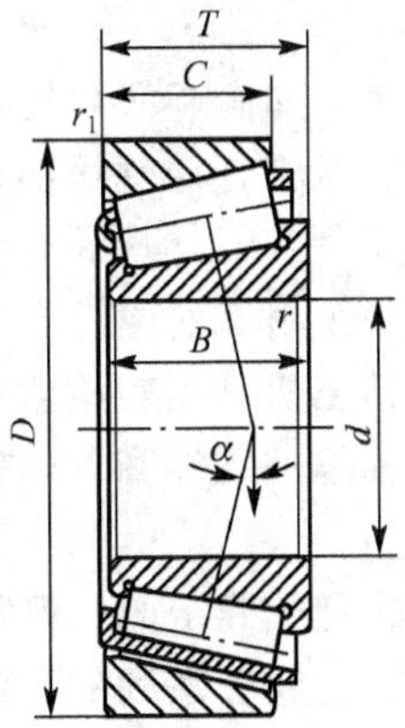 30000		1.5～2.5	中	可以同时承受较大的径向载荷和轴向载荷。也可以承受单向的纯轴向载荷 内、外圈可以分离，安装时可以分别安装，但要注意调整两者之间的间隙 通常成对使用，两轴承可以分别安装在两个支点上，或安装在同一个支点上 由于滚子端面与内圈挡边有滑动摩擦，故不宜在很高转速下工作 要求轴有较高的刚性和轴承座孔有较高的同轴度

（续）

类型和代号	结构简图	能承受载荷的方向	额定动载荷比	极限转速比	性能及其应用
推力球轴承 5	D_1 d r H d_1 D r 50000		1	低	只能承受轴向载荷，单向推力球轴承和双向推力球轴承可以分别承受单向和双向的载荷 两个轴套的孔径不一，小孔径者与轴装配，称为紧圈；大孔径者与轴有间隙，并支承在支座上，称为活圈 高速时，因滚动体的离心力大，影响轴承的使用寿命，故只宜用在中速和低速的场合

注：1. 额定动载荷比是指同一内径的各种类型滚动轴承的额定动载荷与深沟球轴承的额定动载荷的比值；对于推力轴承，则以单向推力球轴承的额定动载荷为其比较的基本单位。

2. 极限转速比是指同一内径的各类滚动轴承的极限转速与其有同样保持架的深沟球轴承的极限转速的比值；表中所列的"高"、"中"、"低"相应的极限转速比分别为"高"——100%～90%、"中"——90%～60%、"低"——50%以下。

3. 滚动轴承的类型名称和代号按 GB/T 272—1993 确定。

2）滚动轴承类型的选择

各类滚动轴承有不同的特性，适用于不同的使用情况，选用轴承时，应考虑下列因素。

（1）载荷的方向和大小。载荷是选择轴承类型时应首先考虑的因素。载荷较大时宜选用线接触的滚子轴承，中等和较小载荷时应优先选用球轴承。当轴承受纯径向载荷 F_r 时，应选用深沟球轴承；当受纯轴向载荷 F_a 且转速不高时，宜选用推力轴承；如转速较高，则因离心力将使推力轴承寿命显著下降，宜选用角接触轴承；当轴承同时承受径向载荷 F_r 和轴向载荷 F_a 时，则应根据 F_a/F_r 的大小选择轴承类型，如 F_a/F_r 较小时，可选用深沟球轴承或接触角较小的角接触轴承，如 F_a/F_r 较大时，可同时采用深沟球轴承和推力轴承分别承受 F_r 和 F_a，或采用接触角较大的角接触轴承。

（2）轴承的转速。轴承的转速应低于其极限转速。如高于极限转速，由于滚动体的离心力、发热和振动等原因，轴承的寿命将显著降低。通常，球轴承的极限转速高于滚子轴承；超轻、特轻、轻系列轴承的极限转速高于正常系列。

（3）轴承的刚性。一般情况下，滚动轴承在载荷作用下的弹性变形是很微小的，对于大多数机械的工作性能没有影响。但是，对于某些精密机械，轴承微小的弹性变形将影响其工作质量，这时，应选用刚性较高的轴承。滚子轴承的刚性高于球轴承，因为滚子与滚道的接触为线接触。

（4）轴承的安装尺寸。轴承内圈孔径是根据轴的直径确定的，但其外径和宽度与轴承类型有关。当需要减小径向尺寸时，宜选用轻、特轻、超轻系列的深沟球轴承，必要时可选用滚针轴承；当需要减小轴向尺寸时，宜选用窄系列的球轴承或滚子轴承。

（5）轴承的调心性能。当轴的中心线与轴承座中心线不同心(有角度误差)，或轴在受力后产生弯曲或倾斜时，可采用调心球轴承。这种轴承具有调心性能，即使轴产生倾斜，仍能正常工作。各类轴承的允许角度误差见表 5-3。

表 5-3　各类轴承的允许角度误差

轴承类型	调心球轴承	深沟球轴承	圆柱滚子轴承	圆锥滚子轴承
允许角度误差	3°	8′	2′	2′

(6) 轴承的摩擦力矩。对于有摩擦力矩要求的轴承，只受径向载荷时，可选用深沟球轴承、短圆柱滚子轴承；只受轴向载荷时，可选用单向推力球轴承；同时承受径向和轴向载荷时，可选用接触角与载荷合力方向相接近的角接触球轴承。

2. 滚动轴承的代号

滚动轴承代号是用字母加数字来表示滚动轴承的结构、尺寸、公差等级、技术性能等特征的产品符号。国家标准 GB/T 272—1993 规定的滚动轴承代号由以下 3 部分组成。

前置代号	基本代号	后置代号

基本代号是滚动轴承代号的核心，表示轴承的基本类型、结构和尺寸；前置、后置代号是当轴承的结构形状、尺寸、公差、技术要求等有特殊要求时才使用，在其基本代号前后添加的补充代号，一般情况下可部分或全部省略。

1) 基本代号

轴承的基本代号包括 3 项内容：类型代号、尺寸系列代号和内径代号。

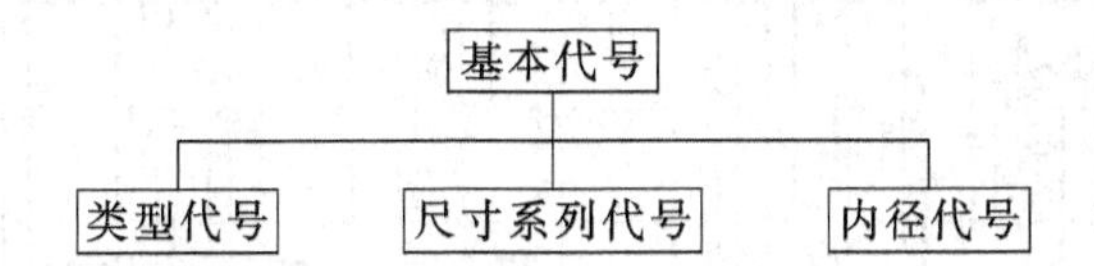

(1) 类型代号：用数字或字母表示不同类型的轴承，见表 5-4。

表 5-4　常用滚动轴承类型代号

代号	轴承类型	代号	轴承类型
0	双列角接触轴承	7	角接触轴承
1	调心球轴承	8	推力圆柱滚子轴承
2	调心滚子轴承和推力调心滚子轴承	N	圆柱滚子轴承
3	圆锥滚子轴承		双列或多列用字母 NN 表示
4	双列深沟球轴承	U	外球面球轴承
5	推力球轴承	QJ	4 点接触球轴承
6	深沟球轴承		

注：在表中代号后或前加字母或数字表示该类轴承中的不同结构。

(2) 尺寸系列代号：由两位数字组成，前一位数字代表宽度系列(向心轴承)或高度系列(推力轴承)，后一位数字表示直径系列。滚动轴承的具体尺寸系列代号见表 5-5。直径系列表示内径相同，外径不同(宽度或高度也随之变化)的轴承系列。宽度系列(向心轴承)表示内、外径相同，宽度不同的轴承系列，如图 5.10 所示。对应尺寸系列的变化，轴承有不同的承载能力。

表 5-5 轴承尺寸系列代号

直径系列代号	向心轴承								推力轴承			
	宽度系列代号								高度系列代号			
	8	0	1	2	3	4	5	6	7	9	1	2
	尺寸系列代号											
7			17		37							
8		08	18	28	38	48	58	68				
9		09	19	29	39	49	59	69				
0		00	10	20	30	40	50	60	70	90	10	
1		01	11	21	31	41	51	61	71	91	11	
2	82	02	12	22	32	42	52	62	72	92	12	22
3	83	03	13	23	33				73	93	13	23
4		04		24					74	94	14	24
5										95		

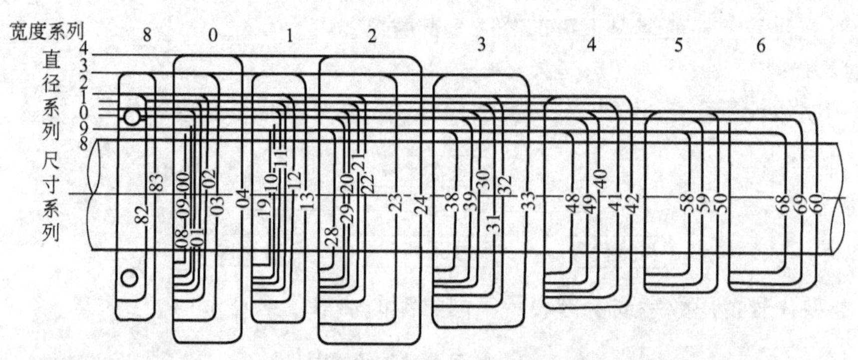

(a) 向心轴承的尺寸系列示意图(圆锥滚子轴承除外)

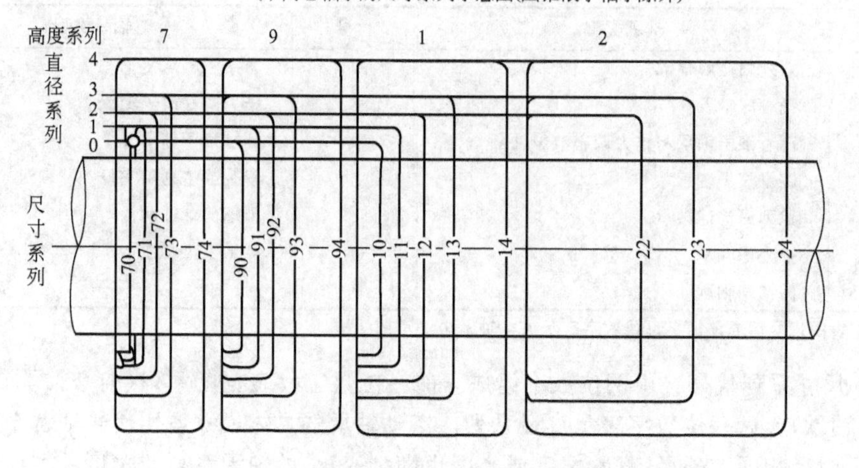

(b) 推力轴承的尺寸系列示意图

图 5.10 滚动轴承尺寸系列代号关系示意图

在轴承代号中，尺寸系列也可以是一位阿拉伯数字，该数字是直径系列代号。宽度系列(向心轴承)或高度系列(推力轴承)可以默认，但直径系列代号不可默认。

(3) 内径代号：表示轴承基本内径的大小，用数字表示，见表5-6。

表5-6　轴承内径代号

轴承基本直径/mm		内径代号	示例
0.6～10(非整数)		用基本内径毫米值直接表示，在其与尺寸系列代号之间用“/”分开	深沟球轴承618/2.5 d=2.5mm
1～9(整数)		用基本内径毫米值直接表示，对深沟球轴承及角接触球轴承7、8、9直径系列，内径与尺寸系列代号之间用“/”分开	深沟球轴承625，618/5 d=5mm
10～17	10 12 15 17	00 01 02 03	深沟球轴承6200 d=10mm
20～480 (22，28，32除外)		基本直径除以5的商数，商数为个位数，需在商数左边加“0”，如08	调心滚子轴承23208 d=40mm
大于和等于500以及22，28，32		用基本内径毫米数直接表示，但与尺寸系列之间用“/”分开	调心滚子轴承230/500 d=500mm

(4) 基本代号编制规则：基本代号中当轴承类型代号用字母表示时，编排时应与表示轴承尺寸的系列代号，内径代号或安装配合特征尺寸的数字之间空半个汉字距。例如N 2210，N为类型代号，22为尺寸系列代号，10为内径代号。

2) 前置代号

用字母表示。前置代号种类很多，如有L、R、WS、GS、KOW、KIW、LR、K等，含义如下。

L——可分离轴承的内圈或外圈，如LN207。

R——不带可分离的内圈或外圈轴承，如RNU207(NU表示内圈无挡边的圆柱滚子轴承)。

K——滚子和保持架组件，如K81107。

详细内容可参考轴承手册。

3) 后置代号

后置代号共有8组。用字母(或加数字)表示其内部结构、密封和防尘、外部形状变化、保持架结构、轴承零件材料、公差等级、游隙及配置等，详见轴承手册。

(1) 内部结构代号：用字母表示。如C、AC和B分别表示基本接触角$\alpha=15°$、25°和40°；E代表增大承载能力进行结构改进的加强型；D为剖分式轴承；ZW为滚针保持架组件、双列。代号示例如7210B、7210AC、NU207E。

(2) 密封、防尘与外部形状变化代号：部分代号与含义如下。

① K、K30：分别表示锥度1∶12和1∶30的圆锥孔轴承。代号示例如1210K、24122K30。

② R、N、NR：分别表示轴承外圈有止动挡边、止动槽、止动槽并带止动环。代号示例如6210N。

③ -RS、-RZ：表示轴承一面有骨架式橡胶密封圈(接触式为RS、非接触式为RZ)。

代号示例如 6210 - RS(同样，轴承若两面有橡胶密封圈，则为 6210 - 2RS)。

(3) 保持架代号：表示保持架在标准规定的结构材料外其他不同结构型式与材料。如A、B分别表示外圈和内圈引导；J、Q、M、TN 则分别表示钢板冲压、青铜实体、黄铜实体和工程塑料保持架。

(4) 公差等级代号：由小到大依次为/P2、/P4(/UP)、/P5(/SP)、/P6X、/P6、/P0 共 6 个等级。2 级精度最高，其中/P0 级在标注时可忽略。代号示例如 6203、6203/P6。

(5) 游隙代号：有/C1、/C2、/CO、/C3、/C4、/C5 共 6 个代号，分别符合标准规定的游隙 1、2、0、3、4、5 组(游隙量自小而大)，O 组不标注。代号示例如 6210、6210/C4。

公差等级代号和游隙代号同时表示时可以简化，如 6210/P63 表示轴承公差等级 P6 级、径向游隙 3 组。

(6) 配置代号：成对安装的轴承有 3 种配置型式(图 5.11)。/DB、/DF、/DT 这 3 种代号，分别表示背对背安装、面对面安装和串联安装。代号示例如 32208/DF、7210C/DT。

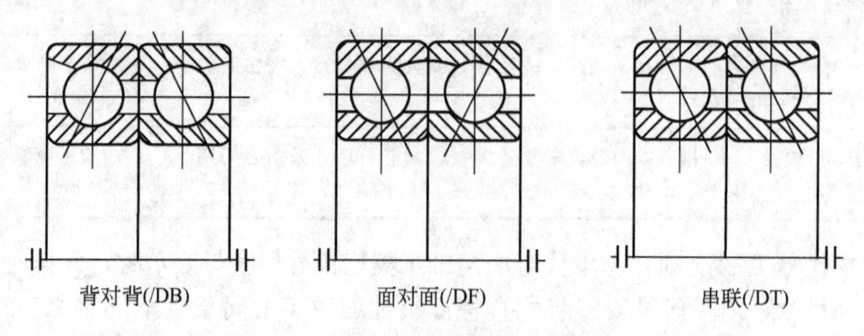

图 5.11 成对滚动轴承配置安装型式

(7) 其他：在振动、噪声、摩擦力矩、工作温度、润滑等方面有特殊要求的代号可查阅有关标准。

后置代号的详细内容可参考轴承手册。

【例 5 - 1】 试说明滚动轴承代号 61100 和 7205/P4 的含义。

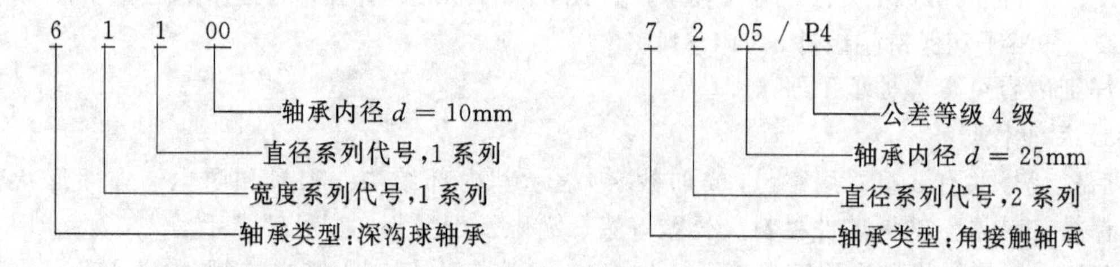

3. 滚动轴承的载荷分布、失效形式和计算准则

1) 滚动轴承的载荷分布

当滚动轴承受通过轴承中心的纯轴向载荷时，在理想精度下，可认为各滚动体均匀承受。

当滚动轴承受径向载荷时，在径向载荷 F_r的作用下，由于各接触点的弹性变形，内、外圈沿 F_r的作用方向产生相对位移 Δ，上半圈各滚动体不承受载荷，只有下半圈滚动体受载，在 F_r作用线上的滚动体所受的载荷最大。根据各接触点处的变形规律，可确定各滚动

体载荷的分布规律，如图5.12中的曲线所示。依据力的平衡条件可求出受载最大的滚动体的载荷为

球轴承　　$R_{max}\approx 5F_r/z$　　(5-12)

滚子轴承　　$R_{max}\approx 4.6F_r/z$　　(5-13)

式中，z——轴承中的滚动体个数；

F_r——轴承所受的径向力，N。

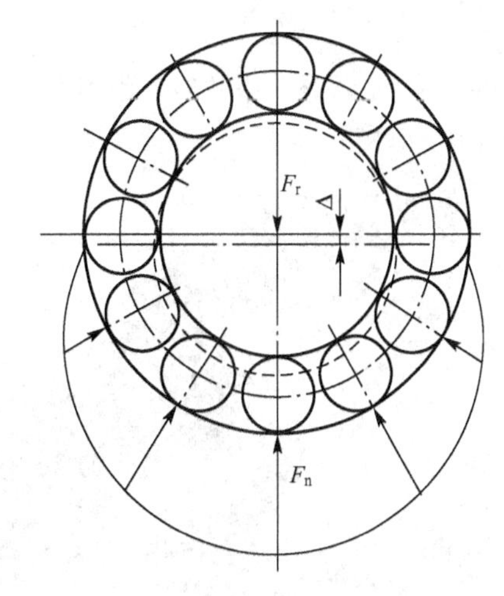

图5.12　滚动轴承上的载荷分布

2）滚动轴承的失效形式

滚动轴承工作时，滚动体和内圈或外圈有相对运动，滚动体既有自转又围绕轴承中心公转。因此，其滚道表面层的接触应力将按脉动循环变化。根据不同工作情况，滚动轴承的失效形式如下。

(1) 疲劳点蚀。在上述交变应力的作用下，滚动体或滚道表面层下面的强度薄弱点发生微观裂纹。在轴承继续运转过程中，内部微观裂纹扩展到表面，形成表层金属微小的片状剥落即轴承的疲劳点蚀现象。轴承发生疲劳点蚀后，在运转中会引起噪声和振动，同时，还使轴承的旋转精度降低，摩擦阻力增大和发热，使轴承很快丧失工作能力。

(2) 塑性变形。当轴承的转速很低或间歇摆动时，轴承不会产生疲劳点蚀，此时轴承失效是因为受过大载荷(称为静载荷)或冲击载荷，使滚动体或内、外圈滚道上出现大的塑性变形，形成不均匀的凹坑，从而加大轴承的摩擦力矩，引起噪声和振动，运动精度降低。

(3) 磨损。在多尘条件下工作的轴承，虽然采用密封装置，滚动体和滚道表面仍有可能产生磨粒磨损。当润滑不充分时，滚动轴承内部有可能发生滑动摩擦，将会产生粘着磨损并引起摩擦表面发热、胶合，甚至使滚动体回火，速度越高，发热和粘着磨损越严重。

阅读材料5-1

滚动轴承早期失效分析

滚动轴承是重要的机械基础件，对主机的运转精度和工作效率起着至关重要的作用。轴承的早期失效降低了轴承的使用寿命和可靠性，进而严重影响了主机的工作效率并加大了生产成本。因此，在轴承的生产过程中必须提高轴承质量，避免轴承的早期失效。在这里对轴承的早期失效进行分析，找出了失效的原因，提出了相应的整改措施。

1. 网状碳化物超标导致的轴承早期失效

1）失效轴承的检查

由某厂生产的352011X2D1TN1-2RS轴承试验至98h时轴承损坏。拆套后检查轴承内圈、滚子、保持架均完好无损，外圈滚道有大面积剥落，如图5.13所示。

2）金相检验

对外圈滚道剥落处进行取样，在金相显微镜下观察发现网状碳化物为3级，按JB/T

1255—2001标准为不合格。同时对一套未试的轴承外圈也进行金相检验，结果一样，如图5.14所示。

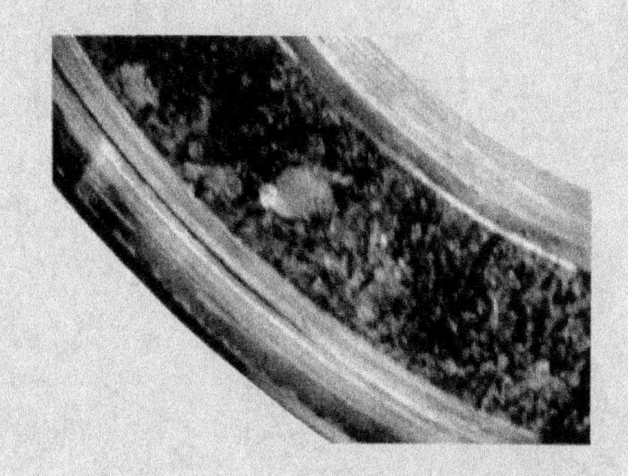

图5.13　轴承外圈滚道失效状态

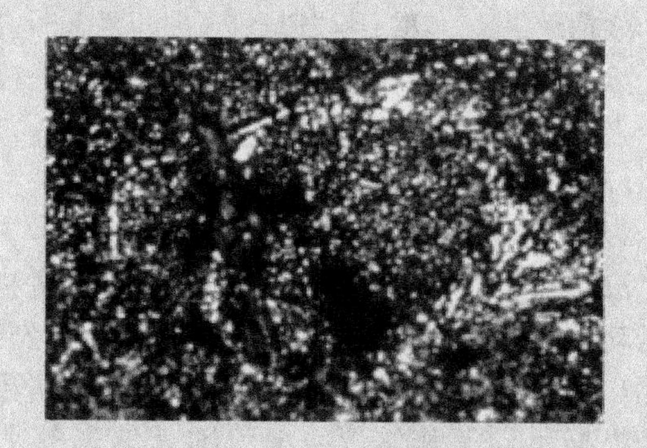

图5.14　网状碳化物

3）失效分析

网状碳化物的存在，大大地削弱了基体晶粒间的联系，使轴承的接触疲劳强度显著降低，同时也降低了该轴承滚道的许用接触应力。因此当轴承的滚动体与滚道之间的循环应力超过因网状碳化物超标而降低的疲劳极限时，滚道处便产生裂纹。随着裂纹的不断扩展便导致剥落，极大地缩短了滚动轴承的接触疲劳寿命。依据上述分析可知，网状碳化物超标是造成该轴承早期疲劳失效的主要原因。

4）改进措施

网状碳化物超标主要是由于轴承套圈在锻造加工过程中，终锻温度过高或冷却速度过慢产生的。因此，应在锻造工艺上采取有效的措施，严格控制锻造的加热温度并在锻后采用尽量快的速度进行冷却。另外对网状碳化物超标，可以通过正火处理加以减轻或消除。

2. 磨削烧伤造成的轴承早期失效

1）失效轴承的检查

某厂生产的3211ATN1/V1轴承，试验至86h轴承损坏，经拆套后发现轴承内圈偏离沟道中心处圆周方向表面剥落，且沟道有因缺乏润滑油而导致的温升着色痕迹(图5.15)；轴承外圈、钢球、保持架完好无损。

2）金相分析

对失效的轴承内圈进行常规的金相检验及分析，各项指标均符合标准规定。为此，做进一步的冷酸洗检验，结果发现内圈沟道边缘处有局部磨削烧伤，同时对未试验的轴承内圈也进行酸洗检验，结果偏离滚道中心处也有磨削烧伤(图5.16)。

3）失效分析

首先对该厂生产的此类轴承内圈沟道的车、磨加工过程加以分析：轴承内圈沟道半径Ri值磨加工技术要求为(6.54±0.02)mm；车加工技术要求为(6.41±0.02)mm，滚道半径相差0.1mm。这在正常加工条件下是不足以导致磨削烧伤的。轴承内圈沟道的粗磨量约占整个沟道磨量的三分之二，粗磨量较大，由于砂轮过硬、磨削进给量太大等原因，可使磨削区域的局部瞬时温度过高。若此大量的磨削热不能及时被冷却液冷却，将会使轴承内圈沟道磨削表面层的组织发生变化，磨削区域温度低于轴承钢的相变点Ac1时将使沟道表面层造成高温回火烧伤。还有磨加工沟道半径大于车加工沟道半径，这样使沟道边沿处在粗磨过程中先接触砂轮，因而导致沟道边沿处烧伤严重，且在后续加工过程中烧伤层没有被磨去。

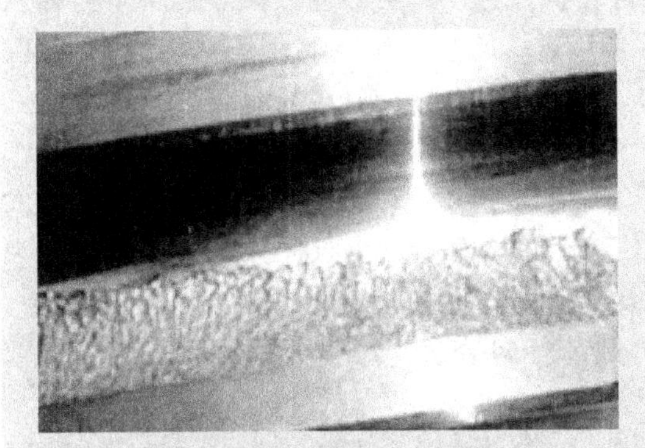

图5.15 轴承内圈沟道失效状态

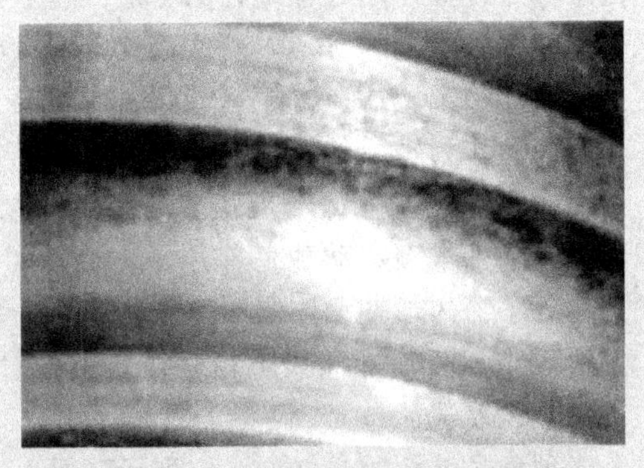

图5.16 偏离滚道中心磨削烧伤

磨削烧伤破坏了原金相组织结构，从而导致轴承沟道表面的弹性、韧性、强度大大降低，也使其表面形成了残余的拉应力，易引起疲劳裂纹，随着裂纹的不断扩展进而导致剥落。磨削烧伤极大地降低了滚动轴承的接触疲劳寿命。

4）改进措施

磨削烧伤主要是由于砂轮过硬、磨削进给量太大等原因造成的。因此，在粗磨轴承沟道过程中应采取有效的措施，严格按照工艺操作规程进行加工，严禁砂轮过硬和粗磨进给量过大。可相应增加砂轮的修磨频次等来防止磨削烧伤。

资料来源：拾益跃，胡栋．滚动轴承早期失效分析．轴承．2008(2)．

3）滚动轴承的计算准则

决定轴承尺寸时，要针对主要失效形式进行必要的计算，其计算准则是：一般工作条件的滚动轴承，如滚动轴承的主要损坏形式是疲劳点蚀，应进行接触疲劳寿命计算和静强度计算；对于摆动和转速较低的轴承，只需做静强度计算；高速轴承由于发热而造成的粘着磨损、烧伤常是突出矛盾，除进行寿命计算外，还需核验极限转速。

此外，要特别注意轴承组合设计的合理结构、润滑和密封，这对保证轴承的正常工作往往起决定性的作用。

与主要失效形式相对应，滚动轴承具有3个基本性能参数：满足一定疲劳寿命要求的基本额定动载荷C_r（径向）或C_a（轴向），满足一定静强度要求的基本额定静载荷C_{0r}（径向）或C_{0a}（轴向）和控制轴承磨损的极限转速n_0。各种轴承的性能指标值C、C_0、n_0等可查有关手册。

4．滚动轴承的寿命计算

1）基本额定寿命和基本额定动载荷

大部分滚动轴承是由于疲劳点蚀而失效的。轴承的疲劳点蚀与滚动体表面所受的接触应力值和应力循环次数有关，即与轴承所受的载荷和工作转速或工作时间有关。轴承中任一元件首次出现疲劳点蚀之前所运转的总转数或在一定转速下的工作小时数，称为轴承寿命。

同样的一批轴承在相同的条件下运转，每个轴承的实际寿命大不相同，最高和最低寿命可能相差数十倍。对一个具体轴承很难预知其确切寿命，但一批轴承的寿命则服从一定的概率分布规律，用数理统计的方法处理数据可分析计算一定可靠度或失效概率下的轴承寿命。实际选择轴承时常以基本额定寿命为标准。轴承的基本额定寿命是指 90%可靠度、常用材料和加工质量、常规运转条件下的寿命，以符号 L_{10}(r)或 L_{10h}(h)表示，通常把基本额定寿命作为轴承的寿命指标。

基本额定动载荷 C 是指基本额定寿命恰好为一个单位(10^6r)时，轴承所能承受的最大载荷，即在基本额定动载荷作用下，轴承可以工作 10^6r 而不发生点蚀失效，其可靠度为 90%。对于深沟球轴承、向心滚子轴承，$C=C_r$(径向基本额定动载荷)；对于角接触轴承，C_r 是指引起轴承套圈间产生相对径向位移时的载荷径向分量，对于推力轴承，$C=C_a$(轴向基本额定动载荷)。

各种型号轴承的 C_r 或 C_a 均列于轴承手册中，在有关设计手册的滚动轴承部分中也可查到。

2）当量动载荷

当量动载荷是指轴承同时承受径向和轴向复合载荷时，经过折算后的某一载荷，在此载荷的作用下，轴承的寿命与实际复合载荷下所达到的寿命相同。

当量动载荷 P 的计算公式为

$$P=XF_r+YF_a \tag{5-14}$$

式中，F_r——轴承上的径向载荷，N；

F_a——轴承上的轴向载荷，N；

X——径向动载荷的系数；

Y——轴向动载荷的系数。

X、Y 值可由表 5-7 查取。

表 5-7 中，e 是一个判断系数，它是由 F_a/F_r 的比值决定的。实验证明，轴承 $F_a/F_r \leqslant e$ 或 $F_a/F_r > e$ 时，其 X、Y 值是不同的。深沟球轴承和角接触轴承的 e 值随 F_a/C_{0r} 的增大而增大。表 5-7 中数据是在大量实验的基础上总结出来的。

表 5-7　滚动轴承径向系数 X 和轴向系数 Y

轴承类型	F_a/C_{0r}[①]	e	单列轴承				双列轴承			
			$F_a/F_r \leqslant e$		$F_a/F_r > e$		$F_a/F_r \leqslant e$		$F_a/F_r > e$	
			X	Y	X	Y	X	Y	X	Y
深沟球轴承	0.014 0.028 0.056 0.084 0.11 0.17 0.28 0.42 0.56	0.19 0.22 0.26 0.28 0.30 0.34 0.38 0.42 0.44	1	0	0.56	2.30 1.99 1.71 1.55 1.45 1.31 1.15 1.04 1.00	1	0	0.56	2.3 1.99 1.71 1.55 1.45 1.31 1.15 1.04 1

（续）

轴承类型		F_a/C_{0r}①	e	单列轴承				双列轴承			
				$F_a/F_r \leq e$		$F_a/F_r > e$		$F_a/F_r \leq e$		$F_a/F_r > e$	
				X	Y	X	Y	X	Y	X	Y
角接触轴承	$\alpha=15°$	0.015 0.029 0.058 0.087 0.12 0.17 0.29 0.44 0.58	0.38 0.40 0.43 0.46 0.47 0.50 0.55 0.56 0.56	1	0	0.44	1.47 1.40 1.30 1.23 1.19 1.12 1.02 1.00 1.00	1	1.65 1.57 1.46 1.38 1.34 1.26 1.14 1.12 1.12	0.72	2.39 2.28 2.11 2 1.93 1.82 1.66 1.63 1.63
	$\alpha=25°$	—	0.68	1	0	0.41	0.87	1	0.92	0.67	1.41
	$\alpha=40°$	—	1.14	1	0	0.35	0.57	1	0.55	0.57	0.93
双列角接触轴承	$\alpha=30°$	—	0.8	—	—	—	—	1	0.78	0.63	1.24
4点接触球轴承	$\alpha=35°$	—	0.95	1	0.66	0.60	1.07	—	—	—	—
圆锥滚子轴承		—	—	1	0	0.40	$0.4\cot\alpha$	1	$0.45\cot\alpha$	0.67	$0.67\cot\alpha$
调心球轴承		—	$1.5\tan\alpha$	—	—	—	—	1	$0.42\cot\alpha$	0.65	$0.65\cot\alpha$
推力调心滚子轴承		—	1/0.55	—	—	1.2	1	—	—	—	—

注：1. 相对轴向载荷 F_a/C_{0r} 中的 C_{0r}，为轴承的径向基本额定静载荷，由手册查取。与 F_a/C_{0r} 中间值相应的 e、Y 值可用线性内插法求得。

2. 由接触角 α 确定的各项 e、Y 值也可根据轴承型号在手册中直接查取。

$\alpha=0°$ 的圆柱滚子轴承与滚针轴承只能承受径向力，当量动载荷 $P_r=F_r$，而 $\alpha=90°$ 的推力轴承只能承受轴向力，其当量动载荷 $P_a=F_a$。

由于机械工作时常有振动和冲击，为此，轴承的当量动载荷应按下式计算

$$P=f_P(XF_r+YF_a) \tag{5-15}$$

式中，f_P——载荷系数，由表5-8选取。

表5-8　载荷系数 f_P

载荷性质	机器举例	f_P
平稳运转或轻微冲击	电动机、水泵、通风机、汽轮机	1.0～1.2
中等冲击	车辆、机床、起重机、冶金设备、内燃机	1.2～1.8
强大冲击	破碎机、轧钢机、振动筛、工程机械、石油钻机	1.8～3.0

在计算角接触轴承的当量动载荷时，要考虑由径向载荷产生的附加轴向力。如图5.17所示，当轴承受径向载荷 F_r 时，载荷区内各滚动体将产生附加轴向分力 F_{si}，并可近似认

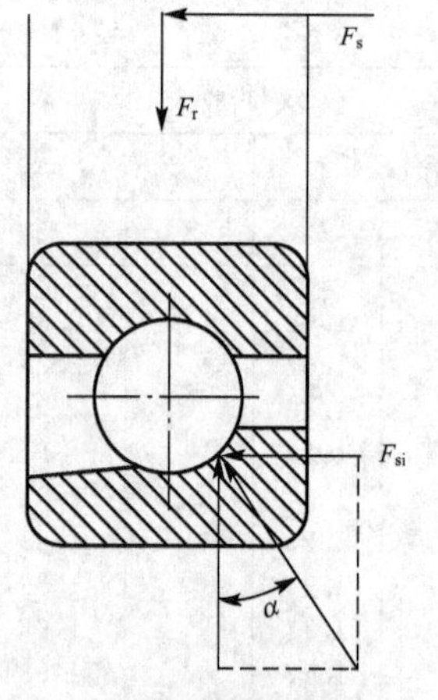

图 5.17　角接触滚动轴承的附加轴向力

为各 F_{si} 的合力 F_s 通过轴承的中心线。角接触轴承由径向载荷产生的附加轴向力 F_s 见表 5-9。由图还可看出，附加轴向力使轴承套圈互相分离。为保证轴承正常工作，此类轴承常成对使用。如单独使用，其外加轴向力必须大于附加轴向力。

表 5-9　角接触球轴承、圆锥滚子轴承的附加轴向力 F_s

圆锥滚子轴承	角接触球轴承		
	$\alpha=15°$（7000C 型）	$\alpha=25°$（7000AC 型）	$\alpha=40°$（7000B 型）
$F_s=F_r/(2Y)$（Y 为 $F_a/F_r>e$ 时的轴向系数）	$F_s=eF_r$（e 见表 5-7）	$F_s=0.68F_r$	$F_s=1.14F_r$

图 5.18 为角接触轴承反装配置方式，轴承接触角 α 向外侧倾斜。图 5.19 为角接触轴承正装配置方式，轴承接触角 α 向内侧倾斜。轴承Ⅰ、Ⅱ通常是同一型号(有时为不同型号)。

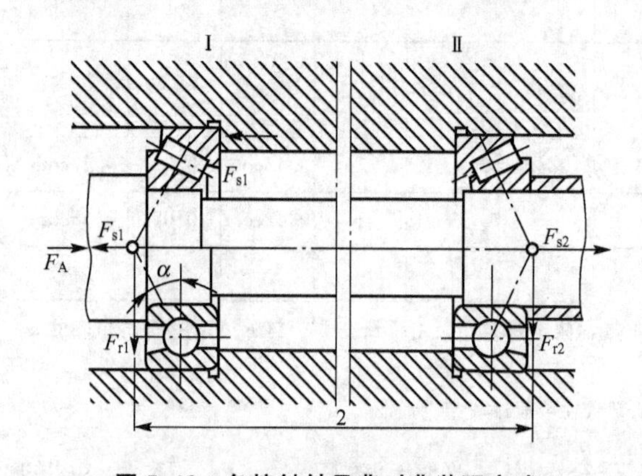

图 5.18　角接触轴承背对背装配方式

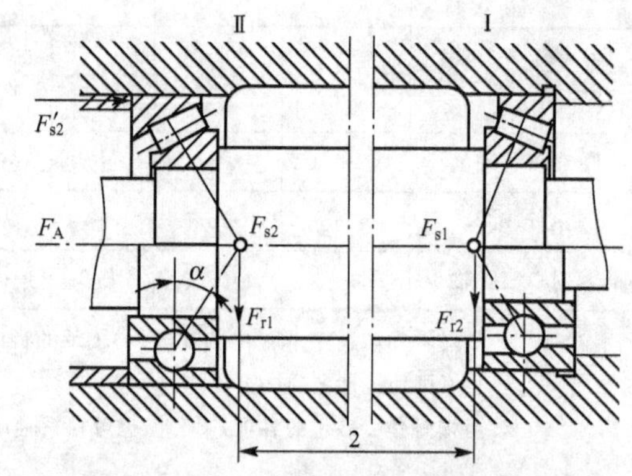

图 5.19　角接触轴承面对面装配方式

分析径向轴承Ⅰ、Ⅱ所受的轴向力，要根据具体受力情况，按力的平衡关系进行。下面分两种情况讨论。

(1) 当 $F_A+F_{s2}>F_{s1}$(图 5.18)时，则轴有向右移动的趋势，根据力的平衡关系，轴承座Ⅰ上必将产生反力 F'_{s1}，使

$$F_A+F_{s2}=F_{s1}+F'_{s1}$$

即

$$F'_{s1}=F_A+F_{s2}-F_{s1}$$

由此得两轴承上的轴向力 F_{a1}、F_{a2} 分别为

$$F_{a1}=F_{s1}+F'_{s1}=F_A+F_{s2}$$
$$F_{a2}=F_{s2} \tag{5-16}$$

(2) 当 $F_A+F_{s2}<F_{s1}$(图 5.19)，则轴有向左移动的趋势，同理，在轴承座Ⅱ上必将产生反力 F'_{s2}，使

$$F_A+F_{s2}+F'_{s2}=F_{s1}$$

即

$$F'_{s2}=F_{s1}-F_A-F_{s2}$$

由此得两轴承上的轴向力 F_{a1}、F_{a2}分别为

$$F_{a1}=F_{s1}$$

$$F_{a2}=F_{s2}+F'_{s2}=F_{s1}-F_A \tag{5-17}$$

确定轴向载荷 F_{a1}和 F_{a2}后，即可按下式计算其当量动载荷，即

$$P_{\text{I}}=X_{\text{I}}F_{r1}+Y_{\text{I}}F_{a1} \tag{5-18}$$

$$P_{\text{II}}=X_{\text{II}}F_{r2}+Y_{\text{II}}F_{a2} \tag{5-19}$$

3）轴承寿命计算

滚动轴承的寿命随载荷增大而降低，寿命与载荷的关系曲线如图 5.20 所示，其曲线方程为

$$P^{\varepsilon}L_{10}=\text{常数} \tag{5-20}$$

式中，P——当量动载荷(N)；

L_{10}——基本额定寿命，常以 10^6r 为单位（当寿命为 10^6r 时，$L_{10}=1$）；

ε——寿命指数，球轴承 $\varepsilon=3$，滚子轴承 $\varepsilon=10/3$。

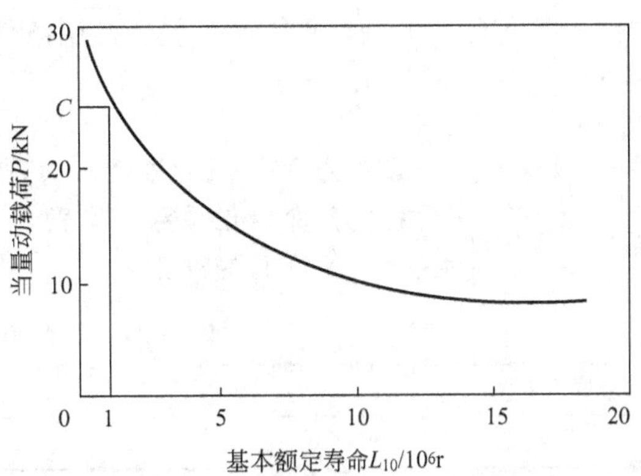

图 5.20　滚动轴承的 P-L 曲线

由手册查得的基本额定动载荷 C 是以 $L_{10}=1$、可靠度为 90%为依据的。由此可列出当轴承的当量动载荷为 P 时以转数为单位的基本额定寿命 L_{10}为

$$C^{\varepsilon}\times 1=P^{\varepsilon}\times L_{10} \tag{5-21}$$

滚动轴承的寿命计算公式为

$$L_{10}=\left(\frac{C}{P}\right)^{\varepsilon}10^6_{(r)} \tag{5-22}$$

式中，C——基本额定动载荷，N。

若轴承工作转速 n 的单位为 r/min，可求出以小时数为单位的基本额定寿命

$$L_{10h}=\frac{10^6}{60n}\left(\frac{C}{P}\right)^{\varepsilon}=\frac{16670}{n}\left(\frac{C}{P}\right)^{\varepsilon} \tag{5-23}$$

应取 $L_{10}\geqslant L'_h$。L'_h为轴承的预期使用寿命。通常参照机器大修期限决定轴承的预期使用寿命，表 5-10 的推荐值可供参考。

表 5-10　滚动轴承预期使用寿命 L'_h 推荐值

使用场合	L'_h/h
不经常使用的精密机械	500
经常使用的精密机械	2000～6000
短期或间断使用，中断使用不致引起严重后果的机械	4000～8000
间断使用的机械，中断使用将引起严重后果，如流水作业线的传动装置等	8000～14000
每天工作 8h 的机械，如齿轮减速箱	14000～30000
连续工作的精密机械	20000～60000
24h 连续工作，中断工作将引起严重后果的机械	>100000

若已知轴承的当量动载荷 P 和预期使用寿命 L'_h，则可按下式求得相应的计算额定动载荷 C_j，它与所选用轴承型号的 C 值必须满足下式要求

$$C_j = \frac{P}{f_t}\sqrt[\varepsilon]{\frac{n}{16670}L'_h} \leqslant C \tag{5-24}$$

式中，f_t——温度系数，见表 5-11。

表 5-11　温度系数 f_t

轴承工作温度/℃	≤100	125	150	175	200	225	250	300	350
温度系数 f_t	1	0.95	0.9	0.85	0.8	0.75	0.7	0.6	0.5

按式(5-23)计算出的轴承寿命，其工作可靠度是 90%，但许多重要仪器都希望轴承工作可靠度高于 90%，在轴承材料、使用条件不变的情况下，寿命计算公式为

$$L_{Rh} = f_R L_{10h} \tag{5-25}$$

式中，L_{10h}——可靠度为 90%时的轴承寿命，按式(5-23)计算；

f_R——可靠度寿命修正系数，见表 5-12；

L_{Rh}——任意可靠度时的寿命。

表 5-12　可靠度寿命修正系数 f_R

可靠度 R/(%)	90	95	96	97	98	99
f_R	1.0	0.62	0.53	0.44	0.33	0.21

5. 滚动轴承的静强度计算

静强度计算的目的是防止轴承在静止或低速转动时产生过大的塑性变形，使轴承运转时有较大的振动和噪声，影响正常工作。

阅读材料5-2

精密滚动轴承在精密轴系设备中的应用

不同种类轴承的自身特征和诸多影响轴承的外在因素直接涉及精密滚动轴承在精密轴系中的正确应用，尤其在主轴高速旋转和要求高精度的情况下，精密滚动轴承的关联因素显得更为突出，若考虑不周就会失去使用精密轴承的意义。以下为应注意的因素：

1. 安装精度

安装部件精度是影响轴承旋转精度的主要因素。但是若对安装部件精度要求过高会给机械加工造成困难并造成高成本。使用精密滚动轴承时，只有轴和轴承座的形位公差精度和表面粗糙度同轴承精度协调一致时，才能充分发挥其效能，在选择安装部件与轴承的配合时，应考虑轴承尺寸精度，所选择的配合将影响轴承间隙或轴承的预载荷。

2. 轴承刚度

轴承刚度表述为载荷作用下的弹性变形与恢复程度的比率。由于滚动轴承弹性恢复与载荷不成直线关系，所以很难用单一函数关系描述，应用中可以用线性关系做近似的

估算。轴承刚度取决于其类型和大小，主要判断准则是：滚动体类型（如球形或圆柱形）、滚动体数量及大小和接触角度。

滚动体数目对刚度的影响大于轴承尺寸大小的影响。增加相同滚动体数目提高的轴承刚度要大于增加轴承尺寸所提高的轴承刚度，因此，精密滚动轴承采取增加滚动体数目法提高其刚度。一般是接触角度小，则满足径向高刚度；接触角度大，则满足轴向刚度。在布置轴承时，同一位置安装两个或更多轴承可以提高刚度。角接触球轴承最适宜这种使用且往往是配对使用。

轴承刚度还会受主轴和轴承座的影响，要慎重选择其配合公差，配对轴承组刚度还会受预载荷的影响。

3. 轴承载荷与预载荷

1）载荷

在精密轴系使用精密滚动轴承时，轴承的载荷容量不是选择轴承的唯一考虑的关键因素，而轴承刚度、允许速度和旋转精度等是决定因素。应用时，选择轴承类型和布置形式的基本原则：相同尺寸的滚子轴承比球轴承有较大的承载能力；角接触球轴承和圆锥滚子轴承能够承受径向和轴向联合载荷；双向角接触推力球轴承可承受双向载荷。

2）预载荷

预载荷不但可以提高轴承的刚度，而且还可以提高其旋转精度，在设备主轴的应用中一般使用预载荷轴承和配对轴承组。对于配对轴承组，其预载荷的大小确定比较复杂；根据其适应的精度、刚度和速度等不同的要求来确定预载荷。

对于圆柱滚子轴承，通过内圈锥形孔合适的安装获得预载荷；对于双向角接触推力球轴承，调整隔离套筒尺寸，安装便会获得预载荷。对于单列角接触球轴承和圆锥滚子轴承，通常调节内外圈轴向间隙而获得预载荷。

4. 轴承的润滑

滚动轴承的润滑目的是防止滚动体直接接触而磨损和生锈。对于精密滚动轴承来说这一因素更值得重视。

润滑方式有脂润滑和油润滑：脂润滑方式是最为简单和普遍的选择，其使用寿命很短。对于高速主轴轴承，必须使用油润滑。为了在滚动体和滚道间形成润滑油膜，仅需少量的润滑油。

5. 轴承的密封

在使用精密滚动轴承时，要考虑环境情况、润滑方式、密封摩擦和密封摩擦导致的温升等因素必须在内部和外界之间有效密封。

轴承的密封一般采用橡胶密封和非橡胶密封两种方式。

非橡胶密封的密封特征由其端盖结构形成，可用于轴向、径向或轴向和径向组合情况，这种密封没有摩擦和磨损。由于密封摩擦很可能产生轴承不能接受的热量，所以高速旋转情况下精密滚动轴承往往采用非橡胶密封。

橡胶密封接触于密封表面，由于接触的摩擦力会使温度生高，橡胶密封的使用受一定的限制，这种形式很少用于精密滚动轴承的密封；一般用于低转速轴承。

橡胶密封和非橡胶密封结合使用，可以提高密封效果。

6. 轴承的寿命

在应用中，要使所选择的轴承具有较长的寿命。测定精密轴承基本寿命主要包括额定动载荷容量和实际受力两个参数。另外还要考虑预载荷对轴承寿命的影响及主轴强度和轴承自身因素等的影响。对于高速工作情况，主轴要有耐磨性，滚动体产生的离心力也会影响载荷情况和缩短轴承使用寿命。

精密滚动轴承在精密轴系设备中被广泛使用，本文对精密滚动轴承应用中应注意的几个方面做了归纳。精密滚动轴承只有正确应用，才能发挥其优良的性能。

资料来源：张瑞丽. 精密滚动轴承在精密轴系设备中的应用. 哈尔滨轴承. 2007(3).

实践表明，当受力最大的滚动体和任一套圈滚道接触表面的塑性变形量之和不超过滚动体直径的万分之一时，通常不致影响轴承的正常工作。因此，对于每一尺寸的滚动轴承，可得到产生上述变形量的载荷，此载荷称为额定静载荷 C_0。对于深沟球轴承、角接触轴承、向心滚子轴承，$C_0=C_{0r}$(径向额定静载荷)；对于推力轴承，$C_0=C_{0a}$(轴向额定静载荷)。C_0 表示轴承在低速运转时的承载能力，该值可由手册中查出。同样，当量静载荷是指轴承同时承受径向和轴向复合载荷时，经过折算的某一载荷，在此载荷作用下，轴承产生的永久变形量与实际载荷作用下相同。对于深沟球轴承、角接触轴承、向心滚子轴承，$P_0=P_{0r}$(径向当量静载荷)；对于推力轴承，$P_0=P_{0a}$(轴向当量静载荷)。

低速转动或缓慢摆动的轴承，应按额定静载荷选择轴承型号。额定静载荷按下式计算

$$C_{0j}=S_0P_0\leqslant C_0 \tag{5-26}$$

式中，C_{0j}——额定静载荷的计算值(N)；

S_0——安全系数，按表5-13查取；

P_0——当量静载荷(N)。

当量静载荷应按式(5-27)和式(5-28)计算，并取其中较大值

$$P_0=F_r \tag{5-27}$$

$$P_0=X_0F_r+Y_0F_a \tag{5-28}$$

式中，X_0 为径向系数，Y_0 为轴向系数，由表5-14查取。

表5-13 安全系数 S_0

使用要求及载荷性质	S_0	
	球轴承	滚子轴承
对旋转精度及平稳性要求较高，承受较大冲击的载荷	1.5～2	2.5～4
正常使用	0.5～2	1～3.5
对旋转精度及平稳性要求较低，没有冲击和振动的载荷	0.5～2	1～3

表 5-14　径向系数 X_0 和轴向系数 Y_0

轴承类型	接触角 α	单列轴承		双列轴承	
		X_0	Y_0	X_0	Y_0
深沟球轴承		0.6	0.5	0.6	0.5
角接触轴承	$\alpha=15°$ $\alpha=25°$ $\alpha=40°$	0.5 0.5 0.5	0.46 0.38 0.26	1 1 1	0.92 0.76 0.52
四点接触球轴承	$\alpha=35°$	0.5	0.29	1	0.58
双列角接触轴承	$\alpha=30°$	—	—	1	0.66
调心球轴承	—	0.5	$0.22\cot\alpha$	1	$0.44\cot\alpha$
圆锥滚子轴承	—	0.5	$0.22\cot\alpha$	1	$0.44\cot\alpha$

6. 滚动轴承的极限转速

滚动轴承转速过高时会使摩擦面间产生高温，影响润滑剂性能，破坏油膜，从而导致滚动体回火或元件胶合失效。

滚动轴承的极限转速是在一定载荷和润滑条件下所允许的最高转速。在轴承样本和手册中，给出了不同类型和尺寸的轴承在油润滑和脂润滑条件下的极限转速。这些数值只适用于当量动载荷 $P\leqslant 0.1C$(C 为基本额定动载荷)、润滑与冷却条件正常、向心轴承只受径向载荷、推力轴承只受轴向载荷、公差等级为 0 级的轴承。

当滚动轴承载荷 $P>0.1C$ 时，接触应力将增大；轴承承受联合载荷时，受载滚动体将增加，这都会增大轴承接触表面间的摩擦，使润滑状态变坏。此时，极限转速值应修正，实际转速值应按下式计算

$$[n]=f_1 f_2 n_{\lim} \tag{5-29}$$

式中，$[n]$——实际许用转速(r/min)；

$n_{\lim}$——轴承极限转速(r/min)；

f_1——载荷系数(图 5.21)；

f_2——载荷分布系数(图 5.22)。

选择轴承时，轴承的工作转速不得超过实际允许的最高转速。

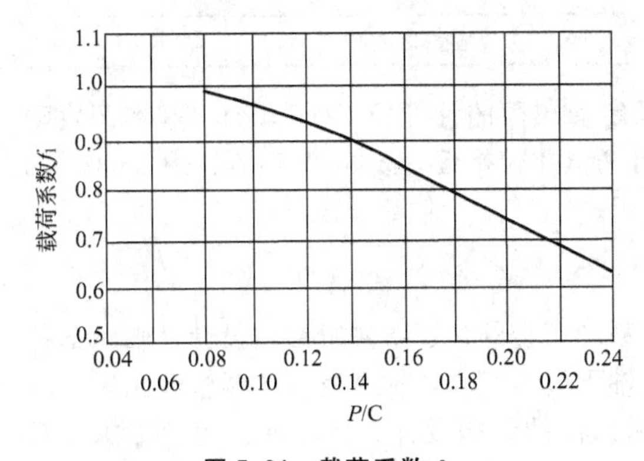

图 5.21　载荷系数 f_1

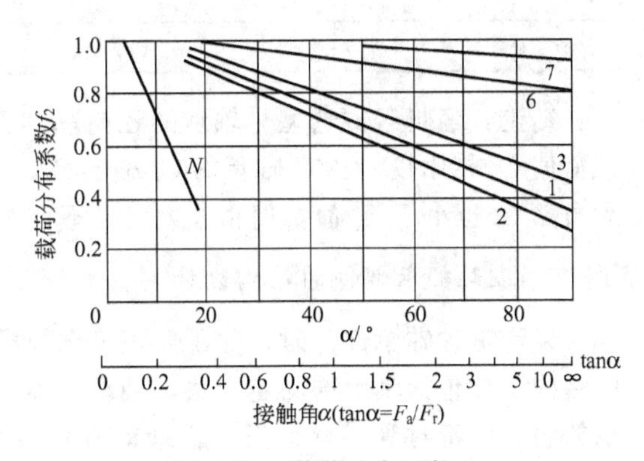

图 5.22　载荷分布系数 f_2

影响轴承极限转速除载荷因素外，还有许多因素，如轴承类型、尺寸大小、润滑与冷却条件、游隙、保持架的材料与结构等。如果所选用轴承的极限转速不能满足要求，可以采取一些改进措施予以提高。如提高轴承的公差等级，适当加大游隙，改用特殊材料和结构的保持架，采用循环润滑、油雾润滑，增设循环冷却系统等可提高轴承的极限转速。

【例 5-2】 试选择某传动装置中用深沟球轴承。已知轴颈 $d=35$mm，轴的转速 $n=2860$r/min，轴承径向载荷 $F_r=1600$N，轴向载荷 $F_a=800$N，载荷有轻微冲击，预期使用寿命 $L'_h=5000$h。

解：由于轴承型号未定，C_{0r}、e、X、Y 值都无法确定，必须进行试算。以下采取预选轴承的方法。

预选 6207 与 6307 两种深沟球轴承方案计算，由手册查得轴承数据见表 5-15。

表 5-15 轴承数据

方案	轴承型号	C_r/N	C_{0r}/N	D/mm	B/mm	n_{lim}/r·min^{-1}
1	6207	25500	15200	72	17	8500
2	6307	32200	19200	80	21	8000

计算步骤与结果见表 5-16。

表 5-16 计算步骤与结果

计算项目	计算内容	计算结果	
		6207 轴承	6307 轴承
F_a/C_{0r}	$F_a/C_{0r}=800/C_{0r}$	0.053	0.042
e	查表 5-7(用内插值法求出)	0.256	0.24
F_a/F_r	$F_a/F_r=800/1600$	$0.5>e$	$0.5>e$
X、Y	查表 5-7(Y 值用内插值法求出)	$X=0.56\quad Y=1.74$	$X=0.56\quad Y=1.85$
载荷系数 f_P	查表 5-8	1.1	1.1
当量动载荷 P	$P=f_P(XF_r+YF_a)$ $=1.1\times(1600X+800Y)$	2517N	2614N
计算额定动载荷 C_j	$C_j=\dfrac{P}{f_t\sqrt[3]{\dfrac{L'_hn}{16670}}}=P\sqrt[3]{\dfrac{5000\times 2860}{16670}}$	23917N	24839N
基本额定动载荷 C_r	查手册	$C_j<25500$	$C_j<32200$

结论：经将各试选型号轴承的径向基本额定动载荷的计算值 C_j 与其径向基本额定动载荷值 C_r 相比较，6207 轴承的 C_j 小于 C_r，且两值比较接近，故 6207 轴承适用。6307 轴承虽然 C_j 也小于 C_r 值，但裕度太大，不宜选用。

7. 滚动轴承部件的结构设计

设计滚动轴承部件时，除了要正确选择类型和型号外，还要进行结构设计。轴承部件的结构设计包括轴承的固定方法，轴承与轴和轴承座的配合，轴承游隙的调整和预紧，轴承的润滑和密封等。只有正确合理地进行轴承部件的结构设计，才能保证滚动轴承正常工作。

1）轴承的固定

在滚动轴承部件中，轴和轴承在工作时，相对机座不允许有径向移动，轴向移动也应控制在一定限度之内。限制轴的轴向移动有以下两种方式。

(1) 两端固定。两端固定是使每一轴承都能限制轴的单向移动，两个轴承合在一起就能限制轴的双向移动。图 5.23(a)所示为利用内圈和轴肩、外圈和轴承盖限制轴的移动。

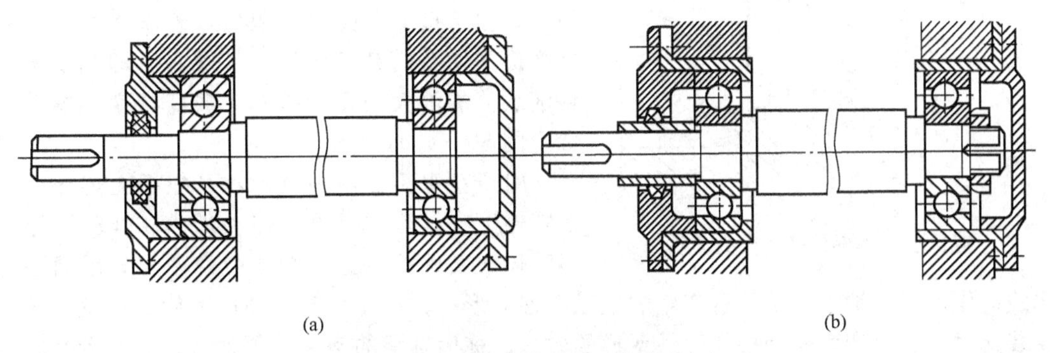

图 5.23　滚动轴承的固定方式

(2) 一端固定，一端游动。其方式是使一个轴承限制轴的双向移动，另一个轴承可以游动，如图 5.23(b)所示。

对于工作温度较高的长轴，应采用第二种方式；对于工作温度不高的短轴，可采用第一种方式，但在外圈处也应留出少量的膨胀量，一般为 0.25～0.4mm，以备轴的伸长。间隙的大小可用选择端盖端面处加垫片等办法控制。

2）轴承的配合

滚动轴承与轴及轴承座的配合将影响轴承游隙。轴承未安装时的游隙称为原始游隙，装上后，由于过盈所引起的内圈膨胀和外圈收缩，将使轴承的游隙减小。

轴承游隙过大，不仅影响它的旋转精度，也影响它的寿命。只有当游隙为零时，图 5.12所示的载荷分布规律才是正确的。如果游隙很大，在极限情况下可能只有最下方的一个滚动体受力，轴承的承载能力将大大降低。

通常，回转圈的转速越高、载荷越大、工作温度越高，应采用较紧的配合；游动圈或经常拆卸的轴承则应采用较松的配合。轴承孔与轴的配合取(特殊的)基孔制，轴承外圈与孔的配合取基轴制。回转圈与机器旋转部分的配合一般用 n6、m6、k6、js6；固定圈和机器不动部分的配合则用 J7、J6、H7、G7 等。关于配合和公差的详细资料可参考有关手册。

3）滚动轴承游隙的调整

轴承游隙 δ 过大将使承受载荷的滚动体数量减少，轴承的寿命降低，同时，还会降低轴承的旋转精度，引起振动和噪声，当载荷有冲击时，这种影响尤为显著。轴承游隙过小，轴承容易发热和磨损，也会降低轴承的寿命。因此，选择适当的游隙是保证轴承正常工作、延长使用寿命的重要措施之一。

许多轴承都要在装配过程中控制和调节游隙，方法是使轴承内、外圈作适当的相对轴向位移。如图 5.24 所示，调整端盖处垫片的厚度，即可调节配置在同一支座上两轴承的游隙 δ。

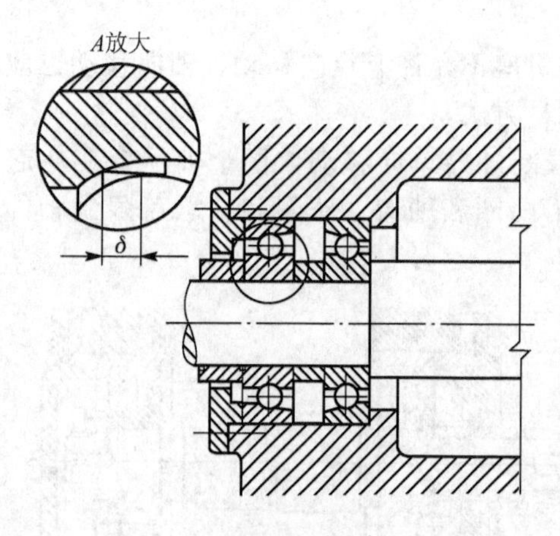

图 5.24 滚动轴承游隙的调整

4）滚动轴承的预紧

当深沟球轴承或角接触轴承受轴向载荷 F_a 时，内、外圈将产生相对轴向位移［图 5.25(a)］，因此，消除了内、外圈与滚动体间的游隙，并在内、外圈滚道与滚动体的接触表面产生弹性变形 A。随着轴向载荷的增大，弹性变形也随之增大，但是，由于接触表面的面积也随着增大，所以弹性变形的增量随载荷的增加而减小，即轴承刚性将随载荷的增大而逐渐提高。载荷与变形的关系参看图 5.25(b)。

对于精密机械中的轴承，可根据上述载荷变形特性，在装配轴承时，使轴承内、外圈滚道和滚动体表面保持一定的初始弹性变形，因而在工作载荷作用下，轴承无游隙且产生的接触弹性变形小，从而提高了轴承的旋转精度。这种在装配时使轴承产生初始接触弹性变形的方法，称为轴承的预紧。预紧时，轴承所受的载荷称为轴承的预加载荷。预加载荷的大小对轴承工作性能影响很大：太小时，对提高轴承刚度的作用不大；太大时，轴承容易发热和磨损，寿命降低。在重要的场合，预加载荷的大小应通过试验确定。

图 5.25(c)、图 5.25(d)、图 5.25(e)是产生滚动轴承预紧的几种典型结构。在两个轴承的内圈之间和外圈之间分别安装两个不同长度的套筒［图 5.25(c)、图 5.25(d)］，或控制轴承端盖上垫片的厚度［图 5.25(e)］，安装时调整螺母或端盖使间隙 Δ 为零，都可产生一定的预加载荷。

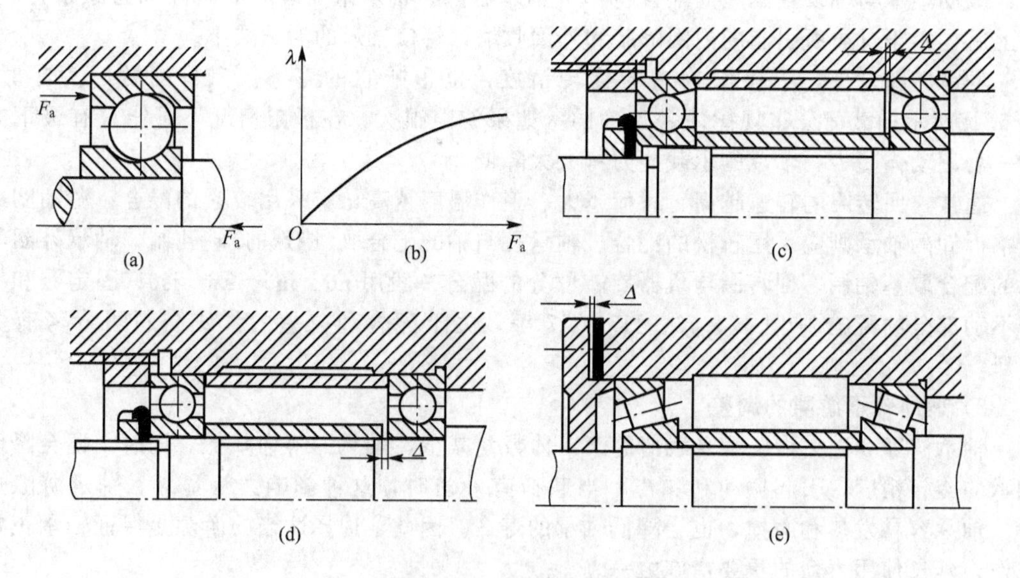

图 5.25 滚动轴承预紧

成对双联角接触轴承是轴承厂磨窄其内圈或外圈、选配组合后，成套供应的。安装时，用外力使其内圈并紧［图 5.26(a)］或外圈并紧［图 5.26(b)］，即可使轴承预紧。

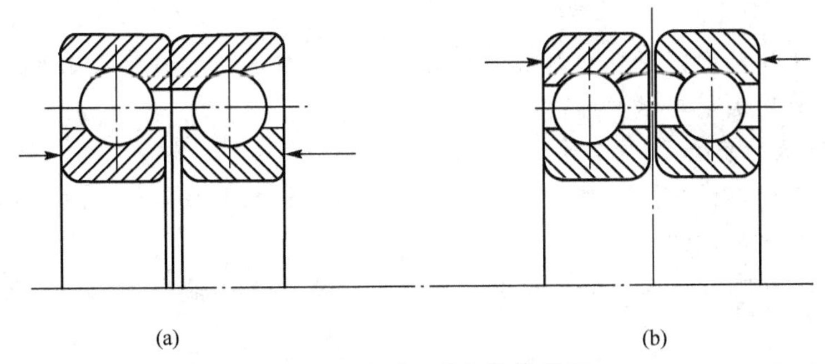

图 5.26　成对双联角接触轴承

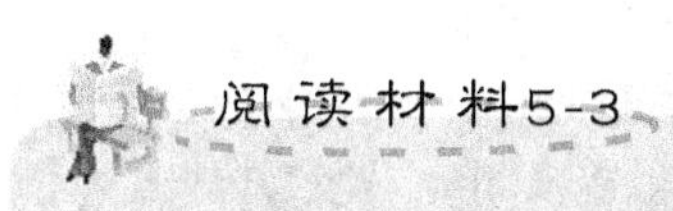

轴承装配拆卸与调整

设备在运行初期及一生都需进行定期维护与调整特别是轴承。由于操作者经验不足，不能按规定对轴承进行检查与调整，使得间隙不当、导致轴承跑内圆、外圆，卡住不转，温升过高，早期损坏这些故障多为使用初期(包括拆后重装)没有按规定及时调整轴承间隙。因此，对滚动轴承的装配检查和调整需进行重述。

1. 滚动轴承的清洗与检查

1）滚动轴承的清洗

刚拆下的轴承一般用汽油或油清洗，清洗时先准备足够数量的汽油或柴油，将轴承放入油中，一手拿住轴承内圈，另一手慢慢转轴承外圈，待滚道、滚动体和保持架上的润滑脂和污垢全部除，用手轻轻转动轴承内圈，无止死并自由转动。等油液流尽，把它放在洁净的纸张上，以便干燥。

对于新轴承，在装配准备未作好前，不要拆开轴承包装，轴承出厂前涂在轴承上的油是防锈用的，不是来润滑工作轴承的，由于长期存放、油脂失效、老化，轴承可能生锈，因此，新轴承也有清洗的必要。

2）滚动轴承的检查

不可调整间隙的向心滚动轴承在清洗后应进行径向磨损检查，超过磨损极限间隙应更换。下面表 5－17 中给出了向心滚动轴承磨损后的极限间隙值，供使用者参考。

表 5－17　滚动轴承的径向间隙及磨损极限间隙(mm)

轴承内径	径向间隙		
	新球轴承	新滚子轴承	磨损极限间隙
20～30	0.01～0.02	0.03～0.05	0.10
35～50	0.01～0.02	0.05～0.07	0.20
55～80	0.01～0.02	0.06～0.08	0.20
85～120	0.02～0.03	0.08～0.10	0.30
130～150	0.02～0.04	0.10～0.12	0.30

可调向心止推轴承，在装配时已经调好。当设备投入正常运行数小时后，应要根据说明书的规定重新调整轴承间隙。

2. 滚动轴承的装配

这里只简单介绍锤击法和加热法两种方法，压力机装配法需配有适当吨位的压力机和接触头，操作简单方便。

(1) 锤击法　使用黄铜棒击打轴承内外圈时，要防止把轴承打歪，击打时沿轴承周边对称打击。

(2) 加热装配法　具有较大的过盈，适用于大型重荷载轴承装配。它是把轴承放在带有托架的油槽内，加热温度在80～100℃为宜，切不可与槽底接触，防止污物进入或轴承局部退火，此方法装配条件易于形成，可广泛用于批量装配和单件维修带防尘盖或密封圈的轴承不能加热，否则会造成润滑剂流失，加热方式也可采用电感应加热方法，且要控制好温度和时间。

3. 滚动轴承的拆卸

轴承的拆卸是为了定期检修，如果拆下的轴承准备继续使用，在拆卸时绝对不可通过滚动体施加拆卸力。如果是过盈配合轴承拆卸难度大，应特别注意不得损伤轴承与其相配合的零件。

轴承内圈与轴是过盈配合，外圈与轴承座采用间隙配合，如轴承装于分离型座孔中时，可将轴与轴承一起从座中全部拆出，然后用压力机从轴上拆卸轴承，也可用专用工具将轴承从轴上拆下(用楔铁)可分离型轴承拆卸时，也同样可使用专用拉马或压力机将轴承外圈从座孔中拆下。

当拆卸大型轴承时，采用油压法拆卸就可简化拆卸工作，但用该法的前提是：只有当轴承的配合部位具备供高压油引入的油道和油槽的情况下方可使用。此外，与安装轴承一样，也同样可对轴承进行加热后再拆卸。

4. 滚动轴承间隙的检查与调整

当滚动轴承间隙较小时零件制造精度缺陷，装配时方法不当、受力不均、都会致使轴承变形，结果使轴承跑内外圆以致卡死不转，早期损坏，当轴承间隙过大，虽然没有卡死现象，但由于惯性回转力矩和轴向荷载对于轴承受力的不均匀性，使轴承产生滑动摩擦，引起滚动体和内外圈加速损坏。因此机器装配和保养时，合理调整轴承间隙十分重要。

可调整滚动轴承的轴向游隙的检查方法有：千分表检查，塞尺检查，用手晃动或根据旋转灵活程度检查，此法用处较多、且直观。

滚动轴承间隙的调整涉及可调间隙轴承或不可调间隙轴承，其方法有两种基本形式，即通过侧盖与箱体之间加垫片来调整不可调轴承的轴向间隙或通过内座圈螺母调整轴向间隙来达到回转体自由转动的目的。

当采用内座圈螺母调整圆锥滚子轴承轴向间隙时，必须使用与螺母相适应的扭力扳手按规定的扭矩拧紧螺母，然后根据允许轴窜动量将螺母旋回一适当角度，用止推垫片锁死。所有设备在投入运行初期或更换轴承后均应对轴承进行维护与调速整。

资料来源：赵进启．轴承装配拆卸与调整．金属加工-冷加工．2008(4)．

5）滚动轴承的润滑

为了减小摩擦和减轻磨损，滚动轴承必须维持良好的润滑。此外，润滑还具有防止锈蚀、加速散热、吸收振动和减小噪声等作用。

与圆柱面支承相同，用于滚动轴承的润滑也可采用润滑脂、润滑油或固体润滑剂。

(1) 润滑脂不易渗漏，不需经常添加补充，密封简单，维护保养也较方便，且有防尘、防潮能力。但是，其内摩擦大，稀稠程度受温度变化的影响较大。所以润滑脂一般用于转速和温度都不很高的场合。轴承中润滑脂的充填量不宜过多，通常约占轴承内部空间的1/3～1/2。

(2) 润滑油的内摩擦小，在高速和高温条件下仍具有良好的润滑性能。因此，高速轴承一般均采用润滑油润滑。缺点是易渗漏，需良好的密封装置。

(3) 当润滑脂和润滑油不能满足使用要求时，可采用固体润滑剂。最常用的固体润滑剂是二硫化钼，可用作润滑脂的添加剂；也可用粘接剂将其粘接在滚道、保持架和滚动体上，形成固体润滑膜；有时还可将其加入到工程塑料或粉末冶金材料中，制成有自润滑性能的轴承零件。

6）滚动轴承的密封

为防止润滑剂的流失和外界灰尘、水分的侵入，滚动轴承需要采用适当的密封装置。

常用的密封装置有下列几种。

(1) 毡圈密封(图 5.27)。这种密封装置结构简单，但因摩擦和毡圈磨损较大，故高速时不能应用，主要用于密封润滑脂。轴表面在毡圈接触处的圆周速度一般不超过 4～5m/s，当轴表面抛光和毡圈质量较好时，可达 7～8m/s，工作温度一般不得超过 90℃。

(2) 皮碗密封(图 5.28)。皮碗用耐油橡胶制成，借助其弹性压紧在轴上，可用于密封润滑脂或润滑油，轴表面与皮碗接触处的圆周速度一般不超过 7m/s，当轴表面抛光时，可达 15m/s，工作温度为－40～100℃。安装皮碗时应注意密封唇的方向，用于防止漏油时，密封唇应向着轴承［图 5.28(a)］；用于防止外界污物侵入时，密封唇应背着轴承［图 5.28(b)］。

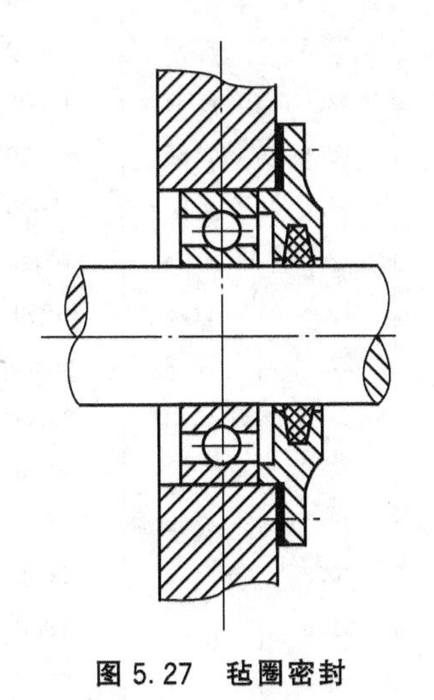

图 5.27　毡圈密封

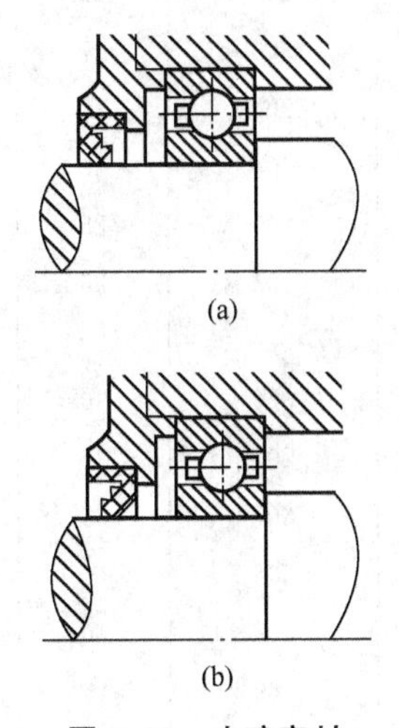

图 5.28　皮碗密封

(3) 间隙密封(图 5.29)。这种密封靠轴与轴承盖之间充满润滑脂的微小间隙(0.1～0.3mm)实现［图 5.29(a)］。间隙密封如用于密封润滑油，轴上应加工出沟槽［图 5.29(b)］，以便把沿轴向流出的油甩出后通过小孔流回轴承。

(4) 迷宫密封(图 5.30)。这种密封装置是由转动件与固定件曲折的窄缝形成的，窄缝中注满润滑脂，可用以密封润滑脂或润滑油。迷宫密封的径向间隙一般为 0.2～0.5mm，轴向间隙为 1～2.5mm，轴径大时，间隙应较大。这种密封装置的效果很好，使用时不受圆周速度的限制，且圆周速度越高，密封效果越好。

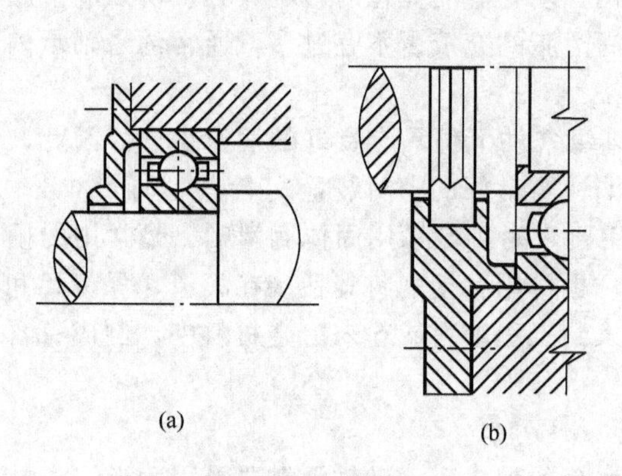

(a) (b)

图 5.29 间隙密封

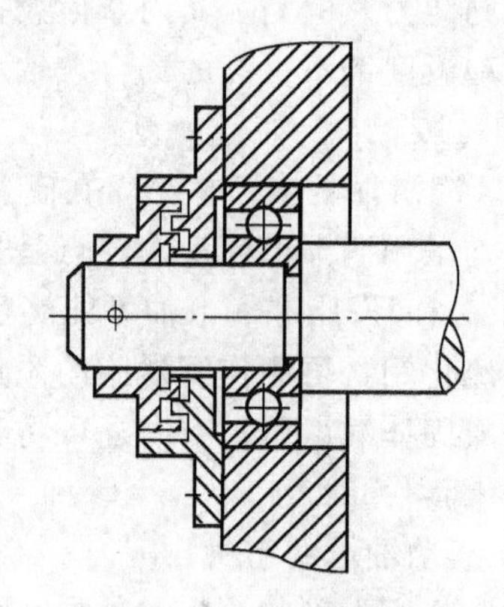

图 5.30 迷宫密封

表 5-18～表 5-20 为常用滚动轴承尺寸和主要性能参数。

表 5-18 深沟球轴承(GB/T 276—1994)

轴承代号	原轴承代号	基本尺寸/mm			基本额定载荷/kN		极限转速/(r/min)	
		d	D	B	C_r	C_{0r}	脂	油
6000	100	10	26	8	4.58	1.98	20000	28000
6202	202	15	35	11	7.65	3.72	17000	22000
6302	302	15	42	13	11.5	5.42	16000	20000
6203	203	17	40	12	9.58	4.78	16000	20000
6303	303	17	47	14	13.5	6.58	15000	19000
6204	204	20	47	14	42.8	6.65	14000	18000
6304	304	20	52	15	15.8	7.88	13000	17000
6205	205	25	52	15	14.0	1.88	12000	16000
6305	305	25	62	17	22.2	11.5	10000	14000
6206	206	30	62	16	19.5	11.5	9500	13000
6306	306	30	72	19	27.0	15.2	9000	12000
6207	207	35	72	17	25.5	15.2	85000	11000
6307	307	35	80	21	33.2	19.2	8000	10000
6208	208	40	80	18	29.5	18.0	8000	10000
6308	308	40	90	23	40.8	24.0	7000	9000
6209	209	45	85	19	31.5	20.5	7000	9000
6309	309	45	100	25	52.8	31.8	6300	8000
6210	210	50	90	20	35.0	23.2	6700	8500
6310	310	50	110	27	61.8	38.0	6000	7500

（续）

轴承代号	原轴承代号	基本尺寸/mm			基本额定载荷/kN		极限转速/(r/min)	
		d	D	B	C_r	C_{0r}	脂	油
6211	211	55	100	21	43.2	29.2	6000	7500
6311	311	55	120	29	71.5	44.8	5300	6700
6212	212	60	110	22	47.8	32.8	5600	7000

表 5-19　单列角接触轴承(GB/T 292—1994)

7000C 型($\alpha=15°$)　　7000AC 型($\alpha=25°$)　　70000B 型($\alpha=25°$)

轴承代号	基本尺寸/mm			基本额定载荷/kN		极限转速/(r/min)	
	d	D	B	C_r	C_{0r}	脂	油
7000C	10	26	8	4.92	2.25	19000	28000
7000AC	10	26	8	4.75	2.12	19000	28000
7001C	12	28	8	5.42	2.65	18000	26000
7204C	20	47	14	14.5	8.22	13000	18000
7204AC	20	47	14	14.0	7.82	13000	18000
7204B	20	47	14	14.0	7.85	13000	18000
7205C	25	52	15	16.5	10.5	11000	16000
7205AC	25	52	15	15.8	9.88	11000	16000
7205B	25	52	15	15.8	9.45	9500	14000
7206C	30	62	16	23.0	15.0	9000	13000
7206AC	30	62	16	22.0	14.2	9000	13000
7206B	30	62	16	20.5	13.8	8500	12000
7207C	35	72	17	30.5	20.2	8000	11000
7207AC	35	72	17	29.0	19.2	8000	11000
7207B	35	72	17	27.0	18.8	7500	10000
7208C	40	80	18	36.8	25.8	7500	10000
7208AC	40	80	18	35.2	24.5	7500	1000
7208B	40	80	18	32.5	23.5	6700	9000
7209C	45	85	19	38.5	28.5	6700	9000
7209AC	45	85	19	36.8	27.2	6700	9000
7209B	45	85	19	36.0	26.2	6300	8500
7210C	50	90	20	42.8	32.0	6300	8500
7210AC	50	90	20	40.8	30.5	6300	8500
7210B	50	90	20	37.5	29.0	5600	7500
7211C	55	100	21	52.8	40.5	5600	7500
7211AC	55	100	21	50.5	38.5	5600	7500
7211B	55	100	21	46.2	36.0	5300	7000
7212C	60	110	22	61.0	48.5	5300	7000
7212AC	60	110	22	58.2	46.2	5300	7000
7212B	60	110	22		44.5	4800	6300

表 5-20　推力球轴承(GB 301)

轴承代号	原轴承代号	基本尺寸/mm			基本额定载荷/kN		极限转速/(r/min)	
		d	D	B	C_r	C_{0r}	脂	油
51204	8204	20	40	14	22.2	37.5	3800	5300
51304	8304	20	47	18	35.0	55.8	3600	4500
51205	8205	25	47	15	27.8	50.5	3400	4800
51305	8305	25	52	18	35.5	61.5	3000	4300
51206	8206	30	52	16	28.0	54.2	3200	4500
51306	8306	30	60	21	42.8	78.5	2400	3600
51207	8207	35	62	18	39.2	78.2	2800	4000
51307	8307	35	68	24	55.2	105	2000	3200
51208	8208	40	68	19	47.0	98.2	2400	3600
51308	8308	40	78	26	69.2	135	1900	3000
51209	8209	45	73	20	47.8	105	2200	3400
51309	8309	45	85	28	75.8	150	1700	2600
51210	8210	50	78	22	48.5	112	2000	3200
51310	8310	50	95	31	96.5	202	1600	2400
51211	8211	55	90	25	67.5	158	1900	3000
51311	8311	55	105	35	115	242	1500	2200
51212	8212	60	95	26	73.5	178	1800	2800
51312	8312	60	110	35	118	262	1400	2000

5.3.2　其他类型的滚动摩擦支承

1. 填入式滚珠支承

在精密机械中，常常由于结构上的原因，采用图 5.31 所示的填入式滚珠支承。在这种支承中，一般没有保持架和内圈，因此，可获得较小的径向外廓尺寸。

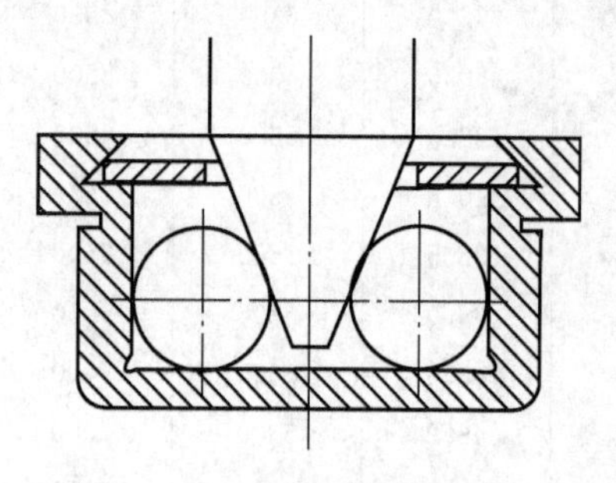

图 5.31　填入式滚珠支承

填入式滚珠支承的安装结构如图 5.32 所示。当外圈为单独制成的零件，并利用螺纹和支承板连接时，则运动件的轴向位置和支承的间隙都比较容易调整。

除了小型的填入式滚珠支承外，在光学机械仪器中广泛采用图 5.33 所示的特种填入式滚珠支承。其结构紧凑，常被用作镜筒和圆形工作台的支承。在图示的结构中，为保证安装时的对中，在外圈和筒体之间采用圆柱面定位。外圈用螺纹压圈轴向压紧。

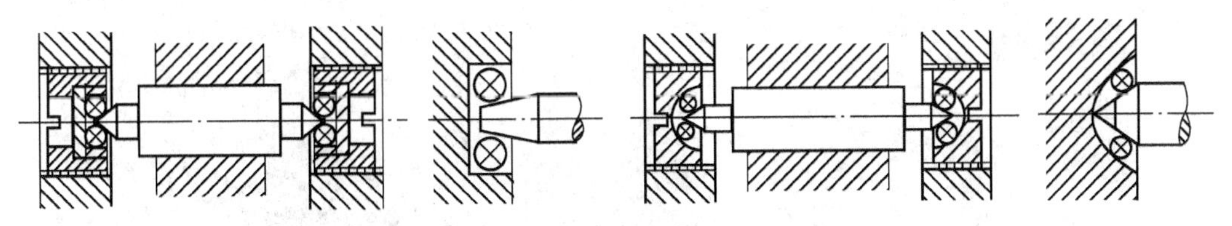

图 5.32　填入式滚珠支承的安装结构

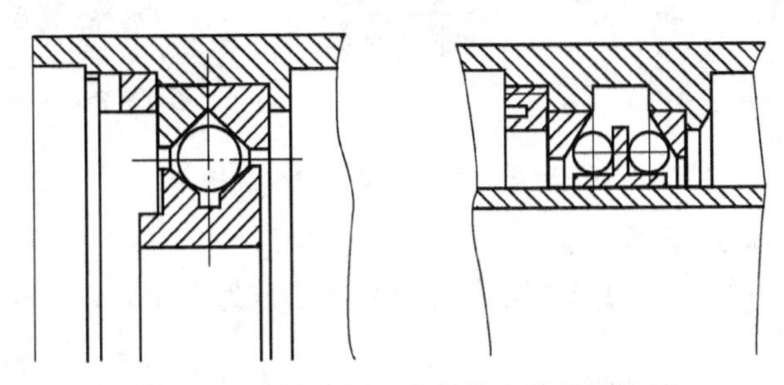

图 5.33　光学仪器中特种填入式滚珠支承

2. 密珠支承

这是一种非标准的滚动摩擦支承，座圈上均无滚动体的滚道［图 5.34(a)］。支承的保持架如图 5.34(b)、图 5.34(c)所示，滚珠放在保持架的孔内。由图可见，密珠支承滚珠的排列与标准滚动轴承不同，其上的滚珠有规律地、均匀地分布在内、外圈表面上。与滚动轴承相比，密珠支承的滚珠数量多，每粒滚珠在运动时的滚道互不重复。所以内、外环和滚珠的局部误差对支承旋转精度的影响较小。此外，滚珠经过研磨选配，并使其与内、外圈之间有微量的过盈配合，因此，密珠支承可达到很高的旋转精度。

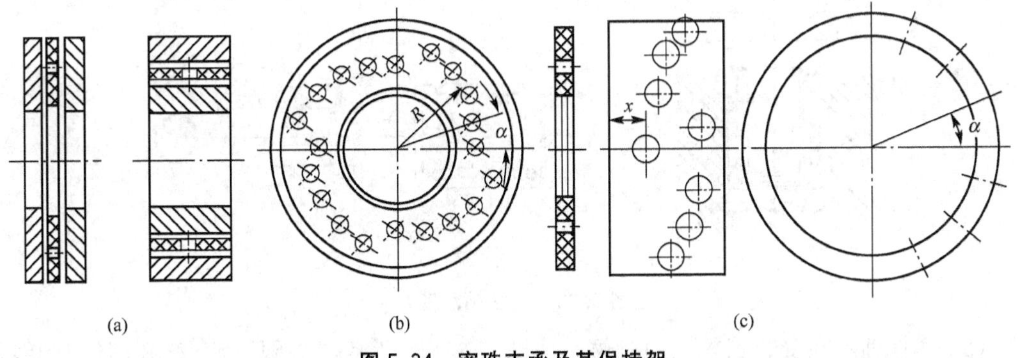

图 5.34　密珠支承及其保持架

3. 直线运动球轴承

1）直线运动球轴承的结构及用途

直线运动球轴承如图 5.35 所示，其结构是在外圈之内装有保持器，保持器装有多个钢球，并作无限循环运动。保持器的两端以内弹簧挡圈固定，在各钢球受力工作的直线轨道方设有缺口窗。此部分是使受载荷的钢球与轴作滚动接触的。用非常低的摩擦系数相对移动，因此直线运动球轴承为机械设备、自动化设备、节能等最适合选用的轴承。

直线运动球轴承目前被越来越广泛地运用到电子、机械、仪器、机器人、工具机械、食品机械、包装、医疗机械、印刷机械、纺织机械等一般或特殊机械行业之中。

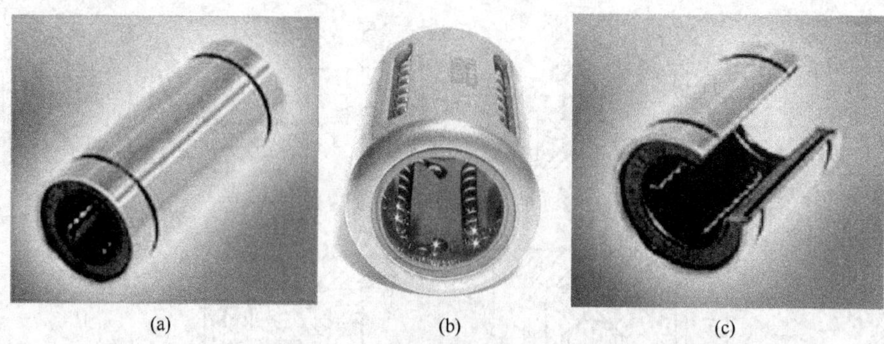
(a) (b) (c)

图 5.35 直线运动球轴承结构

2）使用直线运动球轴承的优点

(1) 由于流动接触可使起动摩擦阻力及动摩擦阻力为极小，因此可以节省能源，容易得到较高的运动速度。

(2) 对负荷增大，但摩擦系数无敏感变化，因此重负荷增大，摩擦系数极小，并且长期保持精度不变，使得机械使用寿命长期保持。

(3) 直线运动球轴承互换性好，安装换用方便省时，并有机械结构新颖、小型、重量轻之特点。

(4) 节省给油手续，达到简化润滑保养的目的。

(5) 两侧附加油封的轴承还适用于灰尘较多或异物容易侵入的场所。

3）使用注意事项

(1) 将线性轴承压入装配于轴承座时，如图 5.36(a)所示，不要直接碰击外筒侧端扣环及油封，应使用专用工具均匀打入。

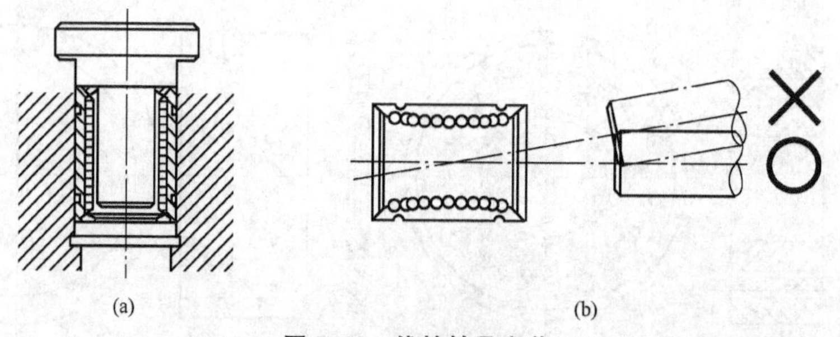
(a) (b)

图 5.36 线性轴承安装

(2) 线性轴承在安装到轴上的时候，如图 5.36(b)所示，必须要注意轴心是否和线性轴承内孔平行，切记不可以用不当的角度安装，这样会影响线性轴承行走的精度及寿命。

(3) 线性轴承的设计就是要使其适用于直线运动，回转运动会影响线性轴承的寿命，如图 5.37 所示。

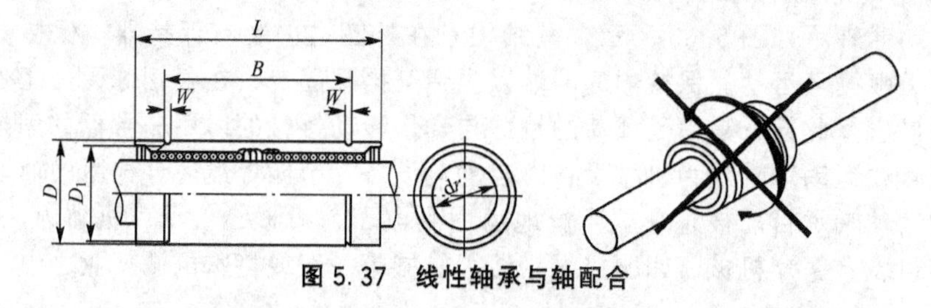

图 5.37 线性轴承与轴配合

5.4 弹性摩擦支承

弹性摩擦支承简称弹性支承，是一种只具有弹性摩擦的支承。因此，支承的摩擦力矩极小。在精密机械中，最常用的弹性支承形式有以下几种

(1) 悬簧式 [图 5.38(a)]。

(2) 十字形片簧式 [图 5.38(b)]。

(3) 张丝式 [图 5.38(c)]。

(4) 吊丝式 [图 5.38(d)]。

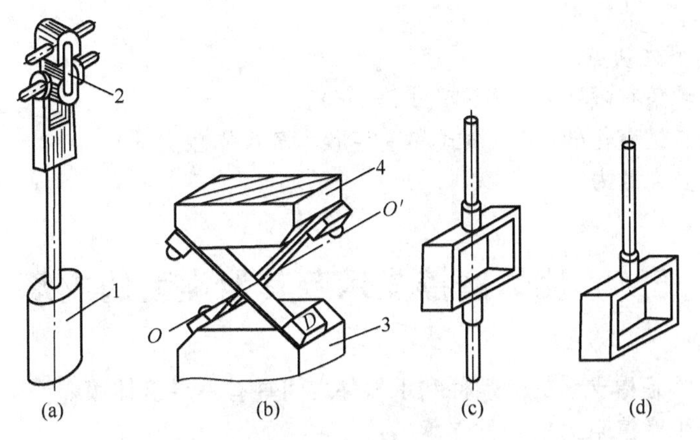

图 5.38 弹性支承的型式

1、3—运动件；2—片簧；4—基座

悬簧式弹性支承由片簧 2 和夹持片簧的上夹和下夹组成，通常上夹固定在支座上，而下夹用来悬挂运动件 1。

十字形片簧式弹性支承(简称十字形弹性支承)由等长度、等宽度和厚度，并交叉成十字形的一对片簧所组成。这对片簧的两个端部与运动件 3 相连，而另两个端部与基座 4 相连。采用十字形弹性支承时，运动件的转动中心大致位于片簧的交叉轴线 OO 上。

张丝式和吊丝式弹性支承的主要组成部分是矩形或圆形截面的金属丝。运动件由两根金属丝(张丝)拉住或用一根金属丝(吊丝)悬挂起来，使其能绕金属丝的轴线转动。在这种弹性支承中，金属丝除起支承的作用外，常常是产生反作用力矩的弹性元件。此外，在电工测量仪表中，往往又用它作为导电元件。

张丝和吊丝通常经过一中间弹性元件，然后再固定在基座上 [图 5.39(a)]。这样可保护张丝和吊丝，使其在受到偶然动力作用时不致损坏。把张丝、吊丝 1 固定在中间弹性元件 2 或其他零件上时，可用钎焊的方法 [图 5.39(a)] 或

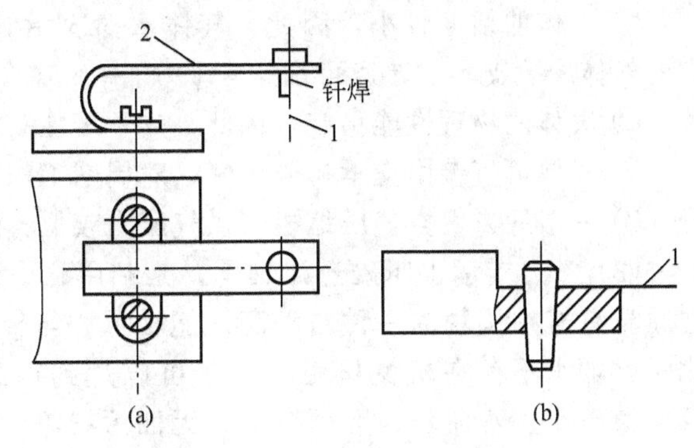

图 5.39 张丝和吊丝的固定结构

锥销夹紧［图 5.39(b)］。用钎焊固定方法以获得很好的电接触性能。但钎焊时容易引起张丝和吊丝的末端退火，使其弹性变坏。用夹紧固定方法不会影响其弹性，但结构比较复杂，电接触性能不好。

弹性支承有下列优点。

(1) 弹性支承中只产生极小的弹性摩擦，因此，运动件与承导件之间几乎可认为没有摩擦。

(2) 弹性支承中没有磨损，使用寿命长。

(3) 支承中无间隙，不会给传动带来空回。

(4) 支承中无相对滑动或滚动，因此不需施加润滑剂，维护简单。

(5) 可在各种使用条件下工作，如真空、高温、高压和具有射线等。

(6) 结构简单，成本低。

弹性支承有下列缺点。

(1) 运动件转角有限制(一般不超过 2πrad)。

(2) 转动中心是变化的(指悬簧式和十字形片簧式弹性支承)。

(3) 不能承受大的力。

5.5 流体摩擦支承及其他类型的支承

流体摩擦支承是指支承的运动件和承导件之间具有一层流体膜，当运动件转动时，流体膜各层之间产生摩擦阻力的一种支承。

按流体膜形成方法的不同，流体摩擦支承可分为以下几种。

(1) 动压支承依靠运动件与承导件的相对转动形成流体膜。动压支承在起动、制动和低速状态下，往往不能形成流体膜，此时，支承中将出现半干摩擦和干摩擦，使支承的摩擦和磨损增大。因此，应用受到一定限制。

(2)静压支承由外界供压设备供给一定压力的流体，在运动件和承导件之间形成流体膜。其形成与运动件的转速无关。静压支承可在各种工作条件下运转，应用较广。由于静压支承需要一套供压设备和过滤系统，因此成本较高。

按支承中流体的不同，流体摩擦支承又可分为液体摩擦支承和气体摩擦支承。

气体摩擦支承与液体摩擦支承相比有下列特点。

① 气体的粘度较小，因此，气体摩擦支承具有较小的摩擦力矩和较高的工作转速，有的气体摩擦支承的转速可高达 $4\times10^5\sim5\times10^5$ r/min。

② 气体的物理性能稳定，因此，支承可在高温或低温工作条件下运转。

③ 气体可直接由支承排入大气，对周围工作环境不会污染。

④ 一般地讲，空气压缩机的供气压力较低，因此，气体摩擦支承的承载能力较低。

(3) 磁力支承也叫磁悬浮轴承，是利用磁力作用将转子悬浮于空间，使转子与定子之间没有机构接触的一种新型高性能轴承。与传统滚珠轴承、滑动轴承以及油膜轴承相比，磁轴承不存在机械接触，转子可以达到很高的运转速度，具有机械磨损小、能耗低、噪声小、寿命长、无须润滑、无油污染等优点，特别适用高速、真空、超净等特殊环境。

该轴承可广泛用于机械加工、蜗轮机械、航空航天、真空技术、转子动力学特性辨识与测试等领域，被公认为是极有前途的新型轴承。

衡量磁轴承质量的关键是看它的转速、回旋精度和支承刚度。转速可高达每分钟几十万转，回转精度优于1μm。

此外，还有用静电力作为支承力的静电支承。

上述类型支承的具体设计方法可参考机械设计手册或其他有关资料。

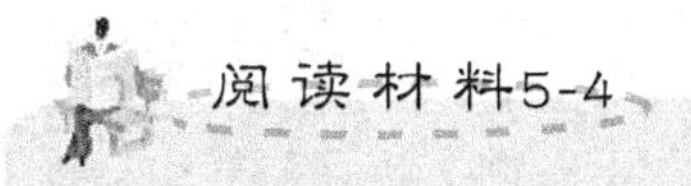

静压轴承的应用

扭矩标准机是用来复现标准扭矩值并用来进行量值传递的标准装置。由于结构上的差异，不同的标准装置所涉及的不确定因素有所不同，且各项因素对测量结果的影响程度也不同。目前，我们研制的用于扭矩标准装置的静压气体轴承以及柔性连接机构大大提高了装置的重复性和复现性，降低了由于安装状态和连接状态不理想而引入的不确定度。

1. 静重式扭矩标准装置的基本结构及具有空气轴承支撑机构的扭矩试验装置

目前，国内外常用扭矩量程范围的扭矩标准装置一般采用静重式结构方式，这种结构比较简单，复现性好，涉及的不确定因素相对较少。静重式扭矩标准装置是通过加挂在杠杆两端的砝码来复现两个方向的标准扭矩值的，其基本原理如图5.40所示。目前国内的扭矩标准装置，杠杆的旋转支承机构普遍采用刚性刀口和刀承的结构，连接头与被校传感器之间一般采用刚性连接方式。

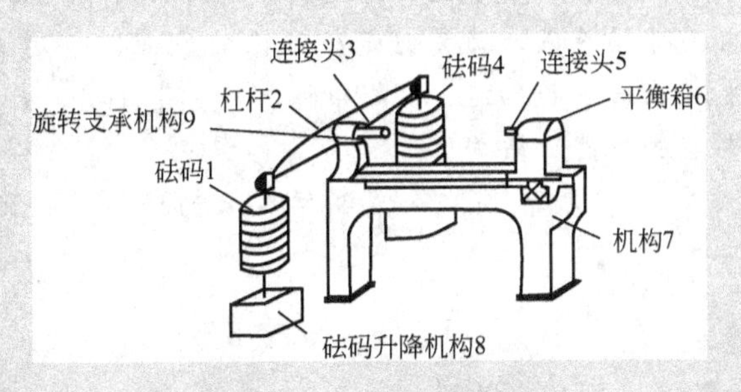

图5.40　扭矩试验装置

基于目前国内普遍采用的静重式扭矩标准装置的工作原理进行了结构改进研究，研制了采用静压气体轴承支承机构和万向联轴器的扭矩试验装置。该装置可复现(10～200)Nm的扭矩值，用于扭矩传感器静态测试试验。其结构形式与图5.40装置雷同，主要改进在于采用了空气轴承支撑，有效地抑制了杠杆除轴向旋转之外的其他运动，减小了摩擦力矩的影响，同时采用的柔性连接夹具也在很大程度上克服了附加弯矩与侧向力等寄生分量的产生。这些改进使装置能够工作在较为理想的状态，从而大大减小装置的不确定度。

2. 静压轴承的设计

静压气体轴承是利用气体润滑技术开发出来的核心产品，它是利用气膜支承负荷来减小摩擦的机械构件。与传统的滚动轴承和滑动轴承相比，气体轴承具有速度高、准确度高、功耗低和寿命长等优点。在为扭矩标准装置设计静压气体轴承时，首先应按照装置量程的设计要求，设计合适的结构形式，并使轴承和整个杠杆部分的重量尽量小、承载能力尽量大。本文中设计的静压气体轴承的主要参数见表5-21。

表 5-21　静压气体轴承主要参数表

主要技术指标	量值	主要技术指标	量值
轴承长度	72mm	表压比	0.4
轴承直径	55mm	供气压力	0.5MPa
供气孔个数	12	承载能力	392.4N
节流孔直径	0.112mm	流量	$1.21\times10^{-4}m^3/s$
偏心率	0.5	刚度	$4.64\times10^{7}N/m$

静压气体轴承的润滑机理

用作润滑剂的气体，是黏性可压缩流体。它的主要性质是传输性、吸附性及可压缩性。主要流动方式有薄层流动、管路流动和通过小孔、毛细管、窄槽的流动及通过多孔介质的流动。润滑气体遵从状态方程。静压气体轴承润滑的关键是通过外部加压供气，通过节流器的节流作用，在轴承具有一定偏心的条件下，建立起轴承的承载及刚度机制，从而实现支承载荷效果。由于静压气体轴承通过节流器的加压气体供给轴承，所以，即使在等间隙及初始速度为零的状态下，轴承也能工作。因此，从结构上考虑，静压气体轴承设计的关键是节流器的设计，它是决定整个轴承性能的基础。从性能上分析，在给定的几何、供气条件下，首先要确定合适的节流比，即表压比，然后确定轴承的各种性能及结构形式。

资料来源：秦海峰，黄廷彪．静压轴承在扭矩标准装置中的应用．中国计量．2008(1)．

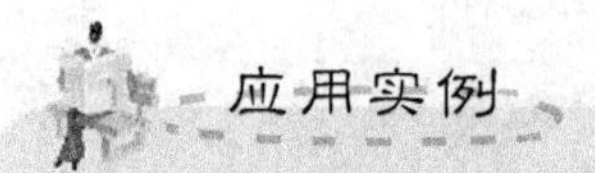

应用实例

1．常见滚动轴承的类型(图 5.41)

(a) 向心轴承

(b) 调心滚子轴承

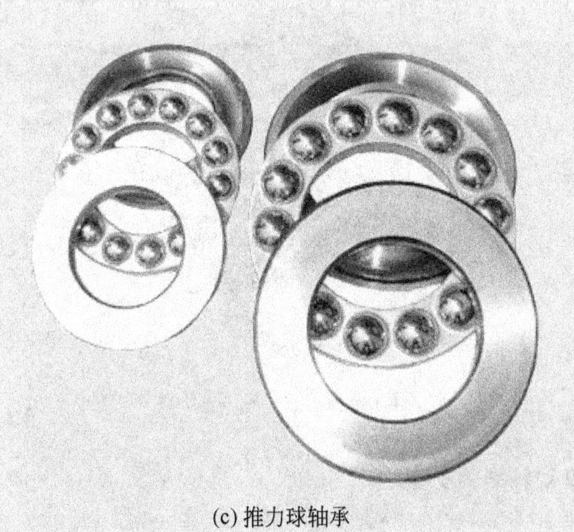

(c) 推力球轴承

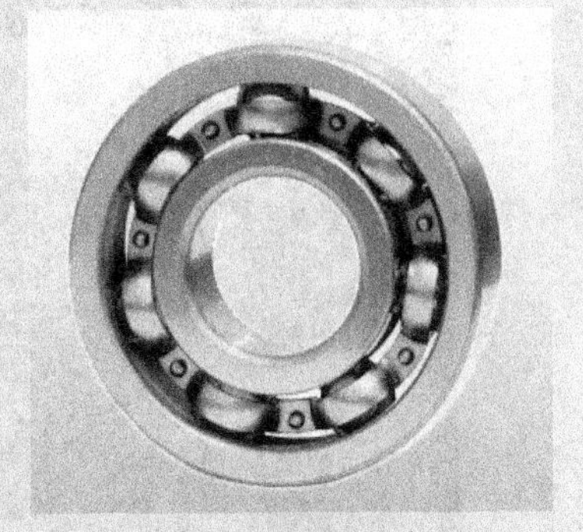

(b) 推力滚子轴承

(e) 角接触球轴承

(f) 深沟球轴承

(g) 圆锥滚子轴承

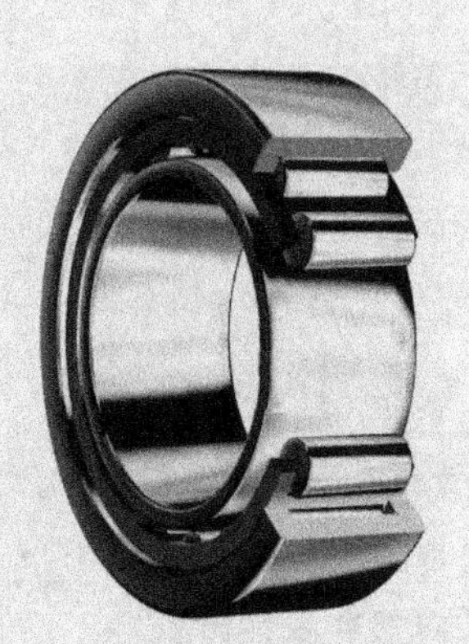

(h) 圆柱滚子力轴承

(i) 直线轴承

(j) 组合式向心——推力轴承

图 5.41 常见滚动轴承的类型

2. 滚动体类型(图 5.42)

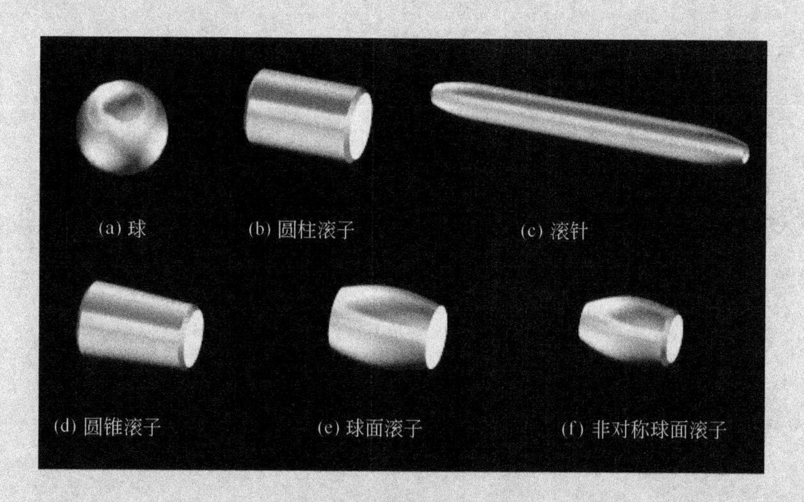

图 5.42 滚动体类型

习 题

一、填空题

1. 轴承外圈与轴承座采用__________配合，轴承内圈与轴采用__________配合。
2. 滚动轴承通常由__________、__________、__________和__________组成。
3. 滚动轴承代号由____________、____________、____________三部分组成。
4. 滚动轴承的密封装置常见的有________、________、________和________几种。

5. 滚动轴承的失效形式有________、________、和________几种。

6. 滚动轴承的基本性能参数是________、________、和________三个。

7. 支承按照摩擦性质分可分________、________、________和________几类。

二、名词解释

圆柱面滑动轴承　轴承寿命　基本额定寿命　额定动载荷

三、简答题

1. 如何选择标准滚动轴承的类型？

2. 滚动轴承结构组成包括哪几部分？说明轴承代号6202、轴承代号6305、轴承代号7102/P4、轴承代号N403E、轴承代号23212表示的含义是什么？

3. 什么是标准滚动轴承的原始、安装、工作游隙，正常时工作游隙应为多大，实际上常为多大？为什么？

4. 轴承的调隙有哪些调整方法？预紧预紧方法有哪些？

四、计算题

如图5.43所示，一转轴被支承在两个圆锥滚子轴承上。已知：轴的转速为：$n=970\text{r/min}$，轴承1及轴承2所受径向载荷分别为：$F_{r1}=2000\text{N}$，$F_{r2}=3000\text{N}$，轴承基本额定动负荷$C_r=34000\text{N}$，$e=0.38$，$F_d=F_r/2Y$；$F_a/F_r>e$时：$X=0.4$，$Y=1.6$；$F_a/F_r\leqslant e$时：$X=1$，$Y=0$；轴向外载荷$F_A=500\text{N}$(方向如图所示)。设载荷平稳($f_P=1$)，试计算轴承的工作寿命为多少小时？

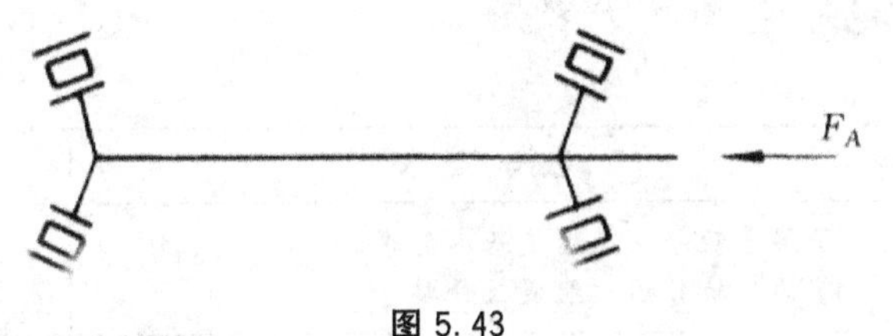

图5.43

五、思考题

1. 指出图5.44中所示轴系结构设计中的明显错误，在错误之处标出数字作记号，分别按数字记号一一说明错误原因(例如，①——轴端应倒角，轴上零件不便装拆)，并画出该轴系的正确结构设计平面图。

2. 画图说明轴承的两端固定方式有哪几种？各有什么特点？用于什么情况？

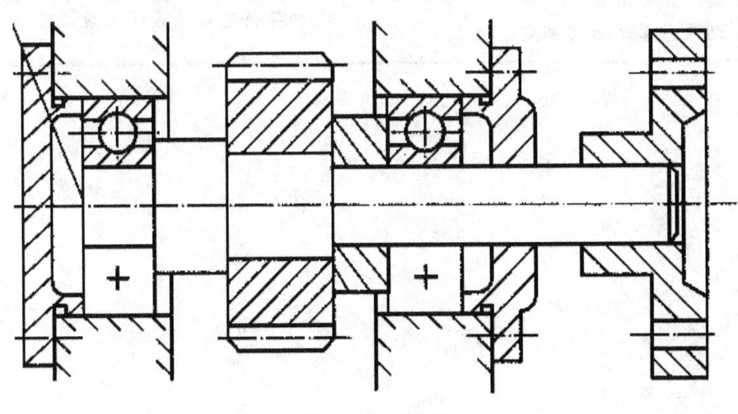

图5.44　轴系

第6章 运动导轨

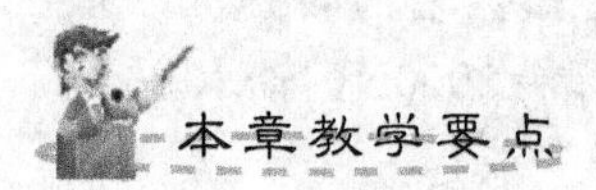

教学要求	知识要点
了解导轨导向原理、基本要求； 掌握导轨作用、组成及分类	导轨基本要求； 导轨作用、分类
了解滑动导轨类型、特点； 掌握圆柱面导轨的防转结构； 了解棱柱面导轨类型	滑动导轨类型； 圆柱面导轨的防转结构
了解导轨调间隙方法； 掌握导轨的运动件正常运动条件	承导面、导向面分析； 运动件正常运动条件
了解滚动导轨类型、特点； 了解滚动导轨材料及热处理； 掌握滚动导轨运动件最小长度确定	滚动导轨类型； 滚动导轨运动件最小长度确定

导入案例

导轨是金属或其他材料制成的槽或脊，是可承受、固定、引导移动装置或设备并减少其摩擦的一种装置。它在日常生活中的应用也是很普遍的，如大型工具显微镜中的导轨、精密数控工作台中的直线导轨、显微镜圆柱导轨、滑动门的滑槽、机床三角导轨等。

按照摩擦性质导轨可分成滑动摩擦导轨、滚动摩擦导轨、弹性摩擦导轨、流体摩擦导轨。传统导轨的发展，首先表现在滑动元件和导轨形式上，滑动导轨的特点是导轨和滑动件之间使用了介质，形式的不同在于选择不同的介质。对导轨的要求是导向精度高、刚度大、耐磨性好、精度保持性好、运动灵活平稳且低速下产生爬行、结构简单、工艺性好。

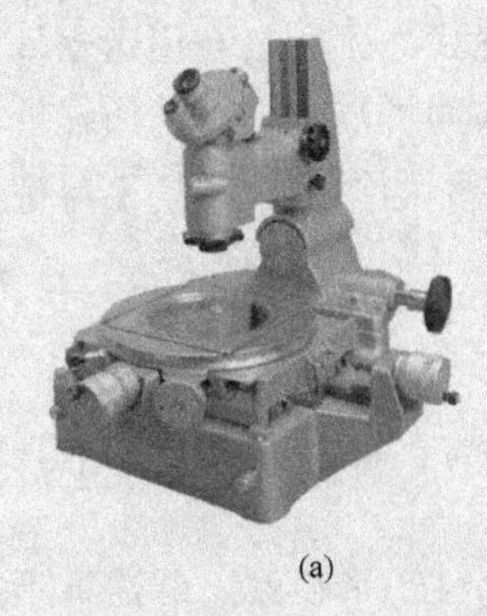

(a)

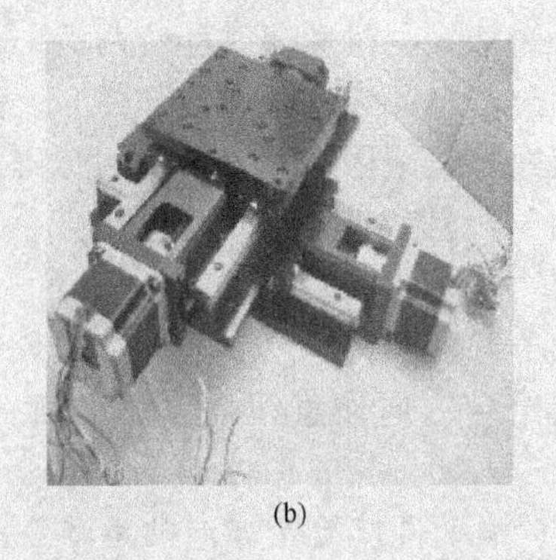

(b)

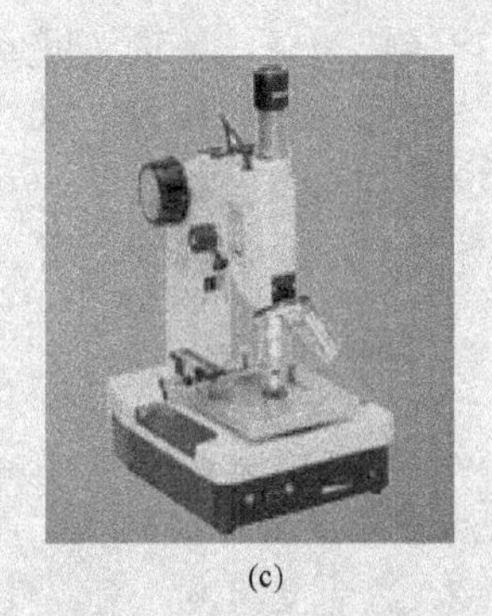

(c)

图示中大型工具显微镜中的导轨和移动元件之间的接触面积比较大，移动元件要作快速微量进给，根据导轨的使用情况，保证移动元件与导轨侧面紧密接触是重要的。普遍使用调整的方法是用斜铁，斜铁位于移动元件和导轨接触面相对的侧面之间。可以精确地调整，以消除移动部件和导轨之间的间隙。图示中精密数控工作台中直线导轨采用精密滚珠螺杆驱动，重复定位精度和绝对定位精度好，轴向间隙小，寿命长。在现代精密仪器中大多导轨采用精密线性滑块导轨(方形、整体与底板连接)，运动舒适，承载大，适合单轴重载或多轴组合使用。图示中显微镜采用圆柱面导轨，优点是导轨面的加工和检验比较简单，易于达到较高的精度；缺点是温度变化比较敏感，间隙不能调整。

6.1 概　　述

运动导轨简称导轨，它由运动件和承导件组成，目的是用来支承和引导运动件在外力驱动下，按给定的方向作往复运动。依定位原理，在结构设计上，必须限制运动件的 5 个自由度，而保留其按规定方向移动的自由度，如图 6.1 所示。

6.1.1 导轨的分类

导轨的分类方法很多，常见的有以下几种。

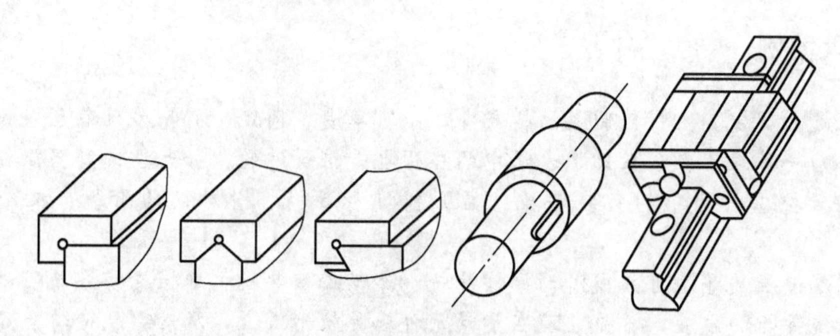

图 6.1 常见导轨结构示意图

按摩擦性质，导轨可分为滑动摩擦导轨、滚动摩擦导轨、弹性摩擦导轨、流体摩擦导轨(气体静压导轨和液体静压导轨)。

按结构特点，导轨又可分为开式导轨和闭式导轨两类。开式导轨一般利用运动件重力或外加载荷(或弹力)构成力封闭，保证运动件和承导件导轨面间可靠接触，从而保证运动件按给定方向作直线运动；闭式导轨则依靠导轨本身的几何形状构成封闭，保证运动件和承导件导轨面间的接触。闭式导轨(特别是滑动摩擦导轨)一般对温度变化较敏感。

6.1.2 导轨的基本要求

(1) 导向精度：运动件按给定方向作直线运动的准确度高，它取决于导轨本身的直线度。

(2) 运动灵活性、平稳性：运动件按给定方向的运动灵活性、平稳性，低速下不产生爬行。

(3) 对温度变化的不敏感性：温度变化时，导轨仍然能正常工作，不发生卡死。

(4) 耐磨性：导轨在长时间使用后不降低精度。

(5) 结构工艺性：导轨应在保证仪器工作性能的条件下，刚度大、结构简单、加工方便、造价低。

6.2 滑动摩擦导轨

滑动摩擦导轨，导轨的运动件与承导件直接接触。其优点是结构简单、接触刚度大。缺点是摩擦阻力大、磨损快、低速运动时易产生爬行现象。

6.2.1 滑动导轨的类型及结构特点

按导轨承导面的截面形状，滑动导轨可分为圆柱面导轨和棱柱面导轨(图 6.2)。

1. 圆柱面导轨

圆柱面导轨的优点是导轨面的加工和检验比较简单，易于达到较高的精度；缺点是温度变化比较敏感，间隙不易调整。

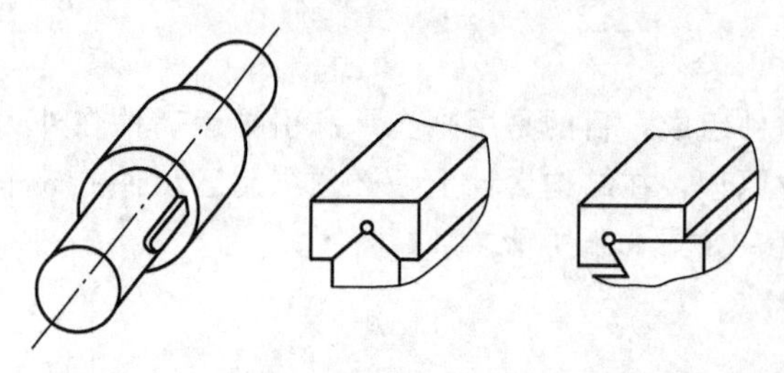

图 6.2 圆柱面导轨和棱柱面导轨截面图

在图 6.3 所示的结构中，支臂 3 和立柱 5 构成圆柱面导轨。立柱 5 的圆柱面上加工有螺纹槽，转动螺母 1 即可带动支臂 3 上下移动，螺钉 2 用于锁紧，垫块 4 用于防止螺钉 2 压伤圆柱表面。

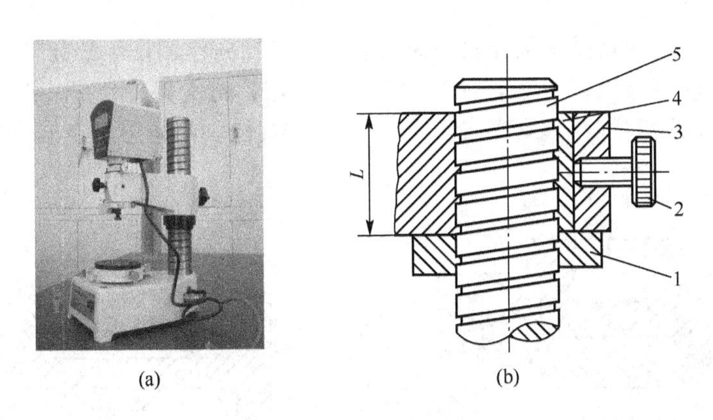

图 6.3 圆柱面导轨

1—螺母；2—螺钉；3—支臂；4—垫块；5—立柱

对于圆柱面导轨，在多数情况下不允许运动件之间出现相对转动，设计时要考虑采用各种防转结构方式。常见的防转结构如下。

(1) 在运动件和承导件的接触表面上加工出平面、凸起或凹槽防转，典型示例防转结构如图 6.4(a)、图 6.4(b)、图 6.4(c)所示。

(2) 利用辅助导向面限制运动件的转动［图 6.4(d)］，适当增大辅助导向面与基本导向面之间的距离，可减小由导轨间的间隙所引起的转角误差。

(3) 设计双圆柱面导轨限制运动件的转动［图 6.4(e)］，它既能保证较高的导向精度，又能保证较大的承载能力。

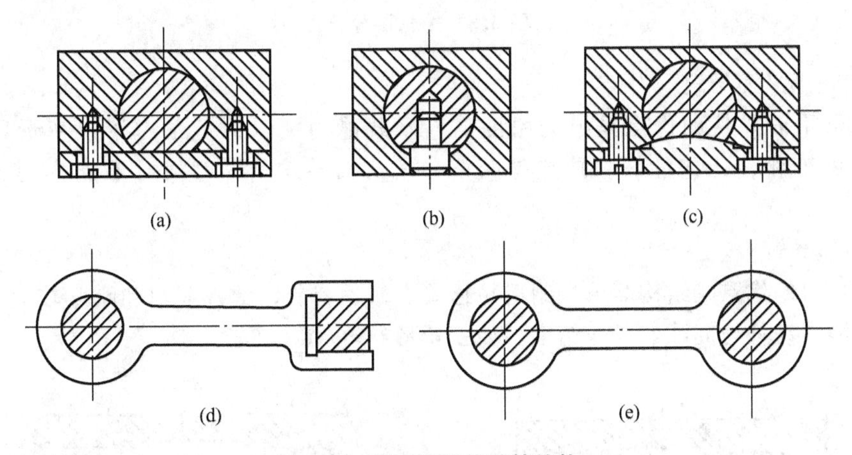

图 6.4 圆柱面导轨防转结构

应正确选择圆柱面导轨的配合，提高圆柱面导轨的导向精度。导向精度要求较高时，常选用 H7/f7 或 H7/g6 配合；导向精度要求不高时，可选用 H8/f7 或 H8/g7 配合。

根据相应的精度等级设计导轨的表面粗糙度。一般被包容件外表面的粗糙度数值小于包容件内表面的粗糙度数值。

2. 棱柱面导轨

常用棱柱面导轨类型有三角形导轨、矩形导轨、燕尾形导轨以及它们的组合式导轨。

1）双三角形导轨

双三角形导轨的优点是两条导轨同时起着支承和导向作用，导轨的导向精度高，承载能力大，两条导轨磨损均匀，磨损后能自动补偿间隙，精度保持性好［图 6.5(a)］。缺点是导轨的制造、检验和维修困难(4 个导轨面都均匀接触，刮研劳动量较大)，导轨对温度变化比较敏感。

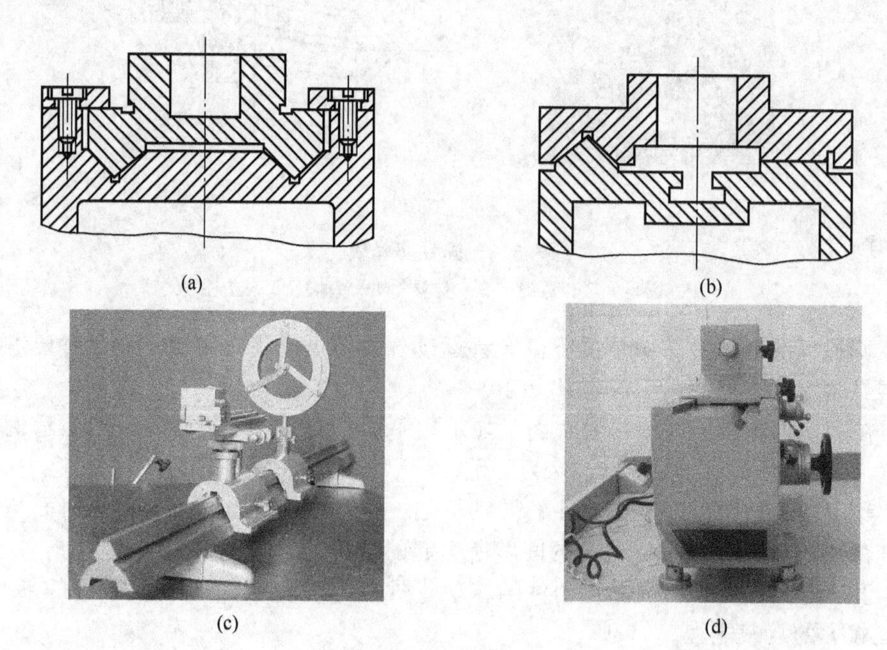

图 6.5　棱柱面导轨

2）三角形平面导轨

三角形平面导轨的优点是导向精度高，承载能力大，避免了由于热变形所引起的配合状况的变化，工艺性好。缺点是两条导轨磨损不均匀，磨损后不能自动调整间隙［图 6.5(b)］。

3）矩形导轨

矩形导轨的优点是结构简单，制造、检验、修理容易，承载能力和刚度较大。缺点是磨损后不能自动补偿间隙，导向精度不如三角形导轨(图 6.6)。

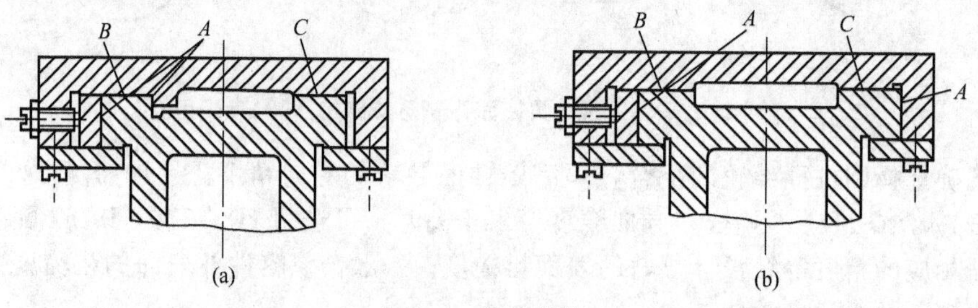

图 6.6　矩形导轨

设计矩形导轨时要充分考虑导向精度。将矩形导轨的导向面 A 与承载面 B、C 分开，减小导向面的磨损，有利于保持导向精度。

分析图 6.6 所示两种结构可知，图 6.6(a)中采用同一导轨的内外侧 A 作导向面，两者之间的距离较小，热膨胀变形较小，导轨的间隙相应减小，导向精度较高。但此时两导轨面的摩擦力将不相同，如选这种结构，应合理布置驱动元件的位置，以避免工作台倾斜或被卡住。图 6.6(b)所示结构以两导轨面的外侧作为导向面，克服了上述缺点，但导轨面间距离较大，容易受热膨胀的影响，所以如选这种结构要求间隙不宜过小，否则将会影响导向精度。

4) 燕尾导轨

燕尾导轨的主要优点是结构紧凑、调整间隙方便。缺点是几何形状复杂，难达到高的配合精度，导轨的摩擦力较大，运动灵活性较差。这种结构通常用在结构尺寸小、导向精度与运动灵便性要求不高的场合。分析图 6.7 所示采用不同结构形式的燕尾导轨可知，图 6.7(c)所示结构具有便于制造、装配和调整的优点。

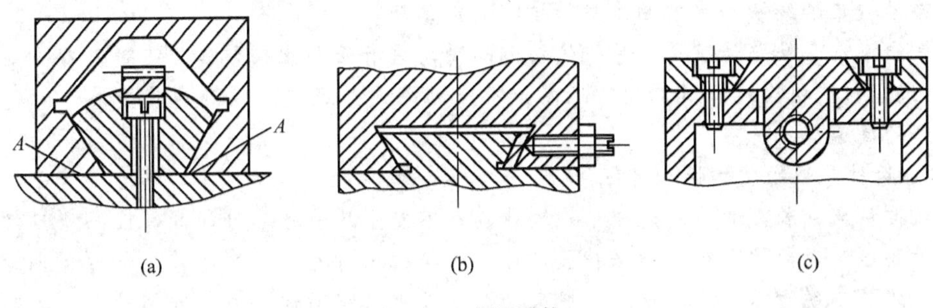

图 6.7 燕尾导轨

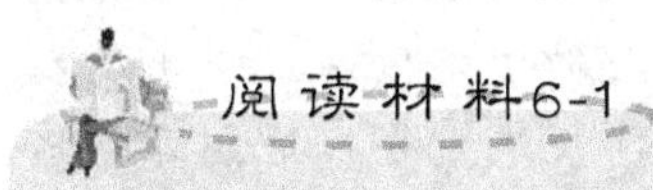

传统的滑动导轨与直线滚动导轨

比较滑动导轨和直线滚动导轨的特点，对其防撞性和可维护性进行分析可知，尽管在机床高速化的趋势下，直线滚动导轨应用越来越广泛，并越来越多地取代滑动导轨，但滑动导轨仍具有其独特的优势，直线滚动导轨尚不能完全取代滑动导轨。

由于数控机床常采用滑动导轨和直线滚动导轨两种不同结构的导轨形式，因此在机床销售过程中许多用户常会提出这样一个问题，我们是选用采用滑动导轨的数控机床好呢？还是选用采用直线滚动导轨的好？也有许多用户在编写机床招标文件时，不管要招标机床加工零件的性质、特点是什么，一味地在标书中规定投标机床必须是采用直线滚动导轨的；更有个别机床销售商在样本、资料中写道，本机床采用了世界上最先进、最流行的直线导轨。从而误导了用户的选型。

那么，在上述两种不同结构形式中的导轨方式中究竟是哪一种更好呢？为搞清此问题我们对两种导轨的特点、防撞性、可维护性进行比较。

1. 传统滑动导轨与直线滚动导轨的特点

滑动导轨在机床上的应用可谓够久远，至今仍在各类机床产品上广为采用，它往往是采用铸铁件或钢件(镶钢导轨)制成，为了提高导轨的耐磨寿命和精度，又往往要进行表面淬硬处理和表面磨削处理。在数控机床产品上，由于有可能要加工复杂形面的工件和为了提高工件加工的尺寸精度，同时为了有效地减少导轨副的磨损，利于机床长期地保持精度，目前多采用在移动构件导轨面上粘贴非金属涂层如聚四氟乙烯塑料软带，或采用注塑导轨面两种方式。在充分的润滑条件下，两者都兼有较小的摩擦系数、阻尼系数和优良的抗磨损性，不同点是前者的表面接触刚性不及后者好(贴塑导轨只及钢对钢表面接触刚度的1∶3，注塑导轨能接近1∶1)。

一般说来，滑动导轨最显著的特点是具有优良的刚性、吸振性(抑制刀具切削时产生的振动)和阻尼性(防止导轨系统启动或停止时的振荡)，适宜切削负载大的机床采用。直线滚动导轨出现的历史也较长，但被大量采用是近20余年来的事，它是随着数控机床高速化趋势的出现而被应用得越来越广泛。与滑动导轨不同的是，由于滚动导轨采用了钢球或滚柱作为滚动体，其与导轨的接触特点为点接触或线接触，具有较小的摩擦系数。又由于滚动导轨在组装过程中施加了一定的预加负荷，有较好的阻尼特性，但这种阻尼特性较之传统滑动导轨的阻尼特性有一定差距。

直线滚动导轨与传统滑动导轨的较大的滑动接触面积比较，其优点是具有“最小的接触面积”，能极大地降低摩擦，从而使机床的响应更迅速，快移速度更高，对复杂曲面工件的高速加工更有利。

2. 两种导轨的防撞性和可维修性

数控机床在长期的使用过程中一次冲撞也不发生几乎是不可能的，因而除产品设计时要对高速移动部件进行防撞保护设计外，选购机床时也应对高速移动部件撞击后可能出现的故障程度予以重点考虑。一般来说，如果机床移动部件发生冲撞，直线滚动导轨更容易受到损坏，其损坏形式主要是导轨系统中的滚动体及滚道的表面破损。一旦损坏，在现场条件下不易修复，唯有更换新的。而滑动导轨则有助于减少或减轻此类损坏，原因是它的接触面积大，承受冲击的能力较强。如若因冲撞造成导轨副方面的损坏，在现场条件下修复的可能性也较之滚动导轨更容易些。

3. 两种导轨形式的发展

选择数控机床最主要的是首先要对你所需要的机床进行定位。根据工件的加工特点、精度、生产纲领等确定是选择低速重载型的机床(适宜大余量工件的金属去除及强力切削)，还是选择中速中载型的机床(适应面广，效率和精度等兼顾的好)，亦或选择高速轻载型的机床(加工效率和精度高，更适宜有色金属件的加工)？另外，应还要重点考虑速度、刚性、负载、阻尼、精度、寿命、维修7个方面。

就目前数控机床的实际技术发展状况来讲，传统的采用滑动导轨的机床仍有较大的生存空间，其技术也在发展过程之中，特别是对要求机床有高刚性、高阻尼特性和高金属去除率的使用场合，直线滚动导轨尚不能做到完全取代。

但是，数控机床为提高作业效率，高速化是其发展的必然趋势之一，在这方面，目前直线滚动导轨的采用几乎是必不可少的手段。为了有效解决滚动导轨上存在的诸如刚性、吸振性、阻尼性等固有的不足，其自身的技术和导轨的布局方案也在不断发展。如为了增强直线滚动导轨的支承刚性，在每条导轨上多安装一组滑块；在大规格重型机床上选用如日本IKO公司或德国依纳公司的滚柱型直线导轨等。另外，选用日本THK公司最新开发的、支承刚性特别高的NR型机床专用直线导轨或日本NSK公司的哥德式导轨截面形状的直线导轨都是有效地克服上述不足的较好方案。

传统的滑动导轨和近代的直线滚动导轨都有其各自的优势和不足，尚不能做到相互替代。选购数控机床时要从自己的使用条件、工件加工性质、负载与速度等诸多方面进行分析、比较、选定，不可一概而论，偏挚极端。在机床高速化的背景下，直线滚动导轨的应用会越来越广泛，在一定意义上它会越来越多地取代传统的滑动导轨结构，并呈稳定上升之趋势。为了更好地发挥两种导轨形式各自的优势，在一个机床产品上，根据直线运动轴分别的负载特点而采用不同形式的导轨。

资料来源：李军．用传统的滑动导轨还是直线滚动导轨——兼答许多用户的疑问．制造技术与机床．2003(4)．

6.2.2 滑动导轨间隙的调整

精密机械设计中，无论选用哪种类型的导轨，导轨滑动表面之间应保持适当的间隙，才能保证导轨正常的工作状态，间隙过小会增大摩擦力，间隙过大又会降低导向精度。为获得合理的间隙，常采用以下结构方式。

(1) 采用磨、刮相应的结合面或加垫片的方法，以获得合适的间隙。如图6.8所示生物显微镜的燕尾导轨，为了获得合适的间隙，可在零件1与2之间加上垫片3或采取直接铲刮承导件与运动件的结合面A的办法达到。

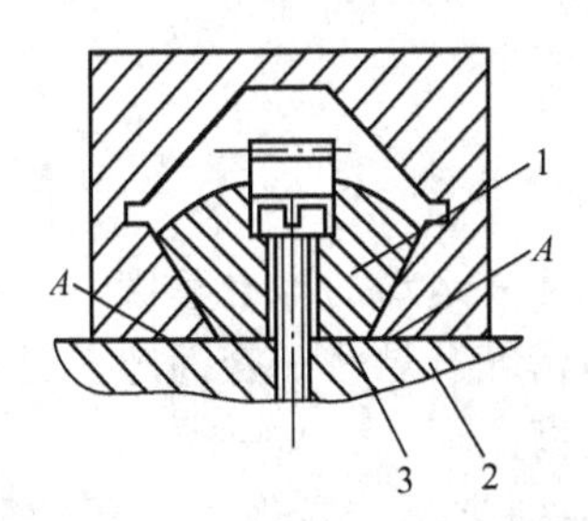

图6.8 采用磨、刮相应的结合面的导轨

1、2—零件；3—垫片

(2) 采用平镶条调整(图6.9)。平镶条为一平行六面体，其截面形状为矩形［图6.9(a)］或平行四边形［图6.9(b)］。调整沿镶条全长均匀分布的几个螺钉，便能调整导轨的侧向间隙，再用螺母锁紧。平镶条制造容易，但镶条在全长上只有几个点受力，容易变形，故常用于受力较小的导轨。设计时可以缩短螺钉间距离(l)，增大镶条厚度(h)，当$l/h=3\sim4$时，镶条压力基本上均匀分布［图6.9(c)］。

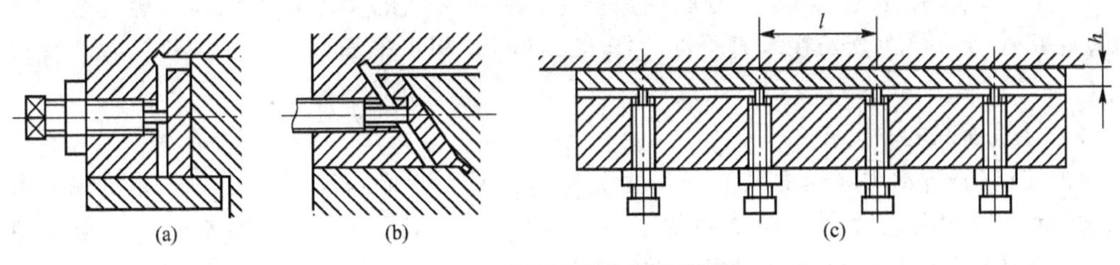

图6.9 采用平镶条调整间隙

(3) 采用斜镶条调整(图 6.10)。斜镶条的侧面磨成斜度很小的斜面，用镶条的纵向移动来调整导轨间隙，一般将镶条放在运动件上以缩短镶条长度。

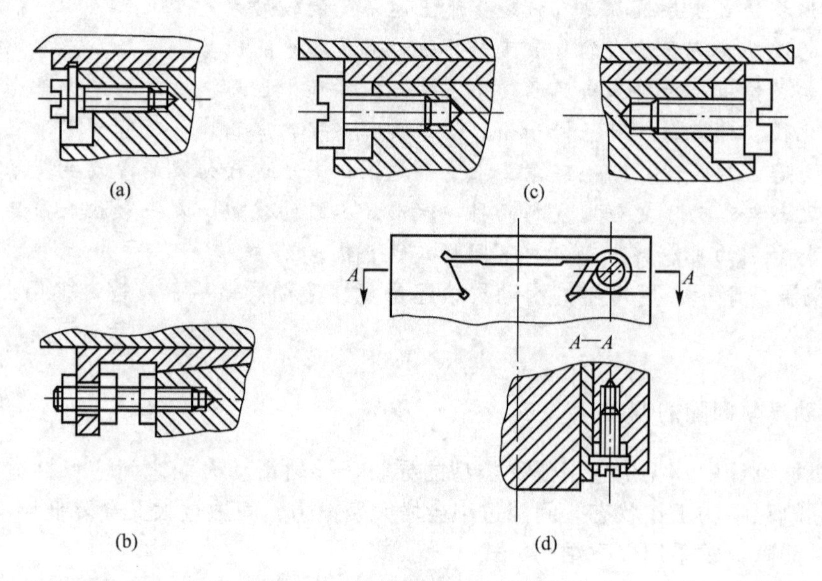

图 6.10　采用斜镶条调整间隙

图 6.10 为用斜镶条调整燕尾导轨间隙的结构。比较几种结构可知，图 6.10(a)结构简单，但螺钉凸肩与斜镶条的缺口间易存在间隙，可能使镶条产生窜动。图 6.10(b)所示的结构较为完善，但轴向尺寸较长，调整不便。

6.2.3　导轨精度及影响导轨精度的因素

导轨的导向精度是指运动件按给定方向作往复运动的准确程度。导向精度是导轨副重要的质量指标，它主要取决于导轨本身的几何精度及导轨配合间隙。运动件的实际运动轨迹与给定方向之间的偏差越小，则导向精度越高。

影响导轨导向精度的主要因素有导轨的结构类型，导轨面间的间隙，导轨的几何精度、几何参数和接触精度，导轨和机座的刚度，导轨的油膜厚度和刚度，导轨的耐磨性，导轨和机座的热变形等。

导轨的几何精度可用线值或角值表示。

1. 导轨的导向精度和接触精度

1）导轨在垂直平面和水平面内的直线度

如图 6.11(a)、图 6.11(b)所示，理想的导轨面与垂直平面 $A—A$ 或水平面 $B—B$ 的交线均应为一条理想直线，但由于存在制造误差，致使交线的实际轮廓偏离理想直线，其最大偏差量 Δ 即为导轨全长在垂直平面［图 6.11(a)］和水平面［图 6.11(b)］内的直线度误差。

2）导轨面间的平行度

图 6.11(c)所示为导轨面间的平行度误差。设 V 形导轨没有误差，平面导轨纵向有倾斜，由此产生的误差 Δ 即为导轨间的平行度误差。导轨间的平行度误差一般以角度值表示，这项误差会使运动件运动时发生“扭曲”。

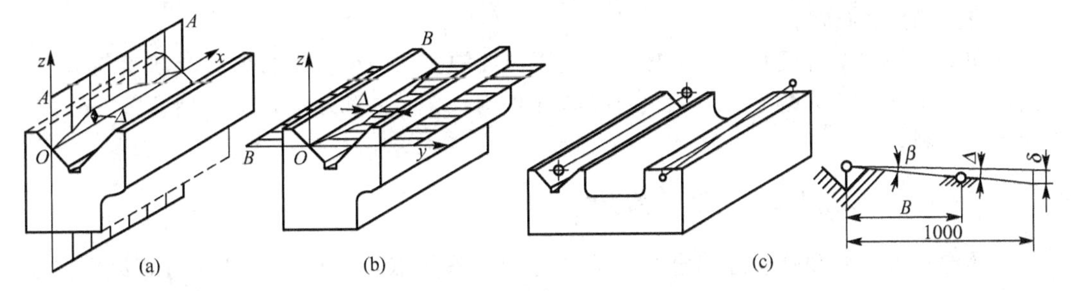

图 6.11 导轨的导向精度

3）导轨间的垂直度

除了要求单方向导轨精度外，还要求两个方向的导轨之间有较高的垂直精度（或角度精度）。如图形发生器和三坐标测量机等，导轨间垂直度的误差会造成明显的仪器误差。

4）接触精度

精密仪器的滑（滚）动导轨，在全长上的接触应达到80%，在全宽上达70%。刮研导轨表面，每25mm×25mm的面积内，接触点数不少于20点。一般对导轨接触精度检查是采用着色法。

精密仪器导轨的表面粗糙度Ra=1.6～0.8μm，支承导轨的Ra=0.80～0.20μm。对于淬硬导轨的表面粗糙度，应比上述Ra的值提高一级。滚动导轨的表面粗糙度Ra<0.20μm。

2. 影响导轨精度的因素

1）导轨的几何参数

导轨的类型及几何参数对导轨的导向精度是有影响的。例如导轨的长宽比L/b越大，导轨的导向精度越高。三角形导轨的顶角α越小，则导向性越好。

2）导轨和机座的刚度

导轨受力产生变形有自身变形、局部变形和接触变形。

导轨的自身变形是由作用在导轨面上的零部件重量造成的，如三坐标测量机的横梁导轨。导轨局部变形在载荷集中的地方，如立柱与导轨接触部位；接触变形是由于平面微观不平度原因造成的实际接触面积减少。

导轨的变形不应超过一定值。刚度不足会降低导向精度、加快导轨面的磨损。刚度主要与导轨的类型、尺寸以及导轨材料等有关。

3）耐磨性

导轨的初始精度由制造保证，而导轨在使用过程中精度保持性与导轨面的耐磨性密切相关。导轨的耐磨性主要取决于导轨的类型、材料、导轨表面的粗糙度及硬度、润滑状况和导轨表面压强的大小。

4）运动平稳性

导轨运动的不平稳性主要表现在低速运动时导轨速度的不均匀，使运动件出现时快时慢、时动时停的爬行现象。爬行现象影响工作台稳定移动、工作台定位精度。爬行现象主要取决于导轨副中摩擦力的大小及其稳定性，减小动、静摩擦力之差，减轻运动件的重量可有效地消除导轨的低速爬行现象。

5）温度变化的影响

滑动摩擦导轨对温度变化比较敏感。由于温度的变化，可能使自封式导轨卡住或造成不允许的过大间隙。为减小温度变化对导轨的影响，承导件和运动件最好用膨胀系数相同或相近的材料。

6.2.4 驱动力和作用点对导轨工作的影响

设计导轨时，必须合理地确定驱动力的方向和作用点，使导轨的倾覆力矩尽可能小。否则，将使导轨中的摩擦力增大，磨损加剧，从而降低导轨运动灵便性和导向精度，严重时甚至使导轨卡住而不能正常工作。因此，需要研究运动件不被卡住的条件。

驱动运动件的力 F 作用在通过导轨轴线的平面内，F 方向与运动件的移动方向的夹角为 α，作用点离导轨轴线的距离为 h，如图 6.12 所示，为便于计算，略去运动件与承导件间的配合间隙和运动件重力的影响，同时将承导件对运动件的正压力简化为作用在承导件的两端，正压力分别用 F_{N1}、F_{N2} 表示，假定运动件的负载为 F_a，则运动件力平衡方程为

$$\Sigma F_x=0 \quad (F_{N1}+F_{N2})f_v+F_a-F\cos\alpha=0 \tag{6-1}$$

$$\Sigma F_y=0 \quad F_{N2}-F_{N1}+F\sin\alpha=0 \tag{6-2}$$

$$\Sigma M_A=0 \quad (L+b)F\sin\alpha+hF\cos\alpha+F_{N2}f_v\frac{d}{2}-F_{N1}f_v\frac{d}{2}-LF_{N1}=0 \tag{6-3}$$

式中，f_v——运动件与承导件间的当量摩擦系数。

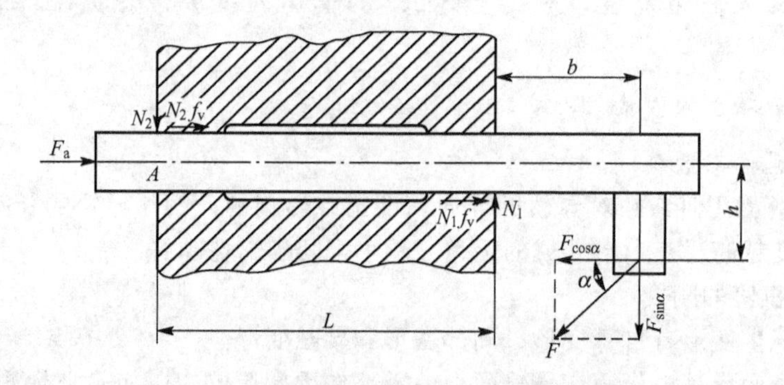

图 6.12 驱动力和作用点对导轨工作的影响

由式(6-1)、式(6-2)和式(6-3)可解得

$$F=\frac{F_a}{\left(1-f_v\frac{2h}{L}\right)\cos\alpha-f_v\left(1+\frac{2b}{L}-\frac{f_v d}{L}\right)\sin\alpha} \tag{6-4}$$

欲能驱动运动件，驱动力 F 应为有限值。因此，保证运动件不被卡住的条件是

$$\left(1-f_v\frac{2h}{L}\right)\cos\alpha-f_v\left(1+\frac{2b}{L}-\frac{f_v d}{L}\right)\sin\alpha>0$$

当 d/L 很小时，上式 $f_v d/L$ 项可略去，则有

$$\tan\alpha<\frac{L-2f_v h}{f_v(L+2b)} \tag{6-5}$$

当 $h=0$ 时，即驱动力 F 的作用点在运动件的轴线上，由式(6-5)可得运动件正常运动的条件为

$$\frac{L}{b}>\frac{2f_v\tan\alpha}{1-f_v\tan\alpha} \tag{6-6}$$

当 $\alpha=0$ 时，即驱动力 F 平行于运动件轴线，由式(6-6)可得

$$2f_v\frac{h}{L}<1$$

为了保证运动灵活，建议设计时取

$$2f_v\frac{h}{L}<0.5 \tag{6-7}$$

当 h 和 α 均为零时，即驱动力 F 通过运动件轴线，由式(6-4)可得，$F=F_0$，此时驱动力不会产生附加的摩擦力，导轨的运动灵活性最好，设计时应力求符合这种情况。

不同导轨的当量滑动摩擦系数 f_v 值为

$$\left.\begin{array}{ll}\text{矩形导轨} & f_v=f\\ \text{燕尾形和三角形导轨} & f_v=f/\cos\beta\\ \text{圆柱面导轨} & f_v=4f/\pi=1.27f\end{array}\right\} \tag{6-8}$$

式中，f——滑动摩擦系数；

β——燕尾轮廓角或三角形底角。

6.2.5 提高导轨耐磨性的措施

为使导轨在较长的使用期间内保持一定的导向精度，必须提高导轨的耐磨性。由于磨损速度与材料性质、加工质量、表面压强、润滑及使用维护等因素直接有关，故要提高导轨的耐磨性，必须从这些方面采取措施。

1. 合理选择导轨的材料及热处理方法

导轨的材料应耐磨性好，摩擦系数小，并具有良好的加工和热处理性质。常用的材料如下。

(1) 铸铁：如 HT200、HT300 等，均有较好的耐磨性。采用高磷铸铁、磷铜钛铸铁和钒钛铸铁作导轨，耐磨性比普通铸铁分别提高 1～4 倍。铸铁导轨的硬度一般为 180～200HBW。为了提高其表面硬度，采用表面淬火工艺，表面硬度可达 55HRC，导轨的耐磨性可提高 1～3 倍。

(2) 钢：常用的有碳素钢(40 钢、50 钢、T8A、T10A)和合金钢(20Cr、40Cr)。淬硬后钢导轨的耐磨性比一般铸铁导轨高 5～10 倍。要求高的可用 20Cr 制成，渗碳后淬硬至 56～62HRC；要求低的用 40Cr 制成，高频淬火硬度至 52～58HRC。钢制导轨一般做成条状，用螺钉及销钉固定在铸铁机座上，螺钉的尺寸和数量必须保证良好的接触刚度，以免引起变形。

(3) 有色金属：常用的有黄铜、锡青铜、超硬铝(7A04)、铸铝等。

(4) 塑料：聚四氟乙烯具有良好的减摩、耐磨和抗振性能，工作温度适用范围广(－200～280℃)，静、动摩擦系数都很小，是一种良好的减摩材料。

在实际应用中，为减小摩擦阻力，常用不同材料匹配使用。例如圆柱面导轨一般采用淬火钢—非淬火钢、青铜或铸铝；棱柱面导轨可用钢—青铜、淬火钢—非淬火钢、钢—铸

铁等。

导轨经热处理后，均需进行时效处理，以减小其内应力。

2. 减小导轨面压强

导轨面的平均压强越小，分布越均匀，则磨损越均匀，磨损量越小。导轨面的压强取决于导轨的支承面积和负载，设计时应保证导轨工作面的最大压强不超过允许值。为此，许多精密导轨常采用卸载导轨，即在导轨载荷的相反方向给运动件施加一个机械的或液压的作用力(卸载力)，抵消导轨上的部分载荷，从而达到既保持导轨面间仍为直接接触，又减小导轨工作面的压力。一般卸载力取运动件所受总重力的2/3左右。

3. 保证导轨良好的润滑

保证导轨良好的润滑，是减小导轨摩擦和磨损的另一个有效措施。这主要是润滑油的分子吸附在导轨接触表面，形成厚度约为0.005～0.008mm的一层极薄的油膜，从而阻止或减少导轨面间直接接触的缘故。

选择导轨润滑油的主要原则是载荷越大、速度越低，则油的粘度应越大；垂直导轨的润滑油粘度应比水平导轨润滑油的粘度大些。在工作温度变化时，润滑油的粘度变化要小。润滑油应具有良好的润滑性能和足够的油膜强度，不浸蚀机件，油中的杂质应尽量少。

对于精密机械中的导轨，应根据使用条件和性能特点来选择润滑油。常用的润滑油有机油、精密机床液压导轨油和变压器油等，还有少数精密导轨选用润滑脂进行润滑。

4. 提高导轨的精度

提高导轨精度主要是保证导轨的直线度和各导轨面间的相对位置精度。导轨的直线度误差都规定在对导轨精度有利的方向上，如精密车床的床身导轨在垂直面内的直线度误差只允许上凸，以补偿导轨中间部分经常使用产生向下凹的磨损。

适当减小导轨工作面的粗糙度，可提高耐磨性，但过小的粗糙度不易储存润滑油，甚至产生“分子吸力”，以致撕伤导轨面。粗糙度一般要求$Ra \leqslant 0.32\mu m$。

6.2.6 导轨主要尺寸的确定

导轨的主要尺寸有运动件和承导件的长度、导轨面宽度、两导轨之间的距离、三角形导轨的顶角等。

增大导轨运动件的长度有利于提高导轨的导向精度和运动灵活性，但却使工作台的尺寸和重量加大。因此，设计时一般取$L=(1.2\sim1.8)a$，其中a为两导轨之间的距离。如结构允许，则可取$L\geqslant 2a$。承导件的长度则主要取决于运动件的长度及工作行程。

导轨宽度B可根据载荷F和许用压强［p］求出。

$$B=\frac{F}{[p]L} \tag{6-9}$$

两导轨之间的距离a减小，则导轨尺寸减小，但导轨稳定性变差。设计时应在保证导轨工作稳定的前提下，减小两导轨之间的距离。

三角形导轨的顶角一般为90°。

6.3 滚动摩擦导轨

滚动摩擦导轨是在运动件和承导件之间放置滚动体(滚珠、滚柱、滚动轴承等)，使导轨运动时处于滚动摩擦状态。

与滑动摩擦导轨比较，滚动导轨的特点是：①摩擦系数小，并且静、动摩擦系数之差很小，故运动灵便，不易出现爬行现象；②定位精度高，一般滚动导轨的重复定位误差约为0.1～0.2μm，而滑动导轨的定位误差一般为10～20μm，因此，当要求运动件产生精确的移动时，通常采用滚动导轨；③磨损较小，寿命长，润滑简便；④结构较为复杂，加工比较困难，成本较高；⑤对脏物及导轨面的误差比较敏感。

1. 滚动摩擦导轨的类型及结构特点

滚动摩擦导轨按滚动体的形状可分为滚珠导轨、滚柱导轨、滚动轴承导轨等。

1) 滚珠导轨

图6.13是滚珠导轨的两种典型结构型式。在V形槽(V形角一般为90°)中安置着滚珠，隔离架1用来保持各个滚珠的相对位置，固定在承导件上的限动销2与隔离架上的限动槽构成限动装置，用来限制运动件的位移，以免运动件从承导件上滑脱。

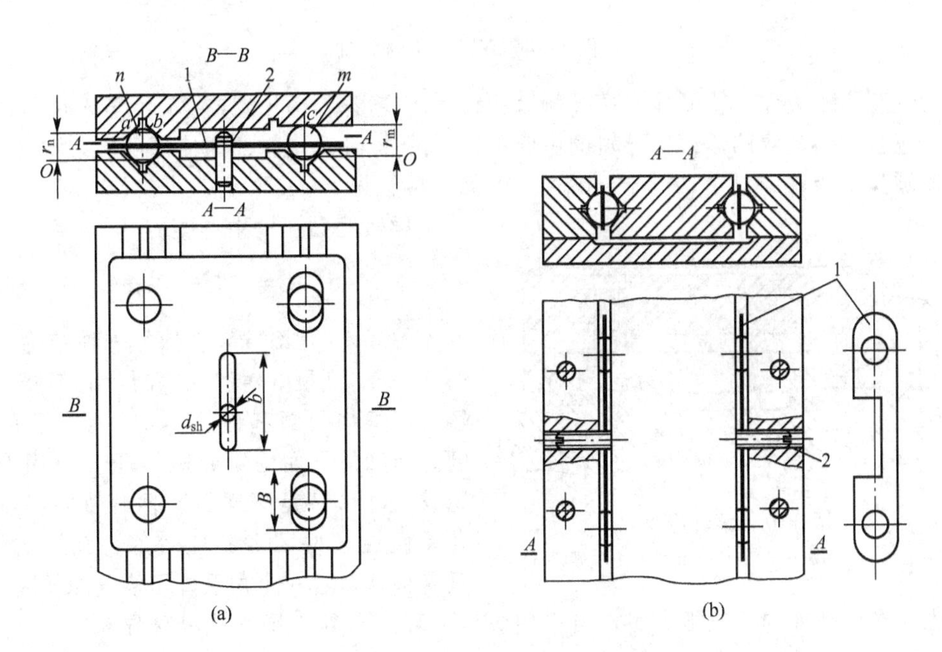

图6.13 滚珠导轨

1—隔离架；2—限动销；n、m—滚珠

图6.13中的OO轴为滚珠的瞬时回转轴线，由于a、b、c这3点速度与运动件的速度相等，但c点的回转半径r_m大于a、b两点的回转半径r_n，因此，右排滚珠的速度小于左排滚珠的速度。为了避免由于隔离架的限制而使滚珠产生滑动，把隔离架右排的分珠孔制成平椭圆形。

V 形滚珠导轨的优点是工艺性较好，容易达到较高的加工精度，但由于滚珠和导轨面是点接触，接触应力较大，容易压出沟槽，如沟槽的深度不均匀，将会降低导轨的精度。为了改善这种情况，可采取如下措施。

(1) 预先在 V 形槽与滚珠接触处研磨出一窄条圆弧面的浅槽，从而增加了滚珠与滚道的接触面积，提高了承载能力和耐磨性，但这时导轨中的摩擦力略有增加。

(2) 采用双圆弧滚珠导轨 [图 6.14(a)]。这种导轨是把 V 形导轨的 V 形滚道改为圆弧形滚道，以增大滚动体与滚道接触点综合曲率半径，从而提高导轨的承载能力、刚度和使用寿命。双圆弧导轨的缺点是形状复杂、工艺性较差、摩擦力较大，当精度要求很高时不易满足使用要求。

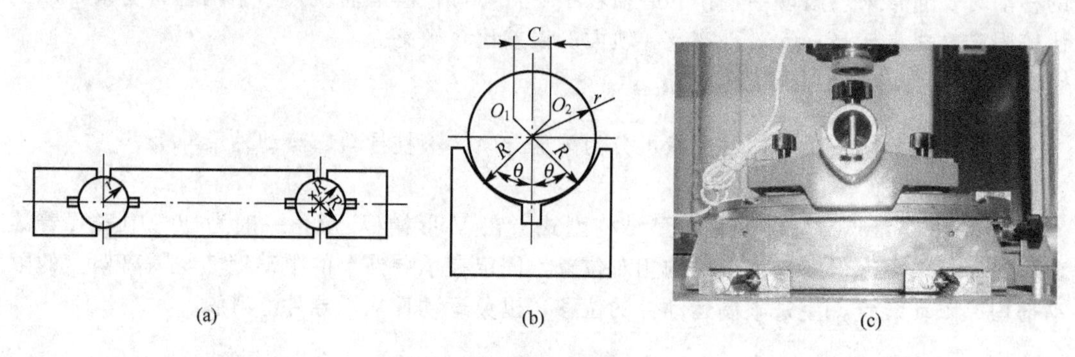

图 6.14 双圆弧滚珠导轨

为使双圆弧滚珠导轨既能发挥接触面积较大、变形较小的优点，又不至于过分增大摩擦力，应合理确定双圆弧滚珠导轨的主要参数 [图 6.14(b)]。根据使用经验，滚珠半径 r 与滚道圆弧半径 R 之比常取 $r/R=0.90\sim0.95$，接触角 $\theta=45°$。

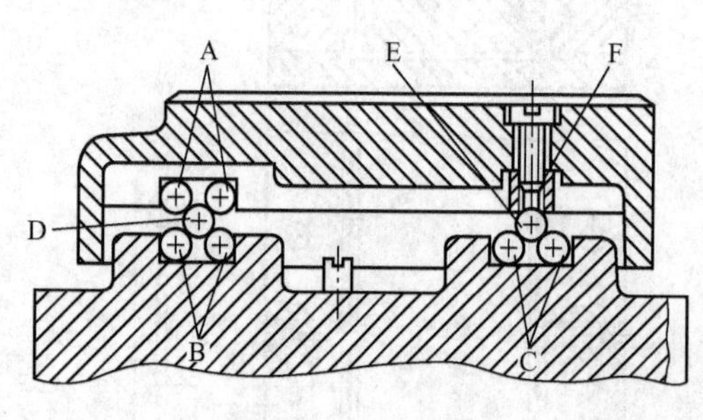

图 6.15 滚珠导轨

A、B、C—圆杆；D、E—滚珠；F—矩形杆

导轨两圆弧的中心距 C 为

$$C=2(R-r)\sin\theta \qquad (6-10)$$

图 6.15 是滚珠导轨的另一种结构，其中的 A、B、C 是 3 对淬火钢制成的圆杆，圆杆经过仔细地研磨和检验，以保证必要的直线度。运动件下面固定的矩形杆 F 也用淬火钢制成，D 和 E 是滚珠。这种导轨的优点是运动灵便性较好，耐磨性较好，圆杆磨损后，只需将其转过一个角度即可恢复原始精度。

当要求运动件的行程很大时，可采用滚珠循环式导轨，即直线滚珠导轨。图 6.16 是这种导轨的结构简图，它由运动件 1、滚珠 2、承导件 3 和返回器 4 组成。运动件上有工作滚道 5 和返回滚道 6，与两端返回器的圆弧槽面滚道接通，滚珠在滚道中循环滚动，行程不受限制。

为了保证滚珠导轨的运动精度和各滚珠承受载荷的均匀性，应严格控制滚珠的形状误差和各滚珠间的直径差。例如万能工具显微镜(图 6.17)横向滑板滚珠导轨，滚珠间的直径不均匀度和滚珠的圆度误差均要求在 0.5μm 以内。

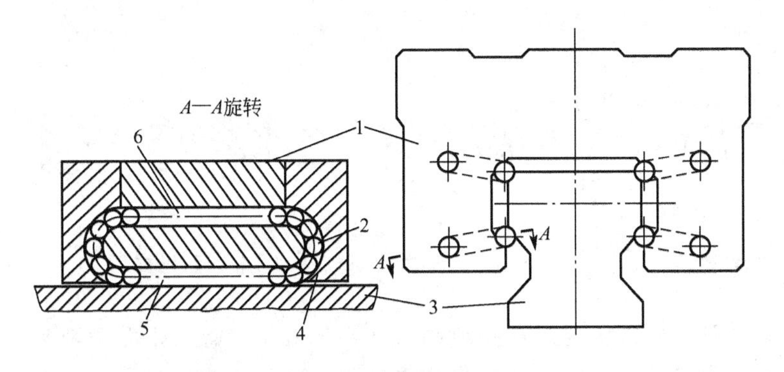

图 6.16 滚珠导轨的结构简图

1—运动件；2—滚珠；3—承导件；4—返回器；5—工作滚道；6—返回滚道

图 6.17 万能工具显微镜

阅读材料6-2

正确选用滚动导轨副 1

滚动导轨副商品化 20 余年，已被广泛应用在精密机械、自动化、各种动力传输、半导体、医疗和航天等产业。

1. 滚动导轨副的原理

滚动导轨副是以滚珠作为导轨与滑块之间的动力传输接口，进行无限循环滚动之运动副。它将滑块约束在导轨上，使得负载平台能沿导轨以高速度、高精度作线性运动。组成零件主要有导轨(Rail)、滑块(Block)、端盖(End plate)、滚珠(Ball)与保持器(Rtainer)等(图 6.18)。

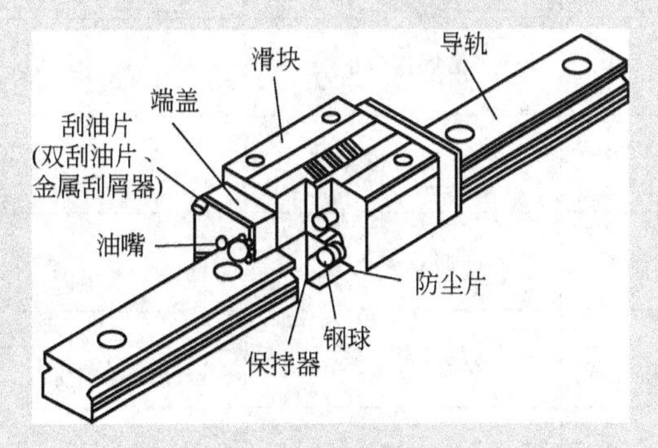

图 6.18 滚动导轨副

2. 滚动导轨副的特性

(1) 定位精度高使用滚动导轨作为直线导轨时，由于滚动导轨副的摩擦方式为滚动摩擦，不仅摩擦系数降低至滑动导轨的1/50，动摩擦力与静摩擦力的差亦变得很小。因此当机床运行时，不会有爬行现象发生，可达到极高的定位精度。

(2) 磨损小，能长时间维持精度传统的滑动导轨，无可避免地会因油膜逆流作用造成平台运动精度不良，且因运动时润滑不充分导致滑动接触面磨损，严重影响精度。而滚动导轨的磨损非常小，故机床能长时间维持精度。

(3) 适应高速运动且大幅降低驱动功率由于直线导轨移动时摩擦力非常小，只需较小动力便能让机床运行，尤其是在滑台频繁往返运行时，更能明显降低其电能损耗量。且因其摩擦产生的热较小，可适用于高速运行。

(4) 可同时承受上下左右方向负荷滚动导轨特殊的约束结构设计(图 6.19)，可同时承受上、下、左、右方向的负荷，不像滑动导轨在平行接触面方向可承受的侧向负荷较小(图 6.20)，易造成机床运行精度不良。

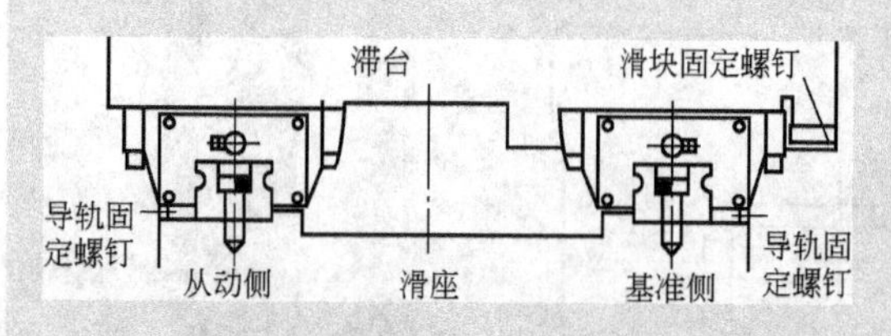

图 6.19 滚动导轨传动机构

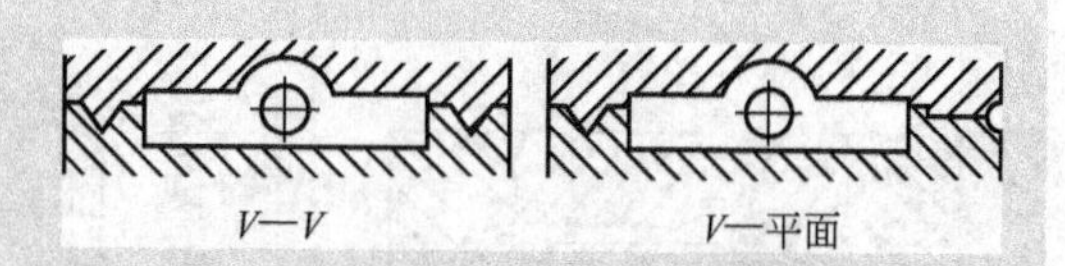

图 6.20 滑动导轨传动机构

(5) 组装容易并具互换性组装时只要铣削或磨削机床上导轨之装配面，并依建议之步骤将导轨、滑块分别以特定扭力固定于机床上，即能重现加工时的高精度。传统的滑动导轨必须对导轨面进行刮研，既费事又费时，且一旦机床精度不良，必须再刮研一次。滚动导轨具有互换性，只要更换滑块或导轨或整个滚动导轨副，机床即可重新获得高精度。

如前所述，由于滚珠在导轨与滑块之间的相对运动为滚动，可减少摩擦损失。通常滚动摩擦系数为滑动摩擦系数的2%左右，因此采用滚动导轨的传动机构远优越于传统滑动导轨(如图 6.19 和图 6.20 所示)。表 6－1 为不同直线导轨系统优缺点比较。图 6.21 为上银科技所提供的滚动直线导轨副系列，供参考。

表 6－1 不同直线导轨性能比较

编号	直线导轨要求性能	种类		
		滑动导轨	平面滚动导轨	滚动直线导轨
1	摩擦系数小	× μ=0.2～0.3	○ μ=0.002～0.003	○ μ=0.003～0.005
2	寿命长	× 摩耗大	× 额定负荷小	○
3	组装简单	× 要滑配	△	○
4	精度易达到	× 要刮研	○	○
5	保养容易	× 润滑困难	○	○
6	无间隙	× 要有间隙	○	○
7	耐冲击性	○	× 额定负荷小	○
8	高力矩负荷能力	× 一端接触弱	× 额定负荷小	○
9	设计、取得容易	×	○	○
10	价格便宜	× 组装工程多	○	△

注：“×”表示差；“△”表示中，“○”表示好。

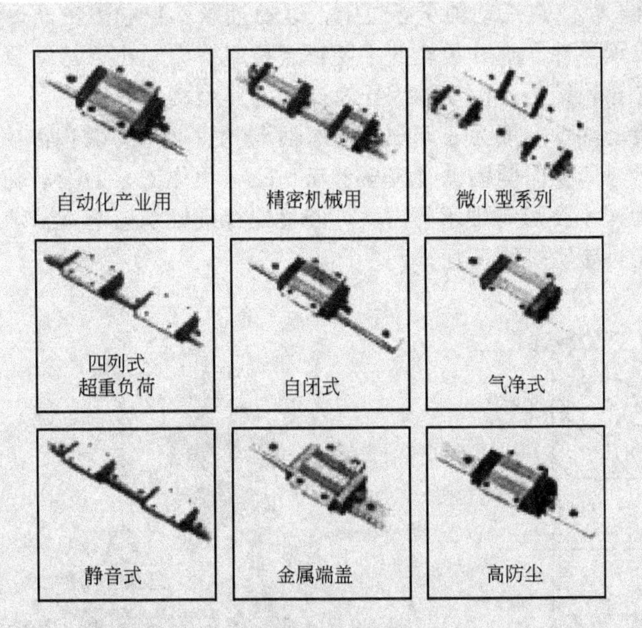

图 6.21 上银科技滚动直线导轨副系列

资料来源：上银科技．如何正确选用滚动导轨副(上)．制造技术与机床．2003(9)．

2）滚柱导轨与滚动轴承导轨

为了提高滚动导轨的承载能力和刚度，可采用滚柱导轨或滚动轴承导轨。这类导轨的结构尺寸较大，对导轨面的局部缺陷不太敏感，但对V形角的精度要求较高，常用在比较大型的精密机械上。

(1) 交叉滚柱V—平导轨。如图6.22(a)所示，在V形空腔中交叉排列着滚柱，这些滚柱的直径d略大于长度b，相邻滚柱的轴线互相垂直交错，单数号滚柱在AA_1面间滚动(与B_1面不接触)，双数号滚柱在BB_1面间滚动(与A_1面不接触)，右边的滚柱则在平面导轨上运动。

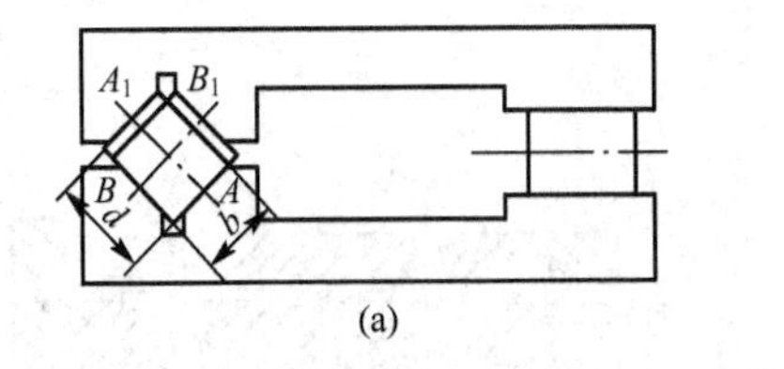

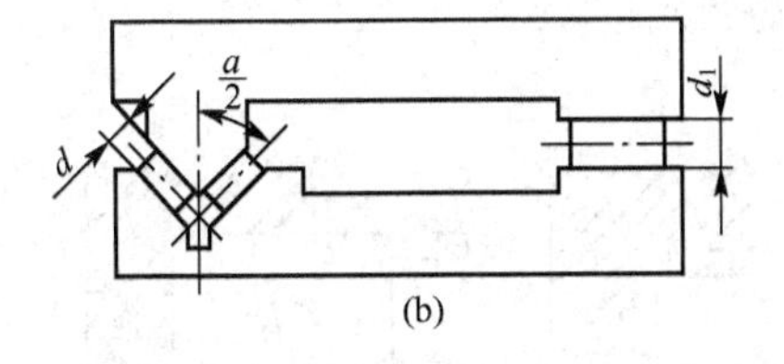

图 6.22 滚柱导轨

(2) V—平滚柱导轨。如图6.22(b)所示，这种导轨加工比较容易，V形导轨滚柱直径d与平面导轨滚柱直径d_1之间有如下关系

$$d=d_1\sin\frac{\alpha}{2} \tag{6-11}$$

式中，α——V形导轨的V形角。

若把滚柱取出，上、下导轨面正好可互相研配，所以加工较方便。

(3) 滚动轴承导轨。在滚动轴承导轨中，滚动轴承不仅起着滚动体的作用，而且本身还代替了运动件或承导件。这种导轨的主要特点是摩擦力矩小，运动灵活，调整方便。万能工具显微镜纵向导轨结构是滚动轴承导轨应用的典型实例。

用作导轨的滚动轴承一般为非标准深沟球轴承(图 6.23)，其内圈固定，外圈旋转。用作导向的滚动轴承，其径向圆跳动量应小于 0.5μm，用作支承的滚动轴承，其径向圆跳动量应小于 1μm，为减小变形，轴承的内、外圈要比标准轴承厚些，轴承的外圈表面磨成圆弧形曲面，以保证与导轨接触良好。

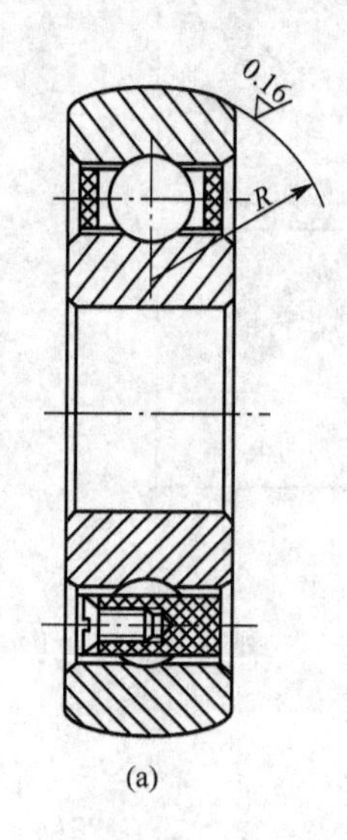

(a)

(b)

图 6.23 滚动轴承导轨

2. 滚动导轨的预紧

使滚动体与滚道表面产生初始接触弹性变形的方法称为预紧。预紧导轨的刚度比无预紧导轨的刚度大，在合理的预紧条件下，导轨磨损较小，但导轨的结构较复杂，成本较高。

(1) 采用过盈装配形成预加负载［图 6.24(a)］。装配导轨时，根据滚动体的实际尺寸 A，刮研压板与滑板的接合面或在其间加上一定厚度的垫片，从而形成包容尺寸 $A-\Delta$ (Δ 为过盈量)。

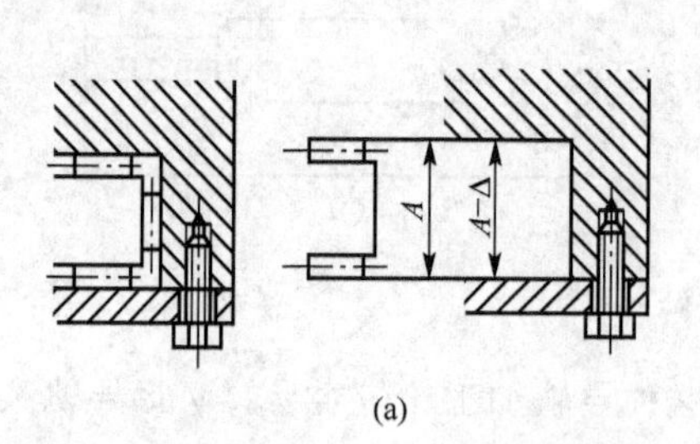

(a)

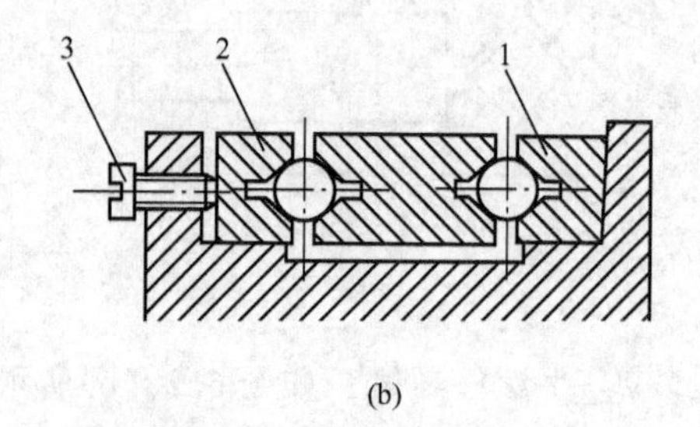

(b)

图 6.24 滚动导轨的预紧

1、2—导轨体；3—侧面螺钉

过盈量有一个合理的数值，达到此数值时，导轨的刚度较好，而驱动力又不致过大，过盈量一般每边为 5～6μm。

(2) 用移动导轨板的方法实现预紧[图6.24(b)]。预紧时先松开导轨体2的连接螺钉(图中未画出),然后拧动侧面螺钉3,即可调整导轨体1和2之间的距离而预紧。此外,也可用斜镶条来调整,这样,导轨的预紧量沿全长分布比较均匀,故推荐使用。

3. 导轨主要参数的确定

1) 运动件的长度

在满足导轨最大位移量S_{max}的前提下,应尽可能减小运动件的长度L。由图6.25可知

$$L=e+l+ab$$

而

$$ab=a'b'=a'c+cb'=e+\frac{S_{max}}{2}$$

因此

$$L=2e+l+\frac{S_{max}}{2} \tag{6-12}$$

式中,L——运动件的最短长度;

e——保险量,一般取$e=5\sim10$mm。

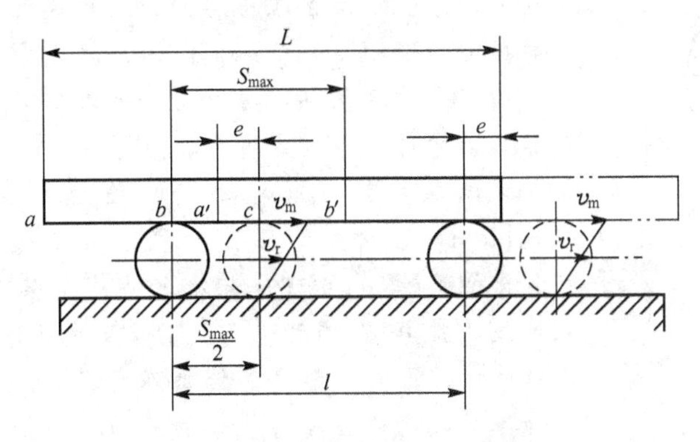

图6.25 运动件的长度计算图

2) 隔离架限动槽长度b和平椭圆长度B(图6.13)

隔离架的速度与左边滚道滚珠中心的移动速度相同,为运动件移动速度之半。当运动件移动S_{max}时,隔离架只移动$S_{max}/2$,因此

$$b=\frac{1}{2}S_{max}+d_{sh} \tag{6-13}$$

式中,d_{sh}——限动销的直径。

$$B=d+0.1S_{max} \tag{6-14}$$

式中,d——滚珠直径。

3) 滚动体的大小和数量

滚动体的大小和数量应根据单位接触面积上的容许压力计算确定。在结构允许的条件下,应优先选用直径较大的滚动体。这是因为:①增大滚动体直径可以提高导轨的承载能力,对于滚珠导轨,其承载能力与滚珠数目z及滚珠直径d的平方成正比,因此增大滚珠直径d比增加滚珠数目z有利,而对滚柱导轨,增大滚珠直径d与增加滚珠数目z的效果相同;②增大滚动体直径,有利于提高导轨的接触刚度,对于滚柱导轨,为减小导轨横截

面内平行度误差及滚柱圆柱度误差对接触刚度的影响，滚柱的长度 b 不应超过 30mm，长径比 $b/d<1.5$；③增大滚动体的直径，可以减小导轨的摩擦阻力，因此滚柱直径最好不小于 6mm，并尽可能不用滚针导轨，如需采用，滚针直径应不小于 4mm。

如滚动体的数目 z 太少，会降低导轨的承载能力，制造误差将显著影响运动件的位置精度；滚动体数目太多，则会增大负载在滚动体上分布的不均匀性，反而会降低刚度。实验表明，为使各滚动体承受的载荷比较均匀，合理的滚动体数目为：对于滚柱导轨，$z<G/(4b)$；对于滚珠导轨，$z\leqslant G/(9.5\sqrt{d})$。式中的 G 为导轨所承受的移动组件的重力(N)；b 为滚柱长度(mm)；d 为滚珠直径(mm)。

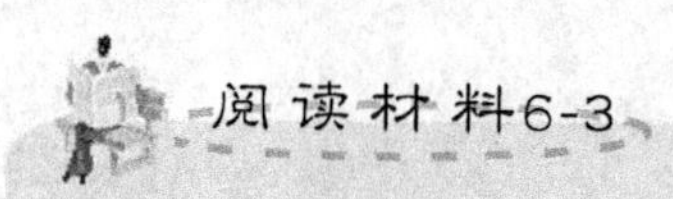

正确选用滚动导轨副 2

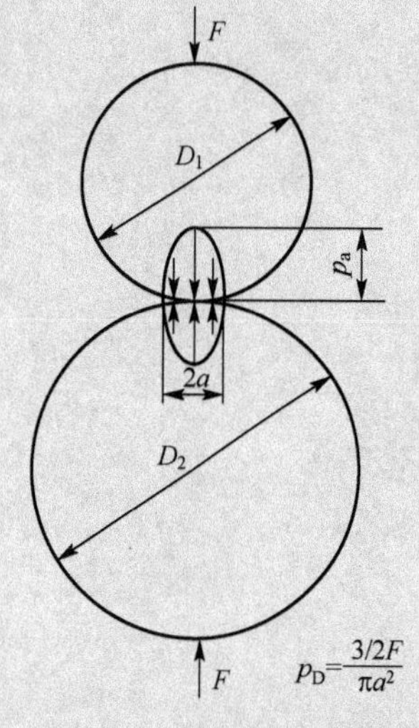

图 6.26 赫兹接触理论

1. 滚动导轨副的常用结构

滚动导轨副内滚珠与沟槽的接触模式为弹性接触，可用赫兹接触理论(Hertz contact theory)来计算刚性。在接触椭圆区内(图 6.26)会因为应力分布差和回转半径差引起差动摩擦和差动滑动，影响直线导轨的特性。

滚珠在导轨与滑块之间的接触牙型，主要有哥德式(Gothic Type)牙型和圆弧式牙型(图 6.27)。由于圆弧式牙型其接触角(垂直于回转轴线的直线与滚珠中心和沟槽接触点连线的夹角)在传动中易变动，造成间隙与侧向施力变动。而哥德式牙型其接触角能保持不变，刚性亦较稳定。一般认为哥德式接触牙型具有较大的差动摩擦量，实际上需要全面考量差动摩擦对滚动导轨使用性能的影响，并根据滚动导轨沟槽组合状况来分析差动摩擦量，所以不宜单纯地将差动摩擦量与哥德式牙型联系在一起。

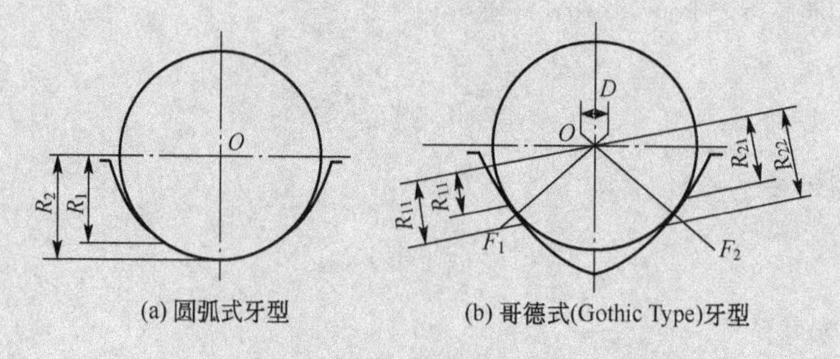

图 6.27 滚珠导轨接触牙型

滚动导轨内滚珠与沟槽的常用结构可分为二列式与四列式，依其负荷与刚性的不同而应用于不同场合一般而言滚动导轨的常用结构以二列式歌德型与四列式圆弧型为主，如图 6.28 和图 6.29 所示。两者的差异见表 6-2。

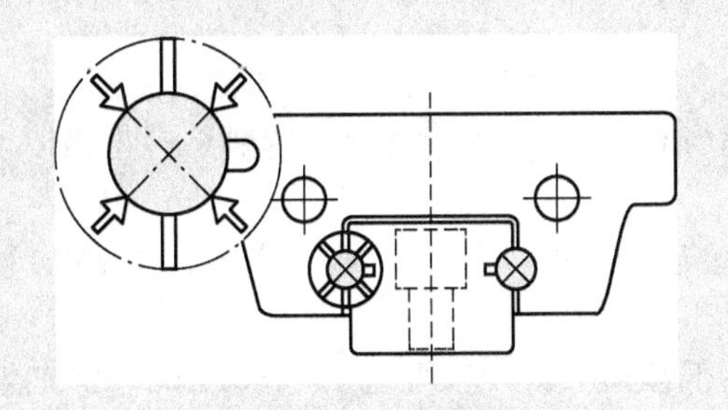

图 6.28 二列式歌德型

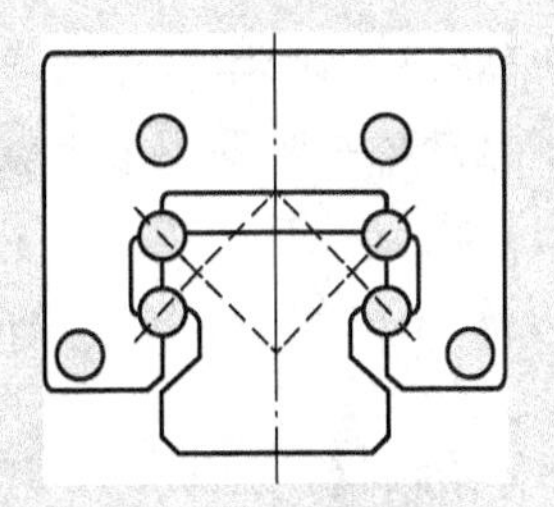

图 6.29 四列式圆弧型

表 6-2 二列式哥德型与四列式圆弧型的比较

比较项目	四列式圆弧型	二列式哥德型
接触点	4点接触，钢珠变形可转移	4点接触，钢珠变形无法转移
刚性	钢珠与牙型的接触在传动中易变动，造成间隙与侧向施力变动	钢珠与牙型的接触能保持不变，刚性亦较稳定
差动摩擦	在接触椭圆区内由应力分布差和回转半径差引起的差动摩擦和差动滑动小	在接触椭圆区内由应力分布差和回转平径差引起的差动摩擦和差动滑动大
钢珠排列	钢珠排列必须使用四列设计方能承受上、下、侧向方向的负荷	钢珠排列只需使用二列设计即能承受上、下、侧向方向的负荷
装配误差	由于有间隙与侧向随力变动，因此吸收装配误差能力大，对安装基准面要求比二列式哥德型低	吸收装配误差能力小，需高精度的安装基准面

2. 滚动导轨副的选用

通常，滚动导轨副的选用必须根据使用条件、负载能力和预期寿命来选用。不管是二列式哥德型或四列式圆弧型，由于滚动导轨的寿命分散性很大，为确定其寿命，一般以额定寿命为准。所谓额定寿命是指一批相同产品，在相同条件及额定负荷下，有90%未曾发生表面剥离现象而达到的运行距离。滚动导轨副使用钢珠作为滚动体的额定寿命，在基本动额定负荷下为50km。所谓基本动额定负荷指一批相同规格之滚动导轨副，经过运行50km后，90%的滚动导轨，其滚道表面不产生疲劳损坏(剥离或点蚀)时的最高负荷。大体上，二列式哥德型结构的滚动导轨副能承受各个方向的力和力矩，在轻负载或中负载应用场合较多，尤其在侧向负载较大时。而四列式圆弧型结构的滚动导轨副在重负载或超重负载应用场合较多，圆弧型有吸收装配面误差的能力。但是若有冲击负载的情况发生时，宜选用哥德型结构的滚动导轨副。

产品对使用者而言，讲究的是适用性与可靠度。而速度又是产业竞争的关键，由于滚动导轨副为进行无限循环滚动之运动副，在考虑滚珠循环系统顺畅度的需求下，具有高加速性与承受g力的特性，它的优点随着此机构的发展有很大的发挥空间。然而，不论是哥德型结构还是圆弧型结构都各有其适用的应用环境，如何指导使用者正确选用滚动导轨副，是滚动导轨副产品制造者应尽的责任。

资料来源：上银科技. 如何正确选用滚动导轨副(下). 制造技术与机床. 2003(9).

4. 滚动导轨的材料和热处理

对滚动导轨材料的主要要求是硬度高、性能稳定以及良好的加工性能。

滚动体的材料一般采用滚动轴承钢(GCr15)，淬火后硬度可达到60～66HRC。

常用的导轨材料如下。

(1) 低碳合金钢：如20Cr，经渗碳（深度1～1.5mm）淬火，渗碳层硬度可达60～63HRC。

(2) 合金结构钢：如40Cr，淬火后低温回火，硬度可达45～50HRC。加工性能良好，但硬度较低。

(3) 合金工具钢：如铬钨锰钢(CrWMn)、铬锰钢(CrMn)，淬火后低温回火，硬度可达60～64HRC。这种材料的性能稳定，可以制造变形小、耐磨性高的导轨。

(4) 氮化钢：如铬钼铝钢(38CrMoAlA)或铬铝钢(38CrAl)，经调质或正火后，表面氮化，可得很高的表面硬度(850HV)，但硬化层很薄(0.5mm以下)，加工时应注意。

(5) 铸铁：例如某些仪器中采用铬钼铜合金铸铁，硬度可达230～240HBS，加工方便，滚动体用滚柱，一般可满足使用要求。

6.4 其他类型的导轨简介

6.4.1 弹性摩擦导轨

图6.30(a)是弹性摩擦导轨的一种结构形式，工作台(运动件)由一对相同的平行片簧支撑，当受到驱动力F作用时，片簧产生变形，使工作台在水平方向产生微小位移λ。

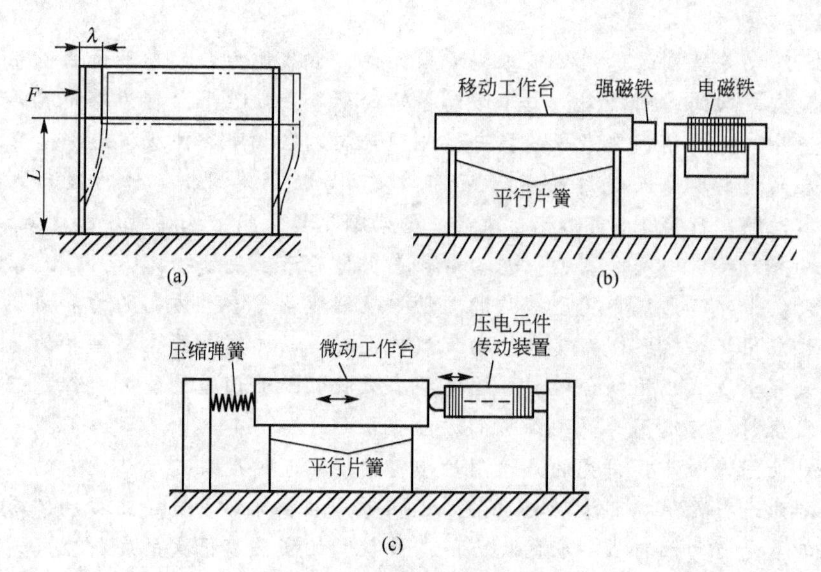

图6.30 平行片簧弹性摩擦导轨

图6.31是另一种结构形式的弹性摩擦导轨，在一块板材上加工出孔和开缝，使圆弧的切口处形成弹性支点(即柔性铰链)与剩余的部分成为一体，组成一平行四边形结构。当

在 AC 杆上加一力 F，由于4个柔性铰链的弹性变形，使 AB 杆(与运动件相连)在水平方向产生位移 λ，这种结构的弹性导轨在微动工作台中得到广泛的应用。

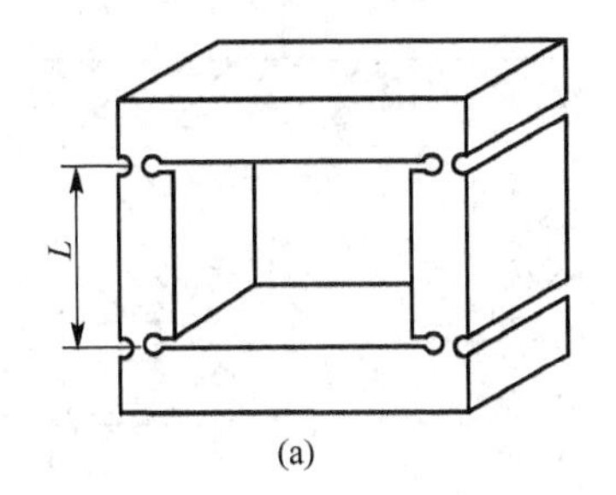

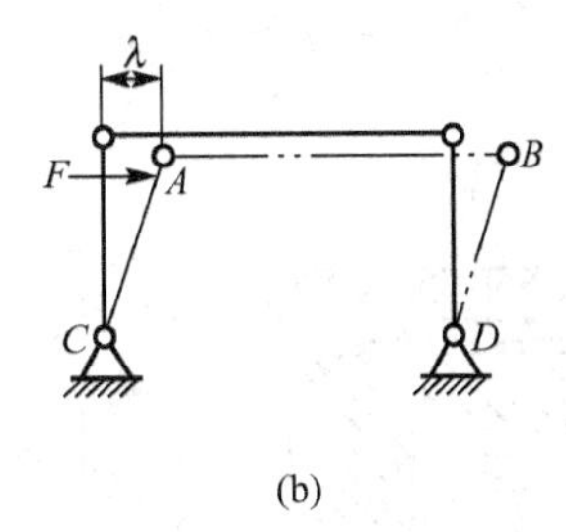

图 6.31 柔性铰链弹性摩擦导轨

弹性导轨的优点如下。

(1) 摩擦力极小。

(2) 没有磨损。

(3) 运动灵便性高。

(4) 当运动件的位移足够小时，精度很高，可以达到极高的分辨率。

弹性导轨的主要缺点是运动件只能作很小的移动，这就大大限制了其使用范围。

6.4.2 静压导轨

在两个相对运动面间通入压力油或压缩空气，使运动件浮起，以保证两导轨面间处于液体或气体摩擦状态下工作。

1. 液体静压导轨

根据结构特点，液体静压导轨分为开式静压导轨和闭式静压导轨两类。

(1) 开式静压导轨的工作原理如图 6.32 所示，由液压泵 1 输出压力油，经滤油器 2，启动液压泵 3，经溢流阀 4 调节油压，油经过精密滤油器 5，节流阀 6，流入导轨油腔后，产生浮力将运动件 7 浮起，浮力与载荷 F 平衡，油膜将运动件 7 与承导件 8 完全隔开，载荷的变化引起运动件与承导件的间隙的变化，使得所形成的浮力重新与载荷平衡，从而将运动件的下沉限制在一定的范围内，保证导轨在液体摩擦状态下工作，开式静压导轨结构简单，但承受倾覆力矩的能力较差。

(2) 闭式静压导轨的工作原理如图 6.33 所示，是由液压系统输出压力油经节流阀 1 后，分别进入承导件 3 的上下承导件，当运动件 2 受到向下的载荷作用时，上部的间隙减小而压力增加，下部的间隙增大而压力减小，载荷的变化会引起运动件与承导件的上下间隙的变化，进而造成上下承导面的油压变化，使得所形成的浮力重新与载荷平衡，从而保证导轨在液体摩擦状态下工作。

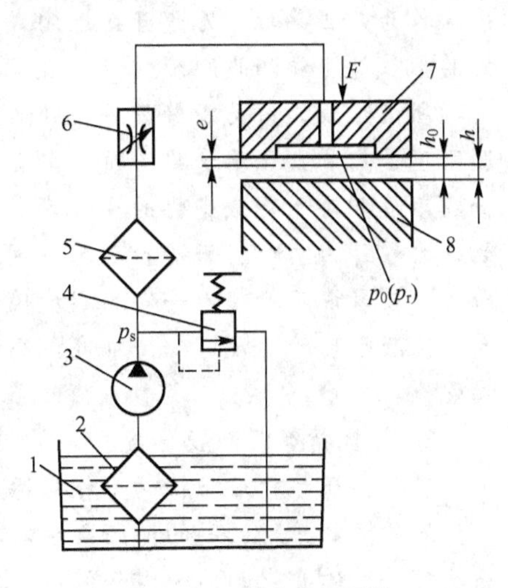

图 6.32 开式静压导轨

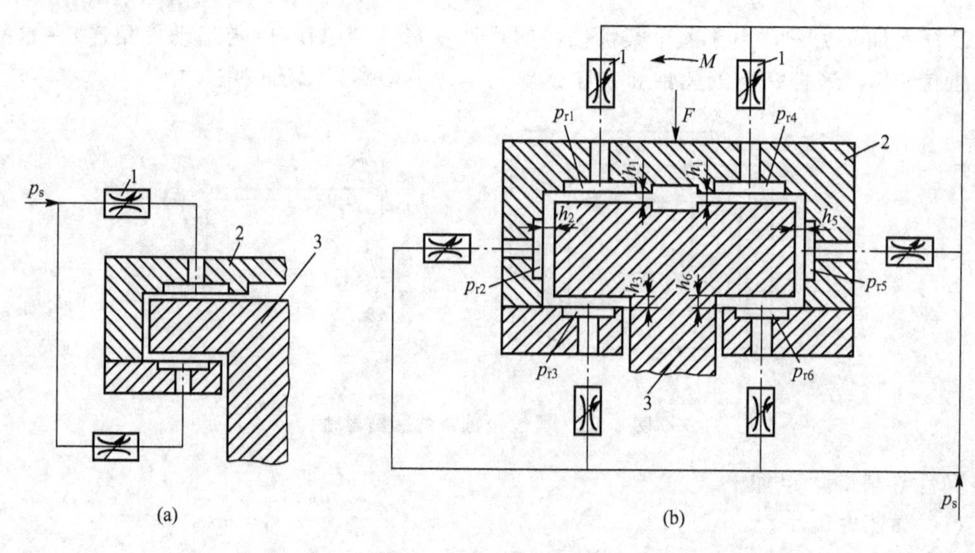

图 6.33 闭式静压导轨

1—节流阀；2—运动件；3—承导件

液体静压导轨的优点是：①摩擦系数很小，可使驱动功率大大降低，运动轻便灵活，低速时无爬行现象；②导轨工作表面不直接接触，基本上没有磨损，能长期保持原始精度，寿命长；③承载能力大，刚度好；④摩擦发热小，导轨升温小；⑤油液具有吸振作用，抗振性好。

液体静压导轨的缺点是：结构比较复杂，需要一套供油设备，油膜厚度不易掌握，调整它较困难，这些都影响液体静压导轨的广泛应用。

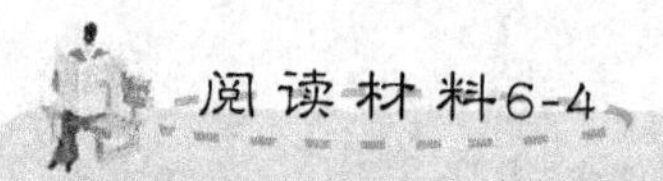

液体静压导轨及在设计中的应用

1. 承载能力及油膜刚度比较

作为静压导轨，无论开式或闭式静压导轨，在理论上和实际应用中，均必须具有一定的承载能力和油膜刚度。

所谓承载能力是指静压导轨的油膜在设计状态下允许承受的最大负承力。而所谓油膜刚度是指油膜在承受载荷时，当负载发生变化时，油膜抵抗负载变化的能力。也就是油膜厚度相对于负载变化的变化率。承载力必须达到机床导轨上导轨自重、工件重量、切削力等外力总和。而油膜刚度必须达到在负载变化时油膜厚度变化量达到设计要求的限度，或者说不能超出一定的刚度值限制。

油膜刚度的比较可知，刚度最高的是反馈节流，其次是定流量供油、小孔节流、毛细管节流。

2. 导轨精度及油膜厚度

液体静压导轨应保持两个相对运动的导轨面处于纯液体摩擦状态，同时应保证导轨有良好的运动精度、高的油膜刚度，较小的油泵功率消耗，因此，对静压导轨面的几何精度有一定的要求。通常需保证：$\Delta \leqslant (1/2 \sim 1/3) h_0$

式中，Δ——在移动件导轨面内的几何精度总误差(包括平面度、扭曲度、平行度等)，cm。

h_0——导轨的油膜厚度，cm。

导轨油膜厚度 h_0 不宜过大，以免降低导轨刚度，也不宜过小。一般推荐下列数值：中小型机床 $h_0=0.015\sim0.030$mm；大型机床 $h_0=0.030\sim0.060$mm

导轨面可用刮研或磨削获得。一般刮研的精度较高，每 $25\times25\text{mm}^2$ 内约有 16 个点，刮削深度约为 5μm 左右。

3. 油腔数及其布置

(1) 为了使油膜均匀，每条导轨面在其长度方向的油腔数目不得少于 2 个。

(2) 移动导轨长度在 2 米以下时，油腔数目取 2～4 个。

(3) 移动导轨长度大于 2 米时，一般不超过 5～6 个，每个油腔长度为 0.5～1.5 米。

(4) 直线运动导轨，油腔开在移动导轨而上；回转运动导轨，油腔开在固定导轨面上。

4. 静压导轨结构设计应注意事项

(1) 导轨零件本身要有良好的结构刚度。

(2) 大型机床的地基要有足够的刚度。

(3) 闭式导轨压板的结合面应有足够的宽度。要求压板工作面与固定件的导轨有良好的平行度，以保证油膜均匀。

(4) 要有合适的回油措施。

5. 节流器的选择及油温控制、油液净化问题

(1) 节流器一般有毛细管、小孔节流、滑阀反馈节流及薄膜反馈节流 4 种可选择设计。

(2) 油温应予控制，不得超过 50℃，最好采用恒温控制。

(3) 油液净化，应利用精密过滤装置进行过滤，达到 10μm 以上精度。

5. 静压导轨的应用

在 YK73125 成形磨齿机设计中，在主要导轨运动副上采用了静压导轨的技术。比如在机床的后立柱移动导轨副中，有 8 吨负载，在工件圆台面的主轴系统导轨中，有 12 吨负载，在后立柱垂直滑板导轨副的上下运动中有 2 吨负载均采用了静压导轨。根据机床三个主要导轨副的受力分布情况，全部采用了闭式静压导轨，选择了导轨原始油膜厚度 $h_0=0.03$mm，不仅使各静压导轨具有较高的刚度，而且也满足了最大的承载能力。通过大量的理论计算和设计方案的比较，找出了一种较适合机床实际情况的静压导轨设计方案。采用可变毛细管节流的定压供油方案，选择系统压力 $P_s=27\times10^4$Pa，毛细管直径 $d_0=0.71$mm，油泵流量 $Q=101/\text{min}$。

资料来源：王东锋．液体静压导轨及在设计中的应用研究．精密制造与自动化．2003(4)．

2. 气体静压导轨

气体静压导轨按结构形式的不同可分为开式、闭式和负压吸附式气垫导轨 3 种。下面只对负压吸附式气垫导轨做一简单介绍，如图 6.34 所示。

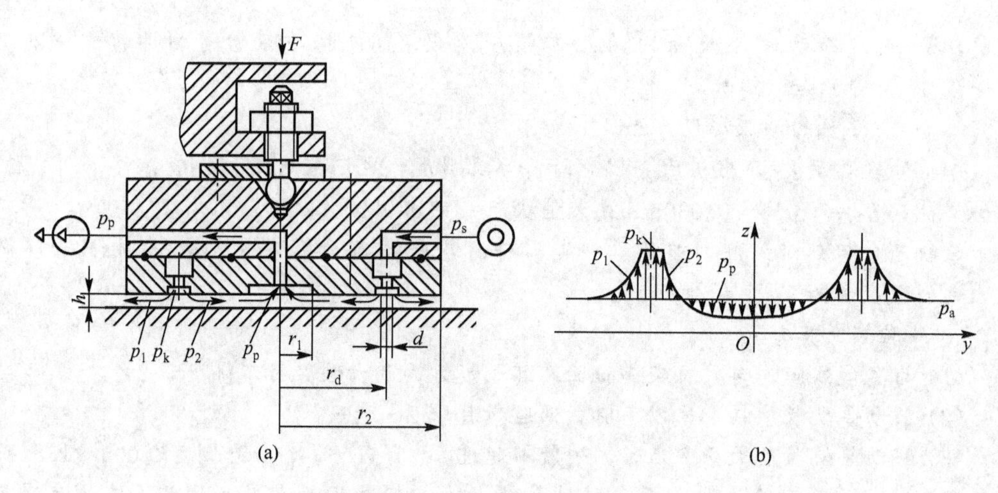

图 6.34　负压吸附式气垫导轨

负压吸附式气垫导轨是一种适用于高精度、高速度、轻载的新型空气静压导轨，工作原理如图 6.26 所示，它是利用负压吸附式平面气垫在工作面上不同区域同时存在正压和负压的特点，在运动件和承导件之间形成一定厚度的气体膜，使气垫与导轨面既不接触又不脱开。同样，负载的变化会引起气膜厚度的变化，气体作用力也随之变化，这样气体支撑导轨又处于相对平衡状态。

气体静压导轨的优点是：①运动精度高；②无发热现象，不会像液体静压导轨那样因静压油引起发热；③摩擦和摩擦系数极小，因为气体粘性极小；④由于使用经过过滤的压缩气体，故导轨内不会侵入灰尘和液体，同时可用于很广的温度范围。

气体静压导轨的缺点是：①承载能力低；②刚度低；③需要一套高质量的气源；④对振动的衰减性差。

习　题

一、填空题

1. 导轨的基本组成部分是由________和________构成。

2. 直线运动导轨按结构特点可分为________和________几类。

3. 直线运动导轨按摩擦性质可分为________、________、________和________几类。

4. 常见的棱柱面导轨有________、________、________以及它们的组合导轨。

二、名词解释

力封式导轨　闭式导轨

三、简答题

1. 直线运动导轨的作用是什么？按结构特点可分为哪几类？

2. 指出图 6.35 所示导轨的名称、种类及承载、导向面，间隙的调整方法。

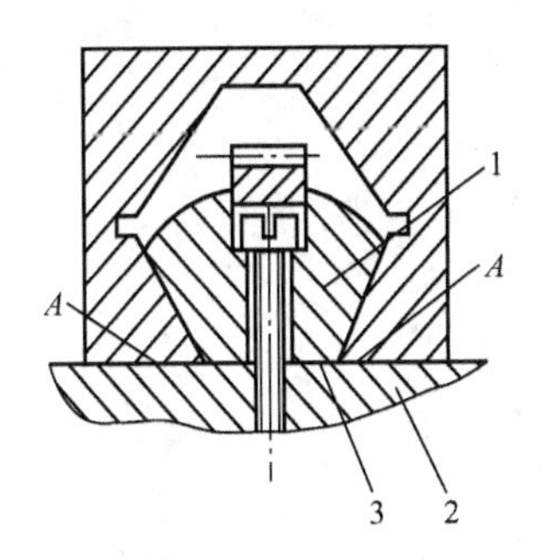

图 6.35 导轨

3. 影响导轨精度的主要因素有哪几种？

4. 滚动摩擦导轨的类型及其结构特点有几种？

5. 试分析单圆柱面导轨的防转结构形式有哪几种？并画出示意图。

四、计算题

1. 如图 6.36 所示：已知 $f=0.1$，$b=80\text{mm}$，$\alpha=45°$，($f_v=1.27f$，$F=1500\text{N}$，$F_a=1000\text{N}$)，求导轨能正常滑动时的最小长度。

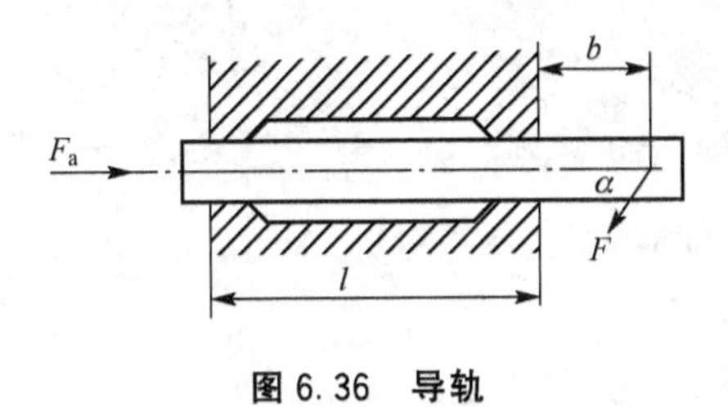

图 6.36 导轨

2. 一滚动导轨结构如图 6.37 所示，已知：导轨的最大位移量为 S_{max}，极限位移保险量为 e，滚动体间的距离为 l，试计算运动件的最短长度 L。

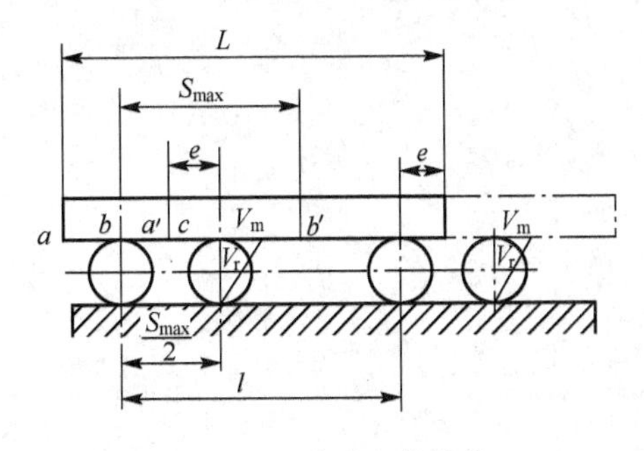

图 6.37 滚动导轨结构

第三篇

连　　接

第7章
机械零件的连接

教学要求	知识要点
了解机械零件间各种常用的连接方式	机械零件的连接种类
掌握各种连接方式的结构特点及使用性能	各种连接方式的结构特点
熟练掌握各种连接方式在机械设计中的选用	各种连接方式的应用

导入案例

2009年国庆节期间，分列在天安门广场两侧，坐落在人民大会堂与国家博物馆中间的民族团结柱成为一道亮丽的风景。为了永久留存这56根民族团结柱，北京市政府决定将它们拆除迁移回厂，进行妥善维护后再择地安放。12月2日夜间至3日凌晨，56根民族团结柱撤出天安门广场。

承担团结柱安全迁移的重担落在多台大型起重机上。团结柱高13.6米，重26吨，这对起重机的性能结构都提出很高要求，而起重机的各主要受力构件的连接主要由摩擦型高强度螺栓连接完成。高强度螺栓连接主要通过预紧力使连接件接触面相互压紧而产生摩擦力来阻止构件受力后产生相对滑移来达到传递载荷的目的，在抗拉和抗剪两方面性能良好。由于高强度螺栓采用高强度钢材制作并经过热处理，所以预紧力和摩擦力都较大，因此广泛应用于起重运输机械、钢结构厂房、桥梁等钢结构上。

7.1 连接的分类与要求

7.1.1 连接的分类

任何精密机械和仪器都是由一定数量的零、部件所组成的。彼此间需要有固定的联系，这种固定的联系称为连接。为了便于制造、装配、维修和调整，常采用各种不同的连接方法将零件、部件合成为一整体。

根据连接结构的特点，连接分为可拆连接和永久连接。

1. 可拆连接

如果把连接拆开，构成连接的所有零件都不会损坏，即可反复装拆而不至于影响连接的性能，如精密机械和仪器中常用的螺钉与螺纹连接，键连接等。

2. 永久连接

如果把这种连接拆开，构成连接的所有零件中至少有一个或一个以上的零件遭受损坏，如精密机械和仪器中常用的焊接、铆接、铸合连接等。

根据精密机械和仪器中连接零件的性质，又可将连接分为机械零件与机械零件的连接，光学零件与机械零件的连接(简称光学零件的连接)。

7.1.2 连接的要求

无论设计可拆连接还是永久连接，均应满足下列要求。

(1) 保证足够的连接强度。

(2) 保证足够的连接精度，即保证被连接件之间具有足够准确的相互位置。

(3) 保证连接结构的可靠性，即保证在振动和冲击的条件下不松动。

(4) 连接方便，工艺性好。

(5) 对于某些连接结构，尚须满足其他一些特殊要求，如密封性、导电性等。

7.2 可拆连接

可拆连接主要有螺钉(包括螺栓)和螺纹连接、销钉连接和键连接等。

7.2.1 螺钉和螺纹连接

螺钉(包括螺栓)连接和螺纹连接是精密机械和仪器中应用最广的一种可拆连接。

螺钉和螺纹连接的基本要素都是螺纹。不同之处是螺钉连接利用连接零件(螺钉、螺栓、螺母和垫圈等)把被连接零件连接在一起［图 7.1(a)、图 7.1(b)、图 7.1(c)］，而螺纹连接则利用被连接零件本身所具有的螺纹，直接进行连接［图 7.1(d)］。

螺栓连接［图 7.1(a)］用于被连接零件不太厚的情况。把螺栓穿过两个或更多的被连接零件的通孔，然后拧紧螺母构成连接。而螺钉连接［图 7.1(b)］是用于被连接零件之一比较厚，或由于结构原因，不便安装螺母时，直接在该被连接零件上制出螺孔，把螺钉拧入，构成连接。如果带螺孔的被连接零件的材料强度较低(如铸铁或轻合金等)，则为了避免经常拆卸而使螺孔受到损坏，可采用双头螺栓连接［图 7.1(c)］。

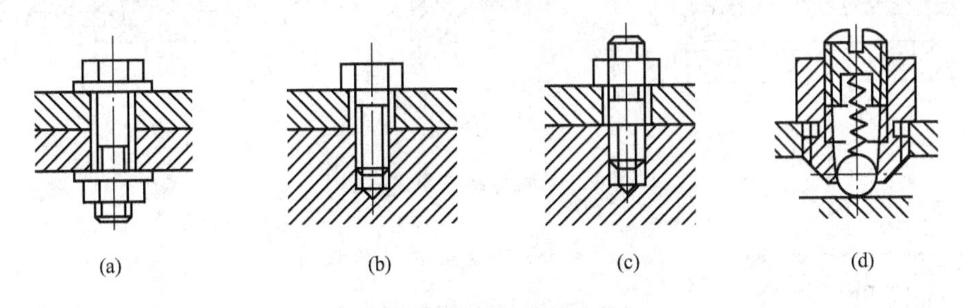

图 7.1 螺钉和螺纹连接

1. 连接螺纹的主要类型

在精密机械和仪器中，连接螺纹主要使用粗牙和细牙普通螺纹，有时采用特种细牙螺纹。

粗牙螺纹与细牙螺纹的区别，在于当公称直径相同时，细牙螺纹具有较小的螺距和螺纹深度。这个特点使得细牙螺纹适于作薄壁零件(如光学仪器中的镜筒等)和薄板零件上的螺纹。同时，由于细牙螺纹的螺旋升角较小，因而有较强的防松能力。

此外，有时还使用各种专门用途的连接螺纹，主要有以下几种。

1）目镜螺纹

它是一种特殊用途的梯形螺纹，牙型角 60°，专用于目镜与镜框之间的连接。为了转动均匀、轻快和在转角不大(一般小于 360°)的情况下得到较大的轴向移动，目镜螺纹常制成多头螺纹。

2）显微镜物镜螺纹

它是国际通用特殊标准螺纹，牙型角 55°，专用于显微镜上物镜组件与镜管的连接。为了便于更换不同倍率的物镜，各国标准相同。

3）圆柱管螺纹

它是多用于水、煤气管路，以及润滑和电气管路系统的连接，螺纹牙型角 55°。圆柱管螺纹的公称直径不等于螺纹大径，而近似等于管子的孔径。

各种螺纹的形状和尺寸多已标准化，选用时可查阅有关标准和手册。

2. 螺钉连接零件的型式及应用

螺钉连接零件主要有螺钉、螺栓、螺母和垫圈等。由于具体使用条件不同，这些零件的式样也是多种多样的，而且其中绝大多数已标准化，选用时可参考有关标准和手册。

在精密机械和仪器中所用的螺钉连接零件，由于考虑到防锈和美观等因素，其表面常进行电镀(如镀铬、镀锌)或发黑等处理。

在精密机械中，螺钉除连接零件和固定零件两种基本用途外，有时还用于其他目的，例如可用来调节零件的位置［图 7.2(a)］、作为转动零件的心轴［图 7.2(b)］，以及与直线运动零件组成导轨［图 7.2(c)］等。

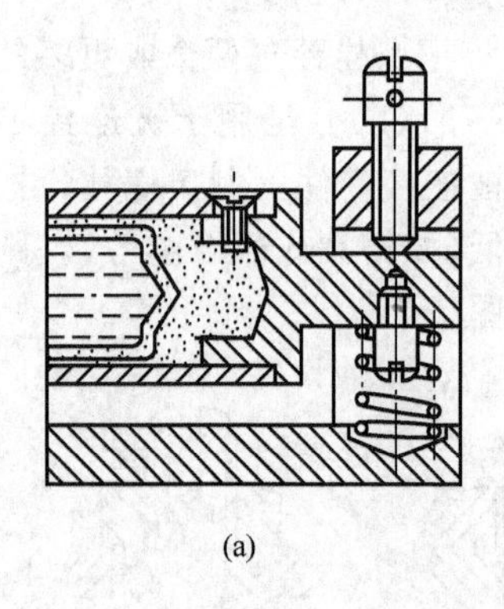

(a)

(b)

(c)

图 7.2　螺钉特殊用途举例

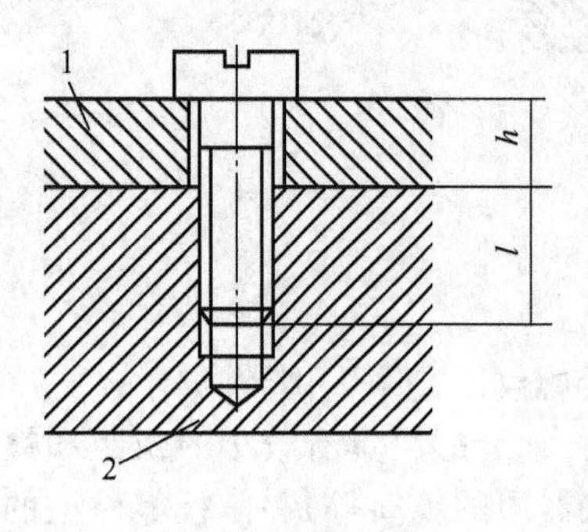

图 7.3　螺钉连接

3. 螺钉连接的结构设计

1）连接零件型式的选定

精密机械和仪器中螺钉连接的类型较多，常用的有圆柱头螺钉(图 7.3)、球面圆柱头螺钉(图 7.7)和沉头螺钉［图 7.8(d)］等。

圆柱头螺钉是应用最广的螺钉之一。加大螺钉头的直径，可以提高螺钉旋具槽的强度，适用于连接需要经常拆装的情况。此外，由于相应地增大了支承面，在拧紧螺钉时，不易损坏被连接零件的表面。因此，一般可不用垫圈，并适用于固定有色金属及其合金等较软材料制成的零件。

球面圆柱头螺钉外形美观，但螺钉旋具槽强度较弱，拧紧力矩大时容易损坏，当承受载荷较大时也常用六角头和内六角螺钉。

当螺钉位于仪器的外表面时，最好使用沉头或半沉头螺钉。其中半沉头螺钉比较美观，此外，由于沉头螺钉的钉头沉入被连接零件中，不致妨碍其他零件的工作，因此，在仪器内部的螺钉连接亦常采用沉头螺钉。应注意的是沉头或半沉头螺钉本身有定位的作用。

由于螺钉连接零件的类型较多，尺寸范围较大，故可根据被连接件的具体结构和尺寸以及设计要求选定。

2）确定螺钉直径、长度、数量及排列形式

在精密机械和仪器中，连接件所受载荷一般较小，设计时主要是由结构条件来确定螺钉的直径和数量的。只有在受力较大时，才进行必要的强度计算或验算，具体方法可参阅相关文献。

螺钉的长度取决于通孔的被连接零件1的厚度 h 和螺钉拧入零件2的深度 l(图7.3)。

零件1的最小厚度 h_{min} 应稍大于螺钉的螺尾或退刀槽的长度。螺尾或退刀槽长度约等于1.5～2个螺距。

零件1的厚度亦不宜过大，否则螺钉长度将会过大。当零件1过厚时可用钉头沉入零件1的方法解决。

为保证螺钉连接的强度，必须有足够的螺钉拧入深度。一般按下列关系确定：当拧入钢或青铜中时，取 $l=d$；当拧入铸铁中时，取 $l=(1.25～1.5)d$；当拧入铝合金中时，取 $l=(1.5～2.5)d$。式中的 d 为螺钉的公称直径。当受力较小时，可适当减少其拧入深度，但应不小于2.5个螺距。

当连接结构已经选定，并确定了拧入深度后，螺钉长度便可求出，计算出的长度应圆整为标准长度。

在精密机械和仪器中，常会遇到零件2厚度不够，不能使连接具有必要的拧入深度的情况，此时可用下述方法来获得必要的拧入深度。

(1) 如螺孔零件2用强度较高的材料制成，可以局部增加螺孔处的厚度。

(2) 如螺孔零件2用轻合金或塑料等强度较低的材料制成，可局部增加螺孔处的厚度，或者在螺孔处镶入用强度较高的材料制成的套管零件，在套管内表面切制出螺纹。

图7.4所示的各种结构就是上述方法的具体应用。

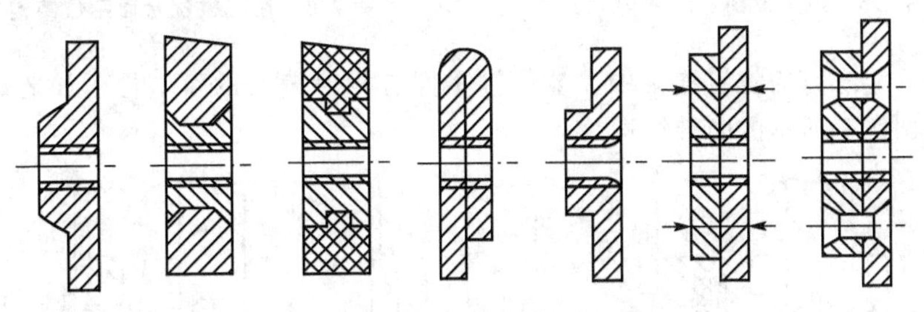

图7.4 增加螺纹拧入深度的结构

螺钉的数目不宜太多，主要由被连接零件的结构形状和尺寸而定。当螺钉沿圆周排列时，不少于3个即可，连接窄的片状零件时，可用1个或2个，但对于大而薄的零件、要求密封的零件，螺钉的数目应适当增多。

在确定螺钉的排列形式时，除应考虑扳手空间的大小(最小值可由设计手册查得)外，还应考虑到制造方便。例如在平面接合中，螺钉的布置一般按直线排列，并沿接合面的几何中心线对称分布，在圆柱面接合中，则按圆周均匀分布。

此外，在选定螺钉类型和尺寸规格时，应使整个结构中采用的螺钉类型和规格尽可能少，以利于装配管理。

3) 被连接零件的定位

为使被连接零件有精确而固定的位置，必须设法予以定位。否则每次拆装后要花费许多时间来调整复位，且不易保证原有精度。在螺钉(螺栓)连接中，一般被连接零件上通孔的直径大于螺钉杆直径(铰制孔用螺栓例外)。因此，不能依靠连接零件本身来定位，而需要另加定位装置。主要有下列两种情况。

(1) 利用两个定位销定位。例如图 7.5 是平面接合的例子，为使两平面有精确的相互位置，一般用定位销定位。如用一个定位销，两平面间还有相对转动的可能，为避免这种情况发生，一般采用两个定位销。不难看出，两个定位销的中心距离越大(其他条件相同时)，定位精度也越高。因此，在用两个定位销定位的结构中，两个定位销多是对角配置的。

(2) 利用圆柱配合面和一个定位销定位。例如图 7.6 所示结构，圆柱配合面实际上相当于一个大直径的圆柱定位销。因此只需再有一个定位销便能完全定位。

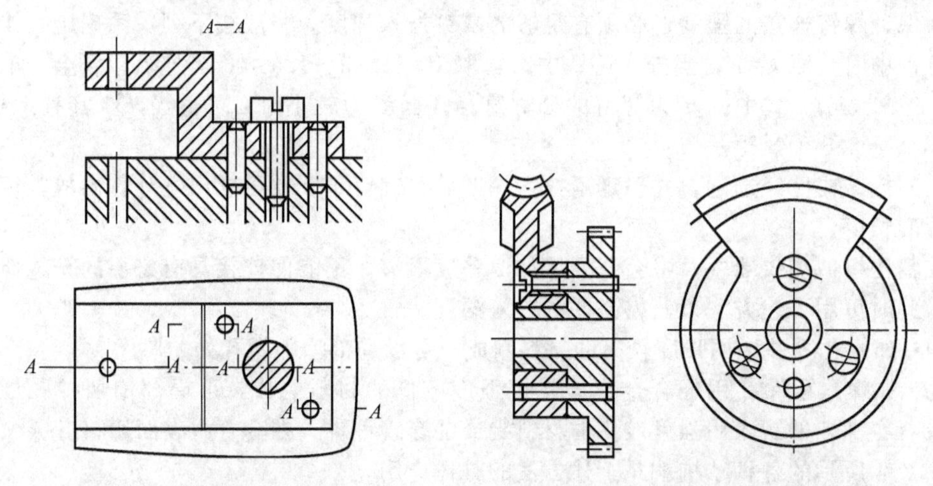

图 7.5 用定位销定位结构

图 7.6 用圆柱配合面定位结构

在只用一个螺钉的螺钉连接中，被连接零件有相对偏转的可能性。如需避免这种偏转，可用如图 7.7 所示的防转结构。

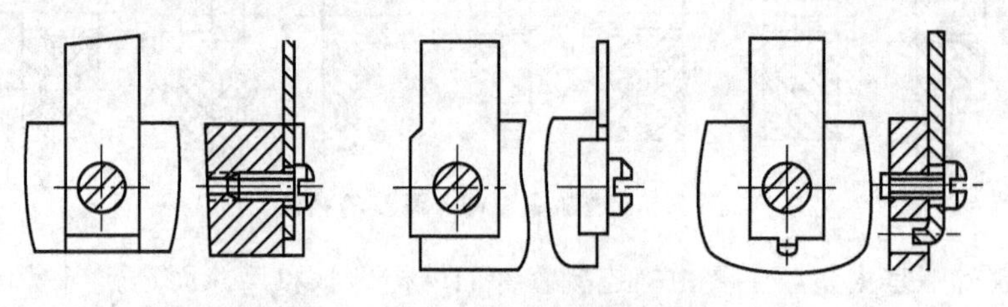

图 7.7 单个螺钉连接的防转结构

4）螺钉连接的防松

一般连接用的单头普通螺纹，其升角都小于诱导摩擦角，即满足自锁条件，但这种自锁性能只在静载荷的情况下才是可靠的，而在振动和变载荷情况下，由于螺纹间的摩擦系数有所降低，并且有可能出现短时卸载现象，螺钉连接常产生自动松脱。因此，对于在变载下工作的螺钉连接，应根据具体情况采用合理的防松装置。常用的防松方法和典型结构有下列3种。

(1) 用增加摩擦力的方法防松。这种方法主要是靠零件的弹力来保持连接螺纹表面有足够的正压力，从而产生足够的摩擦力以防止螺纹零件间的相对转动。图7.8为这种防松装置的几种常用结构。图7.8(a)为双螺母防松装置，图7.8(b)为切口螺母装置，图7.8(c)为用橡皮垫圈防松装置，图7.8(d)为用螺旋弹簧防松装置，图7.8(e)为用弹簧垫圈防松装置。

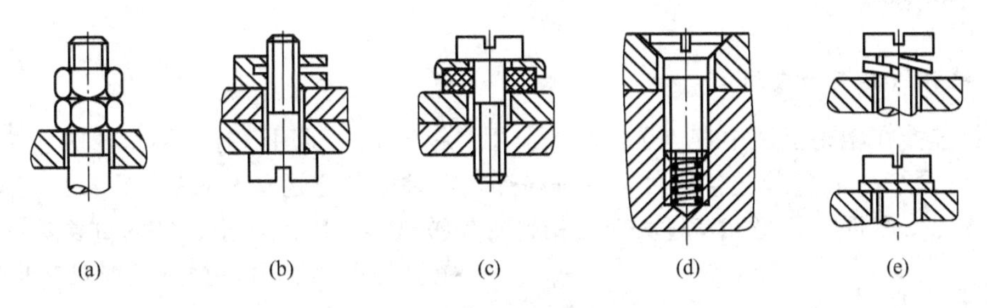

图7.8 用增加摩擦力防松的结构

(2) 用机械固定的方法防松。这种防松结构是用机械固定的方法把螺母与螺钉(螺栓)连成一体，消除它们之间相对转动的可能性。图7.9是几种常见的机械固定方法的防松结构。图7.9(a)为槽形螺母和开口销防松装置，图7.9(b)为圆螺母用带翅垫片防松装置，图7.9(c)为单耳止动垫片防松装置，图7.9(d)为用点冲方法防松。

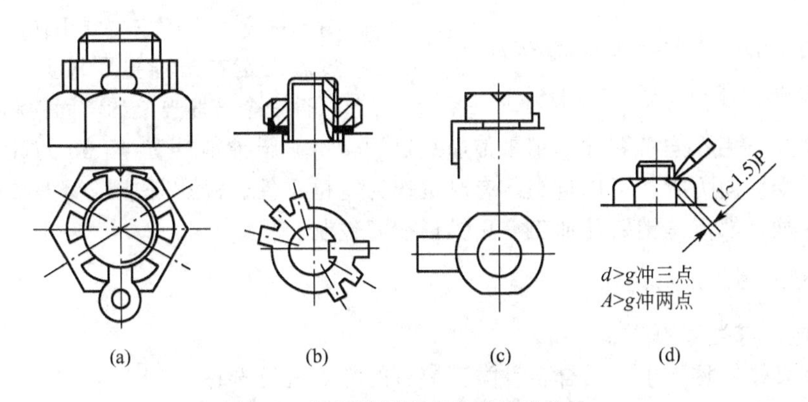

图7.9 用机械固定方法防松的结构

(3) 用粘结方法防松。图7.10是用漆和胶等粘合剂把螺钉头或螺母粘结在被连接零件上。利用这种方法不仅能够防松，并且还具有防腐蚀的作用。这种方法一般只用于小尺寸的螺钉连接的防松。

5）防止螺钉丢失的结构

在某些情况下，特别是仪器需要经常拆卸或野外工作时，螺钉有可能丢失或掉入仪器内部，因而应采用防止螺钉丢失的结构(图7.11)。采用这种结构时，必须保证距离x大于x_1，否则将造成拆卸上的困难。

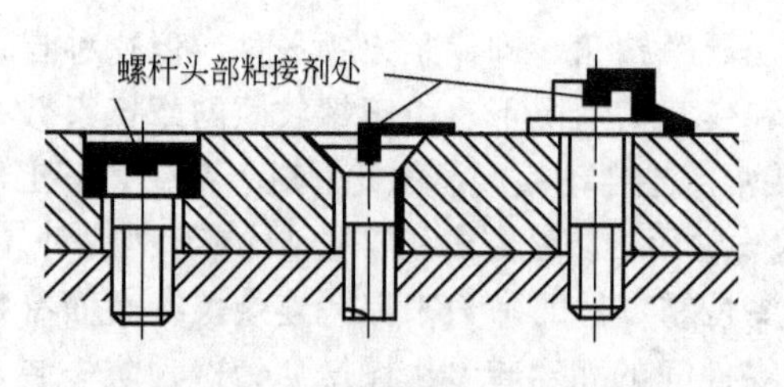

图 7.10　用粘结法防松的结构

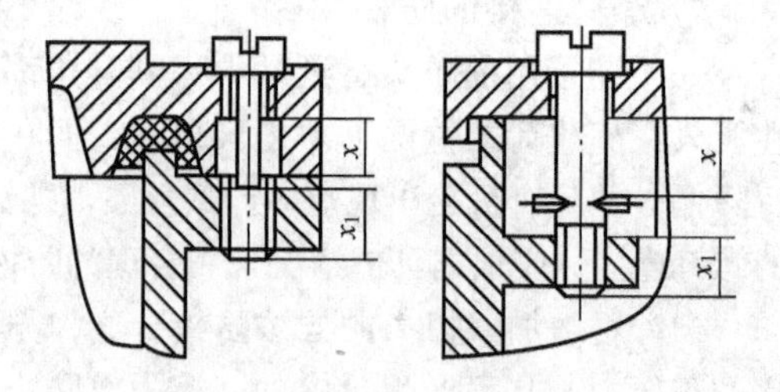

图 7.11　防止螺钉丢失的结构

7.2.2　销钉连接

1. 销钉的类型和应用

销钉连接在精密机械中获得了广泛的应用。销钉的主要用途有：①作两被连接零件的定位零件(图 7.5)；②作连接零件，保证被连接零件能传递运动和转矩(图 7.12)。有时销钉还兼作保安零件，即当载荷过大时，销钉首先被破坏，因此保全了别的重要零件。此时销钉的尺寸必须根据过载时被剪断的条件来确定。

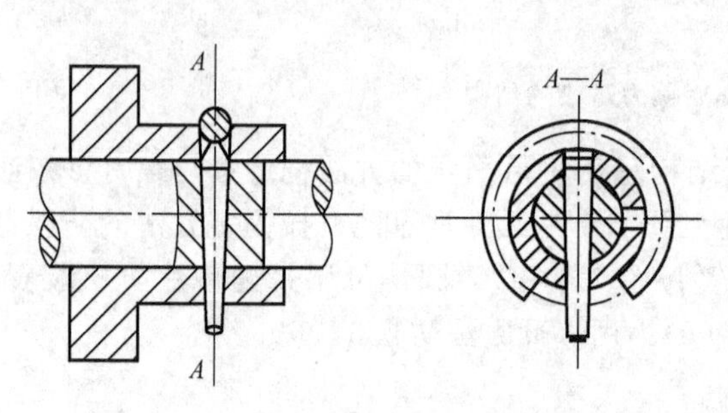

图 7.12　采用防松环的防松结构

销钉一般用强度极限不低于 490～588N/mm² 的碳钢(如 35 钢、45 钢)制造。大多数销钉已经标准化，其中以圆柱销和圆锥销应用最为广泛。

圆柱销的结构简单，制造时易于达到较高的精度，因此它主要用作定位销。销钉靠过盈固定在被连接零件上，不宜多次拆卸，否则会破坏连接的牢固性和精确性。

圆锥销主要用作连接零件，用来传递一定的转矩。圆锥销具有 1∶50 的锥度，因锥度很小，在承受横向力时，可以自锁。有时也作为定位零件。优点是能经受多次拆装而不影响连接的性能，缺点是销钉孔加工需用锥形铰刀铰制。

2. 销钉连接的结构设计

1）选定销钉类型

应根据具体结构要求，结合各种类型销钉的特点进行选择。

2）确定销钉尺寸

用作连接零件的销钉，其尺寸通常按结构条件选定。表 7-1 可供设计时参考。

表 7-1　销钉与被连接零件的尺寸

D	1.5～2	2～3	3～4	4～5	5～6	6～8	8～11	11～17
d	0.6	0.8	1.0	1.26	1.6	2.0	3.0	4.0
L_1	1.5	2.0	2.5	3.0	3.5	4.0	6.0	7.0
L_2	1.2	1.5	1.8	2.0	2.5	3.0	4.0	5.0

如果销钉在工作时传递较大的载荷或兼作保安零件，则需按抗剪强度进行计算或验算。用作定位零件的销钉尺寸可按结构选定，而定位精度则靠配合保证。

3. 销钉连接的防松

由于振动和冲击、温度急剧变化，以及装配质量不好等原因，圆柱销钉和圆锥销钉都可能产生松脱，为防止这种现象的发生，必要时应采用防松结构，如图 7.12 所示。

7.2.3 键连接

键是一种标准件，主要是用于轴和轴上零件(如齿轮、带轮)之间的连接，实现轴向固定以传递转矩。有些类型的键还能实现轴上零件的轴向固定或轴向滑动导向。由于它的结构简单、工作可靠和装拆方便，所以在各种精密机械中得到广泛的应用。

1. 键连接的类型、特点和应用

按键的形状和装配方式的不同，键连接分为两大类：①平键和半圆键连接；②斜键(楔键和切向键)连接。而在精密机械中应用最普遍的是平键和半圆键连接。

1) 平键连接

平键的两侧是工作面，工作时靠键与键槽侧面的相互挤压来传递转矩。根据用途不同，平键分为普通平键［图 7.13(a)］、导向平键(简称导键，图 7.13(b))和滑键(图 7.13(c))。平键通常制成圆头(A 型)或方头(B 型)，也有制成单圆头(一端圆头，另一端方头，C 型)的。但 C 型键应用较少，主要用于轴端固定。

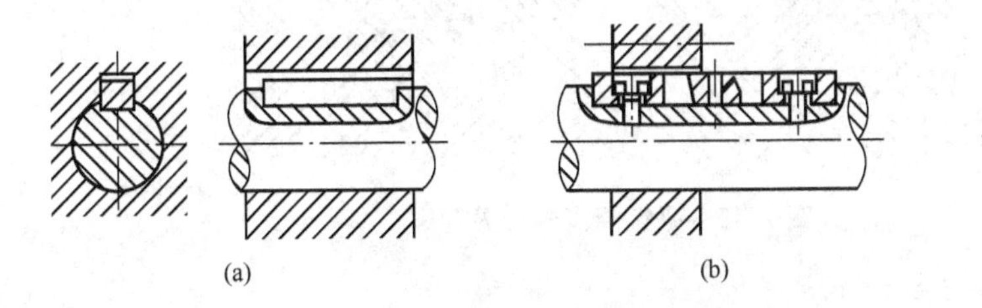

图 7.13 平键连接

普通平键用于轮毂与轴没有相对轴向移动的连接(静连接)中，导键和滑键用于轮毂需要沿轴向移动的连接(动连接)中，其中导键要用螺钉固定在轴上［图 7.13(b)］，它中部的螺纹孔是为了取出导键而设置的。当轮毂需要沿轴移动的距离较大时，以采用滑键为宜［图 7.13(c)］。如果采用导键，则键要很长，制造困难。

2) 半圆键连接

半圆键也是靠两个侧面工作的［图 7.14(a)］。它的优点是工艺性好，缺点是轴上的键槽较深。它主要用于锥形轴的辅助装置连接［图 7.14(b)］，也常用于载荷较小的连接。

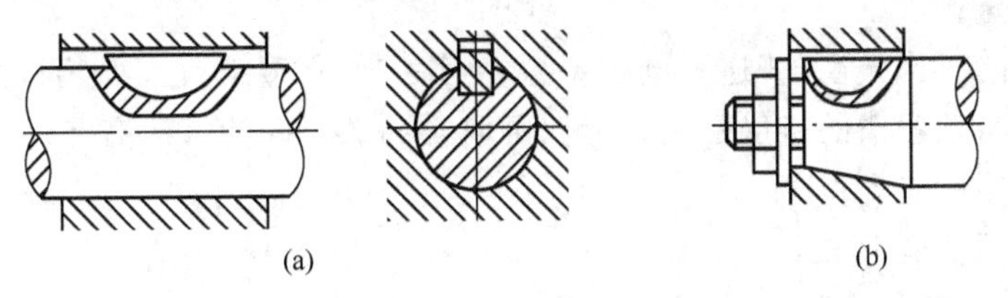

图 7.14 半圆键连接

平键和半圆键连接制造简单，装拆方便，一般情况下不会引起轴上零件偏心，故可用于对中精度要求较高的连接中。平键和半圆键连接不能实现轴上零件的轴向固定，所以不能传递轴向力。当轴上零件需要轴向固定时，需采用其他的固定方法与键配合使用。

2. 键连接的设计与计算

(1) 选型。根据具体的结构要求，选定键的类型。

(2) 确定尺寸和材料。键的宽度 b 和高度 h 一般可根据轴的直径在标准中查得，键的长度 L 则参考轮毂槽长度 B 从标准中选取，一般三者的关系为：键的材料采用抗拉强度不低于 600N/mm² 的精拔钢，通常为 45 钢，如轮毂用有色金属或非金属材料，则键可用 20 钢、Q235 钢等。

(3) 强度验算。当连接承受的载荷不大时，一般不进行验算，只有当载荷较大时才进行验算。

现以平键连接为例，介绍其强度验算的方法。键的主要失效形式是键或轮毂的工作面的压溃(一般发生在轮毂上)，当严重过载时也可能发生键体的剪断，如图 7.15 所示。因此，应按抗压强度和抗剪强度条件对平键连接进行强度校核计算。

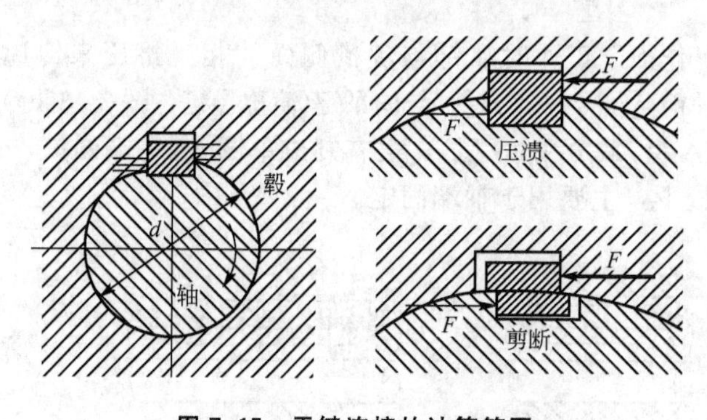

图 7.15 平键连接的计算简图

抗压强度条件

$$\sigma_P=\frac{F}{kl}=\frac{2T}{dkl}\leqslant[\sigma_P]$$

抗剪强度条件

$$\tau=\frac{F}{bl}=\frac{2T}{dbl}\leqslant[\tau]$$

式中，F——挤压或剪切力；

T——传递的转矩；

d——轴径；

b——键宽；

l——键的工作长度(普通平键：A 型 $l=L-b$，B 型 $l=L$，L 为键的长度)；

k——键与轮毂槽的接触高度，近似可取 $k=h/2$，h 为键的高度；

$[\sigma_P]$——许用压应力；

$[\tau]$——许用切应力。

键连接的许用应力见表 7-2。

表 7-2 键连接的许用应力 （单位：N/mm^2）

种类	连接方式	轮毂材料	载荷性质		
			载荷平稳	轻微冲击	冲击
$[\sigma_P]$	静连接	钢	125～150	100～120	50～90
		铸铁	740～80	50～60	30～40
$[P]$	动连接	钢	50	40	30
$[\tau]$	静连接	钢	120	90	60

注：动连接的 $[P]$ 值实际上限制工作表面压强，以减轻表面磨损和保证良好的润滑。

此外，在某些精密机械和大型仪器中有时采用花键连接。它是在轴和轮毂孔内周向均布制成多个键齿和槽所构成的连接，齿的侧面是工作面，依靠轴和轮毂上纵向凸出的齿相互挤压来传递转矩。由于是多个齿同时传递载荷，花键连接比平键连接承载能力高，受力均匀，连接零件与轴的对中性好，导向精度高。它主要用于定心精度要求高、载荷较大，或轴上零件需经常滑移的场合。

花键连接按其齿形的不同，有常用的矩形花键连接和承载能力更高的渐开线花键连接，如图 7.16 所示。设计花键连接与设计键连接相似，通常先选连接的类型，查出标准尺寸，然后再做强度验算。有关计算公式可参阅相关文献。

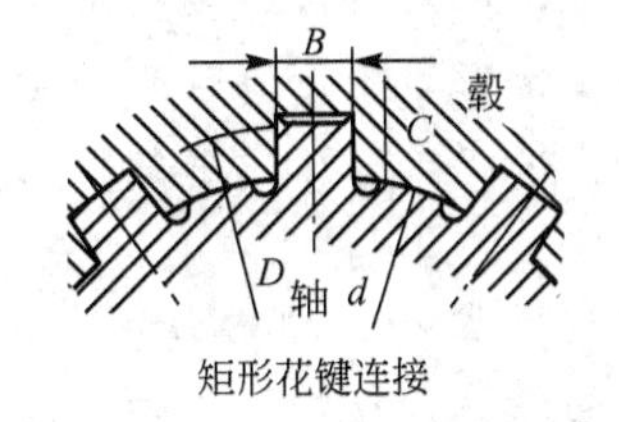

矩形花键连接

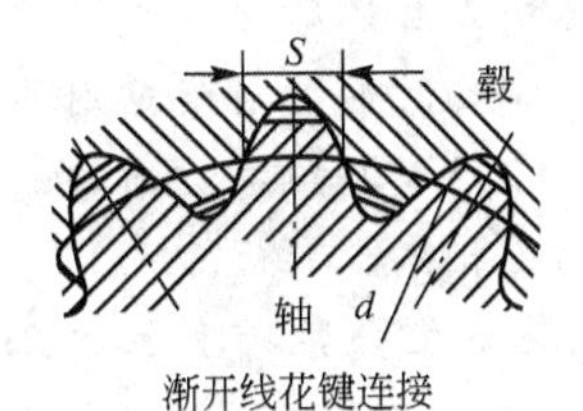

渐开线花键连接

图 7.16 花键连接

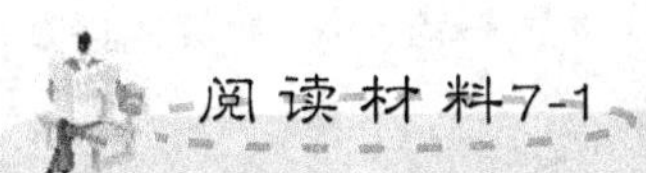

新型的传动连接方式——紧缩式锥套连接

连接形式是机械结构设计的一个重要组成部分，目前常用的传动连接有键连接、过盈配合连接、型面连接、螺纹连接等结构形式。

键连接靠侧面传递转矩，对中良好，装拆方便，但不能实现轴上零件的轴向固定，型面连接能传递轴向力，但连接面上的挤压摩擦力较高，加工较为复杂。过盈配合连接其轴向位移和压紧可通过螺纹连接件和压注高压油来实现，但其配合表面不易加工，精度要求高。

结合这些连接的长处，弥补各自的不足处，形成了一种新型的传动连接方式——紧缩式锥套连接。它具有对中良好、装拆方便、能传递较大的功率、加工方便、结构简单等特点，取得良好的效果和效益。

1. 连接方式

以某厂生产奶粉的喷雾干燥设备中的风机上皮带轮与主轴的连接为例，它们原是键连接，在 45kW 电机带动运转中，皮带轮易松动和脱离主轴，使风机无法转动，为此进行了改进。采用这种新型的紧缩式锥套连接。带轮通过锥形紧缩套和圆柱轴相连接，锥形紧缩套为外锥内圆柱式。其外锥度与带轮的内孔锥度一致，选择 1∶14 的锥度，配合长度为 200mm，在锥形紧缩套沿轴向开设 2～3mm 的一个弹性开口槽。外锥套一端设有法兰，并设有 6 颗 M10 的压缩螺钉和 3 个 M10 的拆卸螺孔，通过拧紧压紧螺钉，把紧缩套紧紧地推向右边。在紧缩套中开出 18mm 的键槽，通过键连接，使皮带轮的转动带动风机的主轴转动。紧缩套材料为 45＃钢，孔和轴表面粗糙度分别为 Ra 1.6μm 和 Ra 0.8μm。按此方案进行的改进，风机主轴和带轮之间未发生松动和脱离现象，运转良好。

2. 结构特性

(1) 紧缩套是锥形的紧缩套是外锥内圆式，紧缩式锥套连接主要是通过锥面接触。因此，锥度选择是非常重要的。配合面的锥度一般取 1∶30～1∶8。锥度小时，所需的轴向力小，但不易拆卸。锥度大时，则所需的轴向大，拆卸方便。同时圆锥面的几何形状、尺寸公差应准确，配合应均匀，接触应良好。圆锥面的接触率不应低于 70～80%。装拆方便，能保持良好的对中。

(2) 无键和有键相结合的连接紧缩式锥套连接，它既运用了无键连接中的锥面连接，又运用了平键连接。通过锥面连接，起到轴向固定零件，工作时靠着装配后其配合面间产生的压力所产生的摩擦力传递转矩或轴向力，但只能传递较小的功率。同时它又通过平键连接，工作时靠键与键槽则面的挤压传递转矩，能传递较大的功率。因此，针对其各自的特点，扬长避短，运用锥面和平键的连接方式，可能承载较大的转矩，尤其适用于大型件的连接中。

(3) 生产紧密的配合紧缩套上的压紧螺钉，起压紧和支承的作用。通过压紧螺钉，把紧缩套推向右边。在紧缩套上开出了 2～3mm 的弹性开口槽。此时，紧缩套的内径缩小，起到了夹紧轴的作用。从而紧缩套和轴之间形成紧密的配合。压紧螺孔和拆卸螺孔的螺孔直径一致，拆卸方便，结构简单，定心性好。能减少擦伤配合表面，提高传递载荷能力，工作可靠性提高。

3. 应用效果

(1) 便于维修，降低成本对于轴与轴上装配的零部件，在应用了紧缩式锥套连接后，在维修时只需更换紧缩套。用卸下的紧固螺钉，将顶出螺钉装入顶出孔中，交替拧紧，直到轴上装配的零部件从轴上脱掉，从而在拆卸中，不会损坏轴与轴上的零部件，而且拆卸方便。降低装配的精度和配合要求，加工方便。这样不仅增加维修的方便，而且维修的成本大大降低。

(2) 用于承载较大、需多次装拆的场合实践中，我们得出运用紧缩式锥套连接，能够成功牢固地传递大功率。不会因为承受变载，冲击以及传递大的力矩，而使轴与轴上装配的零部件松动甚至脱离。结构安全可靠，装拆方便。

(3) 结构简单，应用广泛，尤其适用于大型件锥形紧缩式连接结构简单，易于装配定位和加工，对中性好。此种连接形式具有适用范围广，在皮带轮、键轮、齿轮等与轴的连接中，在设计和维修中均可适用。这种连接形式对大型连接件来说是最佳选择的连接形式，无论在轮端、轴间均可采用。

资料来源：钱炜．新型的传动连接方式——紧缩式锥套连接．HANGZHOU SCI & TECH. 26

7.3 不可拆连接

不可拆连接的结构简单、工作可靠、结构紧凑、成本低廉。在不影响精密机械与仪器的制造、装备、检修及使用的要求下，应优先采用不可拆连接。不可拆连接主要有焊接、铆接、压合、胶接和铸合连接形式。

7.3.1 焊接

焊接在精密机械与仪器中主要用于金属构架、壳体的制造，以及将分开制造的元件再焊接成形状复杂的零件，降低制造成本。它也是现代工业生产中一种重要的金属连接方法，是利用加热(有时还需要加压)，使两个以上的金属件在连接处的原子或分子相结合的一种不可拆连接方法。

焊接的方法很多，按照加热的方法和焊接过程的特点，焊接可分为三大类：熔焊(气焊、电弧焊、电渣焊等)、压焊(电阻焊、摩擦焊、感应焊、冷压焊等)和钎焊。

在精密机械与仪器中应用普遍的是电阻焊与钎焊。下面仅介绍电阻焊和钎焊的特点与应用。

1. 电阻焊

电阻焊又称为接触焊，是利用电流通过焊件时产生的电阻热，把焊件加热到塑化(软化)状态，再加压力形成焊接头。根据焊接头的形状，电阻焊可分为点焊、缝焊、对焊3种。

(1) 点焊。点焊是利用电流通过圆柱形电极和搭接的两焊件产生的电阻热，在焊件间形成一个个的焊点来连接焊件的，主要优点是生产效率高、低成本、焊件在焊接后的变形及物理性质变化小。但不能得到气密性的连接，且焊点处留有难去除的电极痕迹。

点焊主要应用于焊接薄板零件。焊件的厚度一般为0.05～6mm，有时可扩大到10mm(精密电子器件)甚至30mm(框架)。采用双面点焊时，焊件厚度最好相等。焊件数目最好是两件，一般不超过3件，如果焊件厚度不同，应把最薄的零件放在中间。

(2) 缝焊。缝焊是在点焊的基础上发展起来的，采用滚盘作电极，边焊边滚，焊点彼此互相重叠一部分就形成一条有密封性的焊缝。缝焊主要用于需要获得气密性的连接。焊接零件的厚度对于钢制零件在2mm以下，对于有色金属在1.5mm以下。

(3) 对焊。对焊是把焊件整个接触面焊接在一起的连接。先加压，使两焊件端面压紧，再通电加热。对焊可用于各种截面形状的型材和零件的焊接，但相互连接处的截面形状和尺寸应相同或相近。

近年来，由于加热技术的发展，如电子束加热、脉冲等离子加热、激光加热等技术的日益完善，已能将加热范围集中于很小的区域，相应地发展了一些新的焊接技术，如等离子弧焊、电子束焊接、激光焊接技术等，并已在航空航天工业、核能工业、电子工业、仪器仪表工业领域得到了较好的应用。如脉冲激光焊可以实现薄片(0.2mm以上)、薄膜的焊接。

2. 钎焊

钎焊是利用钎料把零件连接在一起的连接。钎焊时，使熔化了的钎料充满焊件焊接处的间隙中，当焊料凝固后形成焊缝。

钎焊与一般焊接不同之处是钎焊时焊件本身不熔化，钎料的熔点低于焊件金属的熔点。因此，钎焊的加热温度较低，焊件的变形及材料性能的变化均很小，并且用易熔钎料钎焊零件，还能用加热的方法将零件拆卸，并可重新钎焊。因此钎焊得到广泛的应用。钎焊的缺点是接头强度低，耐热能力较差，从而在应用上受到一定的限制。

根据钎料的熔点不同，钎料可分为以下两类。

1) 易熔钎料(软钎料)

熔点在400～450℃以下，主要是各种不同成分的锡铅合金，能用于钎焊大多数金属，首先是铜、铁及其合金。由于强度较低(一般为20～100N/mm^2)，只能钎焊机械强度要求不高的零件。

2) 难熔钎料(硬钎料)

熔点在400～450℃以上。难熔钎料的强度一般较高，有的可达500N/mm^2，用于精密机械与仪器中的硬钎料主要是铜基钎料(常用铜锌合金钎料)、银基钎料(常用银铜锌合金钎料)。

钎焊过程中，熔化下的钎料与焊件表面金属分子相互渗透形成过渡层将零件连接在一起。要保证钎焊质量，必须使接触表面上金属分子的相互渗透作用顺利进行，因此在钎焊时，要使用钎剂清除焊件表面的氧化膜及其他异物，并保护连接表面不受氧化，改进钎料的润湿能力及流动性。

各种钎料和钎剂选用时可参阅有关的手册和资料。

7.3.2 铆接

铆接是利用铆钉(图7.17)或被连接件之一上起铆钉作用的铆接颈产生局部塑性变形，形成铆钉头，把零件连接在一起的方法。

在制成铆钉头的过程中，由于铆接力的作用，被连接零件的连接处也会发生变形，为了尽量减少被连接零件在铆接时的损伤，应注意下列原则。

(1) 铆钉材料的弹性模量小于被连接零件的弹性模量，且被连接零件的弹性模量应尽可能大，而铆钉材料的弹性模量应尽可能小。

(2) 尽可能增大被连接零件的支承面。

(3) 尽可能减小铆接力。

为了增大被连接零件的支承面，可采用垫圈。

有时，由于工艺或结构上的原因，需用直径较大的铆钉或铆接头，这时为减小铆接力，可在铆钉或铆接颈的端面上制出锥形坑(图7.18)。

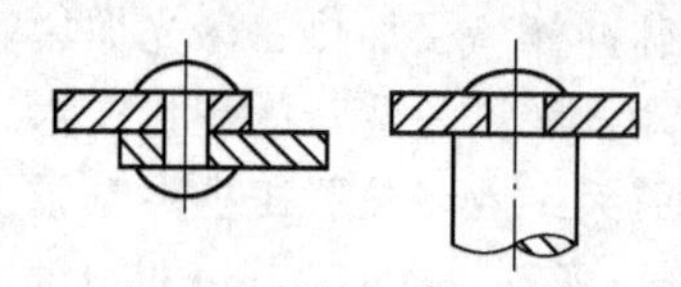

图7.17　铆钉和铆接颈连接

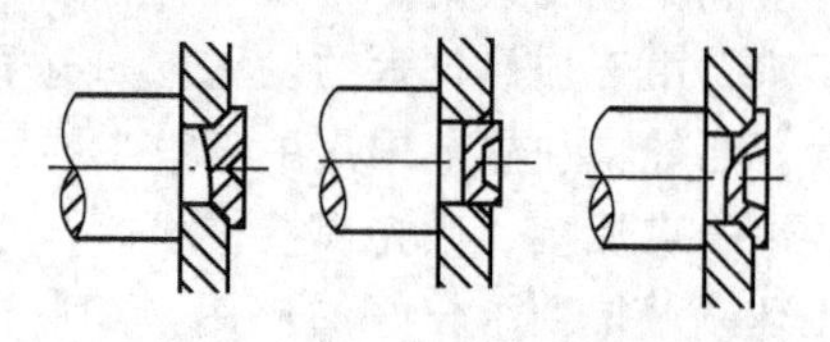

图7.18　减小铆接力的铆接结构

在仪器制造中，常需要用铆接法连接不能承受较大冲击力的零件，例如玻璃、塑料、陶瓷等零件，这时可采用扩铆法，把铆钉或铆接颈制成空心的(图 7.19 和图 7.20)。这样不但能减小铆接时的冲击力，且能得到较大的支承面。根据被连接零件的结构特点，也可把材料向里收合而完成连接，这种连接方法一般称为收铆或滚边(图 7.21)。

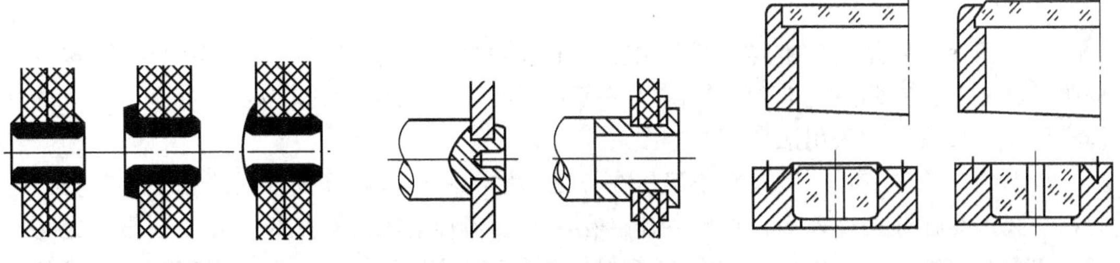

图 7.19 用空心铆钉铆接　　图 7.20 空心铆接颈铆接　　图 7.21 收铆铆接结构

铆钉的类型很多，且多数已经标准化。

通常用来制造铆钉的材料有低碳钢、纯铜、黄铜、铝和铝合金等。空心铆钉通常用黄铜制造。选用时，铆钉材料最好和被连接件的金属材料类似。

通常由于铆钉杆的直径比被连接件的铆钉孔小 0.1～0.5mm，因此在铆接中，铆钉镦粗往往会产生轴线偏移和倾斜现象，造成被连接件相对位置变化。为保证连接精密，可采取减小铆钉杆与孔的间隙、采用定位面或定位零件，或在铆接时采用定位夹具等方法。

7.3.3 压合

利用两个零件配合面的过盈，把一个零件压入另一个零件构成的连接称为压合连接。

在精密机械中常采用的压合连接有光面压合连接(图 7.22)和滚花压合连接(图 7.23)两类。

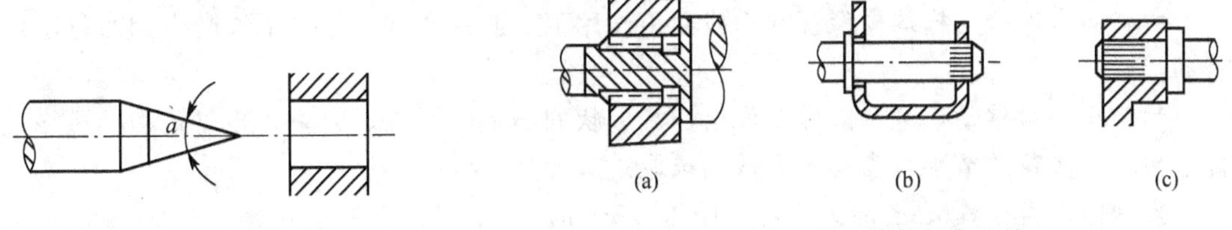

图 7.22 光面压合连接　　图 7.23 滚花压合连接

1. 光面压合连接

光面压合连接是指被连接的零件表面为光滑圆柱形。在压合前，零件轴的直径略大于孔的直径，过盈量的大小将直接影响连接强度。

光面压合连接的压入方法有：①在常温下压入；②加热包容件(孔)；③冷却被包容件(轴)；④加热包容件，同时冷却被包容件。在精密机械与仪器制造中常采用常温下压入。

光面压合连接是一种可以达到很高精度的连接方法。这种连接的精度主要决定于轴和孔的形状误差。为了获得较高的连接精度，连接应有足够的压入长度。通常，压入部分的长度可根据表 7-3 中的数据选定。

表 7-3 压入长度表

轴径 d	<2mm	4mm	>4mm
压入长度	$(1.5\sim3)d$	$(1\sim2)d$	$5\text{mm}+0.5d$

2. 滚花压合连接

滚花压合连接是指在被连接零件之上滚有花纹的压合连接。当连接面的尺寸较小时，按照过盈配合公差制造配合面比较困难，而成本也较高。因此，当需要用压合连接方法连接小尺寸零件时，常采用滚花压合连接。

考虑到滚花工艺，一般花纹都滚压在较硬的轴类零件上，压入以后，轴上一部分凸起的花纹嵌入圆柱孔的内表面，将零件连接在一起。当轴上滚压花纹后，花纹顶圆直径将大于轴的原始直径，直径增加的数值与零件的材料和花纹的节距有关，材料越硬，直径的增加越小，设计时常取直径增加值为 $\Delta d=(0.25\sim0.5)p$，p 为节距。

滚花压合承受轴向力的能力不高，当有轴向力的情况下，需有另外的支承面(如轴肩)来受轴向力(图 7.23(a)、图 7.23(b)、图 7.23(c))。

与光面压合连接比较，滚花压合连接的精度较低。为了提高被连接件的同轴度，一般情况下可在压合时使用定心夹具，以获得必要的同轴度。如果要求被连接件的轴向位置比较准确，则可用轴肩来保证。为使轴肩与孔的端面紧密贴合，滚花部分与轴肩应隔开一些距离(图 7.23(b)、图 7.23(c))。

7.3.4 铸合

铸合是把尺寸较小但具有一定性能要求的零件(嵌件)铸入另一个零件(称为基本零件)的一种连接方法。

嵌件一般用金属或合金制成，如钢、青铜、黄铜等。基本零件可以是金属材料，如铝合金、锌合金、铸造黄铜等，也可以是非金属材料，如塑料、玻璃、陶瓷等。

所有铸合连接结构均应保证在力或力矩作用下，嵌件和基本零件不致产生相对移动或转动。

为防止相对移动，可在嵌件上作出任意形状的凸块或凹坑。为防止相对转动，可在嵌件上滚花。滚花的节距可参考下列数据选取。

当镶嵌件直径≤5mm 时，滚花节距≥0.5mm。

当镶嵌件直径>5mm 时，滚花节距≥0.8mm。

图 7.24 所示为能够满足上述要求的一些结构。

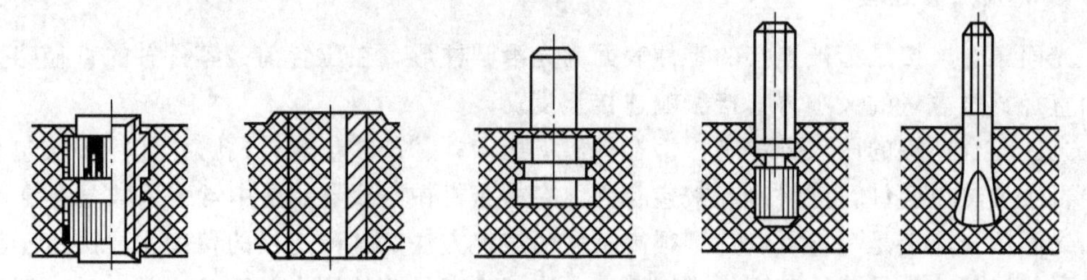

图 7.24 铸合连接结构

7.3.5 胶接

胶接是利用胶粘剂把零件粘合在一起的连接方法。与其他形式的连接比较，胶接有下列优点。

(1) 可以胶接各种金属材料、非金属材料，也可把金属材料和非金属材料胶接在一起。

(2) 胶接表面光滑、平整、美观，胶接处应力分布均匀，避免了铆接、焊接、螺钉连接时存在的应力集中现象。

(3) 胶接时，被连接零件一般不需要加热，即使需要加热，加热温度也较低，因而，连接极薄的零件时，也不致产生变形。

(4) 胶接能满足如绝缘、密封、防腐蚀等使用要求，有的胶接还能达到很高的透明度，这对于光学零件的连接极为重要。

(5) 胶接结构简单，重量轻，无须另加压紧零件，也不削弱零件的强度。

胶接的缺点主要有以下几点。

(1) 随着使用温度的增高，胶接的强度会降低。

(2) 胶接的表面须经仔细的清洁处理。

(3) 胶接固化的时间一般比较长，胶接后不能立即使用。

胶接在精密机械与仪器制造中应用日益广泛。图 7.25 为测角仪光学度盘的固定结构，若采用机械固定法 [图 7.25(a)]，则零件精度要求甚高，而且度盘的压紧程度不易控制，改为胶接结构 [图 7.25(b)]，将使度盘固定大为简化。

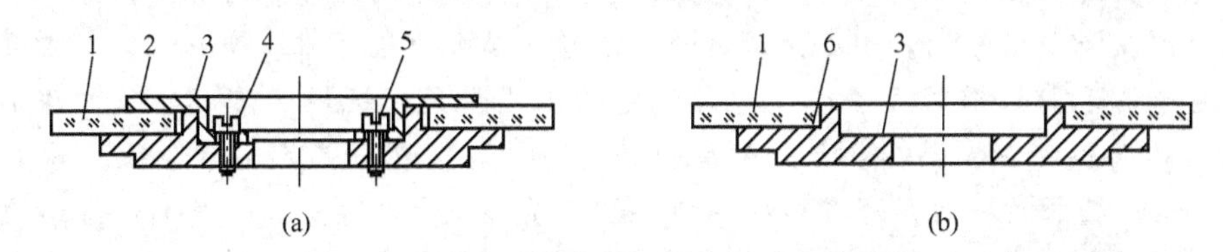

图 7.25 光学度盘的固定结构

1—度盘；2—纸垫；3—底座；4—压板；5—螺钉；6—胶层

图 7.26 为另外几种胶接结构，图 7.26(a)、图 7.26(b)为塑料零件的胶接，图 7.26(c)为天平刀口支承的胶接，图 7.26(d)为光学零件的胶接。

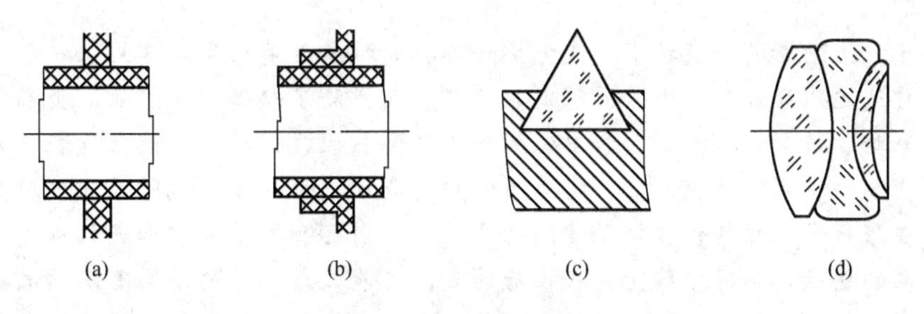

图 7.26 胶接结构

不同种类的胶粘剂具有不同的物理和化学性能(如耐热性、抗腐蚀性、强度等)，并且它们能粘合的材料也是不同的，所以应根据被连接零件材料及工作条件正确选择。胶粘剂的种类很多，选用时可参阅有关资料和手册。

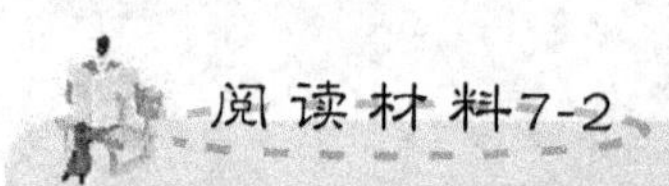

先进陶瓷连接的新技术——坯体连接技术

陶瓷材料的连接技术是目前陶瓷工艺研究的热点之一，它提供了一种以前做不到或是制造起来不经济的方法来制造形状复杂的陶瓷构件，而现在又出现了一种新的陶瓷连接方法——陶瓷坯体连接。这一工艺所需只是用陶瓷料浆敷于需要连接的陶瓷坯体表面，把它们像三明治那样连接在一起共同烧结。如果可以将异种陶瓷连接起来，那么不同的陶瓷部分可以满足不同的要求，这对节省成本和制造极端条件下工作的陶瓷构件有着重大的意义。

现有的连接方法有以下两类。

1. 烧结体之间的连接

烧结体之间连接常用的方法有：活性金属焊接法、扩散连接法、燃烧反应法(combustion reac-tion)、玻璃封接法和微波烧结法，对于用电化学沉淀法制造活性的中间层与烧结体之间反应连接(EPD)、电容放电法(capacitor-discharge)连接和粘结剂连接。这些连接方法的连接强度较高，但也伴有较多的裂纹，较高的气孔率，较大的残余应力和较低的晶界相熔点。同时，实行的困难和成本也制约了它们的运用。

2. 坯体连接技术

坯体连接在传统陶瓷工艺中占有重要的地位，用以制造复杂形状的陶瓷构件。这是建立在分层的粘土结构中，碱离子所带来的塑性使得坯体的连接相对容易。然而多数的先进陶瓷料浆都是瘠性的，用如上所述的方法连接起来比较困难，而如今，人们发现通过添加分散剂和粘结剂的方法得到均匀稳定的陶瓷料浆。运用注浆成型的方法形成坯体，然后用同种方法制得料浆作为粘结剂将两者“粘”在一起，然后烧结。如图 7.27 所示。Zheng 提出过一种用含多碳硅烷的 SiC 连接 SiC 母体的技术，Li Wuwang 也成功的实现了氧化铝坯体之间的连接，所以坯体连接是一种具有潜力的可行的连接方法。

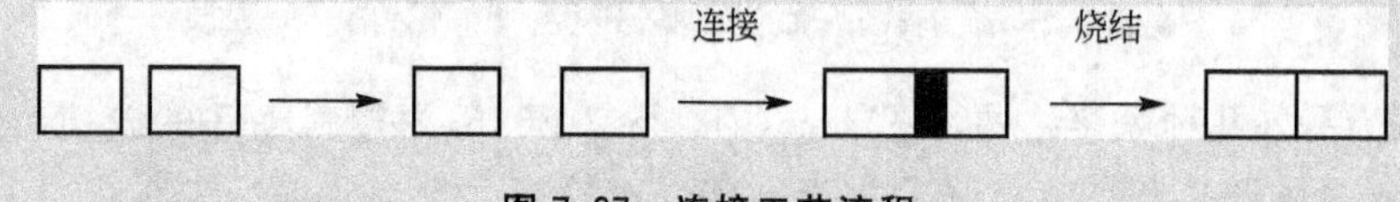

图 7.27　连接工艺流程

立足于以上的新的料浆技术，陶瓷坯体连接的技术就能够得以实现。一般来说，胶态成型主要通过用分散良好且悬浮稳定的浆料从而排除了粘结剂的影响，提高了最终产品的微观结构、强度和可靠性。和单纯的压力成型相比，这种新的连接过程在制造复杂形状构件上显示了明显的优越性，它也为仅用需要连接的坯体成型所用的浆料将坯体连接起来构成形状复杂的构件提供了理想的基础。目前已有报道的坯体连接都是运用于同种材料之间的连接，而对于陶瓷材料性能的要求可能随着位置的不同有不同的要求，如某一段要求有较好的可加工性，而另外一段要求有良好的力学性能，用同时满足两者的陶瓷成本会比较高或者根本不可行，而用不同的陶瓷材料来制造这样的构件可以得到较好的经济效益，所以不同材料的陶瓷坯体连接技术在这里显然更有运用的前景。

从目前已有的研究看来，膨胀对连接的影响较大。不同的膨胀率会拉裂接点。同种材料之间的连接是相对比较简单的，它两边的母体坯体烧结特性和物理性质的相同，无需考虑会在烧结时由于性质不同而造成连接断裂，所以主要在于选择一种合适的中间层材料使得它在烧结过程中能够和母体充分结合在一起，而由于中间层本身非常的薄，对他本身的膨胀不必要求太高。而不同种的陶瓷材料的连接不同，由于两种陶瓷在烧结的过程中的特性不尽相同，除了要求两种母体的膨胀不能相差太大，中间层的材料要尽量能够吸收这种膨胀不同而带来的破坏作用才能使得连接成功。

3. 实验过程

实验采用的原料是市售 Ce－ZrO_2 和 $CePO_4$。原料制取：煅烧 $CePO_4$ 到 1000℃，保温 3 个小时，碾碎，过筛。将煅烧后的磷酸铈和氧化锆按质量比为 25%配料，加入 17wt%水、2wt%分散剂，用聚乙烯的磨罐球磨(通用的球磨机，氧化锆球)4 小时使其混合均匀。将烘干的粉料经 120＃过筛后，先在 100kPa 下干压，然后再在 250MPa 下进行等静压。对同样方法制的 Ce－ZrO_2 坯体，将它们作为待连接的母体，用陶瓷刀具将待连接的表面处理干净、平滑，再涂上少量的水，以提高坯体和料浆之间的润湿性。

中间层分别用 ZrO_2、20%、40%、60%、80%、100%/$CePO_4$/ZrO_2 料浆(同上方法得到)，将 ZrO_2 和 25%Ce－PO_4/ZrO_2 连接起来。连接时用陶瓷刀具将料浆敷于待连接表面，再将两者放在一起用手稍稍施加一点压力，就如同用胶粘结木头一样连接起来，然后在坯体比较湿润的环境下干燥。干燥以后可以对连接的表面加工一下以得到平整的连接。将坯体在电炉中加热到 1500℃后保温 3 个小时，升温时保持一个稳定的速率(3℃/min)。

三点弯曲法测试所用试条用两截试条坯体阶段连接起来烧结而成。用 Philips XL－30 型 SEM 对接点的微观结构进行分析。

4. 结果和分析

表 7－4 中的各个百分数代表料浆中 $CePO_4$ 所占的质量百分比数，母体都是一侧为 ZrO_2，一侧为 25%$CePO_4$/ZrO_2 陶瓷，以不同比例的 $CePO_4$/ZrO_2 作为中间层材料进行连接，连接的和估测的连接强度见表 1。从表中可以看出中间层对连接也有一定的影响，但总的来说不是很大。纯的 $CePO_4$ 或 ZrO_2 作为中间层无法成功连接，其他用任何一种混合料浆都可以得到很好的连接，所得到的抗弯强度也相差不大。一般来说，接点的抗弯强度取决于中间层和母体结合界面的强度和残余应力的大小。从扫描电镜中所观察到的中间层的微观结构和母体的交界处(图 7.29)，我们可以看到较大的 $CePO_4$ 颗粒与较小的 ZrO_2 颗粒之间相互渗入，犬牙交错在一起，双方相互扩散，紧紧连接在一起，形成了良好的结合界面；残余应力的产生在于两边的母体膨胀系数不同，本实验使用的母体材料和中间层烧结时的收缩相同，所以接点残余应力可以忽略。

表 7－4 不同中间层料浆连接 ZrO_2 和 25% $CePO_4$/ZrO_2 的情况及抗弯强度

中间层料浆	抗弯曲强度/MPa	连接情况
ZrO_2	无	从连接点断裂
20% $CePO_4$/ZrO_2	348	连接完好
40% $CePO_4$/ZrO_2	310	连接完好
60% $CePO_4$/ZrO_2	298	连接完好
80% $CePO_4$/ZrO_2	308	连接完好
$CePO_4$	无	从连接点断裂

图7.28显示了用40% $CePO_4/ZrO_2$ 混合料浆成功连接的25% $CePO_4/ZrO_2$ 试样，可以看见连接的表面完好，连接处没有宏观缺陷或裂纹。而图7.29显示的是它的微观结构照片。从中可以清楚地看到两种微观结构不同的陶瓷体被比他们更加致密的中间层连接起来。这一中间层的密度和晶粒大小与两种母体都不同，前者比两种母体的结构都要致密的多。一般来说，纳米粉体在烧结的前一段时间就在表面能的作用发生界面蠕变致密化，当这一过程达到某一程度后，坯体的致密化受晶界扩散传质控制，此为第一阶段；之后的第二阶段在第一阶段形成的颗粒在中间层由于晶界扩散传质发生重新排列，在中间层中，两种不同颗粒之间形成的是属于较弱结合的界面，这一体系中必然伴有大量的空位、位错等的产生，这样有利于中间层中不同粒子的传质扩散；不同大小的粒子堆积时由于小的粒子进入大颗粒的间隙之中，填充了空隙，所以比起母体来中间层更加致密。母体和中间层的微观结构均匀稳定，连接的质量很高。

图7.28　ZrO_2 和25% $CePO_4/ZrO_2$ 连接试样

图7.29　连接的中间层结构

使用两种母体材料料浆的混合物有助于形成坯体中粒子浓度的均匀变化，产生稳定的浓度梯度，便于粒子的传质扩散，又不会使不同粒子截然分开难以烧结到一起。而在单一的中间层材料连接下，由于没有以上便于传质的大量缺陷、位错等，与母体的浓度梯度过大，所以连接不易成功。从表7-4的数据中可以看出，选用母体材料的混合料浆时，中间层材料的比例对坯体连接的作用不是很明显，对抗弯强度的影响也不大，只在中间层材料远远偏离母体材料，收缩差别过大时，能使内部的残余应力较大，抗弯强度变小。但很明显，采用单一的中间层材料时，很难成功连接两种不同的陶瓷材料。

5. 应用

(1) ZrO_2 和25% $CePO_4/ZrO_2$ 陶瓷可以用20～40%ePO_4/ZrO_2 成功连接，所得到接点的平均强度达到5% $CePO_4/ZrO_2$ 陶瓷强度的80%。

(2) 中间层的材料对连接的影响不是很大，单一的材料对连接的传质不利，不宜成功；混合料浆对传质较为有利。

(3) 异种陶瓷之间的坯体连接是现实可行的，它适合制造各种复杂形状、不同要求的陶瓷构件。如图7.30所示。其工艺简单、成本低，适合大规模生产。

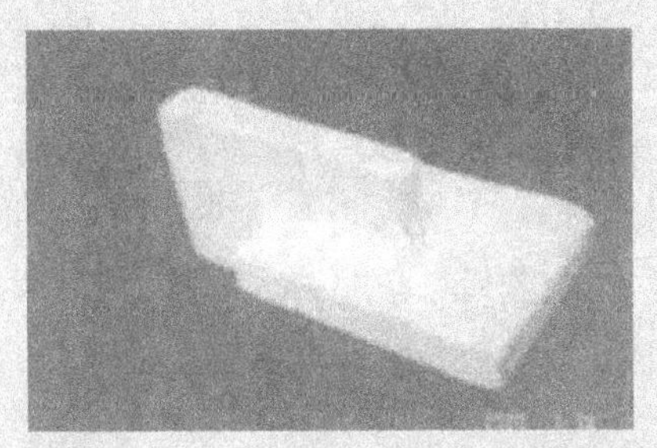

图 7.30 坯体无压连接制得的复杂形状陶瓷件

资料来源：刘名郑．先进陶瓷连接的新技术——坯体连接技术．陶瓷学报．2003(3)．

习 题

一、填空题

1. 根据连接结构的特点，连接可分为________和________；根据被连接零件的性质，又可分为________和________。

2. 可拆连接主要有________和________、________和________。

3. 键分为__________、__________两大类。

4. 不可拆连接主要有________、________、________、________和________。

二、简答题

1. 螺钉联接中常用的防松方法有哪些？各有何特点？

2. 销钉在精密机械中的主要用途是什么？圆柱销和圆锥销各有何优点，用于何种场合？

3. 键的主要用途是什么？

三、计算题

1. 直径 80mm 的轴端，安装一钢制直齿圆柱齿轮(图 7.31)，轮毂宽度 $L'=1.5d$，工作时有轻微冲击。试确定平键联接的尺寸，并计算其允许传递的最大转矩。

2. 图 7.32 所示减速器的低速轴与凸缘联轴器及圆柱齿轮之间分别采用键联接。已知轴传递的转矩为 1000N·m，齿轮的材料为锻钢，凸缘联轴器材料为 HT200，工作时有轻微冲击，联接处轴及轮毂尺寸如图所示。试选择键的类型和尺寸，并校核联接的强度。

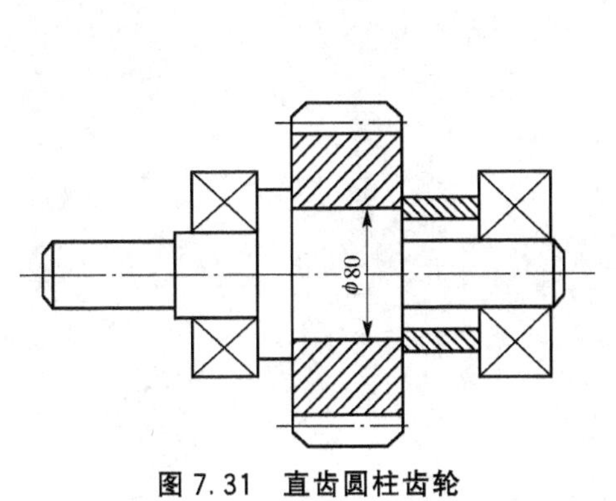

图 7.31 直齿圆柱齿轮

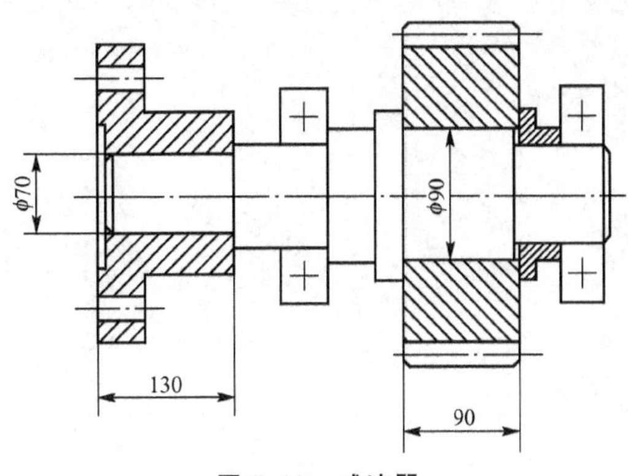

图 7.32 减速器

第8章 光学零件的连接

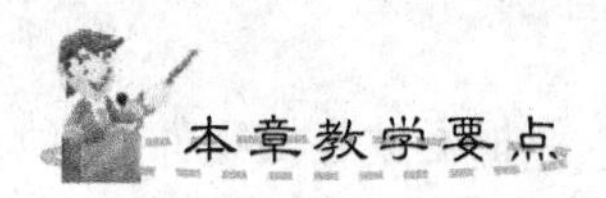

教学要求	知识要点
了解光学零件间各种常用的连接方式	光学零件的连接种类
掌握各种连接方式的结构特点及使用性能	各种连接方式的结构特点
熟练掌握各种连接方式在机械设计中的选用	各种连接方式的应用

导入案例

将时间倒转至2000年，全球第一款支持拍照的手机面世已有10年的时间，10年间手机像素从10万向着百万、千万级进化，用户所享用的也不仅仅限于手机的通信功能，虽然目前手机拍照还不具备完全替代卡片相机的能力，但越来越多的高像素拍照手机的出现还是让人畅想，手机就快要取代用户口袋里的卡片相机了。

手机的数码相机功能指的是手机可以通过内置或是外接的数码相机进行拍摄静态图片或短片拍摄。手机摄像头分为内置与外置，内置摄像头更方便，也是发展的主流。由于摄像头镶嵌在手机壳内，自然对摄像组件提出了更高要求，其精密组件及镜片的安装也就成了手机设计中需要着重考虑的一个技术问题。其典型的安装方式就是用一小塑料件压住镜片，然后后壳有些模组(譬如蓝牙、喇叭，这些模组的表面也是塑料)再紧压着塑料件模组来固定。随着手机体积重量的逐渐微型化，其摄像组件的安装技术也将得到新的发展。

8.1 连接的特点和应满足的要求

任何光学仪器都是由一些光学零件和机械零件组成的。而光学零件组成的光学系统不能离开机械结构而独立成为一个实用性的光学仪器，必须用机械零件把光学零件连接固紧起来。在光学仪器设计中，影响光学仪器工作性能的因素有光学零件的几何形状、表面状态、内应力分布、光学零件在系统中的相互位置及连接固紧的可靠性等。为了确保光学系统的成像质量，在光学零件的连接结构设计中应满足下列要求。

(1) 连接要牢固可靠，并在保证光学零件在系统中相对位置的同时，又不致引起光学零件的变形和内应力。

(2) 便于装配、调整，并保证装调前后光学零件可彻底清洗。

(3) 保证有效通光孔径不受镜框切割。

(4) 应能减小或清除当温度变化时，由于光学零件与机械零件连接材料线膨胀系数不同而产生的附加内应力。

(5) 尽可能不用软木、纸片等有机材料与光学零件相接触，以防止光学零件生霉，必须采用时，应采取防霉处理。

在光学仪器中光学零件的固紧方法很多，按光学零件的形状不同，可分为圆形光学零件的固紧和非圆形光学零件的固紧两大类。

8.2 圆形光学零件的固紧

圆形光学零件包括透镜、分划板、滤光镜、圆形保护玻璃和圆形反射镜等。常用的固紧方法有滚边法、压圈法、弹性元件法、电镀法和胶接法。

1. 滚边法

滚边法是将光学零件装入金属镜框中，在专用机床上用专用工具把镜框上预先制出的凸边滚压弯折包在光学零件的倒角上，使光学零件与镜框固紧的方法(图 8.1)。

镜座材料必须是可延展性材料，而不是脆性材料。为此，任何一种黄铜或者软铝合金都适合。通常透镜外径和镜座内径之间的径向间隔是 0.005in(0.125mm)。常用的滚边安装方法是用卡盘将镜座夹持在一台车床上，装上透镜，缓慢地旋转镜座，使用 3 个或更多一些的淬过火的圆形刀具，使它们相对于被滚边的边缘成某一角度，用力将镜座边缘压在透镜上。

另一种具有类似结果的滚边安装技术概念性地表示在图 8.2 中，这种方法是使用一种机械压力机将镜座凸缘压弯，镜座轴垂直放置在机械压力机的基板上，将一种具有内锥面的刀具或者压模向下放，压在镜座的边缘上，其优点是无须旋转镜座和透镜。

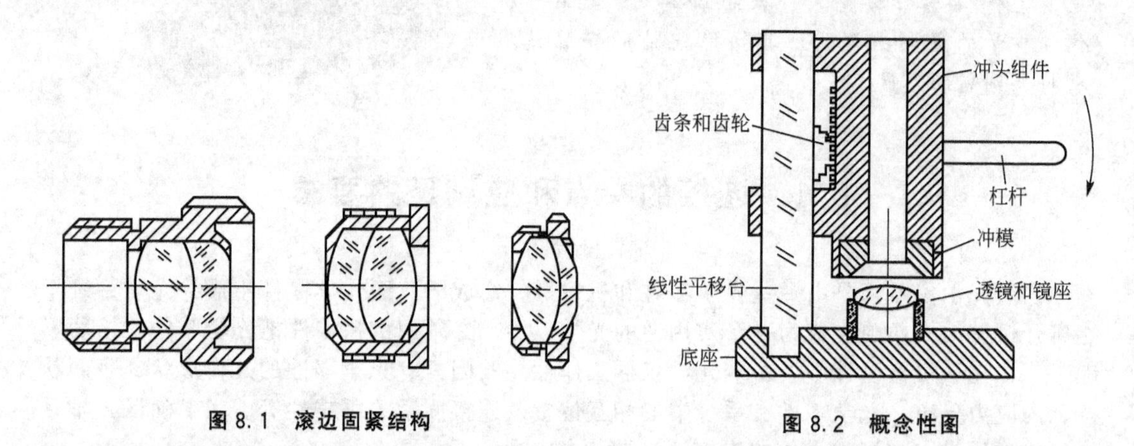

图 8.1　滚边固紧结构　　　图 8.2　概念性图

滚边法的主要优点是结构简单紧凑，几乎不需要增加轴向尺寸，也无须附加零件就可以把光学零件固紧，对通光孔径影响不大。但滚边时不易保证质量，特别是对于孔径大而薄的零件，容易出现倾斜及镜面受力不均匀的现象。因此，滚边法一般只适用于直径小于 40mm 的光学零件的固紧。

2. 压圈法

压圈法是把光学零件装入带有螺纹的镜框中，然后用制有螺纹的压圈拧入镜框，将光学零件压紧的方法(图 8.3)。

螺纹压圈有外螺纹压圈［图 8.3(a)］和内螺纹压圈［图 8.3(b)］两种。如镜筒的径向尺寸受到限制，应选用外螺纹压圈固紧；如轴向尺寸受到限制，则选用内螺纹压圈固紧。由于外螺纹压圈加工容易，故使用较多。

压圈法固紧的优点是结构可拆、装调方便；还可以装入其他隔圈和弹性压圈，用以调整光学零件与镜框的相对位置，并适用于多透镜组的装配固紧(图 8.4)。其缺点是固紧为刚性连接，因此在压紧透镜时，在镜面上的压力可能不均匀(当压圈端面不垂直于轴线时)，且对温度变化的适应能力也较差。

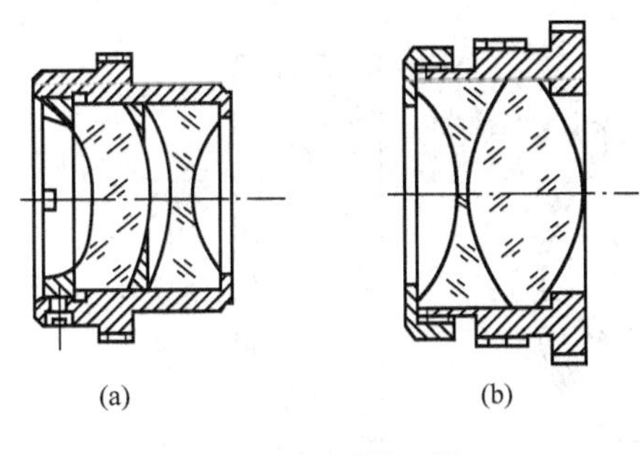

图 8.3 压圈固紧

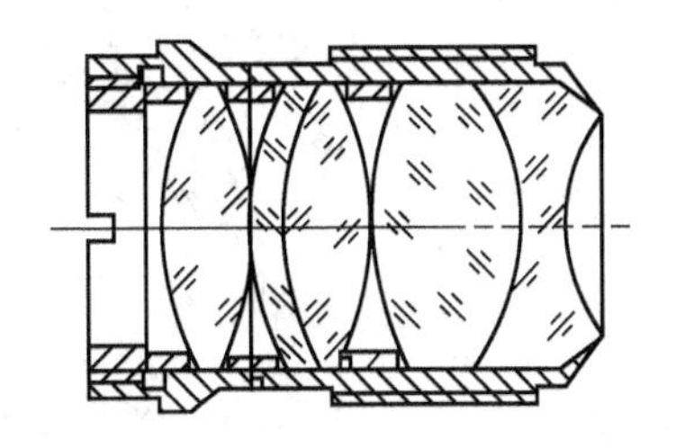

图 8.4 多透镜组装配结构

压圈固紧多用于透镜的直径和厚度均较大的情况，透镜直径在 80mm 以上时，一般采取用压圈固紧，直径在 40～80mm 时优先采用，透镜直径在 10mm 以下一般不采用。

3. 弹性元件法

弹性元件法是利用开口的弹性卡圈或弹性压板、弹簧片等弹性零件，使光学零件与镜框固紧的方法。

开口弹簧卡圈一般只用于固紧同轴度和牢固性要求不高的光学零件，如保护玻璃、滤光镜及其他不重要的光学零件。图 8.5 所示为弹性卡圈固紧的结构。

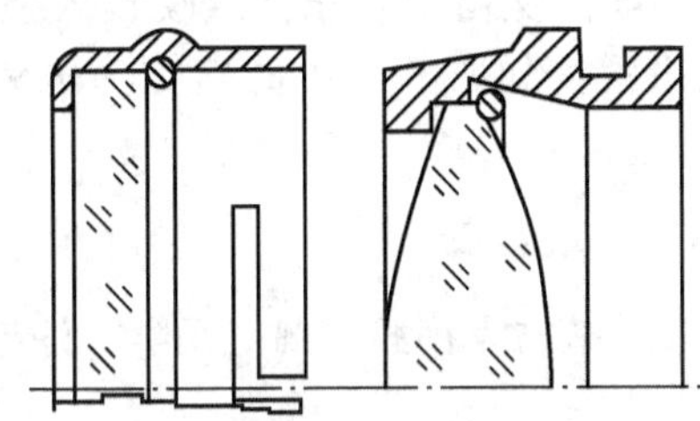

图 8.5 弹性卡圈固紧

当光学零件的直径较大时，可用弹性压板固紧。连接结构如图 8.6 所示，或是如图 8.7 所示用 3 根按照 120°角度间隔设置的弹簧片夹持透镜，弹簧的柔性降低了透镜破裂的风险。

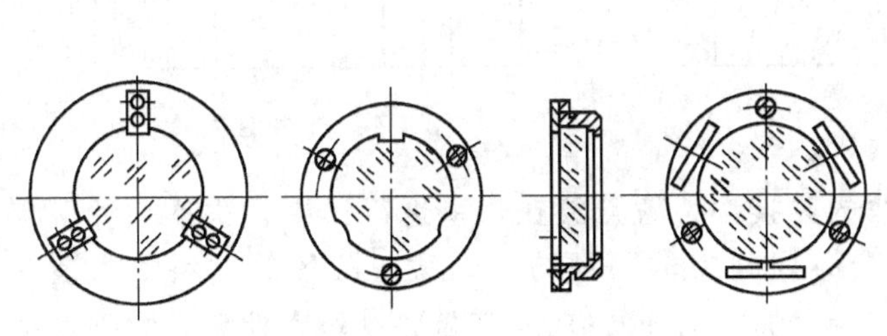

图 8.6 弹性压板固紧结构

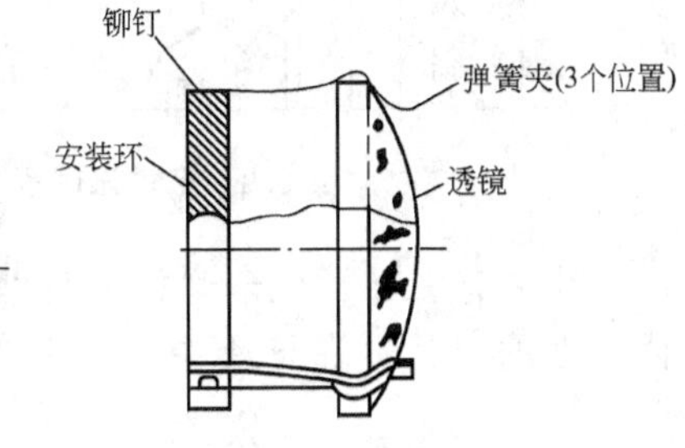

图 8.7 片簧固紧结构

如果一个光学组件中某些透镜对性能的要求非常高，那么安装该透镜时所达到的相对于光学组件中其他透镜或者机械基准面(一个或者多个)的轴向(或者间隔)公差、倾斜公差和偏心公差都会要求特别高。在经受使用条件下的冲击、振动、压力和温度变化时，必须保持对准。此外，在上述恶劣环境下出现的失准必须是可恢复的，或者说是可逆的。对于这些应用来说，将透镜固定到对称分布的挠性体上是有利的，从而使温度变化造成材料的不同膨胀不会影响透镜的倾斜或者共轴精度，如图 8.8 所示。

虽然表面上看起来可能比较类似，但是，一个挠性构件与一个弹簧并不一样。挠性构件是一个通过弯曲为元件提供可控相对运动的弹性元件，而弹簧是一个通过弹性形变提供可控的作用力的元件。

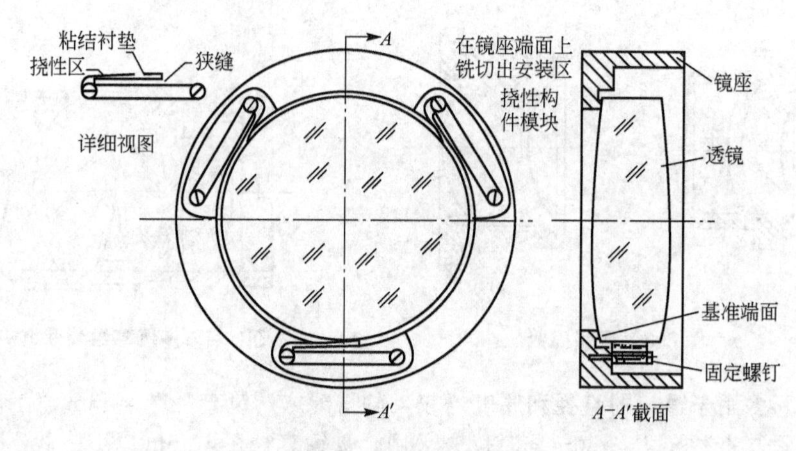

图 8.8　挠性固紧结构

4. 电镀法

电镀法固紧是先把透镜放入镜框中，然后在镜框的端部镀上一层金属(如铜)将透镜固紧，如图 8.9 中的 C 处为电镀层。此法在生产实际中一般用以固紧显微镜的前透镜片。

5. 胶接法

胶接法是用胶粘剂把光学零件与镜框固紧的方法(图 8.10)，其特点前面已论述。

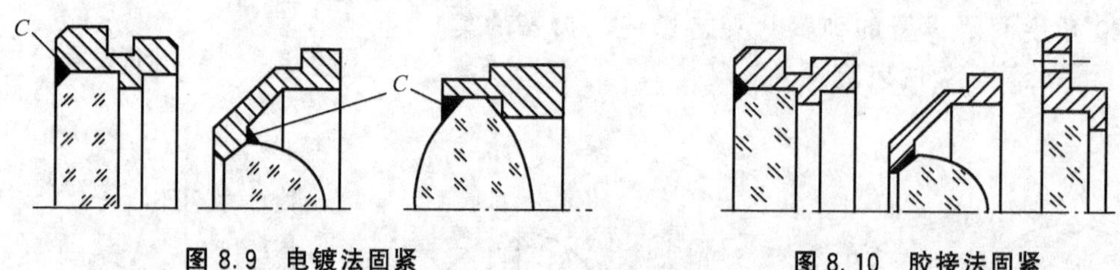

图 8.9　电镀法固紧　　　　图 8.10　胶接法固紧

其中有一种类似于弹性元件法的胶接法，暂且放在这里进行讨论。这是一种很有代表性的设计，在镜座中放置一个有回弹力的圆环约束透镜，圆环的材料是人造橡胶，EC2216B/A 环氧胶已经在使用，它是这类人造橡胶的代表性材料。由于柔性橡胶天然具有弹性，所以，当光学件在受到冲击和振动载荷后，可将透镜恢复到其初始未受力时的位置和方向。

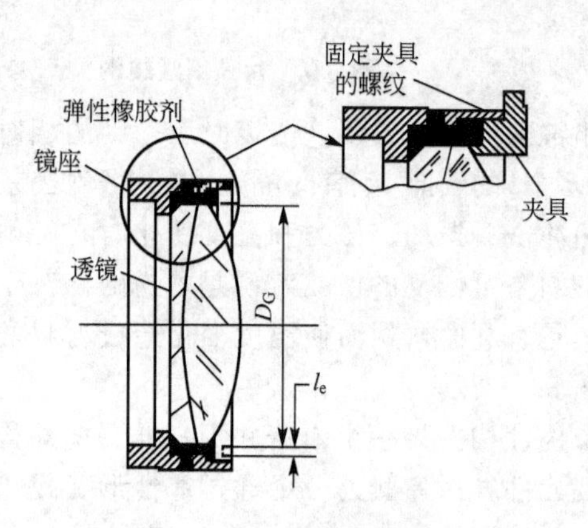

图 8.11　弹性橡胶固紧

其胶接形式如图 8.11 所示。填充方法是使用一支皮下注射器，通过镜座上沿径向排列的孔注入人造橡胶材料，直到透镜周围的空隙填满为止。可以使用垫片或者校准棒将透镜定中心。在固化和空隙填满后就可以移去外部固定装置。

8.3 非圆形光学零件的固紧

非圆形光学零件有各种棱镜、反射镜、保护玻璃及玻璃刻尺等。由于形状各异，用途不一，因而固紧结构的形式也各有不同，但常见的固紧方法有夹板固紧、平板和角铁固紧、弹簧固紧和胶接固紧等。

夹板固紧多用于固紧非工作面相平行的任何棱镜。图 8.12 为夹板固紧直角棱镜的例子。为了防止棱镜在座板上移动，用了 3 个定位板。压紧棱镜的夹板固紧在两根圆杆上。为了使棱镜上的压力分布均匀，在夹板下垫有软木垫片。

图 8.13 为用平板和角铁固紧直角棱镜的例子。图 8.13(a)的结构用以固紧高度不超过 20～25mm 的棱镜，为了使压紧力分布均匀，角铁下面常垫以厚度为 0.5～1mm 的弹性片。当棱镜尺寸较大时，应采用图 8.13(b)的固紧结构。

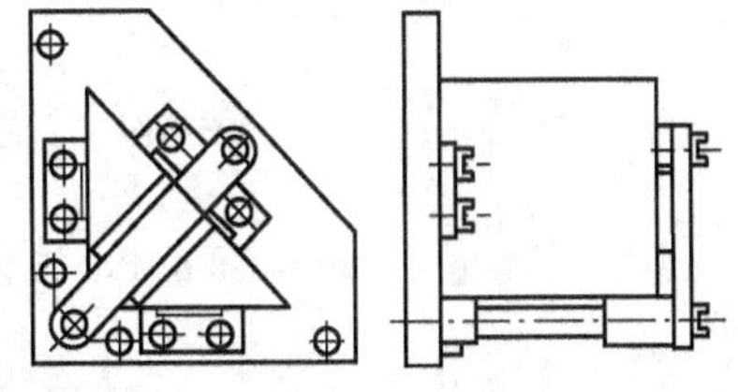

图 8.12 夹板固紧

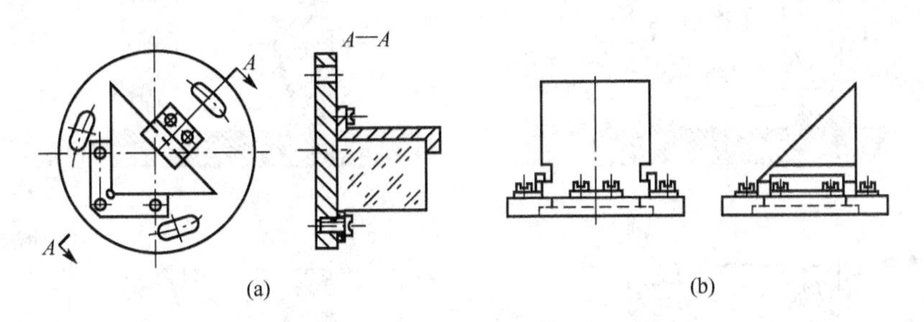

图 8.13 平板和角铁固紧

图 8.14 是用弯片簧固紧玻璃标尺的例子。图 8.15 是使用悬臂和跨式弹簧约束方式对五角棱镜进行固紧的例子。

弹簧固紧法可保证连接足够的可靠性，弹簧加到光学零件上的压力较易控制。压力分布均匀，此外，温度变化也可以基本消除。

胶接固紧也常用于粘接非圆形平板玻璃。图 8.16 展示了将棱镜的两个侧面粘结到 U 形镜座上的概念。

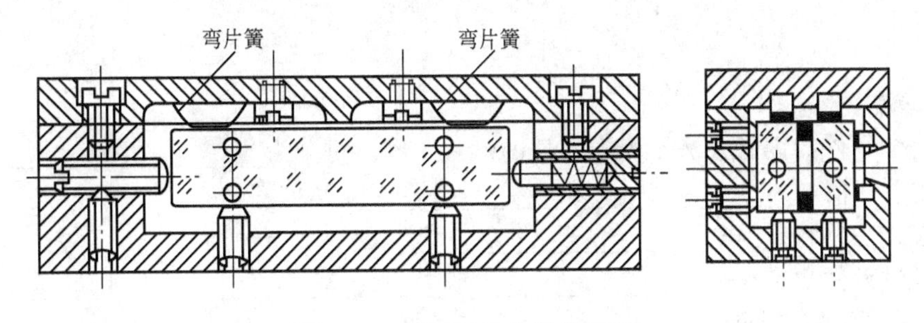

图 8.14 玻璃标尺的弹簧固紧

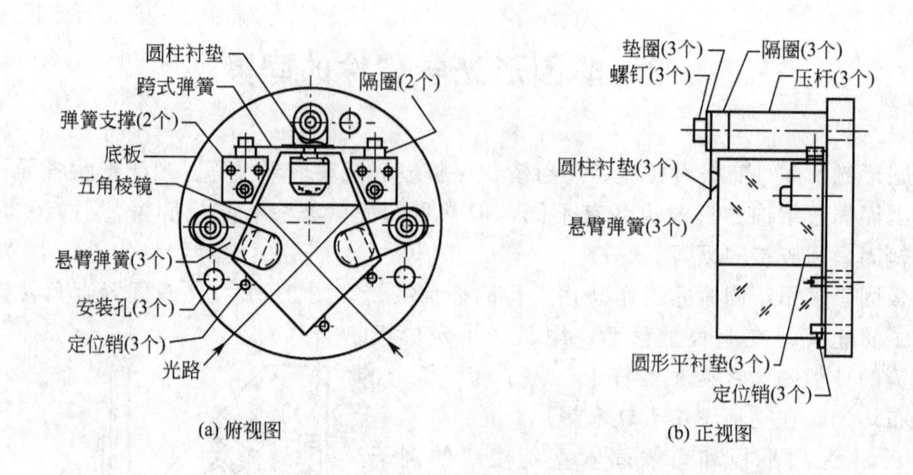

图 8.15 五角棱镜的悬臂和跨式弹簧约束式固紧

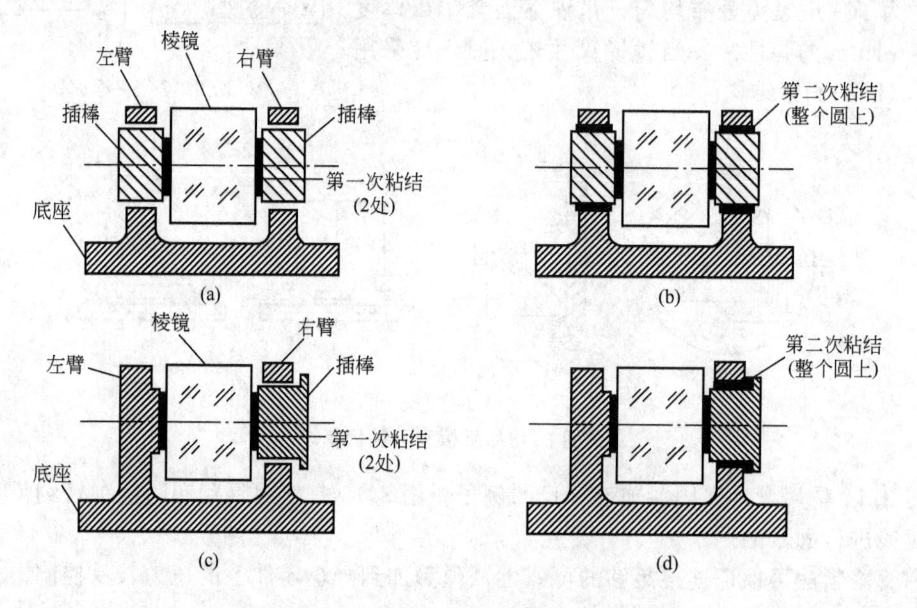

图 8.16 概念图

习 题

一、填空题

1. 光学零件的固紧方法按光学零件的形状不同，可分为________和________。

2. 螺纹压圈有____________和____________两种。

3. 胶接法的特点是____________________。

4. 弹性元件法是利用______________或______________、______________等弹性零件，使光学零件与镜框固紧。

二、简答题

1. 机械零件与光学零件连接的结构设计应满足哪些基本要求?
2. 圆形光学零件和非圆形光学零件的固紧方法各有哪些?
3. 简述滚边法的固紧方式。
4. 内外螺纹压圈在选用时的根本区分原则是什么?
5. 简述压圈法的优缺点。

第四篇

仪器常用组合件

第9章 仪器常用装置

教学要求	知识要点
了解仪器常用装置的基本原理； 掌握仪器常用装置特点及典型应用场合	仪器常用装置特点及典型应用
了解常用微动装置的原理及应用场合； 掌握差动螺旋微动装置的原理、设计要点	微动装置的原理及应用场合； 差动螺旋微动装置的原理
了解锁紧装置的结构特点和应用场合	锁紧装置的结构特点

导入案例

微动装置是仪器微位移技术中的执行机构。在读数系统中，用来调整刻度尺的零位，如在万能测长仪中，用摩擦微动装置调整刻度尺的零位；还可用于仪器工作台的微调，如万能工具显微镜中工作台的微调装置。

锁紧装置通常用来把精密机械上某一运动部件紧固在所需位置上。例如某些类型的工具显微镜粗调焦后需锁紧悬臂，使粗调焦后的位置固定，进而再进行微调动作。

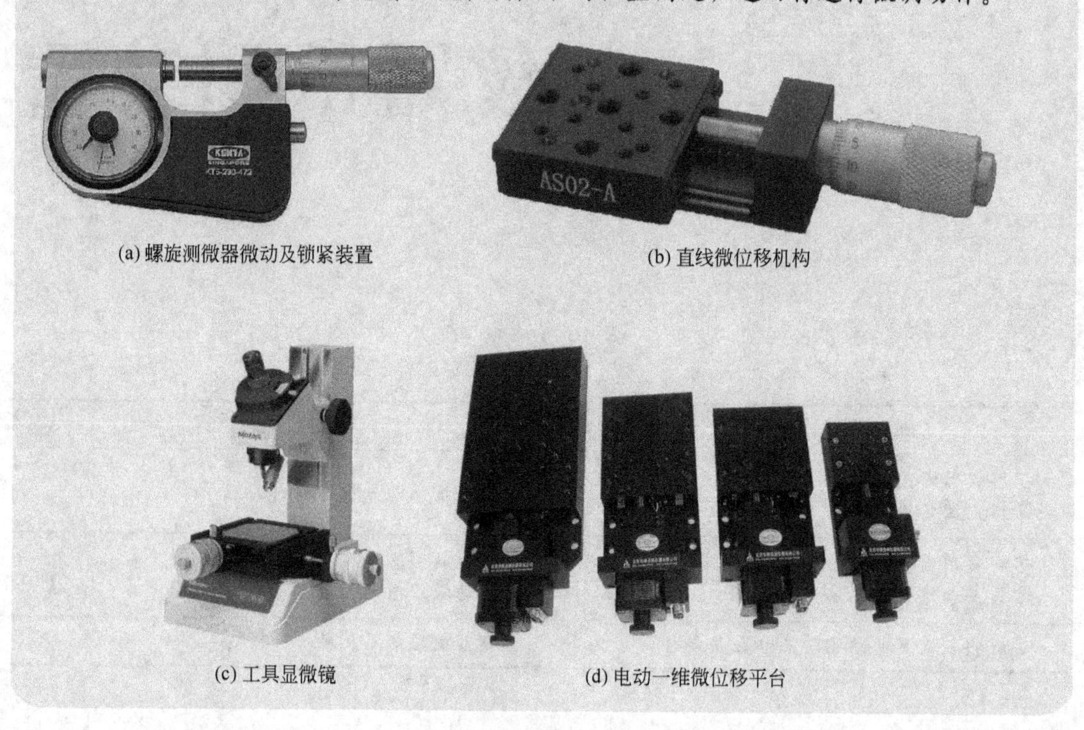

(a) 螺旋测微器微动及锁紧装置

(b) 直线微位移机构

(c) 工具显微镜

(d) 电动一维微位移平台

9.1 概　　述

常用装置包括微动装置、锁紧装置、示数装置和隔振器等。在某些情况下，它们往往是构成精密机械和仪器不可缺少的组成部分或重要的部件。

微动装置一般用于精确、微量地调节某一部件的相对位置，如在显微镜中调节物体相对物镜的距离(即“调焦”)，使物像在视场中清晰，便于观察；在仪器读数系统中调整刻度尺的零位，如在万能测长仪中用摩擦微动装置调整刻度尺的零位；还可用于仪器工作台的微调，如万能工具显微镜中工作台的微调装置。

锁紧装置是利用摩擦力或其他方法，把精密机械上某一运动部件紧固在所需位置的一种装置。在精密机械的使用过程中，往往把精密机械的某一部件调到所需要的合适位置后，要用锁紧装置锁紧。例如在使用某些类型的工具显微镜测量工件时，需先调整显微镜筒的高低位置以进行粗调焦，在大致差不多时就需锁紧悬臂，以使粗调焦后的位置固定下来，进行微调动作。

本章将重点介绍各种常用装置设计时应满足的基本要求、工作原理和典型结构。

9.2 微动装置

9.2.1 设计时应满足的基本要求

微动装置性能的好坏，在一定程度上影响精密机械的精度和操作性能。因此，对微动装置的基本要求如下。

(1) 应有足够的灵敏度，使微动装置的最小位移量能满足精密机械的使用要求。

(2) 传动灵活、平稳，无空回产生。

(3) 工作可靠，调整好的位置应保持稳定。

(4) 若微动装置包括在仪器的读数系统中，则要求微动手轮的转动角度与直线微动(或角度微动)的位移量成正比。

(5) 微动手轮应布置得当，操作方便。

(6) 要有良好的工艺性，并经久耐用。

9.2.2 常用微动装置

1. 螺旋微动装置

螺旋微动装置结构简单，制造较方便，在精密机械中应用广泛。

图 9.1 为万能工具显微镜工作台的微动装置。它由螺母 2、调节螺母 3、微动手轮 4、螺杆 5 和滚珠 6 等组成。整个装置固定在测微外套 1 上。旋转微动手轮 4 时，螺杆 5 顶动工作台，实现工作台的微动。

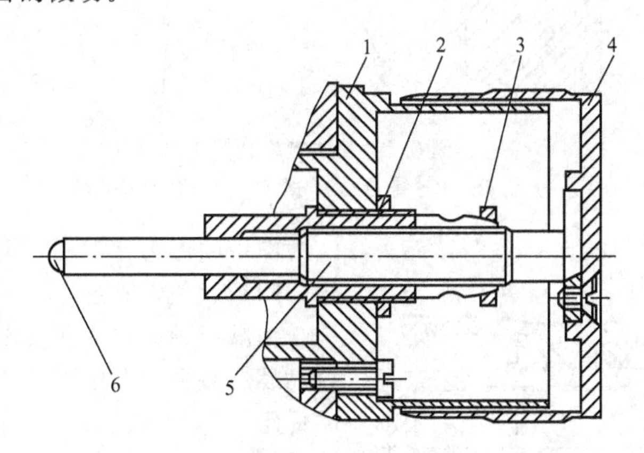

图 9.1 万能工具显微镜微动装置

1—测微外套；2—螺母；3—调节螺母；4—微动手轮；5—螺杆；6—滚珠

螺旋微动装置的最小微动量 $S_{\min}$ 为

$$S_{\min}=P\,\frac{\Delta\varphi}{360^{\circ}} \tag{9-1}$$

式中，P——螺杆的螺距；

$\Delta\varphi$——人手的灵敏度，即人手轻微旋转手轮一下，手轮的最小转角。在良好的工作条件下，当手轮的直径为 $\varphi15 \sim \varphi60\text{mm}$ 时，$\Delta\varphi$ 为 $1^\circ \sim 1/4^\circ$ 手轮的直径大，灵敏度也高些。

由式(9-1)可知，为进一步提高螺旋微动装置的灵敏度，可以增大手轮或减小螺距。但手轮太大，不仅使微动装置的空间体积增大，而且由于操作不灵便反而使灵敏度降低。若螺距太小，则加工困难，使用时也易磨损。因此在某些仪器中，采用差动螺旋、螺旋—斜面或螺旋—杠杆等传动来提高微动装置的灵敏度。

图 9.2 是在电接触量仪中应用的差动螺旋微动装置。图中螺杆 1 为主动件，从动件为可移动螺母 2 及与其连接在一起的滑杆 3，4 为固定螺母。螺杆 1 上有两段螺纹 A 和 B，其螺距分别为 P_1、P_2（$P_2 > P_1$）。若两段螺纹均为右旋，则可移动螺母的真正位移为

$$s = (P_2 - P_1)n \tag{9-2}$$

式中，n——螺杆 1 的转速。

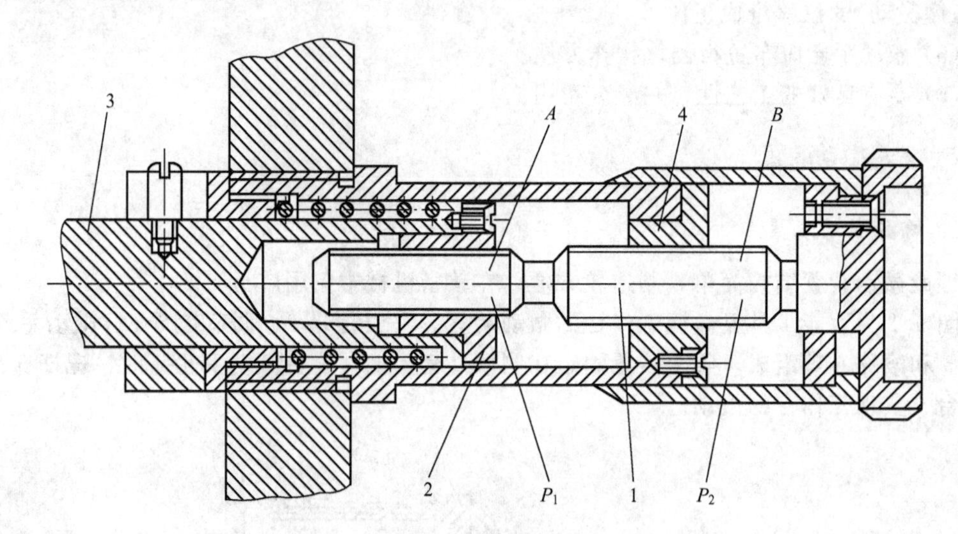

图 9.2　差动螺旋装置 1

1—螺杆；2—螺母；3—滑杆；4—固定螺母

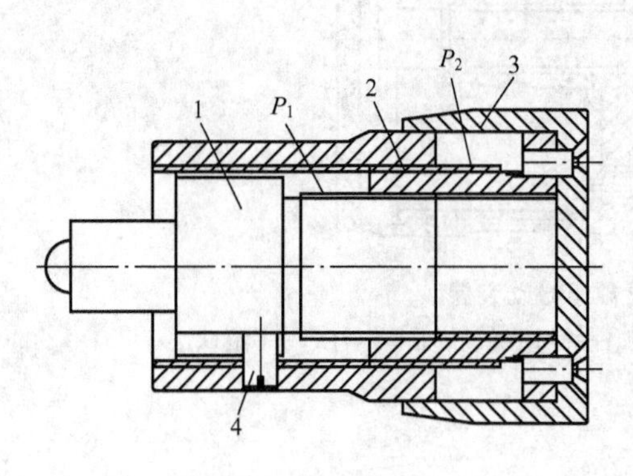

图 9.3　差动螺旋装置 2

1—螺杆；2—零件；3—转动手轮；4—防转销

图中的压力弹簧用来消除螺杆与螺母间的轴向间隙，使转动过程中不会产生空回。

为减小轴向尺寸还可以采用图 9.3 所示的差动螺旋装置。图中零件 2 的外螺纹和内螺纹的螺距分别为 P_1、P_2（$P_2 > P_1$），当输入手轮旋转时，零件 2 为主动件，其通过外螺纹啮合产生轴向位移，螺杆 1 为从动件，转动手轮 3，在防转销 4 的作用下，沿导槽发生轴向位移。若零件 2 的内外螺纹均为右旋，则主动件 2 的位移方向与从动件的位移方向相反，两者的合位移为螺杆 1 表现出的螺杆的真正位移，其计

算方法同式(9－2)。

2. 螺旋—斜面微动装置

图9.4为检定测微计精度的螺旋—斜面微动装置示意图。图中1为标准斜面体，3为螺旋测微器，拉力弹簧4使斜面体与测微螺旋可靠地接触。当螺旋测微器移动距离S时，被检测微计2的测杆位移量为

$$S'=S\tan\alpha \qquad (9-3)$$

式中，α——斜面体的倾斜角。

S'可在螺旋测微器上读出。S'越小，测微螺杆螺距越小，则微动灵敏越高，若取$\tan\alpha=1/50$，则当螺旋测微器3的微分筒转动一格，使测微螺杆轴向位移0.01mm时，被检测微计测杆位移量S'为0.01mm×1/50＝0.0002mm。在该装置中，螺旋测微器微分筒的转角与测微计测杆的位移应严格成正比例的关系。所以，斜面体的斜角α应准确，其上下平面和基准5的上平面均应精细加工，斜面体移动的方向精度也要求较高，否则将影响检定精度。

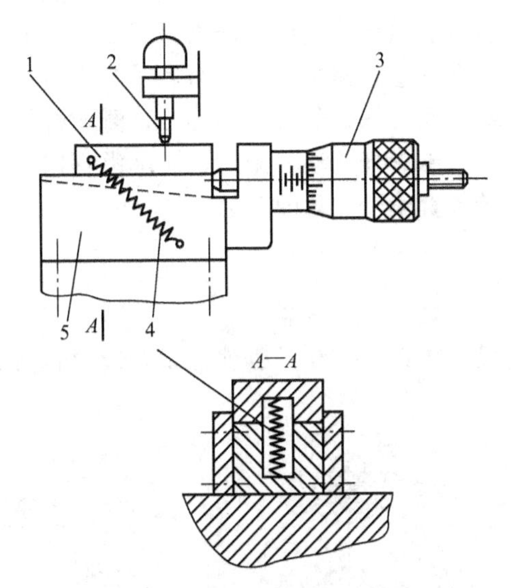

图9.4 螺旋—斜面微动装置

1—标准斜面体；2—被检测微器；3—螺旋测微器；4—拉力弹簧；5—基准

3. 螺旋—杠杆微动装置

图9.5所示为测角仪上应用的螺旋—杠杆微动装置。它由固定的支架2、固定套筒1、滑动套筒7、弹簧8、螺杆3、读数手轮4、带导向套的螺母6、读数分划筒5和摆动杆9组成。

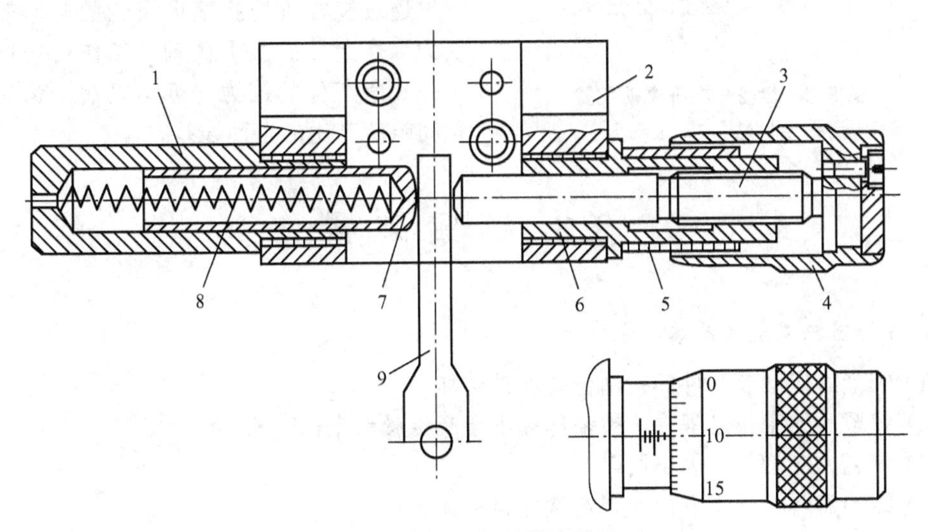

图9.5 螺旋—杠杆微动装置

1—固定套筒；2—支架；3—螺杆；4—读数手轮；5—读数分划筒；6—带导向套的螺母；7—滑动套筒；8—弹簧；9—摆动杆

仪器回转部分的摆动杆 9 的末端，放在滑动套筒 7 和螺杆 3 之间。转动与螺杆相连接的手轮 4，摆动杆 9 便绕其中心偏转。因摆杆回转中心在仪器回转部分的轴线上，所以摆动杆 9 偏转时，仪器回转部分也随之微量转动。

在不动的读数分划筒 5 上刻有读数手轮 4 整转的粗读分划线，在读数手轮 4 上则刻有分转数的精读分划线。压缩弹簧 8 的恢复力可用来消除螺杆、螺母间的轴向间隙。

在某些仪器中，常用微动手轮直接读数。现以此装置为例，讨论分度值的计算方法。

设摆动杆臂长 $L=102\text{mm}$，测微螺杆的螺距 $P=0.3\text{mm}$，试计算读数手轮的分度值。

由于螺杆转动一圈时，它就沿轴向移动了一个螺距 $P=0.3\text{mm}$，这样，摆动杆 9 将对原始位置偏转 α 角的正切为

$$\tan\alpha=\frac{P}{L}=\frac{0.3}{102}=0.0029$$

所以偏转角 $\alpha\approx10'$。也就是说，读数套筒的分度值为 $10'$。

将读数手轮一周分为 60 格，由于读数手轮转动一圈时为 $10'$，因而在转动一格时将等于 $10''$。读数手轮的分度值就为 $10''$。

微动装置的全读数，等于读数手轮的整转数加上读数手轮转动的分度值。

4. 齿轮—杠杆微动装置

图 9.6 所示的齿轮—杠杆微动装置用于显微镜工作台的轴向微动，以实现高倍率物镜的精确调焦。原动部分是带有小齿轮(z_1)的手柄轴 1，转动手柄时，通过三级齿轮减速，带动扇形齿轮(z_6)的微小转动，再通过杠杆机构将扇形齿轮的微小转动变为工作台 2 的上下微动。工作台内的压缩弹簧所产生的推力，可用以消除齿轮副的间隙所产生的空回误差。

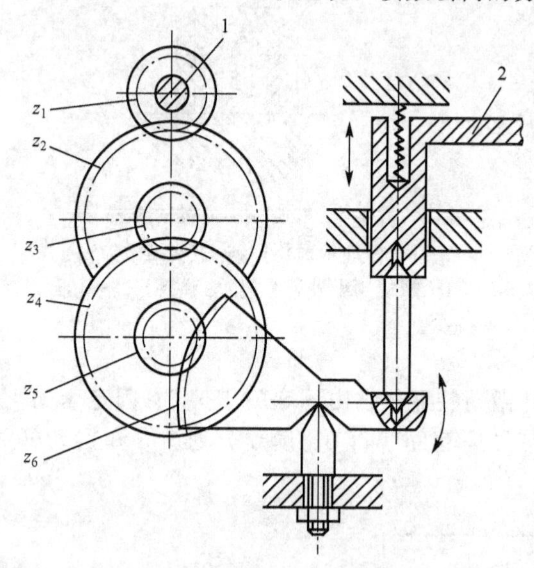

图 9.6　齿轮—杠杆微动装置

1—手柄轴；2—工作台

9.3 锁紧装置

1. 设计时应满足的基本要求

(1) 锁紧时，被锁部件的正确位置不被破坏。

(2) 锁紧后的工作过程中，被锁部件不会产生微动走位现象。

(3) 锁紧力应均匀，大小可以调节。

(4) 结构简单，操作方便，制造修理容易。

2. 常用锁紧装置

常见的锁紧装置有径向受力和轴向受力两种。

1）径向受力的锁紧装置

图 9.7 所示是精密机械中常见的顶紧式径向受力锁紧装置。拧紧锁紧螺钉 1，通过垫块 2 压紧轴 3，从而把支架 4 锁紧在轴 3 上。垫块 2 的作用是为了避免锁紧螺钉损伤轴 3 的表面。该锁紧装置的缺点是被锁紧的零件单面受力。锁紧时，由于 3 和 4 之间的间隙被挤到一边，所以被锁紧件的轴线会微量移动。而且当中间轴为薄壁筒时易变形。

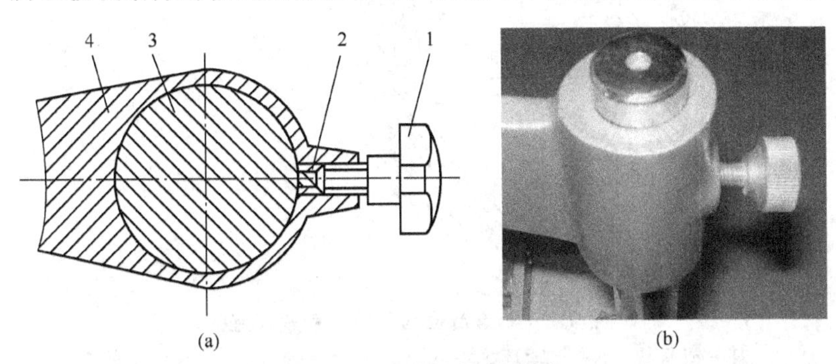

图 9.7 顶紧式锁紧装置

1—锁紧螺钉；2—垫块；3—轴；4—支架

图 9.8 所示是夹紧式径向受力锁紧装置。当拧紧锁紧螺母 1 时，带有开口的支架 2 夹紧轴 3，实现锁紧的目的。由于这种锁紧装置的锁紧力比较均匀地分布在整个圆周上，因此，即使中间轴是薄壁筒，也不会引起薄壁筒的变形。但是，由于支架 2 和轴 3 之间存在间隙，锁紧时，支架 2 相对于轴 3 会产生不大的相对转动。支架 2 的中心相对于轴 3 的中心也会产生微量移动。

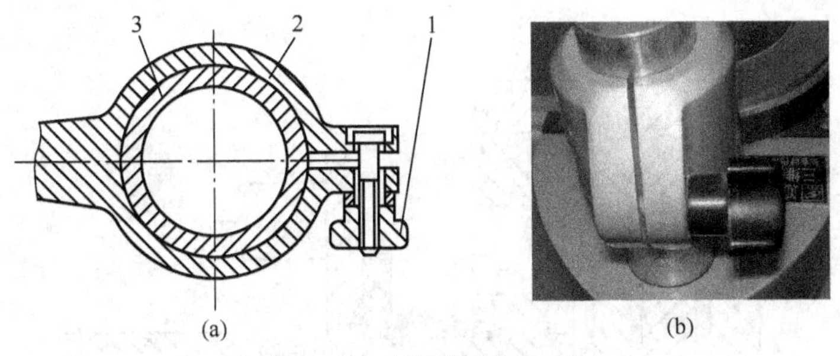

图 9.8 夹紧式锁紧装置

1—锁紧螺母；2—支架；3—轴

以上两种锁紧装置共同的优点是结构简单，制造容易，但由于锁紧时被锁部件会产生微动，所以不能用于要求锁紧定位精度较高的地方。

图 9.9 所示是用在 1″光学分度头上的“三点自位均匀收缩薄壁套”锁紧装置。它克服了上述两种锁紧装置的缺点。

这种装置由两个圆环组成，其中一个薄壁套 3 固装在分度头壳体的前盖上，与主轴回转中心线同轴，分度头主轴就套在此薄壁套的孔内。其配合间隙很小，但应使主轴能在薄壁套内灵活转动。另一个是锁紧环 2(它可以在径向浮动)，它的内孔上有 3 条等分的槽，槽内各嵌有一块锁紧块 1，3 个锁紧块均和薄壁套的外圆接触，其中一块被锁紧环上的螺钉 4 顶住。这样，旋紧锁紧手轮 5 时，就能通过螺钉 4 顶锁紧块。由于锁紧环是浮动的，因此当螺钉 4 前进时，锁紧环在相反的方向上带动另外两块锁紧块同时压向薄壁套，这样

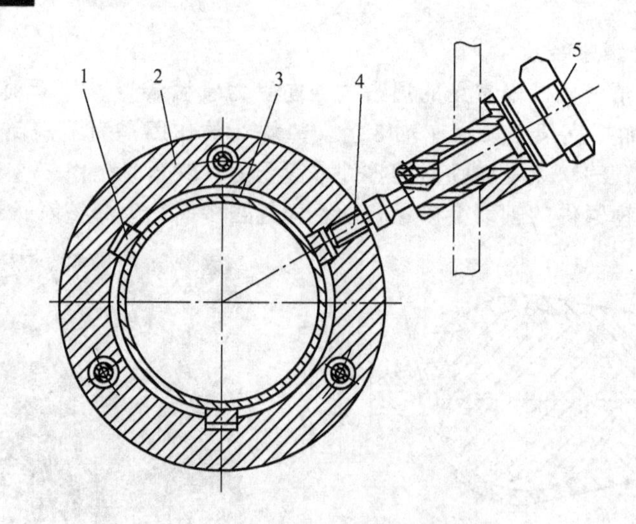

图 9.9　三点自位均匀收缩锁紧装置

1—锁紧块；2—锁紧环；3—薄壁套；4—螺钉；5—锁紧手轮

就能通过 3 个位置上的锁紧块均匀地压缩薄壁套，使它产生径向收缩，将主轴锁紧。由于锁紧作用是靠薄壁套弹性变形获得的，因此锁紧摩擦力矩均匀地分布在主轴上，同时，3 个夹紧点均匀自位、同步地向心收缩，因而能避免锁紧时的主轴微转现象和单面受力改变主轴回转轴线的现象。这种锁紧装置性能稳定，能符合 1″光学分度头的精度要求。

2）轴向受力的锁紧装置

图 9.10 所示是光学经纬仪上用来把横轴 1 和横轴固定微动板 5 紧固在一起的轴向受

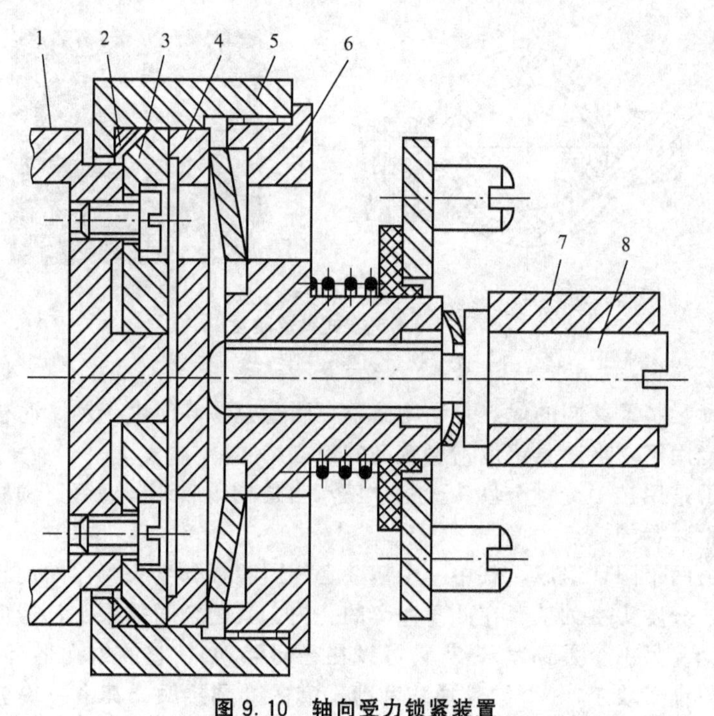

图 9.10　轴向受力锁紧装置

1—横轴；2—涨圈；3—摩擦板；4—轴柄；5—固定微动板；
6—固定螺母；7—手柄；8—螺杆

力锁紧装置。锁紧时，转动手柄 7，螺杆 8 被旋入固定螺母 6，并用其末端顶推横轴固定轴柄 4 向左移动，使轴柄 4 压向摩擦板 3。同时，与螺母连接在一起的固定微动板 5 向右移动，从而推动涨圈 2 也压向摩擦板 3，这两个作用的结果，把摩擦板 3 和固定微动板 5 紧固在一起，从而实现锁紧横轴 1 的目的。在锁紧装置中，除了可以采用螺旋传动产生锁紧力外，还可采用凸轮、锲块、弹簧、液压和电磁等其他方法，在设计时可根据需要和可能条件选用。

工具显微镜测量工件时，需先调整显微镜筒的高低位置以进行粗调焦，在大致差不多时采用图中的径向受力的锁紧装置锁紧悬臂，以使粗调焦后的位置固定下来，进行微调动作。

图中的微动装置用来移动工作台，测量时，通过显微镜瞄准被测工件的两侧边缘，并分别通过微动手轮上的读数筒读出当前位置，两侧读数差即为被测工件的长度。

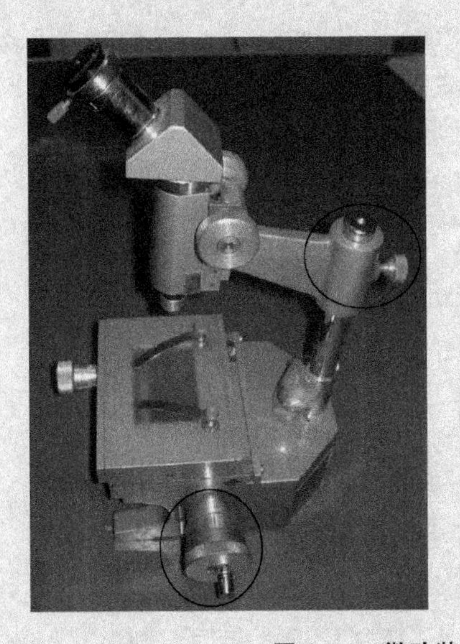

图 9.11　微动装置

习　　题

一、填空题

1. 一般用于精确、微量地调节某一部件的相对位置的装置是__________。

2. 万能测长仪中，用__________装置调整刻度尺的零位。

3. 利用摩擦力或其他方法，把精密机械上某一运动部件紧固在所需位置的一种装置是__________。

4. 差动螺旋装置中，两段差动螺旋的旋向应__________。

5. __________的锁紧装置和__________装置结构简单，制造容易，但由于锁紧时，被锁部件会产生微动，所以不能用于要求锁紧定位精度较高的地方。

二、名词解释

微动装置　锁紧装置　人手灵敏度　微动装置的全读数

三、简答题

1. 对微动装置设计的基本要求有哪些？

2. 为提高螺旋微动装置的灵敏度可以采取哪些措施？

3. 常用组合微动装置有哪些？

4. 锁紧装置设计时的基本要求是什么？

5. 常用仪器锁紧方式有哪几种？

6. “三点自位均匀收缩薄壁套”锁紧装置结构特点是什么，其如何保证高精度的锁紧定位？

7. 轴向受力锁紧装置除了可以采用螺旋传动产生锁紧力外，还可采用哪些方式产生锁紧力。

四、计算题

差动螺旋—斜面微动装置如图 9.12 所示，已知从 A 向观察时，手轮顺时针转 2.5 圈时，系统输出位移为 $S=0.0125\text{mm}$，右旋螺纹 $P_2=0.5\text{mm}$，求螺纹 P_1 的螺距及旋向。(图中斜面 $\text{tg}\alpha=1/50$)

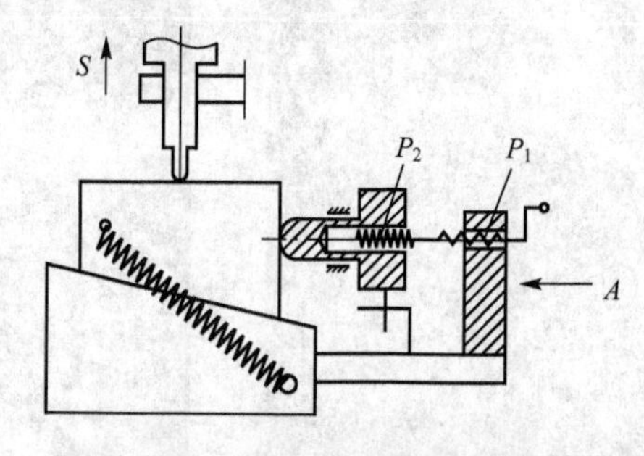

图 9.12　差动螺旋—斜面微动装置

五、思考题

如图 9.12 所示，差动螺旋传动中，若两螺旋旋向相同，则位移输出与首轮输入转角的关系式是什么？若 $P_1>P_2$，则装置的工作形式是何种情形？

第10章 可变光阑

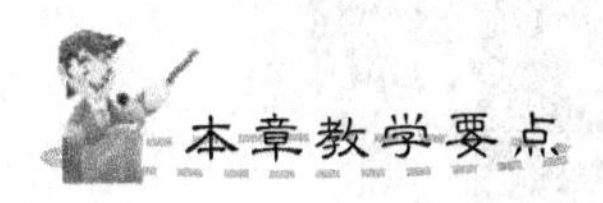

教学要求	知识要点
了解光阑的作用和设计要求	可变光阑的作用； 设计可变光阑时的注意事项
掌握虹彩光阑的设计方法	虹彩光阑的结构； 虹彩光阑的参数
掌握虹彩光阑各参数的计算	虹彩光阑各参数的计算

导入案例

为了在不同光线强度下都产生曝光正确的影像，照相机镜头有一可变光阑，用来调节直径不断变化的小孔，这就是所谓的光圈。在常见照相机上，镜头光阑的直径可以通过转动光圈调节环来改变。光圈支配着到达胶片上的影像亮度。调节邻近的 $f/$光圈数，光圈大小减小一半或增加一倍。光圈大小还影响景深。

(a)　　(b)

一个优良的摄影镜头除了要满足物像共轭位置及成像的横向放大率等要求以外，对成像范围也有一定要求。在像平面上要有一定的光能，常通过改变光圈的大小及曝光时间的长短来满足需要，同时还要有一定的反映物面细节的能力，即镜头的分辨率(跟光束孔径成正比)。因此如何控制摄影镜头在成像范围内各点光束的大小是非常重要的。在摄影镜头中是通过特设的通光孔径来控制成像光束的大小的，控制轴上点及轴外点光束大小的通光孔径叫做孔径光圈或有效光阑，即光圈。在现代光学仪器中，很多情况需要通光孔径能够连续改变以适应各种成像条件，得到较理想的图像。本章将介绍几种常用的可变光阑机构的结构和设计方法。

10.1　光阑的作用和设计要求

光阑能改善摄影镜头的成像质量，因为光阑能限制成像光束孔径和成像范围，对不能成清晰像、准确像的那些光线和像不清晰的空间部分都要舍弃，对有害而无用的光也加以阻拦，故能改善影像质量。

光阑也能控制摄影镜头的光功率、聚光本领和景深。此外光阑还可以拦截摄影镜头系统中的杂散光等。

孔径光阑设在镜头内或镜头后，用以限制平行于主光轴的光线进入镜头的数量(从而决定现场中心像面的照度)。在现在的镜头上，从光圈的构造也能反映出镜头的档次：双叶片的光圈常用在低档相机上或兼作快门叶片；多数光圈由 6～8 片叶片组成；更多的叶片也可以形成圆形的光圈，当需要虚化背景时，可以使背景虚化得更为自然，仅用于一些高档的镜头中。

转动镜筒上的光圈环可以改变光圈孔径大小。有些简易的相机或放大机镜头用不同直径的孔板改变光圈，就只能分级调整。

改变光圈的大小还可以得到不同的景深。对于同样焦距的镜头，光圈越小，景深越大。许多带自动测光系统的照相机中采用光圈优先的方案，就是为了在使用时可以根据摄影任务对景深的要求先装定适当的光圈，然后调节快门的曝光时间，以使底片获得合适的曝光量，这时可变光阑就主要起选择景深的作用了。

孔径光阑在光学系统中的位置和孔径的大小都对成像质量有影响。因此在设计物镜光学系统前，应已经确定孔径光阑的位置和最大孔径，并在光学系统图上标明了。

孔径光阑通过光学系统在物方所成的像叫做“入射光瞳”。入射光瞳直径与物镜焦距的比值 D/f' 叫做该物镜的相对孔径，它是物镜重要的光学特性之一，并与焦距值一起刻在镜框的前端面上。

可变光阑的调节一般是通过套装在外镜筒上的光阑调节圈来进行的。光阑调节圈一段加工成滚花手轮，一段刻制光圈分划线和数字。转动手轮可以调节镜筒两可变光阑的孔径，按照刻制的数字(F 数)装定所需要的光圈大小。

可变光阑机构的结构类型不多，若按光孔的形状分，大体可分为光孔接近圆形的方孔可变光阑(图 10.1)和圆孔可变光阑(图 10.2)两种；若按光圈刻度间隔分，可分为等间隔

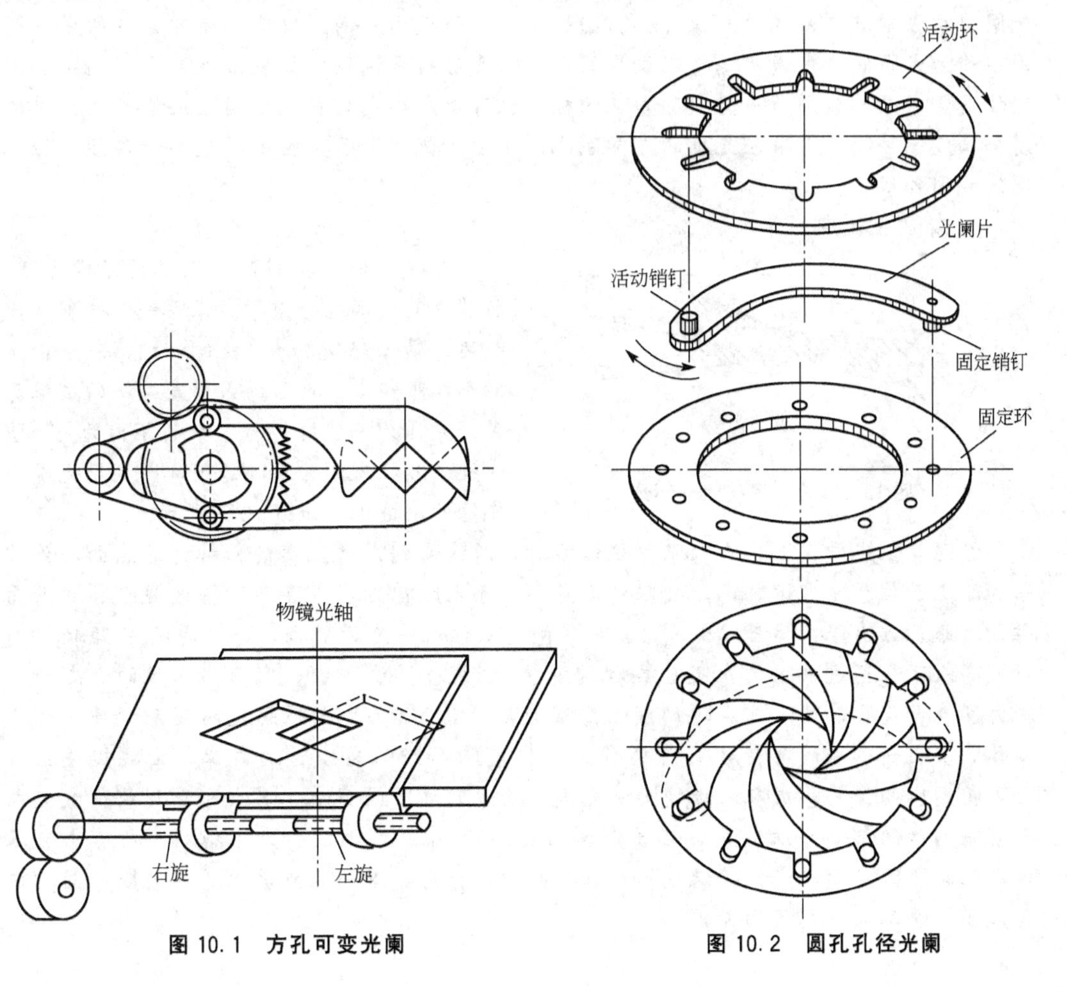

图 10.1 方孔可变光阑

图 10.2 圆孔孔径光阑

光阑和不等间隔光阑两种。

对可变光阑机构的设计要求主要有以下几点。

(1) 最大光孔所对应的相对孔径值不应小于物镜的最大相对孔径值，最小光孔应满足使用要求。

(2) 光圈拨至各挡时的实际通光孔径所对应的光圈数应与光阑调节图上刻写的名义数字相符，在拨完各挡光圈后，光圈应不易变更。

(3) 在各挡光圈中光阑片所组成的光孔图形应对称。

(4) 光阑调节应灵活可靠。

(5) 零件形状应尽量简单，便于加工制造。

可变光阑机构的设计方法有计算法和图解法两种。在许多场合，用图解法比计算法迅速、简便，尤其用图解法设计等间隔光阑的导槽形状时，更显得直观和方便。

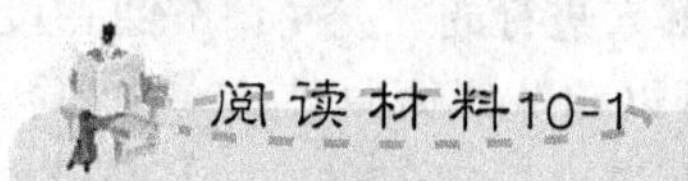

阅读材料10-1

光学系统光阑应用

在几何光学中，光学系统的孔径光阑和视场光阑是不可缺少的两种光束限制。孔径光阑用于限制进入系统的光束(或光能)的多少，而视场光阑则决定了光学系统的成像范围。作为光阑的器件通常是专门设置的或利用已有的透镜框。但实际上只要光阑符合上述作用，它并不必须是一种实际存在的框，也可以是虚拟的。通过两组成像光学系统的组合构成一种测量人眼屈光度的光学系统，其中正是利用了虚拟视场光阑和实际孔径光阑的共同作用。

1. 系统描述及光学原理

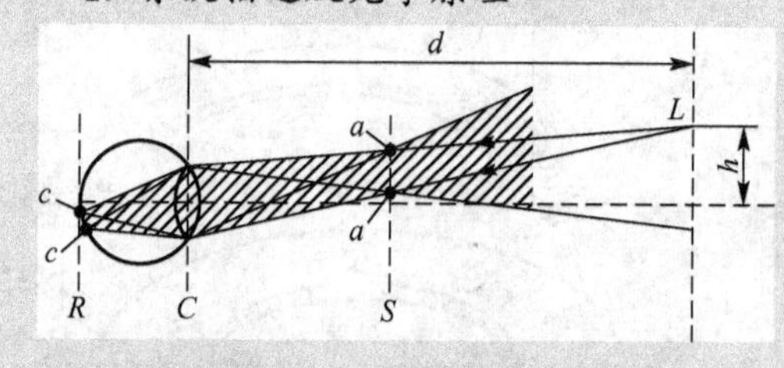

图 10.3 验光系统第一部分

为了更好地理解这一系统的光学原理，将其分解成两部分光学成像系统，分别加以叙述。第一部分光学系统(称为系统一)由光源和人眼组成，人眼的角膜是系统的成像元件。光源为一狭缝，与人眼的距离为 d。该系统的孔径光阑为人眼的瞳孔，视场光阑为光源的狭缝 L，如图 10.3 所示。

按照几何光学定义，当人眼注视远方时，所能看到最远距离的面称为远点面，正常眼的远点面位于无穷远，而近视眼的远点面位于人眼前方有限距离处，远视眼的远点面位于人眼后方有限距离处。如图 10.3 所示 ，假设人眼为近视眼，线光源 L 从距轴 h 高度照亮人眼，通过人眼的角膜 C 在视网膜 R 上形成一个离焦像(只有当人眼的远点面与光源所在面重合时才可能在视网膜上形成光源的清晰像)，人眼的视网膜可看作一个漫射体，其上所形成的离焦像此时又作为一发光物面经眼角膜再次成像，由共轭关系可知，视网膜的像将形成在人眼视力屈光度所决定的远点面 S 上，其大小和形状由线光源照射眼瞳时的包络线所决定，在子午面上为线段 aa。由于该面是虚拟的，所有出自眼瞳并汇聚于远点面的光线将继续沿着各自的方向传播。这一远点面上的视网膜像同时也构成了系统二的虚拟视场光阑。

第二部分光学系统(称为系统二)由眼瞳、狭缝光阑 Z、摄像机组成．眼瞳是摄像机的被摄目标(即被成像物体)，与摄像机的距离为 d。该系统的孔径光阑为摄像机前面的又一狭缝 Z，视场光阑是由系统一的远点面视网膜像形成的虚拟光阑，如图 10.4 所示。

当照像镜头 P 对人眼的瞳孔 C 进行拍摄时，理论上讲整个眼瞳都能成像，但由于受到光源照明的影响，眼瞳的成像光束取自于系统一的眼视网膜成像光束。由系统一眼瞳出射的光经 S 面后，受其原有的光束方向及摄像机处狭缝光阑的共同限制，只有部分光线能进入照像镜头。如果此时有人从摄像机处通过狭缝观察被测眼瞳，系统一获得的视网膜像 aa 就像视场光阑一样限制了眼瞳的成像范围，由于该视场光阑与系统二处于非共轴，所以只能看到部分眼瞳，正是这部分眼瞳能够通过虚拟的视场光阑被狭缝光阑后面的照像镜头所接受。由光路图可以看到，这部分眼瞳区域在子午面上为 bb 线段。

将上述两组光学系统组合构成如图 10.4 所示的验光系统。两系统的狭缝在此并列在同一面上形成双缝其中狭缝光源位于光轴外，构成轴外照明方式，狭缝光阑位于光轴上，与人眼共轴。由图 10.5 不难看出，只有阴影部分的光线是最终被 CCD 接收的成像光束。

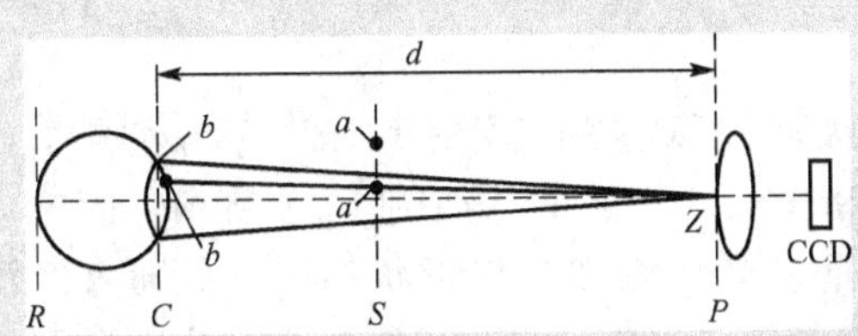

图 10.4 验光系统第二部分

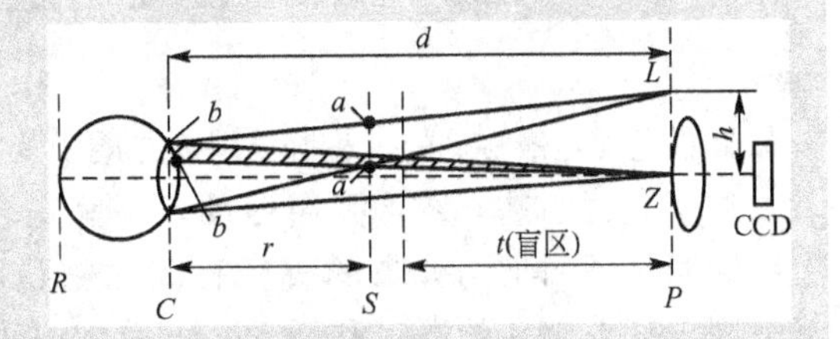

图 10.5 整个验光系统

根据前述光学原理，对于一个近视眼，通过狭缝光源的照明，可以获得成像范围不同的亮眼瞳 bb 图像其成像范围的改变取决于远点面 S 的位置。因此，根据眼瞳像的范围大小可以计算得到与人眼屈光度相关的人眼远点面的位置。它们之间的关系可根据图 10.5 通过简单几何运算得到如下关系：$\dfrac{D-bb}{h}=\dfrac{r}{d-r}$ 则 $r=\dfrac{d\cdot(D-bb)}{D-bb+h}$。

其中 D 为眼瞳的直径，远点面距离 r 的倒数即为人眼的视力屈光度。

图 10.5 所示的是人眼为近视情况下的系统总光路图，人眼为远视眼时的系统光路如图 10.6 所示。

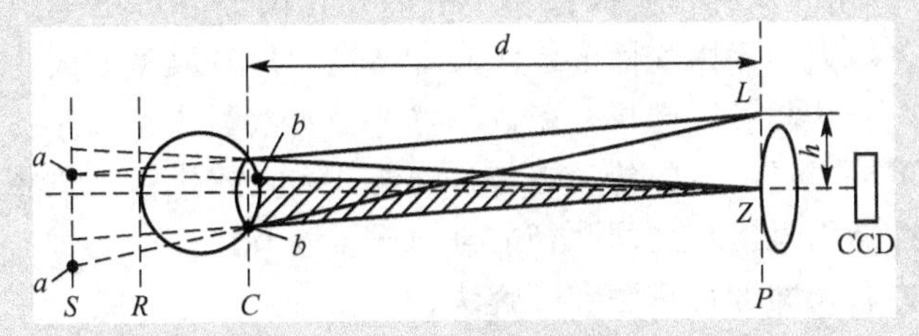

图 10.6 远视眼验光系统

2. 实验分析

按照上述光路建立了一个实验系统，用模拟眼为拍摄对象进行了实验，其结果与实际甚为接近，由此可以证明上述光学原理是正确的。值得注意的是，在系统二中，由于狭缝光阑的缝宽不能忽略，同时虚拟的视场光阑不可能与物面(眼瞳)重合，成像系统必然存在渐晕现象，使得眼瞳像的亮暗分界是一个渐变的区域，确定边界时需要使用一些技术手段。另外，由图 10.5 可知，虚拟的视场光阑相对于系统二处于偏轴位置，当人眼的远点面逐渐远离人眼(即靠近摄像机)到达某一位置时，视场光阑将限制眼瞳的所有出射光线均不能通过狭缝光阑进入照相镜头，当人眼的远点面超出此位置为系统测量的盲区。在盲区内，CCD 上成的眼瞳像全部是暗的，即 $bb=0$。盲区的起始位置 r_0(相对于眼瞳来讲)可由下面公式计算得出：

$$r_0=\frac{d\cdot D}{D+h}$$

这一实验系统还可以推广到更一般的短焦透镜的焦距测量。

资料来源：李湘宁. 光学系统光阑应用的实例. 大学物理. 2003(6).

10.2 虹彩光阑

虹彩光阑是最常见的一种圆孔可变光阑，其各级光孔所对应的光圈刻度一般是不等间隔的。

虹彩光阑的基本结构是由活动环、固定环和光阑片组成的。如图 10.2 所示，固定环上有沿同一圆周均匀分布的直径相同的销孔，活动环上则加工出形状相同的径向直线滑槽。固定环上销孔的数目和活动环上滑槽的数目都等于光阑片的数目。光阑片由两段同心圆弧围成，形状简单，弯如“虹彩”，光阑即由此得名。

光阑片两端各铆有一个销钉，一端销钉朝上，一端销钉朝下。装配时，将光阑片一端的销钉依次插入固定环的销孔内，另一端的销钉依次插入活动环的滑槽内，光阑片便被夹于固定环和活动环之间并排列成对称的图形。光阑片上与固定环相配的销钉通常叫做固定销，与活动环相配的销钉通常叫做活动销。

光阑机构工作时固定环不动，插入其销孔内的固定销只能绕销孔中心转动。当活动环绕光阑中心旋转时，其上的滑槽拨动活动销，使光阑片以固定销钉中心为支点摆动，由光阑片内圆弧边组成的通光孔便由大变小或由小变大。

由图 10.2 可见，由光阑片内圆弧边所组成的光孔图形并不是一个几何圆，而是一个圆弧边的正多边形。但因为用内切圆的面积来计算光通量时误差不大，而且当光阑片数目越多或光孔越大时，光孔越接近圆形，所以仍然把它叫做圆孔光阑。

光阑活动环还可以通过一定的传动链与自动调节系统的执行电机相连，这样就可以根据自动测光系统的控制信号实现光阑孔径的自动连续调节。

下面介绍设计虹彩光阑的计算法和图解法。

设计时的已知参数如下。

(1) 对应各挡光圈数的光阑孔径 $2\rho_i$，包括最大光孔直径 $2\rho_{max}$ 和最小光孔直径 $2\rho_{min}$。

(2) 限制光阑机构外形尺寸的有关结构参数，如安装光阑机构处的允许最大径向尺寸与最大轴向尺寸等。

设计光阑应该求出以下参数。

(1) 光阑片的形廓参数。它包括内曲率半径 $r_{内}$、外曲率半径 $r_{外}$、销孔所在圆周半径

r、两个销钉孔对中心的张角 ω(图 10.7)。

(2) 光阑片数目 N。

(3) 光阑片厚度 t。

(4) 光阑调节圈上对应各挡光圈数的分划的角度坐标和刻度间隔，也就是活动环对应各级光孔的转角 β。

10.2.1 计算法

按销钉位置分 3 种情况讨论。

1. 销钉位置在光阑片的中心线上

1) 光阑片的形廓参数

光阑片各形廓参数的计算公式由图 10.8 所表示的几何关系导出，并列于表 10-1 内。

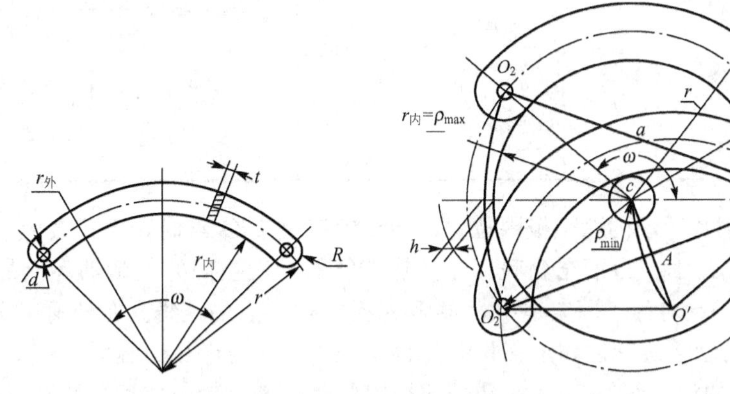

图 10.7 光阑片形廓　　　　图 10.8 光阑片的两个极限位置

表 10-1 光阑片各形廓参数的计算公式

名称		符号	计算式		
			两销钉都位于中心线上	活动销钉向外偏离中心线	固定销钉向内偏离中心线 活动销钉向外偏离中心线
光阑片形廓参数	内半径	$r_内$	$r_内=\rho_{max}$或略大于ρ_{max}		
	固定销钉所在圆弧半径	r_1	$r_1=r_2=r$ $r=\frac{1}{3}[(r_内+h)+\sqrt{4(r_内+h)^2+3(r_内-\rho_{min})^2}]$	$r_1=r$	$r_1=r-e_1$
	活动销钉所在圆弧半径	r_2		$r_2=r+e_2$	$r_2=r+e_2$
	圆弧中心线半径	r		$r=\frac{1}{3}[r_内+\sqrt{4r_内^2+3(R_内-\rho_{min})^2}]$	
	外半径	$r_外$	$r_外=2r-r$ 内或按结构选取		
	销钉孔距	a	$a=r+r_内+h$；$h=(0.5\sim1.5)d$	$a=\sqrt{r_1^2+r_2^2-2r_1r_2\cos\omega}$	
	销钉孔对中心张角	ω	$\omega=2\arcsin\frac{a}{2r}$	$\omega=2\arcsin\frac{r+r_内}{2r}$	
	销钉直径	d	$d=1\sim1.5$ 毫米		

（续）

<table>
<tr><th colspan="2" rowspan="2">名称</th><th rowspan="2">符号</th><th colspan="3">计 算 式</th></tr>
<tr><th>两销钉都位于中心线上</th><th>活动销钉向外偏离中心线</th><th>固定销钉向内偏离中心线
活动销钉向外偏离中心线</th></tr>
<tr><td colspan="2">光阑片片数</td><td>N</td><td colspan="3">$N=\frac{360}{\varepsilon}$　式中 $\varepsilon=\varphi_1-\varphi_2$；$\cos\varphi_1=\frac{r_{内}^2+(r_{内}-\rho_{min})^2-r_{外}^2}{2r_{内}(r_{内}-\rho_{min})}$；$\cos\varphi_2=\frac{r_{内}-\rho_{min}}{2r_{内}}$</td></tr>
<tr><td colspan="2">光阑片厚度</td><td>t</td><td colspan="3">t 按材料厚度或 $t=\frac{360}{N\cdot\omega}\cdot T$（$T$ 为光学系统放置光阑处的轴向尺寸）</td></tr>
<tr><td rowspan="2">活动环转角</td><td>近似计算公式</td><td>$\beta_{近}$</td><td colspan="3">$\beta_{近}=4\arcsin\frac{r_{内}-\rho}{2r}$　当光孔连续改变时，$\rho=\sqrt{S}$
当光孔逐档改变时，$\rho_i=\rho_{max}\cdot 2^{-\frac{i}{2}}(i=0,1,2\cdots)$，$\rho_{max}$—最大光孔半径</td></tr>
<tr><td>精确计算公式</td><td>$\beta_{精}$</td><td colspan="2">$\beta_{精}=\arctan\frac{\cos\left(\frac{\omega}{2}+\theta\right)}{\frac{r}{a}-\sin\left(\frac{\omega}{2}+\theta\right)}-\omega$
式中 $\theta=2\arcsin\frac{r_{内}-\rho}{2r}$</td><td>$\beta_{精}=\arctan\frac{\sin(\alpha-\theta)}{\frac{r_1}{a}-\cos(\alpha-\theta)}-\omega$
式中 $\alpha=\sin^{-1}\left(\frac{r_2}{a}\cdot\sin\omega\right)$
$\theta=2\arcsin\frac{r_{内}-\rho}{2r}$</td></tr>
</table>

图 10.8 表示光阑片运动的两个极限位置。活动销钉位于 O_2 点时，光孔最大；活动销钉位于 O_2' 点时，光孔最小。为了充分利用光阑片有限的摆动空间并使活动环上的滑槽不致过长，使 O_2 点和 O_2' 点对称于固定销中心 O_1 和光孔中心 O 点的连线。在光阑片摆动过程中，活动销钉 O_2 的运动轨迹是以固定销孔中心 O_1 为圆心、a 为半径的圆弧。由图 10.8 可见，为了防止光阑片的活动销钉 O_2 从活动环的槽内脱落出来，销钉之间的距离 $a=O_1O_2$ 必须大于 $r+r_{内}$，即

$$a=r+r_{内}+h \tag{10-1}$$

同时也可看到，从光孔中心 O 点到活动销钉 O_2 的距离 OO_2 是小于 r 的变量，而在两个极限位置时则等于 r。因此，销钉所在圆周半径 r 需由决定销钉极限位置的最小光孔半径 ρ_{min} 来求取。为了找到 r 与最小光孔半径 ρ_{min} 的关系，把光阑片放在对应最小光孔的位置上(图 10.8)，这时有

$$OO_2'=OO_1=O_1O'=O'O_2'=r$$

则 OO' 与 O_1O_2' 互相垂直且平分。

所以

$$OA=\frac{OO'}{2}=\frac{r_{内}-\rho_{min}}{2}$$

$$O_2'A=\frac{O_1O_2'}{2}=\frac{O_1O_2}{2}=\frac{a}{2}$$

在直角三角形 OAO_2' 中

$$(OO_2')^2=(OA)^2=(O_2'A)^2 \tag{10-2}$$

即

$$r^2=\left(\frac{r_{内}-\rho_{min}}{2}\right)^2+\left(\frac{a}{2}\right)^2$$

将式(10-1)代入式(10-2)

$$r^2=\left(\frac{r_{内}-\rho_{min}}{2}\right)^2+\left(\frac{r+r_{内}+h}{2}\right)^2 \tag{10-3}$$

解此二次方程并舍去负根(因为 r 不可能为负值)，即得 r 的计算公式(表 10-1)。

表 10-1 中光阑片形廓的其他参数均可由图 10.4 导出。

2) 光阑片片数

随着光阑孔的缩小，光阑片之间互相重叠的部分也逐渐减少；当光孔缩至最小光孔时，光阑片之间的重叠最少。这时，如果光阑片数目或其他参数选取不合适，就可能出现漏光［图 10.9(b)］现象。图 10.9(a)表示了当光孔最小时，相邻两光阑片保证不漏光的最少重叠位置。由此可以求出光阑片的最少片数为

$$N=\frac{360}{\varepsilon} \tag{10-4}$$

式中的 $\varepsilon=\varphi_1-\varphi_2$，是相邻两光阑片对中心所张的角度。其中

$$\left.\begin{aligned}\varphi_1&=\cos^{-1}\frac{r_{内}+(r_{内}-\rho_{min})^2-r_{外}^2}{2r_{内}(r_{内}-\rho_{min})}\\ \varphi_2&=\cos^{-1}\frac{r_{内}^2-\rho_{min}}{2r_{内}}\end{aligned}\right\} \tag{10-5}$$

通过上式计算的 N 值应取成略大一点的整数。

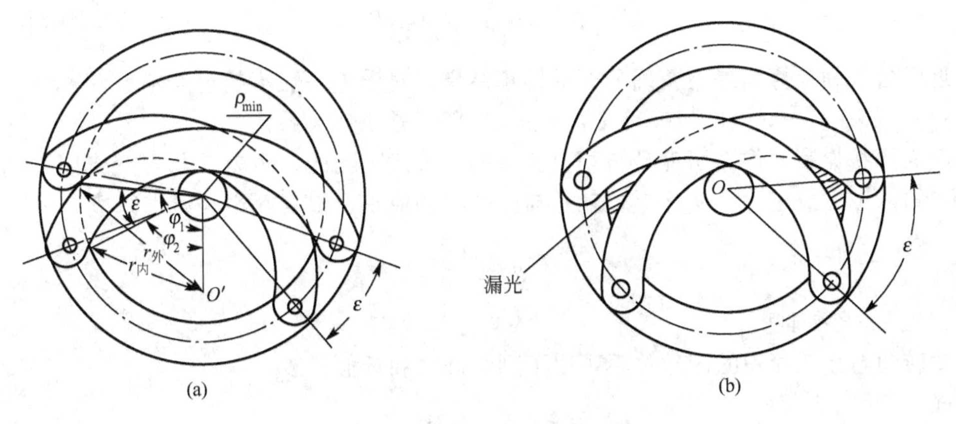

图 10.9 相邻两光阑片最少重叠位置

3) 光阑片厚度的计算

光阑片厚度的计算公式为

$$t=\frac{360}{N\varepsilon}\cdot T \tag{10-6}$$

式中的 T 为光学系统放置光阑处的透镜间隔，若 $T\geqslant1$mm 时可按材料厚度直接选取光阑片厚度。通常 $t=0.06\sim0.2$mm，对于外径尺寸大的光阑片，应选较厚的材料。光阑片应平直无翘曲，不得有局部隆起和凹陷。

4) 活动环转角 β

活动环转角示意图如图 10.10 所示。

$$\tan(\beta+\omega)=\frac{y_2}{x_2}$$

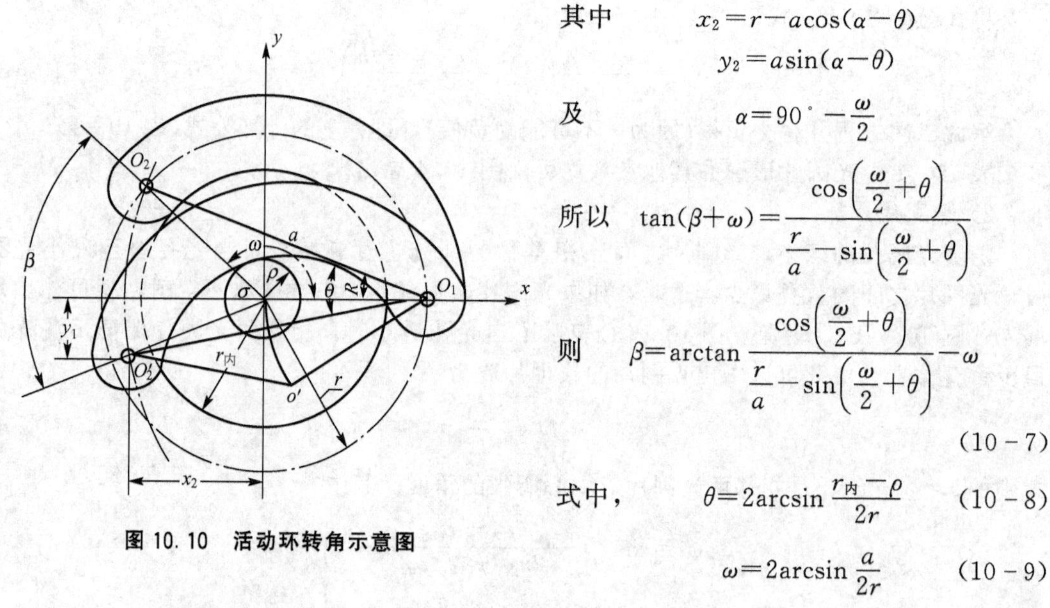

图 10.10　活动环转角示意图

其中
$$x_2=r-a\cos(\alpha-\theta)$$
$$y_2=a\sin(\alpha-\theta)$$

及
$$\alpha=90^{\circ}-\frac{\omega}{2}$$

所以
$$\tan(\beta+\omega)=\frac{\cos\left(\frac{\omega}{2}+\theta\right)}{\frac{r}{a}-\sin\left(\frac{\omega}{2}+\theta\right)}$$

则
$$\beta=\arctan\frac{\cos\left(\frac{\omega}{2}+\theta\right)}{\frac{r}{a}-\sin\left(\frac{\omega}{2}+\theta\right)}-\omega \tag{10-7}$$

式中，
$$\theta=2\arcsin\frac{r_{内}-\rho}{2r} \tag{10-8}$$
$$\omega=2\arcsin\frac{a}{2r} \tag{10-9}$$

实际上，在光阑片摆动的范围内，可以近似认为$\beta\approx2\theta$，因此常常可以用如下近似公式来计算活动环转角

$$\beta_{近}\approx4\arcsin\frac{r_{内}-\rho}{2r} \tag{10-10}$$

近似公式的计算结果与精确公式的计算结果相对误差一般不超过 4%。

由式(10-7)～式(10-10)可见，β和ρ之间不是线性关系。

因为照相物镜的像面照度是与相对孔径的平方成正比的，也就是与可变光阑光孔直径(或半径)的平方成正比，实际上也就是与光孔面积成正比。光孔半径可以写成

$$\rho=\sqrt{\frac{S}{\pi}}$$

式中，S——光孔面积。

则活动转角与光孔面积的函数关系可由下列精确式和近似式表示。

精确式：

$$\beta_{精}=\arctan\frac{\cos\left(\frac{\omega}{2}+\theta\right)}{\frac{r}{a}-\sin\left(\frac{\omega}{2}+\theta\right)}-\omega \tag{10-7a}$$

$$\theta=2\arcsin\frac{r_{内}-\sqrt{\frac{S}{\pi}}}{2r} \tag{10-8a}$$

近似式：

$$\beta_{近}=2\arcsin\frac{r_{内}-\sqrt{\frac{S}{\pi}}}{2r} \tag{10-10a}$$

可见活动环转角与光孔面积之间的关系也是非线性的。

当可变光阑用手装定，逐挡调节光孔大小时，由于分挡是以$\sqrt{2}$为公比的等比级数，每

变化一挡相当于光孔面积减少一半(也就是像面照度减小一半)，所以各级光孔半径 ρ_i 的系列是以 $2^{-\frac{i}{2}}$ 为公比的等比级数，即

$$\rho_i=\rho_{\max}2^{-\frac{i}{2}} \quad (i=0,1,2,\cdots) \tag{10-11}$$

式中，$\rho_{\max}$——光孔半径的最大值。

则活动环转角对应各级光孔的值 β_i 可由下列精确式和近似式表示。

精确式：

$$\beta_{i精}=\arctan\frac{\cos\left(\frac{\omega}{2}+\theta_i\right)}{\frac{r}{a}-\sin\left(\frac{\omega}{2}+\theta_i\right)}-\omega \tag{10-7b}$$

$$\theta_i=2\arcsin\frac{r_{内}-\rho_{\max}2^{-\frac{i}{2}}}{2r} \quad (i=0,1,2,\cdots) \tag{10-8b}$$

近似式：

$$\beta_{i近}=4\arcsin\frac{r_{内}-\rho_{\max}2^{-\frac{i}{2}}}{2r} \quad (i=0,1,2,\cdots) \tag{10-10b}$$

如果把 i 看成连续的自变量，将近似式(10-10b)两边微分得

$$\Delta\beta_{近}=\frac{0.7\rho_{\max}2^{-\frac{i}{2}}}{r\sqrt{1-\left(\frac{r_{内}-\rho_{\max}2^{-\frac{i}{2}}}{2r}\right)^2}}\cdot\Delta i$$

令 $\Delta i=1$，则

$$\Delta\beta_{近}=\frac{0.7\rho_{\max}2^{-\frac{i}{2}}}{r\sqrt{1-\left(\frac{r_{内}-\rho_{\max}2^{-\frac{i}{2}}}{2r}\right)^2}} \tag{10-12}$$

式中的 $\Delta\beta_{近}$ 即为光孔每变化一级时的活动环转角的近似值，也就是光阑调节圈上相邻两挡光阑刻度间隔。可见 $\Delta\beta$ 不是一个与 i 无关的常数，所以这种光阑是不等间隔光阑。

2. 活动销钉向外偏离中心线

使活动销钉的位置向外偏离光阑片的中心线，也可以避免活动销钉从滑槽内滑出。这时从固定销钉 O_1 到活动销钉向外偏移前的位置 O_2'' 之间的距离 a'，可以取成 $a'=r_{内}+r$(即 $h=0$)，因此，r 的计算公式变成

$$r=\frac{1}{3}\left[r_{内}+\sqrt{4r_{内}^2+3(r_{内}-\rho_{\min})^2}\right] \tag{10-13}$$

光阑片形廓的其他参数的计算方法与第一种相同，各计算式见表 10-1。

但是，由图 10.11 可以看到，由于活动销钉的位置 O_2'' 向外移到 O_2，对应于光阑片转过同样的 θ 角，与图 10.10 相比，活动环要少转过角 $\Delta\beta$，活动环的转角 β 的计算公式可用与前面相类似的方法推得，并列于表 10-1 中。

3. 固定销钉向内偏移、活动销钉向外偏移

这种方法也可以避免活动销钉从滑槽内脱出，同时，由图 10.12 可以看出，由于活动销钉向外偏移和固定销钉向内偏移所引起的活动环转角 β 的变化 $\Delta\beta$，符号刚好相反。

这种方法也可以令 $h=0$，r 用式 (10-13)求取。全部计算公式均与第二种方法相同(见表 10-1)。

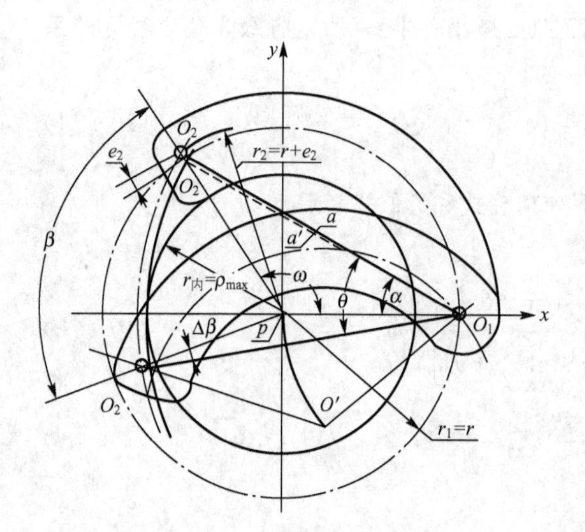

图 10.11　活动销钉向外偏移出中心线的情况

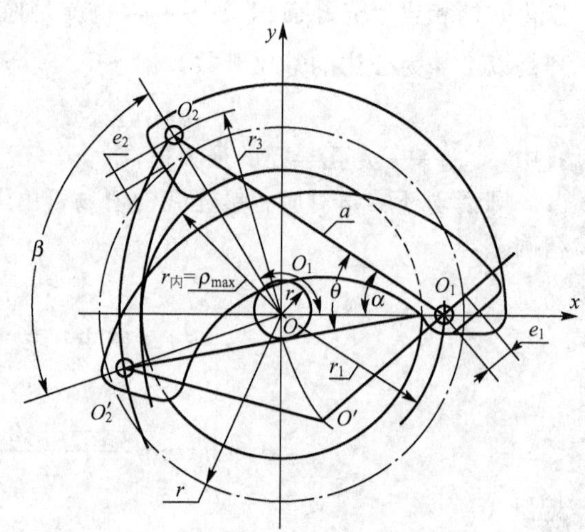

图 10.12　固定销钉向内偏移、活动销钉向外偏移的情况

由表 10-1 可以看出，上述 3 种情况的光阑片参数和活动环转角的计算式本质上是相同的。实际上，第二种可以看作是第三种当 $e_1=0$ 时的特殊情形；同样，第一种可以看作是第三种当 $e_1=e_2=0$ 时的特殊情形。第三种光阑片的设计公式是普遍公式，而第一、二种光阑片的设计公式都可以在一定条件下由第三种光阑片的设计公式导出。

计算举例如下。

对于焦距 $f=1\text{m}$ 的航摄物镜的可变光阑，已知最大光孔 $2\rho_{max}=100\text{mm}$，最小光孔 $2\rho_{min}=25\text{mm}$；各挡光圈数为 8、11、16、22、32。

计算如下(以销钉位于光阑片中心线上为例计算)。

$$r_{内}=\rho_{max}=50\text{mm}$$

取 $d=1.5\text{mm}$，$h=d=1.5\text{mm}$，

则
$$r=\frac{1}{3}\left[(50+1.5)+\sqrt{4(50+1.5)^2+3(50-12.5)^2}\right]=57.8\text{mm}$$

取 $r=57\text{mm}$，这样在其他参数不变的条件下，可使实际最小光孔比要求值略小。

$$r_{外}=2\times57-50=64\text{mm}$$

$$a=57+50+1.5=108.5\text{mm}$$

$$\omega=2\arcsin\frac{108.5}{2\times64}=144°22'$$

在 r 已定的情况下，ω 往小取整，会引起 h 值减小，这时应验算销钉不脱出滑槽的条件 $a>r+r_{内}$；ω 往大取整，会引起最小光孔增大，这时应验算最小光孔是否满足要求。

现取 $\omega=144°$。

验算

$$a=2\arcsin\frac{\omega}{2}=2\times57\sin\frac{144°}{2}=108\text{mm}$$

$$h=a-(r+r_{内})=108.4-(50+57)=1.4\text{mm}$$

可见 h 值减少甚微，a 值仍符合要求。

$$\cos\varphi_1=\frac{50^2+(50-12.5)^2-64^2}{2\times50(50-12.5)}=-0.0507$$

$$\varphi_1=92°54'$$

$$\cos\varphi_2=\frac{50-12.5}{2\times50}=0.3750$$

$$\varphi_2=67°58'$$

$$\varepsilon=\varphi_1-\varphi_2=92°54'-67°58'=24°56'=24.93°$$

$$N=\frac{360}{24.93}=14.4$$

取整为 $N=15$ 片。

各挡光圈所对应的活动环转角见表 10-2。

表 10-2 各挡光圈所对应的活动环转角

光圈数 F	光孔直径 2ρ	活动环转角 β			误差	
		近似值	精确值	刻度间隔	$\Delta\beta=\beta_{近}-\beta_{精}$	$\frac{\Delta\beta}{\beta_{精}}\times100\%$
8	100	0	0	26°58′	0	0
11	72.8	27°24′	26°58′	24°22′	+0°26′	1.6%
16	50	50°40′	51°20′	14°	−0°40′	1.3%
22	36.4	64°48′	65°20′		−0°32′	0.8%
32	25	76°48′	76°18′	10°58′	+0°30′	0.7%

10.2.2 图解法

设已知各级光阑孔径。

1. 求光阑片的形廓参数

光阑片形廓参数计算参考图如图 10.13 所示。

(1) $r_{内}=\rho_{max}$；以 O 为圆心、$r_{内}$ 为半径画一圆。

(2) $r_{外}$ 按结构取；以 O 为圆心、$r_{外}$ 为半径画一圆。

(3) 光阑片的中心半径 $r=\frac{r_{外}+r_{内}}{2}$。一般为了防止活动销钉从活动环的槽中滑出，通常使活动销钉向外偏移(即 $r<r_2<r_{外}$)，同时使固定销钉向内偏移(即 $r_{内}<r_1<r$)。设取 $r_1=r_{内}+(1\sim2)d$，$r_2=r_{外}+(1\sim2)d$，其中 d 为销钉直径。

(4) 按对应最小光孔的光阑片极限位置决定 ω 角。作图步骤如下。

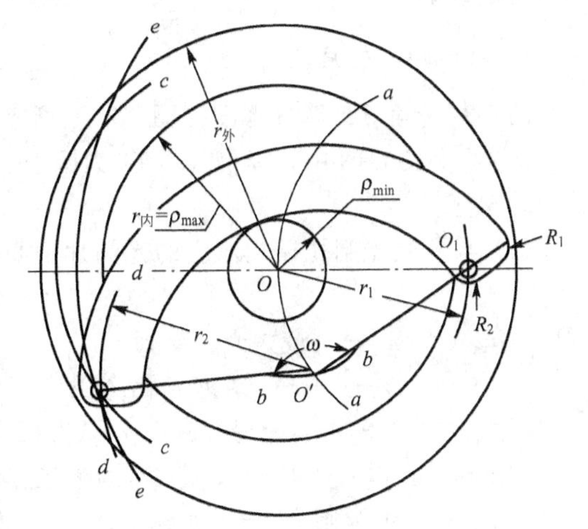

图 10.13 光阑片形廓参数计算参考图

① 在以 O 为圆心、r_1 为半径所作的圆弧上，任取一点 O_1，作为固定销钉中心；然后以 O_1 为圆心、r_1 为半径画 $a-a$ 弧，该弧是光阑片中心 O 的运动轨迹。

② 以 O 为圆心、$(r_{内}-\rho_{min})$ 为半径画 $b-b$ 弧与 $a-a$ 弧相交于 O_2 点，该点是光阑片中心的极限位置。

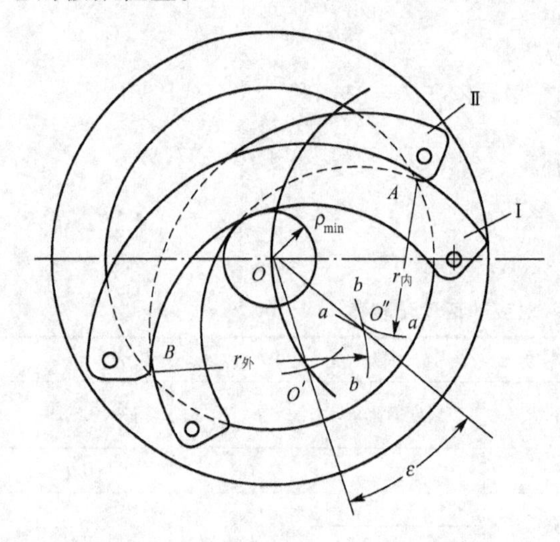

图 10.14　光阑片数目计算参考图

③ 分别以 O 和 O' 点为圆心、r_2 为半径画 $c-c$ 弧与 $d-d$ 弧相交于 O_2 点，该点是活动销钉的极限位置。

④ 以 O_1 为圆心、O_1O_2 为半径画 $e-e$ 弧，该弧是活动销钉的运动轨迹，检验一下活动销钉是否可能从活动环槽中滑出，即应保证 $O_1O_2>r_i+r_{内}$。

⑤ ω 角可直接从图上量得，$\omega=\angle O_1OO_2$。

(5) 根据两销钉的具体位置选取圆角 R_1 和 R_2，完成光阑片两端的外形设计。

2. 求光阑片数目

光阑片数目计算参考图如图 10.14 所示。

用作图法求光阑片数目是在对应最小光孔的极限位置上画出相邻两光阑片最少重叠的情况，然后从图上量出 ω 角，即可求得最少光阑片数。作图步骤如下。

(1) 画出光阑片Ⅰ对应最小光孔的极限位置(作图法同上)。

(2) 画出光阑片Ⅱ与光阑片Ⅰ重叠最少并保证不漏光的最小极限位置，作图步骤如下。

① 以光阑片Ⅰ的外圆弧边与最大光孔边的交点 A 为圆心、$r_{内}$ 为半径画 $a-a$ 弧。

② 以光阑片Ⅰ的内圆弧边与最大光孔边的交点 B 为圆心、$r_{外}$ 为半径画 $b-b$ 弧与 $a-a$ 弧交于 O'' 点，该点即为光阑片Ⅱ的中心位置。

(3) $\varepsilon=\angle O'OO''$可以直接从图上量出。最少片数为 $N=\frac{360}{\varepsilon}$，向加大的方面化整后即为所求的光阑片数目。

3. 求活动环转角 β

活动环转角 β 计算参考图如图 10.15 所示。

(1) 与图 10.13 中相类似，以 O_1 为圆心、r_1 为半径画 $a-a$ 弧，该弧是光阑片中心 O 的运动轨迹。

(2) 与各级光阑孔径相对应的光阑片中心离光孔中心 O 的距离，可以用下式求出

$$l_i=\rho_{max}-\rho_i \tag{10-14}$$

式中，$\rho_{max}(=r_{内})$——最大光孔半径；

ρ_i——任一级的光孔半径。

将用上式求得的 l_i，分别在 a—a 弧上截取，得到 1、2、3、4…各点。

(3) 同样，以 O_1 为圆心、Q_1Q_2 为半径作出活动销钉的运动轨迹 b—b 弧；然后分别以 0、1、2、3、4…为圆心、r_2 为半径在 b—b 弧上截得相应的 O_2、$1'$、$2'$、$3'$、$4'$…各点，活动环转角即为

$$\beta_1 = \angle O_2O1'$$
$$\beta_2 = \angle O_2O2'$$
$$\beta_3 = \angle O_2O3'$$
$$\beta_4 = \angle O_2O4'$$

β_1、β_2、β_3、β_4…从图上实际量出即可。

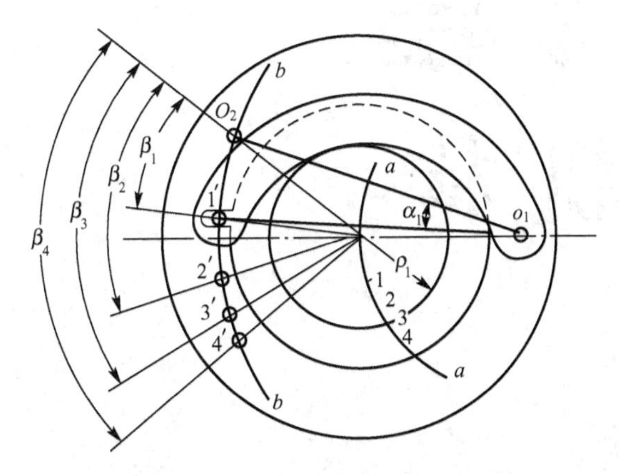

图 10.15 活动环转角计算参考图

习　　题

一、填空题

1. 光阑也能控制摄影镜头的__________、__________和__________等。

2. 在现在的镜头上，从__________也能反映出镜头的档次。

3. 有些简易的相机或放大机镜头用不同直径的__________，就只能分级调整。

4. 孔径光阑在光学系统中的__________和__________都对成像质量有影响。

5. 可变光阑机构的结构类型不多。若按光孔的形状分，大体可分为__________和__________。

6. 虹彩光阑的基本结构是由__________、__________和__________组成的。

二、名词解释

孔径光阑　光圈

三、简答题

1. 光阑在光学系统中有哪几方面的作用？

2. 对可变光阑机构的设计主要有什么要求？

四、计算题

已知可变光阑的最小通光口径为 Φ1mm，最大通光口径为 Φ25mm，光阑片的外曲率半径为 17.5mm，试计算所需光阑片的数目。

第11章 快门机构

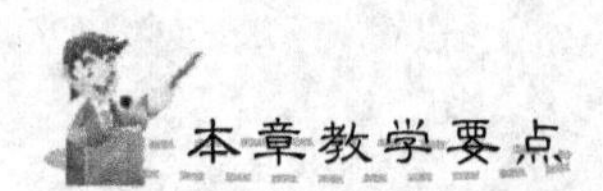

教学要求	知识要点
了解快门的主要类型、特性； 掌握光学系统对快门机构的要求	快门的种类； 表征快门的主要特性； 光学系统对快门机构的要求
掌握中心式快门的结构及工作原理	中心式快门的种类； 中心式快门的组成、工作原理和工作过程
掌握百叶窗式快门的结构及工作原理	百叶窗式快门的结构； 百叶窗式快门的工作原理

导入案例

在常见照相机上，镜头也设有快门装置，被称作镜头间快门。快门打开后，光线才能透射到胶片上，快门给了选择准确曝光瞬间的机会，而且通过确定某一快门速度，还可以控制曝光时间的长短。快门可以根据不同的速度需要加以调整，它决定着胶片曝光时间的长短。调节快门速度盘上相邻的速度挡就意味着延长一倍或缩短一半的曝光时间。叶片快门设置在光阑和镜头之间，或在光阑之后。按下释放钮时，其交叠的叶片弹开，而焦平面快门则由两块依次开启的金属帘幕挡板组成。

11.1 快门的主要特性、类型及对快门机构的基本要求

快门的作用是，控制从被摄物来的光线在一段确定的时间内感光，使感光层被曝光。它和光阑机构都是决定感光层的曝光最重要的因素，光阑机构决定了成像光束的粗细，快门机构则决定光束作用的时间——曝光时间。在相机中，快门是决定像质的极为重要的部件。

根据快门所处的位置，可分为物镜快门(镜头间快门)和焦面快门两类。物镜快门位于物镜的几个光组之间或紧靠物镜前后；焦面快门则设于焦面附近紧靠感光材料的前面。

物镜快门主要有中心式快门和百叶窗式(片板式)快门两类；焦面快门则主要是各种不同形式的卷帘式(帘幕式)快门和缝隙快门。除此之外，还有一种所谓光闸式(旋转盘式)快门，它是一个不断旋转的带切口的圆盘(图 11.1)，圆盘的旋转轴与物镜的光轴平行。当它放置于物镜附近时，就属于物镜快门；当它放置于焦面附近时，就属于焦面快门。

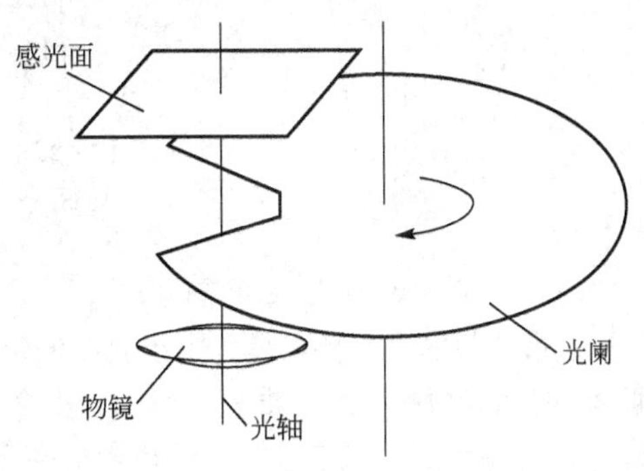

图 11.1 光闸式快门

光闸式的焦面快门常用在电影摄影机里。关于光闸式快门不再做进一步的讨论。

中心式快门一般由数片(2～5片)叶片来遮断光束。叶片的旋转轴平行于物镜的光轴，当快门工作时，叶片从中心向外打开物镜的有效光孔(图11.2)。这种快门的主要特点是只要快门打开一点点，感光层上所有的像点(整个幅面)都同时被曝光。

百叶窗式快门由一组旋转轴与光轴垂直的薄钢片排列组成，薄片的数目一般在10片上下，借助薄片绕本身纵轴旋转，打开和关闭物镜的通光孔径(图11.3)。百叶窗式快门的薄片一般位于物镜的光组之间。它的布置形式可以是辐向的(叶片旋转轴相交于物镜光轴)或是平行排列的。薄片的断面形状也各不同。现代航空摄影机中的百叶窗式快门都采用平行排列的形式。这种快门的主要特点是，每片叶片的尺寸较小，而总加起来又可遮断较大口径的物镜光孔。因此是航空摄影机中特有的快门型式，多用在物镜口径较大的航空摄影机中。

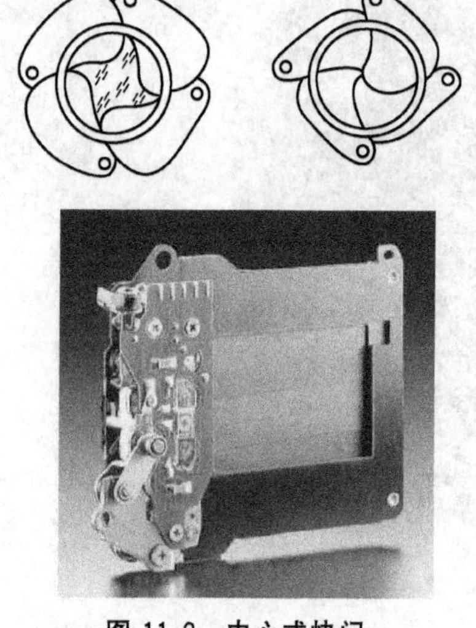

图11.2　中心式快门

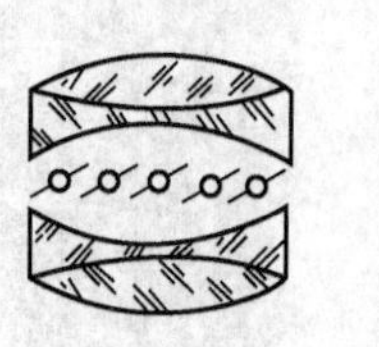

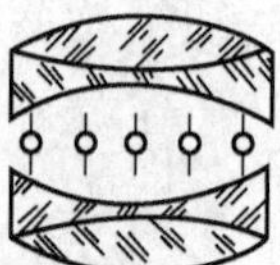

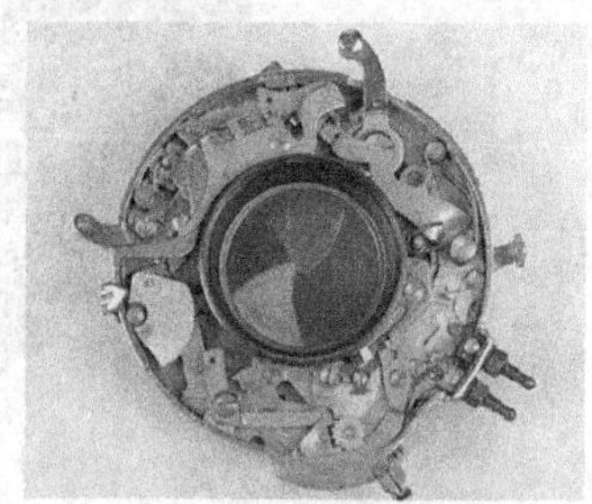

图11.3　百叶窗式快门

在卷帘式快门里，打开和关闭物镜有效光孔的零件是一个带缝隙的不透光的卷帘，位于感光材料附近。曝光时，卷帘与感光材料之间产生相对运动，因此光束能通过卷帘上的缝隙依次使整个感光材料曝光。一般移动的是卷帘，而感光材料则保持固定不动(图11.4)。

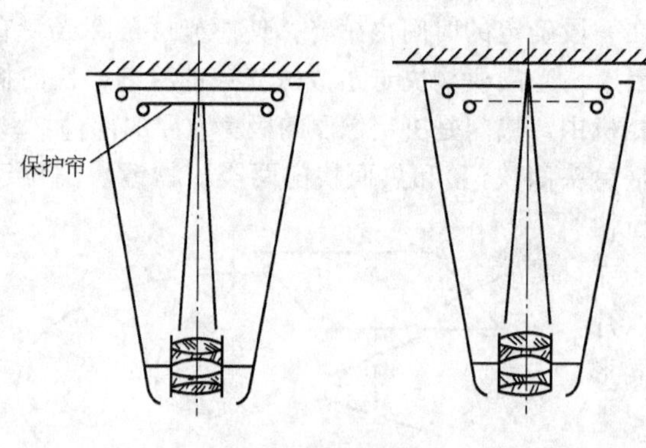

图11.4　卷帘式快门

卷帘一般用橡皮布制成，也有采用若干狭条金属薄片组成的。在航空摄影机里，还有用蒸镀不透光的金属膜和涂黑漆层的涤纶作为卷帘的。在小型的普通相机里，还有一种所谓“钢片快门”，它用两组可以叠合和展开的薄金属片(每组2～5片)用来代替一般双卷帘快门中的卷帘。

卷帘快门的主要特点是：由于遮断的每一个像点的光束很细，因此能够得到很短的曝光时间，同时通光效率(见后)很高。但由于整个像幅是随着帘缝的移动逐步完成曝光的，因此在拍摄运动的目标(以及航空摄影中，摄影机随飞机连续不断地相对地面移动)时，会有影像变形。

表征快门的主要特性如下。

（1）最短曝光时间和曝光范围。曝光时间范围是最长曝光时间和最短曝光时间之比，它在一定程度上决定了摄影机的使用范围。

（2）快门通光效率。

（3）快门的通光孔径的大小。一般快门的通光孔径总是设计得比最大光束的直径更大。

任何类型快门在工作时，实际上都不是瞬时开放或遮断物镜有效孔径的。在快门工作过程中，被打开的物镜的有效孔径的面积，开始时逐渐增大，达到最大值后逐渐减小。而在每一瞬间所通过的光能量则又与被打开的面积 S 成正比关系，因此也是从小变大，然后由大到小的变化。

感光层上任意一点的曝光过程可以用图形来表示，这种图形叫做快门曝光工作特性曲线(图 11.5)。特性曲线表示出在曝光过程中，通过快门照射到一点的光通量 F(或照度 E)。因为光通量与物镜有效孔径的平方(或光孔面积)成正比，因此有时也用物镜有效孔径的平方(或孔径面积)作纵坐标。横坐标则为快门的工作时间。

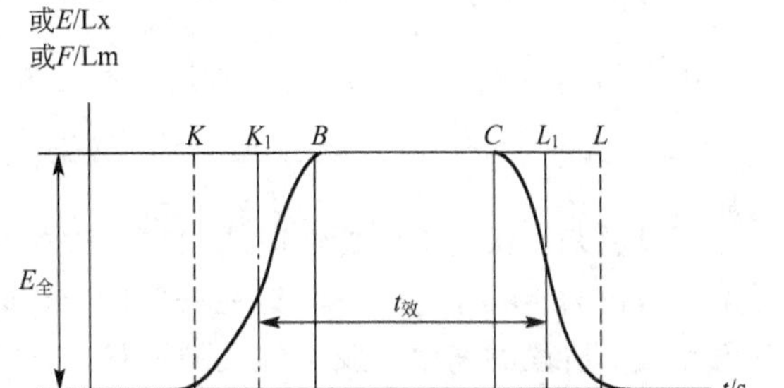

图 11.5 快门曝光工作特性曲线

由图 11.5 可见，在一般情形中，快门工作分 5 个阶段：预跑(加速)阶段(水平 OA)，打开阶段——光通量由零变到最大(曲线 AB)，全开阶段——通光孔径保持不变，光通量保持最大值不变(水平 BC)，关闭阶段——光通量由最大值减小到零(曲线 CD)，以及跑出制动阶段(水平线 DG)。它们所对应的持续时间为 $t_{预}$、$t_{开}$、$t_{全}$、$t_{关}$ 和 $t_{出}$。对于曝光点接受曝光来说，全部持续的时间是

$$t_{实}=t_{开}+t_{全}+t_{关} \tag{11-1}$$

$t_{关}$ 叫做该曝光点的实际曝光时间。

各阶段的曝光量分别为各段曲线下面的面积

$$H_{开}=\int_{t_{开}}^{t_{预}+t_{开}} E\mathrm{d}t=\int^{t_{开}} E\mathrm{d}t \tag{11-2}$$

$$H_{全}=\int_{t_{预}+t_{开}}^{t_{预}+t_{开}+t_{全}} E\mathrm{d}t=\int^{t_{全}} E\mathrm{d}t=E_{全}t_{全} \tag{11-3}$$

$$H_{关}=\int_{t_{预}+t_{开}+t_{全}}^{t_{预}+t_{实}} E\mathrm{d}t=\int^{t_{关}} E\mathrm{d}t \tag{11-4}$$

因此在快门全部工作时间内，通过快门照射到感光层上一点总的曝光量

$$H=\int^{t_{实}} E\mathrm{d}t=H_{开}+H_{全}+H_{关}=\int^{t_{开}} E\mathrm{d}t+\int^{t_{全}} E\mathrm{d}t+\int^{t_{关}} E\mathrm{d}t \tag{11-5}$$

即面积 $ABCD$。

对于理想快门的工作情形来说，$t_{开}=t_{关}=0$，即快门一打开就是全部打开，一关闭就是全部闭上。通过快门找到感光层上一点的总曝光量等于矩形面积 $AKLD$，即 $E_{全}t_{实}$，其中 $E_{全}$ 为快门全部打开时射到感光层上一点的照度。

通光效率 η 就是在快门工作时间(实际曝光时间)内，通过快门照射到感光层上一点的曝光量，与在同样时间内通过理想快门照射到感光层上同一点的曝光量之比。

$$\eta=\frac{面积\,ABCD}{面积\,AKLD}=\frac{\int^{t_{开}} E\mathrm{d}t}{E_{全}t_{实}}=\frac{\int^{t_{开}} E\mathrm{d}t+\int^{t_{全}} E\mathrm{d}t+\int^{t_{关}} E\mathrm{d}t}{E_{全}t_{实}} \tag{11-6}$$

如设此阶段通光效率为

$$\eta_{开}=\frac{\int^{t_{开}}E\mathrm{d}t}{E_{全}t_{开}} \tag{11-7}$$

$$\eta_{关}=\frac{\int^{t_{关}}E\mathrm{d}t}{E_{全}t_{实}} \tag{11-8}$$

全开阶段通光孔径效率显然为

$$\eta_{全}=\frac{\int^{t_{全}}E\mathrm{d}t}{E_{全}t_{全}}=1 \tag{11-9}$$

这样，快门的通光效率可写成

$$\eta=\frac{E_{全}t_{开}\eta_{开}+E_{全}t_{全}+E_{全}t_{关}\eta_{关}}{E_{全}t_{实}}=\frac{t_{开}\eta_{开}+t_{全}+t_{关}\eta_{关}}{t_{实}} \tag{11-10}$$

考虑到 $t_{实}=t_{开}+t_{全}+t_{关}$，上式还可改写成

$$\eta=\frac{t_{开}\eta_{开}+t_{全}-t_{开}-t_{关}+t_{关}\eta_{关}}{t_{实}}=1-\frac{t_{开}(1-\eta_{开})+t_{关}(1-\eta_{关})}{t_{实}} \tag{11-11}$$

一般说来，快门工作特性曲线的打开阶段和关闭阶段是不对称的。但为了简化以后的讨论，假设 $t_{开}=t_{关}$，$\eta_{开}=\eta_{关}$(这在一定的结构时是可能实现的，它决定于快门零件在打开阶段和关闭阶段的速度以及工作边的形状)。这时，快门的通光效率即为

$$\eta=1-2(1-\eta_{开})\frac{t_{开}}{t_{实}} \tag{11-12}$$

从上式可以看出，这种快门的通光效率 η 与打开阶段的通光效率 $\eta_{开}$ 以及打开时间与全部曝光时之比$\frac{t_{开}}{t_{实}}$有关。要提高这种快门的通光效率，需要提高快门打开阶段的通光效率，或是缩小打开时间与全部时间之比，即需要增大全开的持续时间。

知道了快门通光效率以后，可以确定所谓有效曝光时间 $t_{效}$。有效曝光时间就是为得到相等的曝光量理想快门需要工作的时间。

从特性曲线图上看，就是说

面积 $A_1K_1L_1D_1$＝面积 $ABCD$

即

$$E_{全}t_{效}=E_{全}t_{开}\eta_{开}+E_{全}t_{全}+E_{全}t_{关}\eta_{关}$$

或

$$t_{效}=t_{开}\eta_{开}+t_{全}+t_{关}\eta_{关} \tag{11-13}$$

由式(11-10)可得

$$t_{效}=\eta t_{实} \tag{11-14}$$

在航空摄影中，像移的大小，即像的模糊程度与实际曝光时间 $t_{实}$ 有关，像的能量大小则与有效曝光时间 $t_{效}$ 成正比。因此，曝光时间和通光效率是快门的基本参数，它在一定程度上决定了航空摄影时所允许的地面照度变化范围以及飞行的速度和高度。

对快门机构的基本要求如下。

(1) 保证给定的曝光时间大小和范围。

(2) 保证像面上所有各点的曝光量一致。

(3) 保证不致由于快门工作引起像畸变。

(4) 保证不致由于快门工作引起物镜鉴别率的降低。

(5) 结构尽量简单，使用简便。

(6) 工作可靠，性能稳定。

基于上述要求，快门结构一般可包括下列几方面的机构。

(1) 快门叶片(或卷帘)及叶片驱动机构。叶片的驱动机构一般包括上紧机构、释放机构和动力源3部分。作为快门叶片的动力源可以是弹簧、电机或电磁铁。

(2) 曝光时间的装定和调节机构。

(3) 为了防止胶片重复曝光，一般有与胶片机构相连的锁定机构。

(4) 当与自动调节曝光系统连接时，还有自动装定曝光时间的机构。

(5) 在有些型式的快门(例如单卷帘快门、百叶窗式快门)中，快门本身不能防止漏光，这就另外需要专门的防漏光的镜头盖或保护帘，以及协调它们之间动作的结构。

(6) 在多数普通相机中，还有叫做自拍机的快门动作延迟机构。

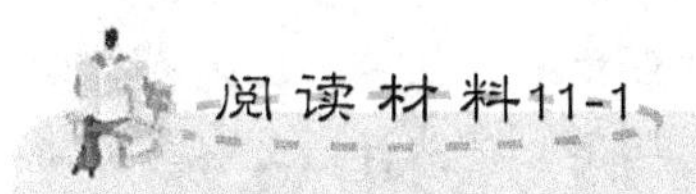

照相机快门技术发展1

照相机快门是使胶片获得合适曝光量的时间控制机构。在照相机发展早期，由于感光材料感光度很低，所需曝光时间很长，采用装上、卸下镜头盖来控制曝光时间。随着感光材料感光度的增高和拍摄要求的不断提高，逐步形成了我们所说的现代意义上的快门，它是控制曝光时间长短的机构。

快门在照相机中的作用主要有三：控制胶片曝光量，即通过控制曝光时间的长短和光圈装置一起保证胶片适当曝光；控制拍摄运动物体时的成像模糊量，快门安置在成像光束中间，保护已曝光或来曝光的胶片不至漏光或重复曝光。按快门的作用来说，它似乎可以安置在通光光束的任意位置上，但为了获得较短促的曝光时间，快门机构中的各构件常以较快运动速度来完成快门开闭动作。为此欲保证构件有合适的强度和减少冲击磨损，使快门工作可靠、持久，就要求快门机构的结构尺寸尽量小。因此，快门应安置在通光光束口经最小的位置。从照相机镜头对整个画面成像情况来看，如图11.6所示，孔经光阑光圈位置上光束的口径最小。将快门安置在光组的孔径光阑附近，其尺寸最小，这样就形成镜头快门。

从胶片上每一像点来看胶片上每一像点是由整个镜头的光束会聚在这一点上所形成的，如图11.7所示，其光束口径是最小的。将快门安置在视场光阑附近，即胶片前面的位置上，逐个"开启"每一景点所投射的光束，使各像点依次曝光也符合快门的设计要求，此即焦平面快门。

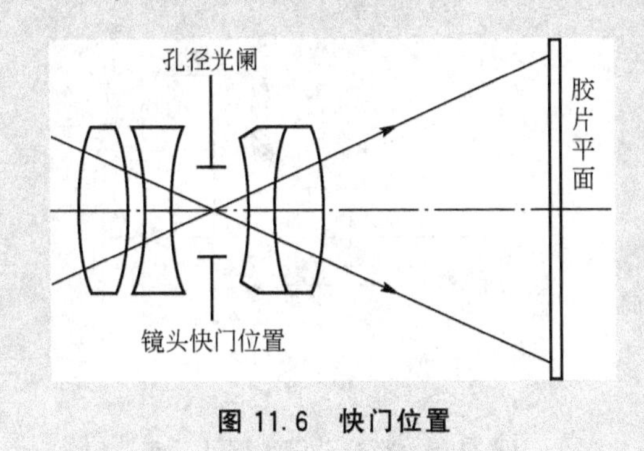

图11.6　快门位置

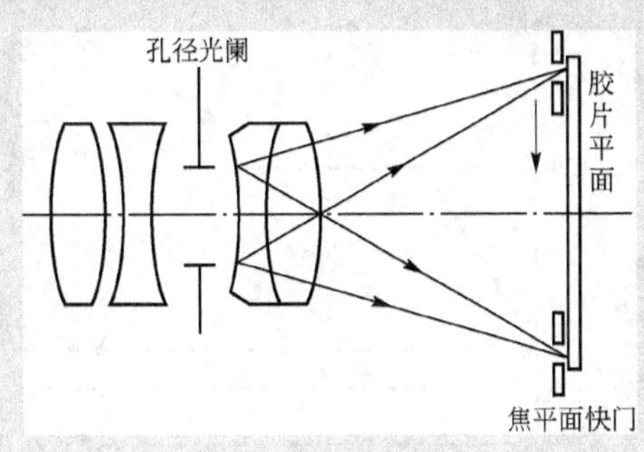

图11.7　焦平面快门

镜头快门和焦平面快门是两种基本类型的快门，虽然快门发展至今从总体上已形成机械快门、电子快门和程序快门，但它们各自仍分属于镜头快门和焦平面快门两类。

各种类型的快门其结构基本上是相同的，一般来说主要由五个部分组成：启闭机构、B门机构、慢门机构、自拍机构和X闪光同步机构。启闭机构是控制快门开启和关闭的机构，在没有延时机构参与作用的情况下，这个机构决定了快门最短曝光时间。B门机构在长时间曝光时任意控制曝光时间的长短，快门按钮按下，快门打开，抬起，快门关闭。慢门机构是一种延时机构，它起作用的时间长短，形成了不同的快门曝光时间。自拍机构也是一种延时机构，在快门打开之前起作用，以达到自拍的目的。X闪光同步机构受快门启闭机构控制，在适当的瞬间接通闪光触点，使闪光灯电路接通。这五部分分别采用不同的结构和材料以及相关的各种技术就形成现今种类各异的快门。

快门效率(或快门光学有效系数)是反映快门质量水平的一个重要标志，决定于快门的工作特性。对于镜头快门来说，虽然其快门叶片安置在最小光束口径的位置，但光束毕竟是有一定大小的口径，再加上快门运动构件的惯量、运动、摩擦等，虽然开启过程与关闭过程极为短瞬，但总需要一定时间。因此快门叶片的工作过程是先开启光孔中心部分，逐渐使光孔到最大，经过一定全部开启时间后，再由边缘向中心逐渐关闭，是一个“逐渐”的过程。这样在开启和关闭光孔的过程中，光孔一部分开启，另一部分仍被叶片所遮挡，光孔不能充分利用，只有部分通光，造成透光损失。透光损失的大小是由快门效率来描述的。

图 11.8 所示为通过快门的光通量与曝光时间的关系曲线，其中 t 是快门叶片从开始开启光孔到完全关闭的整个时间，称为全曝光时间。t_1 为光孔由全闭至全开所经历的曝光时间，t_2 为光孔全开时所经历的曝光时间，t_3 为光孔由全开至全闭所经历的曝光时间。定义快门的有效曝光时间为：

$$T=\frac{t+t_2}{2}\quad（全开光圈时）$$

快门效率 η 则定义为

$$\eta=\frac{T}{t}\times 100\%$$

显然快门效率越高越好。焦平面快门的执行元件(如帘幕等)打开和遮挡片窗也存在上述的“逐渐”过程。这是由于帘幕平面毕竟和胶片平面有一定距离 d，如图 11.9 所示，镜头在帘幕平面上形成具有一定口径大小的光束 D'，前帘幕通过光速 D'时，胶片平面

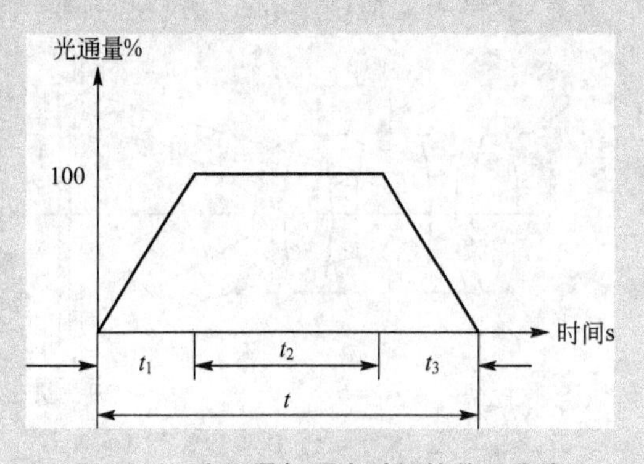

图 11.8 光通量与曝光时间的关系曲线

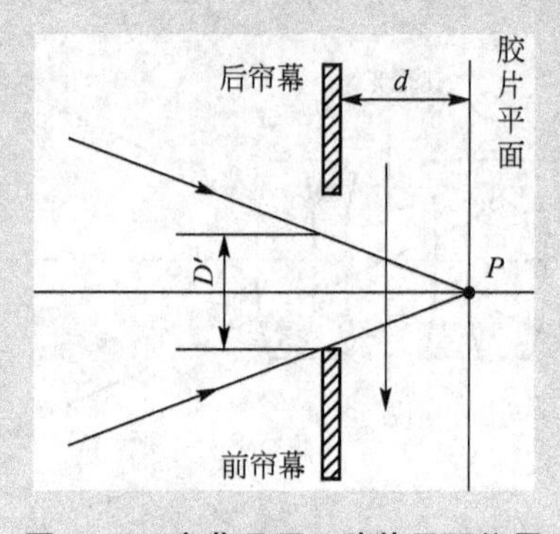

图 11.9 帘幕平面、胶片平面位置

P 点接收到逐渐增加的光量，当光束 D' 全部进入缝隙时，P 点接收到全部成像光线；同样，后帘幕通过光束 D' 时，P 点接收到逐渐降低的光量。对胶片上任一点来说，在从曝光开始到曝光结束的时间即焦平面快门的全曝光时间内同样存在着光通量损失。和镜头快门不同，焦平面快门的有效曝光时间是特取画面中央一点的有效曝光时间，这是由焦平面快门本身特性所决定的。如同镜头快门一样，把焦平面快门的有效曝光时间与全曝光时间之比称为焦平面快门的快门效率。

快门效率随不同快门结构类型及不同的全曝光时间而不同。这样不同的快门即使在相同的全曝光时间下，由于快门效率的不同，将使实际感光量具有差异而形成不同的感光结果。为了全面反映快门工作性能和实际通光量情况及正确控制曝光量，国际上均以有效曝光时间来标志快门时间值，即我们通常看到的照相机上的快门时间值都是指有效曝光时间。

在镜头快门的发展过程中，曾采取各种措施来进一步提高快门的性能，特别是进一步缩短最短曝光时间。如前东德的普瑞斯脱(Prestor)快门最短曝光时间为 1/750s，我国东风 120 单镜头反光式照相机中的康盘镜间快门最短曝光时间达到了 1/1000s。但是，镜头快门的运动毕竟是机械往复运动，进一步缩短快门时间是很困难的，更短的快门时间是由焦平面快门达到的。

资料来源：向卫东．照相机快门技术发展．照相机．1999(4)．

11.2 中心式快门

根据叶片运动的特性，中心式快门可分为单向运动的和反复运动的两类。

对于单向运动的中心式快门，无论是打开物镜的有效光孔还是关闭物镜的有效光孔，叶片均按同一方向旋转。因此，叶片的打开工作边和关闭工作边不是同一工作边。

图 11.10 所示为一种航空摄影机中所采用的单向运动的中心式快门。叶片 1～4 在曝光过程中由齿环 5 带动旋转一周。

这种快门的动力源是蜗形弹簧 11。运动由(航空摄影机的)分配机构经过扇形齿轮 15 传到上紧鼓轮上的扇形齿轮 14。鼓轮内部装有蜗形弹簧 11。齿轮 10 可在轴 13 上自由旋转。快门开始工作时，鼓轮上的活动齿 17 嵌在齿轮 10 的圆环缺口内。鼓轮通过活动齿 17 和齿轮 10 (经齿环 5)带动叶片旋转(但不曝光)。当鼓轮旋转一定角度时，由凸轮 16 操纵杠杆 18 的一端，进入齿轮 10 的圆环缺口内并嵌住齿轮 10。与此同时，活动齿 17 从圆环缺口内被推出，鼓轮和齿轮 10 相互脱开。扇形齿轮 15 继续经扇形齿轮 14 带动鼓轮旋转。因弹簧 11 的一端固定在鼓轮上，另一端固定在不动的上盖套筒上，弹簧 11 开始被上紧。当两个扇形齿轮脱开时，活动齿 17 正好进入齿轮 10 的下一个圆环缺口内，使鼓轮与齿轮 10 重新连接，快门的上紧也同时结束。分配机构继续带动凸轮 16 旋转。当杠杆 18 由凸轮控制与齿轮 10 脱开时，快门叶片由动力弹簧 11 带动旋转，打开并关闭物镜光孔，完成曝光过程。

这种快门采用气动调节器(用齿轮 7 调节气流通道大小)来改变叶片运动速度，从而装定和调节曝光时间，同时也用以减小快门工作终端时的撞击负荷。

这种快门的叶片每次曝光时均作同一方向旋转。

图 11.11 所示为另一种航空摄影机中所采用的单向运动的中心式快门。这种快门的动

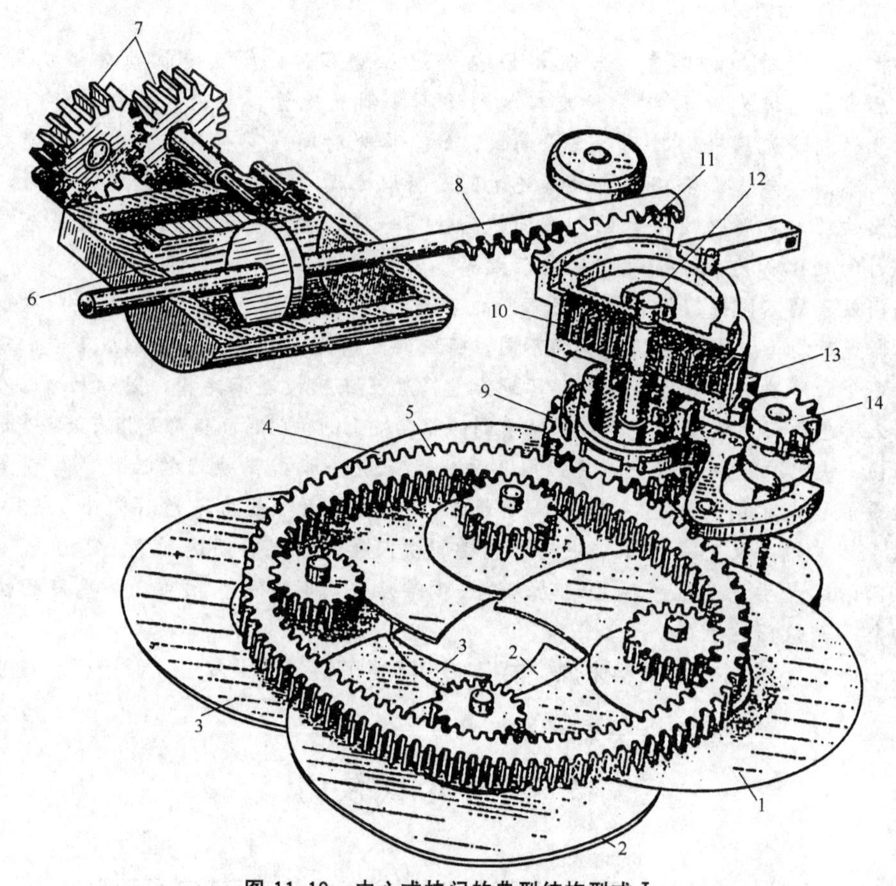

图 11.10　中心式快门的典型结构型式Ⅰ

1、2、3、4—叶片；5—齿环；6—限位块；7，9—齿轮；8—齿条；
10—蜗形弹簧；11、13、14—扇形齿轮；12—轴

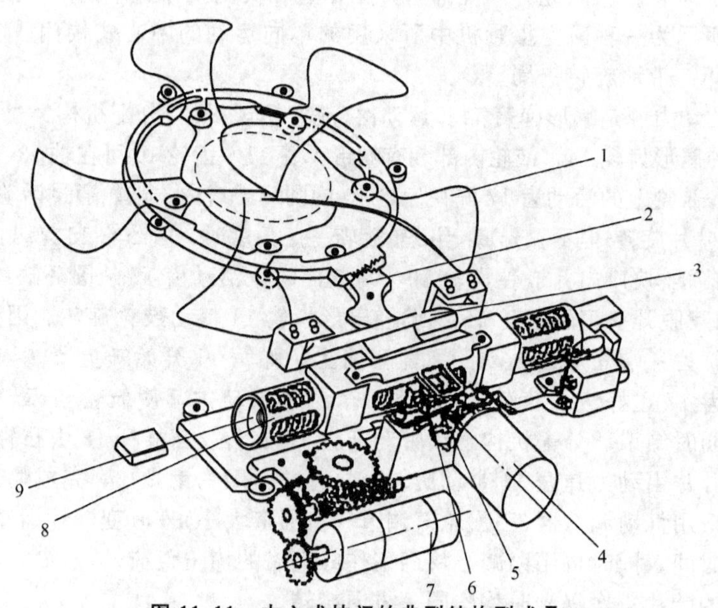

图 11.11　中心式快门的典型结构型式Ⅱ

1—叶片；2—齿轮；3—齿条；4—电磁铁；5—衔铁；6—凸块；7—快门电机；8—弹簧筒；9—压簧

力源是两根压簧28(图11.12)。

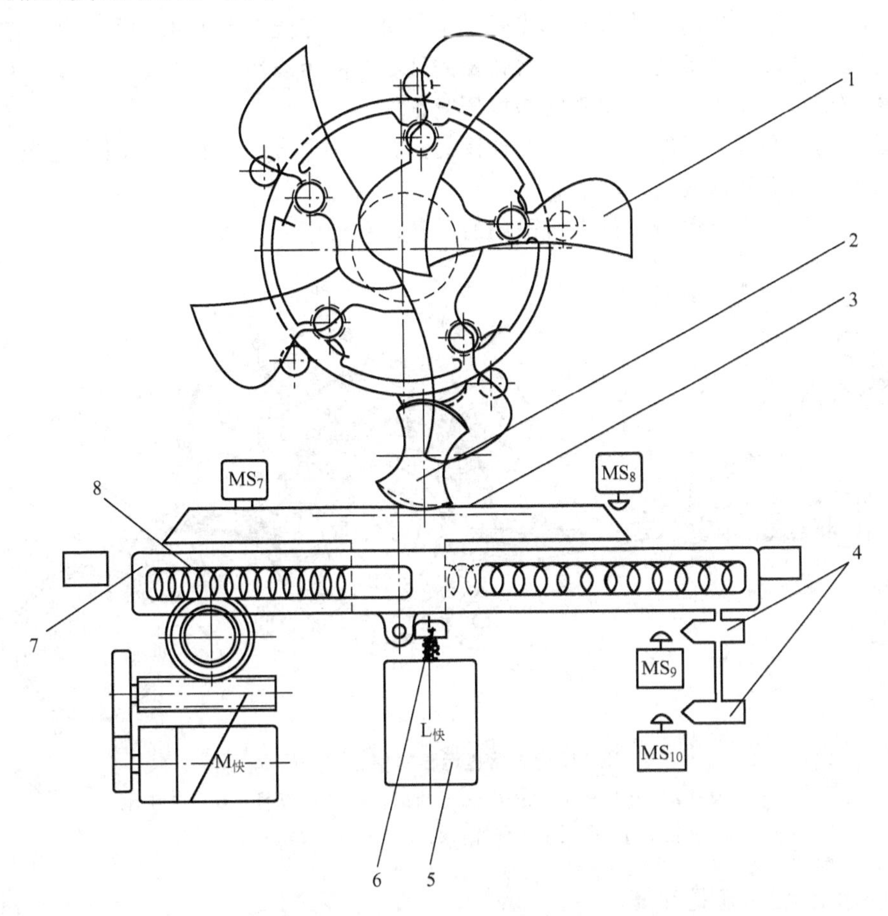

图11.12　快门结构型式放大图

1—叶片；2—齿轮；3—齿条；4—压块；5—电磁铁；6—衔铁；7—弹簧筒；8—压簧

当快门电机$M_快$经齿轮传动使弹簧筒7向右运动时，由于齿条3被电磁铁5($L_快$)的衔铁6挡住，于是左边的压簧8被压缩(上紧)。弹簧筒7移动一定距离后，通过电开关(MS_7，MS_8，MS_9，MS_{10})所控制的线路，使电机$M_快$停止，上紧过程完毕。

当航空摄影机的操纵系统给出快门释放的信号时，电磁铁5($L_快$)工作，将衔铁6吸开。于是压簧8推动齿条3，经齿轮2等传动使5个叶片3顺时针旋转，打开并关闭物镜的通光孔径，完成曝光过程。这时，叶片的打开工作边是A边，关闭工作边是B边。

齿条3的移动使齿条下部的凸块9移动到衔铁6的右侧，重新被衔铁挡住不能返回，以避免由于弹簧的回弹而使快门叶片又一次打开。同时，齿条3的运动改变了开关MS_7和MS_8的工作状态，电机$M_快$被重新接通，但转向相反。于是，弹簧筒7向左移动，使右边的压簧被压缩(上紧)，一直到开关MS_9和MS_{10}被压块4压下，改变工作状态，使电机$M_快$断电为止。

当摄影机的操纵系统又一次给快门释放信号，使电磁铁5工作时，齿条3在右边压簧推动下使叶片1作逆时针旋转，打开并关闭通光孔径，完成又一次曝光过程。但这时叶片的打开工作边是B边，关闭工作边是A边。

这种快门中，每一次曝光中叶片是单向运动的，但总的来说，叶片作往复运动。

图 11.11 所示的快门结构没有曝光时间调节机构，曝光时间只有一种。为了在装配时调整曝光时间到设计要求的大小，动力弹簧的外端挡圈带有螺纹，拧在弹簧筒 7 内。它的位置可以调节，从而改变动力弹簧的初始压紧程度。

反复运动中心式快门的叶片，打开物镜的光孔按一个方向旋转，关闭物镜光孔则按相反方向旋转，它们常做成扇形的形状。

图 11.13 所示为航空摄影机中所采用的反复运动的中心式快门。

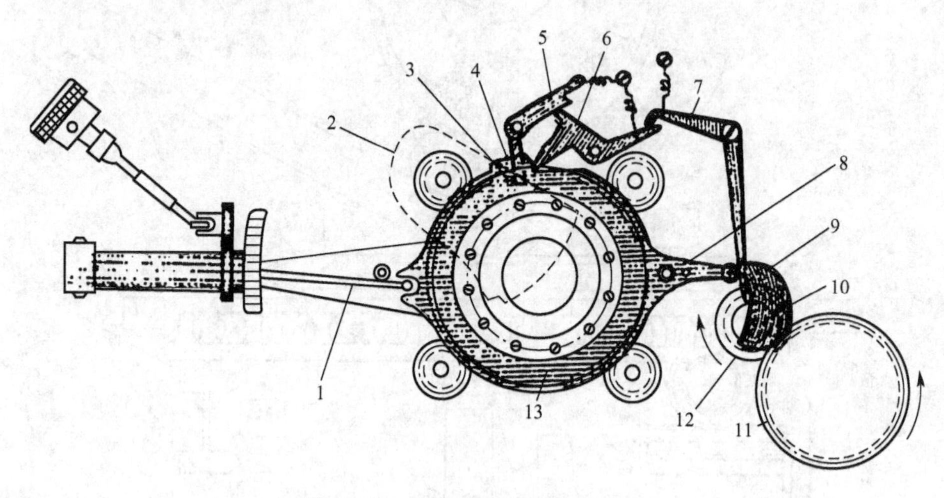

图 11.13　反复运动的中心式快门

1—片簧；2—叶片；3—销钉；4—凸部；5、7—杠杆；6—限制杆；
8—尾部；9—凸轮；10—销轴；11、12—齿轮；13—齿环

这种快门的动力源是片簧 1。

运动从右侧的齿轮 11 传入。当齿轮 11 带动齿轮 12 旋转时，凸轮 9 通过滚子使齿环 13 旋转，一方面使片簧 1 弯曲(上紧)，同时使 4 个叶片 2(图中仅用虚线表示了一个)向与打开物镜光孔相反的方向旋转一个角度。

在齿环 13 的尾部 8 上的滚子从凸轮 9 上滑下之前，齿轮 12 上的销轴 10 推动杠杆 7，使限制杆 6 的左端抬起，离开齿环 13，并被杠杆 5 的缺口挂住。

这样，当滚子从凸轮 9 上滑下时，齿环 13 在片簧 1 的带动下迅速按顺时针方向旋转。4 个叶片 2 也随之旋转，曝光过程开始。

整个曝光过程可分为下列几个阶段。

片簧从上紧的位置回到直线平衡位置，这是快门的预跑(加速)阶段。叶片速度由零达到最大值。

叶片靠惯性继续运动，片簧向相反方向(图中为向上)弯曲。速度逐渐变慢，直到等于零，这是快门的打开阶段。

然后由于片簧的作用，齿环开始向相反方向加速运动，叶片开始关闭物镜光孔。直到片簧重新达到直线平衡位置。这时叶片速度又达到第二个最大值。这是快门的关闭阶段。

叶片靠惯性继续运动，片簧又向上紧方向弯曲。快门工作进入制动阶段。

由此可见，整个快门工作过程中，片簧 1、齿环 13 和叶片 2 均作振荡运动。每一曝光

过程作一个全周的振荡。

片簧向上紧方向弯曲到最大时，又要反向推动齿环。为了防止叶片在片簧力的作用下又一次打开物镜光孔，需要及时地使快门机构停止运动。在齿环顺时针旋转(打开阶段)时，其上的销钉 3 推动杠杆 5，使杠杆 8 的缺口不再挂住限制杆 6。但这时限制杆的左端架在齿环 13 的凸部。当齿环逆时针转回时，限制杆 6 沿凸部 7 滑动，最后落入齿环 13 的缺口内。这样就使齿环不再能在片簧 1 的作用下作第二次的顺时针旋转。

这种快门曝光时的装定和调节，靠拧动手轮，通过齿轮和螺旋传动改变片簧 1 的工作长度来实现。

反复运动的中心快门是采用中心式快门的普通相机中的典型结构。

11.3 百叶窗式快门

百叶窗式快门按片板的运动特性也可分为单向和反复运动两类。两种型式的快门每曝光一次(每个工作循环)，片板都是旋转接近 180°。所不同的是，单向运动的快门向一个方向转约 180°，当第二个工作循环时则向相反方向转接近 180°；反复运动的快门片板在打开时只转过 90°左右，然后反方向转 90°左右回到原来位置，每一个工作循环均重复同样的运动。单向运动的百叶窗式快门，根据片板在相片主点的全开阶段是否停留还可分为连续运动和断续运动两种。在现有的航空摄影机中主要采用单向连续运动的百叶窗式快门。图 11.14 所示为这种快门的结构原理。

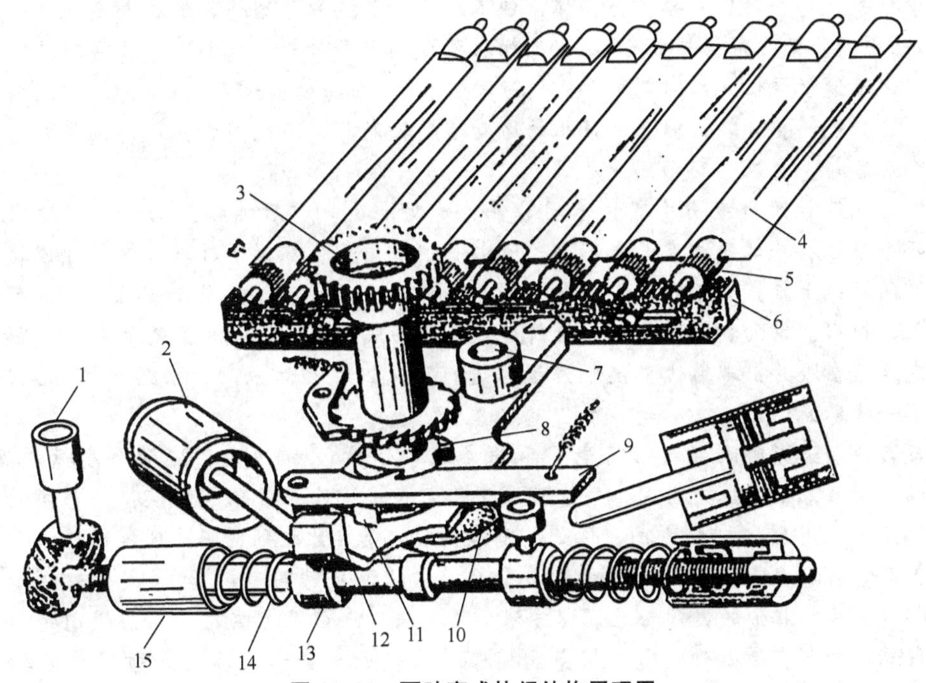

图 11.14 百叶窗式快门结构原理图

1—斜齿轮 1 轴；2—气动减振器；3—齿轮；4—叶片；5—小齿轮；6—齿条；7—轴；8—凸轮；9、12—杠杆；10—偏心轮；11—凸块；13—滑块；14—动力弹簧；15—斜齿轮 2 轴

旋转运动由航空摄影机的分配机构经过齿轮 3 传给凸轮 8 和偏心轮 10。偏心轮 10 在旋转过程中交替地压在左右两个滑块 13 上，通过滑块 13 上紧动力弹簧 14。左右两个动力弹簧 14 使齿条 6 能向左右两个方向运动，它是靠推动绕轴 7 旋转的杠杆 12 一端实现的。上紧弹簧 14 时，杠杆 12 原来由杠杆 9 上的凸块所挡住。只有当偏心轮 10 压紧弹簧 14 后，凸轮 8 控制杠杆 9 使凸块 11 脱开了杠杆 12，杠杆 12 才能在弹簧 14 的作用下迅速转动，并推动齿条 6 经小齿轮 5 使片板旋转，完成曝光过程。曝光完毕后，杠杆 12 被凸块 11 在另一侧挡住，以防止弹簧回弹使光孔二次打开。偏心轮 10 继续旋转，压缩另一端的动力弹簧 14，开始第二个工作循环。为减轻快门制动时的撞击现象，利用气动减振器 2 吸收动能。快门曝光时间是通过轴 1 后的齿轮和螺旋传动改变弹簧的压缩量来调节和装定的。这种快门的最短曝光时间可以达到 1/300s。

百叶窗式快门永远不能使物镜光孔全部面积都打开，因为快门的片板始终留在光路中。实际有效光孔面积一般要减少 2%～5%。

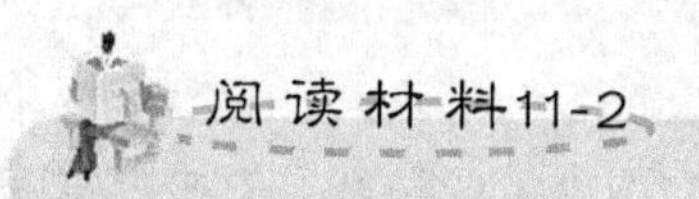

照相机快门技术发展 2

焦平面快门启闭光孔的零件为遮光幕，位于照相机曝光窗平面(即成像平面)前方，并距曝光窗甚近。当摄影镜头对无限远调焦时，该遮光幕平面与摄影镜头的焦平面几乎重合。按遮光幕的运动状态分类，焦平面快门主要有帘幕快门(遮光幕为可卷紧、绕开的柔性帘幕)，叶片快门(遮光幕为可重叠顿导、展开的刚性叶片)。帘幕快门的帘幕材料常见的有：涂有均匀黑橡胶薄膜的纺织物(此材料质地柔软，抗拉强度较高，在装片过程中被手无意碰触后一般不会损坏，但不耐油，易被利器划伤，橡胶易老化，怕强光照射)；由细长金属条拼接成的卷帘(此材料强度高、寿命长，但因卷帘重量较大，所以该卷帘运动速度较低，X 闪光同步快门时间较长)；由钛金属薄膜制成的帘幕(此材料强度高、寿命长、重量轻，因而该帘幕的运动速度较高，X 闪光同步快门时间较短，但被手碰触后容易产生永久变形)。

帘幕快门打开和遮挡片窗的启闭零件，是两个彼此前后相排列的帘幕。快门上弦时，两个帘幕有一部分相互迭合不漏光地由一端拉向另一端，这时与二帘幕相连接的动力弹簧同时被上紧，储藏能量。当快门作开启运动时，前帘幕首先开始运动，后帘幕仍被钩住，根据调定的快门时间值，使前后帘幕间形成该曝光时间所需缝隙 C 后，缝隙 C 以一定速度在胶片前端通过，使胶片逐次进行曝光。运动结束后，前后帘幕相互迭合，准备下一次曝光运动。

帘幕快门曝光时间直接由缝宽 C 和帘幕运动速度 V 所决定，这两个参数的改变，都可以改变帘幕快门曝光时间。目前帘幕快门都是采用改变帘幕缝宽 C 得到不同的曝光时间，而不采用改变 V 的方式。但是，帘幕快门只是在比较短的曝光时间时是采用改变 C 值来得到不同的曝光时间；当需要比较长一点的曝光时间时，如 1/45 秒或更长，则采用与镜头快门相似的慢门阻尼调速方法。当前帘幕全部开启胶片面后，慢门将阻尼延迟后帘幕运动，在延迟时间内，相当于前帘幕继续行走，形成后帘幕所需要的缝隙宽度，获得更长曝光时间。

之所以这样是因为完全增大缝宽来延长快门有效曝光时间受照相机机体尺寸的限

制。比如当有效曝光时间在1/45秒时，且帘幕速度约为5米/秒，则C约为55毫米，已超过机体中最大行程。帘幕快门一般由两根动力弹簧协同控制快门启闭，比较容易达到较短的快门时间(如1/1000s)，因而有利于拍摄快速运动体的清晰影像。由于整个片窗是逐行曝光的，只有时间较长的那一部分快门时间档，才可进行X闪光同步摄影；同时整个片窗的全部曝光时间较长，这对拍摄快速运动物体，或在快速运动中拍摄静止物体非常不利——将使所摄物体的外形产生变形。

帘幕快门照相机所使用的摄影镜头由于其中没有快门机构，所以镜头体积小，最大相对孔径较大，最近拍摄距离稍近，拍摄时所用光圈的大小对快门时间无影响。帘幕快门很容易实现迅速更换镜头的设想，因而使摄影者能灵活选择所用镜头的焦距大小，以拍摄出不同效果的画面。

随后，镜头快门和焦平面快门各自向着有利的侧重面发展。但是，机械快门运动的动力是机械弹簧的扭力，受弹簧动力和机械传动的限制，进一步缩短最短的快门曝光时间是极为困难的，也影响着快门性能的进一步提高。六十年代后，随着电子技术的发展，无论是镜头快门还是焦平面快门都开始向电子化方向发展，机械快门逐步发展到电子快门。

电子快门用RC延时电路或晶控电路，执行元件(例如电磁铁、触点等)和调时电路分别取代了机械快门中的机械阻尼延时系统，机械控制机构和快门时间的机械调节机构，而遮挡光路的元件仍与机械快门一样，为快门叶片或帘幕及钢片。电子快门的启闭一般由动力弹簧的弹力控制，而该弹簧的弹力是摄影者手动上弦时存储的。快门的最短一档快门时间，仍由弹簧动力和遮挡光路元件的运动特性等共同决定。德国罗莱弗莱克斯SLX型120单镜头反光照相机则采用全电子快门，它的启闭由微型线性电动机控制，实现了真正的以电力作动力的运动控制。

电子快门使照相机用电子元件和执行元件取代了机械快门的一些传动机构，而电子元件与执行元件之间可由导线连接(导线可走任意曲线)，因而给予照相机结构设计和布局以很大灵活性，机械结构较简单，装配和调校工作易于进行。电子快门用电子方法控制快门时间，各档快门时间的精度很高，并具有较大的快门时间调节范围。目前最短曝光时间可达1/12000秒(日本美能达9xi照相机)，而最长曝光时间达到了30秒，十分利于在低照明环境下拍摄，也使摄影的表现手段更为丰富。电子快门与测光系统配合，很容易实现光圈优先式自动曝光，有利于摄影者在复杂场合进行抓拍，并获得正确曝光。电子快门在自动曝光档(A档)时，可实现对快门时间的无级调节，而在手控曝光时(即调离自动曝光档后)可以1/3级的精度分档调节(如CanonEOS-1型照相机)，极大地提高了曝光控制的精确性。在正常环境下拍摄，电子快门的稳定性和可靠性很好。由于电子快门必须要装电压、规格等符合要求的电池后才能进行正常工作，而在低温、潮湿等恶劣环境下，电池寿命会急剧下降，以至使电子快门无法工作。为此，外出拍摄时应多备新电池，在严寒地区拍摄时应注意保温。同时，电子快门的高温性能也不如机械快门，在高温环境下长时间拍摄，电子快门中的电子元件容易损坏。

电子镜头快门于1963年首次被波拉100型(Polaroid)一步成像照相机采用，而1969年日本雅西卡35毫米单镜头反光照相机上首次采用了电子控制方式的SE型纵走式叶片焦平面快门。电子快门的产生，不仅使快门的性能在各方面得到很大的提高，而且更为重要的是使照相机实现了真正意义上的自动曝光控制，出现了光圈优先，快门优先、程序等多种曝光控制模式，并进而导致自动调焦等一系列电子功能的实现，也促进了照相机向自动化、小型化、多功能化和电子化方向的发展。进入 90 年代后，随着电子快门的不断发展和完善，电子快门已在很大程度上取代了机械快门，成为目前照相机快门的主流。

60 年代左右，为了简化摄影时在照相机上预选快门时间和光圈系数的操作，在一些普及型照相机上开始采用程序快门。

程序快门指预先将曝光组合(光圈系数与快门时间)按预定程序输入到照相机内部存储起来的快门。当采用程序快门的照相机针对被摄景物测光时，每一亮度值对应着一组确定的曝光组合：被摄景物亮度值越大，所对应的快门时间越短，光圈越小(光圈系数值越大)；反之则对应的快门时间越长，光圈越大。

程序快门最初用于旁轴取景照相机上，为镜头程序快门。与一般的镜头快门，焦平面快门不同，它不仅变化快门时间值，而且还改变光圈值，同时具有光圈与快门的作用。因此，镜头程序快门由一组叶片兼起快门叶片和光圈叶片的功能。镜头程序快门的曝光时间值与光圈值的变化关系组成程序快门的程序特性曲线。程序曲线有多种形式，一般镜头程序快门根据用途只能采用其中一种程序曲线。随着照相机技术的发展，现在的镜头程序快门也可具有多种程序曲线可供选择以适合不同的拍摄场合。一般镜头快门由于快门叶片在开启时，总是要将快门叶片全部开启到光孔极限最大位置，行程大，快门时间一般最短为 1/300 秒左右；而镜头程序快门在程序曲线工作段上，通常光孔仅开启一部分，甚至在很小光孔时，即行关闭，快门时间较短，最短可达 1/750 秒。在镜头程序快门的发展过程中，主要出现过三种类型，即纯机械控制方式程序快门，电测光手动曝光控制程序快门和电测光自动曝光控制程序快门。

纯机械控制方式的程序快门，其程序控制中的不同光圈值与快门时间值，是通过拨动照相机外端程序预置环而进行控制。程序预置环与控制凸轮呈一体联动，调节、预置程序环，将使控制凸轮处于不同的位置，获得不同程序参数。如国产海鸥 KJ 型 135 平视旁轴取景照相机上采用了手控机械式镜后程序快门。摄影时根据具体照明条件，用手调节好 EV 值调节环，就可开始拍摄，不需要再考虑用多大的快门时间和光圈系数。这里的 EV 值调节环就是程序预置环，共有七档可调节：自 EV9 至 EV15，不同的 EV 值对应不同的照明条件。若程序预置环在照相机内与电测光系统相联动，则形成电测光手动曝光控制程序快门，它的程序控制方式为：根据电测光显示，拨动程序控制值，使光圈值与快门时间按设计好的程序配合关系，同时变化，获得合适的曝光量。

电测光自动曝光控制程序快门用自动曝光控制电路控制的电磁铁及相应机构来进行程序控制，根据外界景物亮度和胶片所设定的感光度，电子程序快门能自动按照设计的程序参数值，自动控制光圈值和快门时间值，实现自动曝光控制，满足胶片合适曝光量的要求。目前在平视取景镜头快门照相机中，电测光自动曝光控制镜头程序快门已成为这类照相机的主流。

80 年代初，在单反照相机中应用 CPU 实现照相机曝光的多模式控制，在光圈优先、快门优先的基础上，又增加了单反相机程序控制方式，同样实现了光圈和快门时间二者同时变化并可以在单反相机中实行不同的程序变换。但是，单反相机中的程序快门，在结构上光圈与快门的控制是分离的，而在程序控制系统上是统一的，由CPU按照设计程序进行控制。因此，在原理、结构设计上与镜头程序快门不同。

总体而言，程序快门节省了摄影者选择快门时间值和光圈值的时间，又能保证合适曝光。因此，虽然不能满足某些特殊的摄影需要，但是可以免除经验不足的摄影者选择曝光参数的困难，进而促进了摄影的进一步普及和发展。

综上所述，照相机在发展过程中，在很大程度上是体现在快门的不断发展上，现代照相机功能扩展，性能提高，操作简便是和快门的发展分不开的。随着当今快门对新技术、新材料、新工艺的应用，快门的性能将会进一步得到提高。

资料来源：向卫东．照相机快门技术发展．照相机．1999(10)．

习　题

一、填空题

1. 在相机中，__________是决定像质的极为重要的部件。
2. 根据快门所处的位置，可分为__________和__________两类。
3. 属于物镜快门的，主要有__________和__________两类。
4. 中心式快门一般由__________来遮断光束。

二、名词解释

百叶窗式快门　卷帘式快门　通光效率

三、简答题

1. 快门的作用是什么？
2. 表征快门的主要特性是什么？
3. 快门结构一般包括哪几方面的机构？
4. 百叶窗式快门，按片板的运动特性，可分为哪两类？
5. 卷帘快门的主要特点是什么？

第五篇

弹 性 元 件

第12章 弹性元件

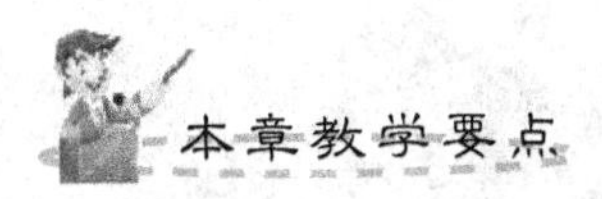

教学要求	知识要点
了解弹性元件的分类、功用； 掌握圆柱螺旋压缩弹簧的结构和特性曲线； 掌握圆柱螺旋压缩弹簧的设计与计算； 了解片簧的结构与计算	弹性元件的分类、功用； 螺旋压缩弹簧的结构和特性曲线； 螺旋压缩弹簧的设计
了解游丝理论特性公式； 掌握游丝的设计与计算； 了解膜片、膜盒及波纹管	游丝理论特性公式； 游丝的设计

导入案例

弹簧用以控制机件的运动、缓和冲击或振动、储蓄能量、测量力的大小等，广泛用于机器、仪表中：①控制机件的运动，如内燃机中的阀门弹簧、离合器中的控制弹簧等；②吸收振动和冲击，如汽车、火车车厢下的缓冲弹簧、联轴器中的吸振弹簧等；③储存及输出能量作为动力，如钟表弹簧、枪械中的弹簧等；④用作测力元件，如测力器、弹簧秤中的弹簧等。弹簧在测量仪器中的一些应用如下图所示。

(a) 电器开关中的弹簧扣动机构

(b) 弹簧在汽车转达向系统中的应用

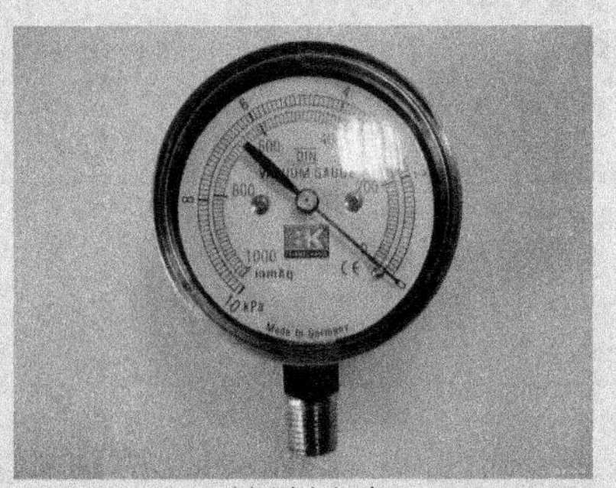

(c) 压力仪表

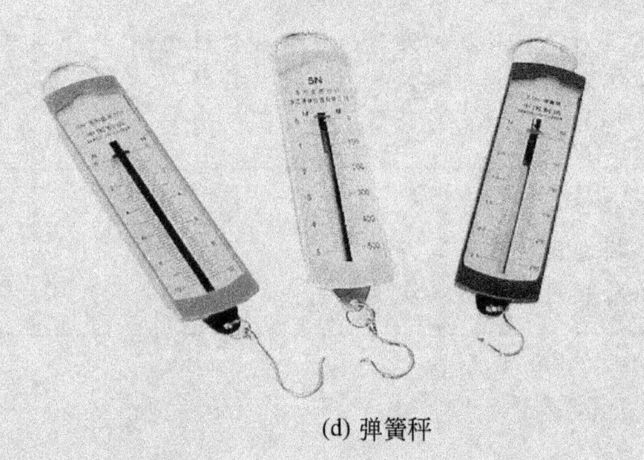

(d) 弹簧秤

12.1 概　　述

12.1.1 基本概念和功用

材料在外力作用下产生变形，外力去除后能恢复原状的性能，称为材料的弹性。利用材料弹性性能和结构特点完成各种功能的零部件称为弹性元件。弹性元件是精密机械中常用的零件。

弹性元件的主要功用如下。

(1) 测力：例如弹簧秤中的弹簧、测力矩扳手的弹簧等。

(2) 产生振动：例如振动筛、振动传输机中的支承弹簧等。

(3) 储存能量：例如钟表弹簧(发条)、枪栓弹簧等。

(4) 缓冲和吸振：例如各种车辆的减振弹簧和各种缓冲器中的弹簧。

(5) 控制机械运动：例如内燃机汽缸的阀门弹簧和离合器中的控制弹簧。

(6) 改变机械的自振频率：例如用于电机和压缩机的弹性支座。

(7) 消除空回和配合间隙：例如各种微动装置中用以消除空回的压缩弹簧。

12.1.2 常用弹性元件的分类和特点

按照结构特点分类，常见弹性元件有以下几种。

(1) 片簧：金属薄片制成的片状弹性元件［图 12.1(a)］。

(2) 平卷簧：金属带材绕制成的平面螺线形弹性元件［图 12.1(b)］。

(3) 螺旋弹簧：金属材料制成的空间螺旋形弹性元件［图 12.1(c)］。

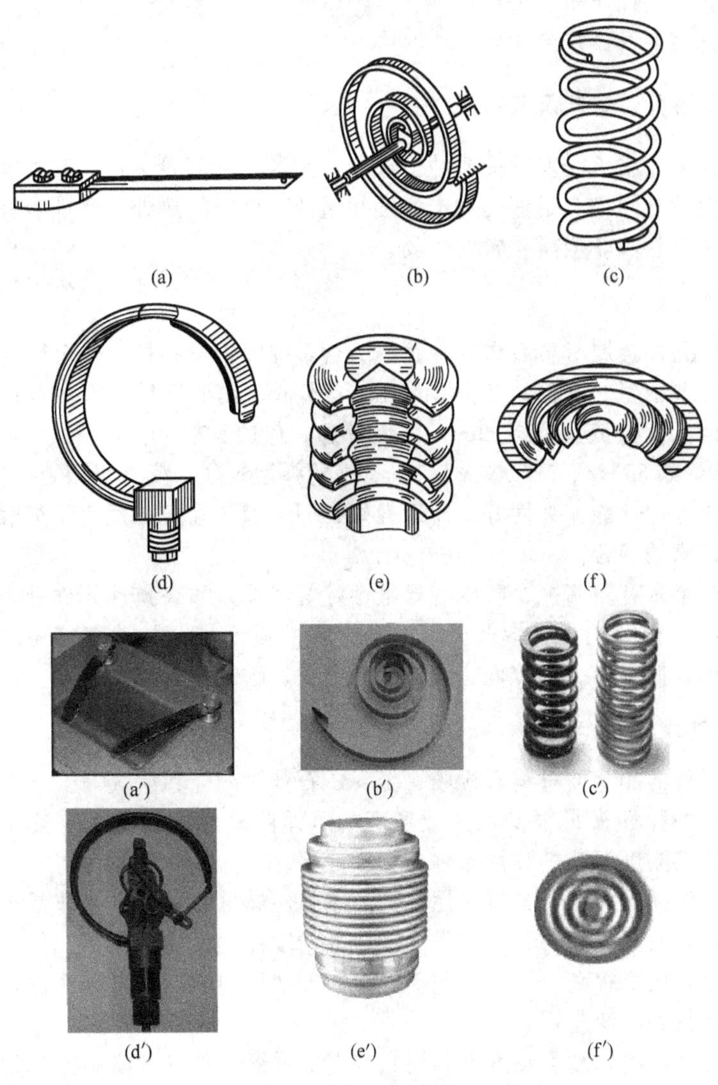

图 12.1 弹性元件类型

(4) 弹簧管：薄壁管制成的圆弧形中空管状弹性元件［图 12.1(d)］。

(5) 波纹管：圆柱形薄壁筒制成的带有环状波纹的弹性元件［图 12.1(e)］。

(6) 膜片：圆形薄片制成的弹性元件［图 12.1(f)］。

按照用途分类，弹性元件基本可以分成以下两类。

(1) 测量弹性元件：用来把某些物理量(如力、压力、温度等)转变成弹性元件的变形，以便进行测量，例如测量气体、液体压力的膜盒(由两片对扣在一起的膜片组成)。

(2) 力弹性元件：用来作为传动系统的能源或者完成结构的力封闭，例如钟表机构中的发条、各种使零件间保持压紧的弹簧等。

按照所承受的载荷的不同，弹性元件可以分为拉伸弹簧、压缩弹簧、扭转弹簧和弯曲弹簧 4 种。

按照所使用的弹性材料的不同，弹性元件可以分为金属材料制作的弹性元件和非金属材料制作的弹性元件。

其中常用的是金属线材制作的圆柱螺旋弹簧。

由于弹性元件结构简单、价格低廉、占据空间小、安装和固定简单、工作可靠，所以在精密机械中得到非常广泛的应用。

12.1.3 常用弹性元件材料及其特点

弹性元件在工作中承受变载荷或冲击载荷，为了保证可靠工作，其材料必须具有较高的弹性极限和疲劳极限，有足够的冲击韧性和塑性，良好的热处理性能。弹性元件材料基本可以分为金属材料和非金属材料两大类。

1. 金属材料

常用的弹性元件金属材料有碳素弹簧钢、合金弹簧钢及各种有色金属合金。

优质碳素弹簧钢(如 65 钢、70 钢)价廉、成本低，热处理后具有较高的强度、适宜的韧性和塑性，但大直径簧丝($d>12$mm)不宜淬透，仅适于小尺寸弹簧。

合金弹簧钢(如 65Mn、50CrVA 钢)具有高的弹性极限、疲劳极限，一定的冲击韧性、塑性和良好的热处理性能，弹性好，淬透性好，回火稳定性好，适宜于变载荷、冲击载荷或工作温度比较高的场合。

有色金属合金具有耐腐蚀、防磁、导电性好等特性，如果弹性元件受力较小可以考虑采用锡青铜、硅青铜等铜合金。此外，铝合金弹性模量小、灵敏度较高、重量轻、易加工、无须热处理，但强度一般较低、线膨胀系数大、耐蚀性差。

2. 非金属材料

制造弹性元件的非金属材料有橡胶、塑料、石英、陶瓷和空气等。

橡胶和塑料的弹性模量很低，灵敏度高，但弹性模量的温度系数较大，并且容易老化，主要用于要求刚度很小的弹性元件，如膜片等。

石英是良好的弹性材料，具有弹性模量高、弹性模量的温度系数非常小、对弹性变形的响应快等特点，而且耐高温，通常作为制造高精度弹性元件的材料。但是，石英为脆性材料，加工困难，成本很高，因此应用受到限制。如果加工工艺得到改进，则其在超高精度测量仪表中将得到广泛应用。

陶瓷的弹性模量高，断裂强度低，用它制造的弹性元件具有耐高温、耐腐蚀、绝缘性好等优点；其缺点是精确成型比较困难，而且脆。一般用于变化不大的场合，不适合在冲击载荷下工作。

硅是较新的弹性材料，在硅片上直接扩散出力敏电阻可以得到压力敏感元件。其灵敏度高、动态响应快、体积小，但是工艺复杂、元件受温度变化影响大，必须考虑相应的温度补偿措施。

利用空气作为弹性材料，其刚度易于调节，可适应不同的载荷需要，达到承载系统相对平稳，并具有较好的系统控制性，广泛用于车辆的承载和一些大型设备的冲击缓冲中。

选择弹性元件材料时，应综合考虑弹性元件的使用条件和工作条件，并参照同类设备，进行类比分析和选择。在所有材料中，最常用的是各种弹簧钢特别是碳素弹簧钢，一般情况下优先考虑。常用材料的性能见表 12－1。

表 12－1 常用弹性元件材料的使用性能

类别	代号	许用切应力 $[\tau_T]$/N·mm^{-2}			许用弯曲应力 $[\sigma_b]$/N·mm^{-2}		切变模量 G/N·mm^{-2}	弹性模量 E/N·mm^{-2}	推荐硬度范围 HRC	推荐使用温度/℃	特性及用途
		Ⅰ类	Ⅱ类	Ⅲ类	Ⅱ类	Ⅲ类					
钢	碳素弹簧钢 65Mn	$0.3\sigma_b$	$0.4\sigma_b$	$0.5\sigma_b$	$0.5\sigma_b$	$0.625\sigma_b$	(d<4) 81400～78500 (d>4) 78500	(d<4) 203000～201000 (d>4) 196000	—	－40～120	强度高，性能好，价格便宜，适于小弹簧
钢	60Si2Mn 60Si2MnA	471	628	785	785	981	80000	200000	45～50	－40～200	弹性好，回火稳定性好，易脱碳，用于大载荷弹簧
钢	50CrVA	450	600	750	750	940	80000	200000	43～47	－40～500	高温时强度高，力学性能好，淬透性好，价高，用于重要场合
不锈钢	lCrl8Ni9 2Crl8Ni9	330	440	550	550	690	73000	197000	—	－250～300	耐腐蚀和高温，工艺性好，用于小弹簧
不锈钢	4Crl3	450	600	750	750	940	77000	219000	48～53	－40～300	耐蚀和高温，适于小弹簧
不锈钢	Ni36CrTiAl	450	600	750	750	940	77000	20000	—	－40～250	弹性模量、强度、耐腐蚀性、抗磁性均高，适于精密仪表弹簧
不锈钢	Ni42CrTi	420	560	700	700	880	67000	19000	—	－60～100	恒弹性，耐蚀，加工性好，适于灵敏弹性元件，如游丝

（续）

类别	代号	许用切应力 $[\tau_T]$/N·mm^{-2}			许用弯曲应力 $[\sigma_b]$/N·mm^{-2}		切变模量 G/N·mm^{-2}	弹性模量 E/N·mm^{-2}	推荐硬度范围 HRC	推荐使用温度/℃	特性及用途
		Ⅰ类	Ⅱ类	Ⅲ类	Ⅱ类	Ⅲ类					
铜合金	QSi3－1	265	353	441	441	549	40200	93200	90～100 HBW	－40～120	耐腐蚀，防磁
	QSI4－3						39200				
	QBe2	353	441	549	549	735	42200	12950	37～40	—	耐腐蚀，防磁，导电性及弹性好

注：1. 表中许用切应力为压缩弹簧的许用值，拉伸弹簧的许用应力为压缩弹簧的80%。

2. 碳素弹簧钢丝的拉伸强度 σ_b，参见图12.2。

3. 碳素弹簧钢按力学性能不同分为Ⅰ、Ⅱ、Ⅱa、Ⅲ共4组，Ⅰ组强度最高，其次依次为Ⅰ、Ⅱa、Ⅲ组。

4. 弹簧的工作极限应力 τ_{lim}：Ⅰ类≤1.67 $[\tau_T]$；Ⅱ类≤1.25 $[\tau_T]$；Ⅲ类≤1.12 $[\tau_T]$。

5. 强压处理的弹簧，其许用应力可增大25%；喷丸处理的弹簧，其许用应力可增大20%。

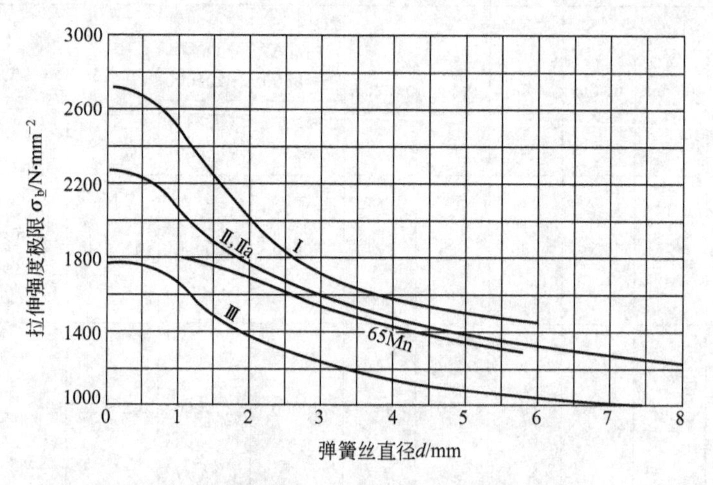

图12.2　碳素弹簧钢(65钢、70钢)的抗拉强度

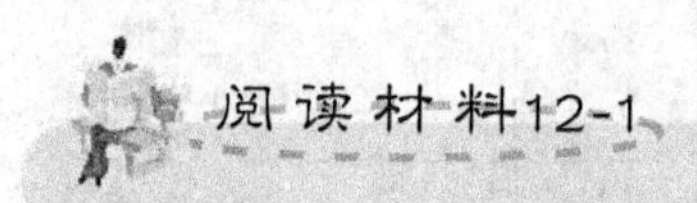

弹簧材料的发展

在机电产品中，用量最大的弹簧主要有三大类：

(1) 以汽车为主的机动车辆弹簧；

(2) 以日用电器为主的电子产品弹簧；

(3) 以摄像机、复印机和照相机为主的光学装置弹簧。

机动车辆弹簧主要是向高强度方向发展，以减轻质量；电子产品弹簧主要是向小型化方向发展；而光学装置弹簧主要向着既要高强度化又要小型化方向发展。相应的弹簧设计方法材料和加工技术等方面均有所发展。

弹簧应用技术的发展，对材料提出了更高的要求。主要是在高应力下提高疲劳寿命和抗松弛性能；其次是根据不同的用途，要求具有耐蚀性、非磁性、导电性、耐磨性、耐热性等。为此，弹簧材料除开发新品种外，另外严格控制化学成分，降低非金属夹杂，提高表面质量和尺寸精度等方面也取得了有益的成效。

1. 合金钢的发展

气门弹簧和悬架弹簧已广泛应用 Si－Cr 钢。为了提高疲劳寿命和抗松弛性能，在 Si－Cr 钢中添加 V、Mo。同时开发了 Si－Cr 拉拔钢丝，其在高温下工作时的抗松弛性能，比琴钢丝好。随着发动机高速小型化，抗颤振性能好、质量轻、弹性模量小的 Ti 合金得到了较为广泛的应用，其强度可达 2000MPa。

2. 不锈钢丝的发展

(1) 奥氏体组织不锈钢丝强度比铁素体组织的好，其耐蚀性也优于马氏体组织，因面应用范围不断扩大。

(2) 低温拔丝或低温氮化拔丝可提高钢丝强度。马氏体受热时组织不稳定，而在低温液体氮中拔丝能形成隐针状马氏体，可获得热态高强度。此种钢丝在美国和日本已有不少应用，但目前只能处理 1mm 以下的钢丝。

(3) 电子设备中的精密弹簧要求非磁性，此种钢丝在拉拔加工时，不能生成隐针状马氏体。为此要添加 N、Mn、Ni 等元素。为了满足这方面的需求，美国开发了 AUS205 (0.15C－17Cr－1Ni－15Mn－0.3N)和 YUS(0.17C－21Cr－5Ni－10Mn－0.3N)。由于 Mn 的含量增加，加工中不会生成隐针状马氏体。经固溶处理，强度可达 2000MPa，疲劳性能高，优于 SUS304。

3. 提高材料纯度

对高强度材料，严格控制夹杂，提高纯度以保证其性能。如气门弹簧材料的含氧量，目前已达 20×106。

4. 改善表面质量

材料表面质量对疲劳性能影响很大。为了保证表面质量，对有特殊要求的材料采用剥皮工艺去除表层 0.1～0.5mm 深度的缺陷。对拔丝过程表面产生的凹凸不平，可用电解研磨，使表面粗糙降到 Ra=6.5～3.4μm。

5. 电镀钢丝的发展

在特殊情况下，除要求弹簧特性外，还要求耐蚀、导电等附加性能，大多均采用电镀工艺解决。部分不锈钢丝和琴钢丝的耐蚀性能相当于镀锌的耐蚀性能，若再镀一层 ZnAl(5%)的合金，则耐蚀性可提高约 3 倍。

一般来说，能使材料表面硬化形成残余应力的工艺(如喷丸强化和表面氮化等)均可提高疲劳强度。目前正在研究非电解镀 Ni，通过加热(300～500℃)可将 7%的 P 以 PNi 析出，可提高维氏硬度达 HV500。喷丸后，若在 300℃以下加热镀 Ni，亦可提高硬度 10%。

6. 形状记忆合金的开发

目前在弹簧方面有应用前途的单向形状记忆合金，以 50Ti－50Ni 性能最好。形状记忆合金制成的弹簧，受温度的作用可伸缩。主要用于恒温、恒载荷、恒变形量的控制系统中。由于是靠弹簧伸缩推动执行机构，所以弹簧的工作应力变化较大。

7. 陶瓷的应用

陶瓷的弹性模量高，断裂强度低，适用于变化不大的地方。目前正在开发的有耐热、耐磨、绝缘性好的陶瓷。另外，还有高强度的氮化硅，能耐高温，可达1000℃。但陶瓷弹簧不适用于在冲击载荷下工作。

8. 纤维增强塑料在弹簧中的应用

玻璃纤维增强塑料(GFRP)板弹簧在英、美和日本等国已广泛应用，除用于横置悬架外，还可用于特殊轻型车辆，如赛车的纵置悬架。目前又研制成功了碳素纤维增强塑料(CFRP)悬架弹簧，比金属板簧要轻20%。

资料来源：http：//baike. gqsoso. com.

12.1.4 弹性元件的许用应力

弹性元件的许用应力不仅与材料的种类有关，也与材料的质量、热处理方法、载荷性质、弹簧钢丝的尺寸有关。根据变载荷的作用次数以及弹簧的重要程度将弹簧分为以下3类。

Ⅰ类——受变载荷作用的次数在 10^6 次以上或很重要的弹性元件，如内燃机气门弹簧、电磁制动器弹簧等。

Ⅱ类——受变载荷作用的次数在 $10^3 \sim 10^5$ 次以上及受冲击载荷的弹性元件，如调速器弹簧、一般车辆弹簧等。

Ⅲ类——受变载荷作用的次数在 10^3 次以下，即基本受静载荷的弹性元件，如一般安全弹簧、摩擦式安全离合器弹簧等。

12.2 弹性元件的基本特性

12.2.1 弹性元件的基本特性概述

作用在弹性元件上的力、压力或温度等工作载荷与变形量之间的关系，称为弹性元件的特性。弹性元件的特性可用解析式表示，即

$$\lambda = f(F) \tag{12-1}$$

式中，λ——弹性元件的挠度或变形；

F——作用在弹性元件上的载荷力(也可以是压力或温度等)。

弹性元件的特性曲线与理想直线之间的最大偏差和弹性元件的最大变形之间的百分比为弹性元件的最大非线性误差，定义为弹性元件的非线性度。如果弹性元件的变形和载荷之间为线性关系，则弹性元件的非线性度为零。

刚度是弹性元件的重要性能指标，定义为使弹簧产生单位变形量的载荷，即

$$F' = \lim_{\Delta\lambda \to 0}\left(\frac{\Delta F}{\Delta \lambda}\right) = \frac{dF}{d\lambda} \tag{12-2}$$

当弹性元件具有线性特性时，其刚度为常数，即 $F' = F/\lambda$。

如果若干个线性弹性元件并联使用，在载荷 F' 的作用下，同时进入工作状态，且变形

均为λ，假设各弹性元件上所单独承受的载荷为F_i，则有

$$F' = \frac{F}{\lambda} = \frac{\sum_{i=1}^{n} F_i}{\lambda} = \frac{\sum_{i=1}^{n} F'_i\lambda}{\lambda} = \sum_{i=1}^{n} F'_i$$

即并联弹性元件组成的系统，其刚度等于每个元件刚度之和。

当并联弹性元件先后进入工作状态时，其特性曲线为折线，每段折线所表示的刚度等于已参加工作的各个元件刚度之和，则随着进入工作的元件数目逐渐增加，系统的刚度递增。

当若干个线性弹性元件串联使用时，则每个弹性元件所受的载荷相同($F_i=F$)，系统的总变形λ为各个元件变形(λ_i)之和。定义刚度的倒数为柔度，则串联弹性元件组成系统的柔度等于每个元件的柔度之和，即

$$\frac{1}{F} = \frac{\lambda}{F} = \frac{\sum_{i=1}^{n}\lambda_i}{F} = \frac{\sum_{i=1}^{n}\frac{F_i}{F'_i}}{F} = \sum_{i=1}^{n}\frac{1}{F'_i}$$

12.2.2 影响弹性元件特性的因素

影响弹性元件特性的因素可以从各种弹性元件的特性解析式中看出。例如，对于圆柱螺旋弹簧，其特性式为

$$\lambda = f(D,\ d,\ n,\ G) = F\,\frac{8D^3 n}{Gd^4} \tag{12-3}$$

式中，F——弹簧所承受的载荷，N；

λ——弹簧的变形量，mm；

G——弹簧材料的切变模量，N/mm^2；

D——弹簧中径，mm；

d——簧丝直径，mm；

n——弹簧的有效工作圈数。

1. 几何尺寸参数的影响

由式(12-3)可知，螺旋弹簧的特性与其几何尺寸和参数(D、d、n)有关。因此，弹性元件制造后，几何尺寸参数的误差将使特性(或刚度)发生变化。如果螺旋弹簧的变化量用其变形量表示，则由此而引起特性的相对误差由弹簧中径相对误差、弹簧工作圈数相对误差和簧丝直径相对误差3项组成

$$\delta\lambda_z = \frac{\Delta\lambda_z}{\lambda} = 3\,\frac{\Delta D}{D} - 4\,\frac{\Delta d}{d} + \frac{\Delta n}{n} \tag{12-4}$$

这部分特性误差，通常可以采用调整的方法予以消除，使弹簧特性满足要求。例如从结构上调节弹簧的工作圈数n，可以消除弹簧中径D和簧丝直径d的误差而引起的特性误差。

2. 温度的影响

由式(12-3)还可以看出，弹性元件的特性还与材料的切变模量有关。当周围环境变化时，切变模量随之变化，其变化可近似用下式确定

$$G_t = G_0[1+\alpha_G(t-t_0)] \tag{12-5}$$

式中，G——工作温度 t 时材料的切变模量，N/mm^2；

G_0——标准温度 t_0 时材料的切变模量，N/mm^2；

α_G——切变模量的温度系数，$N/(mm^2 \cdot ℃)$。

因此，由于切变模量的温度特性而引起的弹簧特性的相对误差为

$$\delta\lambda_w = -\frac{\Delta G}{G_0} = -\alpha_G(t-t_0)$$

同样，由于弹性模量的温度特性而引起的弹簧特性的相对误差为

$$\delta\lambda_w = -\frac{\Delta E}{E_0} = -\alpha_E(t-t_0)$$

弹性元件常用材料的温度系数是负值，温度降低时，弹性元件的弹性模量增加，变形量减小；反之亦然。为了减少温度变化对弹性元件特性的影响，可采用温度系数值极小的材料，或采用补偿的方法，用具有正温度系数的弹性材料(如热双金属弹簧)，以减小因温度变化而引起的变形的误差。

3. 弹性滞后和弹性后效的影响

弹性滞后是指在弹性范围内加载与去载时特性曲线不相重合的现象。如图 12.3 所示，当作用到弹性元件上的力由零增大到 F_0 时，弹性元件的特性曲为曲线Ⅰ，而当作用力由 F_0 减小到零时，特性曲线为曲线Ⅱ。

弹性后效是指载荷改变后，不是立刻完成相应的变形，而是在一定时间间隔中逐渐完成的。如图 12.4 所示，当作用到弹性元件上的力由零突增至 F_0 时，变形首先由零增大到 λ_1，然后，在载荷不变的情况下继续变形，直到变形增大到 λ_0 时为止。反之，如果载荷由 F_0 突减至零，弹性元件的变形先由 λ_0 迅速地减至 λ_2，然后继续减小，直到变形等于零为止。

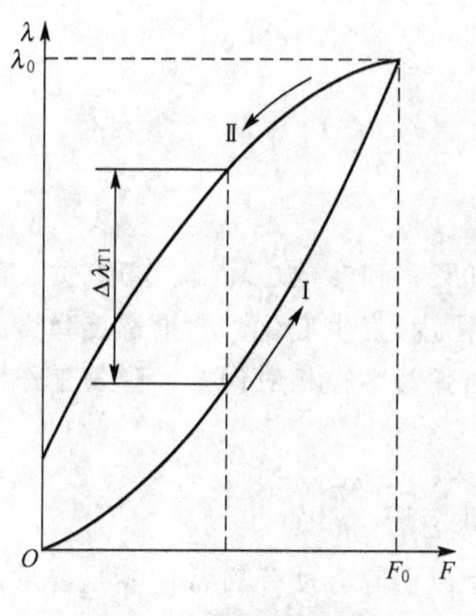

图 12.3 弹性滞后现象

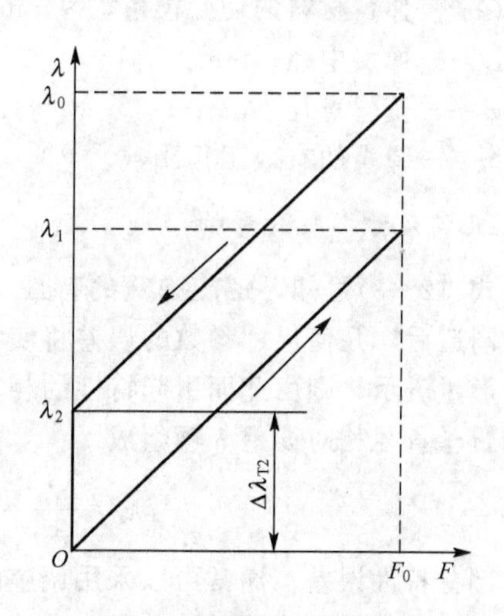

图 12.4 弹性后效现象

产生滞后和后效的原因比较复杂，研究表明，其大小与弹性元件内的最大应力、所用材料的金相组织与化学成分以及弹性元件的加工与热处理过程等有关。在设计测量弹性元件时一般可通过选取较大的安全系数、合理选定结构和元件的连接方法(减小应力集中)、采用特殊合金等以减小弹性滞后和弹性后效。

弹性滞后和后效所造成的特性误差尚无法进行理论计算，一般是通过对元件做特性实验，利用加载和去载特性曲线上的变形量差值 $\Delta\lambda_{T1}$ 和 $\Delta\lambda_{T2}$，求得弹性滞后和弹性后效所造成的特性相对误差。

12.3 螺旋弹簧

12.3.1 螺旋弹簧的功能和特点

螺旋弹簧是用金属线材绕制成空间螺旋线形状的弹性元件，用来将沿轴线方向的力或垂直于轴线平面内的力矩转换为弹簧两端的相对位移(沿轴线方向的轴向位移或垂直于轴线的平面上的角位移)；或者将两端的相对位移转换为作用力或力矩。螺旋弹簧簧丝的截面通常是圆形或矩形，也有方形和菱形的。其中，圆形截面簧丝圆柱螺旋弹簧应用最广泛。

圆柱形螺旋弹簧(简称弹簧)根据载荷作用方式不同，有下面 3 种型式：①拉伸弹簧[图 12.5(a)] 承受沿轴向的拉力作用；②压缩弹簧 [图 12.5(b)] 承受沿轴向的压力作用；③扭转弹簧 [图 12.5(c)] 承受绕轴线的扭转力矩的作用。

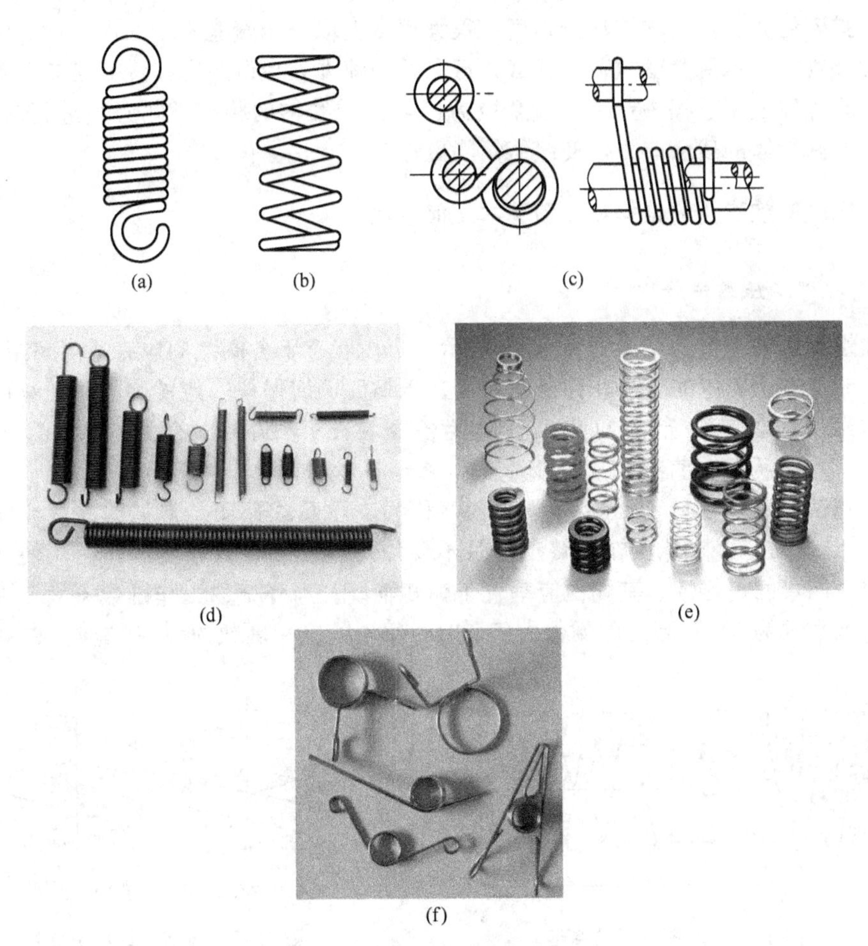

图 12.5 圆柱螺旋弹簧的型式

由于螺旋弹簧制造简单，成本低廉，因此广泛应用在各种精密机械中。用高质量材料制成的螺旋弹簧，弹性滞后和后效很小，特性稳定，可以作为测量弹簧使用。螺旋弹簧也常用于完成结构的力封闭，使零件间保持一定的压紧力。在某些精密机械中(如照相机的快门)，螺旋弹簧用作机构的能源。

螺旋弹簧大多是用经过铅浴淬火和等温回火的冷拔碳素钢丝制造的。

12.3.2 螺旋弹簧的制造工艺

螺旋弹簧的制造过程包括卷绕、两端面加工或钩环制作、热处理和工艺性试验等。

卷绕是将簧丝卷绕在芯子上。卷绕方法分冷卷和热卷两种。当簧丝直径小于 10mm 时，常用冷卷法，并经低温回火消除内应力。弹簧热卷后须经淬火和回火处理。弹簧在卷绕和热处理后要进行表面检验及工艺性试验，以鉴定弹簧质量。

对重要的压缩弹簧，为保证两端支承面与轴线垂直，应将端面圈在专用磨床上磨平。对拉伸和扭转弹簧，为便于连接和加载，两端应制有钩环或杆臂。

为了提高弹簧的承载能力，可以在卷制后进行强压处理，一般可以提高承载能力约 25%。经强压处理的弹簧，不允许再进行热处理，也不宜在高温、变载荷以及腐蚀性环境下工作，否则弹簧会过早发生疲劳破坏。

由于弹簧的疲劳强度和抗冲击强度在很大程度上取决于簧丝表面状况，故其表面必须光洁、无裂纹。对承受交变载荷的弹簧，可以采用喷丸处理以提高其疲劳强度和寿命。

弹性元件在成型过程中产生的残余应力影响机械结构的稳定性，必须进行时效处理，尽可能释放弹性体的残余应力，使组织性能更稳定。

12.3.3 圆柱螺旋弹簧的结构特点和基本几何参数

1. 圆柱螺旋压缩弹簧

圆柱螺旋压缩弹簧的结构如图 12.6 所示。自由状态下各圈之间应有适当间距 δ，以便承受载荷时能产生相应的变形。为了使弹簧在压缩后仍能保持一定的弹性，压缩弹簧在最大载荷作用下应留有一定的间隙 δ_1，避免各圈在工作中彼此接触。一般 $\delta_1 = 0.1d \geqslant 0.2$mm，其中 d 为簧丝直径。

压缩弹簧的两端各有 3/4～7/4 圈并紧，称为支承圈或死圈。常见的并紧死圈的端部形式如图 12.7 所示。支承圈在弹簧工作时不参加弹性变形，只起支承作用，使弹簧保持平直，减少侧弯的可能性。其端面应垂直于弹簧轴线。当弹簧的工作圈数不大于 7 时，每端的支承圈数约为 3/4；当工作圈数大于 7 时，每端的支承圈数约为 1～7/4。在受变载荷

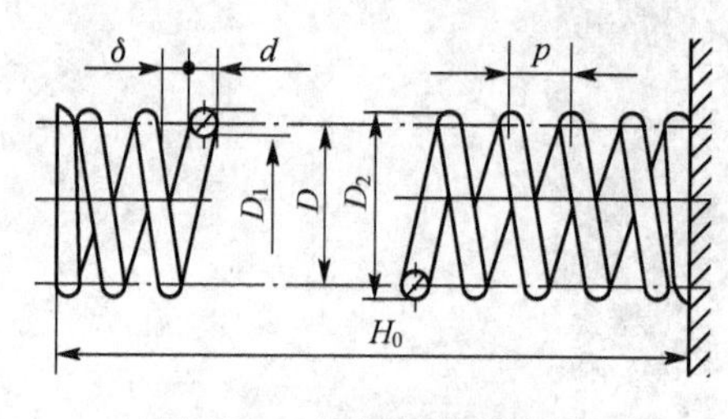

图 12.6 压缩弹簧的结构

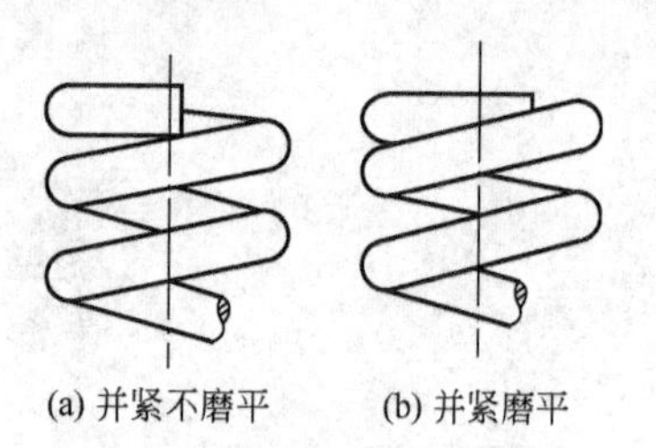

图 12.7 压缩弹簧端部结构

作用的重要场合，应该采用并紧磨平端面，死圈的磨平长度应不小于一圈弹簧圆周长度的1/4，末端厚度约为0.25d。

2. 圆柱螺旋拉伸弹簧

圆柱螺旋拉伸弹簧的结构如图12.8所示，空载时弹簧各圈并拢。无预应力的弹簧受力时各圈之间产生间隙；有预应力的弹簧各圈之间有一定的压紧力，只有在外加拉力大于压紧力后各圈才开始分离，因而可以节省弹簧的轴向工作空间。

为便于安装和加载，拉伸弹簧的两端部制有钩环。钩环的结构形式如图12.9所示，左面两种钩环由簧丝直接弯曲制成，制造方便，应用广，但在钩环弯折处会产生很大的弯曲应力，只能用在中小载荷或不重要的地方。有圆锥形过渡端的钩环弯曲应力较小，而且可以转动到任何地方。当受较大载荷时，宜选用螺旋块式钩环，但价格较贵，需综合考虑。

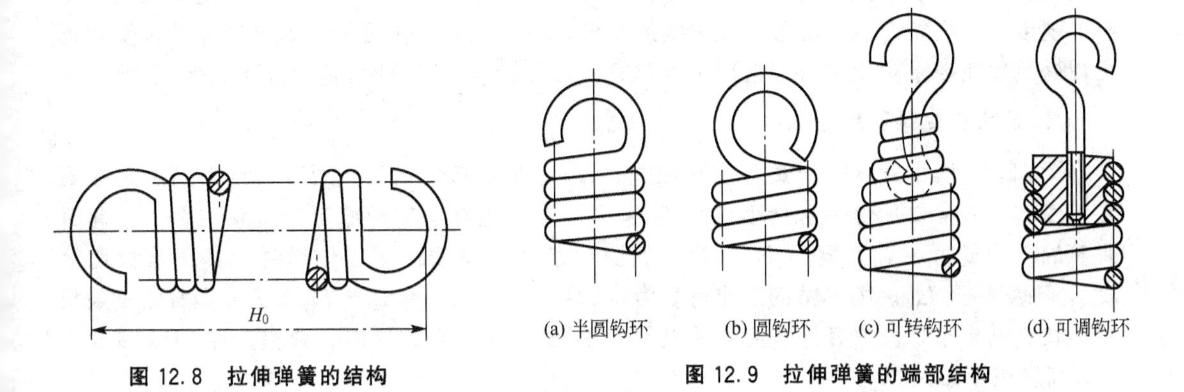

图12.8 拉伸弹簧的结构

图12.9 拉伸弹簧的端部结构

圆柱螺旋压缩和拉伸弹簧的主要结构参数见表12-2。

表12-2 圆柱螺旋压缩和拉伸弹簧的主要结构参数

计算项目	压缩弹簧	拉伸弹簧	备注
弹簧中径 D	$D=Cd$		d 取标准值
弹簧内径 D_1	$D_1=D-d$		
弹簧外径 D_2	$D_2=D+d$		
弹簧总圈数 n'	$n'=n+1.5\sim2$	$n'=n$	有效圈数 $n\geqslant2$
弹簧节距 p	$p=d+\frac{\lambda_{\max}}{n}+\delta\approx\frac{D}{3}\sim\frac{D}{2}$	$p\approx d$	自由状态下
轴向间隙 δ	$\delta=p-d$　最小间隙 $\delta_1\geqslant0.1d$		
弹簧螺旋角 γ	$\gamma=\arctan\frac{p}{\pi D}$		通常取 5°～9°
弹簧自由长度 H_0	并紧不磨平端：$H_0=np+(n'-n+1)d$ 并紧磨平端：$H_0=np+(n'-n+0.5)d$	$H_0=nd+$挂钩轴向尺寸	参见图12.7和图12.8
弹簧展开长度 L	$L=\frac{\pi Dn'}{\cos\gamma}$	$L=\pi Dn+$挂钩展开长度	

弹簧中径 D 与簧丝直径 d 之比称为弹簧的旋绕比 $C=D/d$，又称弹簧指数。这是弹簧设计中的一个重要参数，合理选用 C 值，可以使弹簧参数适当，便于制造和使用。当其他条件相同时，C 值太小，卷绕时弹簧丝受到强烈弯曲，簧丝内、外侧的应力差悬殊，材料利用率降低；反之，C 值过大，应力过小，弹簧卷制后将有显著回弹，加工误差增大，而且弹簧也会发生颤动和过软，失去稳定性。通常情况下 $C=5\sim8$，也可以参照表 12-3 进行选用。

表 12-3　旋绕比 C 的推荐用值

d/mm	0.2～0.4	0.45～1	1.1～2.2	2.5～6	7～16
$C=D/d$	7～14	5～12	5～10	4～9	4～8

12.3.4　圆柱螺旋弹簧的特性和应力

弹簧的设计任务是在已知弹簧的最大工作载荷、最大工作变形以及结构和工作条件(如安装空间、载荷性质)情况下，确定弹簧的几何尺寸和结构参数。设计中既要保证有足够的强度，又要符合载荷变形特性曲线的要求，不失稳，工作可靠。如果有标准弹簧系列可以满足使用要求，应尽可能选用标准弹簧。有关标准可以查阅相应的机械设计手册。

1. 圆柱螺旋弹簧的特性线

图 12.10 所示为压缩弹簧及其特性线。H_0 是弹簧未受载荷作用时的自由高度。弹簧在工作前，通常要预受一个最小载荷 F_1 作用，使其能够可靠地稳定在安装位置上。此时弹簧的压缩量为 λ_1，高度为 H_1。当弹簧受到最大工作载荷 F_{max} 作用时，其压缩量增至 λ_{max}，高度降至 H_2。则弹簧的工作行程为 λ_h，$\lambda_h=\lambda_{max}-\lambda_1=H_1-H_2$。$F_j$ 为弹簧的极限载荷，在它的作用下，弹簧钢丝应力将达到材料的弹性极限。这时，弹簧产生的变形量为 λ_3，高度被压缩到 H_j。

弹簧承受的最大载荷由机构的工作条件决定，而最小载荷通常取 $F_1=(0.1\sim0.5)F_{max}$。一般不希望弹簧失去直线的特性关系，所以最大载荷小于极限载荷，通常应满足 $F_{max}\leqslant0.8F_j$。

图 12.11 为拉伸弹簧及其特性线。图 12.11(b)是无初拉力时的特性线，与压缩弹簧的

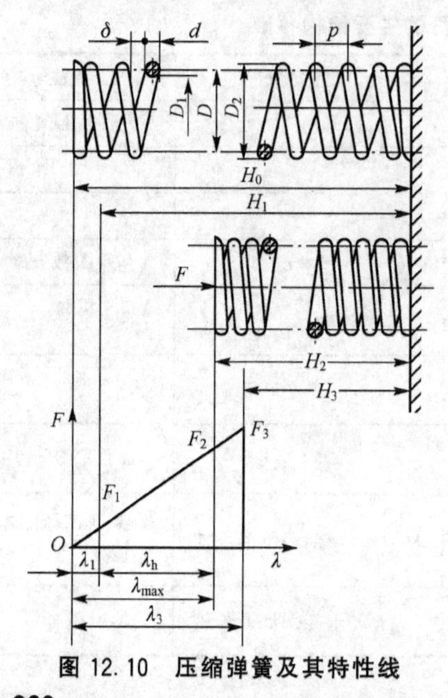

图 12.10　压缩弹簧及其特性线

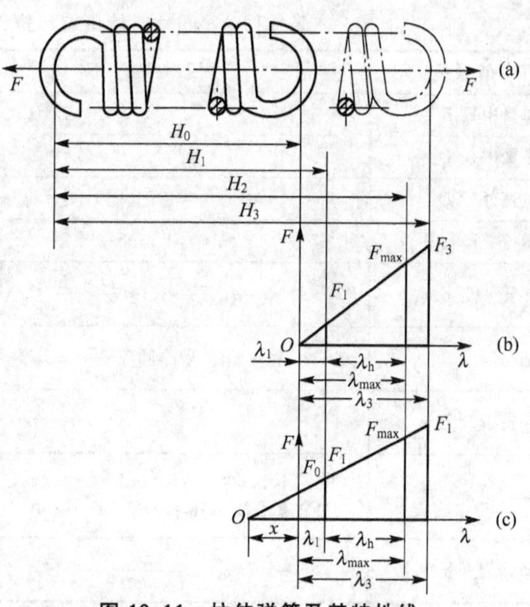

图 12.11　拉伸弹簧及其特性线

相似。图 12.11(c)是有初拉力时的特性线，即拉伸弹簧在自由状态下就受有预拉力 F_0 的作用。其预拉力是由于卷制弹簧时使各弹簧圈并紧和回弹而产生的。一般情况下预拉力 F_0 约取以下值：$d \leqslant 5\text{mm}$，$F_0 \approx F_j/3$；$d > 5\text{mm}$，$F_0 \approx F_j/4$。

图 12.12 所示是扭转弹簧及其特性线，符号意义与压缩弹簧相同，只是扭转弹簧所承受的载荷为转矩 T，所产生的变形为扭转角 ϕ。而最小转矩和最大转矩、最大转矩与极限转矩之间的关系则可以参考压缩弹簧中所给出的数值。

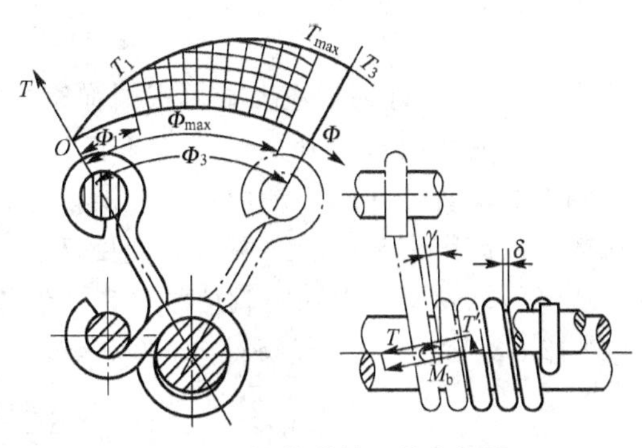

图 12.12 扭转弹簧及其特性线

2. 圆柱螺旋弹簧的强度和刚度

1) 压缩弹簧

压缩弹簧在轴向载荷 F 作用下，在簧丝任意截面上，将作用有扭矩 T 、弯矩 M_b、切向力 F_Q和法向力 F_N，如图 12.13(a)所示。一般情况下，压缩弹簧的螺旋升角 γ 较小(5°～9°)，计算时可以将弯矩 M_b 和法向力 F_N忽略不计。在初步计算时，取 $\gamma \approx 0$，则簧丝的受力情况如同一个受扭矩 $T=FD_2/2$ 和切向力 $F_Q=F$ 作用的曲梁。如果取出一段簧丝，在簧丝截面上相应产生扭转切应力和切应力。根据工程力学的理论，由于簧丝曲度的存在，两种应力的合成呈非线性，并且簧丝内侧应力比外侧应力大，如图 12.13(b)所示，最大切应力发生在内侧 A 点，可按下式计算

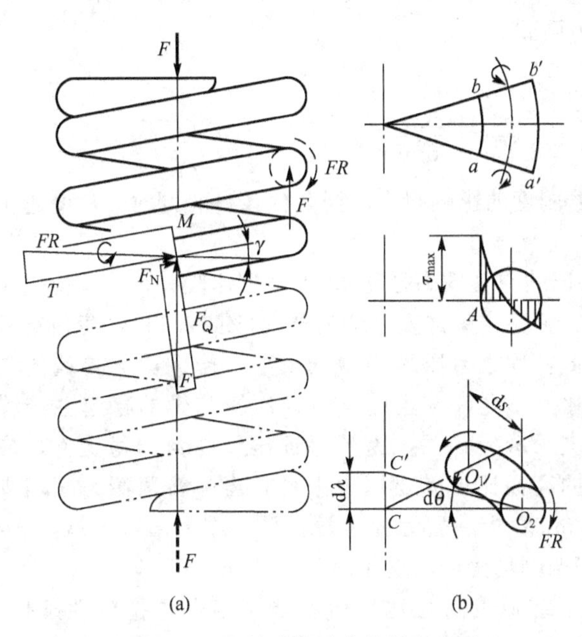

图 12.13 压缩弹簧受力分析和变形

$$\tau_{\max}=K_1\frac{8FD}{\pi d^3} \tag{12-6}$$

其中，K_1 为曲度系数(或称补偿系数)，用来修正弹簧丝曲率对切应力分布的影响。

对于圆截面弹簧丝而言，其曲度系数

$$K_1=\frac{4C-1}{4C-4}+\frac{0.615}{C}$$

螺旋弹簧在承受最大载荷 $F_{\max}$ 作用时所产生的最大切应力 $\tau_{\max}$，应不大于其许用切应力 $[\tau]$，也即满足强度条件

$$\tau_{\max}=K_1\frac{8F_{\max}D}{\pi d^3}\leqslant[\tau] \tag{12-7}$$

由此可得圆弹簧丝直径 d 的计算值为

$$d=1.6\sqrt{F_{max}K_1C/[\tau]} \tag{12-8}$$

式中，$[\tau]$——许用切应力，可根据弹簧的材料和工作特点按表 12-1 规定选取。

由于旋绕比 C 和弹簧丝直径 d 有关，当选用碳素弹簧钢丝材料时，其许用切应力 $[\tau]$ 又随弹簧丝直径 d 的不同而不同，所以通常要采用试算的方法，选择不同的参数反复验算比较，才能得出合适的弹簧丝的直径 d。

当压缩弹簧承受轴向载荷时，在圆形弹簧丝截面上作用有扭矩 T，从而产生扭转变形[图 12.13(b)]。将弹簧特性式(12-3)进行变换，可得弹簧变形量为

$$\lambda=\frac{8FD^3n}{Gd^4}=\frac{8FC^3n}{Gd} \tag{12-9}$$

利用式(12-9)，可以求出所需的弹簧有效圈数

$$n=\frac{G\lambda d}{8FC^3} \tag{12-10}$$

有效圈数计算完后要进行数值整理。如果 $n<15$，则取 n 为 0.5 圈的倍数；如果 $n>15$，则取 n 为整圈数。弹簧的有效圈数最少为两圈。

在这种情况下，弹簧的刚度为

$$F'=\frac{F}{\lambda}=\frac{Gd^4}{8D^3n}=\frac{Gd}{8C^3n}$$

由此可知，旋绕比 C 值的大小对弹簧刚度的影响很大。当其他条件相同时，C 值越小的弹簧，刚度越大，也即弹簧越硬；反之则越软。

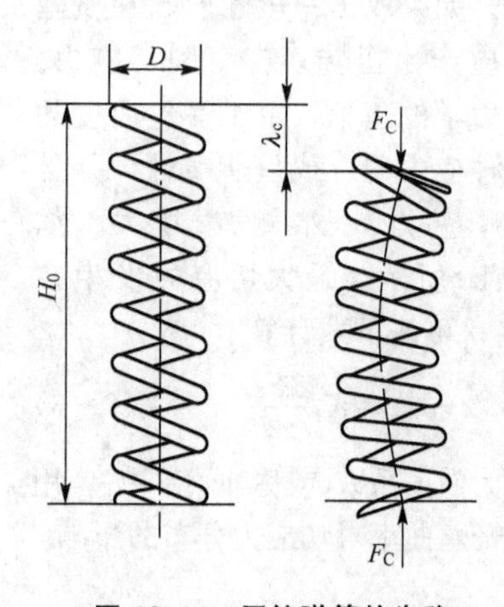

图 12.14　压缩弹簧的失稳

如果压缩弹簧的高径比 $b=H_0/D$ 比较大，当载荷达到一定值时，弹簧会突然发生侧向弯曲(图 12.14)，使弹簧刚度突然降低，称之为压缩弹簧的失稳，严重影响弹簧的正常工作，这是不允许发生的。由于压缩弹簧的稳定性与弹簧两端的支承情况有关，为了保证压缩弹簧的稳定性，应控制弹簧的高径比 b 满足以下条件：当弹簧两端为固定支承时，$b<5.3$；当一端为固定端，另一端为回转支承时，$b<3.7$；当两端均为回转支承时，$b<2.6$。

如果压缩弹簧高径比 b 值不能满足上述稳定性条件，则应进行稳定性计算，以使弹簧最大工作载荷 F_{max} 小于等于保持弹簧稳定的临界载荷 F_C，即

$$F_{max}\leqslant F_C=C_BF'H_0 \tag{12-11}$$

式中，C_B——不稳定系数，由图 12.15 查取；

F'——弹簧刚度，N/mm；

H_0——自由高度，mm。

如果 $F_{max}>F_C$，则应重新选择参数，改变 b 值，使其小于允许值。如果受结构条件限制不能改变参数时，为了保证弹簧的稳定性，应设置导杆或导套，如图 12.16 所示，并且弹簧与导杆或导套之间的间隙不宜过大。

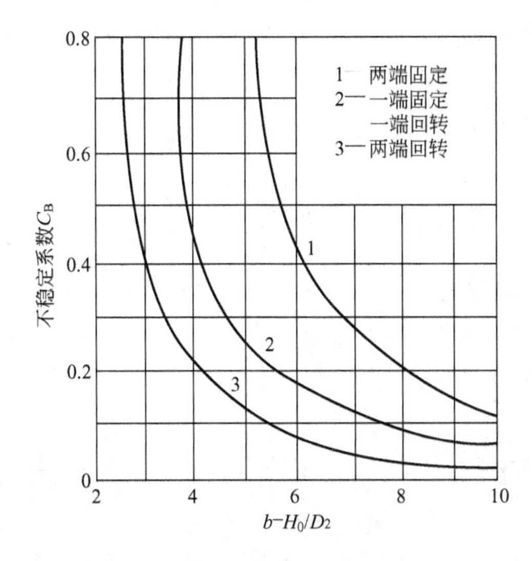

图 12.15 压缩弹簧不稳定系数曲线

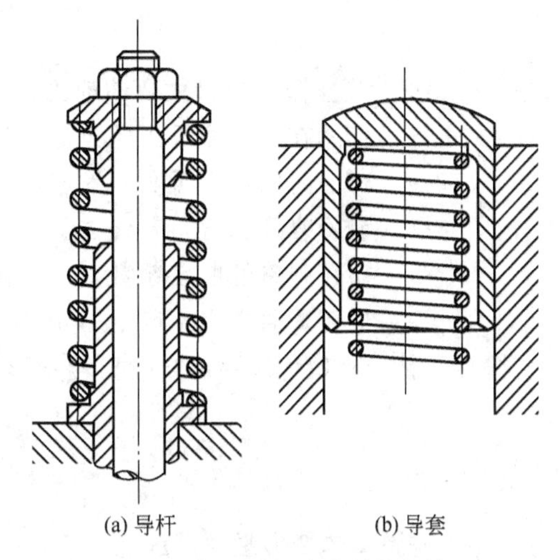

图 12.16 保证稳定性的结构

2）拉伸弹簧

无初拉力的拉伸弹簧的特性线和压缩弹簧相似，计算方法也相同。有初拉力的弹簧在自由状态下就受初拉力的作用，所以将有所不同。如果在其特性线中增加一段假想的变形量x(图 12.11)，则又和无初拉力的特性线完全一样。因此可以直接利用压缩弹簧的强度条件公式来计算拉伸弹簧的簧丝直径。

对初拉力的估计可见弹簧特性线部分的介绍。

可利用以下公式计算

$$F_0=\frac{\pi d^3}{8D}\tau' \qquad (12-12)$$

式中，τ'——拉伸弹簧的初切应力，可通过图 12.17 查得。

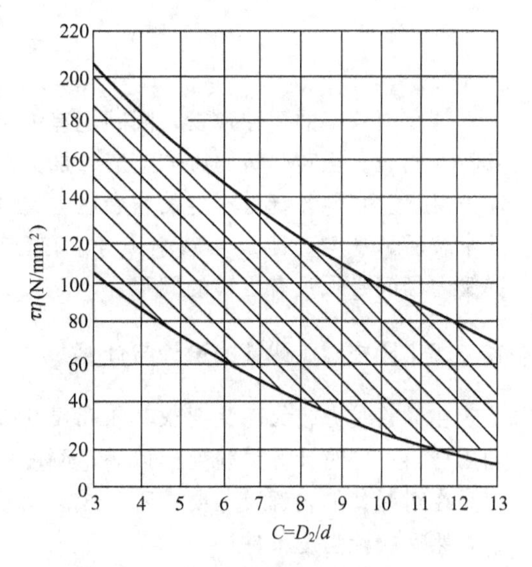

图 12.17 拉伸弹簧的初切应力 τ'

拉伸弹簧的有效圈数可以用下式进行计算(若为无初拉力弹簧，则 $F_0=0$)

$$n=\frac{G\lambda d^4}{8(F-F_0)D^3} \qquad (12-13)$$

3）扭转弹簧

在垂直于弹簧轴线的平面内受一扭矩 T 作用的扭转弹簧，在其弹簧丝的任一截面上将作用弯矩 $M_b=T\cos\gamma$ 和转矩 $T'=T\sin\gamma$(图 12.12)，由于弹簧的螺旋升角 γ 很小，因此，扭转弹簧的弹簧丝主要是受弯矩 M_b的作用。在簧丝任一截面上的应力分布情况与压缩弹簧完全相似，只是它相当于是受弯矩作用的曲梁，应该按照弯曲应力来计算。最大弯矩应力可以按下式计算

$$\sigma_{bmax}=K_2\frac{M_b}{W}\leqslant[\sigma_b] \tag{12-14}$$

式中，σ_{bmax}——簧丝截面内最大弯曲应力，N/mm^2；

M_b——作用在簧丝截面上的弯矩，N·mm；

W——弯曲时的截面系数，对于圆弹簧丝 $W=\pi d^3/32\approx 0.1d^3$；

d——簧丝直径，mm；

K_2——扭转弹簧的曲度系数，对于圆弹簧丝 $K_2=(4C-1)/(4C-4)$；

$[\sigma_b]$——许用弯曲应力，N/mm^2，取 $[\sigma_b]=1.25\ [\tau]$。

扭转弹簧受到扭矩作用后产生扭转变形，其变形量为

$$\phi=\frac{M_b l}{EI}=\frac{180M_b Dn}{EI} \tag{12-15}$$

式中，ϕ——弹簧的变形量，(°)；

I——弹簧丝截面的极惯性矩，对于圆弹簧丝 $I=\pi d^4/64$；

E——材料的弹性模量，N/mm^2。

由上式可得扭转弹簧的有效圈数为

$$n=\frac{EI\phi}{180M_b D} \tag{12-16}$$

精度要求高的扭转弹簧，圈间应有一定的间隙，以免载荷作用时，因圈间摩擦而影响其特性曲线。扭转弹簧的旋向应与外加力矩的方向一致。这样，位于弹簧内侧的最大工作应力(压应力)与卷绕时产生的残余应力(拉应力)反向，可以提高弹簧的承载能力。扭转弹簧承载后，平均直径 D 会减小。对于有心轴的扭转弹簧，为避免受载后"抱轴"，心轴和弹簧内径间必须留有足够的间隙。

12.3.5 圆柱螺旋弹簧的设计与计算

在弹簧受力较大而又要求其轮廓尺寸较小时，一般按照强度条件进行设计，以便充分利用材料，同时计算弹簧变形以满足刚度条件。

在对弹簧的轮廓尺寸要求不严格，弹簧受力很小时，可以按照刚度条件选定弹簧参数，然后校验强度条件。

下面举例说明圆柱螺旋弹簧选用的具体计算过程。

【例 12-1】 设计一个具有初应力的圆柱螺旋拉伸弹簧。已知弹簧作一般用途且不经常工作；当弹簧变形量为 6.5mm 时，拉力 $F_1=180N$；当变形量为 17mm 时，拉力 $F_{max}=340N$；限制弹簧外径不大于 16mm，自由高度不大于 100mm。

解：首先选择材料。作一般用途，属第Ⅲ类弹簧，可以选用Ⅱ组碳素弹簧钢丝。然后初定弹簧中径和簧丝直径(尽量选用标准值)：限制弹簧外径不大于 16mm，同时弹簧的旋绕比通常不小于 4，所以簧丝直径应不大于 3mm；初步选定弹簧中径 $D=12mm$，并假定 3 种不同的簧丝直径 $d=2.5mm$、2.8mm、3mm，采用列表法进行计算比较，见表 12-4。假设弹簧端部采用整圈钩环的型式。

表 12-4 例 12-1 计算比较表

计算项目	计算依据	单位	计算方案		
			1	2	3
1. 确定弹簧直径					
1) 假设弹簧直径 d	$C=D/d$	mm	2.5	2.8	3
2) 假设弹簧中径 D	$K_1=\frac{4C-1}{4C-4}+\frac{0.615}{C}$	mm	12	12	12
3) 弹簧旋绕比 C	查表 12-2		4.8	4.29	4
4) 弹簧曲度系数 K_1	查表 12-1，$[\tau_T]=0.4\sigma_b$	N/mm²	1.33	1.37	1.404
5) 材料抗拉强度 σ_b	$d_j=1.6\sqrt{\frac{F_{max}K_1C}{[\tau_T]}}$		1680	1640	1600
6) 许用切应力		N/mm²	672	656	640
7) 弹簧直径计算值 d_j		mm	2.86	2.79	2.76
	方案 2 和方案 3 中 $d>d_j$，满足强度条件，为可用预选方案				
2. 验算初拉力 F_0	$F_0=\frac{\lambda_{max}F_1-\lambda_1 F_{max}}{\lambda_{max}-\lambda_1}$	N	—	81	81
计算初应力	$\tau_{max}=K_1\frac{8FD}{\pi d^3}$	N/mm²	—	156	163
	看图 12.17，符合初切应力推荐值的范围				
3. 确定弹簧有效圈数	$n=\frac{G\lambda_{max}d^4}{8(F_{max}-F_0)D^3}$	圈	—	23.25 (24)	28.41 (29)
	将计算值圆整为括号内的整数值				
4. 核算弹簧外廓尺寸					
1) 弹簧外径	$D_2=D+d$	mm	—	14.8<16	15<16
2) 弹簧自由高度	$H_0=nd+(d+2D)$	mm	—	94<100	108<100
	根据题设自由度高的限制，方案 2 符合设计要求				
5. 其他结构参数计算(略)	选择方案 2 继续进行其他参数的设计与计算。参见表 12-2				

注：如果是压缩弹簧，则要进行高径比核算或稳定性计算；如果不能满足稳定性要求，就应设置导杆或导套。

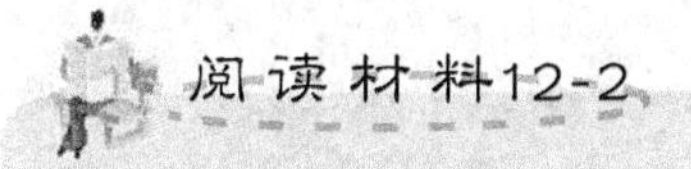

弹簧设计与加工技术的发展

目前，广泛应用的弹簧应力和变形的计算公式是根据材料力学推导出来的，若无一定的实际经验，很难设计和制造出高精度的弹簧。随着设计应力的提高，以往的很多经验不再适用。例如，弹簧的设计应力提高后，螺旋角加大，会使弹簧的疲劳源由簧圈的内侧转移到外侧。为此，必须采用精密的解析技术，当前应用较广的方法是有限元法(FEM)。

车辆悬架弹簧的特征是除足够的疲劳寿命外，其永久变形要小，即抗松弛性能要在规定的范围内，否则将发生车身重心偏移。同时，要考虑环境腐蚀对其疲劳寿命的影响。随着车辆保养期的增大，对永久变形和疲劳寿命都提出了更严格的要求，为此必须采用高精度的设计方法。有限元法可以详细预测弹簧应力对疲劳寿命和永久变形的影响，能准确反映材料对弹簧疲劳寿命和永久变形的关系。

近年来，弹簧的有限元法设计方法进入实用化阶段，出现了不少有实用价值的报告，如螺旋角对弹簧应力的影响；用有限元法计算的应力和疲劳寿命的关系等。

另外，在弹簧的设计过程中还引进了优化设计。弹簧的结构较为简单，功能单纯，影响结构和性能的参变量少，所以设计者很早就运用解析法、图解法或图解分析法寻求最优设计方案，取得了一定成效。随着计算技术的发展，利用计算机进行非线性规划的优化设计，取得了成效。

可靠性设计是为了保证所设计的产品的可靠性而采用的一系列分析与设计技术，它的任务是在预测和预防产品可能发生故障的基础上，使所设计的产品达到规定的可靠性目标值，是传统设计方法的一种补充和完善。弹簧设计在利用可靠性技术方面取得了一定的进展，但要进一步完善，需要数据的开发和积累。

随着弹簧应用技术的开发，也给设计者提出了很多需要注意和解决的新问题。如材料、强压和喷丸处理对疲劳性能和松弛性能的影响，设计时难以确切计算；要靠实验数据来定；又如按现行设计公式求出的圈数，制成的弹簧刚度均比设计刚度值小，需要减少有效圈数，方可达到设计要求。

弹簧加工技术的发展

目前，机械弹簧的加工设备和加工生产线向着数控(NC)和计算机控制(CNC)化的深度和广度发展。但随着弹簧材料和几何形状的变化，加工工艺亦有发展。

(1) 变弹簧外径、变节距和变钢丝直径(三变)悬架弹簧实现了无模塑性加工。自三变弹簧开发以来，一直采用锥形钢棒在数控车床上卷绕加工，但成品质量和价格均不理想。现改为加热状态下通过卷簧机，控制轧辊速度和拉拔力，获得所需要的锥体形状，并用加工余热进行淬火。

(2) 中空稳定弹簧杆采用低碳硼钢板，卷制焊接成形。

(3) 扭杆采用高纯度的45钢，经高频淬火获得表面的高硬度和较大的残余压缩应力，从而提高疲劳寿命和抗松弛能力。

(4) 电子产品广泛应用的片弹簧基本上采用冲压和自动弯曲加工成形。目前主要是发展复合材料的接合技术。

(5) 气门弹簧主要发展多级喷丸和液体氮化工艺，以改善表面残余压应力，提高疲劳寿命。

资料来源：http：//baike. gqsoso. com.

12.4 游　　丝

游丝是平卷簧(又称平面涡卷簧)的一种，属于平面弹簧。其宽度远远小于长度，并且是在弯曲状态下工作的弹性元件。

平卷簧可以分为两大类：一是游丝，是用来产生反作用力矩的小尺寸平卷簧，其转角比较小；二是发条，用来储存能量，作为机构的能源，带动活动构件运动，完成机构所需的动作。其转角很大。

12.4.1 游丝的种类、要求和材料

用于精密机械中的游丝可分为以下两种。

(1) 测量游丝。电工测量仪表中产生反作用力矩的游丝和钟表机构中产生振动系统恢复力矩的游丝都属于这一类。这一类游丝是测量链的组成部分，因此，在实现给定的特性方面有较高的要求。

(2) 接触游丝。千分表、百分表中，产生力矩使传动机构中各零件相互保持接触的游丝属于这一类。这一类游丝对特性要求不严。

一般对精度要求较高的游丝应满足以下要求：①能实现给定的弹性特性，误差要小；②滞后和后效现象较小；③弹性特性不随温度变化而改变；④具有好的防磁性和抗蚀性；⑤游丝的重心位于几何中心上；⑥游丝的圈间距离相等，在工作过程中没有碰圈现象；⑦若兼作导电元件，则游丝的材料有较小的电阻系数。

应该按照游丝在机构中的作用，以及工作条件来决定对游丝的要求。由于测量游丝对精度有直接影响，因而测量游丝在上述几方面应该有较高的要求。

为了实现上述要求，应合理设计游丝的结构和尺寸参数，采用完善的制造工艺以及正确地选用材料。

制造游丝常用的材料有锡青铜(如 QSn4－3)、恒弹性合金(如 Ni42CrTi)、黄铜、铍青铜(QBe2)、不锈钢、铜锌镍合金等。其中，锡青铜具有良好的弹性、工艺性好、导电性好，与铍青铜相比，弹性滞后和弹性后效比较大。在钟表中，为了减小环境温度对游丝刚度的影响，常用恒弹性合金制造游丝。黄铜便宜，便于加工，但弹性性能较差。铍青铜弹性滞后和弹性后效比较小，强度高，价格较贵，一般用于尺寸、性能优良的游丝，可以在实现给定特性的条件下减轻重量并具有较好的振动稳定性。不锈钢、铍青铜用于制造耐腐蚀的游丝。

12.4.2 游丝的结构

游丝内外端固定方法如图 12.18 所示。游丝的外端固定常采用可拆连接，例如锥销楔紧 [图 12.18(a)] 和夹片夹紧，以便调节游丝的长度，获得给定的特性。内端固定常用冲榫的方法铆在游丝套上(图 12.18(b))。在电工测量仪表中，游丝除了用作测量元件外，常常又是导电元件，为了减小连接处的电阻，端部固定常用钎焊的方法 [图 12.18(c)]。

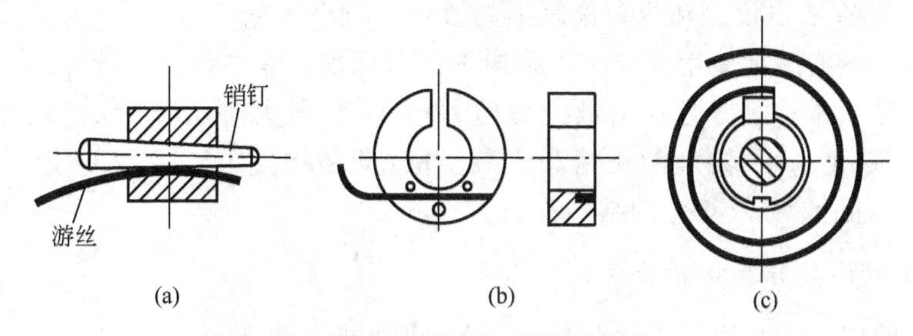

图 12.18 游丝端部的固定方法

由于游丝在长期使用过程中会产生剩余变形，游丝的工作环境温度常有较大的变化，以及在某些情况下，游丝初始状态的位置或刚度需要调整，此时可采用位置调整装置和刚度调整装置来对游丝的初始位置和刚度进行调整。

12.4.3 游丝的特性

根据工程力学理论，矩形截面游丝在力矩作用下产生弯曲变形，其特性公式为

$$M=\frac{EI_a}{L}\varphi=\frac{Ebh^3}{12L}\varphi \tag{12-17}$$

式中，M——作用在游丝轴上的力矩，N·mm；

φ——游丝转角，rad；

L——游丝长度，mm；

b——游丝宽度，mm；

h——游丝厚度，mm；

E——材料的弹性模量，N/mm^2。

12.4.4 游丝的设计

游丝是通用的弹性元件之一，通常根据给定的特性直接选用游丝。在标准中，相同特性的游丝有多种规格(即游丝的圈数、厚度、宽度不同)，为了使选用的游丝能更好地满足工作要求，必须要考虑这些参数对游丝工作的影响。

一般情况下，游丝外端固定，内端随转轴一起旋转，所以游丝各圈转角总和等于转轴转角。如果假设游丝每一圈的转角相等，则游丝圈数越多，每圈的转角就越小。理论分析和实验发现，由于外端固定方法的不完善，使游丝在扭转后，各圈间会产生比较大的偏心，并随每圈的转角增大而增大。偏心分布的游丝对转轴产生一个侧向力，对游丝的正常工作非常不利。所以，游丝转角较大时，其圈数也应增多，使每圈的转角减小。推荐当游丝转角不小于 2π 时，圈数取 10～14；转角小于 2π 时，圈数取 5～10。

游丝的宽度和厚度的比值称为游丝的宽厚比 $u(u=b/h)$。由特性公式(12-17)可知，当游丝长度不变时，如果厚度 h 稍有减小，其宽度 b 将显著增大，以满足弹性特性的要求。因此游丝的宽厚比 u 增加，游丝的截面积 bh 也显著增大，则材料内部的应力将减小，游丝的弹性滞后和后效也随之减小。因此，对滞后和后效要求较高的游丝，一般都选取较大宽厚比，如电工仪表上的游丝，通常取 8～15。大宽厚比的游丝在制造工艺上较为复杂，所以对于滞后和后效没有要求的接触游丝，应选取小的宽厚比，一般为 4～8。而振动条件下工作的游丝，宽厚比 u 宜取小值，使游丝重量轻，以保证较高的振动稳定性，例如手表游丝 $u=3.5$，还有航空仪表和汽车仪表上的游丝也取小的宽厚比。

当标准游丝不能满足使用要求时，则应进行非标准游丝的设计与计算。

设计游丝时，原始数据通常是最大游丝力矩 M_2 和最大游丝转角 φ_2(或最小游丝力矩 M_1 和最小游丝转角 φ_1)及游丝的用途和安装空间(即结构要求)。要求确定游丝的宽度 b、厚度 h、长度 L(圈数 n)及其他的结构参数。

1. 选择游丝圈数 n 和初始长度 L

根据游丝的转角大小选择游丝圈数 n，选用原则与标准游丝相同。

根据使用条件确定游丝的外径 D_1 和内径 D_2，则游丝的初始长度 L 为

$$L=\pi n\frac{D_1+D_2}{2} \tag{12-18}$$

2. 确定游丝宽度和厚度

根据游丝用途选择合适的游丝宽厚比 u，选用原则和标准游丝相同。然后根据游丝的特性条件就可以确定游丝的宽度 b 和厚度 h。

由游丝的特性公式(12－17)可以求出游丝的厚度 h 和宽度 b 为

$$h=\sqrt[4]{\frac{12LM}{uE\varphi}} \tag{12-19}$$

$$b=uh$$

如果采用标准游丝，则需将上述步骤计算出的 h、b 值圆整为标准值。

3. 根据强度条件校核最大应力

$$\sigma_b=\frac{6M}{bh^2}\leqslant[\sigma_b] \tag{12-20}$$

式中，$[\sigma_b]$——许用弯曲应力，$[\sigma_b]=\sigma_B/S_\sigma$，$S_\sigma$为材料的安全系数。

游丝材料的力学性能和安全系数见表12－5。对于测量游丝，为保证较小的弹性滞后和后效，其安全系数应取得较大，大约为5～10。

表12－5　游丝材料的力学性能和安全系数

材料的力学性能/(N/mm²)			安全系数 S_σ		
材料名称	弹性模量 E	抗拉强度 σ_b			
锡青铜	1.2×10^5	500～600	测量游丝		5～10
铍青铜	1.15×10^5(经淬火) 1.32×10^5(经回火)	588～735(经冷作硬化) 1180(经回火)	接触游丝	静载荷	2～2.5
				变载荷	3～4

4. 确定游丝长度 L、圈数 n 和圈间距离 a

如果计算中游丝宽度 b 和厚度 h 经过了圆整，则需要按照特性要求重新确定游丝的长度 L，圈数 n 和圈间距离 a(表12－6)

表12－6　游丝结构参数的确定

长度	圈数	圈间距离
$L=\frac{Ebh^3}{12M}\varphi$	$n=\frac{2L}{\pi(D_1+D_2)}$	$a=\frac{D_1-D_2}{2n}$

由于在制造游丝时是将几条游丝带料叠起来紧密地盘绕在心轴上，经过热处理定型，然后再剥离成单个游丝的，因此游丝的圈间距离恰好等于游丝厚度的整数倍(即为相叠盘绕的游丝个数)。在求出游丝圈间距离 a 后，便可以确定再制造游丝时应同时盘绕的游丝的个数 k，显然有 $a=kh$。

为了保证游丝工作时不产生圈间接触，a 不宜过小，所以通常 $k\geqslant3$。

12.5　片　　簧

片簧是用带材或板材制成的各种形状的弹簧，如图12.19(a)、图12.19(b)、图12.19(c)所示。

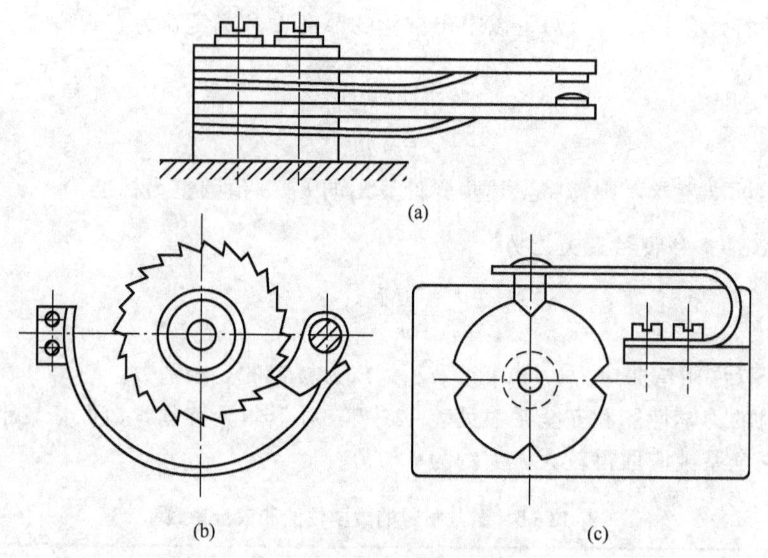

图 12.19　片簧的典型应用

12.5.1　片簧的类型和功用

按外形可分为直片簧［图 12.19(a)］和弯片簧［图 12.19(b)、图 12.19(c)］。

按安装情况可分为有初应力片簧［图 12.21(a)］和无初应力片簧［图 12.21(b)］。

接截面形状可分为等截面片簧和变截面片簧。

片簧主要用于弹簧工作行程和作用力均不大的情况，例如，图 12.19(a)所示为其典型应用之一，用于继电器的电接触点。当安放片簧的结构空间较小，而又必须增大片簧的工作长度时，可以采用弯片簧。图 12.19(b)所示是弯片簧用作棘轮、棘爪的防反转装置；图 12.19(c)则是用于转轴转动 90°的定位器。由图可以看出，弯片簧可以任意调整固定端与载荷作用点之间的位置，使片簧的实际工作长度能够按需要增加到必要的尺寸，其计算可参照工程力学中的曲梁公式。

12.5.2　直片簧的结构和种类

直片簧外形和固定处结构如图 12.20 所示。图 12.20(a)所示的是最常用的螺钉固定的

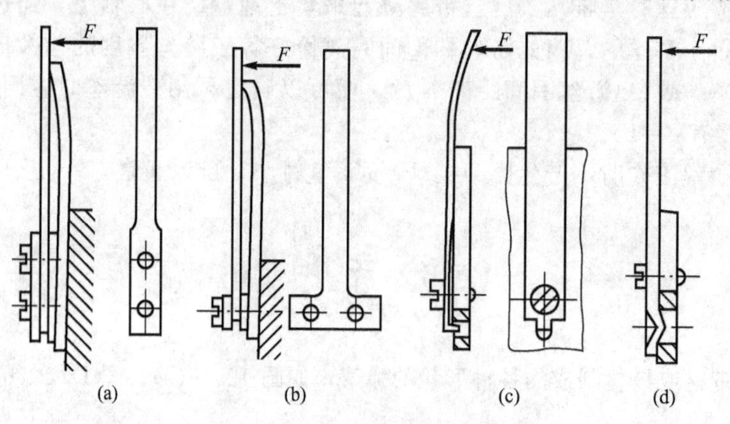

图 12.20　直片簧的外形与结构

方法，采用两个螺钉的目的是为了防止片簧的转动。如果由于位置关系不允许，也可采用图 12.20(b)所示的结构。

当只用一个螺钉固定片簧时，防止片簧的转动可采用图 12.20(c)或图 12.20(d)所示的结构。

固定片簧用的垫片的边缘均应做成圆角。

当片簧的固定部分宽于工作部分时，两部分应采用圆角光滑衔接，以减小应力集中。

当片簧用作电接触点的接触弹簧时，应用绝缘材料使片簧和基座、螺钉绝缘。

直片簧按其截面形状可分为等截面和变截面两种。变截面片簧的截面尺寸沿其长度方向是变化的，根据工程力学理论，在载荷的作用下，沿长度方向其表层各处的应变是相同的。所以常在变截面片簧上粘贴应变丝，用来进行力和力矩的测量。

接安装情况，直片簧可以分为有初应力和无初应力两种。

受单向载荷作用的片簧，通常采用有初应力片簧。如图 12.21(a)所示，1 为有初应力片簧的自由状态，安装时，在刚性较大的支片 A 作用下，产生了初挠度而处于位置 2。当外力小于 F_1 时。片簧不再变形，只有当外力大于 F_1 时，片簧才与支片 A 分离而变形，所以有初应力片簧在振动条件下仍能可靠工作(当惯性力不大于 F_1 时)。此外，在同样工作要求下(即在载荷 F_2 作用下，两种片簧从安装位置产生相同的挠度 λ_2)，有初应力片簧安装时已有初挠度 λ_1，所以在载荷 F_2 作用下，总挠度 $\lambda=\lambda_1+\lambda_2$，因此片簧弹性特性具有较小的斜率。如果因制造、装配而引起片簧位置的误差相同时(例如等于$\pm\Delta$)，则有初应力片簧中所产生的力的变化，将比无初应力片簧要小。

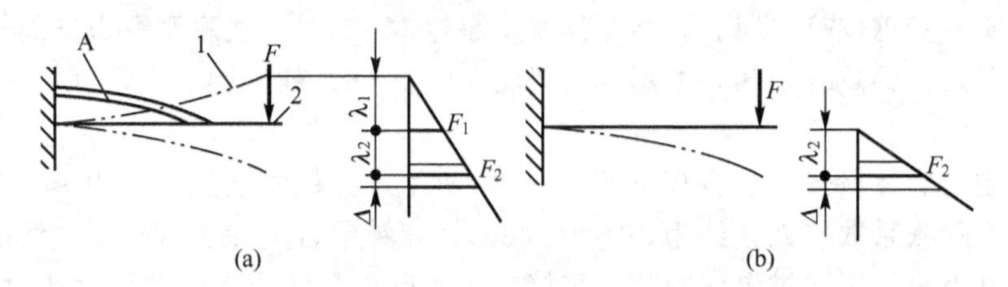

图 12.21 有初应力片簧和无初应力片簧的特性

12.6 热双金属弹簧

12.6.1 热双金属弹簧的结构和应用

热双金属是用具有不同线膨胀系数的两个薄金属片钎焊或轧制而成的。其中，线膨胀系数高的一层叫做主动层，低的一层叫做从动层。受热时，两金属片因线膨胀系数不同而有不同数量的伸长。但由于两片彼此焊在一起，所以使热双金属片产生弯曲变形。因此，利用热双金属制成的弹簧，就可以把温度的变化转变为弹簧的变形；如果其位移受到限制时，则可把温度的变化转变为力。图 12.22 所示是常用的几种形状的热双金属弹簧。

直片形热双金属弹簧适用于变形比较小的场合。使用时，可以一端固定，另一端产生变形；也可以两端固定，利用中间部分产生变形。这种弹簧的长度一般不能小于宽度的 3 倍，宽度不能大于厚度的 20 倍。当必须用较宽的外形时，可以在宽度方向冲出长方槽或

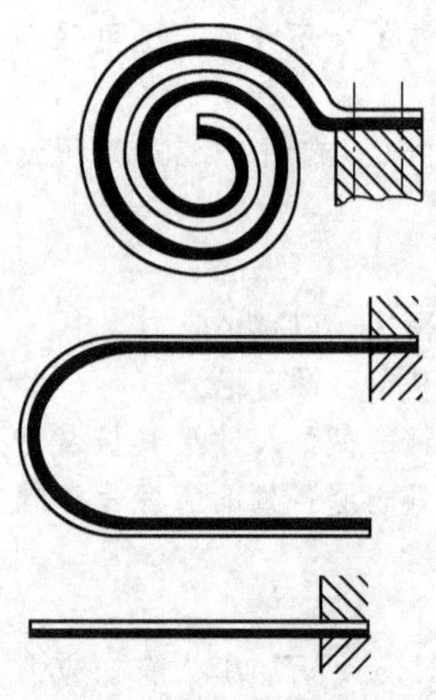
图 12.22 热双金属弹簧

长方孔，以减小热双金属弹簧的横向变形。当热双金属弹簧必须具有较大的作用力和较高的热敏感性能时，可以将几个热双金属片叠成一组，并联使用。U 形热双金属弹簧与直片形热双金属弹簧相比，在温度变化相同的条件下，可以产生较大的变形，而且安装空间可以较小。如果要求热双金属弹簧在温度作用下产生转角时，可采用平卷簧式的热双金属弹簧。

在精密机械中，热双金属弹簧的应用很广，它除了用作温度测量元件外，还可用作温度控制元件和温度补偿元件。利用热双金属弹簧感应周围环境温度的变化而产生变形，从而控制设备中某些元件的切断或闭合来进行温度控制；或者利用热双金属弹簧因温差变形而产生的位移或由于限制其变形而产生的力来调节系统中的某些参量，从而达到温度补偿的目的。

12.6.2 热双金属弹簧的材料和制造

制造热双金属弹簧的材料应满足的要求是：①主、被动层两种材料的线膨胀系数之差尽可能大，以提高灵敏度；②两种材料的弹性模量应接近，以扩大热双金属弹簧的工作温度范围；③有良好的力学性能，便于加工；④焊接容易。

常用的被动层材料是铁镍合金。含镍 36％的铁镍合金在室温范围内线膨胀系数几乎为零，因此又叫不变钢(或称铟钢)。当工作温度超过 150℃时，线膨胀系数增加较快。因此，在较高温度下工作的热双金属，常用含镍量为 40％～46％的铁镍合金，可以得到较小的线膨胀系数。

常用的主动层材料分有色金属和黑色金属两大类。有色金属包括黄铜、锰镍铜合金等。黄铜的线膨胀系数较大，约为 20×10^{-6}/℃，锰镍铜合金除了有较高的线膨胀系数外，还有很高的电阻率，可通过电流的方式直接加热。有色金属用作主动层材料时，具有耐蚀性高、焊接性能好等优点。但是，有色金属材料的再结晶温度较低，因此允许使用的温度范围较低。用作主动层材料的黑色金属主要有铁镍铬、铁镍钼合金等，允许使用的温度范围较高，但制造较复杂。

在选用热双金属材料时，工作温度是主要的选择依据之一，它一般应在材料的线性温度范围之内。在此范围，热双金属的温度与变形之间保持线性关系。同时，热双金属在工作中可能达到的最高和最低温度，应在材料的允许使用温度范围内。这样，热双金属就不会因材料组织变化而失去工作能力。此外，选用材料时，还要考虑热双金属的加热方式：如果是直接加热，应选用电阻率较高的材料；如果以传导方式间接加热，应选用导热性能较好的材料；而如果以辐射方式加热，则应选用呈暗黑色表面的材料。

热双金属弹簧一般采用钎焊或热轧的方法制造。钎焊方法的优点是工艺简单，适用于单件生产，但所制造的热双金属弹簧的性能较差，主要原因是其弹性和灵敏度受钎焊层材料的影响。

热轧法是将主动层和被动层的材料贴在一起加热轧制而成的。轧制的温度必须正确选择。温度过高，可能使材料熔化；温度过低，两种材料在界面上不能紧密结合。热轧法工艺复杂，当温度控制不准或轧制设备不好时，制造的热双金属带可能出现一些缺陷，例如局部不牢、厚薄不均匀等现象。其优点是可以批量生产性能良好的热双金属带。

12.6.3 热双金属弹簧的计算

下面是热双金属弹簧的变形和温度变化之间的关系。

图 12.23 为长度等于 Δl 的一个微小段热双金属弹簧，当温度升高时，它变形成为一段圆弧，圆弧对应的中心角为 $\Delta\varphi$，则有

$$\Delta\varphi=\frac{6(\alpha_1-\alpha_2)\Delta l(t_1-t_0)}{\frac{(E_1h_1^2-E_2h_2^2)^2}{E_1E_2h_1h_2(h_1+h_2)}+4(h_1+h_2)} \tag{12-21}$$

式中，h_1——主动层的厚度，mm；

h_2——被动层的厚度，mm；

α_1——主动层材料的线膨胀系数；

α_2——被动层材料的线膨胀系数；

E_1——主动层材料的弹性模量，N/mm^2；

E_2——被动层材料的弹性模量，N/mm^2；

t_0——变形前的温度，℃；

t_1——变形后的温度，℃。

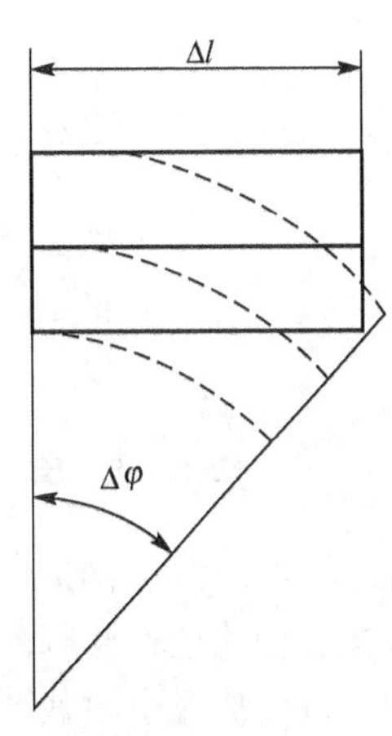

图 12.23 热双金属弹簧变形

如果设计满足 $E_1h_1^2=E_2h_2^2$，则双金属片的灵敏度最高，其变形为

$$\Delta\varphi=\frac{3}{2}\frac{(\alpha_1-\alpha_2)}{(h_1+h_2)}\Delta l(t_1-t_0) \tag{12-22}$$

式(12-21)、式(12-22)为微小段双金属弹簧在温度变化时的变形规律，由此可求得任意形状的双金属弹簧在温度变化时的变形。

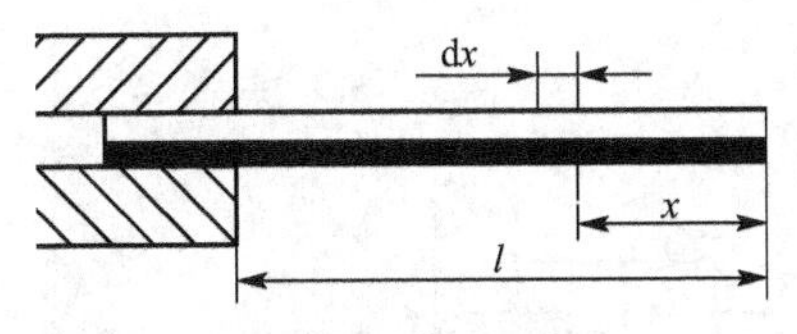

图 12.24 直片双金属弹簧变形图

对于长度为 l 的直片式热双金属弹簧(图 12.24)，温度变化时，其自由端的位移为

$$S=\int_0^l\frac{3}{2}\cdot\frac{\alpha_1-\alpha_2}{h_1+h_2}(t_1-t_0)x\mathrm{d}x=\frac{3}{4}\frac{\alpha_1-\alpha_2}{h_1+h_2}l^2(t_1-t_o)$$

双金属弹簧已经系列化，设计时应根据结构要求以及灵敏度要求适当选用。

12.7 其他弹性元件简介

12.7.1 弹簧管

弹簧管又被称为波登管，是一个弯成圆弧形的空心管，图 12.25 所示为常见的 C 形弹簧管。它的横截面形状通常为椭圆形或扁圆形，但也有 D 形、8 字形等其他的非圆截面形状，如图 12.26 所示。管子截面的布置是使截面短轴位于管子的对称平面内。

弹簧管的开口端焊在带孔的接头中并固定在仪表基座上，而封闭端自由，其上有一个耳圈用于与传动机构相连。当从开口端通入压力时，非圆截面的管子在内压力作用下力图使截面变为圆形，从而迫使管子曲率减小，自由端向外移动产生位移。理论分析和实验证

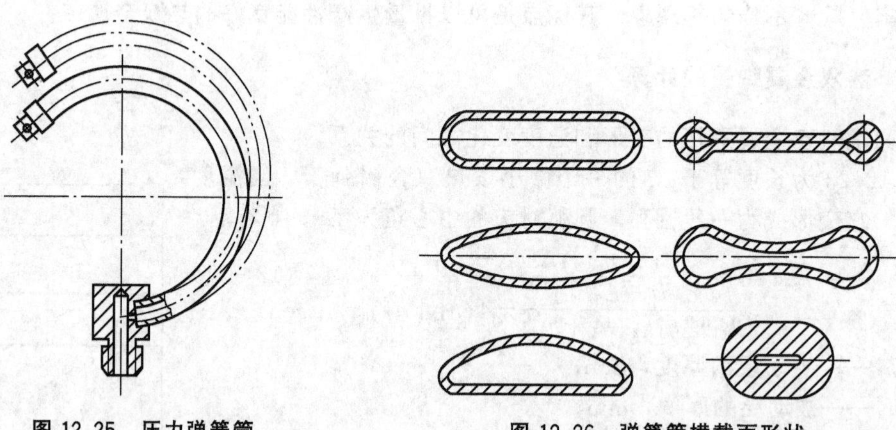

图 12.25　压力弹簧管　　　　图 12.26　弹簧管横截面形状

明，其自由端位移量与管内、外的压差成正比，因此弹簧管常用作压力测量的敏感元件。当自由端的位移受到限制时，则把压力转变为集中力。

如果从管子中截取中心角为 dγ 的一小段，如图 12.27(a)所示，当通入压力 p 后，截面要由椭圆形变为圆形，长轴变短，短轴变长［图 12.27(b)］。如果两截面夹角不变，则两截面之间的管壁材料在中性层以外的各层受拉伸，曲率减小，材料受拉伸应力。而中性层以内的各层受压缩，曲率增大，材料受压缩应力。这样就产生弹性恢复力矩，力图恢复各层原来的长度，从而迫使截面产生旋转角，使管子夹角减小，曲率半径增大。如果管子一端固定，自由端便产生位移，直至达到弹性平衡。如果封闭端固定，其变形受到限制，则在封闭端产生拽力。

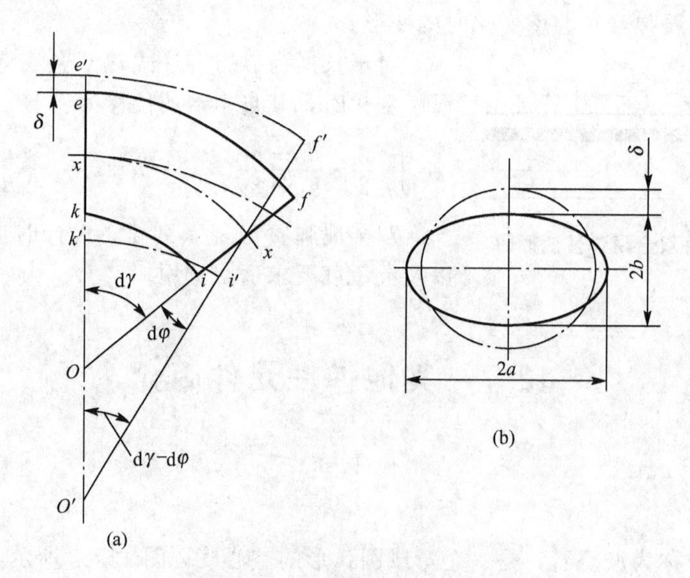

图 12.27　弹簧管的工作原理

对于制造弹簧管的主要材料，测量的压力不大而对迟滞要求不高的，可采用黄铜、锡青铜；测量压力较高的采用合金弹簧钢；若要求强度高、迟滞小而特性稳定的，可用铍青铜和恒弹性合金；在高温和腐蚀性介质中工作的弹簧管，可用镍铬不锈钢制造。

弹簧管的灵敏度和有效面积比较小，因此可以用作测量较大压力的敏感元件。如果需要提高弹簧管的灵敏度，可以采用螺旋形弹簧管［图 12.28(a)］、螺线形弹簧管［图 12.28(b)］和S形弹簧管［图 12.28(c)］。这样，相同压力下弹簧管的自由端可以获得比较大的转角。

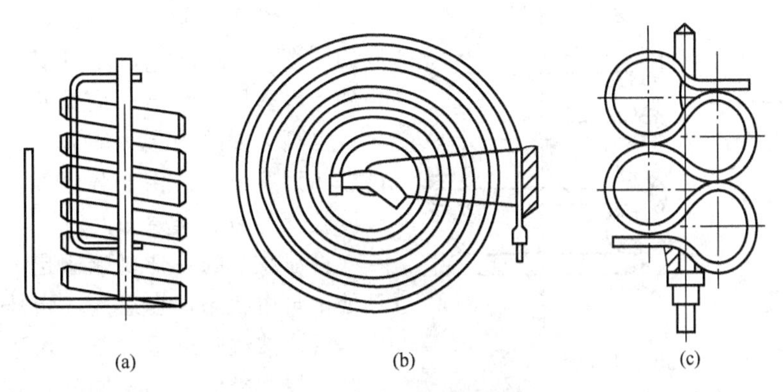

图 12.28　高灵敏度弹簧管形状

一般形状的弹簧管不能用来测量很高的压力，因为它们都是以非圆截面的变形为基础而使弹簧管的曲率发生变化的，如果通入压力过高，则管内壁曲率最小的位置处将产生很大的应力。

如果需要测量高压，可采用麻花形弹簧管和偏心弹簧管。麻花形弹簧管［图 12.29(a)］可以测量达几十兆帕的压力。其原理是利用在压力作用下横截面产生弯矩，即压力作用下横截面的变形为基础进行感应的。它的空间体积小，而变形产生的转角大，可以使仪表传动机构简单，结构紧凑。而偏心弹簧管［图 12.29(b)］可以测量几百至几千兆帕的高压，其原理是在压力作用下由于偏心，弹簧管的横截面内产生弯矩而使管子的曲率发生变化。

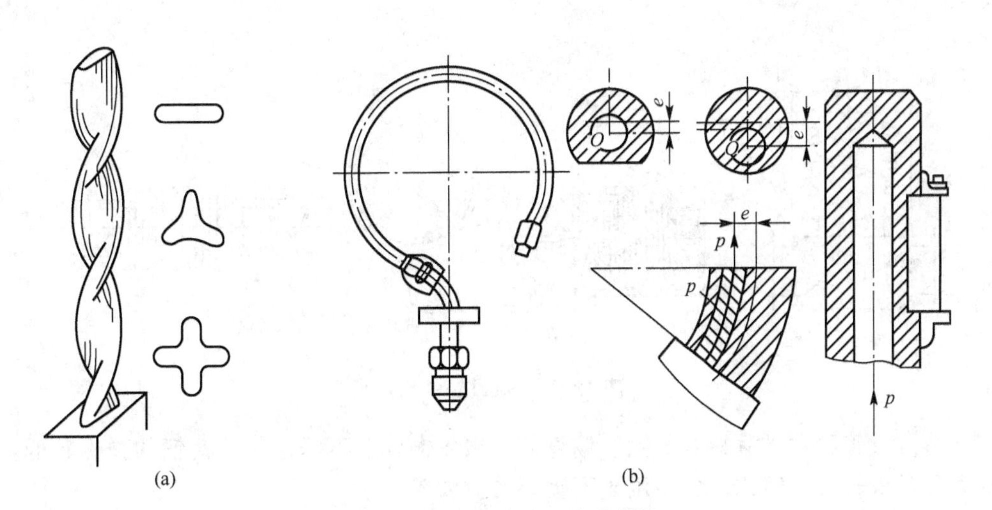

图 12.29　测量高压用的弹簧管

弹簧管测量压力范围较大，同时能给出较大位移量和拽力。因此，弹簧管适用于机械放大式仪表。但是，弹簧管容易受振动和冲击的影响。

12.7.2 波纹管

波纹管是一种具有环形波纹的圆柱薄壁管，如图 12.30 所示。它一端开口、另一端封闭［图 12.30(a)］，或者两端开口［图 12.30(b)］。波纹管通常是单层的，也有双层或多层的［图 12.30(b)］。在厚度和位移相同的条件下，多层波纹管的应力小，耐压高，耐久性也高。如果内层为耐腐蚀材料，则具有良好的耐腐蚀性。由于各层间的摩擦，故多层波纹管的滞后误差加大。

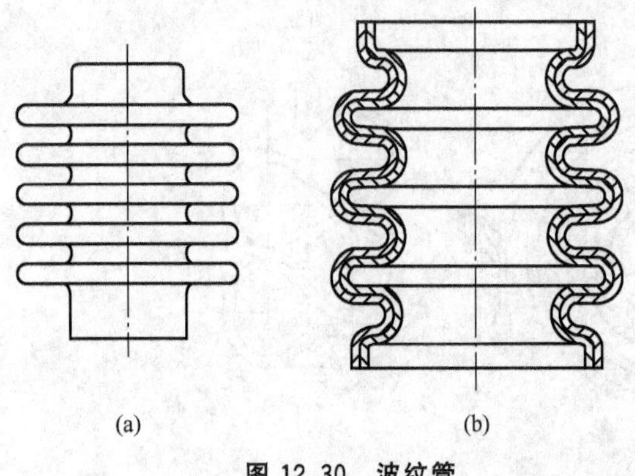

图 12.30 波纹管

将波纹管的一开口端固定，另一端封闭且处于自由状态，在通入一定压力的气体或液体后，波纹管就会伸长，可以利用这一特性来测量和控制压力。同样，在沿其轴向方向的压力或轴向力的作用下，波纹管将伸长或缩短。在横向力的作用下，波纹管将在轴向平面内弯曲。由于波纹管在很大的变形范围内与压力具有线性关系，有效面积比较稳定，因而波纹管被广泛用作测量或控制压力的敏感元件。考虑到波纹管的滞后误差较大及刚度较小，所以，当它用作敏感元件时，常与螺旋弹簧组合使用，得到具有不同刚度的组合件，以适用于不同的量程。

在仪器仪表与自动化装置中，波纹管应用很广，除主要用作测量和控制压力的弹性敏感元件外，也用作密封元件［图 12.31(a)］、介质分隔元件［图 12.31(b)］和导管挠性连接元件［图 12.31(c)］。

图 12.31(b)所示波纹管用于隔离两种液体时，除了完成介质分隔作用外，还可以作为敏感元件把流体压力传到压力表进行压力测量。

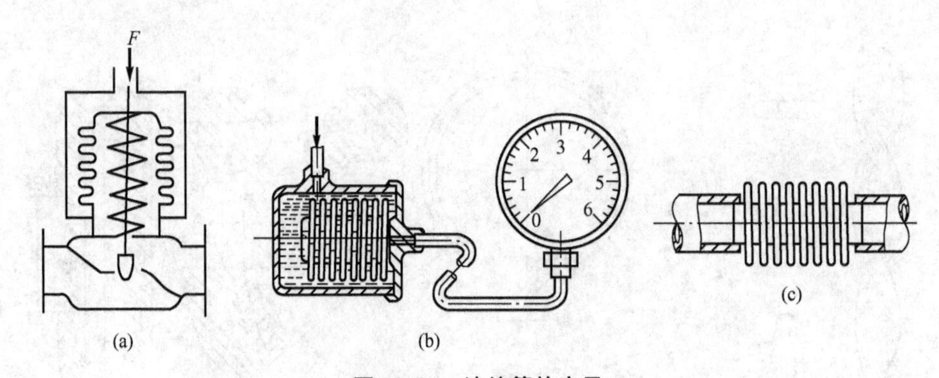

图 12.31 波纹管的应用

制造波纹管的主要材料有黄铜、锡青铜、铍青铜以及不锈钢等。黄铜的弹性较低，弹性滞后和后效较大，因此，主要用于不重要的波纹管。

12.7.3 膜片、膜盒

膜片是一种周边固定的圆形弹性薄片，根据轴向截面形状不同，膜片分为平膜片

[图 12.32(a)] 和波纹膜片 [图 12.32(b)]。两者的区别是前者的截面形状是平的，而后者则具有波纹。波纹膜片由于具有同心环状波纹，灵敏度较大，并可通过改变波纹形状和尺寸调节膜片特性，所以其应用比平膜片广泛。为了便于膜片 1 与机构的其他零件连接，可以在膜片中心焊上硬心 2。两个膜片对焊起来，就组成膜盒。几个膜盒连起来，就构成膜盒组 [图 12.32(c)]。膜盒和膜盒组可以提高膜片的灵敏度，增大变形位移量。

在压力 p 的作用下，膜片、膜盒产生变形，中心由于变形而产生位移，并传递给指针或执行机构，进行测量和控制。位移与所受压力 p 成确定的函数关系，可由此判断压力大小。因此，膜片、膜盒被广泛地用作测量压力的弹性敏感元件。当膜片中心的位移受到限制时，膜片便将压力转换成集中力以克服外力的作用，所以膜片还用作隔离流体介质、弹性密封和弹性支承。

膜片、膜盒测量压力范围很宽，可以从几百帕到几十兆帕，直径从十几毫米到几百毫米都有。金属膜片的厚度通常为 0.06～1mm，非金属膜片比金属膜片要厚一些。膜片通常用薄板料成型加工而成，也可用车削的方法加工，但一般只用于大尺寸膜片或单件的生产。

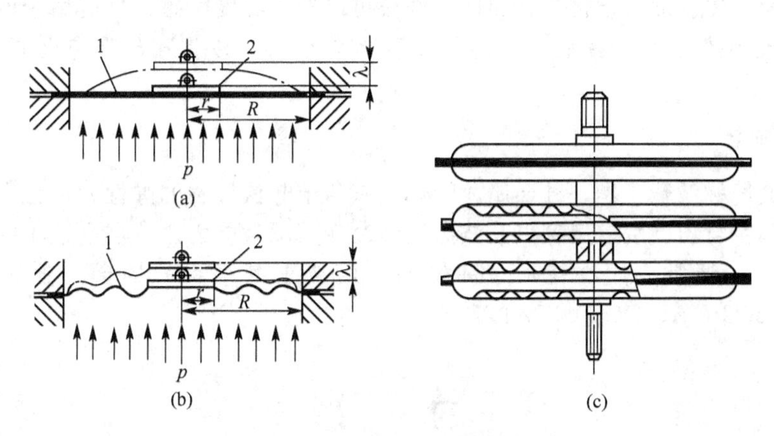

图 12.32 膜片、膜盒

1—膜片；2—硬心

膜片的材料分为金属和非金属两种。金属材料主要有黄铜、锡青铜、锌白铜、铍青铜和不锈钢等。非金属材料主要有橡胶、塑料和石英等。波纹膜片大多用金属材料制造。

锡青铜制造的膜片，成型后不再进行热处理，否则材料的弹性会降低，因此，加工中的残余应力将使膜片的迟滞现象增大。铍青铜具有良好的塑性，能制成形状复杂的膜片，加工后的膜片外形和尺寸稳定，经退火处理后，可以使膜片有较好的弹性，同时也消除了残余应力。不锈钢的主要优点就是防腐蚀性好。

非金属材质中常见的是橡胶膜片，被广泛地应用于压力表和气动调节仪表中，其优点是：①灵敏度高，可用来测量较小的压力；②耐腐蚀性好，不溶于有机酸、碱；③制造工艺简单，成本低。而它的缺点是：①弹性模量的温度系数大；②长时间工作会出现老化现象，温度增加或机械压力增大都能使老化加剧；③遇到某些有机介质时溶胀变形。此外，塑料膜片耐腐蚀，使用温度范围广(－180～260℃)，但热稳定性差。石英膜片弹性模量大，迟滞小，耐高温，但加工性不好，应用较少。

膜片、膜盒、波纹管和弹簧管都属于高灵敏度、低刚度的弹性元件，它们的变形与作用在其上的压力或压力差保持一定的函数关系，统称为压力弹性敏感元件，经常用于各种测量仪表和自动装置中。

12.7.4 各种异型弹性元件

1. 形状记忆合金弹性元件

形状记忆合金(如 Ti－Ni)的形状被改变后，一旦加热到一定的跃变温度，就可以恢复到原来的形状。形状记忆合金弹性元件受温度的作用可以伸缩，因此具有神奇的“记忆”功能，主要用于恒温、恒载荷、恒变形量的控制系统中，既是传感元件又是执行单元，主要依靠弹性元件的变形伸缩推动执行机构，所以弹性元件的工作应力变化较大。

这种弹性元件可以通过相应的阀门装置来控制浴室水管的水温和供暖系统的暖房温度，也可以制作成消防报警装置及电器设备的保安装置。此外，形状记忆合金弹性元件代替传统的电动机和传动结构组成的微型机器人驱动系统，直接利用电流加热使弹性体变形来实现需要的运动，无需机械传动装置，有利于机器人结构的简化和微型化，但是效率较低、疲劳寿命较短。形状记忆合金弹性元件还可以作为温度敏感元件应用于汽车的自动控制领域，实现温度自反馈控制、车门和发动机防盗等，以提高轿车乘坐的舒适性和安全性。

2. 波形弹簧

波形弹簧简称波簧，是一种金属薄圆环上有若干起伏峰谷的弹性元件，由薄钢板冲压形成。改变弹簧自出高度、厚度以及波数能够改变其承载能力。特点是很小的变形即能承受较大的载荷，通常应用在变形量和轴向空间要求都很小的场合。制作材料通常有60Si2MnA、50CrVA、OCrl7Ni7Al 等。

习　　题

一、填空题

1. 按照所承受的载荷的不同，弹性元件可以分为：________、________、________和________4 种。

2. 作用在弹性元件上的________、________或________等工作载荷与变形量之间的关系，称为弹性元件的特性。

3. 压缩弹簧在轴向载荷 F 作用下，在簧丝任意截面上，将作用有________、________、________和________。

4. 在弹簧受力较大而又要求其轮廓尺寸较小时，一般按照________进行设计，以便充分利用材料，同时计算弹簧变形以满足刚度条件。

5. 旋绕比 C 值的大小对弹簧刚度的影响很大。当其他条件相同时，C 值愈小的弹簧，刚度________，亦即弹簧________。

6. 扭转弹簧的弹簧丝主要是受________的作用，应该按照________应力来计算。

7. 游丝是平卷簧(又称平面涡卷簧)的一种，属于________弹簧。其宽度________长度，并且是在弯曲状态下工作的弹性元件。

8. 在钟表中，为了减小________对游丝刚度的影响，常用恒弹性合金制造游丝。

9. 热双金属是用具有不同线膨胀系数的两个薄金属片钎焊或轧制而成。其中，线膨胀系数高的一层叫做________，低的一层叫做________。

10. 考虑到波纹管的滞后误差________及刚度________，所以，当它用作敏感元件时，常与________组合使用，得到具有不同刚度的组合件，以适用于不同的量程。

二、名词解释

弹性滞后　弹性后效　高径比　弹簧有效圈数　旋绕比　弹簧节距

三、简答题

1. 弹性元件的典型应用场合有哪些？
2. 弹性元件有哪几种分类方法？
3. 弹性元件在工作中主要受哪几种形式的载荷，对材料有哪些力学性能要求？
4. 弹性元件常用的非金属材料有哪些？
5. 由若干个弹性元件组成的串联或并联系统，其系统刚度如何求出？
6. 压缩弹簧失稳的条件是什么？当不能保证弹簧稳定时可采用哪些结构措施？
7. 游丝与发条有何区别？
8. 制造热双金属弹簧的材料应满足哪些要求？
9. 常用测量液体压力变化的弹性元件有哪些？

四、计算题

已知一有初拉力弹簧，其自由高度 $H_0=80\text{mm}$，且有如下实验结果：$F_1=20\text{N}$，$H_1=100\text{mm}$，$F_2=30\text{N}$，$H_2=120\text{mm}$。求此拉簧的初拉力 F_0。

五、思考题

1. 拉伸弹簧的特性曲线中，为何出现负变形，其物理意义是什么？

2. 从圆柱螺旋弹簧的特性式中分析，影响弹簧特性的因素有哪些？保证弹簧的刚度指标精度，可采取哪些措施？

参考文献

[1] 裘祖荣. 精密机械设计基础 [M]. 北京：机械工业出版社，2007.

[2] 赵跃进，何献忠. 精密机械设计基础 [M]. 北京：北京理工大学出版社，2003.

[3] 庞振基，黄其圣. 精密机械设计 [M]. 北京：机械工业出版社，2000.

[4] 盛鸿亮. 精密机构与结构设计 [M]. 北京：北京理工大学出版社，1993.

[5] 王三民，诸文俊. 机械原理与设计 [M]. 北京：机械工业出版社，2000.

[6] 王春燕，陆凤仪. 机械原理 [M]. 北京：机械工业出版社，2001.

[7] 邹慧君. 机械原理 [M]. 北京：高等教育出版社，1999.

[8] 申永胜. 机械原理教程 [M]. 北京：清华大学出版社，1999.

[9] 石庚辰. 微机电系统技术 [M]. 北京：国防工业出版社，2002.

[10] 庞振基，张弼光. 仪器零件及机构 [M]. 天津：天津大学出版社，1991.

[11] 邱宣怀. 机械设计 [M]. 北京：高等教育出版社，1997.

[12] 郑文纬. 机械原理 [M]. 北京：高等教育出版社，1997.

[13] 朱家诚，王纯贤. 机械设计基础 [M]. 合肥：合肥工业大学出版社，2003.

[14] 傅继盈，蒋秀珍. 机械学基础 [M]. 哈尔滨：哈尔滨工业大学出版社，2000.

[15] 苑伟政，马柄和. 微机械与微细加工技术 [M]. 西安：西北工业大学出版社，2000.

[16] 陈长生，霍振生. 机械基础 [M]. 北京：机械工业出版社，2003.

[17] 南景富. 机械基础 [M]. 哈尔滨：哈尔滨工业大学出版社，2002.

[18] 吴宗泽. 机械设计师手册 [M]. 北京：机械工业出版社，2002.

[19]《现代机械传动手册》编委会. 现代机械传动手册 [M]. 2 版. 北京：机械工业出版社，2002.

[20] 胡家秀. 机械基础 [M]. 北京：机械工业出版社，2001.

[21] 吴宗泽. 机械设计 [M]. 北京：高等教育出版社，2001.

[22] 张久成. 机械设计基础 [M]. 北京：机械工业出版社，2001.

[23] 徐锦康. 机械设计 [M]. 北京：高等教育出版社，2001.

[24] 戴枝荣，张远明. 工程材料 [M]. 北京：高等教育出版社，2001.

[25] 成大先，王德夫. 机械设计手册 [M]. 北京：化学工业出版社，2004.

[26] 费业泰. 误差理论与数据处理 [M]. 北京：机械工业出版社，2004.

[27] 蒲永峰. 机械工程材料 [M]. 北京：清华大学出版社，2005.

[28] 朱龙根. 简明机械零件设计手册 [M]. 北京：机械工业出版社，1997.

[29] 甘永立. 几何量公差与检测 [M]. 上海：上海科学技术出版社，2008.

[30]《齿轮手册》编写组. 齿轮手册上册 [M]. 北京：机械工业出版社，1990.

[31] [美] Paul R. Yoder Jr. 光机系统设计 [M]. 周海宪，程云芳，译. 北京：机械工业出版社，2008.

[32] 梁耀能. 工程材料及加工工程 [M]. 北京：机械工业出版社，2004.

[33] 赵程. 机械工程材料 [M]. 北京：机械工业出版社，2004.

[34] 崔占全. 工程材料 [M]. 北京：机械工业出版社，2003.

[35] 曾正明. 机械工程材料手册：金属材料 [M]. 北京：机械工业出版社，2004.

[36] 龙振宇. 机械设计 [M]. 北京：机械工业出版社，2002.

[37] 濮良贵. 机械设计 [M]. 北京：清华大学出版社，2001.

[38] http：//www.mydrivers.com

[39] http：//image.baidu.com